AF535487

# Enterprise Content Management mit SAP®

SAP PRESS ist eine gemeinschaftliche Initiative von SAP SE und der Rheinwerk Verlag GmbH. Unser Ziel ist es, Anwendern qualifiziertes SAP-Wissen zur Verfügung zu stellen. SAP PRESS vereint das Know-how der SAP und die verlegerische Kompetenz von Rheinwerk. Die Bücher bieten Ihnen Expertenwissen zu technischen wie auch zu betriebswirtschaftlichen SAP-Themen.

Damit Sie nach weiteren Titeln Ihres Interessengebiets nicht lange suchen müssen, haben wir eine kleine Auswahl zusammengestellt.

Heiko Friedrichs
SAP S/4HANA und SAP Cloud Platform für Administratoren
2019, 519 Seiten, geb.
ISBN 978-3-8362-6361-0
*www.sap-press.de/4662*

Ahmet Türk
SAP-Datenarchivierung – Das Praxishandbuch
2., aktualisierte und erweiterte Auflage 2019, 623 Seiten, geb.
ISBN 978-3-8362-6603-1
*www.sap-press.de/4739*

Holger Bruchelt, Thomas Hucke
Integration von SAP und Microsoft – Der praktische Leitfaden
2018, 374 Seiten, geb.
ISBN 978-3-8362-6190-6
*www.sap-press.de/4603*

Reinhold Plota, Waldemar Fix
SAP – Der technische Einstieg
2., aktualisierte und erweiterte Auflage 2019, 489 Seiten, brosch.
ISBN 978-3-8362-6667-3
*www.sap-press.de/4788*

Christian Fink

# Enterprise Content Management mit SAP®

# Liebe Leserin, lieber Leser,

vielen Dank, dass Sie sich für ein Buch von SAP PRESS entschieden haben.

Die Ordner mit Autorenverträgen füllen in unseren Verlagsräumen mehrere Regale. Die Verträge werden doppelt abgelegt, denn sicher ist sicher. Obwohl sich in den 20 Jahren seit Gründung des Rheinwerk Verlags eine Menge Ordner angesammelt haben, ist die Anzahl im Vergleich zu der in anderen Unternehmen vermutlich noch recht überschaubar. Zum Glück können diese Dokumente digitalisiert und papierlos verwaltet werden.

SAP bietet hierfür im Standard verschiedene Werkzeuge an, ergänzt um die Premiumwerkzeuge von OpenText. Christian Fink begleitet bereits seit vielen Jahren Unternehmen bei der Digitalisierung und Einführung von ECM-Werkzeugen. In diesem Buch lässt er Sie an seinen Erfahrungen teilhaben und führt Sie durch das teilweise recht unübersichtliche Portfolio der Werkzeuge.

Wir freuen uns stets über Lob, aber auch über kritische Anmerkungen, die uns helfen, unsere Bücher zu verbessern. Scheuen Sie sich nicht, sich bei mir zu melden. Ihr Feedback ist jederzeit willkommen.

**Ihre Janina Karrasch**
Lektorat SAP PRESS

janina.karrasch@rheinwerk-verlag.de
www.rheinwerk-verlag.de
Rheinwerk Verlag · Rheinwerkallee 4 · 53227 Bonn

# Auf einen Blick

Wir hoffen, dass Sie Freude an diesem Buch haben und sich Ihre Erwartungen erfüllen. Ihre Anregungen und Kommentare sind uns jederzeit willkommen. Bitte bewerten Sie doch das Buch auf unserer Website unter **www.rheinwerk-verlag.de/feedback**.

An diesem Buch haben viele mitgewirkt, insbesondere:

**Lektorat** Janina Karrasch
**Korrektorat** Annette Lennartz, Bonn
**Herstellung** Norbert Englert
**Typografie und Layout** Vera Brauner
**Einbandgestaltung** Silke Braun
**Coverbild** Shutterstock: 15335179 © Le Do
**Satz** Typographie & Computer, Krefeld
**Druck** Beltz Grafische Betriebe, Bad Langensalza

Dieses Buch wurde gesetzt aus der TheAntiquaB (9,35/13,7 pt) in FrameMaker. Gedruckt wurde es auf chlorfrei gebleichtem Offsetpapier (90 g/m²). Hergestellt in Deutschland.

Das vorliegende Werk ist in all seinen Teilen urheberrechtlich geschützt. Alle Rechte vorbehalten, insbesondere das Recht der Übersetzung, des Vortrags, der Reproduktion, der Vervielfältigung auf fotomechanischen oder anderen Wegen und der Speicherung in elektronischen Medien.

Ungeachtet der Sorgfalt, die auf die Erstellung von Text, Abbildungen und Programmen verwendet wurde, können weder Verlag noch Autor, Herausgeber oder Übersetzer für mögliche Fehler und deren Folgen eine juristische Verantwortung oder irgendeine Haftung übernehmen.

Die in diesem Werk wiedergegebenen Gebrauchsnamen, Handelsnamen, Warenbezeichnungen usw. können auch ohne besondere Kennzeichnung Marken sein und als solche den gesetzlichen Bestimmungen unterliegen.

Sämtliche in diesem Werk abgedruckten Bildschirmabzüge unterliegen dem Urheberrecht © der SAP SE, Dietmar-Hopp-Allee 16, 69190 Walldorf.

ABAP, ASAP, Concur, Concur ExpenseIt, Concur TripIt, Duet, SAP, SAP Adaptive Server Enterprise, SAP Advantage Database Server, SAP Afaria, SAP ArchiveLink, SAP Ariba, SAP Business ByDesign, SAP Business Explorer, (SAP BEx), SAP BusinessObjects, SAP BusinessObjects Explorer, SAP BusinessObjects Web Intelligence, SAP Business One, SAP Business Workflow, SAP Crystal Reports, SAP EarlyWatch, SAP Exchange Media (SAP XM), SAP Fieldglass, SAP Fiori, SAP Global Trade Services (SAP GTS), SAP GoingLive, SAP HANA, SAP Vora, SAP Hybris, SAP Jam, SAP Lumira, SAP MaxAttention, SAP MaxDB, SAP NetWeaver, SAP PartnerEdge, SAPPHIRE NOW, SAP PowerBuilder, SAP PowerDesigner, SAP R/2, SAP R/3, SAP Replication Server, SAP Roambi, SAP S/4HANA, SAP SQL Anywhere, SAP Strategic Enterprise Management (SAP SEM), SAP SuccessFactors, The Best-Run Businesses Run SAP, TwoGo sind Marken oder eingetragene Marken der SAP SE, Walldorf.

Bibliografische Information der Deutschen Nationalbibliothek:
Die Deutsche Nationalbibliothek verzeichnet diese Publikation in der Deutschen Nationalbibliografie; detaillierte bibliografische Daten sind im Internet über *http://dnb.d-nb.de* abrufbar.

**ISBN 978-3-8362-6524-9**

1. Auflage 2019
© Rheinwerk Verlag, Bonn 2019

Informationen zu unserem Verlag und Kontaktmöglichkeiten finden Sie auf unserer Verlagswebsite **www.rheinwerk-verlag.de**. Dort können Sie sich auch umfassend über unser aktuelles Programm informieren und unsere Bücher und E-Books bestellen.

# Inhalt

# TEIL II Enterprise Content Management mit SAP-Standardwerkzeugen

## 5 Content Management mit SAP-Standardwerkzeugen 149



# TEIL III Enterprise Content Management mit OpenText-Werkzeugen

## 6 Die SAP-zertifizierten ECM-Werkzeuge von OpenText im Überblick 209

# Vorwort

Die digitale Transformation nimmt immer weiter an Bedeutung zu. Im Rahmen der vierten industriellen Revolution werden die Geschäftsprozesse über die Wertschöpfungsketten hinweg immer weiter digitalisiert und vernetzt. Neben den Daten in den Geschäftsprozessen wird häufig auch unstrukturierter Content verarbeitet, wie beispielsweise eingehende und ausgehende papierbasierte oder digitale Dokumente. Der unstrukturierte Content spielt in vielen Prozessen eine wichtige Rolle und sollte deshalb auch bei den Digitalisierungsstrategien berücksichtigt werden. Volle Schränke, dezentrale Aufbewahrung, Medienbrüche und die unstrukturierte Ablage des Contents verlangsamen und behindern flüssig ablaufende Geschäftsprozesse. Durch das gezielte Management von Content mit einer klaren Definition der Prozesse und Abläufe wird die Effizienz der gesamten Organisation, sogar über Organisationsgrenzen hinweg, gesteigert.

SAP bietet den Unternehmen ein breites Spektrum an Lösungen für das Enterprise Content Management (ECM), die für die Umsetzung der Digitalisierungsstrategie eingesetzt werden können. Das Angebot umfasst ECM-Werkzeuge, die zu den Bordmitteln des SAP-Systems gehören, und die SAP Solution Extensions des strategischen Partners OpenText. Die Vielfalt des Angebots und der Möglichkeiten machen es Unternehmen schwer, die richtigen Lösungen für ihre Digitalisierungsstrategie zu bestimmen.

Ich freue mich deshalb, Ihnen in diesem Buch die SAP-eigenen ECM-Werkzeuge ebenso wie die von OpenText bereitgestellten ECM-Werkzeuge vorstellen zu können. OpenText ist seit Jahren der strategische Partner von SAP in den Bereichen Enterprise Content Management und Enterprise Information Management. Eine Vielzahl von OpenText-Lösungen werden als SAP-Produkte angeboten und erweitern somit das SAP-eigene Angebot. Ich möchte Ihnen in diesem Buch einen Überblick über das Angebot und die Möglichkeiten verschaffen und Informationen bereitstellen, die Sie in Ihrer Entscheidungsfindung berücksichtigen können. Ich wünsche Ihnen viel Spaß beim Lesen und viel Erfolg bei der Umsetzung Ihrer Digitalisierungsprojekte – vielleicht auch mit dem ein oder anderen der vorgestellten ECM-Werkzeuge.

Ihr

**Christian Fink**

# Einleitung

Digitalisierung und ECM

Die Digitalisierung von Geschäftsprozessen ist in aller Munde. Auslöser von Prozessen sind häufig Dokumente, beispielsweise beim Eingang eines Rechnungsdokuments. In vielen Geschäftsprozessen entstehen zudem Dokumente und anderer unstrukturierter Content im laufenden Prozess. Diese müssen verwaltet werden. Kurzum, bei der Digitalisierung von Geschäftsprozessen ist nicht allein auf die Daten zu achten, sondern auch auf den unstrukturierten Content. Dieser umfasst elektronische und papierbasierte Dokumente, E-Mails, Bilder etc.

Leider erleben meine Mitarbeiter bei Fink IT-Solutions und ich es sehr häufig, dass die Prozessdefinitionen für die Verwaltung des unstrukturierten Contents in Projekten vernachlässigt wird. Das hat zur Folge, dass die Prozesse nicht optimal aufgesetzt werden und Prozesslücken bzw. Medienbrüche vorweisen, die durch Workarounds ausgemerzt werden. Dieses Vorgehen wirkt sich negativ auf die Benutzerfreundlichkeit aus und ist nicht wirklich effizient. Man spricht hier auch von »Drehstuhlprozessen«.

ECM-Werkzeuge von SAP

SAP selbst bietet in seinen Lösungen einige Werkzeuge für die Verwaltung und Verarbeitung des eingehenden und entstehenden Contents an. Durch die Transformation der klassischen SAP Business Suite hin zu SAP S/4HANA ändert sich auch das Lösungs-Portfolio im Bereich *Enterprise Content Management* (ECM). Unternehmen, die SAP einsetzen, müssen daher die eigene ECM-Strategie an neue Gegebenheiten anpassen. Auch bietet SAP nicht auf alle Fragen im ECM-Umfeld Antworten in Form von SAP-eigenen ECM-Werkzeugen. Diese Lücken werden durch die ECM-Werkzeuge von OpenText gefüllt.

OpenText als strategischer Partner

OpenText ist einer der marktführenden Hersteller für Lösungen im Bereich *Enterprise Information Management* (EIM) und ECM. Als strategischer Partner von SAP stellt OpenText verschiedene ECM-Werkzeuge als Erweiterungen, sogenannte *SAP Solution Extensions*, zur Verfügung. Diese Werkzeuge ermöglichen es Unternehmen, die Prozesslücken zu schließen und die Geschäftsprozesse komplett zu digitalisieren.

ECM für Cloud-Lösungen

Auch die Cloud-First-Strategie von SAP hat Einfluss auf die ECM-Strategie eines Unternehmens. Es stellt sich hier die Frage, wie der unstrukturierte Content, der in den verschiedenen Cloud-Lösungen verwendet wird, verwaltet werden kann. On-Premise- und Cloud-Lösungen müssen miteinander agieren können, ohne dass abgeschottete Content-Silos für die neu in die Systemlandschaften integrierten Cloud-Lösungen entstehen.

**An wen richtet sich dieses Buch?**

Dieses Buch richtet sich prinzipiell an alle, die sich einen Überblick über die Möglichkeiten und Funktionen der SAP-eigenen ECM-Werkzeuge und der ECM-Werkzeuge von OpenText verschaffen möchten.

Insbesondere können Projektleiter, Berater, Manager, Entscheider und Key-User mit diesen Informationen absehen, welche Funktionen die Werkzeuge bieten und wie das notwendige Customizing aussieht. Das Buch bietet sowohl technische als auch fachliche Inhalte, wodurch der Spagat zwischen den verschiedenen Interessen der Zielgruppen gelingen sollte.

Entwickler, die auf der Suche nach Hinweisen für die Programmierung sind, werden in diesem Buch nicht fündig. Auch reine Endanwender, die eine Anleitung zur Verwendung der ECM-Werkzeuge suchen, können mit diesem Buch nur bedingt arbeiten. Sie finden auch keine umfangreichen Installationsanleitungen für die in diesem Buch vorgestellten Lösungen. Hierzu verweise ich auf die entsprechende Dokumentation der Hersteller SAP und OpenText.

**Was leistet dieses Buch?**

Dieses Buch setzt sich folgende Ziele:

- Es vermittelt einen Überblick über die ECM-Werkzeuge von SAP und OpenText.
- Es zeigt für jedes dieser Werkzeuge den wesentlichen Einsatzbereich auf.
- Es zeigt anhand einiger typischer Szenarien und praktischer Beispiele, wie die ECM-Werkzeuge eingesetzt werden können.
- Es ordnet die ECM-Werkzeuge in ein strategisches ECM-Modell ein und verschafft Ihnen so einen Überblick über die Möglichkeiten. Es kann Ihnen auch als Entscheidungshilfe dienen, welche Werkzeuge Sie für welche Zwecke verwenden sollten.
- Es zeigt, wie die ECM-Lösungen eingerichtet werden. Für einige der OpenText-Lösungen kann hier nur die Einrichtung der wichtigsten Bereiche erläutert werden.

**Wie ist das Buch aufgebaut?**

Dieses Buch ist in vier Teile gegliedert. Zuerst lernen Sie die Grundlagen von ECM kennen, und ich sortiere die SAP- und OpenText-Werkzeuge in das ECM-Modell ein. In den folgenden beiden Teilen betrachten wir die SAP-eigenen und die von OpenText gelieferten ECM-Werkzeuge genauer. Im letzten Teil widmen wir uns den Neuerungen im ECM-Umfeld im Zusammenhang mit SAP S/4HANA und den SAP-Cloud-Lösungen wie der SAP Cloud Platform, SAP C/4HANA und SAP SuccessFactors.

### Teil I: Grundlagen

Im ersten Teil dieses Buches stelle ich Ihnen den Umfang des Fachgebiets ECM, die im ECM-Umfeld verwendeten Begriffe und die ECM-Rahmenarchitektur vor. Außerdem gebe ich Ihnen in diesem Teil einen ersten Überblick über die SAP-eigenen und die von OpenText ausgelieferten ECM-Werkzeuge. **Kapitel 1**, »Einführung in Enterprise Content Management«, führt Sie in das Themengebiet ECM ein. Die wichtigsten Begriffe werden erläutert und voneinander abgegrenzt. Ich stelle eine ECM-Rahmenarchitektur und deren Hauptkomponenten vor. Abschließend gehe ich auf einige rechtliche Rahmenbedingungen ein. Eine ECM-Strategie und die dabei eingesetzten Werkzeuge können Sie auch dabei unterstützen, diese gesetzlichen Vorgaben einzuhalten. In **Kapitel 2**, »Enterprise Content Management und SAP«, gehe ich auf die Integration von SAP und der ECM-Werkzeuge ein. Ich gebe Ihnen einen Überblick über die verschiedenen ECM-Werkzeuge, die das SAP-System standardmäßig enthält, sowie über die ECM-Werkzeuge von OpenText, die SAP zusätzlich als SAP Solution Extensions anbietet.

### Teil II: Enterprise Content Management mit SAP-Standardwerkzeugen

Im zweiten Teil dieses Buches stelle ich Ihnen SAP-eigene ECM-Werkzeuge vor, erläutere deren Einsatzgebiete und gebe einen Einblick in das Customizing. Die ECM-Werkzeuge von SAP ordne ich in **Kapitel 3**, »Die ECM-Standardwerkzeuge von SAP im Überblick«, in das ECM-Modell ein und gehe kurz auf deren Einsatzmöglichkeiten ein. In **Kapitel 4**, »Ablage und Archivierung mit SAP-Standardwerkzeugen«, stelle ich die Standardwerkzeuge von SAP für den Bereich Archivierung des ECM-Modells umfassender vor. Hierzu betrachte ich die Funktionen des Protokolls SAP ArchiveLink und des SAP-eigenen Ablagesystems SAP Content Server. Zudem gehe ich auf das Customizing dieser beiden Werkzeuge ein. Welche Standardwerkzeuge SAP für das Content Management bereithält, zeige ich Ihnen in **Kapitel 5**, »Content Management mit SAP-Standardwerkzeugen«. Im ersten Abschnitt erläutere ich die Funktionen und das Customizing der generischen Objektdienste. Danach gehe ich auf den SAP-eigenen Document Viewer ein. Abschließend zeige ich die Funktionen und das Customizing des SAP-Dokumentenverwaltungssystems (DVS) und wie SAP Easy Document Management eingesetzt werden kann.

### Teil III: Enterprise Content Management mit OpenText-Werkzeugen

Im dritten Teil dieses Buches geht es um die ECM-Werkzeuge von OpenText. Ich erläutere deren Einsatzgebiete und gebe einen Einblick in das Customizing. In **Kapitel 6**, »Die SAP-zertifizierten ECM-Werkzeuge von

OpenText im Überblick«, vermittle ich Ihnen zunächst einen Überblick über die SAP Solution Extensions von OpenText. Ich ordne die Werkzeuge in das ECM-Modell ein und gehe kurz auf deren Einsatzmöglichkeiten ein.

Die Funktionen der Werkzeuge von OpenText für das Input Management in SAP-Systemen erläutere ich in **Kapitel 7**, »Input Management mit OpenText-Werkzeugen«. Neben den Funktionen zeige ich grundlegende Schritte für das Customizing auf. Die beiden Werkzeuge, die in diesem Kapitel behandelt werden, sind SAP Invoice Management by OpenText für die Verarbeitung von Rechnungen und SAP Digital Content Processing für die digitale Verarbeitung anderer eingehender Dokumente.

**Kapitel 8**, »Content Management mit OpenText-Werkzeugen«, befasst sich mit den grundlegenden Funktionen der Werkzeuge SAP Document Access by OpenText und SAP Extended ECM by OpenText. In den jeweiligen Abschnitten gehe ich auch auf das Customizing dieser Werkzeuge ein. Für den Bereich Archivierung des ECM-Modells ist das OpenText-Werkzeug SAP Archiving by OpenText verfügbar. Ich erläutere in **Kapitel 9**, »Ablage und Archivierung mit OpenText-Werkzeugen«, die grundlegende Infrastruktur der Archivumgebung und gebe einen Einblick in die Funktionsweise des OpenText Archive Servers. Abschließend gehe ich auf die Unterschiede zwischen SAP Content Server und OpenText Archive Server ein.

Wie ausgehende Dokumente mit SAP Document Presentment by OpenText verarbeitet werden können und wie dieses Werkzeug für die hier aufgezeigten Szenarien eingerichtet wird, zeige ich in **Kapitel 10**, »Output Management mit SAP Document Presentment by OpenText«.

#### Teil IV: Erweitertes Enterprise Content Management und neue Lösungen

Im vierten und letzten Teil dieses Buches erläutere ich die zukünftige SAP-Strategie im Bereich ECM und das Zusammenspiel der ECM-Werkzeuge mit SAP S/4HANA und SAP-Cloud-Lösungen. **Kapitel 11**, »Enterprise Content Management in SAP S/4HANA«, beschäftigt sich mit der ECM-Strategie von SAP für die neue Business Suite SAP S/4HANA. Ich stelle Ihnen die Neuerungen im Vergleich zur klassischen SAP Business Suite vor und ordne die neuen ECM-Werkzeuge in das ECM-Modell ein. **Kapitel 12**, »Enterprise Content Management in SAP-Cloud-Lösungen«, zeigt Möglichkeiten auf, den unstrukturierten Content in SAP-Cloud-Lösungen mit den ECM-Werkzeugen von SAP und OpenText zu verwalten. Außerdem gehe ich in diesem Kapitel auf die durch die SAP Cloud Platform bereitgestellten Dokumenten-Management-Funktionen ein.

In hervorgehobenen Informationskästen sind in diesem Buch Inhalte zu finden, die wissenswert und hilfreich sind, aber etwas außerhalb der eigentlichen Erläuterung stehen. Damit Sie die Informationen in den Kästen sofort einordnen können, sind die Kästen mit Symbolen gekennzeichnet: Informationskästen

- In Kästen, die mit dem Pfeilsymbol gekennzeichnet sind, finden Sie Informationen zu *weiterführenden Themen* oder wichtigen Inhalten, die Sie sich merken sollten. [«]
- Die mit diesem Symbol gekennzeichneten *Tipps* geben Ihnen spezielle Empfehlungen, die Ihnen die Arbeit erleichtern können. [+]
- Dieses Symbol weist Sie auf *Besonderheiten* hin, die Sie beachten sollten. Es *warnt* Sie außerdem vor häufig gemachten Fehlern oder Problemen, die auftreten können. [!]

## Danksagung

Zu guter Letzt möchte ich mich bei allen Personen bedanken, die ihren Beitrag zum Gelingen dieses Buches geleistet haben:

- Bei meiner Frau Britta, die während der Manuskripterstellung sehr zurückstecken und auf mich verzichten musste und mich jederzeit moralisch unterstützt hat
- bei den Mitarbeitern von Fink IT-Solutions, die mich mit Informationen versorgt und mir bei technischen Fragen ausgeholfen haben
- bei den Mitarbeitern von SAP, speziell Asha Mary Lilliett und Markus Pipp, die mich mit Informationen versorgt und technische Fragen geklärt haben
- bei den Mitarbeitern von OpenText, speziell Matthias Niessen, Michael Feyhl, Sander Hofman und Jan Ebel, die mir Auskunft gegeben und mich technisch unterstützt haben
- bei SAP PRESS bzw. dem Rheinwerk Verlag für das entgegengebrachte Vertrauen und die Möglichkeit, dieses Buch zu schreiben
- bei meiner Lektorin Janina Karrasch, die mich bei der Fertigstellung des Buches unterstützt hat
- bei Ihnen als Leser, die Sie sich für dieses Buch interessieren und hoffentlich einige wertvolle Informationen für sich mitnehmen werden

Ich hoffe, dass Sie in diesem Buch zahlreiche Anregungen für Ihr eigenes Unternehmen und Ihre eigene ECM-Strategie finden.

Ihr

**Christian Fink**

TEIL I

# Grundlagen

Kapitel 1

# Einführung in Enterprise Content Management

*In diesem Kapitel erkläre ich die Grundlagen von Enterprise Content Management, erläutere dessen Bedeutung für Unternehmen und betrachte rechtliche Rahmenbedingungen und Standards.*

In diesem Kapitel führe ich Sie in das Thema *Enterprise Content Management* (ECM) ein. Ich stelle Ihnen die wichtigsten Begriffe im Umfeld von ECM vor. Dabei beleuchte ich vor allem die Bedeutung von ECM für Unternehmen.

Ich grenze ECM-Systeme von Dokumentenverwaltungssystemen und ERP-Systemen (Enterprise Resource Planning) ab. Sie erfahren, welche Technologien, Strategien und Methoden in den verschiedenen Systemen jeweils zur Anwendung kommen und wie sie sich voneinander unterscheiden. In den folgenden Kapiteln dieses Buches werde ich dann umfassend auf die Werkzeuge eingehen, die SAP für diese Aufgaben anbietet.

Zum Abschluss dieses Kapitels erhalten Sie noch einen Einblick in die rechtlichen Rahmenbedingungen von ECM.

## 1.1 Warum benötigen Sie ein Enterprise Content Management?

**Content, Informationen und Daten**

Heute gehen in Unternehmen viele Informationen auf unterschiedlichen Wegen ein, z. B. per E-Mail, als Papierdokument, als Datei, Fax etc. Diese eingehenden Inhalte (*Content*) stellen den Startpunkt vieler Unternehmensprozesse dar. Der übermittelte Content enthält wichtige *Informationen*, die in den Unternehmensprozessen benötigt werden. Diese Informationen und die darin enthaltenen *Daten* müssen aus den verschiedensten Arten von Content gewonnen und den Anwendern zur Verfügung gestellt werden. Auf die Unterschiede zwischen Content, Informationen und Daten gehe ich in Abschnitt 1.2, »Abgrenzung und Begriffsklärung«, noch ausführlicher ein.

Aufgaben von ECM

ECM ermöglicht mit seinen Systemen und Technologien die Erfassung, Speicherung, Verwaltung, Verteilung, Bearbeitung, Archivierung und Bereitstellung der Daten, Informationen und Quellformate (z. B. Dokumente). In einem Unternehmen geht nicht nur Content ein, sondern es entsteht auch Content, der zum Teil wieder an andere Unternehmen oder Kunden versendet wird. Auch dieser Content wird durch ECM verwaltet. Somit stellt ECM eine Informationsdrehscheibe dar, die mit dem *führenden System* zusammenarbeitet. In dem in diesem Buch betrachteten Fall ist dieses führende System das SAP-System. ECM arbeitet mit dem führenden System zusammen oder nutzt ECM-Werkzeuge, die dieses – wie im Fall von SAP – selbst bereitstellt.

Eingehender Content

Ein Beispiel für eingehenden Content ist ein Rechnungsdokument, das über verschiedene Schnittstellen und Technologien ins Unternehmen eingehen kann. Diese eingehende Rechnung ist Teil des Prozesses von der Bestellanforderung bis zum Zahlungseingang (*Purchase-to-Pay*), wie in Abbildung 1.1 zu sehen ist.

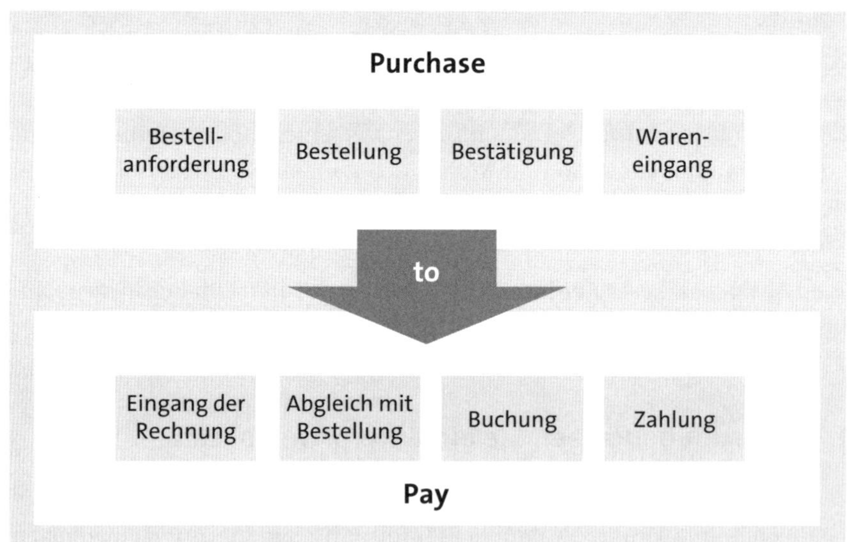


**Abbildung 1.1** Der Geschäftsprozess Purchase-to-Pay

Purchase-to-Pay ohne ECM-Unterstützung

Betrachtet man die Rechnungsverarbeitung ohne ECM-Unterstützung, wird das auf Papier eingegangene Rechnungsdokument manuell im SAP-System erfasst. Die Papierrechnung wird, meist als Kopie, in einer Umlaufmappe oder per E-Mail an den Prüfer und Genehmiger der Rechnung weitergeleitet. Die Originalrechnung wird zur Einhaltung der Aufbewahrungsfristen im Papierordner abgelegt und archiviert.

Das heißt, der Prozess wird in zwei Teilprozesse aufgesplittet, den Prozess in SAP ERP und den papierbasierten Dokumentenprozess zum Einholen von Daten wie der Kontierungen und der handschriftlichen Freigabe der Rechnung. Nach der Freigabe wird das Rechnungsdokument wieder an die Buchhaltung zurückgegeben, die Daten werden manuell im SAP-System erfasst bzw. ergänzt, der SAP-Beleg wird gebucht, und die Zahlung wird eingeleitet. Das Originalrechnungsdokument und die Anlagen, wie z. B. die Kopien der Rechnung mit den Unterschriften der Freigeber, werden zur Originalrechnung im Papierordner abgelegt.

Anzumerken ist auch, dass sich weitere wichtige Informationen auf dem Rechnungsdokument befinden können (Anmerkungen zu Änderungsinformationen, zusätzliche Ansprechpartner, Insolvenzvermerk etc.). Diese Informationen werden meist nicht im SAP-System hinterlegt und sind dann nur auf dem Papierdokument zu finden. Der Medienbruch zwischen digitalem SAP-Beleg und der Papierrechnung, viele involvierte Personen und eine hohe Anzahl von Prozessschritten machen den Prozess komplex und zeitaufwendig, und somit auch teuer.

**Purchase-to-Pay ohne und mit ECM-Unterstützung**

Mit Unterstützung eines ECM-Systems kann der Prozess digitalisiert, der Medienbruch beseitigt und somit Zeit und Geld gespart werden. Zum Vergleich sind in Tabelle 1.1 einige Prozessschritte mit und ohne ECM-Unterstützung aufgeführt.

| Ohne ECM-Unterstützung | Mit ECM-Unterstützung |
|---|---|
| manuelle Erfassung der Rechnung in SAP | System zur Erfassung der Rechnungsdaten und systemgestützte Erfassung der Rechnung in SAP |
| manuelle Ablage der Originalrechnung in Papierordner | automatische elektronische Archivierung |
| Kopieren oder Scannen der Originalrechnung und Weiterleiten der Dokumente in Papierform an die Genehmiger | Workflow-gestützter Prozess mit digitalem Rechnungsbild aus dem Archivierungssystem |
| manuelle Übertragung der Daten, wie Kontierungen oder Zusatzinformationen in den SAP-Beleg | Der Prüfer und der Genehmiger tragen die relevanten Daten während des Workflows direkt in den SAP-Beleg ein. |
| viel manuelles Handling der Rechnungsdokumente und -anlagen | komplett digitaler Prozess ohne aufwendiges Handling der Rechnungsdokumente und Anlagen |

**Tabelle 1.1** Vergleich der Prozessschritte mit und ohne ECM-Unterstützung

Durch den Einsatz eines ECM-Systems können viele unnötige Handgriffe vermieden werden. Geschäftsprozesse können digitalisiert und Prozessschritte können automatisiert werden. Durch den digitalen Prozess kann Transparenz in den aktuellen Bearbeitungsstatus gebracht werden. Eine *ECM-Strategie* hilft, die Herausforderungen dieser Digitalisierung zu meistern, indem man die relevanten Prozessschritte identifiziert, digitalisiert und die Daten und Dokumente allen beteiligten Anwendern zentral zur Verfügung stellt.

**Warum benötigt man eine ECM-Strategie?**

Zusammenfassend kann eine Strategie für ein Enterprise Content Management Folgendes erreichen:

- Die für die Bearbeitung relevanten Informationen und Daten zum digitalen Prozess sind schnell und einfach verfügbar.
- kein Medienbruch zwischen den Prozessschritten und dessen Content
- eine klare Ablagestruktur für den digitalen Content
- Funktionen zur Digitalisierung des nicht digitalen Contents
- Rückgewinnung der Transparenz von Unternehmensprozessen
- Reduzierung von Transaktionskosten
- Einhaltung gesetzlicher Vorschriften zur elektronischen Aufbewahrung von Dokumenten
- Schaffen von Wettbewerbsvorteilen durch schnelle, fehlerfreie und genaue Geschäftsprozesse

## 1.2 Abgrenzung und Begriffsklärung

Die Begriffe *Dokumentenverwaltung* (*Document Management*, kurz DM) und *Enterprise Content Management* (ECM) werden gerade in den deutschsprachigen Ländern häufig synonym verwendet. Im Kontext von Dokumentenverwaltung und ECM sind weitere Begriffe wie Daten, Information, Content und Dokument anzutreffen, die ich im Folgenden voneinander abgrenze und erläutere:

**Definitionen in der Literatur**

*Daten* sind laut Moussa Mahamat Boukar kleine Stücke von Informationen, die in Dateien und Datenbanken gespeichert werden und elementare Einheiten sind (Boukar, M.: Content Management System (CMS) Evaluation and Analysis, 2012, S. 49). Boukar definiert den Begriff *Information* hingegen als jede aufgezeichnete Kommunikation. Das umfasst z. B. Texte in Büchern, elektronischen Dateien (z. B. aus Microsoft Word, PowerPoint), Grafiken und im Audioformat.

Der Begriff *Content* wird von Boukar wie folgt beschrieben:

> *»Information becomes content, when it is used for one or more purposes. Its value is the sum of primary form (in-formation), application, usability, significance and uniqueness. It is information plus a layer of dataset it in a specific context.«*

Harald Klingelhöller fasst Content dagegen zusammen als Wissen, Information und Dokumente (Klingelhöller, H.: Dokumentenmanagementsysteme, 2001, S. 29). Für Markus Nix umfasst Content nicht nur Texte, Audio und Video, sondern auch beschreibende Metadaten wie Autor und Titel. Außerdem nimmt er Inhaltsarten in digitaler Form wie Daten aus ERP-Systemen, elektronischen Transaktionen und Prozessen hinzu (Nix, M.: Web Content Management, 2005, S. 25).

Die Autoren sind sich einig, dass Daten die Grundlage von Information sind. Durch Verknüpfung der Daten entsteht der Kontext und somit die Information. Die Informationen sind in verschiedenen Arten von Dokumenten wie Audio-, Video- oder Textdateien und E-Mails enthalten. Die Dokumente wiederum werden durch Metadaten beschrieben, sodass diese durch den Anwender identifiziert und somit gefunden werden können. Greift man wie Markus Nix den Begriff Content noch weiter, umfasst Content auch die Daten, Transaktionen und Prozesse eines SAP-Systems.

**Begriff »Content« in diesem Buch**

Zusammenfassend möchte ich den Begriff Content für dieses Buch wie folgt definieren. Content besteht aus:

- dem Dokument
- den in dem Dokument vorhandenen Informationen und Daten
- den Metadaten des Dokuments (Dateiname, Ersteller, Erstelldatum)
- den für das Dokument relevanten Daten aus dem SAP-System, wie Prozessmetadaten, Stamm- und Bewegungsdaten

Aus welchen Komponenten sich der Content zusammensetzt, wird in Abbildung 1.2 grafisch verdeutlicht.

**Strukturierter Content**

Daten werden durch die Ablage in einer Datenbank strukturiert. Durch die Strukturierung können die Daten ausgewertet und Beziehungen zwischen den Daten dargestellt werden. Der Content liegt meist unstrukturiert in diversen Ablagemedien und kann, wie in Abbildung 1.3 dargestellt, durch das In-Beziehung-setzen mit strukturierten Daten strukturiert werden. Der *strukturierte Content* kann so effizienter gesucht und ausgewertet werden.

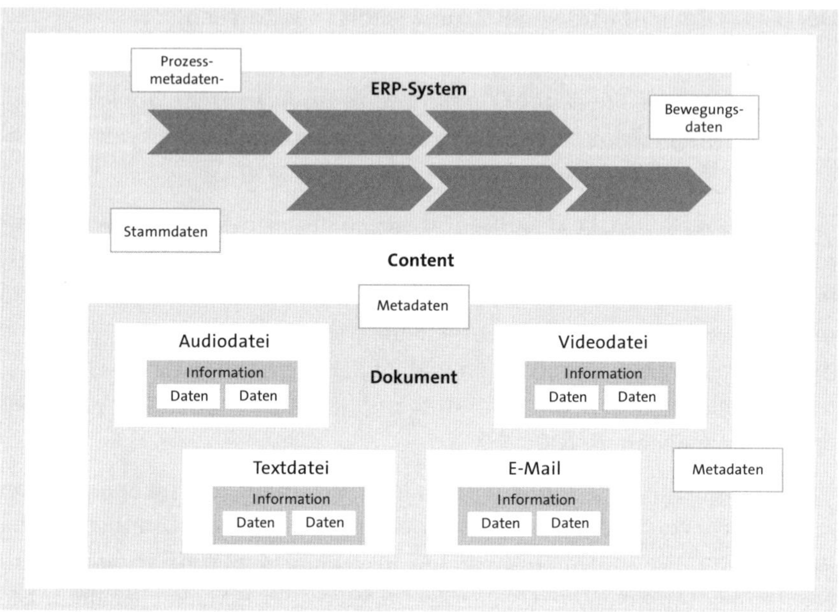


**Abbildung 1.2** Komponenten des Contents in SAP-Geschäftsprozessen

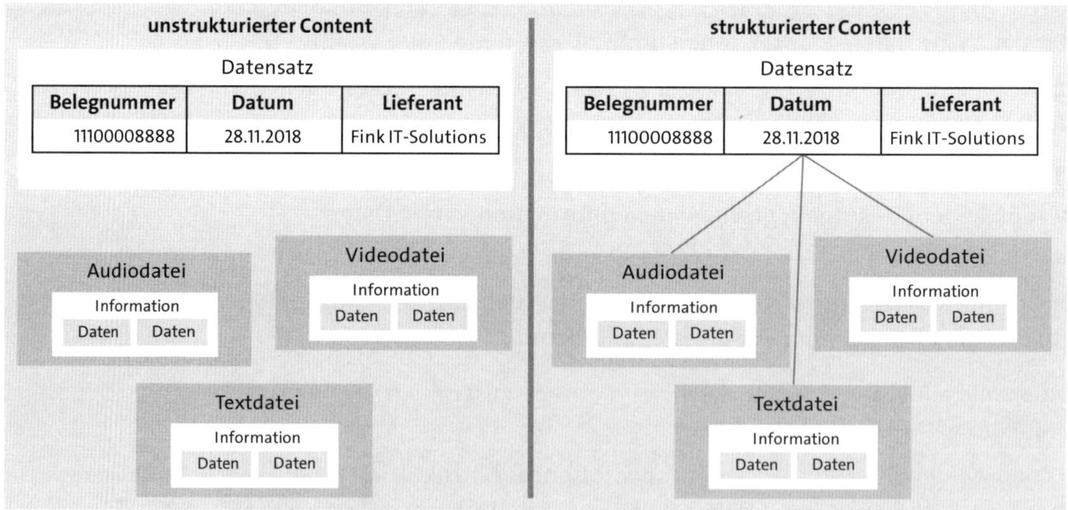


**Abbildung 1.3** Unstrukturierter und strukturierter Content

**Unstrukturierter Content und Daten**

*Unstrukturierter Content* und unstrukturierte Daten wie Videos, Bilder, Dokumente sind nicht einem Datensatz oder einem anderen beschreibenden Objekt zugeordnet. Unstrukturierter Content wird häufig in verschiedenen Systemen wie Dateisystemen, E-Mail-Systemen und an anderen Ablageorten aufbewahrt. Der unstrukturierte Content kommt im Verhältnis zum strukturierten Content weitaus häufiger vor. In der Fachliteratur wird von ca. 70–80 % unstrukturiertem und somit kaum nutzbarem Content ausgegangen.

**Content strukturieren**

Um unstrukturierten Content zu strukturieren, kann man den Content (z. B. ein Rechnungsdokument) im Dokumentenmanagementsystem mit Metadaten versehen. Relevante Metadaten sind meist bereits im Dokument enthalten, z. B. die Rechnungsnummer eines eingegangenen Rechnungsdokuments.

**Verknüpfung mit SAP-Objekten**

Die Idee von ECM im SAP-Umfeld ist es, unstrukturierten Content mit dem strukturierten Content in SAP zu verknüpfen. Hierzu wird der unstrukturierte Content einem Beleg im SAP-System zugeordnet. Durch diese Verknüpfung hat der Anwender die Möglichkeit, sich das Dokument über den SAP-Beleg anzeigen zu lassen. Diese Integration ermöglicht die medienbruchfreie Bereitstellung von Content, niedrigere Suchzeiten und effizientere Prozessabläufe.

**Records**

Liegen Compliance-Anforderungen, wie z. B. bestimmte Aufbewahrungsfristen, für einen bestimmten Content vor oder ist der Content aus internen oder externen Gründen aufbewahrungswürdig, nennt man diesen Content auch *Record*. Sobald Content zu einem Record wird, sollte dieser in einem unveränderbaren revisionssicheren Archivierungssystem aufbewahrt werden.

**ECM vs. Dokumentenverwaltung**

Eine häufig gestellte Frage ist, wie sich ECM von Dokumentenverwaltungssystemen unterscheidet. ECM ist eine Strategie, ein Dokumentenverwaltungssystem ist eine konkrete Technologie, um diese Strategie umzusetzen. Die ECM-Strategie hat zum Ziel, die elektronischen Informationen zu erschließen und den Benutzern und Geschäftsprozessen bereitzustellen. Hierzu nutzt ECM verschiedene Technologien wie ein Dokumentenmanagementsystem, Workflow, Archiv usw.

## 1.3 Komponenten von Enterprise Content Management

Der international anerkannte Dachverband *Association for Information and Image Management* (AIIM, siehe *http://s-prs.de/v652406*) definiert ECM wie folgt:

> *»Enterprise-Content-Management umfasst die Technologien zur Erfassung, Verwaltung, Speicherung, Bewahrung und Bereitstellung von Content und Dokumenten zur Unterstützung organisatorischer Prozesse.«*

Rahmenarchitektur für ECM

Das AIIM-Modell des Dachverbandes in Abbildung 1.4 definiert fünf Hauptkomponenten als Rahmenarchitektur für ECM:

- Erfassung (*Capture*)
- Verwaltung (*Manage*)
- Speicherung (*Store*)
- Ausgabe (*Deliver*)
- Sicherung (*Preserve*)

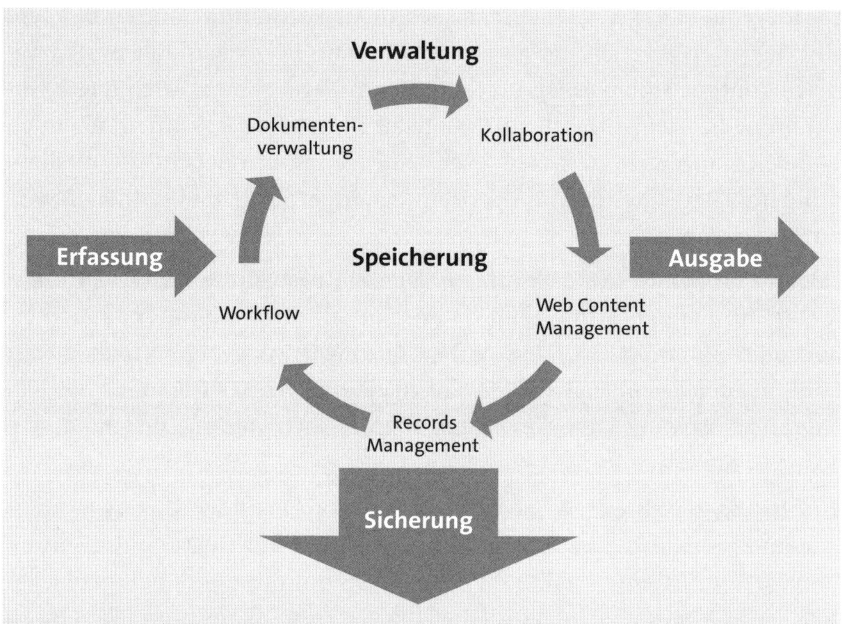


**Abbildung 1.4** ECM-Modell des AIIM

Erfassung

Im Bereich der *Erfassung* werden Daten aus analogen und digitalen Dokumenten erfasst. Hierzu werden verschiedene Technologien zum Auslesen, Aufbereiten und Verarbeiten der Daten eingesetzt. Für die Digitalisierung von analogen Dokumenten werden z. B. Scan-Anwendungen zusammen mit Dokumentenscannern genutzt. Die nun digital vorliegenden Dokumente werden anschließend an ein OCR-System (*Optical Character Recognition*) zur optischen Zeichenerkennung weitergeleitet. Das OCR-System liest die Daten aus dem digitalen Dokument aus, bereitet sie auf und übergibt die aufbereiteten Daten an die Geschäftsprozesse. Heutzutage kommen auch Technologien wie *Machine Learning* zum Einsatz, um die Qualität der ausgelesenen Daten weiter zu steigern und somit die manuellen Tätigkeiten zu reduzieren.

Zusammenfassend fallen in den Bereich der Erfassung alle Komponenten, die zum Bereich des *Input Managements* zählen.

Verwaltung

Die Komponente *Verwaltung* unterteilt sich weiter in fünf Bestandteile. Diese Bestandteile sind:

- **Dokumentenverwaltung**
  Die Technologie eines Dokumentenmanagementsystems hilft, die Verwaltung von Dokumenten mit verschiedenen Funktionen zu optimieren. Hierzu gehören z. B. die Versionierung von Dokumenten und die Darstellung der Dokumente in Aktenstrukturen. Weitere Informationen hierzu finden Sie in Abschnitt 1.5, »Lösungen für Dokumentenverwaltung, Enterprise Content Management und Enterprise Resource Planning«.
- **Kollaboration**
  Kollaboration bedeutet die Zusammenarbeit der Mitarbeiter eines Unternehmens mithilfe von Technologien wie Teamrooms (virtuelle Projektgruppen), Projektordnern, Instant Messaging, digitalen Whiteboards und Onlinemeetings.
- **Workflow**
  Mithilfe von Workflows kann abteilungsübergreifend an Dokumenten und Informationen gearbeitet werden. Der Workflow zeichnet sich durch eine logische Abfolge von Aktivitäten aus und realisiert so den Geschäftsprozess.
- **Web Content Management**
  Web Content Management (WCM) ermöglicht speziell das Erstellen, Begutachten, Genehmigen und Veröffentlichen von webbasiertem Content.
- **Records Management**
  Im Geschäftsumfeld unterliegen viele Dokumente einer gesetzlichen Aufbewahrungsfrist. Nicht unüblich sind interne Vorgaben, welche Dokumente wie lange aufbewahrt werden müssen. Diese Dokumente unterliegen somit Compliance-Vorschriften.

  Ein Records Management (RM) hilft, die Akten zu verwalten. Im deutschsprachigen Raum wird anstelle des Begriffs *Records Management* auch der Begriff *Schriftgutverwaltung* verwendet. Das Records Management ist aber nicht nur ein technisches Werkzeug, um Records zu verwalten, sondern dahinter steht auch eine Strategie mit entsprechenden Rollen und einer angepassten Ablauforganisation. Mit einem Records Management werden Dokumente automatisiert oder manuell dem Archivierungsprozess zugeführt, um die Aufbewahrungsfristen einzuhalten.

Speicherung

Die Komponente *Speicherung* dient der Ablage von Daten. Archivierungswürdige oder archivierungspflichtige Dokumente sollten allerdings nicht im Rahmen der AIIM-Komponente Speicherung, sondern in der Komponente Sicherung aufbewahrt werden.

Ausgabe

Die *Ausgabe* ermöglicht die Bereitstellung des Contents aus den Komponenten Verwaltung, Speicherung und Sicherung. Das Output-Management-System aus der Komponente Verwaltung überträgt ausgehende Dokumente über den jeweils passenden Kanal (E-Mail, Druck, Fax oder Electronic Data Interchange, kurz EDI). Hinzu kommen Funktionen wie die Portooptimierung durch die Zusammenfassung von Dokumenten des gleichen Empfängers in einer Postmappe, das Aufbringen von Wasserzeichen, die Konvertierung in andere Formate (z. B. XML, IDoc) oder das Signieren des ausgehenden Contents zum Einsatz.

Sicherung

Die Archivierung von Content wie Daten und Dokumenten wird in der Komponente *Sicherung* vollzogen. Dabei werden neben einem Archivierungssystem und einer eigenständigen Indexdatenbank auch Speichertechnologien zur unveränderbaren Aufbewahrung des Contents eingesetzt.

## 1.4 Enterprise Content Management als Strategie

ECM = Strategie

ECM ist eine Strategie bzw. ein Konzept, um unterschiedliche Ansätze wie Dokumentenverwaltung, Workflow-Verwaltung, Kollaboration, Records Management und Archivierung aufeinander abzustimmen und die Prozesse zu digitalisieren. Somit spielt ECM in heutigen Digitalisierungsstrategien eine wichtige Rolle.

Oftmals wird auch von einem *ECM-System* gesprochen. Das Konzept ECM kann natürlich verschiedene Werkzeuge (Systeme) von verschiedenen oder dem gleichen Hersteller/n berücksichtigen. Es handelt sich also nicht um ein System an sich. In den folgenden Betrachtungen möchte ich die Werkzeuge in ein vereinfachtes ECM-Modell einsortieren.

ECM-Bereiche

Die einzelnen Bereiche von ECM sind in Abbildung 1.5 dargestellt:

- Input Management
- Content Management
- Archivierung
- Output Management

Für diese Bereiche werden jeweils verschiedene Werkzeuge eingesetzt.

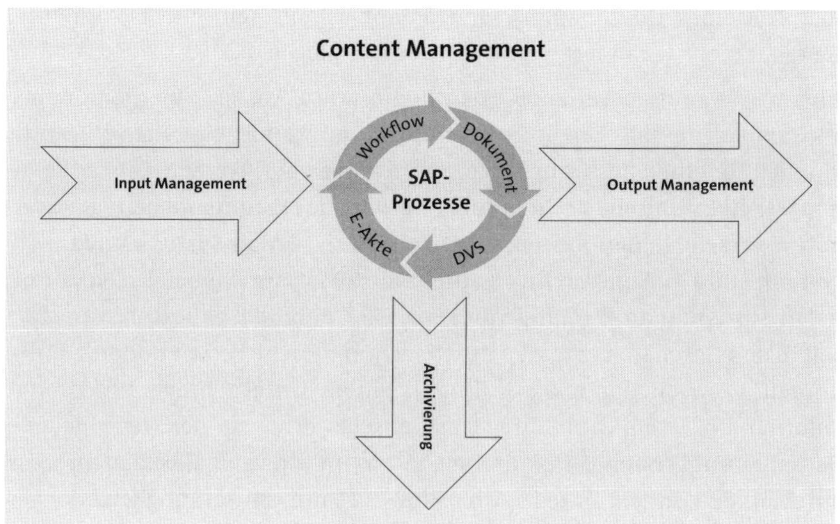


**Abbildung 1.5** ECM-Modell und ECM-Bereiche

**Input Management**

Die Werkzeuge des *Input Managements* erfassen die eingehenden Informationen aus verschiedenen Arten von Dokumenten. Papierbasierte Dokumente werden durch Scanclients digitalisiert. Dabei werden mit OCR-Technologie Daten aus den Dokumenten gewonnen. Der *Input* kann nicht nur als klassischer Brief ins Unternehmen eingehen. Heute ist eine Vielzahl anderer Eingangskanäle möglich. Eine wichtige Rolle spielen E-Mails, EDI, Portalanwendungen oder mobile Anwendungen. Aber auch soziale Netzwerke gehören zu den Plattformen, über die Input generiert wird.

**Content Management**

In vielen Unternehmen werden Dokumente in verschiedenen dezentralen Systemen verwaltet und aufbewahrt. Die Dokumente werden von den Benutzern zum Teil auch mehrfach an verschiedenen Orten abgelegt. Die Aufwände für die Verwaltung der Dokumente und die Suche nach abgelegten Dokumenten schießen durch eine nicht zentralisierte und unorganisierte Dokumentenablage und -verwaltung schnell in die Höhe.

Eine Dokumentenverwaltung speichert elektronische und digitalisierte Dokumente zentral in einem System. Die Dokumente werden versioniert, innerhalb elektronischer Akten dargestellt und mit Metadaten angereichert. Eine Dokumentenverwaltung beinhaltet in der Regel auch einen Workflow, über den die Dokumente versendet und bearbeitet werden können.

In der Vergangenheit wurde auch die Archivierung häufig als Dokumentenmanagementsystem bezeichnet. In einem Dokumentenmanagementsystem werden jedoch noch in Arbeit befindliche Dokumente aufbewahrt, keine archivierten Dokumente. Umgangssprachlich spricht man in diesem Kontext auch von *lebenden Dokumenten*. Ein Archivierungssystem kann aber Teil eines Dokumentenmanagementsystems sein, um Dokumente, die nicht mehr verändert werden dürfen, abzulegen.

**Archivierung**

Eingehende und ausgehende Dokumente, wie E-Mails, Papierdokumente und andere digitale Dokumente, müssen aufgrund gesetzlicher Bestimmungen für einen bestimmten Zeitraum aufbewahrt werden. Gibt es keine zentrale elektronische Archivierung, werden die Dokumente häufig dezentral in verschiedenen Systemen (Dateisystem, E-Mail-System, andere IT-Systeme) und in Papierarchiven aufbewahrt. Man spricht bei diesen dezentralen Systemen auch häufig von *Silos*. Silos behindern die Zusammenarbeit in den Geschäftsprozessen durch technologische Restriktionen. Häufig werden sie auch durch die Kultur in einem Unternehmen unterstützt (*Information Hiding*). Abbildung 1.6 veranschaulicht, wie viele verschiedene Datenhaltungssysteme Dokumente in einem einzigen Geschäftsprozess durchlaufen können. Durch solche Silos ist es nur schwer möglich oder gar unmöglich, die Einhaltung der gesetzlichen Aufbewahrungsfristen zentral sicherzustellen.

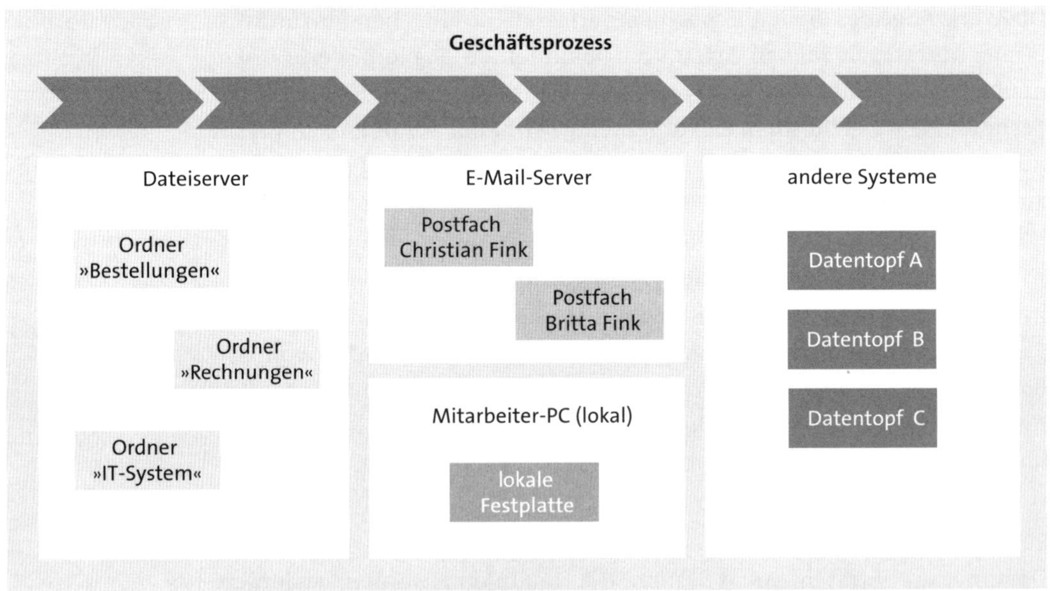


**Abbildung 1.6** Aufbewahrung von Dokumenten in Silos

**Revisionssichere Archivierung**

Eine zusätzliche Problemstellung bei der Ablage in verschiedenen Systemen ohne deren besonderen Schutz ist, dass die Unveränderbarkeit von Dokumenten nicht sichergestellt werden kann. Liegen die Dokumente nur in einem Dateisystem, könnte man sie beispielsweise mit einem guten Bildbearbeitungsprogramm anpassen. Durch eine revisionssichere Archivierung kann das Risiko einer möglichen Manipulation reduziert werden.

Der Begriff *revisionssicher* bedeutet, dass die Dokumente vor einer Manipulation geschützt sind und somit einer Überprüfung (Revision) standhalten. Die rechtlichen Grundlagen für die revisionssichere Archivierung und die Definition der aufbewahrungspflichtigen und aufbewahrungswürdigen Unterlagen bilden verschiedene gesetzliche Vorschriften (siehe auch Abschnitt 1.6, »Standards, Richtlinien und rechtliche Aspekte«). Um die Revisionssicherheit nachzuweisen, muss eine Verfahrensdokumentation angefertigt werden, die dokumentiert, dass die Geschäftsvorfälle und die beteiligten Dokumente unveränderbar sind.

**Output Management**

Das Output Management dient der Erstellung von ausgehenden Dokumenten. Die meisten Output-Management-Lösungen bieten Funktionen für die Übernahme von Daten aus dem führenden System, die Aufbereitung der Daten über eine Formularvorlage und die Generierung des ausgehenden Dokuments inklusive seines Versands über verschiedene Ausgangskanäle an.

**Anforderungen und Nutzen von ECM**

Der Nutzen eines ECM liegt laut einer Studie des Bundesverbandes Informationswirtschaft, Telekommunikation und neue Medien e. V. (Bitkom) aus dem Jahr 2017 (siehe *http://s-prs.de/v652405*) hauptsächlich in den folgenden Bereichen (siehe Abbildung 1.7):

- Prozesssicherheit und Prozessautomatisierung
- Reduzierung der *Total Cost of Ownership* (TCO) für das Handling der Dokumente (Ablegen, Suchen, Verwalten, Zugriff)
- Einhaltung der Gesetzgebung und der Richtlinien

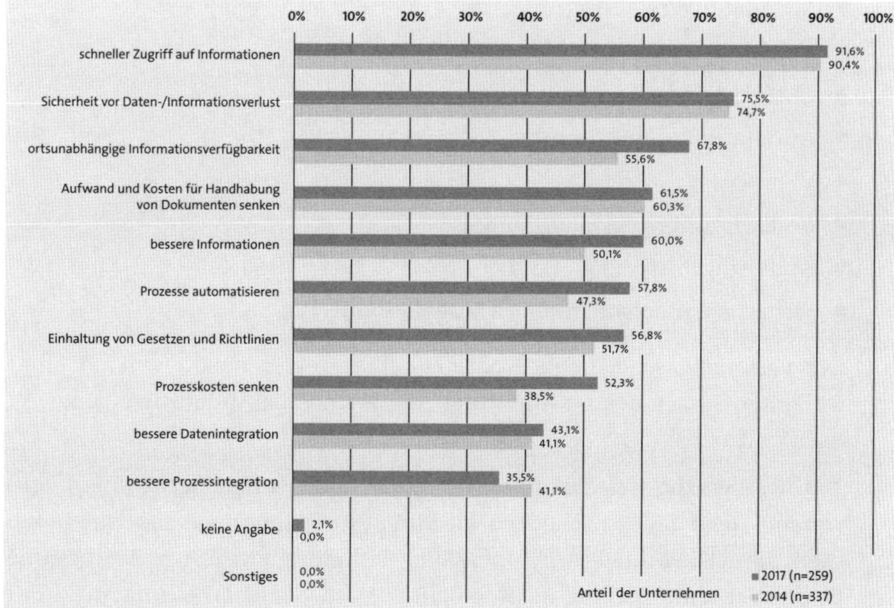


**Abbildung 1.7** Nutzen von ECM (Studie des Bitkom)

## 1.5 Lösungen für Dokumentenverwaltung, Enterprise Content Management und Enterprise Resource Planning

In diesem Abschnitt grenze ich die Aufgaben ab, die Systeme und Lösungen für Dokumentenverwaltung, ECM und ERP haben, und erläutere die jeweiligen Einsatzschwerpunkte.

**Dokumentenmanagementsystem**

Ein Dokumentenmanagementsystem ist ein Software- und Hardwaresystem, mit dem elektronische und digitalisierte Dokumente gespeichert und verwaltet werden können. Dokumentenmanagementsysteme unterstützen die Zusammenarbeit zwischen Anwendern durch die Möglichkeit, gemeinsam Dokumente in bestimmten Speicherbereichen zu verwalten. Die Dokumente werden in Dokumentenmanagementsystemen im Hintergrund über eine zentrale Datenbank verwaltet und oftmals aufgrund gesetzlicher Regelungen in einem elektronischen Archivierungssystem gespeichert.

Ein Dokumentenmanagementsystem umfasst folgende Funktionen:

- Speicherung und Verwaltung von Dokumenten
- Archivierung von Dokumenten
- Workflow-Unterstützung für dokumentenzentrierte Prozesse
- Digitalisierung von papierbasierten Dokumenten
- automatisierte Texterkennung von Dokumentinhalten
- Metadatenverwaltung
- Versionierung von Dokumenten
- Check-in und Check-out
- Annotationen und Stempel
- Viewer
- Reservierung von Dokumenten
- Änderungshistorie
- Sicherheitsmechanismen wie Zugangskontrolle

Die *Versionierung* ermöglicht die Erstellung einer neuen Version eines Dokuments nach dessen Änderung. Somit sind alle Änderungen jederzeit nachvollziehbar.

Zur Bearbeitung der Dokumente können diese ausgecheckt (*Check-out*) werden. Nach dem Auschecken wird im System angezeigt, dass das Dokument aktuell bearbeitet wird. In der Regel ist eine gleichzeitige Bearbeitung in den Systemen somit nicht möglich. Nach der Bearbeitung kann das Dokument wieder eingecheckt (*Check-in*) werden.

Eine *Annotation* ist eine Anmerkung oder eine Hinzufügung, wie ein Stempel oder eine Markierung einer Textstelle auf dem Dokument. Eine Annotation verändert das Originaldokument in der Regel nicht, da diese zum Dokument gespeichert werden.

Zur Anzeige verschiedener Dokumentenarten wird ein *Viewer* mit den Dokumentenmanagementsystemen ausgeliefert. Der Viewer ermöglicht z. B. auch die Nutzung von Annotationen.

**ERP**

ERP-Systeme sind betriebswirtschaftliche Softwarelösungen zur Steuerung von Geschäftsprozessen. Ein ERP-System stellt Unternehmen umfangreiche Funktionen für die Organisation ihrer Unternehmens- und Geschäftsprozesse zur Verfügung. Es basiert auf einer zentralen Datenbank, in der die eingepflegten Stamm- und Bewegungsdaten gespeichert werden. *Stammdaten* sind wichtige Grunddaten eines Unternehmens zu betriebswirtschaftlichen Objekten wie Kunden, Lieferanten, Mitarbeitern, Materialien usw. Die Stammdaten haben eine dauerhafte oder langfristige Gültigkeit. *Bewegungsdaten* sind im Unterschied zu Stammdaten nur kurzfristig gültig, wie z. B. die Bestelldaten während der Beschaffung.

SAP bietet mit der *SAP Business Suite* und *SAP S/4HANA* zwei entsprechende Lösungen, die jeweils verschiedene Komponenten für die verschiedenen Geschäftsprozesse beinhalten. SAP S/4HANA ist die Nachfolgelösung für die SAP Business Suite. Beide Lösungen sind im Bereich Enterprise Resource Planning (ERP) einzugliedern.

**ECM**

ECM ist ein ganzheitlicher Ansatz, um den unternehmensweiten Content zu verwalten und alle Content-Quellen zu erschließen. Das ECM dient somit als Konzept, um unterschiedliche Ansätze wie Dokumentenverwaltung, Workflow, Kollaboration und Archivierung aufeinander abzustimmen. ECM setzt auf unterschiedliche Werkzeuge, die den strukturierten und nicht strukturierten Content und dessen Informationen erschließen.

**Abgrenzung zwischen DVS, ECM und ERP**

Tabelle 1.2 fasst die Kriterien zur Abgrenzung von Dokumentenmanagementsystem, ERP-Systemen und ECM übersichtlich zusammen.

| Abgrenzungskriterien | Dokumentenmanagementsystem | ECM | ERP |
|---|---|---|---|
| Beschreibung | Software- und Hardwaresystem | ein Konzept bzw. eine Strategie, die durch Software- und Hardwaresysteme umgesetzt wird | Softwaresystem |

**Tabelle 1.2** Kriterien zur Abgrenzung von Dokumentenmanagementsystem, ECM und ERP

| Abgrenzungs-kriterien | Dokumentenmanagementsystem | ECM | ERP |
|---|---|---|---|
| allgemeine Ziele | Sammeln von Daten, Informationen und Dokumenten, Kostenreduktion, Erfüllen von Nachweispflichten | Beschreibung, wie das Verwalten und Bereitstellen von komplexen Informationen sowie das Erfüllen von Nachweispflichten erfolgen soll | Organisieren von betriebswirtschaftlichen Abläufen |
| Schwerpunkt | Dokumentenmanagement mit OCR, Datenbanken, Workflows, Archivierung | Strategie, wie Content (Dokumente, Stamm- und Bewegungsdaten) verwaltet und integriert werden kann | Verwaltung von Stamm- und Bewegungsdaten |
| Verwaltung von strukturiertem Content | ja | durch den Einsatz von Werkzeugen in der Strategie | ja |
| Verwaltung von unstrukturiertem Content | ja | durch den Einsatz von Werkzeugen in der Strategie | bedingt |
| betriebswirtschaftliche Kernprozesse | nein | nein | ja |
| Speicherung von Daten in einer zentralen Datenbank | ja, Metadaten des unstrukturierten Contents | durch den Einsatz von Werkzeugen in der Strategie | ja, Stamm- und Bewegungsdaten |
| Verwaltung von Dokumenten mit Funktionen wie Versionierung, Check-in/Check-out | ja | durch den Einsatz von Werkzeugen in der Strategie | bedingt |
| revisionssichere Archivierung | ja | durch den Einsatz von Werkzeugen in der Strategie | nein |

**Tabelle 1.2** Kriterien zur Abgrenzung von Dokumentenmanagementsystem, ECM und ERP (Forts.)

| Abgrenzungs-kriterien | Dokumentenmanagementsystem | ECM | ERP |
|---|---|---|---|
| Workflow-Integration | ja, meist dokumentenbezogene Workflows | durch den Einsatz von Werkzeugen in der Strategie | ja, meist betriebswirtschaftliche, belegorientiere Workflows |

**Tabelle 1.2** Kriterien zur Abgrenzung von Dokumentenmanagementsystem, ECM und ERP (Forts.)

## 1.6 Standards, Richtlinien und rechtliche Aspekte

Gesetze und Verordnungen schreiben allen Unternehmen vor, bestimmte Unterlagen für einen bestimmten Zeitraum aufzubewahren. Durch eine elektronische oder papierbasierte Archivierung der relevanten Dokumente werden die gesetzlichen und internen Anforderungen an die Aufbewahrung erfüllt.

In einer ECM-Strategie müssen das Handling und die Langzeitarchivierung von Geschäftsunterlagen (revisionssichere Archivierung) unter anderem durch eine elektronische Archivierung unterstützt werden. Die folgenden Aspekte sind bei der Einführung einer revisionssicheren Archivierung zu beachten:

- gesetzliche Anforderungen an die Aufbewahrung von Dokumenten
- Aufbewahrungsfristen
- Verfahrensdokumentation

In den folgenden Abschnitten behandle ich die Vorschriften, die diesen drei Bereichen zuzuordnen sind.

### 1.6.1 Gesetzliche Anforderungen an die Aufbewahrung von Dokumenten

Die gesetzlichen Anforderungen an die Aufbewahrung von Dokumenten können wiederum drei Dimensionen zugeordnet werden:

- nationale und internationale Anforderungen an die Aufbewahrung
- branchenspezifische Anforderungen an die Aufbewahrung
- Anforderungen abhängig von der Art des Dokuments

Auch interne Regelungen zur elektronischen Archivierung können aus betriebswirtschaftlicher Sicht eine Rolle für die Aufbewahrung von Dokumenten spielen.

### Nationale und internationale Anforderungen an die Archivierung

Dokumente unterliegen gesetzlichen Anforderungen und müssen diesen Regelungen entsprechend aufbewahrt werden. Neben konkreten Anforderungen an die Archivierung sind auch Verjährungs- und Haftungsvorschriften zu beachten.

**Übersicht der Vorschriften**

In der folgenden Übersicht stelle ich die nationalen und internationalen Anforderungen an die Aufbewahrung von Dokumenten zusammen. Diese Zusammenstellung ist nicht abschließend und kann Änderungen unterliegen. Informieren Sie sich daher regelmäßig über neue gesetzliche Regelungen.

- Nationale Vorschriften:
  - Abgabenordnung (AO)
  - Handelsgesetzbuch (HGB)
  - Grundsätze zur ordnungsmäßigen Führung und Aufbewahrung von Büchern, Aufzeichnungen und Unterlagen in elektronischer Form sowie zum Datenzugriff (GoBD)
  - Umsatzsteuergesetz (UStG)
  - Umsatzsteuer-Anwendungserlass (UStAE)
  - Geldwäschegesetz (GwG)
  - Basel II
  - Gesetz zur Kontrolle und Transparenz im Unternehmensbereich (KonTraG)
  - FAIT 1–3 (FAIT = Fachausschuss für Informationstechnologie; Dokumente des Institut der Wirtschaftsprüfer in Deutschland, kurz IDW)
- Internationale Vorschriften:
  - Department of Defense (DOD)
  - Sarbanes-Oxley (SOX)
  - ISO 15489 (ISO = International Organization for Standardization)
  - FDA 21 Code of Federal Regulations (CFR) Part 11 (FDA = Food and Drug Administration)
  - Good Automated Manufacturing Practice Supplier Guide for Validation of Automated Systems in Pharmaceutical Manufacture (GAMP)

**HGB und AO**

Das *Handelsgesetzbuch* (HGB) und die *Abgabenordnung* (AO) sind in Deutschland für alle Unternehmen bindend. Beide Gesetze beinhalten Regeln für die Aufbewahrung von aufbewahrungspflichtigen Dokumenten.

Sie schreiben für die Dokumente, die gescannt wurden, folgende Regeln vor:

- Sie müssen inhaltlich und bildlich gleich sein.
- Sie müssen unveränderbar und vollständig sein.
- Sie müssen einer bestimmten Aufbewahrungsfrist unterliegen.

Stellt man die Regelungen von HGB und AO gegenüber, stellt man fest, dass sie sich inhaltlich sehr ähnlich sind bzw. dass sich die Inhalte teilweise entsprechen. Tabelle 1.3 zeigt eine Übersicht der relevanten Paragraphen.

| Anforderungen | HGB | AO |
|---|---|---|
| allgemeine Anforderungen an Buchführung und Aufzeichnungen | § 238 | § 140 |
| allgemeine Anforderungen an Buchführung und Aufzeichnungen | § 239 | § 146 |
| aufbewahrungspflichtige Unterlagen und Aufbewahrungsfristen | § 257 | § 147 |

**Tabelle 1.3** Anforderungen des HGB und der AO

GoBD

Die *Grundsätze zur ordnungsmäßigen Führung und Aufbewahrung von Büchern, Aufzeichnungen und Unterlagen in elektronischer Form sowie zum Datenzugriff* wurden mit einem Schreiben vom 14. November 2014 durch das Bundesministerium für Finanzen (BMF) herausgegeben. Die GoBD sind seit dem 1. Januar 2015 gültig und haben die folgenden früheren Vorschriften abgelöst:

- *Grundsätze zum Datenzugriff und zur Prüfbarkeit digitaler Unterlagen* (GDPdU) aus dem Jahr 2001
- *Grundsätze ordnungsgemäßer DV-gestützter Buchführungssysteme* (GoBS) aus dem Jahr 1995

Die GoBD regeln die Vorgaben an IT-gestützte Prozesse für den Einsatz steuerrelevanter IT-Systeme aus Sicht der Finanzverwaltung. Die Vorgaben lauten:

- Grundsatz der Nachvollziehbarkeit und Nachprüfbarkeit
- Grundsätze der Wahrheit, Klarheit und fortlaufenden Aufzeichnung:
  - Vollständigkeit
  - Richtigkeit
  - zeitgerechte Buchungen und Aufzeichnungen

- Ordnung
- Unveränderbarkeit

Eine wichtige Unterlage ist in diesem Zusammenhang die *Verfahrensdokumentation*. Die Verfahrensdokumentation ist verpflichtend und immer auf dem aktuellen Stand zu halten.

**UStG und UStAE** Das *Umsatzsteuergesetz* (UStG) verweist für die Aufbewahrung von Rechnungen auf den *Umsatzsteuer-Anwendungserlass* (UStAE, siehe auch *http://s-prs.de/v652404*):

Ergänzend zum UstG § 14 wird im UStAE Abschnitt 14 b.1. definiert:

> *»Nach § 14 b Abs. 1 UStG hat der Unternehmer aufzubewahren:*
>
> *– ein Doppel der Rechnung, die er selbst oder ein Dritter in seinem Namen und für seine Rechnung ausgestellt hat,*
>
> *– alle Rechnungen, die er erhalten oder die ein Leistungsempfänger oder in dessen Namen und für dessen Rechnung ein Dritter ausgestellt hat.«*

### Archivierungsanforderungen nach Regelungsbereich/Branche

Neben den grundlegenden Gesetzen und Verordnungen, wie HGB, AO etc., gibt es weitere Archivierungsanforderungen (Aufbewahrungsfristen) nach dem sogenannten *Regelungsbereich*, also abhängig von der Branche, z. B. für den privaten oder öffentlichen Sektor.

**Anlagenbau** Im Bereich Anlagenbau sind mehrere Richtlinien anzutreffen, wie z. B. die Maschinenrichtlinie (MRL/2006), die ATEX-Produktrichtlinie und die Druckgeräterichtlinie/Druckgeräteverordnung (14. GPSGV). Die Maschinenrichtlinie (MRL/2006) legt beispielsweise Folgendes fest:

- 10 Jahre Aufbewahrungsfrist für die EU-Konformitätserklärung (Original) nach dem letzten Tag der Herstellung der Maschine
- 15 Jahre Aufbewahrungsfrist nach Ausstellung der Bescheinigung (EU-Baumusterprüfbescheinigung)

### Aufbewahrungsfristen nach Dokumentenarten

**Spezifische Fristen** Aufbewahrungsfristen hängen von vielen Faktoren ab, wie konkreten Gesetzen und Verordnungen, Verjährungsfristen und Branchenspezifika. Häufig sind aber auch Aufbewahrungsfristen für konkrete Dokumentenarten zu finden. In Tabelle 1.4 sind einige Beispiele aufgeführt.

| Aufbewahrungsfrist | Beispieldokumentenarten |
|---|---|
| 0,5 Jahre | Arbeitszeitnachweise Binnenschifffahrt |
| 2 Jahre | Arbeitsverzeichnisse in Eisen-, Stahl- und Papierindustrie |
| 5 Jahre | Beitragsberechnung zur Unfallversicherung |
| 6 Jahre | Darlehensunterlagen (nach Vertragsablauf) |
| 30 Jahre | Sozialversicherungsrechnungswesen Jahresrechnung |

**Tabelle 1.4** Aufbewahrungsfristen konkreter Dokumentenarten

### 1.6.2 Betriebswirtschaftliche Aspekte der Archivierung

In Unternehmen gehen täglich viele Informationen als unstrukturierter Content ein, der wiederum Geschäftsprozesse initiiert. Dieser Content besteht zum größten Teil aus Dokumenten wie den folgenden:

- E-Mails
- PDF-Dateien
- Papierdokumente
- andere elektronische Dateien (IDoc, XML, CSV, TXT)

**Compliance-Regeln**

Nicht nur externe Dokumente sind geschäftsrelevant, sondern auch unternehmensinterne Dokumente. All diese Dokumente tragen Informationen, die wiederum gewissen Compliance-Regeln unterliegen. Die Compliance-Regeln besagen, dass bestimmter Content, wie z. B. die genannten Papierdokumente, einer bestimmten Aufbewahrungsfrist unterliegt. Deshalb werden die Dokumente beispielsweise in einem Papierarchiv, in verschiedenen Büroräumen und natürlich auch unternehmensweit, d. h. über mehrere Standorte verteilt, gelagert bzw. aufbewahrt. Im Jahr 2010 habe ich hierzu eine Beispielkalkulation bei einem großen mittelständischen Unternehmen durchgeführt. In dieser Beispielkalkulation kamen für eine papierbasierte Aufbewahrung der relevanten Dokumente über 2.000.000 Euro für die gesamte Aufbewahrungsfrist von 12 Jahren zusammen. Wie man auf die Aufbewahrungsfrist von 12 Jahren kommt, wird in Tabelle 1.5 beispielhaft erläutert.

| Stichtag | Datum |
|---|---|
| Eingang der Rechnung | 05.01.2010 |
| 10 Jahre Aufbewahrungsfrist zum Ende des Jahres | 31.12.2020 |
| zuzüglich Puffer für die Festsetzungsfrist von 1 Jahr | 31.12.2021 |

**Tabelle 1.5** Beispiel der Aufbewahrungsfrist einer Rechnung

**Kosten für die Aufbewahrung**

In den Kosten wurden unter anderem Aufwände für folgende Positionen eingerechnet:

- Mietkosten für Staufläche
- Kosten für Archivierungsmaterial (Ordner, Büromaterial)
- Druckkosten, z. B. für das Ausdrucken von E-Mails
- Kosten für Schränke
- Kosten für die Verwaltung, z. B. Ein- und Auslagerung

Eine elektronische Archivierung kann in diesem Beispiel zu einer erhebliche Kostenreduzierung für die Aufbewahrung der Dokumente führen.

**Aufbewahrungsfrist einer Rechnung**

Betrachtet man z. B. die Aufbewahrungsfrist einer eingehenden Rechnung, muss man diese für 10 Jahre aufbewahren. Hinzu kommt der Zeitraum vom Eingang der Rechnung (Buchung) bis zum Ende des Kalenderjahres (maximal also zusätzlich 11 Monate und 30 Tage). Die Aufbewahrungsfrist kann sich jedoch verlängern, wenn für Dokumente, die für die Steuerprüfung relevant sind, die Festsetzungsfrist noch nicht abgelaufen sein sollte (§ 147 Abs. 3 AO). Deshalb wird für Rechnungen und deren Anlagen eine Aufbewahrungsfrist von 12 Jahren empfohlen. Hintergrund ist, dass nach Ablauf der Festsetzungsfrist eine Aufhebung oder Änderung der Steuerfestsetzung nicht mehr zulässig ist.

Die Aufbewahrungsfristen stehen in einem engen Zusammenhang mit den zu archivierenden Daten und Informationen des Contents. Die konkreten Fristen können aus dem Inhalt, den Prozessen und dem Rechtsverkehr abgeleitet werden. Nach Ablauf der Verjährungsfrist können die Unterlagen entsorgt bzw. vernichtet werden.

**Verjährungsfristen**

Eine Übersicht zu einigen Verjährungsfristen ist Tabelle 1.6 zu entnehmen (zusammengestellt von Odenthal, R.: Digitale Archivierung, 2011, S. 68).

Sollten Dokumente einen steuerlichen Bezug aufweisen, werden die Fristen durch die steuerlichen Aufbewahrungsfristen entsprechend »überdeckt«. Als Beispiel kann die Aufbewahrung der Dokumentationen von steuerrelevanten IT-Verfahren genannt werden. Diese Unterlagen müssen durchweg 10 Jahre aufbewahrt werden.

| Regelbereich | Unterlagen/Daten | Frist |
|---|---|---|
| regelmäßige Verjährung | Unterlagen zu Vorgängen ohne Sonderregelung | 3 Jahre |
| Kauf- und Werksvertragsrecht | Unterlagen zum Nachweis von Gewährleistungs- und Erfüllungsansprüche | 2 Jahre |
| | Dokumente zu Baustoffen | 5 Jahre |
| Gesellschaftsrecht | Unterlagen zur Auskunft über Tätigkeiten von Gesellschaftern und Geschäftsführern | 5 Jahre |
| Wirtschaftsprüfungsordnung (WPO) | Dokumente zur Abschlussprüfung | 5 Jahre |
| Handelsrecht und Abgabenordnung (AO) | empfangene und abgesandte Handelsbriefe | 6 Jahre |
| | Spezialdokumente wie Bilanzen/GUV, Belege, Arbeitsanweisungen etc. | 10 Jahre |
| Patentrecht | Unterlagen zu Patenten und Geschmacksmustern | 20 Jahre |
| Sonstiges | Unterlagen zu gerichtlichen Verfahren, Vertragsstrafen und Bürgschaften | 30 Jahre |
| | Dokumente zu getilgten Darlehen | 30 Jahre |
| | Dokumente zu verbrieften Urheberrechten | 70 Jahre |

**Tabelle 1.6** Übersicht zu Verjährungsfristen

### 1.6.3 Verfahrensdokumentation

Die GoBD fordern in Tz 151 ff. die Erstellung einer übersichtlich gegliederten Verfahrensdokumentation, da die Ordnungsmäßigkeit der Aufbewahrung auch im Zusammenhang mit dem Verfahren und dem Datenverarbeitungssystem (DV-System) steht. Ein sachverständiger Dritter muss in angemessener Zeit die Verfahrensdokumentation prüfen können.

**Inhalte der Verfahrensdokumentation**

Die Verfahrensdokumentation beschreibt den organisatorischen und technischen Prozess von der Entstehung der Information über die Verarbeitung bis hin zur Speicherung. Dabei wird insbesondere festgehalten, welche Maßnahmen zur Wiederauffindbarkeit und Absicherung vor Verlust und

Verfälschung getroffen werden. In Tz 153 GoBD sind die Inhalte der Verfahrensdokumentation klar geregelt:

- allgemeine Beschreibung
- Anwenderdokumentation
- technische Systemdokumentation
- Betriebsdokumentation

Eine Verfahrensdokumentation muss laut Tz 160 GoBD auf Verlangen vorgelegt werden. Die Verfahrensdokumentation soll einen vollständigen Systemüberblick ermöglichen. Somit ist jedes Unternehmen zur Erstellung einer entsprechenden Verfahrensdokumentation verpflichtet.

Die Auswirkungen einer fehlenden oder ungenügenden Verfahrensdokumentation sind in Tz 155 der GoBD ebenfalls benannt:

> *»Soweit eine fehlende oder ungenügende Verfahrensdokumentation die Nachvollziehbarkeit und Nachprüfbarkeit nicht beeinträchtigt, liegt kein formeller Mangel mit sachlichem Gewicht vor, der zum Verwerfen der Buchführung führen kann.«*

Die Vorgaben sollten durch alle Unternehmen beachtet werden, d. h., eine entsprechende Verfahrensdokumentation sollte erstellt werden. Eine nicht vorliegende Verfahrensdokumentation kann im Fall einer Prüfung durch die Finanzbehörden zur Verwerfung der Buchführung führen und erhebliche Nachforderungen nach sich ziehen.

Kapitel 2

# Enterprise Content Management und SAP

*Dieses Kapitel befasst sich zunächst mit der Integration von ECM in SAP-Systemen. Danach gebe ich Ihnen einen Überblick über die strategische Ausrichtung von SAP im ECM-Umfeld.*

**Digitale Transformation**

Aktuell ist die *digitale Transformation* für Unternehmen von großer Bedeutung. Die Digitalisierung von Geschäftsprozessen ist Teil der digitalen Transformation und ein essenzieller Erfolgsfaktor für die zukünftige, positive Unternehmensentwicklung. Geschäftsprozesse werden aus diesem Grund *End-to-End* digitalisiert, also über die gesamte Prozesskette hinweg. Die digitale Transformation umfasst nicht nur über die Digitalisierung von Geschäftsprozessen, sondern stellt auch komplette Geschäftsprozesse infrage. Neue Technologien können Geschäftsprozesse komplett neu gestalten oder sogar ersetzen.

**Dokumentenbasierte Geschäftsprozesse**

Geschäftsprozesse starten häufig mit dem Zugang eines Dokuments von einem Lieferanten oder Kunden. Zusätzlich entstehen Dokumente während des SAP-Geschäftsprozesses im Unternehmen, die an die Lieferanten oder Kunden übermittelt und auch archiviert werden müssen. Um einen voll digitalisierten End-to-End-Prozess zu etablieren, müssen verschiedene Dokumentenformate verarbeitet werden und muss nicht digitaler Content digitalisiert werden können.

**ECM-Strategie im SAP-Umfeld**

Genau hier setzt eine ECM-Strategie an und unterstützt innerhalb der globalen Digitalisierungsstrategie die Digitalisierung der gesamten Prozesskette. Eingehender Content in nicht digitaler Form wird mithilfe von ECM-Anwendungen digitalisiert, archiviert und in einer elektronischen Akte zur Verfügung gestellt. Ausgehender Content wird mithilfe von ECM-Anwendungen digital aufbereitet, digital an die Kunden und Lieferanten übermittelt, archiviert und ebenso in einer elektronischen Akte abgelegt.

Somit kann eingehender digitaler Content ohne Medienbruch verarbeitet werden. Die enthaltenen Informationen und Daten werden durch ECM-Anwendungen automatisiert extrahiert und auf ihre Richtigkeit und Plausibilität hin überprüft. Extrahierte Daten und die dazugehörigen Dokumente werden sowohl an das führende System, das SAP-System, als auch an die ECM-Anwendung, z.B. das Archivsystem, übergeben. Durch die enge Verzahnung der ECM-Anwendungen mit dem SAP-System wird eine vollständige Digitalisierung von Geschäftsprozessen möglich. Medienbrüche werden beseitigt, und der Zugang zu Daten und Dokumenten in den jeweiligen Prozessschritten wird für den Anwender ermöglicht.

In den folgenden Abschnitten werde ich Ihnen einen Überblick über die Strategie von SAP im Themenfeld ECM geben und die ECM-Werkzeuge von SAP und des strategischen Partners OpenText vorstellen.

## 2.1 Content in SAP-Geschäftsprozessen

**Rechnungsverarbeitung**

Betrachten wir als Beispiel eine eingehende Rechnung. Ohne Unterstützung einer ECM-Anwendung werden die Daten der Rechnung manuell durch den Benutzer im SAP-System erfasst. Die nachweispflichtigen und geschäftsprozesswichtigen Rechnungsdokumente und Anlagen werden entweder in einem der verschiedenen digitalen Silos oder im Original als Papierdokument in einem Lieferantenordner abgelegt. Nicht nur das eigentliche Rechnungsdokument ist in diesem Geschäftsprozess relevant. Die Korrespondenz zur Rechnung liegt als E-Mail im E-Mail-Postfach der Buchhaltung und das zur Rechnung gehörende Bestelldokument sowie die relevanten Anlagen im Laufwerk der Einkaufsabteilung.

Um alle Informationen zu einem Geschäftsprozess auswerten zu können, muss der Anwender auf verschiedene, nicht miteinander verbundene Medien und Anwendungen in mehreren Abteilungen/Bereichen zugreifen. Der Zeitaufwand für die Suche der relevanten Informationen und Bearbeitung solcher übergreifenden Prozesse ist groß, verursacht somit hohe Bearbeitungskosten und ist zudem fehleranfällig.

**Ziele einer SAP- und ECM-Integration**

Die Integration von ECM-Anwendungen in das SAP-System ermöglicht transparentere und vollständig digitale End-to-End-Geschäftsprozesse mit den folgenden Zielen:

- Die Daten und Dokumente des eingehenden Contents werden extrahiert.
- SAP-Belege werden mit diesen extrahierten Daten angelegt oder angereichert.
- Die zum SAP-Beleg gehörigen Dokumente sind im Geschäftsprozess digital und ohne Hindernisse zugänglich.

Denkt man einen Schritt weiter, ermöglicht die Integration von ECM-Anwendungen auch abteilungs- und bereichsübergreifende Prozesse ohne Medienbruch. Der Zugriff auf die Dokumente richtet sich hierbei nach den Geschäftsprozessen und den Zuständigkeiten in den verschiedenen Abteilungen. Dokumente werden für die Bearbeitungen des Geschäftsprozesses dann nicht mehr von den Beteiligten kopiert und weitergegeben, sondern können direkt über die ECM-Anwendung recherchiert und verwendet werden.

**Benutzeroberflächen**

Sind die ECM-Anwendungen und das SAP-System hochgradig integriert, kann der Anwender weiterhin die ihm vertraute Benutzeroberfläche, wie etwa Outlook, SAP GUI, SAP Fiori, Webbrowser oder Dateisystem, verwenden oder bei Bedarf auf eine spezielle Benutzeroberfläche der ECM-Anwendung wechseln. Wichtig für die Bearbeitung ist unter anderem auch die einfache Integration von E-Mail- und Dateisystem sowie die problemlose Anzeige verschiedener Dokumentenformate.

**Dokumentenformate**

Wie im vorangehenden Kapitel angerissen, wird während der im SAP-System ablaufenden Geschäftsprozesse verschiedenster Content generiert und verwendet. Häufig handelt es sich um Dokumente oder Bilder, die eine wichtige Rolle für die Bearbeitung der Geschäftsprozesse spielen. Die am Geschäftsprozess beteiligten Dokumente können in verschiedenen Formaten auftreten (siehe Tabelle 2.1).

| Dokumentenformat | Form | Beschreibung |
|---|---|---|
| Papierdokument | unstrukturiert | Papierdokument, z. B. Rechnung, Bestellung, Lieferschein |
| E-Mail | unstrukturiert | E-Mail mit PDF- Datei, z. B. Rechnung |
| Media Dateien (Media Assets) | unstrukturiert | Bilder, Audio, Video, Grafiken |
| elektronisches Dokument in unstrukturierter Form | unstrukturiert | PDF-Datei, z. B. Rechnung, Bestellung, Lieferschein |
| elektronisches Dokument in strukturierter Form | strukturiert | XML-Datei, z. B. Rechnung, Bestellung, Lieferschein |

**Tabelle 2.1** Dokumentenformate in SAP-Geschäftsprozessen

**Kommunikationskanäle**

Der Content wird über verschiedene *Kommunikationskanäle* empfangen und versendet. Der Einsatz verschiedener ECM-Anwendungen ermöglicht die Einbindung der Kommunikationskanäle in Geschäftsprozesse. Die wichtigsten Kanäle sind in Tabelle 2.2 aufgeführt. Der Content wird ohne Unterstützung eines ECM-Werkzeugs meist papierbasiert per Post oder als E-Mail empfangen oder versendet. Der manuelle Aufwand und der Ressourceneinsatz (unter anderem Drucker, Toner, Poststelle, Kuvertierung, Porto ...) kann durch die vollkommene digitale Verarbeitung weitgehend reduziert werden. Durch den Einsatz von Geschäftsnetzwerken (*Business Networks*) und *Electronic Data Interchange* (EDI) entsteht eine B2B-Integration (Business-to-Business) zum Austausch von Dokumenten und Daten. Auch der in die Jahre gekommene Kommunikationskanal *File Transfer Protocol* (FTP) wird noch häufig für die Übermittlung von Content verwendet.

| Kanal | Beschreibung |
|---|---|
| Post/Papier | Die papierbasierten Dokumente gehen über den konventionellen Weg per Post ein. |
| E-Mail | elektronischer Kanal zum Austausch von Informationen und Dokumenten |
| EDI | Konkretes Verfahren zum Daten- und Dokumentenaustausch. Wird durch die Vereinbarungen von Rahmenbedingungen wie Dokumentenformate, Dokumentinhalte und technische Spezifikation der Übertragungskommunikation möglich. |
| Business Network | B2B-Integration durch ein digitales Ökosystem und eine dynamische Kollaborationsplattform. Das Business Network organisiert den Datenaustausch zwischen Unternehmen mit zum Teil tiefer Integration in die Geschäftsprozesse der beteiligten Partner. |
| FTP | Dient dazu, Informationen, Daten und Dokumente zwischen Computern auszutauschen. |

**Tabelle 2.2** Kanäle für den Empfang und Versand von Content

**Business Network und EDI**

In Abbildung 2.1 werden die Unterschiede zwischen dem Geschäftsnetzwerk oder Business Network und EDI schnell ersichtlich. Bei einer EDI-Verbindung handelt es sich um eine Punkt-zu-Punkt-Verbindung zwischen zwei Unternehmen. Hierbei müssen die Rahmenbedingungen für den Daten- und Dokumentenaustausch in einem Projekt mit dem jeweiligen Vertragspartner vereinbart und umgesetzt werden. Das Geschäftsnetzwerk hingegen ist eine meist cloudbasierte Plattform, auf der sich die Kommunikationspartner (Kunden und Lieferant) registrieren können. Der Kommunikationspartner baut hierzu eine Kommunikationsverbindung

(EDI-Verbindung) zum Geschäftsnetzwerk auf und kann mit allen anderen angebundenen Kommunikationspartnern Content austauschen. Der Aufwand wird hierdurch im Vergleich zur Einzelvereinbarung bei der Punkt-zu-Punkt-Verbindung reduziert.

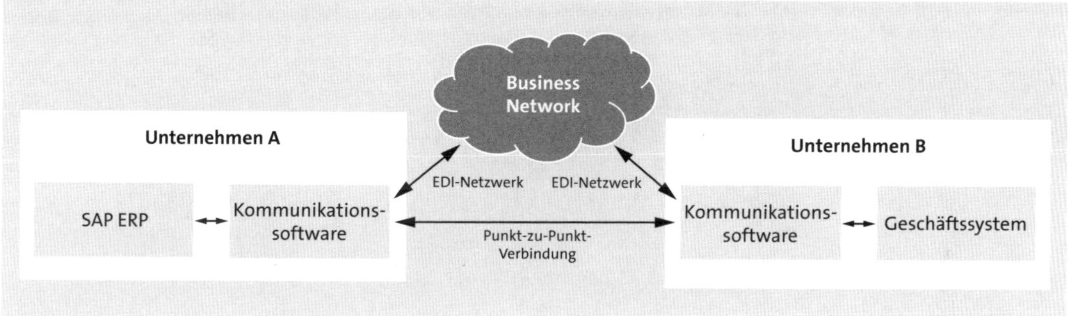


**Abbildung 2.1** Geschäftsnetzwerke und EDI

**EDI-Standards**

Geschäftsnetzwerke setzen auf EDI-Standards. Diese sollen helfen, den Aufwand für die Abstimmungen und Umsetzungen zu minimieren. Diverse Standards im EDI-Umfeld helfen, die Umsetzung von EDI-Verbindungen zu beschleunigen. Folgende Standards werden unterschieden:

- EDI-Dokumentenstandards (auch Nachrichtenstandards)
- EDI-Nachrichtenprotokolle

Die EDI-Dokumentenstandards sind verschiedene Nachrichtenformate, in denen der Aufbau und der Inhalt der Nachricht definiert wird. Je nach Interessengruppe oder Region stehen verschiedene Nachrichtenformate zur Verfügung. Die Nachrichtenformate werden durch Organisationen wie die United Nations (UN), das American National Standards Institute (ANSI), das Deutsche Institut für Normung (DIN) oder den Verband der Automobilindustrie (VDA) definiert.

Eines der wichtigsten Formate ist die *UN/EDIFACT-Nachricht* (United Nations Rules for Electronic Data Interchange For Administration, Commerce and Transport). Unterhalb von Nachrichtenformaten können zudem sogenannte *Subsets* definiert werden. Die Subsets sind Abwandlungen (Dialekte), die z. B. für gewisse Branchen ausgeprägt werden. Somit gibt es eine Vielzahl von vordefinierten Nachrichtenformaten, die aber trotzdem nicht für alle Szenarien ausreichen. Deshalb werden in Projekten oft eigene Nachrichtenformate definiert. SAP beispielsweise nutzt Intermediate Document (*IDoc*) als zentrales Format zum Datenaustausch. Mit dem Format IDoc stehen wiederum diverse *Nachrichtentypen* zur Verfügung. Abbildung 2.2 zeigt einige EDI-Nachrichtenstandards im Überblick.

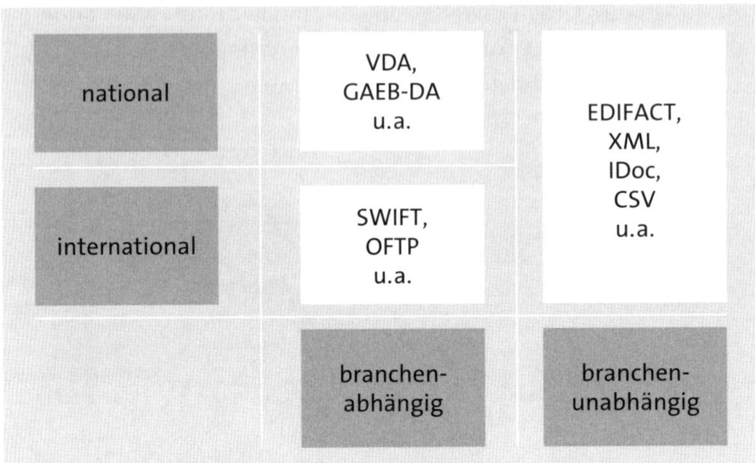


**Abbildung 2.2** EDI-Nachrichtenstandards

**File Transfer Protocol**

Häufig werde Daten und Dokumente über FTP ausgetauscht. Ähnlich wie bei EDI können die Partner mit FTP Daten miteinander austauschen. Der Unterschied zu EDI ist, dass die technische Verbindung schnell und einfach durch die Bereitstellung eines Benutzerkontos und einer FTP-Zugriffsadresse zur Verfügung gestellt werden kann. Die Formate des Contents, meist strukturierte Dateien, müssen natürlich abgestimmt werden, sodass alle beteiligten Systeme die strukturierten Dateien verarbeiten können.

**SAP-Werkzeuge**

SAP stellt für die Kommunikation über verschiedene Eingangs- und Ausgangskanäle eigene Werkzeuge bereit. In Tabelle 2.3 sind die Standard-SAP-Werkzeuge für die verschiedenen Kanäle aufgeführt.

| Kanal | SAP-Werkzeug |
|---|---|
| E-Mail | E-Mail-Service des SAP-Systems |
| EDI | SAP Process Integration (PI)/Process Orchestration (PO), SAP Cloud Platform Integration (CPI) |
| Business Network | SAP Ariba (Ariba Network) |

**Tabelle 2.3** SAP-Werkzeuge zur Anbindung verschiedener Kanäle

Die Werkzeuge für die Kommunikation mit den verschiedenen externen Partnern sind ein wichtiger Bestandteil einer ECM-Strategie.

[+]



**Literatur zu Kommunikationskanälen und Werkzeugen**

In diesem Buch verzichte ich jedoch auf eine Vertiefung dieses Themas. Folgende Fachbücher beschäftigen sich mit diesen Themenstellungen:

- M. Mock, S. Wagner: Einkauf mit SAP Ariba (SAP PRESS 2017)
- J. Ashlock, R. Srinivas: SAP Ariba. Business Processes, Functionality, and Implementation (SAP PRESS 2019)
- M. Banner, O. Glebsattel, R. Herrmann, A. Labrache, C. Niermann: SAP Process Orchestration und SAP Cloud Platform Integration (SAP PRESS 2018)
- S. Schreckenbach: Praxishandbuch SAP-Administration (3. Auflage, SAP PRESS 2014)
- S. Maisel: IDoc-Entwicklung für SAP (3. Auflage, SAP PRESS 2016)

Damit die in den Dokumenten enthaltenden Daten und Informationen gewonnen, genutzt und verwaltet werden können, stellt SAP ein entsprechendes Lösungs-Portfolio zusammen mit dem strategischen Partner *OpenText* bereit. Dieses Lösungs-Portfolio stelle ich Ihnen in den folgenden Kapiteln vor.

## 2.2 Die ECM-Strategie von SAP

SAP entwickelt seit Jahren verschiedene Ansätze und Möglichkeiten, um Content im SAP-System zu verwalten. Die verschiedenen Ansätze ermöglichen z. B. die Ablage von Dokumenten über die von SAP entwickelten Services in einem externen Ablagesystem.

### 2.2.1 Historische Entwicklung der ECM-Strategie

**Der Beginn der ECM-Strategie**

Zur Anbindung des externen Ablagesystems hat SAP im Jahr 1992 zusammen mit der Firma Ixos den Standard *SAP ArchiveLink* entwickelt. Der Standard ermöglicht die Anbindung von SAP-Systemen an SAP-ArchiveLink-zertifizierte Ablagesysteme und die Ablage von Content in diesen Ablagesystemen. Weitere Informationen zu SAP ArchiveLink finden Sie in Abschnitt 4.1.

**Erste Dokumentenverwaltungswerkzeuge**

Im Rahmen der Entwicklung von *SAP Product Lifecycle Management* (SAP PLM) wurde das SAP-Werkzeug *Dokumentenverwaltungssystem* (DVS) als Werkzeug für die Verwaltung von *CAD-Zeichnungsobjekten* (*Computer-aided Design*) entwickelt und eingesetzt. CAD-Zeichnungsobjekte sind Darstellungen der Produkte in der Konstruktion und Fertigung. Weitere Informationen zu DVS finden Sie in Abschnitt 5.3. In den Jahren 2007 bis 2010 baute SAP seine ECM-Strategie weiter aus und lieferte weitere ECM-Werkzeuge wie *SAP Records Management* als elektronisches Aktenverwaltungssystem mit integrierter Steuerung der Dokumentenprozesse und *SAP Easy Document Management* als ergänzende Benutzeroberfläche außerhalb des SAP GUI aus. Die Basis dieser Werkzeuge ist jeweils der *Knowledge Provider* (KPro). Er bildet die anwendungs- und medienneutrale informationstechnische Infrastruktur für Dokumentenprozesse im SAP-System. Weitere Informationen zu KPro finden Sie in Abschnitt 2.2.2, »Aktuelle ECM-Werkzeuge von SAP«.

**ECM-Strategie Ende der 2000er Jahre**

Das Ziel von SAP Ende der 2000er Jahre war es, die ECM-Services auszubauen und weitere ECM-Werkzeuge bereitzustellen. Die Strategie sah einen Aufbau vor, wie er in Abbildung 2.3 zu sehen ist:

- ECM-Services wurden mit der *SAP NetWeaver Integration Platform* ausgeliefert.
- SAP Document Management und SAP Records Management wurden als Kern-ECM-Services genutzt.
- Das SAP-System wurde mit eingebetteten ECM-Werkzeugen ausgebaut.
- Erweiterte ECM-Services wurden durch Partner von SAP geliefert.

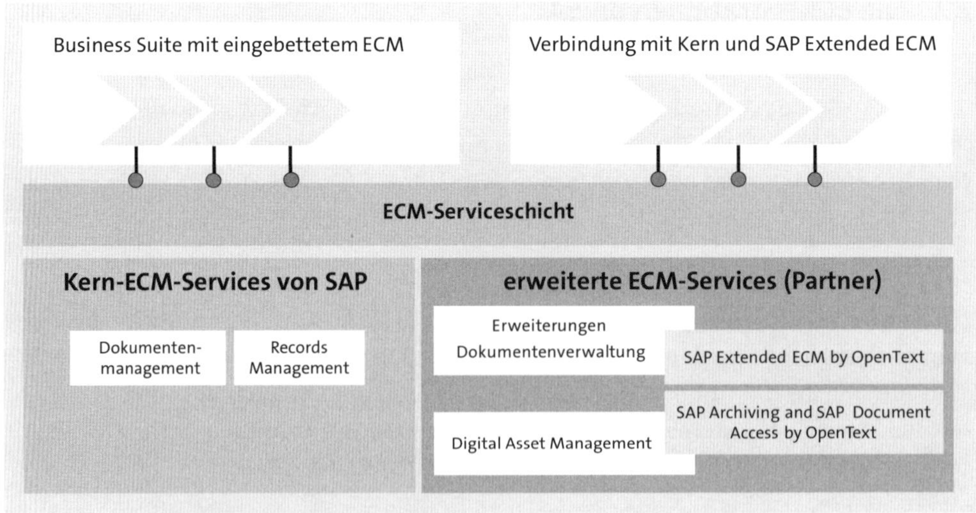


**Abbildung 2.3** ECM-Strategie von SAP im Jahr 2008

**OpenText als strategischer Partner**

Als strategischer Partner für die erweiterten ECM-Services kristallisierte sich die Firma OpenText heraus, die zu diesem Zeitpunkt mit *SAP Archiving and SAP Document Access* und *OpenText Extended ECM* schon Werkzeuge für die Ablage bzw. Archivierung und die Dokumentenverwaltung entwickelt hatte, die sich in das SAP-System integrieren ließen. SAP und OpenText kooperieren seither als strategische Partner im Bereich Enterprise Content Management. SAP möchte die Anzahl der ECM-Werkzeuge und Integrationsmöglichkeiten weiter ausbauen. OpenText liefert als Erweiterungen für die SAP-Geschäftsprozesse und -Technologien die sogenannten *SAP Solution Extensions*, die auch auf der SAP-Preisliste verfügbar sind.

### 2.2.2 Aktuelle ECM-Werkzeuge von SAP

**Aktuelle ECM-Architektur**

Die aktuelle On-Premise-ECM-Architektur der SAP-Systeme (Stand 2019) ähnelt der aus dem Jahr 2008 und ist in Abbildung 2.4 zu sehen. Der Knowledge Provider (KPro) mit dem *Document Management Service* (DMS) und *Content Management Service* (CMS) bildet nach wie vor die Basis für die Standard-ECM-Funktionen von SAP. Auf die einzelnen hier dargestellten Werkzeuge gehe ich in diesem Abschnitt ein.

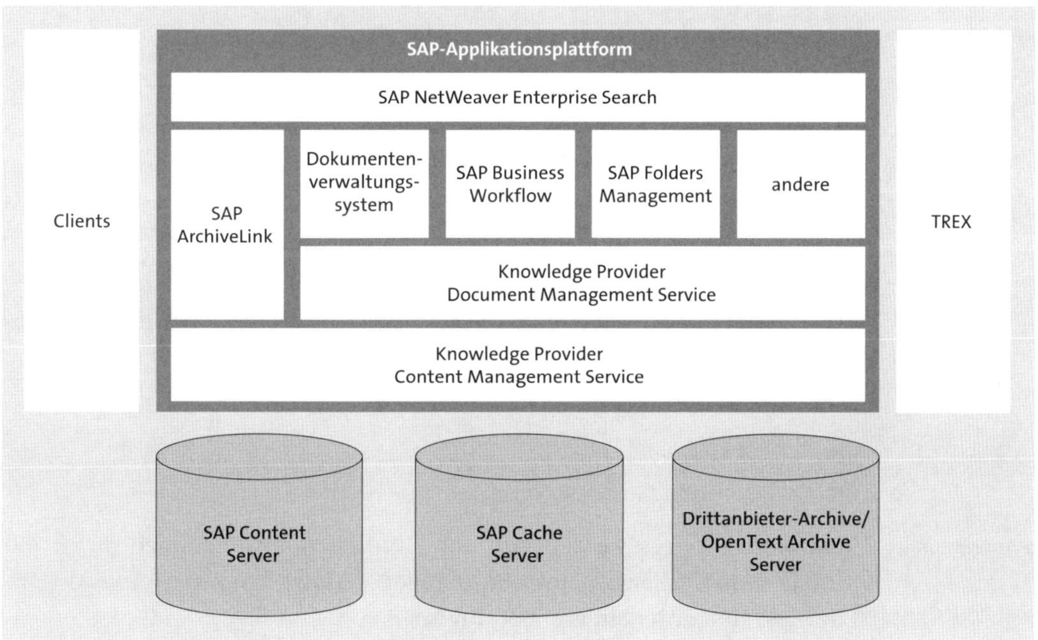


**Abbildung 2.4** SAP-ECM-Architektur (on premise, Stand 2019)

**ECM-Strategie und SAP S/4HANA**

Mit SAP S/4HANA und den Cloud-Lösungen von SAP wird der bisherige Ansatz für die On-Premise-Systeme angepasst bzw. erweitert. Des Weiteren wurden in der *SAP S/4HANA Simplification List* einige Technologien abgekündigt. Mehr dazu lesen Sie in Kapitel 11, »Enterprise Content Management in SAP S/4HANA«.

**Standardwerkzeuge**

Jedes SAP-System bietet verschiedene Funktionalitäten und Schnittstellentechnologien für ein effizientes Enterprise Content Management. Diese Werkzeuge werden den SAP-Kunden nach Lizenzierung bestimmter Produkte kostenfrei zur Verfügung gestellt.

**Knowledge Provider**

Die Grundlage der SAP-eigenen Lösungen für das Content Management ist der Knowledge Provider (KPro). Die KPro-Infrastruktur ist Teil des *SAP NetWeaver Application Servers* (SAP NetWeaver AS) und stellt verschiedene Services und Schnittstellen für die Verwaltung von Daten bereit. Dazu gehören Verwaltungsdaten und Indexdaten (für die Suche nach den Dokumenten) sowie der reine Content. Die *Verwaltungsdaten* bilden, wie in Abbildung 2.5 dargestellt, die Informationen der logischen und physischen Dokumente sowie der Komponenten ab. Das *logische Dokument* ist die Klammer um ein Dokument, das mehrere *physische Dokumente* enthalten kann. Die physischen Dokumente bestehen aus *Attributen* (den Metadaten) des real existierenden physischen Dokuments. Die Komponente ist genau einer Datei (Content) zugeordnet.

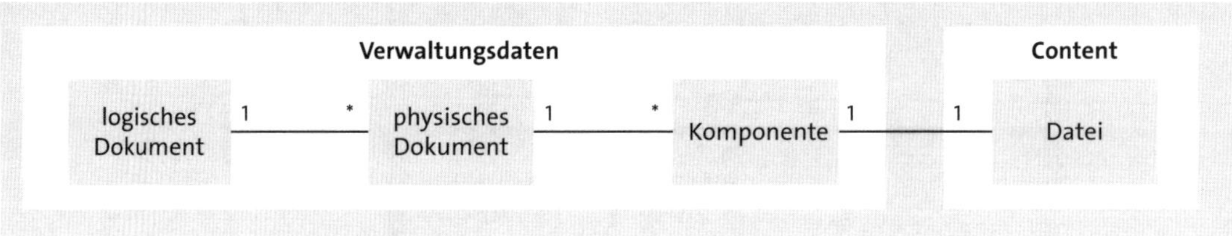


**Abbildung 2.5** Verwaltungsdaten im Knowledge Provider

Dazu stellt der KPro folgende Infrastruktur zur Verfügung (siehe auch Abbildung 2.6):

- Clientanwendungen
- Services
- Content- und Cache-Server

**KPro-Anwendungen**

Die KPro-Services werden von den KPro-Clientanwendungen durch die Integration der jeweiligen Schnittstellen genutzt. Folgende KPro-Anwendungen sind unter anderem verfügbar:

- Dokumentenverwaltungssystem (DVS)
- SAP ArchiveLink
- Business Workplace
- SAP Product Lifecycle Management
- SAP Business Workflow

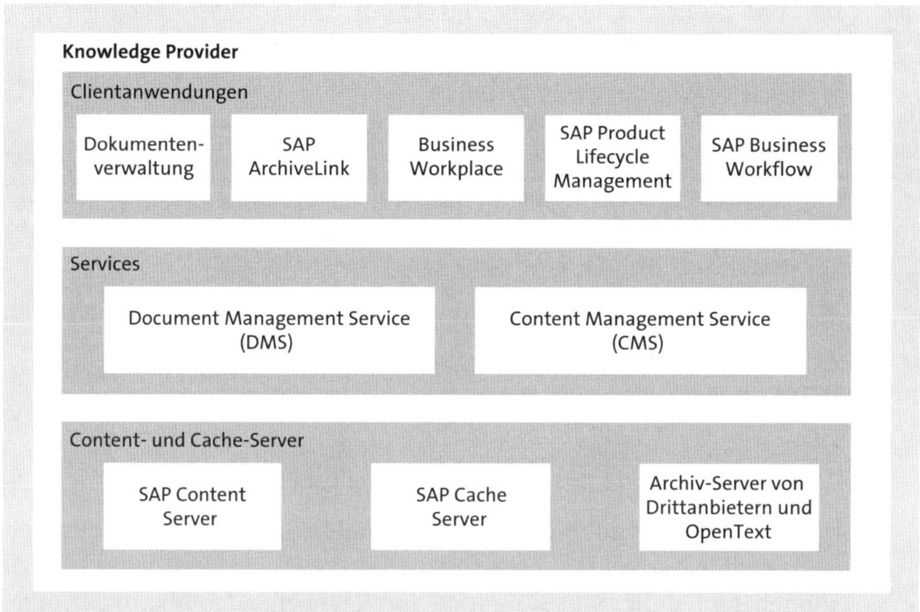


**Abbildung 2.6** Knowledge Provider

**KPro-Services**

Die KPro-Services *Document Management Service* (DMS) und *Content Management Service* (CMS) stellen die relevanten Funktionen für die Verwaltung von Dokumenten auf technischer Ebene zur Verfügung.

**Document Management Service**

Der DMS verarbeitet Content auf Basis eines *Content-Modells*. Das Content-Modell beinhaltet die drei Ebenen der Verwaltungsdaten und beschreibt den Content auf einer abstrakten Ebene.

Der Service ermöglicht somit die Ablage von Verwaltungsdaten im Content. Folgende Funktionen stellt der DMS dazu zur Verfügung:

- Darstellung der Beziehungen zwischen Dokumenten (z. B. Versionen, Sprache)
- Versionierung (z. B. Inhaltsversionierung, Formatsversionierung und Sprachversionierung)
- Beschreibung der physischen Dokumente anhand von Metadaten (Attributen)
- vorkonfiguriertes Content-Modell zur Verwaltung des Contents wie eingescannter Dokumente, PDF-Dateien etc.

**Content Management Service**

Der CMS dient als Schnittstelle zwischen Content-Servern (SAP Content Server oder ein Drittanbieter-Archivserver) und dem SAP-System. Auch die Integration von Funktionalität für das Caching und Monitoring wird durch den CMS bereitgestellt.

**Content- und Cache-Server**

Die Content- und Cache-Server sind verantwortlich für die Ablage des Contents auf dem *SAP Content Server*, das Caching durch den *SAP Cache Server* und die Integration von Drittanbieter-Archiven. Der SAP Cache Server ermöglicht durch die Pufferung bestimmter Dokumente den schnelleren Zugriff auf die diese und reduziert gleichzeitig die Netzlast. Dazu gehört z. B. der OpenText-Archivserver. Eine weitere Funktion ist die Integration von Suchmaschinen mit dem *Index Management Service* (IMS), die nicht Teil dieser Ausführung sind.

Detaillierte Informationen zur Funktionsweise der SAP-Werkzeuge finden Sie in Teil II, »Enterprise Content Management mit SAP-Standardwerkzeugen«.

### 2.2.3 OpenText als strategischer Partner für ECM

Damit die Daten und Informationen sowie die Dokumente selbst in den SAP-Geschäftsprozessen genutzt, gefunden und auch bearbeitet werden können, enthält das SAP-System die im vorangehenden Abschnitt vorgestellten Standardwerkzeuge. Diese mit dem SAP-System ausgelieferten Werkzeuge decken jedoch nur einen Teil der Anforderungen einer ECM-Strategie ab. Die Standardwerkzeuge werden deshalb um weitere Werkzeuge ergänzt. Diese werden von dem SAP-Partner OpenText entwickelt und sind auf der SAP-Preisliste verfügbar.

**Strategische Partnerschaft**

Die *OpenText Corporation* ist der strategische Partner von SAP für die Ergänzung der SAP-Geschäftsprozesse mit ECM-Lösungen (siehe Abbildung 2.7).

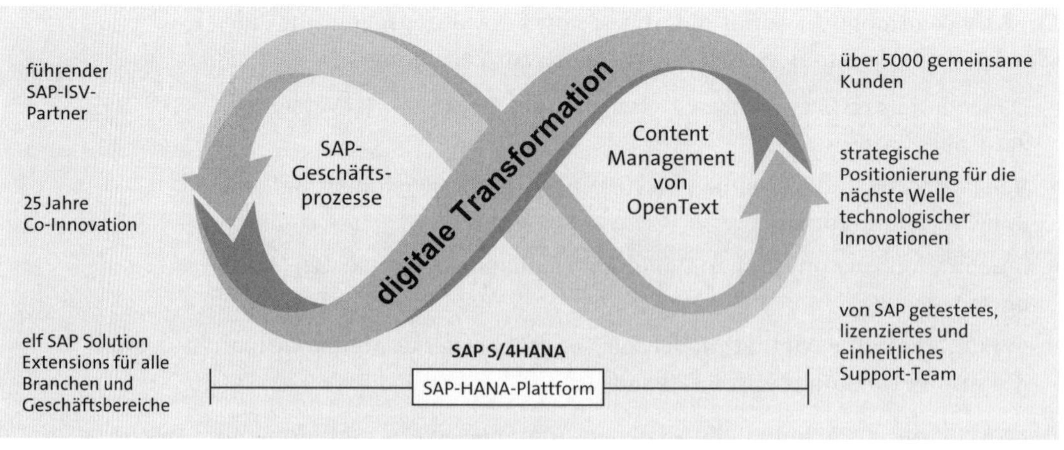


**Abbildung 2.7** Strategische Partnerschaft von SAP und OpenText (Quelle: SAP)

Seit mehr als 25 Jahren kooperieren SAP und OpenText miteinander. OpenText erweitert als *Independent Software Vendor* (ISV) die SAP-Produktpalette um *SAP Solution Extensions*, genauer um Lösungen für eine digitale Content-Plattform. Diese Lösungen umfassen Anwendungen zur Verarbeitung, Erstellung, Verwaltung und Archivierung von unstrukturiertem Content, wie z. B. Eingangs- und Ausgangsrechnungen, Bestellungen, Lieferscheine und Personaldokumente, mit SAP Business Suite und SAP S/4HANA.

**Magic Quadrant von Gartner**

Die Lösungen von OpenText im Bereich Content Services zählen laut dem Marktforschungsunternehmen Gartner zu den Top-Lösungen am Markt. Gartner definiert seit 2017 *Content Services* als nächste Evolutionsstufe von ECM. Aus diesem Grund hat Gartner den *Magic Quadranten für Enterprise Content Management*, in dem die erfolgreichsten Unternehmen gerankt werden, die Lösungen in diesem Bereich anbieten, in *Magic Quadrant für Content Services Platforms* umbenannt. Einige renommierte Beratungshäuser sehen diese neue Ausrichtung jedoch kritisch. Bei der Beurteilung der Content Services stellt Gartner die technologischen Aspekte in den Vordergrund und nicht wie bisher beim Magic Quadranten für Enterprise Content Management die Strategie, Methode und Technologie.

**SAP Solution Extensions**

OpenText liefert mittlerweile eine ganze Reihe von SAP Solutions Extensions:

- SAP Archiving by OpenText
- SAP Content Management for Microsoft SharePoint by OpenText
- SAP Archiving and Document Access by OpenText (vormals wurde SAP Document Access by OpenText separat ausgeliefert)
- SAP Digital Asset Management by OpenText
- SAP Document Presentment by OpenText, zuzüglich eines Add-ons für Business Correspondence
- SAP Digital Content Processing by OpenText
- SAP Employee File Management by OpenText
- SAP Extended Enterprise Content Management (ECM) by OpenText
- SAP SuccessFactors Extended ECM by OpenText
- SAP Extended ECM for Government by OpenText
- SAP Invoice Management by OpenText
- SAP Information Extraction by OpenText

Die relevanten Werkzeuge von OpenText werden in Teil III, »Enterprise Content Management mit OpenText-Werkzeugen«, ausführlich vorgestellt.

## 2.3 Anforderungen an ECM im SAP-Umfeld

**ECM-Trends**

Mein Unternehmen Fink IT-Solutions GmbH & Co. KG führte im Jahr 2018 unter 83 SAP-Anwenderunternehmen eine Umfrage zu den wichtigsten Trends im Bereich ECM im SAP-Umfeld durch. Die befragten Unternehmen hatten die Auswahl zwischen vorgegebenen Antworten und die Möglichkeit, eigene Ergänzungen hinzuzufügen. Die Umfrage ergab, dass Information Lifecycle Management (ILM), elektronische Rechnungsverarbeitung und Kollaboration bzw. Office Integration die Trendthemen anführen. ILM wurde vermutlich deswegen so hoch bewertet, weil 2018 viele Unternehmen mit der Umsetzung der EU-Datenschutz-Grundverordnung (DSGVO) beschäftigt waren, für die SAP ILM erweiterte Funktionen bietet. Die vollständigen Ergebnisse der Umfrage sind in Abbildung 2.8 dargestellt.

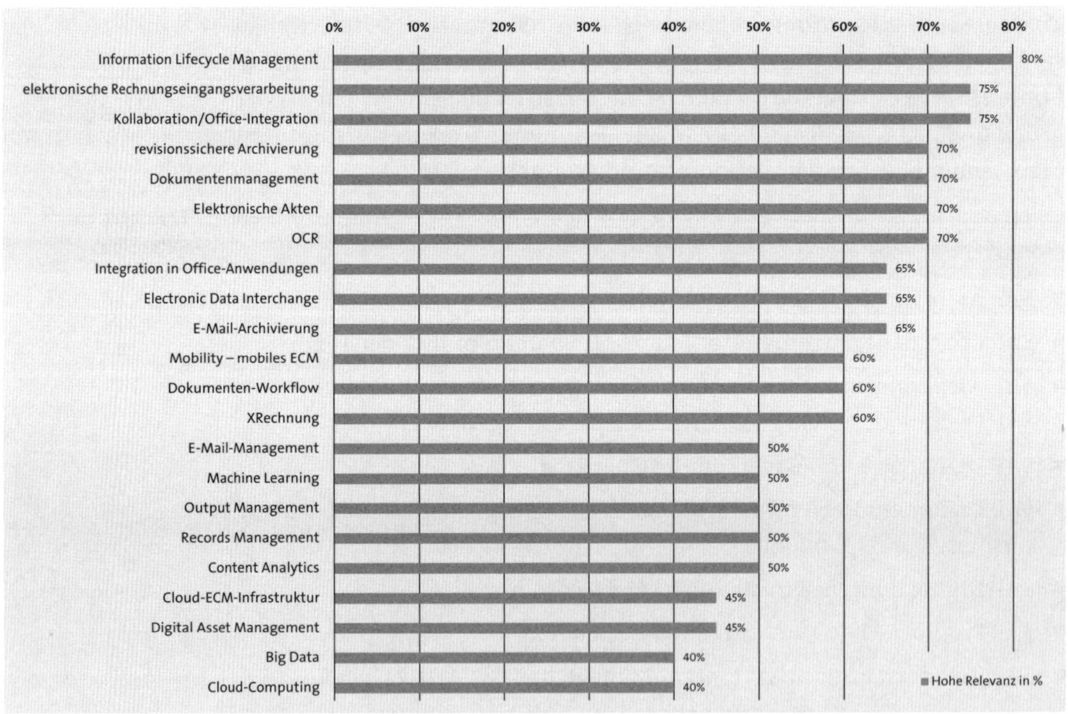


**Abbildung 2.8** Ergebnis einer Umfrage zu den ECM-Trends 2018

**Künstliche Intelligenz und Machine Learning**

Neue Technologien halten nun auch Einzug in die Welt von ECM. Eine Anwendung von künstlicher Intelligenz (*Artificial Intelligence*) und maschinellem Lernen (*Machine Learning*) ist in vielen Bereichen von ECM denkbar. Aktuell sind die größten Einsatzbereiche dieser Technologien die Verbesserung der Dokumentenerkennung und der Ausleseergebnisse sowie die Klassifikation der Dokumente.

[«]

**Künstliche Intelligenz**

Künstliche Intelligenz umfasst als Oberbegriff Technologien wie Machine Learning. Der Begriff bezeichnet Intelligenzleistungen von Algorithmen, die bislang nur durch Menschen erbracht werden konnten.

**Cloud-Computing**

Durch die Cloud-First-Strategie von SAP wird das Thema Cloud-Computing auch im ECM-Kontext wichtiger. Die neue SAP Customer Relationship Management Suite (SAP CRM) SAP C/4HANA oder SAP SuccessFactors sind typische Cloud-Anwendungen von SAP. Auch in den Prozessen dieser Cloud-Anwendungen werden Dokumente verwaltet, und auch diese Dokumente unterliegen Aufbewahrungsfristen sowie einer Löschpflicht gemäß DSGVO. Aus diesem Grund müssen diese Cloud-Anwendungen in eine ECM-Strategie einbezogen werden. Weitere Information zu Cloud-Anwendungen und ECM finden Sie in Kapitel 12, »Enterprise Content Management in SAP-Cloud-Lösungen«.

**Mobile Anwendungen**

In modernen mobilen Geschäftsanwendungen erwartet der Anwender heutzutage neben der Möglichkeit, bestimmte Daten eines Geschäftsprozesses abrufen zu können, auch die Möglichkeit, auf Dokumente (Unterlagen wie Verträge, E-Mails, Fotos und Bilder) zugreifen zu können. Dieser Zugriff muss in bestimmten Szenarien auch offline möglich sein.

**Office Integration**

Die Integration von Microsoft-Office-Anwendungen in die ECM-Werkzeuge und umgekehrt ist für die flüssige Bearbeitung von Vorgängen enorm wichtig. Dokumente, die in Office-Anwendungen erstellt werden, sollen direkt und ohne Umweg den Geschäftsprozessen in SAP zur Verfügung gestellt werden. Der Zugriff auf Dokumente aus einer Akte (z. B. Kundenakte, Lieferantenakte) soll direkt und ohne Medienbruch aus der E-Mail heraus möglich sein.

**Content Analytics**

Die Erhebung von Informationen aus dem vorhandenen strukturierten und unstrukturierten Content ist eine wichtige Funktion, um die Effizienz der Unternehmen zu steigern. *Content Analytics* hilft, die Daten besser zu analysieren, die Beziehungen zwischen den Informationen erkennen zu können und Trends aufzudecken. Mithilfe von Machine Learning können beispielsweise Fotos und Bilder analysiert und klassifiziert werden. So können Gesichter erkannt oder Objekte identifiziert werden. Durch diese Technologien muss der Content nicht mehr manuell geprüft, klassifiziert und mit Metadaten versehen werden. Man kann somit z. B. Fotos von einem bestimmten Gegenstand oder einer bestimmten Person ohne menschliches Zutun erkennen.

**Digital Asset Management**

Nicht nur Office-Dokumente müssen heute verwaltet werden. Die digitalen Mediendateien nehmen immer weiter zu. Die Erstellung von Videos, Grafiken, Musikdateien und Fotos nimmt ebenfalls zu. Eine Marketingkampagne ohne YouTube-Video ist kaum mehr vorstellbar. Neben der reinen zentralen Speicherung mit Streaming in die einzelnen Kanäle müssen auch die entsprechenden Lizenzrechte verwaltet werden. Ein *Digital Asset Management* hilft, diese Aufgabe erfolgreich zu meistern.

**XRechnung**

Der Standard *XRechnung* ist ein neues Nachrichtenformat für den elektronischen Austausch von Rechnungen mit der öffentlichen Verwaltung. Mehr Informationen zum Thema XRechnung finden Sie in Abschnitt 7.1, »ECM-Strategie und rechtliche Rahmenbedingungen für das Input Management«.

## 2.4 Referenzprozess für dieses Buch: Von der Bestellanforderung bis zum Zahlungseingang

**Purchase-to-Pay**

Der im SAP-System ablaufende Prozess *Purchase-to-Pay* wird in diesem Buch als Referenzprozess für die weiteren Betrachtungen der ECM-Funktionen und -Werkzeuge im Zusammenspiel mit SAP verwendet. Wie in Abbildung 2.9 zu sehen, beginnt dieser Prozess im SAP-System mit der *Bestellanforderung* und endet mit der *Buchung* und Zahlung der Rechnung.

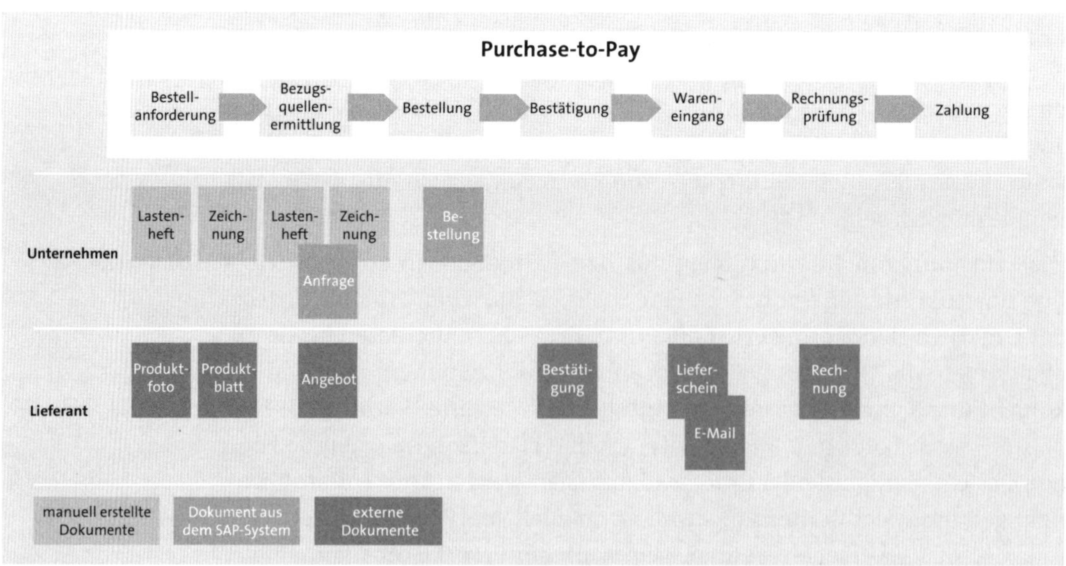


**Abbildung 2.9** Referenzprozess Purchase-to-Pay im SAP-System

**Content in den Prozessschritten**

Innerhalb des Prozesses wird an mehreren Stellen eingehender und ausgehender Content verwendet. Tabelle 2.4 führt den in den einzelnen Prozessschritten jeweils relevanten Content und die zugehörigen SAP-Belege auf.

| Prozessschritt | SAP-Beleg | Relevanter Content |
|---|---|---|
| Bedarfsermittlung | Bestellanforderung (Transaktionen ME51, ME52, ME53) | ergänzende Dokumente zur Beschreibung des Bedarfs oder Detaillierung der Beschaffenheit, Ausprägung des Bedarfs, Beispiele: |
| | | ▪ Produktbilder (JPG)<br>▪ Broschüre (PDF)<br>▪ Produktblatt (PDF)<br>▪ diverse Aufstellungen (Word, Excel) |
| Bezugsquellenermittlung | Anfrage (Transaktionen ME41, ME42, ME43) | ▪ Ausschreibungsdokumente (PDF)<br>▪ Leistungsspezifikation (PDF)<br>▪ Lastenheft (PDF)<br>▪ Zeichnung (PDF) |
| Bezugsquellenermittlung | Angebot (Transaktionen ME47, ME48) | ▪ Angebotsdokumente (PDF) |
| Bestellabwicklung | Bestellung (Transaktionen ME21N, ME22N, ME23N) | ▪ ausgehendes Bestelldokument (PDF, IDOC)<br>▪ E-Mail mit Bestelldokument |
| Auftragsbestätigung | Bestellung (Transaktionen ME22N, ME23N) | ▪ Auftragsbestätigung (PDF)<br>▪ E-Mail mit Auftragsbestätigung |
| Wareneingang | Wareneingang (Transaktion MIGO) | ▪ Lieferschein (Papier)<br>▪ E-Mail mit Lieferschein (PDF) |
| Rechnungsprüfung | Logistikrechnung (Transaktion MIRO) | ▪ Rechnung (Papier)<br>▪ E-Mail mit Rechnung (PDF)<br>▪ elektronische Rechnung (ZUGFeRD, XRechnung, EDIFACT, XML) |
| Zahlungsabwicklung | offene Posten (Transaktion F110) | ▪ Drucklisten (PDF) |

**Tabelle 2.4** Übersicht des Contents im Referenzprozess Purchase-to-Pay

In den weiteren Kapiteln dieses Buches stelle ich Ihnen die Werkzeuge vor, mit denen Sie den Content des Purchase-to-Pay-Prozesses digitalisieren und verarbeiten können.

TEIL II

# Enterprise Content Management mit SAP-Standardwerkzeugen

# Kapitel 3
# Die ECM-Standardwerkzeuge von SAP im Überblick



*In diesem Kapitel stelle ich Ihnen die SAP-eigenen ECM-Werkzeuge vor. Ich ordne sie in das ECM-Modell ein und gebe Ihnen einen ersten Überblick über die jeweiligen Funktionen und die Einsatzgebiete der einzelnen Werkzeuge.*

SAP ERP ist ein betriebswirtschaftliches System zur Steuerung und Organisation der Geschäftsprozesse eines Unternehmens. Dieses Standardsoftwareprodukt von SAP wird mit verschiedenen Komponenten für einzelne Fachgebiete wie Materialwirtschaft, Finanzen, Controlling, Personalwirtschaft usw. ausgeliefert. Die Daten der Geschäftsprozesse werden in einer zentralen Datenbank gespeichert und verwaltet.

**Geschäftsprozesse und Dokumente**

Wie bereits in den vorangehenden Kapiteln erläutert, besteht ein kompletter, medienbruchfreier Geschäftsprozess nicht nur aus den Geschäftsprozessdaten, sondern auch aus den zugehörigen Dokumenten, die im Verlauf des Geschäftsprozesses verarbeitet werden oder entstehen. Aus diesem Grund stellt SAP in SAP ERP eigene Werkzeuge für das ECM zur Verfügung. Den Ansprüchen einer ganzheitlichen ECM-Strategie können diese SAP-eigenen Werkzeuge jedoch nicht vollständig gerecht werden. Das Ziel eines End-to-End-Prozesses, der zudem automatisiert abläuft, kann aktuell nur mit ergänzenden ECM-Werkzeugen erreicht werden.

**Input Management**

Im Bereich Input Management bietet SAP mit den *Ablageszenarien* in SAP ArchiveLink Funktionen, um Dokumente im Ablagesystem zu speichern und gleichzeitig mit *SAP Business Workflow* einen Prozess in Form eines Workflows zu starten. Eine weitere Möglichkeit ist die Erfassung von Barcodes für die Zuordnung und das Archivieren der Dokumente zum SAP-Beleg. Eine SAP-eigene OCR-Lösung (*Optical Character Recognition*, dt. optische Zeichenerkennung) wird von SAP nicht angeboten.

**Archivierung**

Die Ablage der Dokumente im Bereich Archivierung erfolgt über die Schnittstelle SAP ArchiveLink in ein zertifiziertes Ablagesystem. SAP bietet mit dem *SAP Content Server* ein eigenes Ablagesystem, das jedoch nicht für die Langzeitarchivierung konzipiert ist.

**Dokumentenverwaltung**

Auch im Bereich der Dokumentenverwaltung hat SAP eigene Werkzeuge entwickelt. Das *Dokumentenverwaltungssystem* (DVS) ist für die Verwaltung der Dokumente mithilfe verschiedener Funktionen unter anderem für die Versionierung, Metadatenerfassung und Ablage des Dokuments in das angebundene Ablagesystem gedacht.

Um die Verwaltung von Dokumenten im DVS auch außerhalb des SAP GUI zu ermöglichen, kann *SAP Easy Document Management* genutzt werden. SAP Business Workflow ermöglicht ferner die digitale Abbildung von Prozessen und kann mit den Ablageszenarien aus SAP ArchiveLink kombiniert werden.

Die *generischen Objektdienste* (GOS) ermöglichen die Ablage von Dokumenten zum SAP-Objekt entweder als *SAPoffice-Dokument* oder als *SAP-ArchiveLink-Dokument*. Über die GOS können die abgelegten Dokumente auch wieder aufgerufen werden.

*SAP Folders Management* ist ein Werkzeug, um Dokumente in einer elektronischen Akte zu verwalten sowie eine Vorgangsbearbeitung durchzuführen.

**Output Management**

Im Bereich Output Management bietet SAP die Druckausgabe und -steuerung sowie die Formulartechnologien *SAP Smart Forms*, *SAPscript* und *SAP Interactive Forms by Adobe* für die Erstellung von ausgehenden Dokumenten. Der Ausdruck und die Ablage der Dokumente im Ablagesystem werden in der *Nachrichtensteuerung* gesteuert und verwaltet.

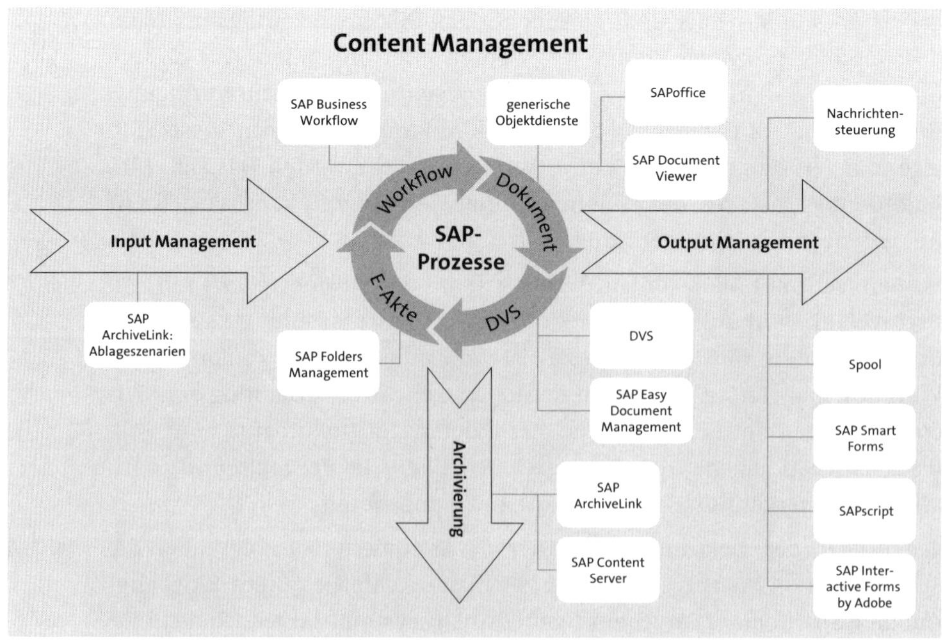


**Abbildung 3.1** Übersicht der ECM-Werkzeuge von SAP

Die verfügbaren ECM-Standardwerkzeuge von SAP können den Bereichen Input Management, Dokumentenverwaltung, Archivierung und Output Management zugeordnet werden. In Abbildung 3.1 habe ich sie den einzelnen Bereichen des ECM-Modells zugeordnet. In den folgenden Abschnitten stelle ich die Werkzeuge ausführlicher vor.



## 3.1 Werkzeuge für das Input Management

**Ablageszenarien**

Die schnelle und problemlose Ablage von eingehenden Dokumenten aus verschiedenen Quellen kann mit den Ablageszenarien von SAP Archive-Link realisiert werden. Dabei werden zwei Arten von Szenarien unterschieden:

- Ablageszenarien mit Integration von SAP Business Workflow
- Ablageszenarien mit Integration von Barcodetechnologie

### 3.1.1 Ablageszenarien mit Integration von SAP Business Workflow

Durch die Integration eines mit SAP Business Workflow erstellten Workflows können eingehende Dokumente als Arbeitsaufgabe erfasst und vollkommen digital an den richtigen Bearbeiter gesendet werden. Die Erfassung des eingehenden Dokuments per Scan oder Datei-Upload startet den Workflow und die Verarbeitung.

Je nach Art des Dokuments werden verschiedene Workflows unterschieden:

- Workflow für Dokumente, die einem existierenden SAP-Beleg zugeordnet werden sollen
- Workflow für Dokumente, zu denen noch ein SAP-Beleg erfasst werden muss

Zusätzlich wird unterschieden, ob eine Person in Personalunion das eingehende Dokument scannt, ablegt und es dem SAP-Beleg zuordnet bzw. den SAP-Beleg vorab noch erfasst oder ob mehrere Personen beteiligt sind. Im letzteren Fall würde eine Person das eingehende Dokument scannen und eine zweite Person das Dokument dem SAP-Beleg zuordnen bzw. den SAP-Beleg vor dem Zuordnen erfassen.

**Überblick über die Ablageszenarien**

In Tabelle 3.1 sind die verschiedenen möglichen Szenarien beschrieben, die durch Workflows umgesetzt werden können. Da diese früher anders bezeichnet wurden, habe ich die alte Bezeichnung zum Vergleich jeweils noch aufgeführt. Die Ablageszenarien sind im Standard bereits vorhanden und können bei Bedarf durch Customizing aktiviert werden.

| Szenario | Alte Bezeichnung | Kurzbeschreibung |
|---|---|---|
| Ablegen für spätere Erfassung | frühe Archivierung | Das Dokument wird von der Poststelle eingescannt und abgelegt. Per Workflow wird der Dokumentenlink an den nächsten Bearbeiter weitergeleitet. Dieser erfasst den dazugehörigen SAP-Beleg. |
| Ablegen und Erfassung | gleichzeitige Archivierung | Das Dokument wird papierbasiert von der Poststelle an den Bearbeiter übergeben. Der Bearbeiter übernimmt die Erfassung des SAP-Belegs und zudem die Ablage des Dokuments. |
| Ablegen für spätere Zuordnung | neues Szenario | Der SAP-Beleg wurde schon angelegt. Das Dokument wird von der Poststelle eingescannt und abgelegt. Per Workflow wird der Dokumentenlink an den nächsten Bearbeiter weitergeleitet. Dieser ordnet das Dokument einem existierenden SAP-Beleg zu. |
| Ablegen und Zuordnen | neues Szenario | Der SAP-Beleg wurde schon angelegt. Das Dokument wird papierbasiert von der Poststelle an den Bearbeiter übergeben. Dieser ordnet das Dokument einem existierenden SAP-Beleg zu. |

**Tabelle 3.1** SAP-ArchiveLink-Ablageszenarien mit SAP Business Workflow

Abbildung 3.2 zeigt diese Ablageszenarien und die jeweils beteiligten Bearbeiter in einer Übersicht.

**Anwendungsfälle der Szenarien**

In Tabelle 3.2 werden die Anwendungsfälle für die einzelnen Szenarien definiert. Die Szenarien *Ablegen für spätere Erfassung* und *Ablegen für spätere Zuordnung* eignen sich für große Dokumentenmengen. Die Szenarien *Ablegen und Erfassung* und *Ablegen und Zuordnen* sind für kleine Dokumentenmengen gedacht.

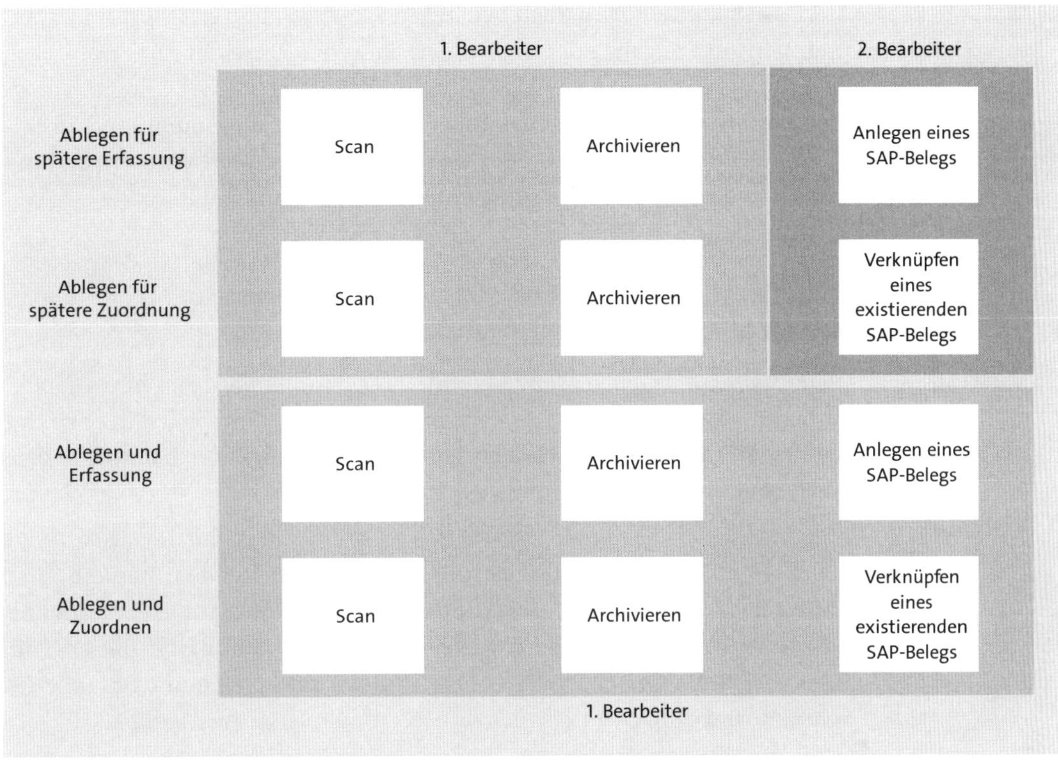


**Abbildung 3.2** Übersicht Ablageszenarien und beteiligte Bearbeiter

| Szenario | Datenmenge | Besonders geschützte Dokumente |
|---|---|---|
| Ablegen für spätere Erfassung | große Dokumentenmengen | nein, da mehrere Bearbeiter beteiligt sind |
| Ablegen und Erfassung | kleine Dokumentenmengen | ja, da nur ein Bearbeiter beteiligt ist |
| Ablegen für spätere Zuordnung | große Dokumentenmengen | nein, da mehrere Bearbeiter beteiligt sind |
| Ablegen und Zuordnen | kleine Dokumentenmengen | ja, da nur ein Bearbeiter beteiligt ist |

**Tabelle 3.2** Einordnung der Ablageszenarien mit SAP Business Workflow

### 3.1.2 Ablageszenarien mit Integration von Barcodetechnologie

Möchte das Unternehmen den bekannten Arbeitsprozess nicht umstellen, bieten sich die Ablageszenarien mit Integration von Barcodetechnologien an. Das Dokument wird auch bei diesen Szenarien papierbasiert im Unternehmen zur Freigabe oder Kenntnisnahme weitergereicht. Die Zuordnung des Dokuments zum SAP-Beleg wird durch die Barcodetechnologie ermöglicht. Der Barcode wird auf das Dokument aufgebracht und muss eine eindeutige Nummer besitzen. Drei verschiedene Szenarien zur Verwendung der Barcodetechnologie werden von SAP ArchiveLink unterstützt:

- spätes Ablegen mit Barcode
- frühes Ablegen mit Barcode
- Zuordnen und Ablegen mit Barcode

**Spätes Ablegen mit Barcode**

Beim *späten Ablegen mit Barcode* wird das Dokument mit einem vorhandenen SAP-Beleg verknüpft. Die Verknüpfung des Dokuments kann auch mit mehreren SAP-Objekten erfolgen. Dieses Szenario eignet sich für die Ablage auch bei großen Dokumentenmengen.

**Frühes Ablegen mit Barcode**

Das Szenario *frühes Ablegen mit Barcode* ist ein Sonderfall. Das Dokument wird sofort nach dem Scannen abgelegt, jedoch trotzdem papierbasiert durch das Unternehmen transportiert. Mehrere eingehende Dokumente können mit einem SAP-Objekt verknüpft werden. Wichtig ist in diesem Fall, dass jeweils die gleiche Barcodenummer für die verschiedenen Dokumente verwendet wird.

**Zuordnen und Ablegen mit Barcode**

Beim Szenario *Zuordnen und Ablegen mit Barcode* werden zuerst der SAP-Beleg und die dazugehörige Barcodenummer erfasst. Danach wird das Dokument eingescannt, und die erkannte Barcodenummer wird für die Verknüpfung mit dem SAP-Beleg verwendet.

**Übersicht der Ablageszenarien**

Tabelle 3.3 zeigt die drei Szenarien noch einmal in der Übersicht und ordnet auch jeweils die alten Bezeichnungen zu.

| Szenario | Alte Bezeichnung | Kurzbeschreibung |
|---|---|---|
| spätes Ablegen mit Barcode | späte Archivierung mit Barcode | Das Dokument wird dem zuständigen Bearbeiter in Papierform von der Poststelle übergeben. Dieser erfasst den SAP-Beleg und hinterlegt die Barcodenummer. Danach wird das Dokument eingescannt, abgelegt und die Barcodenummer von der Scansoftware ausgelesen. Die Verknüpfung von SAP-Beleg und Dokument erfolgt über die übereinstimmende Barcodenummer. |

**Tabelle 3.3** SAP-ArchiveLink-Ablageszenarien mit Barcode

| Szenario | Alte Bezeichnung | Kurzbeschreibung |
|---|---|---|
| frühes Ablegen mit Barcode | frühe Archivierung mit Barcode | Das Dokument wird von der Poststelle gescannt, abgelegt und die Barcodenummer von der Scansoftware ausgelesen. Das Dokument wird dem zuständigen Bearbeiter in Papierform von der Poststelle übergeben. Dieser erfasst den SAP-Beleg und hinterlegt an diesem die Barcodenummer des Dokuments. Die Verknüpfung von SAP-Beleg und Dokument erfolgt über die übereinstimmende Barcodenummer. |
| Zuordnen und Ablegen mit Barcode | späte Archivierung mit Barcode | Ein Bearbeiter erfasst den SAP-Beleg und die Barcodenummer. Danach wird das Dokument eingescannt, abgelegt und die Barcodenummer von der Scansoftware ausgelesen. Die Verknüpfung von SAP-Beleg und Dokument erfolgt über die übereinstimmende Barcodenummer. |

**Tabelle 3.3** SAP-ArchiveLink-Ablageszenarien mit Barcode (Forts.)

In der Praxis erfolgt die Erfassung der Barcodenummer zum SAP-Beleg durch eine Barcodepistole, einen Barcodelesestift oder manuell über die generischen Objektdienste (mehr Informationen zur manuellen Erfassung finden Sie in Abschnitt 4.1.2, »Szenarien für die Ablage von Dokumenten«).

## 3.2 Werkzeuge für das Content Management

**Übersicht der SAP-eigenen ECM-Werkzeuge**

Für das Content Management im SAP-System sind verschiedene SAP-eigene ECM-Werkzeuge vorhanden. Tabelle 3.4 zeigt die ECM-Werkzeuge, die in diesem Abschnitt vorgestellt werden, in der Übersicht.

| Werkzeug | Kurzbeschreibung |
|---|---|
| Dokumentenverwaltungssystem (DVS) | Dokumentenverwaltung mit Versionierung, Statusnetz, Objektverknüpfung, Workflow-Integration, Dokumentenmetadaten und Ablage |

**Tabelle 3.4** SAP-eigene ECM-Werkzeuge für die Dokumentenverwaltung

| Werkzeug | Kurzbeschreibung |
|---|---|
| SAP Business Workflow | Automatisierung von dokumentenzentrierten Prozessen in Verbindung mit SAP-ArchiveLink-Ablageszenarien, der DVS-Statusverwaltung oder SAP Folders Management |
| generische Objektdienste | Unterstützung durch verschiedene Funktionen wie Barcodeerfassung, Starten von SAP Business Workflow und Ablegen und Anzeigen von abgelegten Dokumenten |
| SAPoffice (Business Workplace) | Ablage von Content jeglicher Art in die SAP-Datenbank oder in ein externes Ablagemedium |
| SAP Easy Document Management | Benutzeroberfläche im Stil des Microsoft Windows Explorers zur Dokumentenverwaltung mit dem DVS |
| SAP Folders Management | umfangreiches Werkzeug zur Verwaltung von Dokumenten, auch in Verbindung mit SAP Business Workflow |
| Document Viewer | ECM-Werkzeug zur Anzeige von abgelegten Dokumenten |

**Tabelle 3.4** SAP-eigene ECM-Werkzeuge für die Dokumentenverwaltung (Forts.)

### 3.2.1 Dokumentenverwaltungssystem

**DVS**

Das *Dokumentenverwaltungssystem* (DVS) ist für die Verwaltung von Content zuständig. Der gesamte Lebenszyklus der Dokumente wird mit dem DVS verwaltet. Hierzu nutzt das DVS den Knowledge-Provider-(KPro-)Service Document Management Service (DMS) unter anderem für die Versionierung, historienfähige Aufbewahrung, Klassifizierung, Objektverknüpfung, Statusverwaltung, für Änderungsdienste und die Archivierung.

**SAP Product Lifecycle Management**

Das Dokumentenverwaltungssystem wird auch im Bereich von SAP Product Lifecycle Management (SAP PLM) eingesetzt. Hintergrund ist, dass das Dokumentenverwaltungssystem im Rahmen der Entwicklung von SAP PLM mitentwickelt wurde. Der Einsatz des DVS ist aber auch mit anderen SAP-Komponenten möglich, wie unter anderem dem Material Management (MM) oder SAP Plaint Maintenance in der SAP Business Suite.

**Funktionen**

Folgende Funktionen stellt das DVS zur Verfügung:

- Verwendung von *Dokumentinfosätzen* für die Ablage von Originaldateien (Dokumente, wie z. B. Microsoft-Office-Dateien, PDF-, JPG-, TIF-Dateien oder andere)
- Verwaltung der Originale von Dokumentinfosätzen
- Attribuierung und Klassifizierung der Dokumentinfosätze

- Herstellung und Verwaltung von Beziehungen der Dokumentinfosätze zu SAP-Objekten
- Kontextauflösung

Ein Dokumentinfosatz ist ein Stammsatz im SAP-System, der alle Metadaten zu einem Dokument enthält und auch die Originaldatei beinhaltet. Die Funktionen, die Einrichtung und das Customizing des DVS stelle ich Ihnen in Abschnitt 5.3, »Dokumentenverwaltungssystem«, umfassender vor.

### 3.2.2 SAP Business Workflow

*SAP Business Workflow* ist Teil der KPro-Clientanwendungen. Mit SAP Business Workflow werden im SAP-System betriebliche Prozesse digitalisiert und automatisiert. Freigabe- und Genehmigungsprozesse sind typische Prozesse, die im SAP-System durch SAP Business Workflow abgebildet werden. Aber kundeneigene Prozesse, die immer gleichartig ablaufen, können mit SAP Business Workflow standardisiert werden. Beispiele für solche Prozesse können das Anlegen und Ändern eines Materialstamms oder die Ausnahmebehandlung bei auftretenden Ereignissen oder Fehlern im System sein.

**Einsatzgebiete von SAP Business Workflow**

Die Nutzung von SAP Business Workflow eignet sich insbesondere bei Prozessen, die folgende Voraussetzungen erfüllen:

- Prozesse, die in identischer Form ablaufen
- Prozesse, die sich regelmäßig wiederholen
- Prozesse, die mehrere Schritte aufweisen
- Prozesse, die mehrere Personen oder Bereiche betreffen

Durch den Einsatz von SAP Business Workflow können folgende Vorteile erzielt werden:

- Reduzierung von Transport- und Liegezeiten
- dynamischer Prozessablauf durch Rollenzuordnung
- Verringerung des Papieraufkommens
- Erhöhung der Transparenz der Arbeitsabläufe und des Prozessstatus

**Workflow-Muster**

Ein Workflow in SAP Business Workflow basiert auf dem *Workflow-Muster*, das die verschiedenen Schritte beinhaltet, die auf die Aufgaben referenzieren. Die Aufgaben sind betriebswirtschaftliche Tätigkeiten, die sich immer auf die Methoden des Objekttyps beziehen. Die Methoden können sowohl im Hintergrund als auch im Dialog ausgeführt werden. Die verwendeten Methoden sind Teil des Objekttyps (Business-Objekt). Der Objekttyp, wie

z. B. eine SAP-Bestellung, definiert die Daten, mit denen im Workflow gearbeitet wird. Die Ausprägung des Objekttyps sind die konkreten Objekte, anders ausgedrückt die konkreten Datensätze.

**Workflow-Definition** Durch die Aktivierung der Workflow-Definition legt das System die Laufzeitversion an, die beim Start des Workflows verwendet wird. Es wird immer nur die aktuelle Laufzeitversion verwendet.

**Ereignisse** Der Workflow kann durch *Ereignisse* im System (z. B. die Änderung eines Datensatzes) oder manuell gestartet werden. Zur Laufzeit werden die Daten (unter anderem Rollen, Daten) ausgewertet und die notwendigen *Workitems* (Aufgaben) erstellt. Durch die Bearbeitung des Workitems werden die Methoden des zugeordneten Objekttyps ausgeführt. Die Workitems werden dem Benutzer zur Bearbeitung im *Business Workplace* angeboten.

In Abbildung 3.3 sind der grobe Aufbau eines Workflows und der beschriebene Zusammenhang dargestellt.

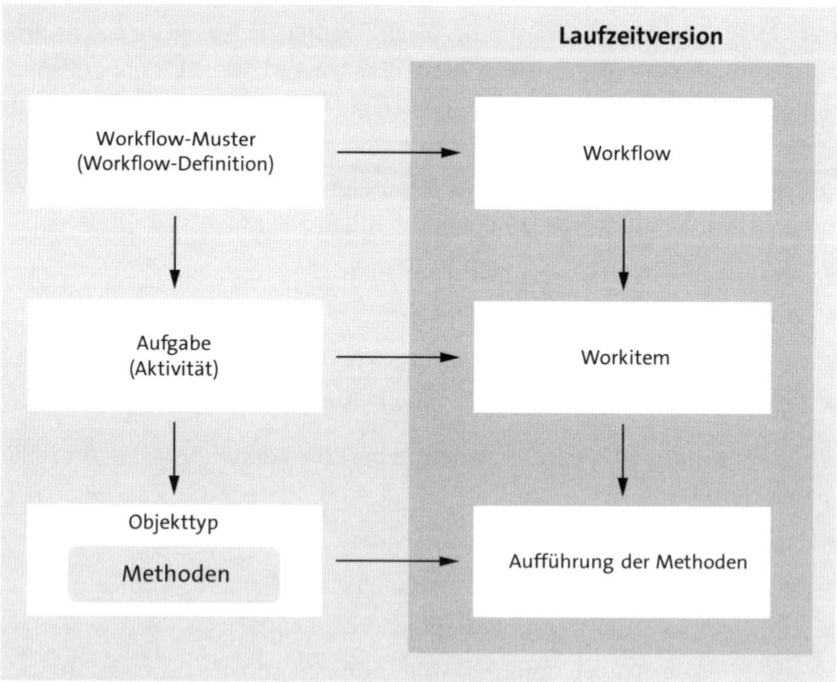


**Abbildung 3.3** Architektur von SAP Business Workflow

### 3.2.3 Business Workplace

**SAPoffice** Der *Business Workplace* (früher auch *SAPoffice*) ist eine Bürokommunikationslösung, die in das SAP-System integriert ist. Zu den Funktionen von Business Workplace gehören:

- Dokumente anlegen und ablegen
- internes und externes Versenden von Dokumenten
- Wiedervorlage und Weiterleitung von Dokumenten
- persönliche und allgemeine Empfängerliste
- Vertreter pflegen und Vertretung aktivieren

**Aufbau des Business Workplace**

Im Business Workplace können die Workitems eines Workflows und deren Details angezeigt und bearbeitet werden. Hierzu werden die Aufgabenbeschreibung und die zugehörigen Objekte in der Workitem-Vorschau angezeigt. In Abbildung 3.4 ist der Aufbau des Business Workplace dargestellt:

❶ Übersicht der Workitems

❷ Liste der Workitems

❸ Aufgabenbeschreibung

❹ zugehörige Objekte

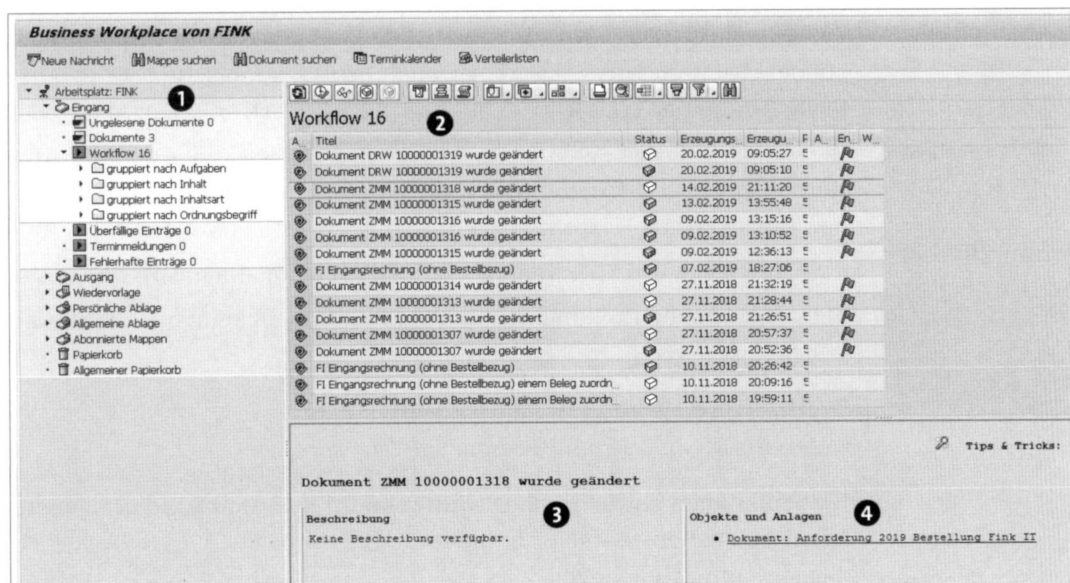


**Abbildung 3.4** Business Workplace

**SAPoffice-Dokumente**

Die sogenannten *SAPoffice-Dokumente* können alle Arten von Dateien sein, die während der Bearbeitung erstellt oder empfangen werden. Die SAPoffice-Dokumente können unter anderem über die generischen Objektdienste zu einem Business-Objekt abgelegt werden. Nachteil ist, dass diese Dokumente in der SAP-Datenbank landen, falls keine anderen Ablageeinstellungen vorgenommen wurden. Meine Empfehlung ist, statt SAPoffice-

Dokumenten SAP-ArchiveLink-Dokumente im Dokumentenverwaltungssystem zu verwalten und die Anlagen in ein externes Ablagesystem auszulagern.

### 3.2.4 Generische Objektdienste

**Bearbeitung von Business-Objekten**

Die *generischen Objektdienste* (GOS) stellen anwendungsübergreifende Funktionen im SAP-System zur Verfügung. Die zentrale Funktion der generischen Objektdienste ist die Bearbeitung von SAP-Business-Objekten. Ein *Business-Objekt* bildet ein betriebswirtschaftliches Objekt im SAP-System ab. Eine Bestellung, eine Rechnung oder auch ein Mitarbeiter sind Beispiele für solche Business-Objekte. Für jedes Business-Objekt gibt es eine Reihe von Bearbeitungsmöglichkeiten, z. B. Anzeigen, Bestätigen, Anlegen und Suchen.

**Dokumente zu Business-Objekten**

Zu einem Business-Objekt können Dokumente abgelegt und Workflows gestartet, Notizen erfasst, URLs und weiterer Dienste eingebunden werden. Zu den weiteren Diensten, die eingebunden werden können, gehören auch kundeneigene Services. Kundeneigene Dienste können objektübergreifende Funktionen sein, wie z. B. der Aufruf einer elektronischen Akte.

**Funktionen**

Die standardisierten Funktionen der generischen Objektdienste unterstützen neben der Dokumentenanzeige auch verschiedene Ad-hoc-Funktionen, die für ECM relevant sind:

- Scannen von Dokumenten und Verknüpfung mit einem SAP-Objekt
- Hochladen von Dokumenten und Verknüpfung mit einem SAP-Objekt
- Barcodeerfassung zu einem SAP-Objekt
- Starten eines Workflows zu einem SAP-Objekt
- Erfassung von Notizen zu einem SAP-Objekt

Die Funktionen sowie die Einrichtung und das Customizing der generischen Objektdienste stelle ich Ihnen in Abschnitt 5.1, »Generische Objektdienste«, umfassender vor.

### 3.2.5 SAP Easy Document Management

**Dokumentenverwaltung in Windows**

Anwender, die Dateien bequem über den Windows-Explorer im Dokumentenverwaltungssystem pflegen und verwalten möchten, nutzen hierfür *SAP Easy Document Management*. Mit SAP Easy Document Management kann der Benutzer den Content des SAP-Systems im Dokumentenverwaltungssystem in der gewohnten Microsoft-Windows-Umgebung über den kompletten Lebenszyklus hinweg verwalten. Für die Verwendung von SAP

Easy Document Management benötigt der Anwender daher kein detailliertes Wissen über die Dokumentenverwaltung im SAP GUI.

Wie in Abbildung 3.5 dargestellt, werden die Informationen aus dem DVS im Windows-Explorer angezeigt. Hierzu zählen nicht nur die Dokumentendateien (Originale), sondern auch die Metadaten und weitere Informationen, z. B. der Status.

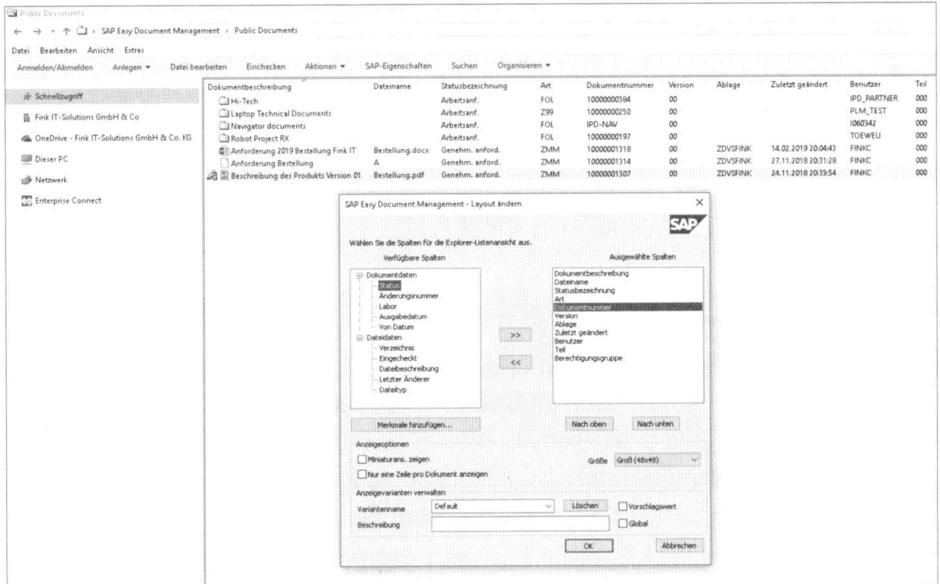


**Abbildung 3.5** SAP Easy Document Management

Die Funktionen sowie die Einrichtung und das Customizing von SAP Easy Document Management stelle ich Ihnen in Abschnitt 5.4 umfassender vor.

### 3.2.6 SAP Folders Management

Das *SAP Folders Management* besteht aus drei Bereichen:

- Records Management
- Case Management
- Records and Case Management

**Records Management**

Das *Records Management* bietet die Möglichkeit, eine elektronische Aktenverwaltung in SAP zu etablieren. Die Lösung bildet nicht nur eine elektronische Akte ab, sondern bietet auch Funktionen wie die Workflow-Integration, die Integration von Microsoft-Office-Dokumenten und die Möglichkeit, Notizen direkt in der Akte zu erfassen. Außerdem können Sie elektronischen Content wie Multimediadateien in die Akte einbinden.

Case Management

Mit dem *Case Management* kann eine Vorfallsbearbeitung, beispielsweise die Bearbeitung eines Schadensfalls, durchgeführt werden. Der Vorfall kann dazu mit eigenen Attributen versehen werden und mit einer elektronischen Akte verknüpft werden. Weiterhin können Notizen zum Vorfall erfasst werden. Außerdem können ein digitaler Laufweg und eine Abfolge von Benutzern definiert werden, die an der Bearbeitung des Vorfalls beteiligt sind und informiert werden. Die Aktivitäten zur Bearbeitung des Vorfalls werden in einem Protokoll gespeichert.

Records- und Case-Management

Das *Records- und Case-Management* ist eine speziell auf den öffentlichen Bereich (Public Sector) ausgerichtete Akten- und Dokumentenverwaltungslösung.

Die Lösung SAP Folders Management wird im Rahmen dieses Buches nicht weiter vertieft.

### 3.2.7 Viewer im SAP-System

Anzeige von Dokumenten

Für die Anzeige von Dokumenten liefert SAP verschiedene Werkzeuge aus. Die Anzeige von Dokumenten kann über HTML-Viewer, Document Viewer, Engineering Client Viewer (ECL-Viewer) sowie die OLE-Automation (*Object Linking and Embedding*) für Drittanbietersoftware erfolgen. Auch vom Kunden selbst entwickelte Viewer können integriert werden.

HTML-Viewer

Die Standardeinstellung von SAP ist der *HTML-Viewer*. Der HTML-Viewer ist ein SAP-Control zum Einsatz innerhalb des SAP GUI. Das SAP-Control greift für die Anzeige auf den installierten Internetbrowser des Clients zurück.

ECL-Viewer

Der *ECL-Viewer* wird von SAP bis Release SAP NetWeaver 7.40 Compilation 2 ebenfalls mit der SAP-GUI-Installation ausgeliefert. Seit Release 7.40 Compilation 2 muss der ECL-Viewer extra installiert werden.

**SAP-Hinweise zum ECL-Viewer**

Beachten Sie die folgenden SAP-Hinweise zum ECL-Viewer.

- 2192210 – New and removed components on the Presentation DVD 7.40 Compilation 2 (SAP GUI Installation)
- 2155818 – ECL Viewer will not be packaged in SAP GUI2155818 – ECL Viewer will not be packaged in SAP GUI

Document Viewer

Der *Document Viewer* steht zur Anzeige von Dokumenten innerhalb des SAP-Systems zur Verfügung. Die Anzeige mit dem Document Viewer kann sowohl im SAP GUI als auch im Webbrowser erfolgen. In Abbildung 3.6 wir der Document Viewer im SAP GUI in einem eigenen Fenster dargestellt.

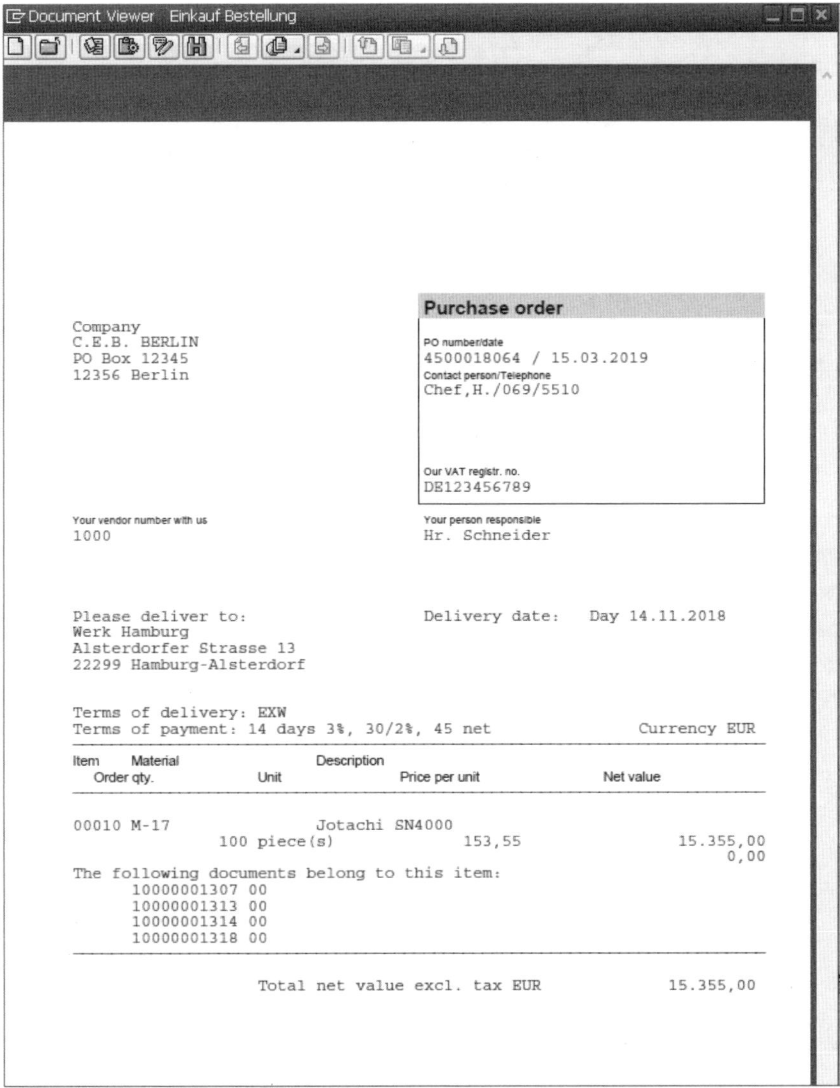


**Abbildung 3.6** Document Viewer

Die Funktionen sowie die Einrichtung und das Customizing des Document Viewers stelle ich Ihnen in Abschnitt 5.2 vor.

## 3.3 Werkzeuge zur Ablage und Archivierung

Auch im Bereich der Ablage und Archivierung bietet das SAP-System einige ECM-relevante Werkzeuge und Funktionen. Einen Überblick finden Sie in Tabelle 3.5.

| Werkzeug | Kurzbeschreibung |
|---|---|
| SAP ArchiveLink | die standardisierte Schnittstelle für zertifizierte Ablagesysteme |
| SAP Content Server | ein von SAP entwickeltes Ablagesystem |
| SAP Cache Server | ein von SAP entwickeltes System als Ergänzung des SAP Content Servers zum Caching von Dokumenten und zur Steigerung der Performance |
| SAP Information Lifecycle Management (SAP ILM) | Ermöglicht die regelbasierte Steuerung des Lebenszyklus von SAP-Belegen. |

**Tabelle 3.5** SAP-eigene ECM-Werkzeuge für die Archivierung

### 3.3.1 SAP ArchiveLink

Schnittstelle für die Archivierung

*SAP ArchiveLink* ist eine KPro-Clientanwendung, die verschiedene Funktionen rund um die Ablage und Archivierung von Content auf einem externen Content Server oder in einem Drittanbieter-Archiv, bereitstellt. Bei dem externen Content-Server kann es sich z. B. um den Archive Server von OpenText handeln. Sowohl die Dokumentenarchivierung als auch die Datenarchivierung wird über SAP ArchiveLink realisiert. Für die Dokumentenarchivierung dient SAP ArchiveLink als Schnittstelle für die Ablage von Eingangs- und Ausgangsdokumenten sowie von Drucklisten:

- **Eingehende Dokumente**
  Eingehende Dokumente werden über die in Abschnitt 3.1, »Werkzeuge für das Input Management«, vorgestellten Ablageszenarien oder manuell über die generischen Objektdienste zum Business-Objekt in einem externen Ablagesystem archiviert.
- **Ausgehende Dokumente**
  Ausgehende Dokument sind während der Prozesse generierte Formulare. Zur Erstellung und Verarbeitung der Formulare nutzt SAP die Nachrichtensteuerung (siehe Abschnitt 3.4.2) sowie verschiedene Formulartechnologien (siehe Abschnitt 3.4.1), für SAP S/4HANA die neue Ausgabesteuerung (siehe Abschnitt 11.4). Die Ablage der generierten Dokumente zum Business-Objekt erfolgt im Hintergrund in ein externes Ablagesystem unter Nutzung von SAP ArchiveLink.

Drucklisten

*Drucklisten* sind ABAP-Listen oder Bildschirmlisten, die im SAP-System erzeugt, bei Bedarf ausgedruckt und in ein Ablagesystem abgelegt werden. Beispiele für Drucklisten sind in Tabelle 3.6 aufgeführt.

| SAP-Komponente | Druckliste | Report |
|---|---|---|
| FI | Belegkompaktjournal | RFBELJ00 |
| FI | Einzelpostenjournal | RFEPOJ00 |

**Tabelle 3.6** Beispiele für Drucklisten im SAP-Finanzwesen (FI)

**Datenarchivierung**

Um die SAP-Datenbank zu entlasten, können die Daten der abgeschlossenen Geschäftsprozesse mittels Datenarchivierung aus der Datenbank in das externe Ablage- bzw. Archivierungssystem verschoben werden. Für die Archivierung mit dem *Archive Development Kit* (ADK) stehen im SAP-System verschiedene Archivierungsobjekte bereit. Nach dem Einrichten dieser Archivierungsobjekte werden die Daten regelmäßig per SAP ArchiveLink in das Archivierungssystem verschoben.

**Weiterführende Informationen zur SAP Datenarchivierung**

Die SAP-Datenarchivierung wird in dem Buch »SAP-Datenarchivierung. Das Praxishandbuch« von Ahmet Türk (2., aktualisierte und erweiterte Auflage, SAP PRESS 2019) ausführlich behandelt.

Die Funktionen sowie die Einrichtung und das Customizing von SAP ArchiveLink stelle ich Ihnen in Abschnitt 4.1 ausführlicher vor.

### 3.3.2 SAP Content Server und SAP Cache Server

**SAP Content Server**

Der *SAP Content Server* ist ein SAP-Werkzeug, das SAP-Nutzern kostenlos mit der SAP-NetWeaver-Lizenz zur Verfügung gestellt wird. Der SAP Content Server wird in der SAP-Umgebung als eigenständige Komponente bereitgestellt, in der große Mengen an Content beliebigen Formats abgelegt werden können. Der SAP Content Server läuft auf dem ebenfalls mit der SAP-NetWeaver-Lizenz bereitgestellten Datenbank-Management-System *SAP MaxDB*, wodurch auch auf Datenbankebene keine zusätzlichen Lizenzkosten anfallen.

Die Ablage des Contents erfolgt entweder auf der Datenbankinstanz oder im Dateisystem. SAP positioniert den SAP Content Server jedoch nicht als System für die Langzeitarchivierung. Ein Einsatzbereich könnte aber die Ablage von unkritischen Inhalten sein, die nicht einer Langzeitaufbewahrung unterliegen, wie Dokumentationen oder Trainingsmaterial.

**SAP Cache Server**

Der *SAP Cache Server* ist ein zusätzlicher Server und eine für den Benutzer transparente Erweiterung der vorhandenen SAP-Content-Server-Infrastruktur. Beim erstmaligen Aufruf eines auf dem SAP Content Server abgelegten Dokuments wird dieses Dokument vom SAP Cache Server als Kopie zwischengespeichert. Bei einem erneuten Aufruf des zwischengespeicherten Dokuments reduzieren sich die Zugriffszeiten, da es aus dem Cache aufgerufen wird.

Der Aufbau eines SAP Cache Servers bietet sich an, wenn die Standorte, die auf den SAP Content Server zugreifen wollen, verteilt sind, d. h., wenn der Zugriff auf den Content über WAN-Verbindungen (Wide Area Network) erfolgen müsste. Durch den Einsatz des SAP Cache Servers wird der Netzwerkverkehr über die WAN-Verbindung reduziert und die Zugriffszeit durch das Caching verringert.

**Architektur von SAP Content Server und SAP Cache Server**

Abbildung 3.7 zeigt die Grundarchitektur von SAP Content Server und SAP Cache Server. In diesem Beispiel erfolgt der Aufruf des Clients über den SAP Cache Server. Ist der Content auf dem SAP Cache Server vorhanden, wird dieser an den Client zurückgegeben. Liegt der Content dort nicht vor, gibt der SAP Cache Server den Aufruf an den nächsten Server weiter. Mögliche nächste Server können SAP Content Server, SAP Cache Server oder ein Archivsystem sein.

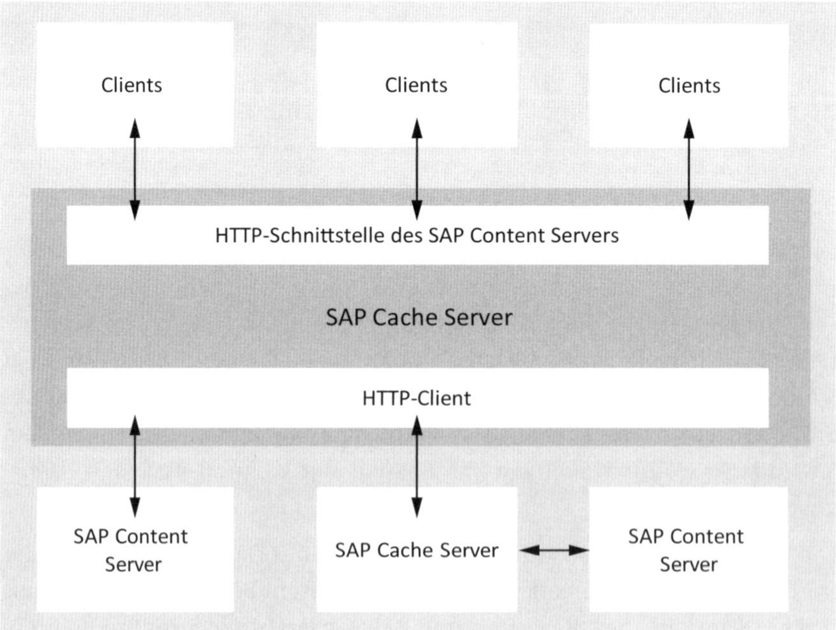


**Abbildung 3.7** Grundarchitektur von SAP Content und SAP Cache Server

Die Funktionen sowie die Einrichtung und das Customizing des SAP Content Servers beschreibe ich in Abschnitt 4.2 ausführlicher.

### 3.3.3 SAP Information Lifecycle Management

*SAP Information Lifecycle Management* (SAP ILM) liefert Regelwerke, Prozesse und Werkzeuge für die Verwaltung der Informationen über den gesamten Lebenszyklus hinweg – von der Erfassung bis zur Vernichtung.

**Grundbausteine von SAP ILM**

SAP ILM besteht aus den folgenden Grundbausteinen:

- Die *Datenarchivierung* für die Datenträgerverwaltung zur Reduzierung der Datenmengen in der SAP-Datenbank. Dieser schon seit Jahren in SAP enthaltene Grundbaustein wurde um Funktionen erweitert, um nicht nur Daten zu archivieren, sondern mit SAP ILM auch vernichten zu können.
- Das *Retention Management* ist ein Grundbaustein, der unterschiedliche Werkzeuge für die Datenaufbewahrung – von der Anlage bis zur Vernichtung – bereitstellt. Das Rentention Management beinhaltet wiederum die Komponenten Information Retention Manager, ILM-fähige Ablage und Legal Case Management:
  - *Information Retention Manager* (IRM) ist die Regelwerk-Engine von SAP ILM. Mit IRM können Regelwerke und Regeln zur Steuerung des Lebenszyklus von Informationen angelegt werden. IRM ist eng mit der Datenarchivierung verknüpft. Beim Schreiben eines Archivierungsobjekts mit ILM-Erweiterung liest das System die IRM-Regeln und ermittelt so die Aufbewahrungsfristen und den Ablageort.
  - *ILM-fähige Ablagen* sind ein wichtiger Bestandteil von SAP ILM. Durch WORM-ähnliche Ablagetechnologien (*write once read many*) kann gewährleistet werden, dass die Informationen innerhalb der Aufbewahrungsfristen nicht gelöscht werden.
  - Mit dem *Legal Case Management* können Sie rechtliche Vorgänge verwalten. Im Fall eines Rechtsstreits können so Informationen gemäß bestimmter Suchkriterien gefunden und mittels *Legal-Hold-Funktion* (gesetzliche Sperre) eingefroren werden. Ein Löschen ist dann auch nach Ablauf der Aufbewahrungsfrist nicht möglich. Legal Case Management basiert auf dem SAP Records and Case Management.
- Das *Retention Warehouse* bietet Methoden für die Stilllegung von Alt-Systemen.

**Evolutionsstufen von SAP ILM**

In Abbildung 3.8 sind die Evolutionsstufen von SAP ILM von der Datenarchivierung über das SAP ILM Retention Management bis hin zum SAP ILM Retention Warehouse dargestellt.

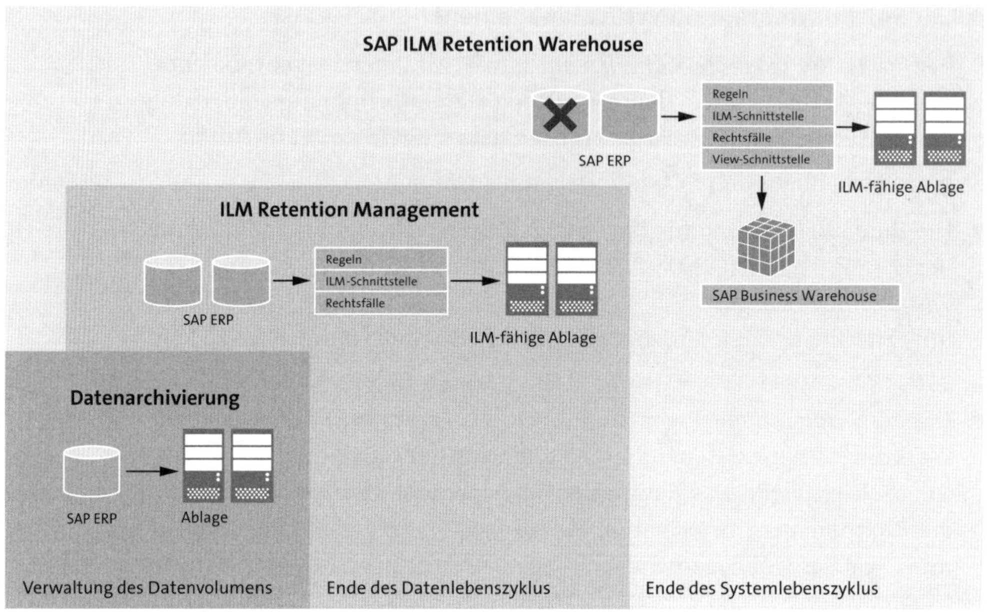


**Abbildung 3.8** Evolutionsstufen von SAP ILM

**ILM-fähige Ablagen**

Als ILM-fähige Ablage kann entweder das Dateisystem oder ein externes WebDAV-fähiges (*Web-based Distributed Authoring and Versioning*) Archivsystem verwendet werden. Der SAP Content Server unterstützt das Netzwerkprotokoll WebDAV aktuell nicht. Der OpenText Archive Server hingegen unterstützt WebDAV. Je nach Einsatzszenario können auch die Werkzeuge SAP Document Access by OpenText oder SAP Extended Enterprise Content Mangement (ECM) by OpenText mit SAP ILM integriert werden.

[+]

**Weiterführende Literatur zu SAP ILM**

Das Buch »SAP Information Lifecycle Management. Das umfassende Handbuch« von Iwona Luther (SAP PRESS 2019) geht detaillierter auf das Thema SAP ILM ein, das ich in diesem Buch nicht vertiefen möchte.

## 3.4 Werkzeuge für das Output Management

Strategie von SAP

Die Strategie von SAP im Bereich Output Management sieht eine Kombination aus SAP-eigenen Werkzeugen, die mit SAP NetWeaver bereitgestellt werden, und SAP Solution Extensions vor. Letztere ergänzende Werkzeuge werden von OpenText und anderen SAP-Partnern bereitgestellt. Wie in Abbildung 3.9 zu sehen, setzt sich das Angebot im Wesentlichen aus den SAP-eigenen Lösungen und der SAP Solution Extensions von OpenText zusammen.

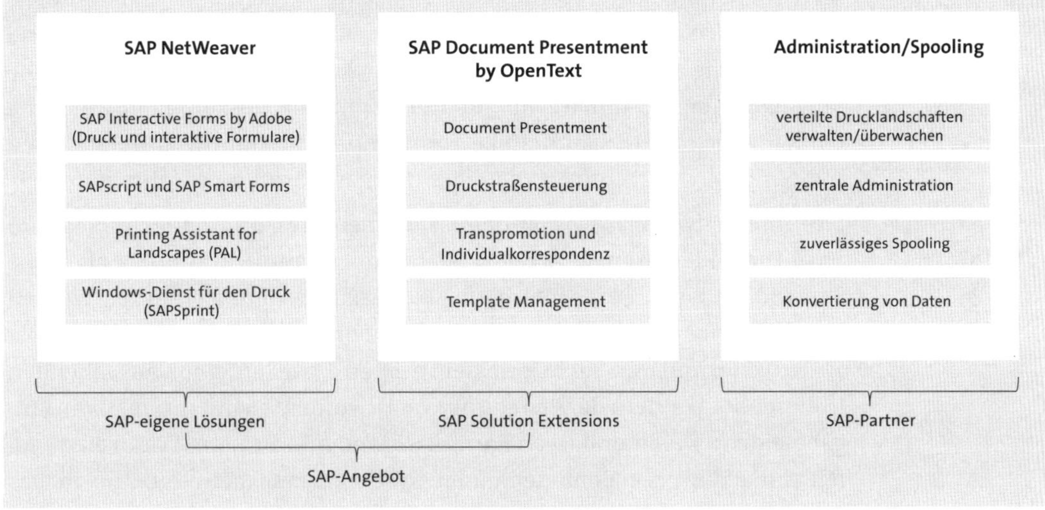


**Abbildung 3.9** ECM-Werkzeuge im Output Management

Zu den SAP-eigenen Werkzeugen, die in SAP NetWeaver bereitgestellt werden, gehören die Formulartechnologien *SAP Interactive Forms by Adobe*, *SAPscript* und *SAP Smart Forms*. Der *Printing Assistant for Landscapes* (PAL) ermöglicht, dass die Ausgabegeräte der gesamten Systemlandschaft in einem einzigen System konfiguriert werden. Der Windows-Dienst für den Druck *SAPSprint* wird zur Druckausgabe in Microsoft-Windows-Betriebssystemen eingesetzt.

### 3.4.1 Formulartechnologien

SAP-Systeme unterstützen die Formulartechnologien SAP Smart Forms, SAPscript und SAP Interactive Forms by Adobe. *Formulare* spielen im ECM-Umfeld eine wichtige Rolle, ob als reiner Informationsträger oder als interaktives Formular zur Datenerfassung. Für die Ausgabe der Dokumente werden verschiedene Formulare im SAP-System eingerichtet. Die Formulare geben betriebswirtschaftliche Informationen per Druck aus. Übliche Formulare in SAP-Anwendungen sind Bestellungen und Rechnungen.

**SAP Smart Forms**

Die SAP-eigene Formulartechnologie SAP Smart Forms wurde im Jahr 2001 veröffentlicht und wird bis heute in der SAP-Installation mit ausgeliefert. Die mit SAP Smart Forms erzeugten Formulare werden auch als *Smart*

*Forms* bezeichnet. Ausgehende Smart Forms werden im PDF-Format erzeugt und synchron in einem externen Ablagesystem abgelegt.

**SAPscript**

SAPscript ist die älteste SAP-Formulartechnologie. Ebenso wie SAP Smart Forms wird sie in der SAP-Installation mit ausgeliefert. Viele SAP-Kunden haben noch SAPscript-Formulare im Einsatz. SAPscript-Formulare unterscheiden sich von Smart Forms im Wesentlichen in der Erstellung und darin, welche Möglichkeiten dem Entwickler zur Verfügung stehen. Die Möglichkeiten, Formulare für mehrere Sprachen auszuprägen und eine eindeutig definierte Schnittstelle zum Rahmenprogramm zu nutzen, sind nur einige Verbesserungen, die mit SAP Smart Forms eingeführt wurden.

**SAP Interactive Forms by Adobe**

SAP Interactive Forms by Adobe ist die neueste Formulartechnologie in SAP. Die mit diesem Werkzeug erstellten Formulare können als reine Druckformulare oder als interaktive Formulare designt werden. Sie werden im PDF-Format bereitgestellt. Interaktive Formulare dienen im Gegensatz zu Druckformularen nicht nur dem reinen Erstellen eines ausgehenden Dokuments, sondern der Erstellung von Dokumenten mit interaktiven Eingabefeldern. Die interaktiven Formulare sind hilfreich, um Daten einzuholen ohne dass der Benutzer einen Systemzugang benötigt. Die in das Formular eingegebenen Daten können in das SAP-System importiert werden.

SAP Interactive Forms by Adobe ist auch in das SAP-Drucksystem integriert. Für die Aufbereitung des PDFs sind jedoch die *Adobe Document Services* (ADS) als zusätzliche Komponente notwendig. Der ADS wurde bislang auf einem SAP NetWeaver Application Server Java (AS Java) betrieben.

**SAP Cloud Platform Forms by Adobe**

Seit geraumer Zeit bietet SAP mit den *SAP Cloud Platform Forms by Adobe* ein weiteres Formularwerkzeug in der Cloud an. Weitere Informationen zu SAP Cloud Platform Forms by Adobe finden Sie in Abschnitt 12.1.2.

### 3.4.2 Nachrichtensteuerung

Die *Nachrichtensteuerung* ist ein anwendungsübergreifender Dienst, der die Ausgabestrategie für eine Nachricht ermittelt. *Nachrichten* sind im SAP-System Ausgaben zu einem Beleg. Die Ausgabestrategie ermittelt hierzu den Ausgabekanal und das Ausgabegerät. Über die Nachrichtensteuerung wird die Ausgabe partnerabhängiger Nachrichten automatisiert. Partnerabhängig bedeutet, dass je nach Empfänger der Nachricht eine Ausgabe z. B. per Druck, E-Mail oder Electronic Data Interchange (EDI) erfolgen kann.

**Transaktion NACE**

Die Nachrichtensteuerung wird in der Transaktion NACE konfiguriert. Die SAP-Objekte werden dabei durch *Applikationen* abgebildet. In Abbildung 3.10 ist beispielsweise die Applikation **EF** für die Bestellung markiert.

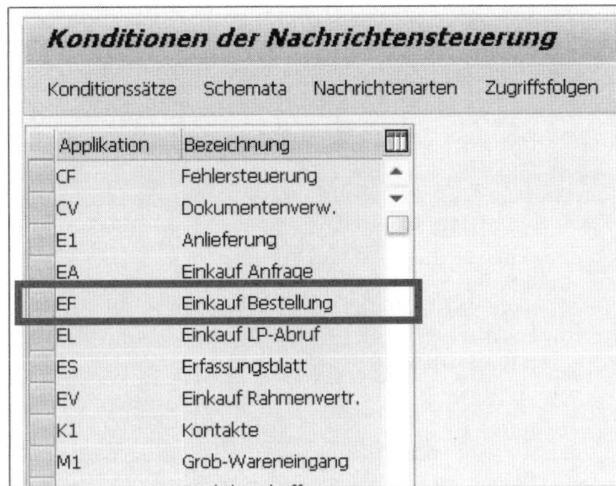


**Abbildung 3.10** Applikationen in der Nachrichtensteuerung

**Nachrichtenarten**

Zu den Applikationen können verschiedene *Nachrichtenarten* eingerichtet werden. Die Nachrichtenart enthält alle Informationen zu dem Rahmenprogramm, dem Formular, dem Ausgabezeitpunkt und dem Sendemedium. In Abbildung 3.11 sind die Nachrichtenarten der Applikation **EF** (Bestellung) dargestellt.

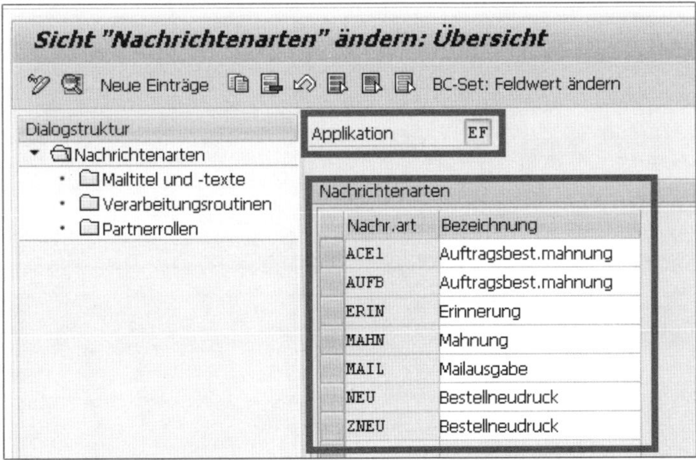


**Abbildung 3.11** Nachrichtenarten in der Nachrichtensteuerung

**Schema**

Welche Nachrichtenarten in welcher Reihenfolge für die Nachrichtenausgabe verwendet werden, wird im *Schema* definiert. Jeder Applikation wird ein solches Schema zugeordnet. In Abbildung 3.12 sind die Nachrichtenarten, die dem Schema **RMBEF1** (**Einkauf Bestellung**) zugeordnet wurden, dargestellt.

**Abbildung 3.12** Schema in der Nachrichtensteuerung

**Sendemedium**

Die Entscheidung, wie Nachrichten ausgegeben werden, wird auch in der Nachrichtensteuerung hinterlegt. In Abbildung 3.13 sind die möglichen Medien im Customizing in der Transaktion NACE für die Nachricht zu einer Bestellung dargestellt. Mögliche Medien zum Senden von Nachrichten sind unter anderem die **Druckausgabe**, **EDI** oder der Versand per E-Mail (**einfaches Mail**).

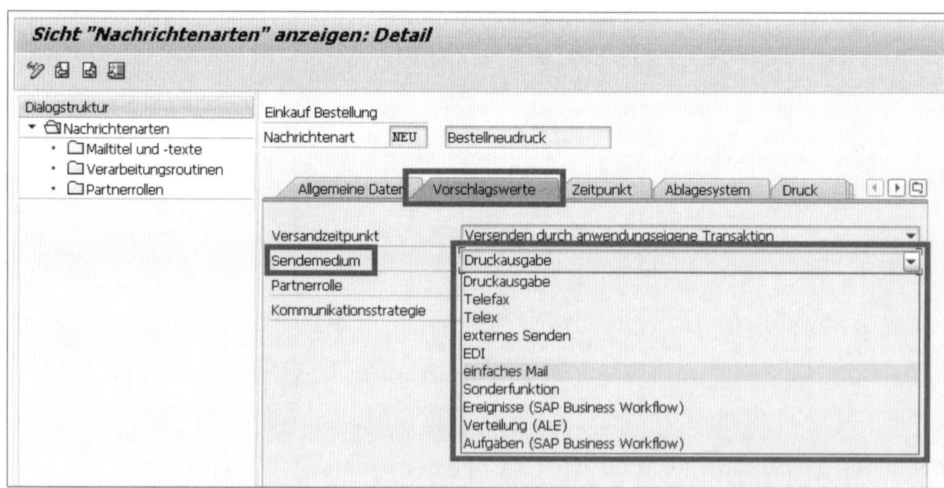


**Abbildung 3.13** Einstellung des Sendermediums in der SAP-Nachrichtensteuerung

**Ausgabe und Ablage**

Die ausgehenden Dokumente einer Nachricht können neben den elektronischen Formaten auch auf Formularen basieren. Diese Dokumente können bei Ausgabe auch in einem externen Ablagesystem abgelegt werden. Die Einstellungen hierzu werden im Customizing der Nachrichtensteuerung vorgenommen. In Abbildung 3.14 habe ich das Customizing so eingestellt, dass das Dokument der Nachricht ausgegeben und abgelegt wird. Für die Ablage ist die Angabe einer **Dokumentart** (für SAP ArchiveLink) notwendig.

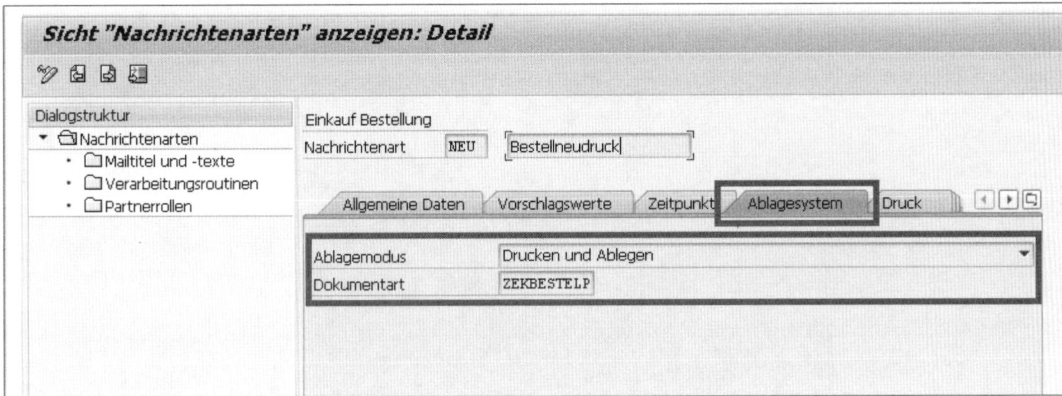


**Abbildung 3.14** Einstellung des Ablagesystems in der SAP-Nachrichtensteuerung

Der **Ablagemodus**, der bei der Einstellung des Ablagesystems in der Nachrichtensteuerung festgelegt wird, entscheidet über die Art der Ausgabe. Für die Ablage des Formulars nutzt das SAP-Spool-System die in Tabelle 3.7 aufgeführten Ablagemodi.

| Möglichkeit der Ausgabe | Ablagemodus |
|---|---|
| Dokumente werden nur gedruckt. | **Nur Drucken** |
| Dokumente werden nur im externen Ablagesystem abgelegt. | **Nur Ablegen** |
| Dokumente werden sowohl gedruckt als auch abgelegt. | **Drucken und Ablegen** |

**Tabelle 3.7** Ablagemodi im SAP-Spool-System

### 3.4.3 SAP-Spool-System

Das in der Nachrichtensteuerung eingetragene *Druckprogramm* startet die Erstellung des Druckauftrags. Wird der Druckauftrag nicht sofort ausgegeben, wird zuerst ein *Spool-Auftrag* im *SAP-Spool-System* erzeugt. Im SAP-Spool-System werden die Druckdaten bis zur Ausgabe in einem Spool-Auftrag zwischengespeichert.

**Ausgabeauftrag**

Der *Ausgabeauftrag* wird anschließend aus dem Spool-Auftrag erzeugt, falls die Ausgabe explizit an ein *Ausgabegerät* geschickt wird. Das Ausgabegerät kann ein physischer Drucker oder ein externes Ablagesystem sein.

Die grobe Architektur und die Anbindung an die Nachrichtensteuerung sind in Abbildung 3.15 dargestellt.

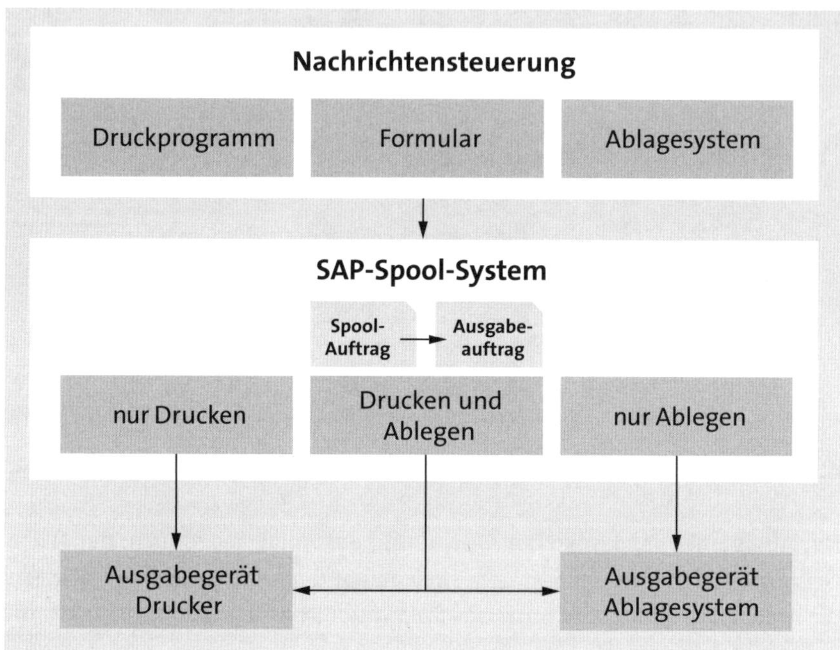


**Abbildung 3.15** SAP-Spool-System

**Integration in ein OMS**

Das SAP-Spool-System kann in ein externes *Output-Management-System* (OMS) integriert werden, um die Funktionalität dieses OMS aus dem SAP-System heraus nutzen zu können. In Kapitel 10, »Output Management mit SAP Document Presentment by OpenText«, erläutere ich diese Variante näher.

Kapitel 4

# Ablage und Archivierung mit SAP-Standardwerkzeugen



*Die Ablage und Archivierung von Content zu einem Geschäftsvorfall ist für viele Anwender eine wichtige Funktion bei ihrer täglichen Arbeit mit dem SAP-System. Die Standardauslieferung stellt dazu wichtige Werkzeuge zur Verfügung, die ich Ihnen in diesem Kapitel vorstelle.*

Während der Bearbeitung von Geschäftsvorfällen im SAP-System wird Content in Form von ein- und ausgehenden Dokumenten, E-Mails oder anderen Dateien verarbeitet. Der Anwender erfasst die Daten des Geschäftsvorfalls im SAP-System und muss den dazugehörigen Content verwalten.

**Wahl des Ablagemediums**

Technisch gesehen gibt es zwei Möglichkeiten, den im SAP-System abgelegten Content zu verwalten: Entweder nutzt man die SAP-Datenbank oder ein externes Ablagesystem als Ablagemedium. Von der Ablage von Content auf der SAP-Datenbank rate ich ab, da dies einige Nachteile mit sich bringt. Zum einen wird die SAP-Datenbank unnötig durch den Content vergrößert, was der Systemadministration wiederum Probleme beim Backup oder bei Kopien der Systeme bereiten kann. Zum anderen ist der in die Datenbank abgelegte Content meist nicht ausreichend vor dem Löschen geschützt. In einigen Projekten habe ich auch die Erfahrung gemacht, dass manche Dokumente korrupt waren und somit nicht mehr geöffnet werden konnten.

In diesem Kapitel gehe ich auf die standardisierte Schnittstelle SAP ArchiveLink und auf das Ablagesystem SAP Content Server ein. Ich erläutere sowohl die Funktion als auch das Customizing dieser Werkzeuge.

Ein weiterer Anwendungsfall für die Ablage ist die Belegarchivierung (Datenarchivierung). Die Belegarchivierung nutzt Archivierungsfunktionen, um das SAP-System durch die Auslagerung von Belegdaten zu entlasten.

## 4.1 SAP ArchiveLink

SAP ArchiveLink ist eine standardisierte Schnittstelle für die Anbindung von externen Ablagesystemen und wird mit dem SAP NetWeaver Application Server ausgeliefert. Über die SAP-ArchiveLink-Schnittstelle kann eingehender und ausgehender Content aus dem SAP-System in externen Ablagesystemen abgelegt werden. Durch eine Verknüpfung zwischen dem abgelegten Content und den Business-Objekten im SAP-System kann der Content jederzeit über den SAP-Beleg aufgerufen werden.

In den folgenden Abschnitten beschreibe ich zunächst die Funktionen von SAP ArchiveLink und zeige Ihnen dann, wie Sie die Schnittstelle administrieren, einrichten und konfigurieren können.

### 4.1.1 Einführung in die Funktionsweise von SAP ArchiveLink

Die SAP-ArchiveLink-Schnittstelle zur Anbindung von externen Ablagesystemen ist modulunabhängig. Sie kann Daten aus allen Komponenten des SAP-ERP-Systems übertragen, also z. B. aus der Materialwirtschaft (MM), in der die Bestellung unseres Referenzprozesses Purchase-to-Pay abgewickelt wird. Die externen Ablagesysteme sollten eine SAP-Zertifizierung für SAP ArchiveLink haben.

**Funktionen von SAP ArchiveLink**

Die SAP-ArchiveLink-Schnittstelle unterstützt folgende Prozesse zur Ablage von Dokumenten und Daten:

- eingehende Dokumente ablegen und mit dem Business-Objekt verknüpfen
- ausgehende Dokumente ablegen und mit Business-Objekt verknüpfen
- Ablage von Drucklisten
- Ablage von Archivdateien (Datenarchivierung)

Für unseren Referenzprozess sind zunächst einmal die Ablage des eingehenden Bestelldokuments und die Verknüpfung mit dem Business-Objekt der Bestellung relevant.

**Zugriff auf den archivierten Content**

Der Zugriff auf den über die SAP-ArchiveLink-Schnittstelle abgelegten Content erfolgt über die generischen Objektdienste (GOS), die ich in Abschnitt 5.1 vorstelle. Die generischen Objektdienste stellen die abgelegten Dokumente eines Business-Objekts in einer *Anlagenliste* zusammen. Diese können Sie über ein Dropdown-Menü in der Titelleiste des Business-Objekts ( ), hier der Bestellung, aufrufen (siehe Abbildung 4.1).

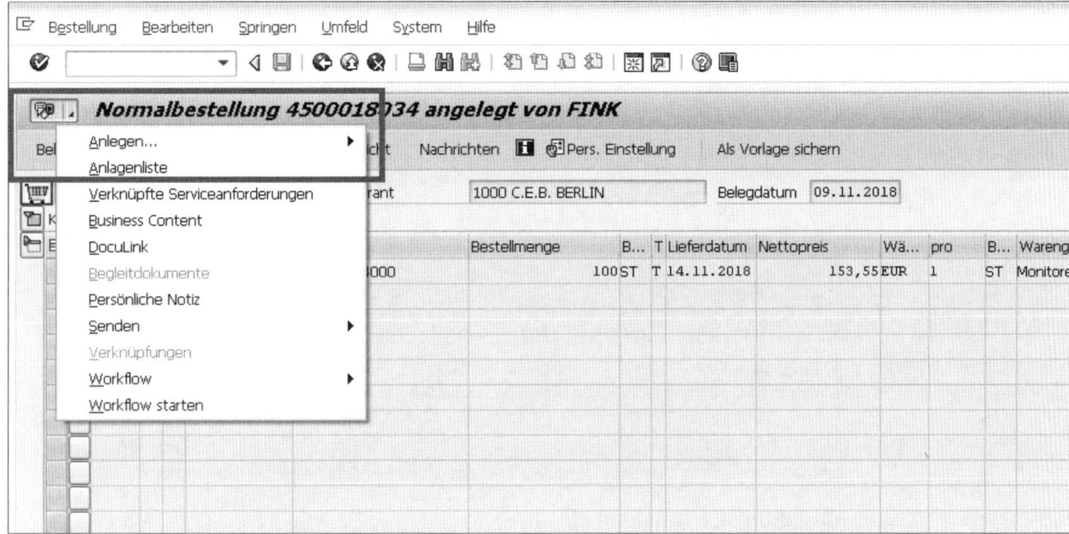


**Abbildung 4.1** Aufruf der Anlagenliste

**Anlagenliste**

Nach dem Öffnen der Anlagenliste werden Ihnen die Art des Contents (visualisiert über ein Icon), der Titel des Contents, der Ersteller und das Erstelldatum angezeigt (siehe Abbildung 4.2). Das Icon unterscheidet sich für SAP-ArchiveLink- und SAPoffice-Dokumente. Einige Beispiele habe ich in Tabelle 4.1 für Sie aufgeführt.

| Icon | Beschreibung |
|---|---|
| | mit SAP ArchiveLink abgelegte Dokumente |
| | SAPoffice-Dokument vom Typ PDF |
| | SAPoffice-Dokument vom Typ Word |

**Tabelle 4.1** Icons zur Unterscheidung der Content-Typen

Möchten Sie sich eines der zugeordneten Dokumente anzeigen lassen, können Sie dieses durch einen Doppelklick auf den entsprechenden Eintrag öffnen.

**Document Viewer**

Zur Anzeige von abgelegten Dokumenten stellt SAP ArchiveLink mit dem ebenfalls standardmäßig mit dem SAP NetWeaver Application Server ABAP (AS ABAP) ausgelieferten *Document Viewer* einen eigenen Viewer zur Verfügung. In Abbildung 4.3 sehen Sie das ausgewählte Bestelldokument im Document Viewer.

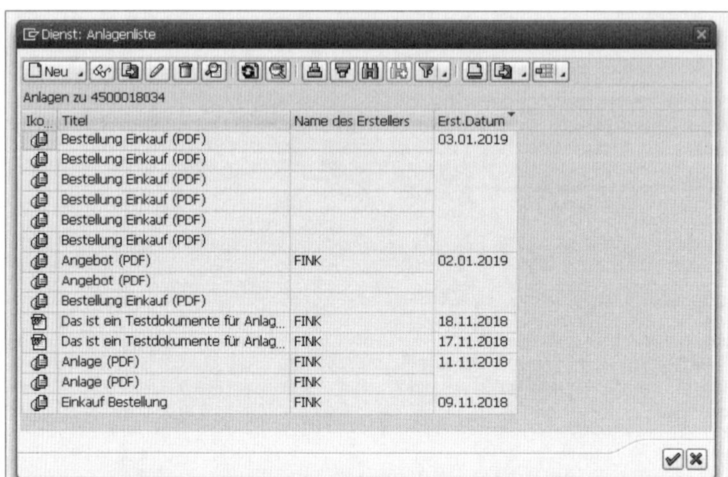

Dienst: Anlagenliste

Neu

Anlagen zu 4500018034

| Iko... | Titel | Name des Erstellers | Erst.Datum |
|---|---|---|---|
| | Bestellung Einkauf (PDF) | | 03.01.2019 |
| | Bestellung Einkauf (PDF) | | |
| | Bestellung Einkauf (PDF) | | |
| | Bestellung Einkauf (PDF) | | |
| | Bestellung Einkauf (PDF) | | |
| | Bestellung Einkauf (PDF) | | |
| | Angebot (PDF) | FINK | 02.01.2019 |
| | Angebot (PDF) | | |
| | Bestellung Einkauf (PDF) | | |
| | Das ist ein Testdokumente für Anlag... | FINK | 18.11.2018 |
| | Das ist ein Testdokumente für Anlag... | FINK | 17.11.2018 |
| | Anlage (PDF) | FINK | 11.11.2018 |
| | Anlage (PDF) | FINK | |
| | Einkauf Bestellung | FINK | 09.11.2018 |

**Abbildung 4.2** Anlagenliste

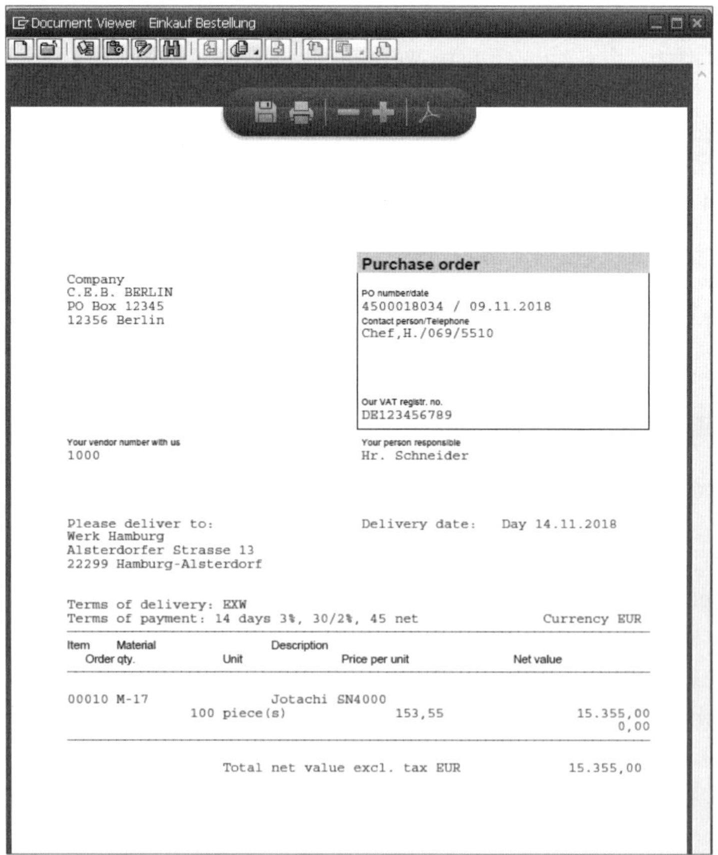

Document Viewer Einkauf Bestellung

Company
C.E.B. BERLIN
PO Box 12345
12356 Berlin

**Purchase order**

PO number/date
4500018034 / 09.11.2018
Contact person/Telephone
Chef,H./069/5510

Our VAT registr. no.
DE123456789

Your vendor number with us
1000

Your person responsible
Hr. Schneider

Please deliver to:
Werk Hamburg
Alsterdorfer Strasse 13
22299 Hamburg-Alsterdorf

Delivery date: Day 14.11.2018

Terms of delivery: EXW
Terms of payment: 14 days 3%, 30/2%, 45 net

Currency EUR

| Item | Material | Order qty. | Unit | Description | Price per unit | Net value |
|---|---|---|---|---|---|---|
| 00010 | M-17 | 100 | piece(s) | Jotachi SN4000 | 153,55 | 15.355,00 |
| | | | | | | 0,00 |

Total net value excl. tax EUR 15.355,00

**Abbildung 4.3** Anzeige einer Bestellung im Document Viewer

Neben dem SAP-eigenen Viewer können auch Viewer von anderen Herstellern genutzt werden, wie z. B. der *OpenText Imaging Web Viewer*, dessen Anzeige desselben Dokuments Sie in Abbildung 4.4 sehen. Die externen Viewer anderer Hersteller bieten oftmals einen größeren Funktionsumfang. Beispielweise kann man mit dem OpenText Imaging Web Viewer Notizen auf dem eingefügten Dokument vermerken.

**OpenText Imaging Web Viewer**

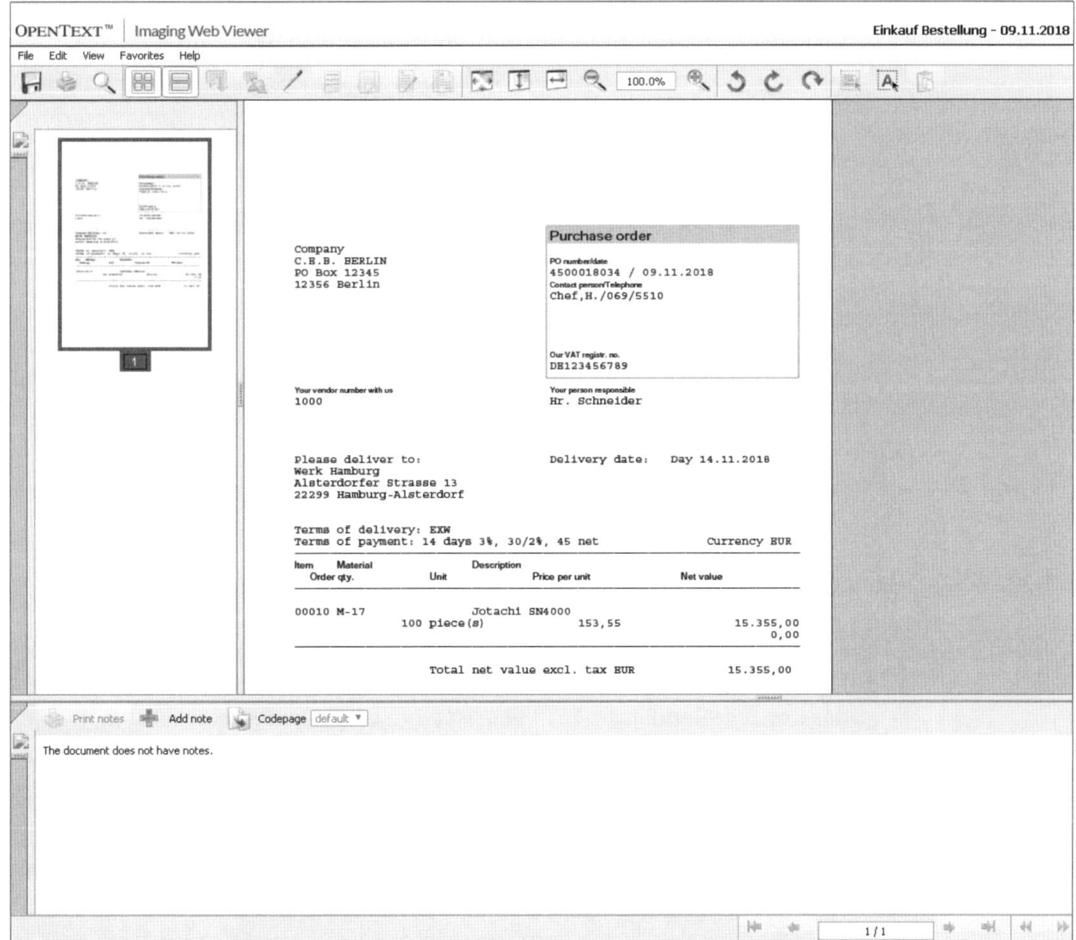


**Abbildung 4.4** Anzeige einer Bestellung im OpenText Imaging Web Viewer

SAP ArchiveLink arbeitet eng mit SAP Business Workflow zusammen. Ein Beispiel für die gemeinsame Verwendung finden Sie im Abschnitt »Ablegen von eingehenden Dokumenten für die spätere Erfassung« innerhalb von Abschnitt 4.1.2 und in Abschnitt 5.3.3, »Bearbeitung von Dokumenten mit Unterstützung von SAP Business Workflow«. Die Integration von SAP ArchiveLink und SAP Business Workflow wird häufig zur Bearbeitung von

**SAP Business Workflow und SAP ArchiveLink**

eingehenden Dokumenten verwendet. Das Dokument wird beispielsweise eingescannt und per SAP ArchiveLink abgelegt. Anschließend wird ein Workflow für die Erfassung der Daten gestartet. Die Aufgabe der Datenerfassung, ein sogenanntes *Workitem* des Workflows, wird hierzu an einen bestimmten Benutzer zur Bearbeitung geleitet (siehe auch Abschnitt 3.2.2, »SAP Business Workflow«).

**Scanclient einbinden**

In den Prozessen werden per Post eingegangene Dokumente häufig mit *Scanclients* digitalisiert und zum Business-Objekt abgelegt. SAP selbst liefert keinen eigenen Scanclient, es kann jedoch ein Scanclient eines anderen Herstellers eingebunden werden, wie z. B. *OpenText Imaging Enterprise Scan*. Der Scanclient wird mittels OLE-Automation (*Object Linking and Embedding*) an das SAP-System angebunden. Die OLE-Automation bietet die Möglichkeit, herstellerspezifische Scanclients mittels SAP-Customizing unter Angabe von herstellerspezifischen Kommandos einzubinden.

**Business-Objekt**

Die wichtigsten Elemente von SAP ArchiveLink sind Business-Objekte, das Content Repository und die Dokumentart. Die *Business-Objekte* bilden reale Objekte, wie z. B. eine Bestellung, einen Lieferschein oder eine Rechnung, im SAP-System ab. Business-Objekte kapseln damit sowohl Daten als auch Geschäftsprozesse. Hinter einem Business-Objekt verbergen sich die Strukturen, die betriebswirtschaftliche Logik, die Schnittstellen und die Art der Zugriffsmöglichkeit auf die Daten des Objekts.

**Content Repository**

Das *Content Repository* ist ein Bereich des Ablagesystems, in dem der Content abgelegt wird. Hinter einem Content Repository steht z. B. der HTTP-Content-Server (SAP Content Server oder OpenText-Archiv) oder die SAP-Datenbank. Bei Verwendung eines externen Ablagesystems muss vorher das Content Repository im Ablagesystem eingerichtet worden sein. Bei der Einrichtung im Ablagesystem werden z. B. beim OpenText-Archiv auch Einstellungen zu Aufbewahrungsfristen oder andere Sicherheitseinstellungen vorgenommen.

**Dokumentarten**

Durch die *Dokumentarten* wird der eingehende Content, der mittels SAP ArchiveLink abgelegt wird, klassifiziert. Die Dokumentart fasst gleichartigen Content zusammen, z. B. gibt es die Dokumentarten Bestelldokument, Bestellbestätigungsdokument usw. Durch das Customizing des Ablageszenarios im Zusammenhang mit dem Customizing der Dokumentarten wird die korrekte Verarbeitung des Contents sichergestellt. Neben den standardmäßig vorhandenen Dokumentarten können Sie auch eigene Dokumentarten erstellen. Eine Dokumentart dient auch der Gruppierung von Dokumenten mit gleicher Aufbewahrungsfrist.

**Verknüpfungstabelle**

Legt man ein Dokument des SAP-Systems über SAP ArchiveLink in einem externen Ablagesystem ab, wird das Dokument physisch im Ablagesystem und dessen Storage gespeichert. Das Ablagesystem gibt eine eindeutige Kennung (ID) als Identifikation des Dokuments an das SAP-System zurück. Diese ID wird *Dokument-ID* genannt und in einer *Verknüpfungstabelle* im SAP-System gespeichert. In der Verknüpfungstabelle werden zu jeder Dokument-ID auch das zugehörige Business-Objekt, die Dokumentart und das Content Repository angegeben (siehe Abbildung 4.5). Die Verknüpfungstabellen sind Verwaltungstabellen, in denen die Referenzen zwischen dem Business-Objekt, dem Archiv und den Dokumentarten abgelegt werden.



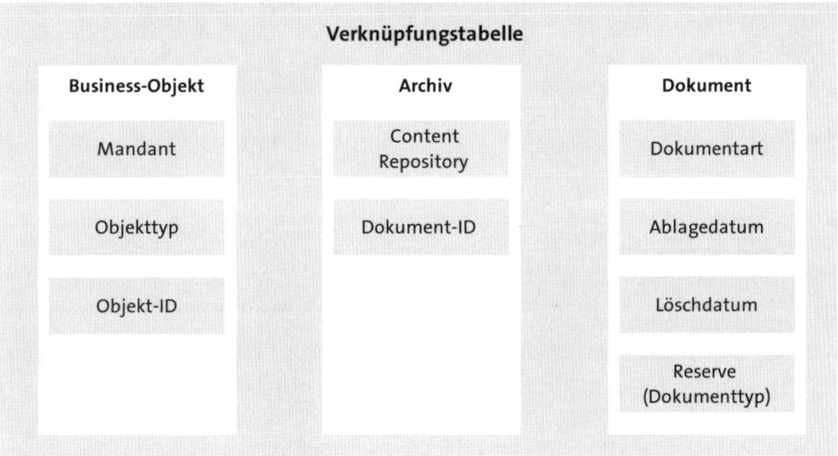


**Abbildung 4.5** SAP ArchiveLink – Aufbau der Verknüpfungstabelle

**Felder der Verknüpfungstabelle**

Im Detail enthalten die Verknüpfungstabellen folgende Angaben zum Business-Objekt, dem Ablagesystem und dem abgelegten Dokument:

- Business-Objekt:
  - Mandant
  - Objekttyp
  - Objekt-ID
- Ablagesystem:
  - Content Repository
  - Dokument-ID
- abgelegtes Dokument:
  - Dokumentart
  - Ablagedatum
  - Löschdatum
  - Reserve (hier werden auch die Dokumenttypen hinterlegt)

**Löschdatum** Das *Löschdatum* in der Verknüpfungstabelle wird über die Verweilzeit (in Monaten) ermittelt, die zur Dokumentart in der Transaktion OAC3 hinterlegt wurde. Diese Information wird nicht über SAP ArchiveLink an das Ablagesystem weitergegeben. Um die Verweildauer (*Retention*) der Dokumente im Ablagesystem verwalten zu können, muss innerhalb des Ablagesystems die Retention-Zeit gepflegt sein. Bei richtiger Konfiguration wird die Retention dann auch in das Storage-System weitergegeben und schützt dort die Dokumente vor dem vorzeitigen Löschen.

Im Standard werden mit dem SAP-System vier Verknüpfungstabellen ausgeliefert:

- TOA01
- TOA02
- TOA03
- TOAHR

**TOA01/02/03** Die drei Verknüpfungstabellen TOA01, TOA02 und TOA03 sind technisch identisch. Man könnte lediglich verschiedene Verknüpfungstabellen verwenden, um die Zugriffszeiten durch die Verteilung der Einträge zu optimieren. In Abbildung 4.6 sehen Sie als Beispiel die Verknüpfungstabelle TOA01.

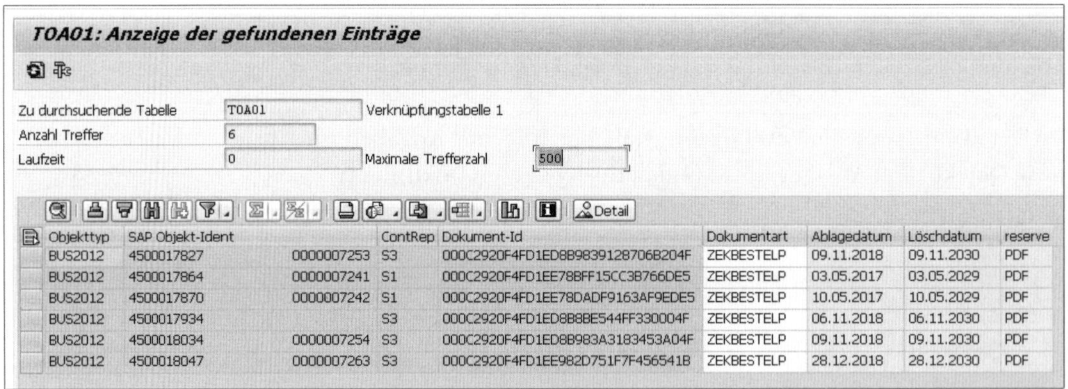


| Objekttyp | SAP Objekt-Ident | | ContRep | Dokument-Id | Dokumentart | Ablagedatum | Löschdatum | reserve |
|---|---|---|---|---|---|---|---|---|
| BUS2012 | 4500017827 | 0000007253 | S3 | 000C2920F4FD1ED8B9839128706B204F | ZEKBESTELP | 09.11.2018 | 09.11.2030 | PDF |
| BUS2012 | 4500017864 | 0000007241 | S1 | 000C2920F4FD1EE78BFF15CC3B766DE5 | ZEKBESTELP | 03.05.2017 | 03.05.2029 | PDF |
| BUS2012 | 4500017870 | 0000007242 | S1 | 000C2920F4FD1EE78DADF9163AF9EDE5 | ZEKBESTELP | 10.05.2017 | 10.05.2029 | PDF |
| BUS2012 | 4500017934 | | S3 | 000C2920F4FD1ED8B8BE544FF330004F | ZEKBESTELP | 06.11.2018 | 06.11.2030 | PDF |
| BUS2012 | 4500018034 | 0000007254 | S3 | 000C2920F4FD1ED8B983A3183453A04F | ZEKBESTELP | 09.11.2018 | 09.11.2030 | PDF |
| BUS2012 | 4500018047 | 0000007263 | S3 | 000C2920F4FD1EE982D751F7F456541B | ZEKBESTELP | 28.12.2018 | 28.12.2030 | PDF |

**Abbildung 4.6** Verknüpfungstabelle TOA01

**TOAHR** Die Verknüpfungstabelle TOAHR (siehe Abbildung 4.7) ist für Dokumente der Komponente SAP ERP HCM, und hier genauer für die Komponenten PA (Personalmanagement) und PY (Personalabrechnung), reserviert.

**Drucklisten** Eine weitere Tabelle des SAP-Systems ist für die Verwaltung von mit SAP ArchiveLink abgelegten Drucklisten vorhanden. Diese Tabelle TOADL kann im Customizing nicht ausgewählt werden, wird aber bei Ablage von Drucklisten direkt gefüllt. Im Customizing wird statt der Tabelle TOADL eine der Standardverknüpfungstabellen TOA01/02/03 angegeben.

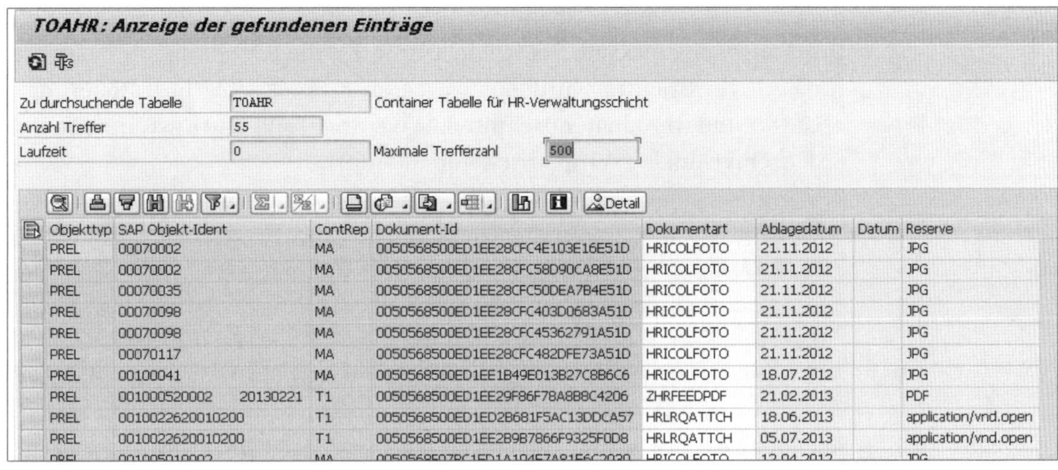


| Objekttyp | SAP Objekt-Ident | ContRep | Dokument-Id | Dokumentart | Ablagedatum | Datum | Reserve |
|---|---|---|---|---|---|---|---|
| PREL | 00070002 | MA | 0050568500ED1EE28CFC4E103E16E51D | HRICOLFOTO | 21.11.2012 | | JPG |
| PREL | 00070002 | MA | 0050568500ED1EE28CFC58D90CA8E51D | HRICOLFOTO | 21.11.2012 | | JPG |
| PREL | 00070035 | MA | 0050568500ED1EE28CFC50DEA7B4E51D | HRICOLFOTO | 21.11.2012 | | JPG |
| PREL | 00070098 | MA | 0050568500ED1EE28CFC403D0683A51D | HRICOLFOTO | 21.11.2012 | | JPG |
| PREL | 00070098 | MA | 0050568500ED1EE28CFC45362791A51D | HRICOLFOTO | 21.11.2012 | | JPG |
| PREL | 00070117 | MA | 0050568500ED1EE28CFC482DFE73A51D | HRICOLFOTO | 21.11.2012 | | JPG |
| PREL | 00100041 | MA | 0050568500ED1EE1B49E013B27C8B6C6 | HRICOLFOTO | 18.07.2012 | | JPG |
| PREL | 001000520002 20130221 | T1 | 0050568500ED1EE29F86F78A8B8C4206 | ZHRFEEDPDF | 21.02.2013 | | PDF |
| PREL | 0010022620010200 | T1 | 0050568500ED1ED2B681F5AC13DDCA57 | HRLRQATTCH | 18.06.2013 | | application/vnd.open |
| PREL | 0010022620010200 | T1 | 0050568500ED1EE2B9B7866F9325F0D8 | HRLRQATTCH | 05.07.2013 | | application/vnd.open |

**Abbildung 4.7** Verknüpfungstabelle TOAHR

### 4.1.2 Szenarien für die Ablage von Dokumenten

Für verschiedene Arbeitsabläufe bietet das SAP-System mehrere Strategien für die Ablage von eingehenden und ausgehenden Dokumenten. Diese Szenarien habe ich Ihnen in Kapitel 3, »Die ECM-Standardwerkzeuge von SAP im Überblick«, bereits kurz vorgestellt. In diesem Abschnitt spiele ich die folgenden Szenarien durch:

- Ablegen von ausgehenden Dokumenten (Abschnitt 3.4.1, »Formulartechnologien«)
- Eingehende Dokumente: Ablegen für spätere Erfassung (Abschnitt 3.1.1, »Ablageszenarien mit Integration von SAP Business Workflow«)
- Eingehende Dokumente: spätes Ablegen mit Barcode (Abschnitt 3.1.2, »Ablageszenarien mit Integration von Barcodetechnologie«)

#### Ablegen von ausgehenden Dokumenten

Beim Anlegen einer Bestellung im SAP-System wird im Hintergrund eine Nachricht erstellt. Die Nachricht gibt im Hintergrund das ausgehende Dokument aus. Das ausgehende Bestelldokument kann auf verschiedenen Wegen ausgegeben (per Druck, E-Mail oder Electronic Data Interchange, EDI) oder/und in einem Ablagesystem abgelegt werden.

**Nachrichtenausgabe**

Im folgenden Beispiel wurde mit Transaktion ME21N (Bestellung anlegen) eine Bestellung angelegt. In der Transaktion ME22N (Bestellung ändern) kann nun die erzeugte Nachricht überprüft werden. Hierzu wählen Sie im Menü des Bestellbelegs den Pfad **Springen • Nachrichten**. Es öffnet sich die Übersicht der Nachrichten, wie in Abbildung 4.8 dargestellt. Die *Nachrich-*

*tenfindung* hat die Nachrichtenart (hier **NEU**) und die Einstellungen für die **Druckausgabe** ermittelt. Die Einstellungen für die Erstellung und Verarbeitung von Nachrichten wurden in Abschnitt 3.4.2, »Nachrichtensteuerung«, erläutert und werden in Abschnitt 4.1.4, »Einrichtung und Customizing von SAP ArchiveLink«, exemplarisch durchgeführt.

**Abbildung 4.8** Nachricht zu einem ausgehenden Bestelldokument in der Nachrichtenübersicht

**Nachrichtenausgabe mit Transaktion ME9F**

Die Ausgabe der ausgehenden Nachricht wird im Fall der Bestellung mithilfe der Transaktion ME9F gestartet. Öffnen Sie Transaktion ME9F (Nachrichtenausgabe), um die Ausgabe der Nachricht zur Bestellung zu starten. Wählen Sie dazu die Nachricht aus der Liste aus, und klicken Sie auf den Button **Nachricht ausgeben**, wie in Abbildung 4.9 gezeigt.

**Abbildung 4.9** Bestelldokument ausgeben (Transaktion ME9F)

Nach erfolgreicher Verarbeitung der Nachricht wird ein grüner Haken als Bestätigung für die Verarbeitung angezeigt (siehe Abbildung 4.10).

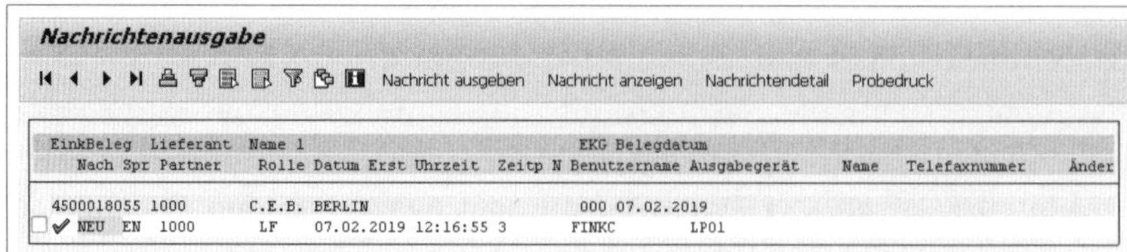


**Abbildung 4.10** Anzeige der erfolgreichen Ausgabe des Bestelldokuments (Transaktion ME9F)

Das Dokument kann nach der Ausgabe über die Anlagenliste der Bestellung angezeigt und geöffnet werden, wie in Abschnitt 4.1.1, »Einführung in die

Funktionsweise von SAP ArchiveLink«, beschrieben. Abbildung 4.11 zeigt das Bestelldokument unseres Beispiels in der Anlagenliste.

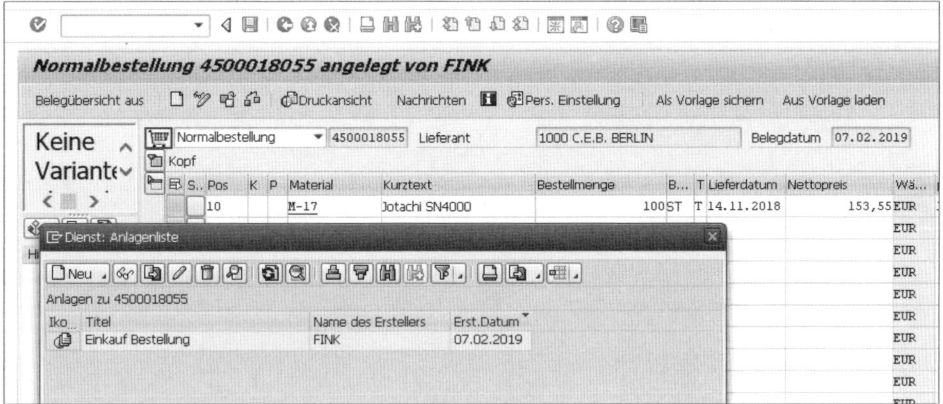


Abbildung 4.11 Bestelldokument in der Anlagenliste

## Ablegen von eingehenden Dokumenten für die spätere Erfassung

**Ablegen für spätere Erfassung**

In dem Szenario *Ablegen für spätere Erfassung* werden eingehende Dokumente hochgeladen und im Ablagesystem abgelegt. Außerdem wird ein Workflow zum Anlegen des SAP-Belegs gestartet. Der Workflow wird dem Bearbeiter zugestellt, der den SAP-Beleg anlegen wird. Nachdem der SAP-Beleg angelegt wurde, wird das abgelegte Dokument mit dem SAP-Beleg verknüpft.

**Transaktion OAWD**

Um diesen Workflow für eine eingehende Rechnung zu starten, öffnen Sie die Transaktion OAWD (Dokumente ablegen) und wählen die im Customizing eingerichtete Voreinstellung **Finanzbelege • FI Eingangsrechnung (ohne Bestellbezug)** (siehe Abbildung 4.12). Bestätigen Sie die Ablage des Dokuments mit einem Klick auf das grüne Häkchen.

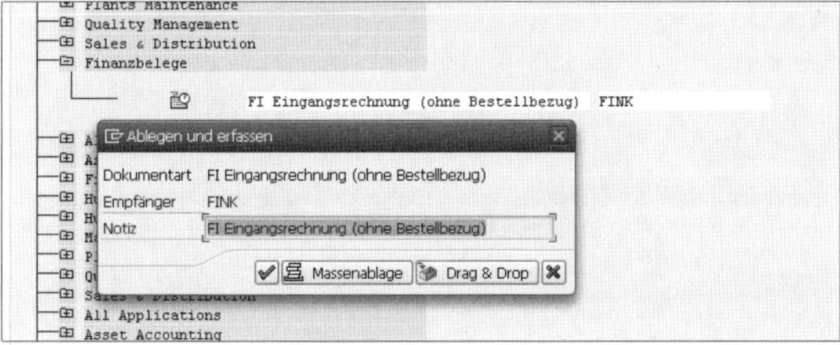


Abbildung 4.12 Dokument für die spätere Erfassung ablegen (Transaktion OAWD)

Das Workitem zur Anlage des SAP-Belegs zu der Eingangsrechnung wird im Business Workplace des zuständigen Bearbeiters angezeigt. Durch einen

Doppelklick auf das Workitem wird das abgelegte Dokument in einem separaten Modus geöffnet, und die Beleganlage wird gestartet. Die Belegdaten werden in den Standardmasken des SAP-Finanzwesens (FI) erfasst. Klicken Sie auf das grüne Häkchen im Fenster **Dokumentart verarbeiten (Beleg erfassen)**, wie in Abbildung 4.13 zu sehen.

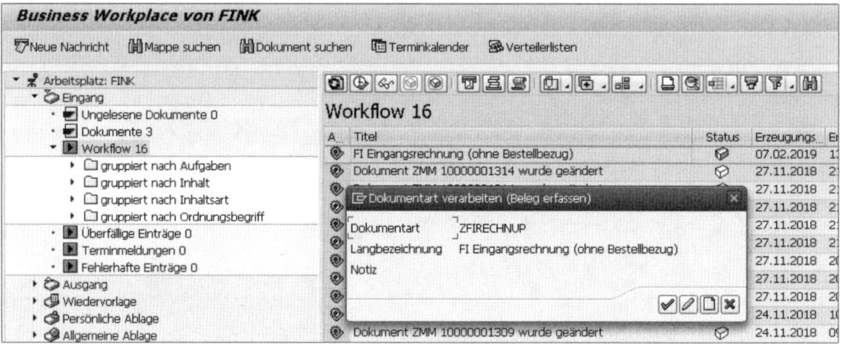


**Abbildung 4.13** Erfassung des SAP-Belegs im Business Workplace

Im Hintergrund wird das abgelegte Dokument mit dem gebuchten SAP-Beleg verknüpft. Abschließend ist das Dokument in der Anlagenliste des gebuchten Belegs verfügbar.

**Prüfung des Belegs**

Zur Prüfung des Buchhaltungsbelegs öffnen Sie die Transaktion FB03 (Beleg anzeigen) und wählen über das Dropdown-Menü der generischen Objektdienste ( ) die **Anlagenliste** aus. In der Anlagenliste, die Sie in Abbildung 4.14 sehen, können Sie nun das Dokument auswählen und aufrufen.

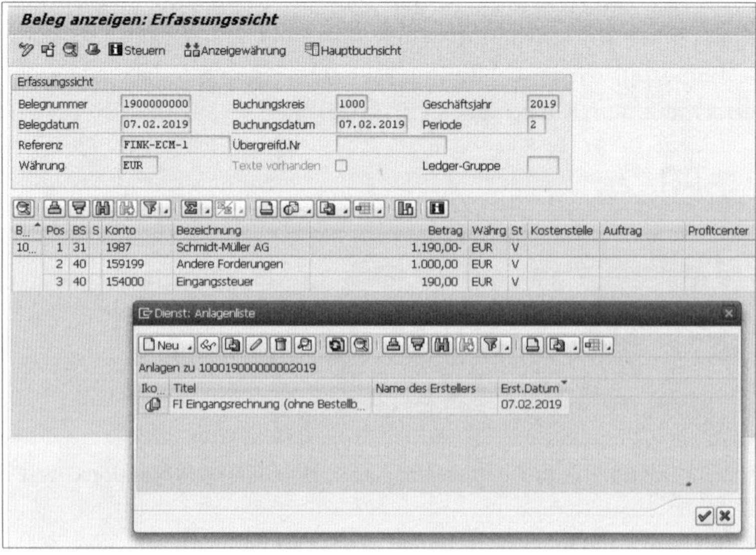


**Abbildung 4.14** Beleg mit Anlage

### Spätes Ablegen von eingehenden Dokumenten mit Barcode

Spätes Ablegen mit Barcode

Das Ablegen von Dokumenten mit Barcode im Szenario *spätes Ablegen mit Barcode* ist ebenfalls eine Standardfunktion im SAP-System und muss nur für den Geschäftsvorgang eingerichtet werden.

Der Benutzer erfasst den SAP-Beleg und gibt dabei die Barcodenummer des Dokuments in die entsprechende Eingabemaske ein. Danach scannt der Benutzer das Dokument (mit aufgeklebten Barcode) ein. Die Scansoftware liest die Barcodenummer und übergibt das gescannte Dokument und die ausgelesenen Daten an das SAP-System. Direkt nach dem Scan wird das abgelegte Dokument automatisch mit dem SAP-Beleg verknüpft, zu dem die gleiche Barcodenummer eingegeben wurde.

[«]

**Barcode erzeugen**

Der Barcode wird häufig vom Bearbeiter selbst mit einem Barcodedrucker erzeugt, oder es werden fertige Bögen mit fortlaufenden Barcodenummern beschafft, die auf die Dokumente geklebt werden. Wichtig ist in diesem Szenario, dass es keine doppelten Barcodes gibt und der Scanclient in der Lage ist, den Barcodetyp auszulesen.

Barcodenummer erfassen

Zur Erfassung der Barcodenummer öffnen Sie in der SAP-Beleganzeige die Barcodeerfassung. Hierzu öffnen Sie die **Generischen Objektdienste** ( ) und wählen **Anlegen... • Barcode erfassen**, wie in Abbildung 4.15 gezeigt.

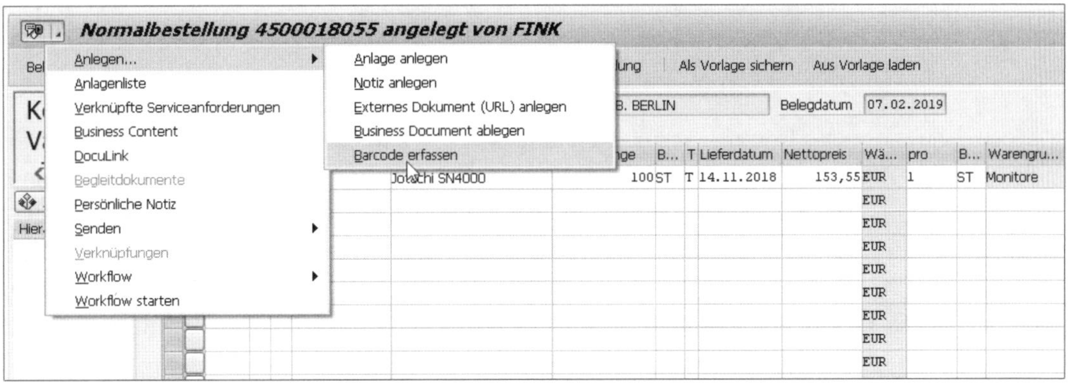

**Abbildung 4.15** Barcodenummer erfassen

Anschließend wird die Barcodenummer des auf dem Dokument aufgeklebten Barcodes erfasst. Die Erfassung kann manuell durch Abtippen der Nummer erfolgen oder technisch durch eine Barcodescanpistole unterstützt werden. Vor dem Speichern des Barcodes müssen Sie noch die **Dokument-**

**art** auswählen (siehe Abbildung 4.16). Bestätigen Sie die Auswahl mit einem Klick auf das grüne Häkchen.

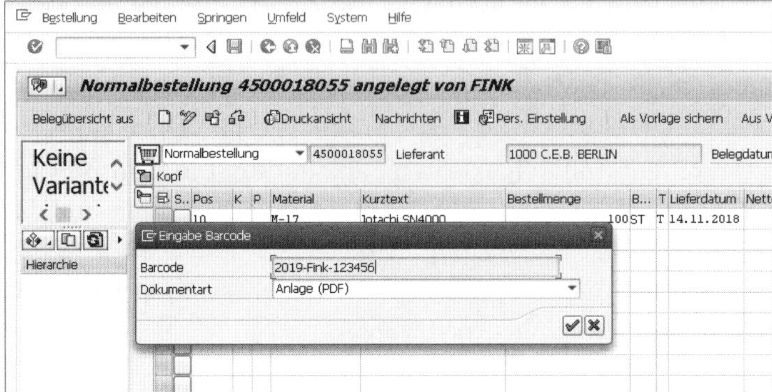


**Abbildung 4.16** Barcode eingeben und Dokumentart wählen

**Barcodetabelle BDS_BAR_IN**

Nachdem der Barcode des Dokuments erfasst wurde, werden die Daten in die interne Barcodetabelle `BDS_BAR_IN` geschrieben. Diese Tabelle sehen Sie in Abbildung 4.17.

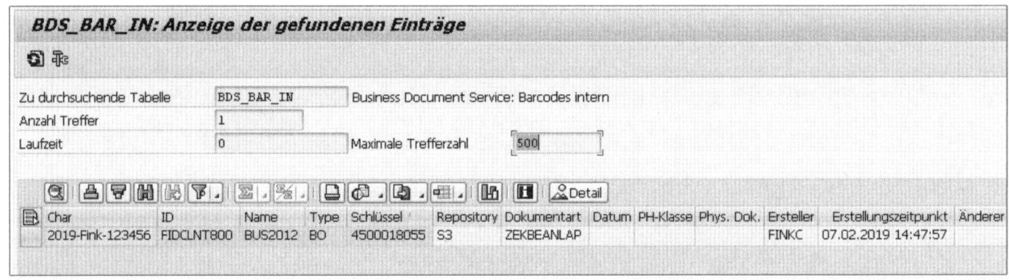


**Abbildung 4.17** Barcodetabelle BDS_BAR_IN (interne Barcodes)

**Dokument mit Barcode scannen**

Das Dokument mit dem aufgeklebten Barcode wird beispielsweise mit der Scansoftware OpenText Imaging Enterprise Scan erfasst. Die Scansoftware liest die Barcodenummer aus und führt das Dokument der Ablage im Ablagesystem zu. Für das gescannte Dokument wird ein Eintrag inklusive der Barcodenummer in der Tabelle `BDS_BAR_EX` für die externen Barcodes abgelegt (siehe Abbildung 4.18).

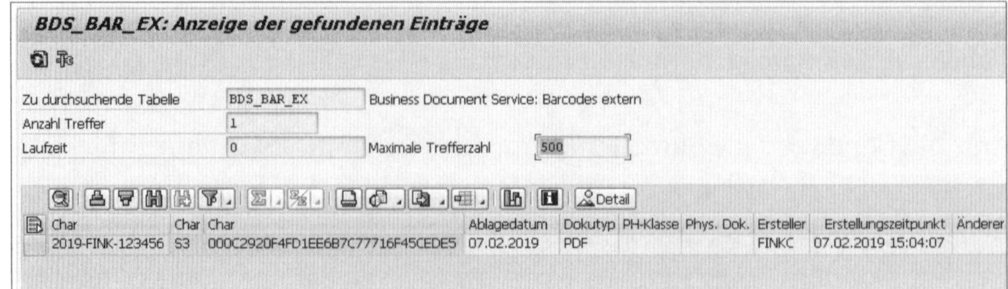


**Abbildung 4.18** Barcodetabelle BDS_BAR_EX (externe Barcodes)

**Barcodes anzeigen lassen**

Die intern oder extern erfassten Barcodes können über die Transaktion OAM1 (ArchiveLink: Monitor) geprüft werden, die Sie in Abbildung 4.19 sehen. *Interne Barcodes* sind die Barcodenummern, die bei der Erstellung des SAP-Belegs erfasst wurden. *Externe Barcodes* sind die von den gescannten Dokumenten ausgelesenen Barcodenummern.



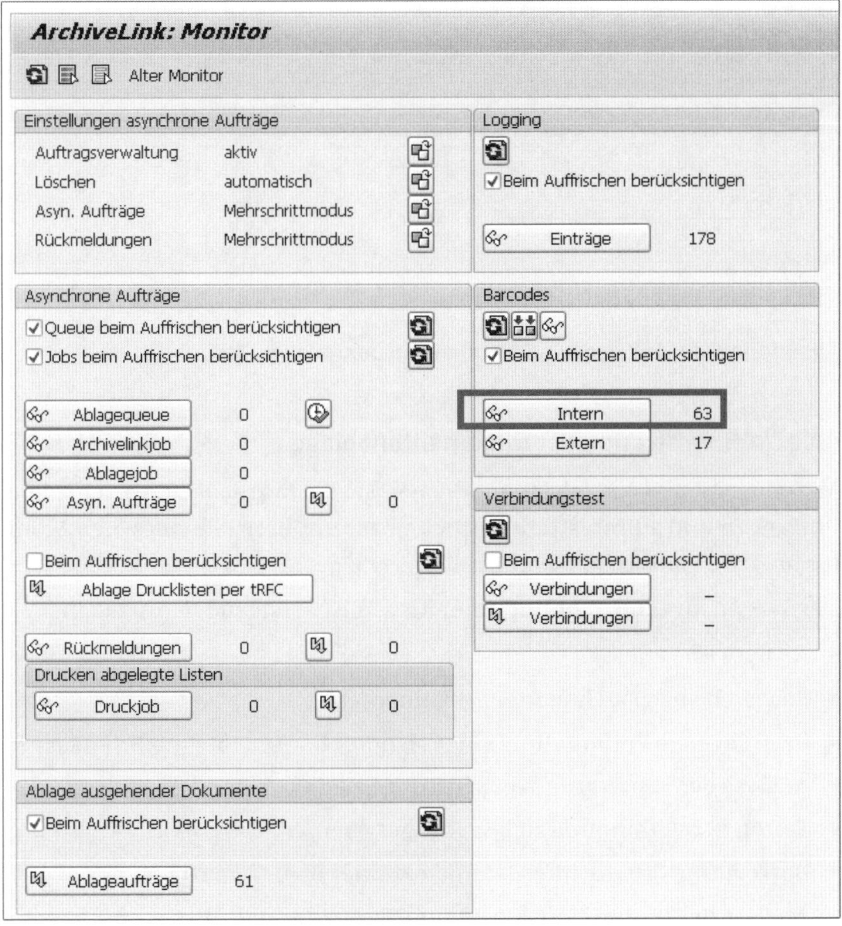


**Abbildung 4.19** Barcode im SAP ArchiveLink Monitor prüfen (Transaktion OAM1)

**Verknüpfung des internen und externen Barcodes**

Werden zwei zusammengehörige Einträge in den Barcodetabellen `BDS_BAR_IN` und `BDS_BAR_EX` gefunden, wird das abgelegte Dokument mit dem SAP-Beleg verknüpft und damit in die Verknüpfungstabelle überführt. Die beiden Einträge in den Tabellen `BDS_BAR_EX` und `BDS_BAR_IN` werden anschließend gelöscht.

Im Anschluss ist das Dokument in der Anlagenliste des SAP-Belegs vorhanden. Um dies zu prüfen, öffnen Sie die Transaktion ME23N, rufen das Dropdown-Menü der generischen Objektdienste auf () und wählen die **Anlagenliste** (siehe Abbildung 4.20).

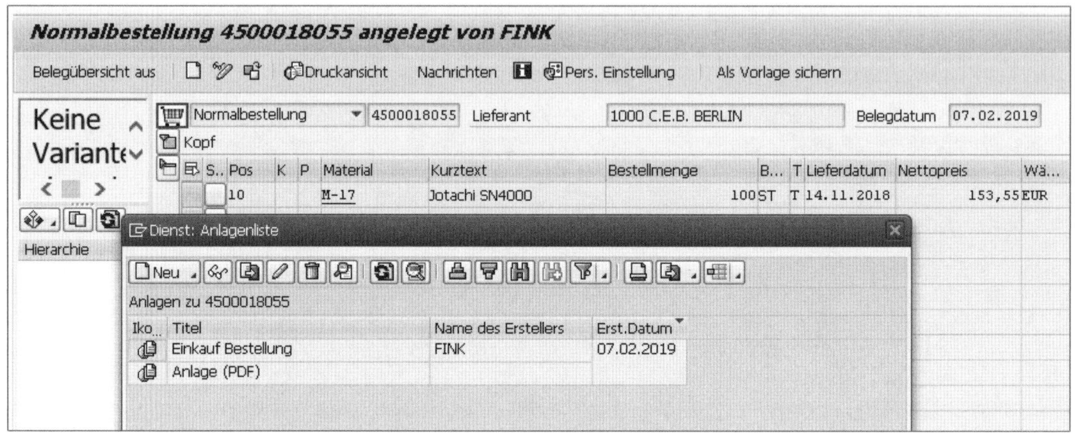


**Abbildung 4.20** Anzeige des Dokuments in der Anlagenliste

### 4.1.3 Administration der Dokumentenablage

Mit dem *SAP ArchiveLink Monitor* haben Sie die Möglichkeit, verschiedene Prüfungen und administrative Arbeiten auszuführen. Sie rufen den Monitor über die Transaktion OAM1 auf.

**Funktionen des SAP ArchiveLink Monitors**

Der SAP ArchiveLink Monitor unterstützt Sie bei folgenden Aufgaben:

- Analyse im Fehlerfall
- Recherche nach archivierten Dokumenten
- nachträgliche Verknüpfung eingescannter Dokumente mit SAP-Belegen
- Analyse der Hintergrundverarbeitung
- Testen der Verbindung zu den Ablagesystemen
- Bearbeitung offener interner und externer Barcodeeinträge
- Analyse des transaktionalen Remote Function Calls (tRFC)

Abbildung 4.21 zeigt die Oberfläche des Monitors. Hier können Sie viele Prüfungen direkt durchführen.

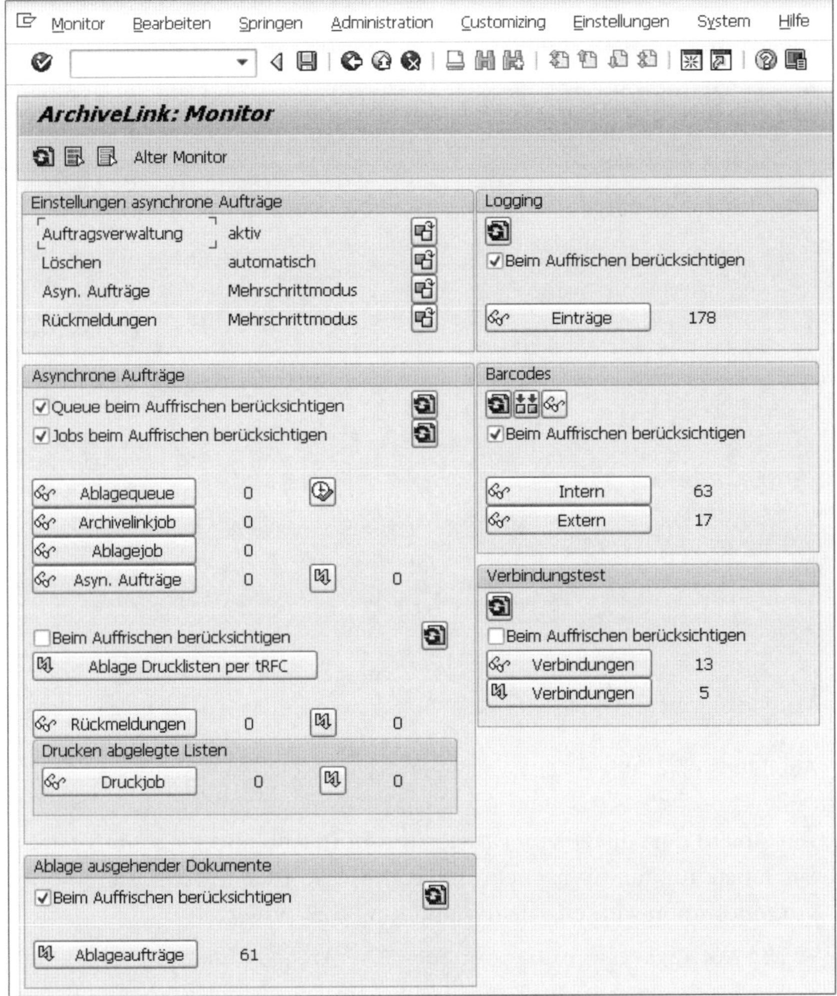


**Abbildung 4.21** SAP ArchiveLink Monitor (Transaktion OAM1)

**Bereiche des SAP ArchiveLink Monitors**

Die einzelnen Bereiche des SAP ArchiveLink Monitors haben folgende Bedeutung:

- **Einstellungen asynchrone Aufträge**
  Es wird zwischen *synchronen* und *asynchronen* Aufträgen unterschieden. Asynchrone Aufträge werden bei großen Dokumenten verwendet, die für die Ablage mehr Zeit benötigen. SAP ArchiveLink erteilt dem Ablagesystem einen asynchronen Auftrag. Diesen Auftrag bestätigt das Ablagesystem sofort und führt danach unabhängig vom SAP-System die Ablage durch. Nach der Ablage oder dem Versuch der Ablage meldet das Ablagesystem den Status zurück (**Rückmeldungen**). Bei erfolgreicher Ablage wird die Dokument-ID zurückgegeben, ansonsten ein Fehler.

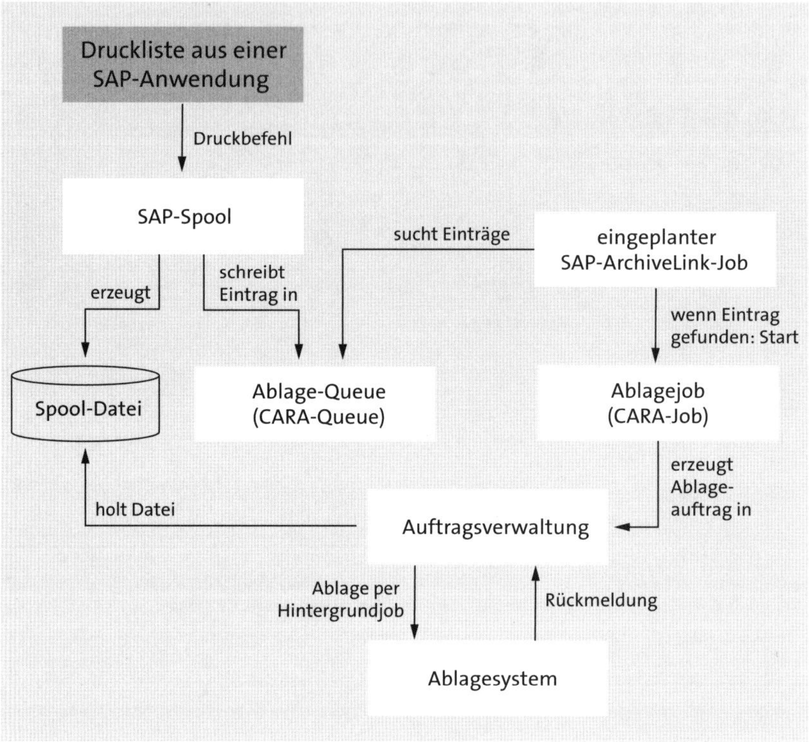

**Abbildung 4.22** Ablauf der asynchronen Ablage von Drucklisten

Der Ablauf der Ablage von Drucklisten ist in Abbildung 4.22 dargestellt. Die Einstellungen für asynchrone Aufträge können unter diesem Punkt vorgenommen werden, wie in Abbildung 4.23 dargestellt:

- Die Auftragsverwaltung im neuen SAP ArchiveLink Monitor wählen Sie durch Auswahl der Einstellung **aktiv**. Dies ist die Standardeinstellung und wird auch empfohlen. Hintergrund: Im System ist noch der alte SAP ArchiveLink Monitor vorhanden.
- **Löschen**: Für die erfolgreich abgelegten Drucklisten soll der Ablageauftrag automatisch aus der Auftragsverwaltung gelöscht werden (**automatisch** ist die Standardeinstellung).
- In der Einstellung **Asyn. Aufträge** kann durch die Einstellung des **Mehrschrittmodus** die automatische Abarbeitung aller Schritte des Ablageauftrags eingerichtet werden. Der Einzelschrittmodus stellt den Automatismus ab, und ein manueller Eingriff ist notwendig.
- Durch die Einstellung des Mehrschrittmodus kann die automatische Abarbeitung aller Schritte der Rückmeldung eingerichtet werden. Der

Einzelschrittmodus stellt den Automatismus ab, und ein manueller Eingriff ist notwendig.

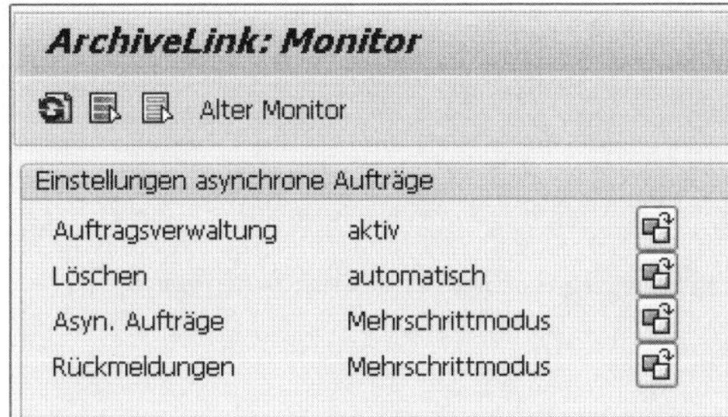


**Abbildung 4.23** Einstellungen für asynchrone Aufträge

- **Asynchrone Aufträge**
  Die Ablagequeue (CARA) ist die Queue, in die der Spool-Auftrag die Ablageaufträge von Drucklisten schreibt. Über den Button **Ablagequeue** prüfen Sie die Queue, und über das Icon **Ausführen** () starten Sie die Abarbeitung der Queue manuell.

  Damit die Ablagequeue automatisch abgearbeitet wird, muss ein SAP-ArchiveLink-Job eingerichtet werden. Dieser eingeplante Job kann über den Button **Archivelinkjob** geprüft werden.

  Über den Button **Ablagejob** gelangen Sie in die Übersicht der Ablagejobs.

  Über den Button **Asyn. Aufträge** können Sie die aktuellen Ablagejobs prüfen. Über das Icon **Ablageaufträge** () gelangen Sie in die Liste der fehlgeschlagenen Ablageaufträge.
- **Drucken abgelegte Listen**
  Drucklisten können im SAP-System erstellt und gedruckt werden. Die für die Drucklisten gestarteten Druckjobs können Sie über den Button **Druckjob** prüfen.
- **Ablage ausgehender Dokumente**
  Die ausgehenden Dokumente, die aus Formularen (Smart Forms, SAPscript) erzeugt wurden, werden über einen tRFC abgelegt. Hierzu wird beim synchronen Ablegen ein Ablageauftrag erteilt. Sollte es einen Fehler beim Ablegen geben (Verbuchungsabbruch), werden die fehlgeschlagenen Ablageaufträge in diesem Bereich angezeigt.

  Über den Button **Ablageaufträge** gelangen Sie zur Liste aller fehlgeschlagenen Ablageaufträge. Der Ablageauftrag kann über den Menüpunkt **Bearbeiten • LUW ausführen** bzw. **LUWs ausführen** wiederholt werden, wie in Abbildung 4.24 dargestellt.

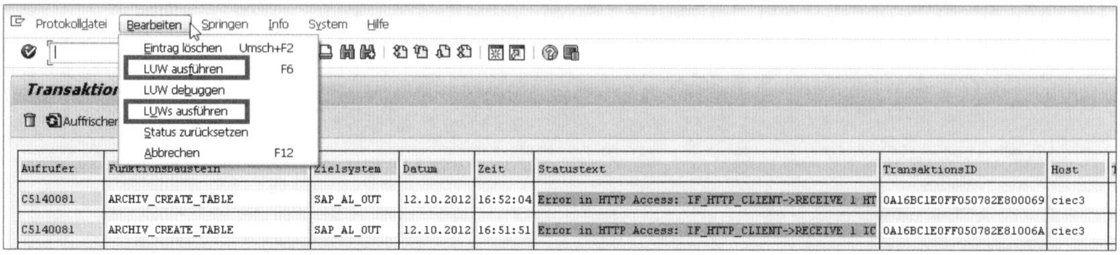

**Abbildung 4.24** Wiederholung fehlgeschlagener Ablageaufträge

- **Logging**

  Beim Versenden der Verarbeitungskommandos an das Ablagesystem oder bei der Anlage von Verknüpfungseinträgen können Fehler auftreten. Die Fehlermeldungen prüfen Sie über den Button **Einträge**.

- **Barcodes**

  Dieser Bereich stellt ein Monitoring für die Ablage der eingehenden Dokumente mit Integration der Barcodetechnologie bereit. Die zu den Belegen erfassten Barcodenummern können Sie über den Button **Intern** prüfen. Sollten Barcodes erfasst worden sein, zu denen keine Dokumente mit aufgeklebtem Barcode gescannt wurden, kann die Liste geprüft und bereinigt werden.

  Die Barcodes der gescannten Dokumente können Sie über den Button **Extern** überprüfen.

  Die Barcodeeinträge (intern/extern) können Sie über den Button abgleichen. Sind korrespondierende Einträge vorhanden, wird der entsprechende Verknüpfungseintrag vorgenommen.

- **Verbindungstests**

  Den Status der Verbindungen zu den angelegten Content Repositories können Sie über den Button Verbindungen prüfen. Die Content Repositories mit einem Verbindungsfehler können Sie über den Button Verbindungen einsehen.

Das Ergebnis eines Verbindungstests wird wie in Abbildung 4.25 ausgegeben.

**Suche nach abgelegten Dokumenten**

Hin und wieder ist es im Rahmen der Administration notwendig, nach abgelegten Dokumenten zu suchen und deren Status zu prüfen. Hierfür bietet das SAP-System ebenfalls eine Standardfunktion. Die Transaktion OAAD (ArchiveLink: Administration abgelegter Dokumente) ermöglicht neben der technischen Suche (einer Suchfunktion für Administratoren) auch das Ändern von Verknüpfungen (Umhängen) und das Ablegen und Zuordnen von Dokumenten.

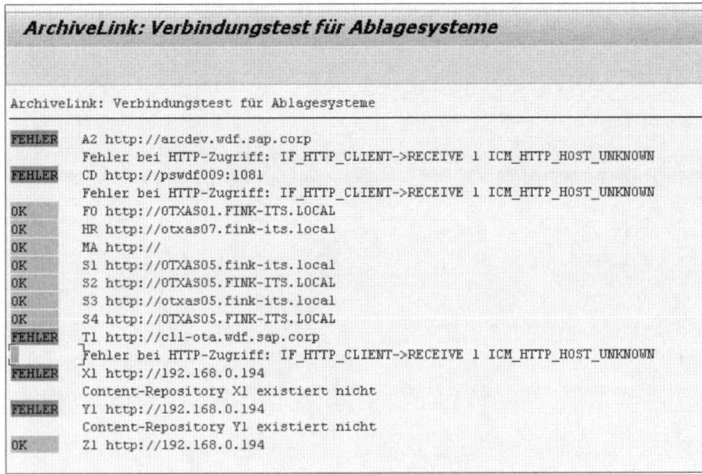


**Abbildung 4.25** Ergebnis eines Verbindungstests im SAP ArchiveLink Monitor

**Technische Suche**

Über die technische Suche können Sie nach Dokumenten suchen, die per SAP ArchiveLink abgelegt wurden. Hierzu öffnen Sie die Transaktion OAAD und führen die Funktion **Technische Suche** aus, wie in Abbildung 4.26 gezeigt.

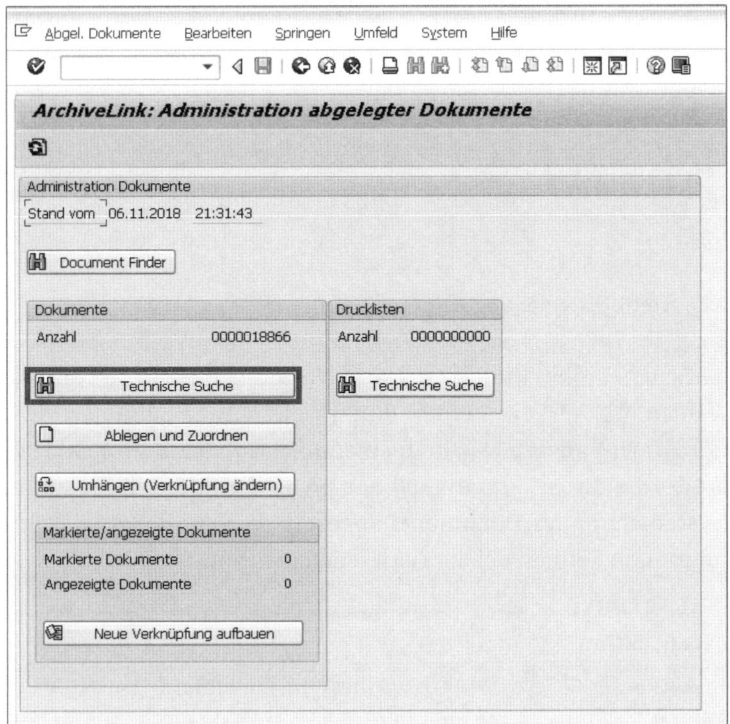


**Abbildung 4.26** SAP ArchiveLink: technische Suche in Transaktion OAAD

Geben Sie die für Ihren Fall relevanten Daten in die Maske ein, die Sie in Abbildung 4.27 sehen können. In unserem Beispiel suchen wir ein zum Business-Objekt BUS2012 (Bestellung) mit der Objekt-ID 4500018055 abgelegtes Dokument.

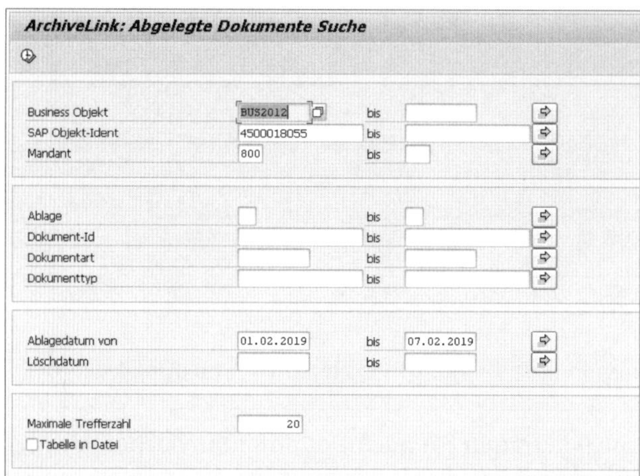


**Abbildung 4.27** Parameter zur Suche nach abgelegten Dokumenten

**Trefferliste** Wie in Abbildung 4.28 zu sehen, werden die durch die technische Suche gefundenen Objekte in einer Trefferliste angezeigt. Über die Trefferliste können Sie das gefundene Dokument auch direkt aufrufen.

**Abbildung 4.28** Trefferliste der abgelegten Dokumente

Wenn Sie die Tastenkombination Strg + F1 drücken oder auf den Button **Detail auswählen** () klicken, werden Ihnen weitere Informationen zum abgelegten Dokument angezeigt. Durch einen Klick auf den Button **Statusabfrage** () oder die Taste F7 werden Ihnen im unteren Bereich der Status des Ablagesystems und des Dokuments angezeigt (siehe Abbildung 4.29). Diese Informationen können bei der Fehlersuche sehr hilfreich sein.

[!]

**Kritische Transaktion**

Da in Transaktion OAAD die Möglichkeit besteht, Verknüpfungseinträge zu löschen oder Dokumentarten zu ändern, ist ein Schutz dieser Transaktion durch entsprechende Berechtigungen empfehlenswert.

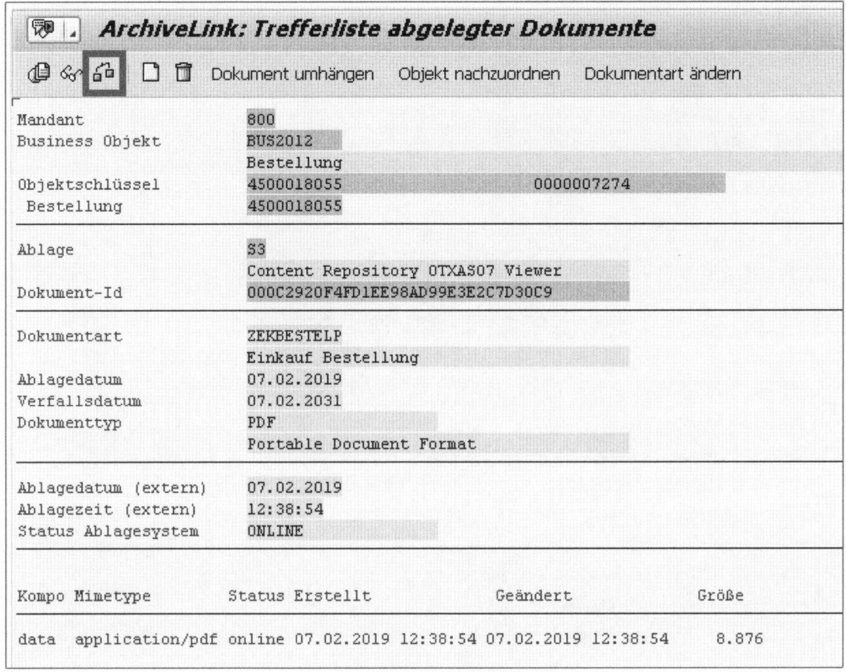


**Abbildung 4.29** Details zu den abgelegten Dokumenten

## 4.1.4 Einrichtung und Customizing von SAP ArchiveLink

Um SAP ArchiveLink für die Ablage von Dokumenten des SAP-Systems nutzen zu können, sind verschiedene vorbereitende Tätigkeiten durchzuführen, die ich in den folgenden Abschnitten erläutere.

### Grundeinstellungen für SAP ArchiveLink

**Transaktion OAG1**

Die Grundeinstellungen für SAP ArchiveLink werden in Transaktion OAG1 gepflegt (siehe Abbildung 4.30). Im Bereich **Auswahl Default Trefferliste** können Sie einstellen, wie die Anzeige der abgelegten Dokumente erfolgen soll.

**Einstellung der Trefferliste**

Bei der Einstellung **Einfache Trefferliste** wird der dem SAP-Beleg hinterlegte Content, wie Hinweise, Anhänge und Geschäftsdokumente, die per SAP ArchiveLink abgelegt wurden, in einer Liste angezeigt. Ein Beispiel für solch eine Anlagenliste sehen Sie in Abbildung 4.31.

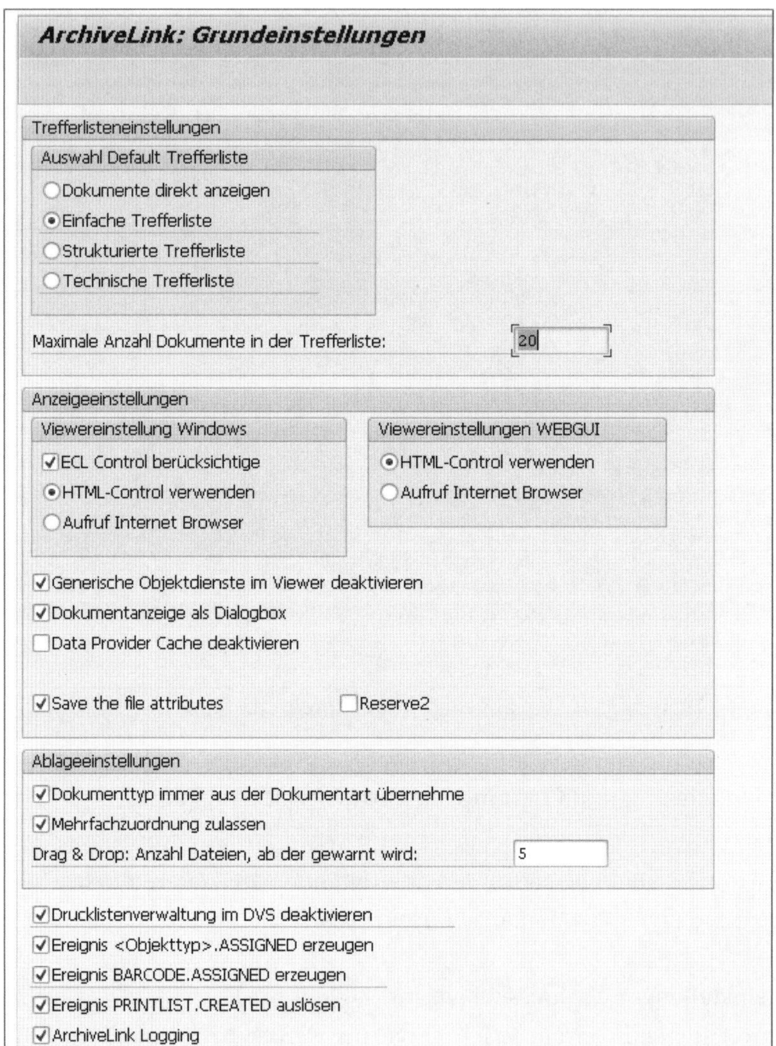


**Abbildung 4.30** Grundeinstellungen zur SAP ArchiveLink (Transaktion OAG1)

Weitere Möglichkeiten sind:

- **Strukturierte Trefferliste**: Zeigt die verknüpften Dokumente in einer hierarchischen Strukturansicht.
- **Technische Trefferliste**: Zeigt die technischen Daten wie Dokumentart, Langtext des Namens der Dokumentart, Ablagedatum und Dokumentenklasse (*MIME-Type*). Der MIME-Type (*Multipurpose Internet Mail Extensions*) bezeichnet die Art der Datei. Beispiele sind `application/pdf` für eine PDF oder `image/jpeg` für ein JPEG.

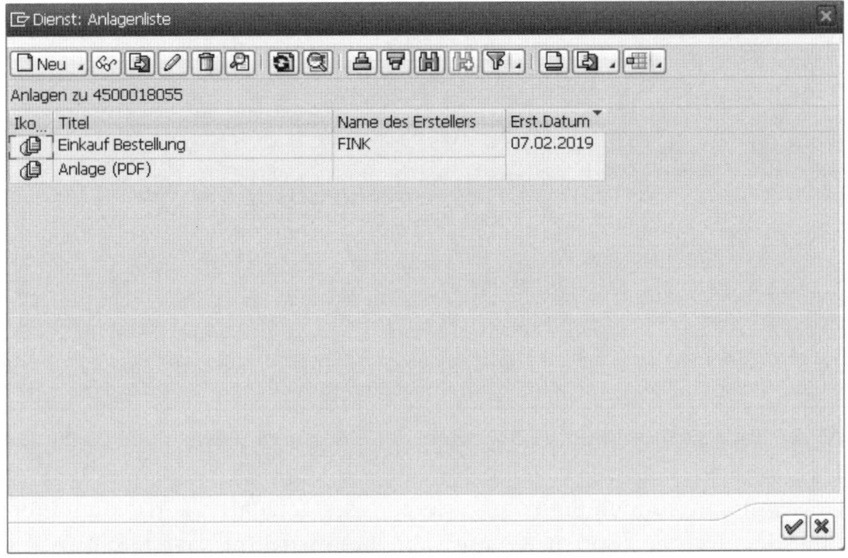


**Abbildung 4.31** Einfache Trefferliste

Die **Maximale Anzahl Dokumente in der Trefferliste** definiert die maximale Anzahl der in der Trefferliste der Transaktion OAAD angezeigten Dokumente. Sollte hier kein Wert eingetragen sein, wird die Anzahl der in der Trefferliste angezeigten Dokumente nicht begrenzt.

**Anzeigeeinstellungen**

Bei dem Customizing der **Anzeigeeinstellung** können Sie unter anderem entscheiden, ob die Anzeige von Engineering Client (ECL) Controls in einem ECL-Viewer erfolgen oder ob die Anzeige im Document Viewer oder im Browser verwendet werden soll. Das ECL-Control wird von SAP ausgeliefert und kann innerhalb des SAP GUI verschiedene Grafikformate (beispielsweise TIF, JPG, BMP, GIF) anzeigen. Der *ECL-Viewer* kann bei der Installation von SAP ERP mit installiert werden. Mit dem ECL-Viewer können Sie verschiedene 2D- und 3D-Dateiformate anzeigen und die integrierten Redlining-Funktionen für Kommentare und Anmerkungen nutzen. Vor der Nutzung des ECL-Viewers muss in den Einstellungen der Dokumententypen die Applikation `EAIWEB.WEBVIEWER2D` hinterlegt werden. In vielen Projekten werden jedoch der integrierte Document Viewer, die HTML-Ansicht im Browser oder ein spezieller Viewer, der vom Hersteller des Ablagesystems ausgeliefert wird, genutzt.

Bei der Auswahl der Option **HTML-Control verwenden** und Deaktivierung der Einstellung **Dokumentanzeige als Dialogbox** wird das Dokument, wie in Abbildung 4.32 zu sehen, in einem eigenen Modus in der SAP-Umgebung geöffnet.

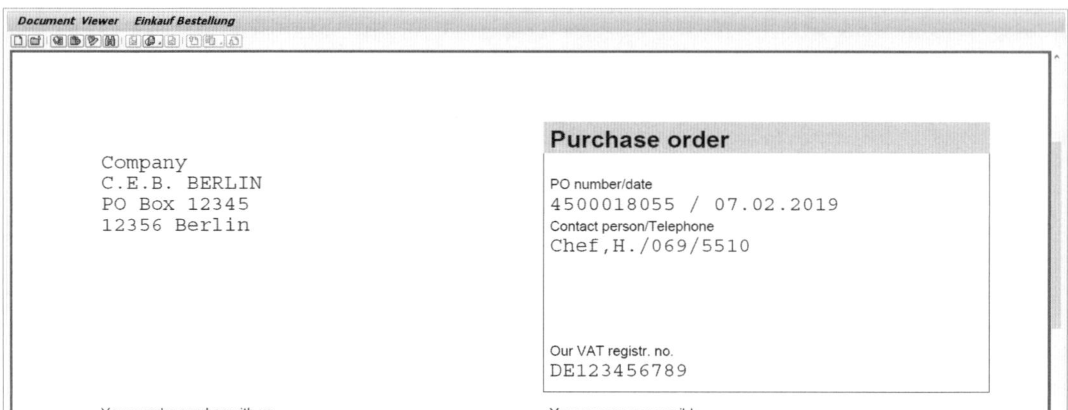


**Abbildung 4.32** Anzeige eines Dokuments im Document Viewer ohne Dialogbox

**Metadaten zu Dokumenten**

Des Weiteren können Sie konfigurieren, wie Metadaten zu Dokumenten hinterlegt werden können. Bei Auswahl der Einstellung **Save the file Attributes** wird ein Beschreibungstextfeld eingeblendet, wenn ein Dokument über den Menüpfad **Generische Objektdienste** ( ) • **Business Documents** abgelegt wird. Dieses Textfeld sehen Sie in Abbildung 4.33.

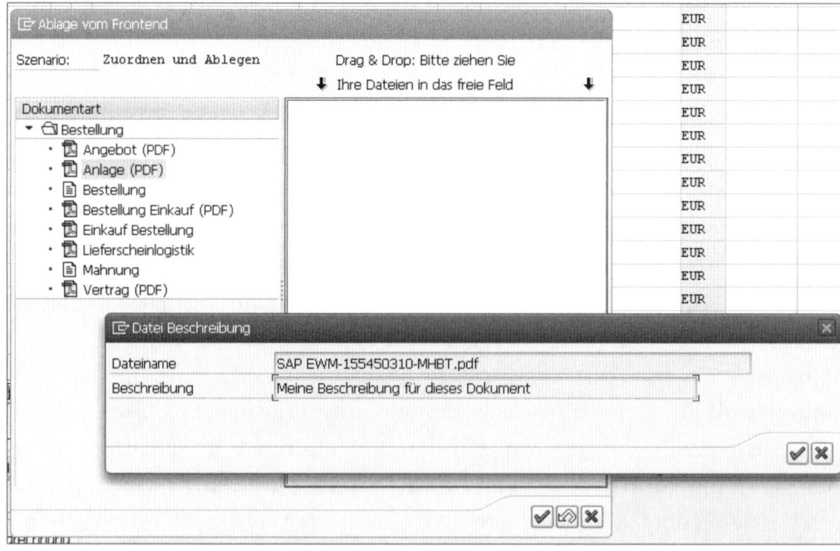


**Abbildung 4.33** Angabe zusätzlicher Metadaten in einem Beschreibungsfeld

Nach Eingabe einer solchen Beschreibung wird als Titel des Dokuments nicht der technische Name der Dokumentart in der Anlagenliste angezeigt, sondern, wie in Abbildung 4.34 erkennbar, die Beschreibung.

**Abbildung 4.34** Beschreibung in der Anlagenliste

4

**SAP-Hinweise zu den Metadatenfunktionen**

Beachten Sie für die Metadatenfunktion auch die SAP-Hinweise 1560955 und 1451769. Das Feld **Save the file attributes** wurde mit dem SAP-Hinweis 1451769 statt des Feldes **Reserve1** eingeführt.

**Weitere Einstellungen**

In Tabelle 4.2 sind weitere Einstellungsmöglichkeiten aufgeführt, die Sie in Transaktion OAG1 vornehmen können. Diese aktivieren Sie einfach über ein Häkchen.

| Felder | Beschreibung |
|---|---|
| **Generische Objektdienste im Viewer deaktivieren** | Die Einstellung deaktiviert die generischen Objektdienste im ECL-Viewer. |
| **Dokumentanzeige als Dialogbox** | Bei Aktivierung dieser Option wird das Dokument in einer eigenen Dialogbox geöffnet. Wird dieses Häkchen nicht gesetzt, öffnet sich das Dokument innerhalb des SAP GUI (siehe Abbildung 4.3). |
| **Dokumenttyp immer aus der Dokumentart übernehmen** | In der Regel wird das Standardverfahren verwendet (Häkchen gesetzt), in dem der Dokumententyp aus der Einstellung in der Transaktion OAC2 genutzt wird. Wird das Kennzeichen nicht gesetzt, übernimmt das System die Dokumentart des Dokuments. |
| **Drucklistenverwaltung im DVS deaktivieren** | Ist das Kennzeichen gesetzt, wird die Druckliste über die SAP-ArchiveLink-Schnittstelle abgelegt. |

**Tabelle 4.2** Weitere Grundeinstellungen für SAP ArchiveLink

### Customizing der Kommunikationsschnittstelle

**Schnittstellenprotokolle**

SAP ArchiveLink nutzt für die Kommunikation zwischen SAP- und dem Content Repository des Ablagesystems neben den SAP-Protokollen auch herstellerspezifische Protokolle. Die Protokolleinstellungen nehmen Sie in Transaktion OAA3 (Administration der Kommunikationsschnittstelle) vor.

Die Protokolle müssen nur gepflegt werden, wenn eine abweichende Frontendkommunikation gewünscht ist. Die OLE-Automation bietet z. B. die Möglichkeit, herstellerspezifische Viewer und Scanclients einzubinden. Wenn Sie spezielle Kommandos (Methoden und Eigenschaften) angeben, wird die Kommunikation zwischen dem SAP-System und der OLE-Anwendung ermöglicht. Damit eine herstellerspezifische Applikation integriert werden kann, müssen nacheinander folgende Schritte durchgeführt werden:

1. OLE-Anwendung anlegen
2. SAP-ArchiveLink-Anwendung anlegen und pflegen
3. Protokoll anlegen und pflegen
4. Protokoll im Content Repository pflegen

**Einrichtung von OpenText Imaging Enterprise Scan**

Im Folgenden wollen wir den OpenText Imaging Enterprise Scan für den Scan von Dokumenten des Dokumenttyps PDF einrichten. Nach der Einrichtung wird bei Auswahl eines Dokumenttyps PDF, dem das Protokoll über das Content Repository zugewiesen wurde, der Scan per OpenText Imaging Enterprise Scan gestartet.

**OLE-Anwendung anlegen**

Zuerst muss eine externe Anwendung angelegt werden. Hierzu öffnen Sie die Transaktion SOLE. Für den OpenText-Imaging-Enterprise-Scanclient erfassen Sie den Namen der **OLE Anwendung**, die **Versionsnummer**, die **CLSID** (Class Identifier) und **OLE-Objektname** sowie **TypeInfo-Key** (siehe Abbildung 4.35). Die Angaben werden vom Hersteller der Software bereitgestellt.

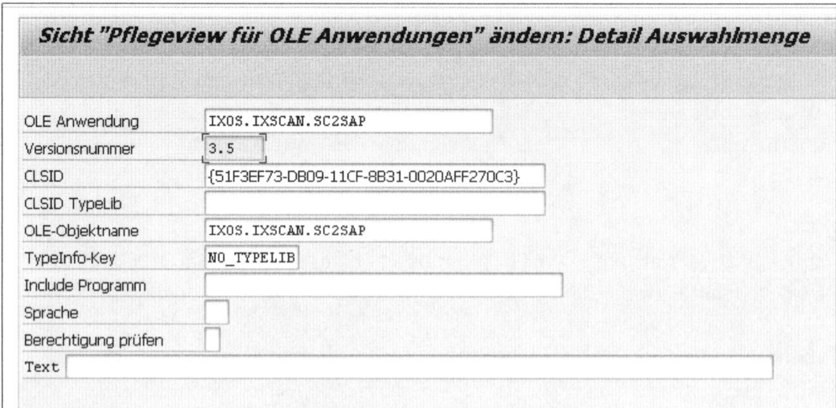


**Abbildung 4.35** OLE-Anwendung anlegen

**SAP-ArchiveLink-Anwendung anlegen**

Im nächsten Schritt wird die SAP-ArchiveLink-Anwendung angelegt und gepflegt. Hierzu öffnen Sie die Transaktion OAA4. Über den Button **Anlegen** (□), öffnen Sie das Fenster für die Angabe des Anwendungsnamens. Hier tragen Sie den Anwendungsnamen ein, z. B. »IXSCAN«. Bestätigen Sie mit einem Klick auf das grüne Häkchen. Daraufhin übernimmt das System die Angaben (siehe Abbildung 4.36).

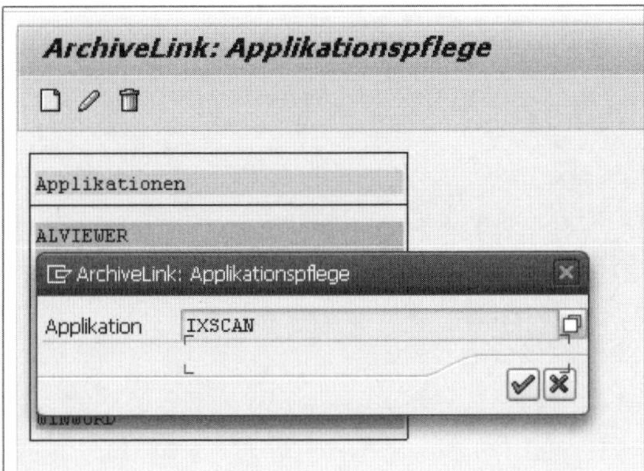


**Abbildung 4.36** Anlegen der SAP-ArchiveLink-OLE-Anwendung

Durch einen Doppelklick auf den Eintrag **IXSCAN** gelangen Sie zur die Pflege der OLE-Automation-Funktionen. Im Fall des OpenText Imaging Enterprise Scans sollen Dokumente vom Frontend aus abgelegt werden. Deshalb öffnen Sie die Funktion **Ablage vom Frontend** durch einen Doppelklick. Die Angaben werden vom Hersteller der Software bereitgestellt.

In Abbildung 4.37 sind die Kommandos für die Kommunikation zwischen dem SAP-System und der OLE-Anwendung dargestellt. Es sind folgende Einstellungen möglich:

- **M** für Method (Aufruf einer Methode)
- **S** für Set Property (Setzen einer Eigenschaft)
- **G** für Get Property (Ermitteln einer Eigenschaft)

Danach pflegen Sie die Kommandos für die Kommunikation ein. Beispiele für Kommandos sind:

- `@DID`: Dokument-ID
- `@DPA`: absoluter Dokumentenpfad des Dokuments
- `@EID`: Anwendungsvariable für auftretende Fehler (Fehlernummer/Returncode 0 für okay, String für Fehler)
- `@AID`: Ablage

**Protokoll anlegen und pflegen**

Um das Protokoll für die Kommunikation zwischen dem SAP-System und dem Content Repository anzulegen und zu pflegen, öffnen Sie Transaktion OAA3. In Fall von OpenText Imaging Enterprise Scan werden eigene Protokolle in das SAP-System eingespielt.

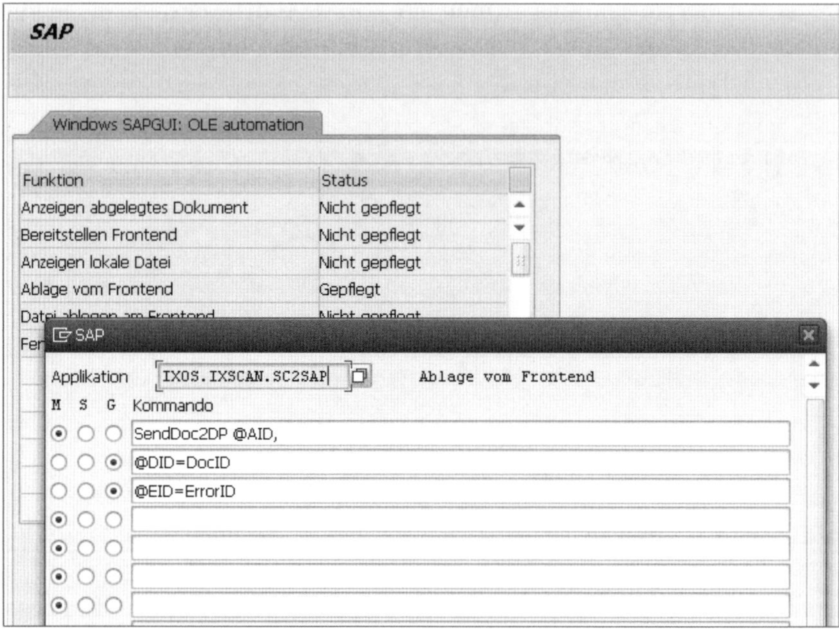


**Abbildung 4.37** OLE-Automation-Funktionen einrichten

OpenText liefert OLE- und HTTP-Protokolle (z. B. IX_HTTP3, IX_OLEU1) aus. Die neuen Protokolle werden über Transporte eingespielt und sind danach in den Transaktionen OAA3 und OAC0 verfügbar. Abbildung 4.38 zeigt die Protokollübersicht in Transaktion OAA3.

**ArchiveLink: Administration Kommunikationsschnittstelle**

| Protokoll | Version | Beschreibung | In Ablagen verwendet |
|---|---|---|---|
| IX_HTTP2 | 0045 | IXOS HTTP-PROTOCOL VER. 2.2 | Verwendet HR S4 |
| IX_HTTP3 | 0045 | IX_HTTP3 | Verwendet S1 S2 S3 |
| IX_OLEN1 | 0031 | IXOS OLE-PROTOCOL VER. 1.3 | In keiner Ablage verwendet |
| IX_OLEU1 | 0045 | IXOS OLE_URL PROTOCOL V.1.1 | Verwendet FO |
| SAPHTTP | 0045 | SAPHTTP 0045 | Verwendet X1 |
| SAPMA | 0046 | PROTOKOLL FÜR CREP MA | Verwendet MA |
| SAPRFC | 0031 | SAPRFC | In keiner Ablage verwendet |

**Abbildung 4.38** SAP ArchiveLink – Administration der Kommunikationsschnittstelle

**Kommunikationseinstellungen**

Durch einen Doppelklick auf ein Protokoll in Transaktion OAA3 gelangen Sie in die Übersicht des jeweiligen Protokolls (siehe Abbildung 4.39). Im Protokoll können Sie zur Ablage und zum Anzeigen von Dokumenten die Kommunikationseinstellungen vornehmen.

**ArchiveLink-Protokolle: Übersicht über ein Protokoll**

Applikationspflege

| IX_HTTP3 | 0045 IX_HTTP3 |
|---|---|
| Angelegt von FINKC | am 13.05.2019 um 20:30:45 |

Funktionen

- Anzeigen abgelegtes Dokument
  - Bereitstellen Frontend
  - Anzeigen lokale Datei
- Ablage vom Frontend
  - Datei ablegen am Frontend
- Fenster schließen

**Abbildung 4.39** Übersicht des Protokolls IX_HTTP3

**Übersicht der Dokumenttypen**

Über einen Klick auf die Funktionen **Anzeigen abgelegtes Dokument** bzw. **Ablage vom Frontend** können Sie die Detaileinstellungen zum jeweiligen Vorgang vornehmen. Nach dem Klick auf **Ablage vom Frontend** gelangen Sie in die Übersicht der **Dokumenttypen** (siehe Abbildung 4.40).

**ArchiveLink-Protokolle: Übersicht über ein Protokoll**

Funktion: Ablage vom Frontend

Dokumenttypen

| | |
|---|---|
| PCX | Nicht explizit gepflegt (Standard) |
| PDF | Nicht explizit gepflegt (Standard) |
| PDFS | Nicht explizit gepflegt (Standard) |
| PDFSIG | Nicht explizit gepflegt (Standard) |
| POTM | Nicht explizit gepflegt (Standard) |
| POTX | Nicht explizit gepflegt (Standard) |
| PPAM | Nicht explizit gepflegt (Standard) |
| PPSM | Nicht explizit gepflegt (Standard) |
| PPSX | Nicht explizit gepflegt (Standard) |
| PPT | Nicht explizit gepflegt (Standard) |
| PPTM | Nicht explizit gepflegt (Standard) |
| PPTX | Nicht explizit gepflegt (Standard) |
| PRZ | Nicht explizit gepflegt (Standard) |
| PS | Nicht explizit gepflegt (Standard) |
| RAW | Nicht explizit gepflegt (Standard) |
| REO | Nicht explizit gepflegt (Standard) |
| RPT | Nicht explizit gepflegt (Standard) |

**Abbildung 4.40** Auswahl des Dokumenttyps

Im Beispiel wählen Sie den Dokumenttyp **PDF** aus und klicken auf den Button **Ändern** (✎). Wie in Abbildung 4.41 dargestellt, können Sie nun den benötigten **Kommunikationstyp** wählen. Zur Auswahl stehen die Standardkommunikation, OLE und SAP ArchiveLink.

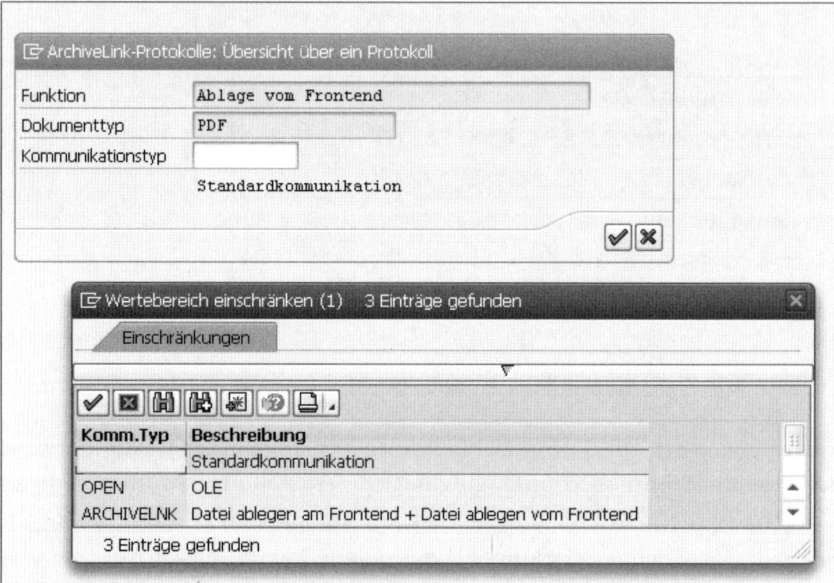


**Abbildung 4.41** Kommunikationstyp für den Dokumenttyp PDF wählen

Für die Kommunikation mit OpenText Imaging Enterprise Scan wählen Sie den Kommunikationstyp `OPEN` mit der Beschreibung OLE und die vorher angelegte Anwendung `IXSCAN` (siehe Abbildung 4.42).

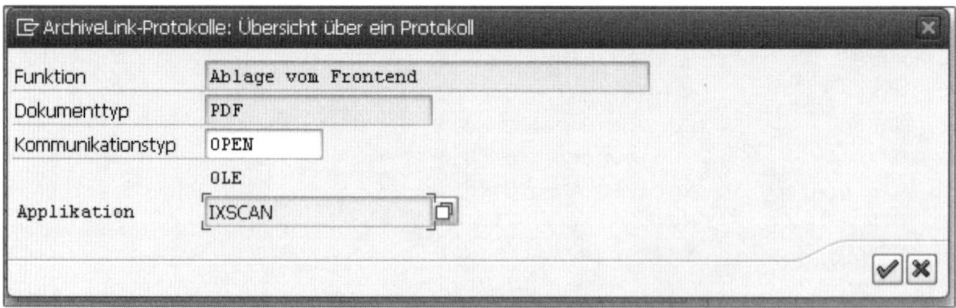


**Abbildung 4.42** OpenText Imaging Enterprise Scan einrichten

Des Weiteren muss das Content Repository eingerichtet werden. Die Einrichtung wird im folgenden Abschnitt erläutert.

### Customizing eines Content Repositorys

Das Content Repository ist Teil eines Ablagesystems und dient der Ablage von Dokumenten. Ein Content Repository wird häufig zur Zusammenfassung betriebswirtschaftlich gleicher Dokumente verwendet, da in den angeschlossenen Ablagesystemen hierzu Einstellungen, wie z. B. die Aufbewahrungsfristen, hinterlegt werden. Im Folgenden werden die erforderlichen Schritte für die Einrichtung eines Content Repositorys dargestellt.

**Schritte für die Ablage von Dokumenten**

Die Haupteinstellungen innerhalb des SAP-Systems für die Ablage von Dokumenten aus diesem SAP-System in einem externen Ablagesystem sind folgende:

- Content Repository im SAP-System einrichten
- Dokumenttypen bei Bedarf anpassen
- Dokumentarten definieren
- Verknüpfung definieren

In Abbildung 4.43 sind die Abhängigkeiten zwischen den notwendigen Einstellungen dargestellt. In Transaktion OAD2 werden die verwendbaren *Dokumenttypen* eingerichtet. Ein Dokumenttyp ist beispielsweise **PDF** mit dem MIME-Typ `application/pdf`. In Transaktion OAC2 wird die Dokumentart eingerichtet und mit dem Dokumenttyp verbunden. In Transaktion OACO wird das Content Repository eingerichtet, das abschließend in Transaktion OAC3 zusammen mit der Dokumentart dem Business-Objekt zugewiesen wird. Sollte es notwendig sein, eigene Business-Objekte einzurichten, können Sie dies über Transaktion SWO1 tun.

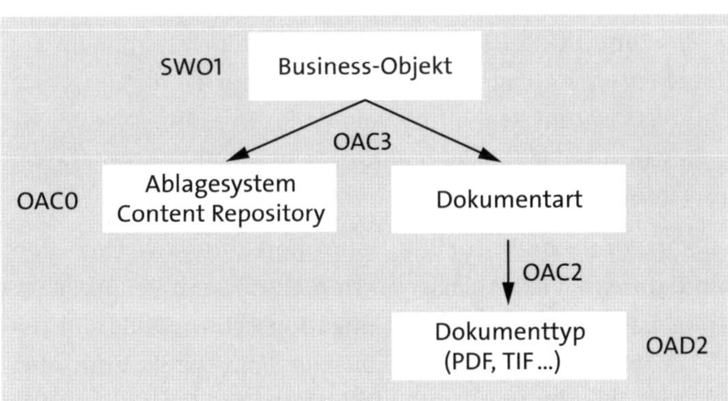


**Abbildung 4.43** Einstellungen für die Dokumentenablage in SAP ArchiveLink

**Content Repository einrichten**

In Transaktion OACO (Content Repository pflegen) verbinden Sie das Content Repository und somit das externe Ablagesystem mit dem SAP-System oder stellen ein Repository (Inhaltstabelle) in der SAP-Datenbank bereit.

Beim Aufruf der Transaktion gelangen Sie zuerst in die Ansicht **Einfache Administration**, in der Sie einige technische Einstellungen nicht vornehmen können, da diese Punkte ausgeblendet sind. Wechseln Sie in die Ansicht **Volle Administration** (siehe Abbildung 4.44), erscheinen diese Einstellungen, wie z. B. die Auswahl **Keine Signatur**. Im Folgenden werde ich ein Content Repository für SAP ArchiveLink einrichten, das auf einem externen Ablagesystem bereitgestellt wurde.

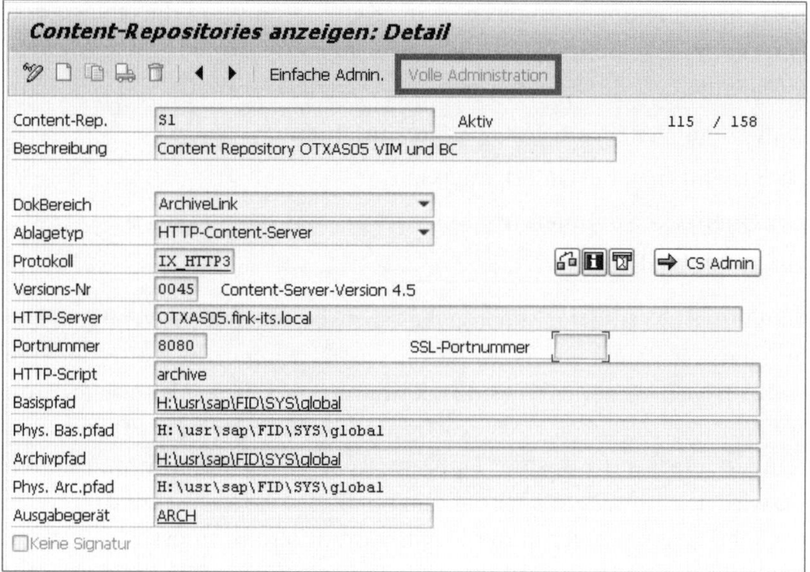


**Abbildung 4.44** Customizing Content Repositorys in Transaktion OACO

Der Eintrag im Feld **Content-Rep.** ist frei wählbar. Bei der Nutzung von SAP ArchiveLink für die externe Ablage von Dokumenten dürfen maximal zwei Zeichen als ID für das Content Repository verwendet werden, wie z. B. »S1«. Der **Ablagetyp** bestimmt das Ablagemedium, wie **HTTP-Content-Server**, **SAP-Datenbanksystem** etc.

Das **Protokoll** liefert Funktionen für die Kommunikation zwischen dem SAP-System und dem externen Ablagesystem per SAP ArchiveLink (siehe auch Abschnitt »Customizing der Kommunikationsschnittstelle« in diesem Abschnitt). Die **Versions-Nr** des Protokolls der Schnittstelle zum Ablagesystem hängt vom installierten und verfügbaren Protokoll ab. Aktuell sind für die Content-Management-Service-(CMS-)Schnittstellen die Versionen 0045, 0046 und 0047 verfügbar.

Die **Portnummer** ist abhängig vom externen Ablagesystem. Bei OpenText-Archivsystem in der aktuellen Version lautet die Portnummer für HTTP 8080 und für HTTP(S) 8090.

Das **HTTP-Script** ist ebenfalls abhängig vom Ablagesystem. Beim Einsatz des SAP Content Servers tragen Sie den Wert »ContentServer/ContentServer.dll« ein. Wird ein OpenText-Archivsystem eingesetzt, wählen Sie den Wert »archive«.

Das *Austauschverzeichnis* ist ein Verzeichnis für die asynchrone Ablage von Dokumenten, wie z. B. »ALF«. Bei der asynchronen Ablage von Dokumenten in das externe Ablagesystem wird die Dokument-ID erst nach Ablage des Dokuments an das SAP-System zurückgeliefert. Der Pfad kann als beliebiger Pfad, auch als Netzwerkpfad, eingegeben werden. Für den SAP-Server muss ein Schreib- und Lesezugriff auf das Verzeichnis vergeben werden.

Im Feld **Ausgabegerät** tragen Sie das eingerichtete Ausgabegerät für die Ausgabe von Drucklisten ein (siehe auch Abschnitt »Customizing der Ausgabegeräte« in diesem Abschnitt).

Tabelle 4.3 zeigt die Einstellungen für das Content Repository in Transaktion OACO noch einmal in der Übersicht.

| Feld | Wert |
|---|---|
| **Content-Rep.** | S1 |
| **Beschreibung** | Die Beschreibung kann frei vergeben werden. |
| **DokBereich** | **ArchiveLink** |
| **Ablagetyp** | **HTTP-Content-Server** |
| **Versions-Nr** | 0045 |
| **Portnummer** | 8080 |
| **SSL-Portnummer** | Nicht gesetzt, sollte aber im protektiven Umfeld gesetzt werden, z. B. **8090**. |
| **HTTP-Script** | archive |
| **Basispfad** | **H:\usr\sap\FID\SYS\global** |
| **Phys. Bas.pfad** | Wir automatisch gesetzt. |
| **Archivpfad** | **H:\usr\sap\FID\SYS\global** |
| **Phys. Arc.pfad** | Wir automatisch gesetzt. |
| **Ausgabegerät** | ARCH |
| **Keine Signatur** | Nicht gesetzt. |

**Tabelle 4.3** Felder zur Konfiguration des Content Repositorys in SAP ArchiveLink

[»]

**Signatur**

Die Option **Keine Signatur** ist standardmäßig deaktiviert, die Signatur wird also standardmäßig genutzt. Die Signatur ist ein Sicherheitsmerkmal der SAP-Content-Server-Schnittstelle. Durch die Einstellung der Signatur wird überprüft, ob die von SAP ausgegebene URL für den Zugriff auf den Content nicht verfälscht oder schon abgelaufen ist. Der sogenannte *SecKey* schützt nicht das Dokument selbst, sondern den Zugriff auf die Dokumente. Die Einstellung für die Signatur ist nur im Bereich **Volle Administration** verfügbar.

**Zertifikat senden**

Bei einem HTTP-Ablagesystems muss ein Zertifikat an das Ablagesystem gesendet werden. Dazu klicken Sie auf den Button **Zertifikat senden** (). Im Beispiel in Abbildung 4.45 wird das Zertifikat vom SAP-System an das angeschlossene OpenText-Ablagesystem gesendet.

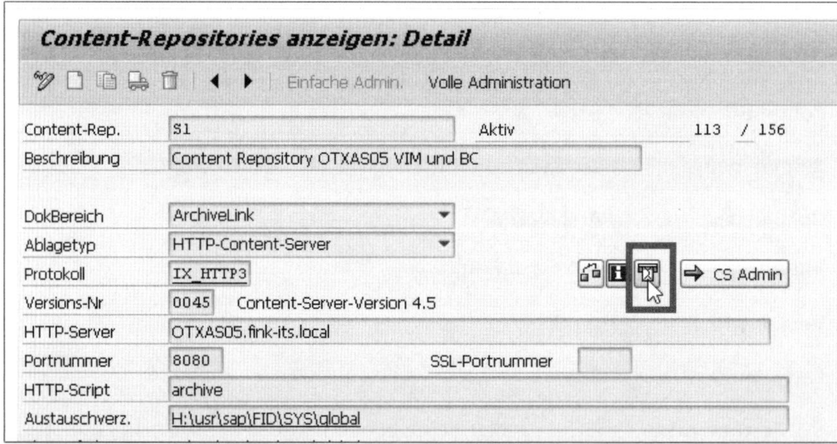


**Abbildung 4.45** Zertifikat senden

**Zertifikat aktivieren**

Das Zertifikat wird im OpenText-Ablagesystem akzeptiert und für das Content Repository S1 aktiviert. Hierzu öffnen Sie den *OpenText-Administrationsclient* im Ablagesystem und navigieren über **Archive Server • Archives • Original Archives** zum Content Repository **S1**. Auf der Registerkarte **Certificates** setzen Sie dann das Häkchen in der Spalte **Enabled** für die betreffende Zertifikat-ID (siehe Abbildung 4.46).

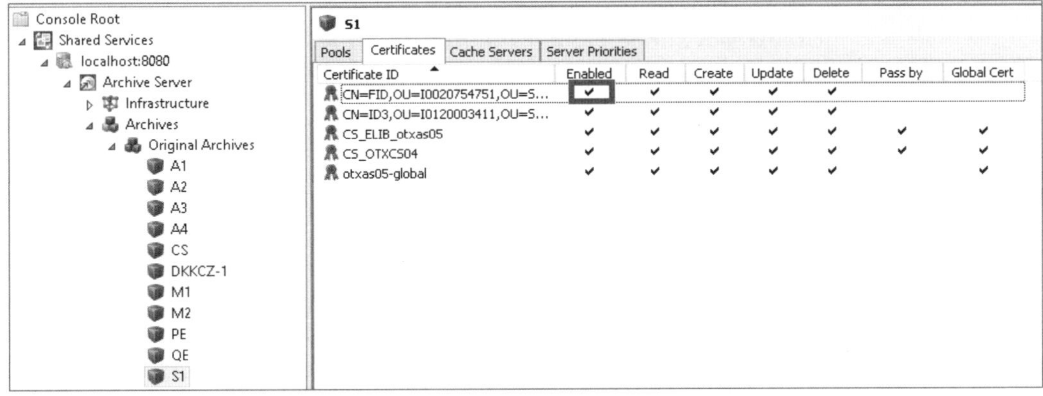


**Abbildung 4.46** Zertifikat in OpenText-Archivsystem annehmen

## Customizing einer Dokumentart

**Dokumentart pflegen**

Das SAP-System kennt in der Standardinstallation schon eine Reihe von Dokumentarten. In der Regel richten Kunden noch weitere eigene Dokumentarten ein. Hierzu öffnen Sie die Transaktion OAC2 (Dokumentart pflegen). Klicken Sie auf den Button **Neue Einträge**, um eine neue Dokumentart anzulegen. Es öffnet sich die Ansicht **Neue Einträge: Übersicht Hinzugefügte** (siehe Abbildung 4.47).

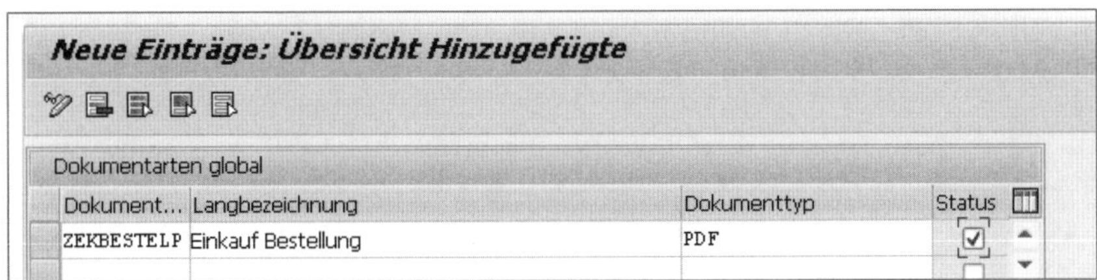


**Abbildung 4.47** Customizing der Dokumentarten in SAP ArchiveLink

Tragen Sie die neue Dokumentart einfach in die Tabelle ein, indem Sie die Felder füllen, wie in Tabelle 4.4 beschrieben.

| Feld | Wert |
|---|---|
| **Dokumentart** | z. B. »ZEKBESTELP« (maximal zehn Stellen) |
| **Langbezeichnung** | Die Beschreibung kann frei vergeben werden. |
| **Dokumenttyp** | die Dokumentenklasse (siehe Transaktion OAD2), z. B. »PDF« |
| **Status** | aktiviert (erforderlich zur Verwendung der Dokumentart) |

**Tabelle 4.4** Neue Dokumentart anlegen

[!]

**Objekte im Kundennamensraum anlegen**

Das Anlegen von eigenen Dokumentarten muss zwingend im Kundennamensraum (Y oder Z) erfolgen.

Verknüpfung einrichten

Die SAP-ArchiveLink-Verknüpfung verbindet die neue Dokumentart mit dem SAP-Business-Objekt, dem Content Repository und der Verknüpfungstabelle. Sie richten die Verknüpfung in Transaktion OAC3 ein (siehe Abbildung 4.48). Hier können Sie auch die **Verweilzeit** der Referenzen in der Verknüpfungstabelle pflegen.

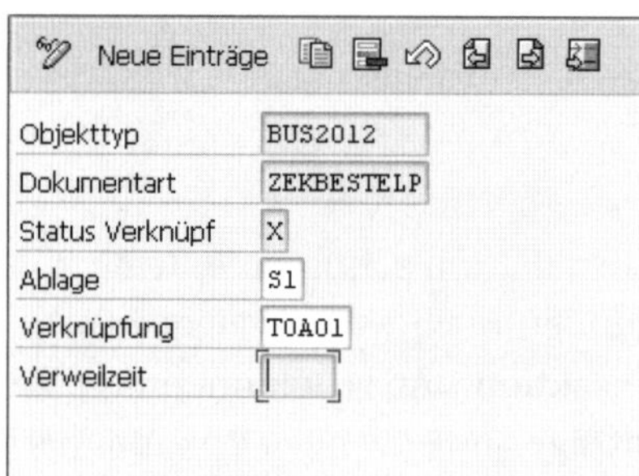


**Abbildung 4.48** SAP-ArchiveLink-Verknüpfung pflegen (Transaktion OAC3)

Tabelle 4.5 zeigt die Einstellungen für die zuvor angelegte neue Dokumentart ZEKBESTELP.

| Feld | Wert |
|---|---|
| **Objekttyp** | das zugehörige Business-Objekt, im Beispiel das Objekt für eine Bestellung BUS2012 |
| **Dokumentart** | die Dokumentart, hier ZEKBESTELP |
| **Status** | aktiviert |
| **Ablage** | das Content Repository, hier S1 |
| **Verknüpfung** | die Verknüpfungstabelle, hier TOA01 |
| **Verweilzeit** | die Verweilzeit in Monaten |

**Tabelle 4.5** Einstellungen zur Verknüpfung der Dokumentart

### Customizing der SAP-ArchiveLink-Queues

Transaktion OAQI

Die SAP-ArchiveLink-Queues müssen für die Ablage von Drucklisten und Barcodeeinträgen konfiguriert werden. Hierzu öffnen Sie Transaktion OAQI und setzen jeweils ein X für jeden Parameter, wie in Abbildung 4.49

dargestellt. Außerdem tragen Sie den Benutzernamen des Administrators ein, der die Queues verwaltet. Durch die Konfiguration werden die Queues für die asynchrone Ablage erstellt. Ohne die generierten Queues ist eine asynchrone Ablage nicht möglich.



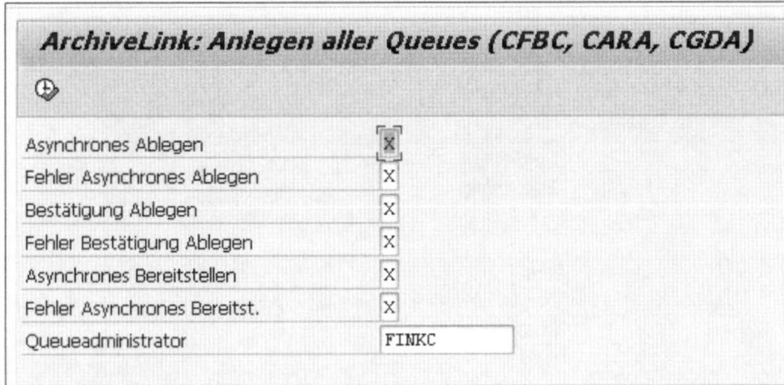


**Abbildung 4.49** Queues für die asynchrone Ablage anlegen

**Hintergrundjob einrichten**

Die eingerichteten Queues müssen in regelmäßigen Abständen verarbeitet werden. Dazu wird ein Hintergrundjob eingeplant, der die Abarbeitung anstößt. Um den Hintergrundjob einzurichten, rufen Sie die Transaktion SM36 (Jobs definieren) auf. Neben den typischen Angaben für die Einrichtung eines Hintergrundjobs im SAP-System müssen Sie das Archivierungsprogramm angeben. Tragen Sie das Programm »ILQBATCH« im Feld **ABAP-Programmname** ein.

**Nummernkreis**

Für die asynchronen Aufträge zur Ablage der Dokumente muss zur Generierung eindeutiger Dateinamen und Auftragsnummern ein Nummernkreis für SAP ArchiveLink in Transaktion OANR (Nummernkreise pflegen) gepflegt werden. Richten Sie den Nummernkreis ein, wie in Abbildung 4.50 dargestellt.

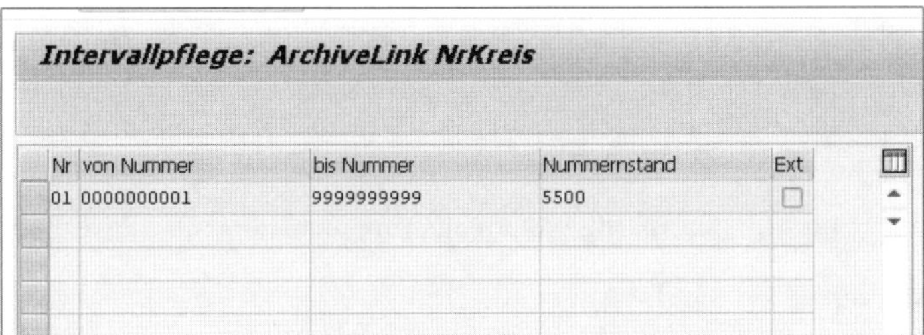


**Abbildung 4.50** Nummernkreis für SAP ArchiveLink einrichten

### Customizing der Ausgabegeräte

Für die Archivierung von Drucklisten muss ein Ausgabegerät im SAP-System eingerichtet werden. Grundlage der Einstellungen sind auch die Profilparameter im SAP-System.

**Profilparameter**

In der Standardauslieferung ist das Ausgabegerät `ARCH` im Profilparameter `rspo/default_archiver` hinterlegt (siehe Abbildung 4.51). Die Profilparameter pflegen Sie in Transaktion RZ10.

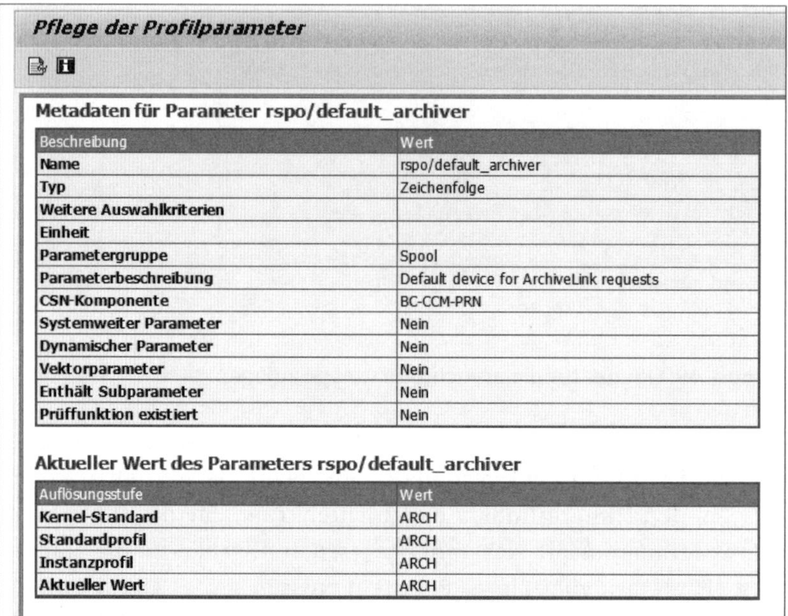

**Pflege der Profilparameter**

**Metadaten für Parameter rspo/default_archiver**

| Beschreibung | Wert |
|---|---|
| Name | rspo/default_archiver |
| Typ | Zeichenfolge |
| Weitere Auswahlkriterien | |
| Einheit | |
| Parametergruppe | Spool |
| Parameterbeschreibung | Default device for ArchiveLink requests |
| CSN-Komponente | BC-CCM-PRN |
| Systemweiter Parameter | Nein |
| Dynamischer Parameter | Nein |
| Vektorparameter | Nein |
| Enthält Subparameter | Nein |
| Prüffunktion existiert | Nein |

**Aktueller Wert des Parameters rspo/default_archiver**

| Auflösungsstufe | Wert |
|---|---|
| Kernel-Standard | ARCH |
| Standardprofil | ARCH |
| Instanzprofil | ARCH |
| Aktueller Wert | ARCH |

**Abbildung 4.51** Profilparameter »rspo/default_archiver«

**Spool-Administration**

Die Einrichtung des Ausgabegeräts erfolgt über die Spool-Administration mit der Transaktion SPAD. Bei der Einrichtung müssen Sie die in Tabelle 4.6 aufgeführten Werte auf der Registerkarte **Geräte-Attribute** (siehe Abbildung 4.52) angeben.

| Feld | Werte |
|---|---|
| **Ausgabegerät** | ARCH |
| **Beschreibung** | Die Beschreibung kann frei vergeben werden. |
| **Gerätetyp** | **ARCHLINK: SAP ArchiveLink Archivierer** |
| **Aufbereitungsserver** | SAP-Instanz |
| **Geräteklasse** | **Archivierer** |
| **Modell** | frei wählbar |
| **Standort** | frei wählbar |

**Tabelle 4.6** Konfiguration des Archivierungsgeräts in der SAP-Spool-Administration

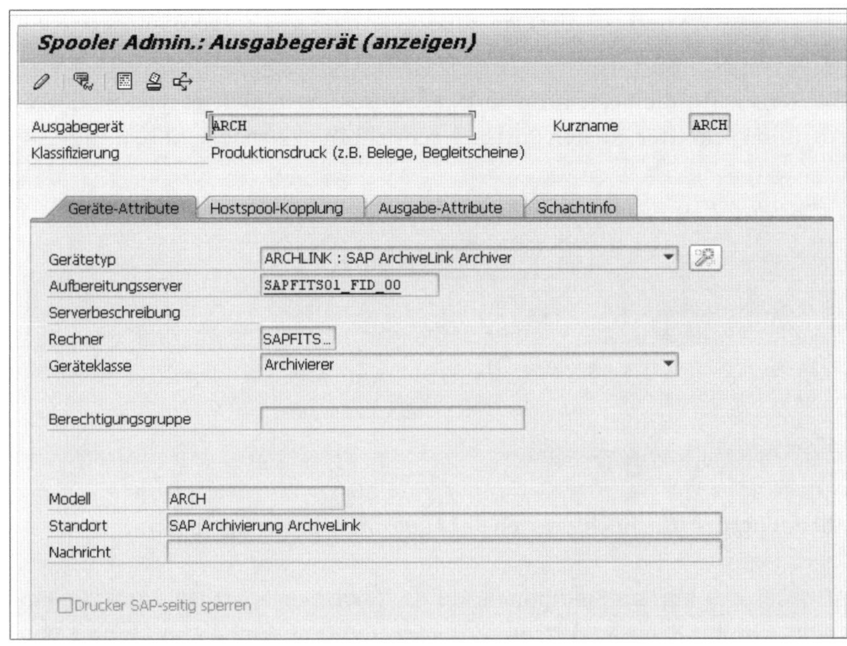


**Abbildung 4.52** Attribute des Ausgabegeräts in Transaktion SPAD

Auf der Registerkarte **Hostspool-Kopplung** müssen Sie im Feld **Koppelart zum Hostspool** außerdem den Wert **I: Archivierer** angeben, wie in Abbildung 4.53 gezeigt.

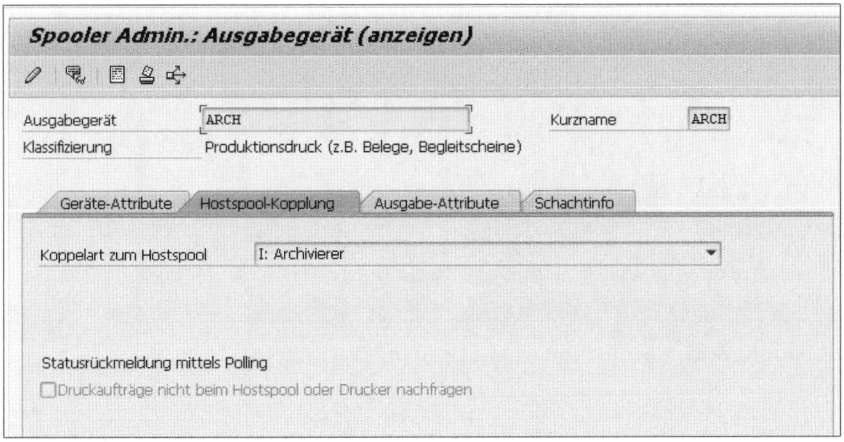

**Abbildung 4.53** Hostspool-Kopplung

### Customizing der Nachrichtensteuerung für ausgehende Dokumente

**Nachrichtenart einrichten**

Damit das ausgehende Dokumente (z. B. das ausgehende Bestelldokument) im Ablagesystem abgelegt und mit dem SAP-Beleg verknüpft wird, muss die Nachrichtenart in der Nachrichtensteuerung eingerichtet werden. Hierzu rufen Sie die Transaktion NACE (Nachrichtensteuerung) auf.

Wählen Sie für die Bestellung beispielsweise die zugehörige Applikation **EF** aus, und klicken Sie auf den Button **Nachrichtenarten** (siehe Abbildung 4.54).

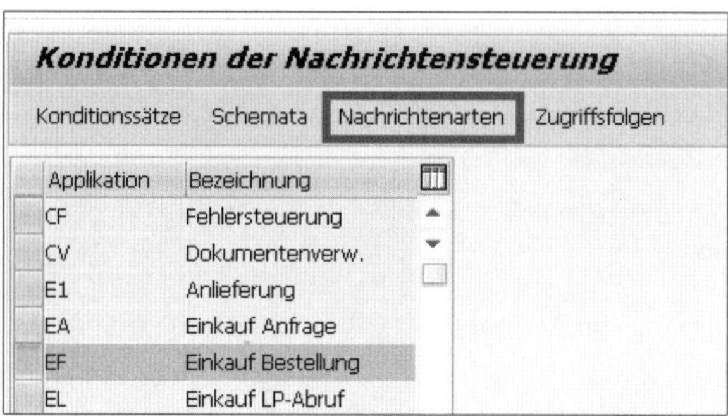


**Abbildung 4.54** Nachrichtenarten der Applikation EF konfigurieren

Als Nächstes klicken Sie doppelt auf die Nachrichtenart **NEU**, um die Einstellungen für diese Nachrichtenart vorzunehmen (siehe Abbildung 4.55).

**Abbildung 4.55** Nachrichtenart »NEU« in der Nachrichtensteuerung konfigurieren

**Ablagemodus**

Auf der Registerkarte **Ablagesystem** setzen Sie den **Ablagemodus**. Mögliche Ablagemodi sind **Drucken und Ablegen**, **Nur Ablegen** und **Nur Drucken**. Für unser Beispiel wählen Sie **Drucken und Ablegen**, die Bestellung wird also sowohl ausgedruckt als auch im Ablagesystem abgelegt. Bei der Ablage ausgehender Formulare im Ablagesystem muss zudem die **Dokumentart** eingetragen werden (in unserem Beispiel die vorher angelegte Dokumentart ZEKBESTELP, siehe Abbildung 4.56).

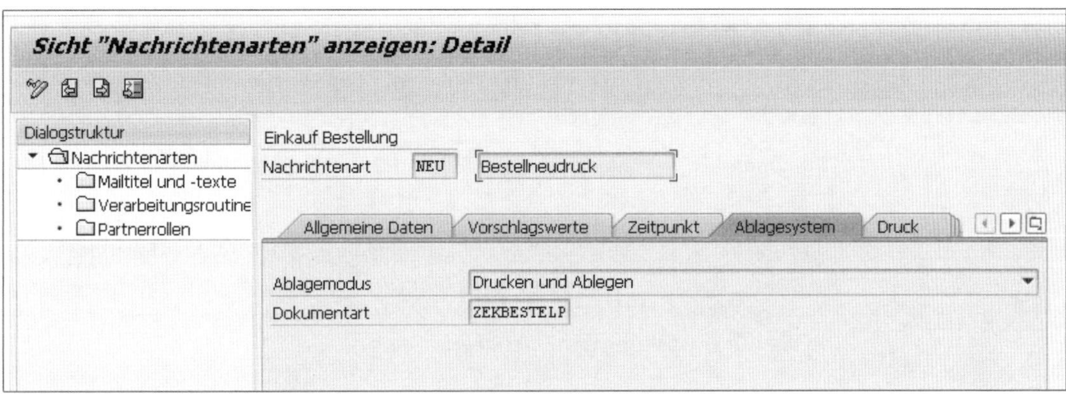


**Abbildung 4.56** Nachrichtenart für eine Dokumentart pflegen

### Customizing des Szenarios »Spätes Ablegen mit Barcode«

**Barcodeerfassung konfigurieren**

Das Customizing für das Szenario *spätes Ablegen mit Barcode* wird über die Transaktion OAC5 (Einstellungen zur Barcodeerfassung) vorgenommen. Im folgenden Beispiel wird das Szenario für Dokumente eingerichtet, die mit der SAP-Bestellung verknüpft abgelegt werden sollen. Füllen Sie dazu die Felder in Transaktion OAC5, wie in Abbildung 4.57 beispielhaft dargestellt.

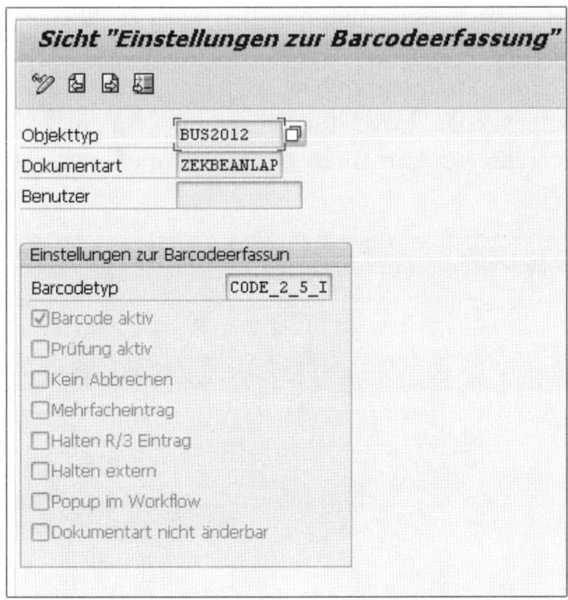


**Abbildung 4.57** Customizing des Szenarios »spätes Ablegen mit Barcode«

Tabelle 4.7 erklärt die einzelnen Einstellungen.

| Feld | Wert |
|---|---|
| **Objekttyp** | Hier tragen Sie den technischen Namen des verknüpften Business-Objekts ein, im Beispiel das Objekt für eine Bestellung (BUS2012) |
| **Dokumentart** | hier tragen Sie die kundeneigene Dokumentart ZEKBESTELP ein. |
| **Barcode aktiv** | Setzen Sie das Häkchen in diesem Feld, um das Barcodeszenario zu aktivieren. |

**Tabelle 4.7** Einstellung der Barcodeerfassung

### Customizing des Szenarios »Ablegen für spätere Erfassung«

**Ablegen für späte Erfassung einrichten**

Für das Beispiel »Ablegen von eingehenden Dokumenten für die spätere Erfassung« aus Abschnitt 4.1.2 müssen folgende Einstellungen im Customizing vorgenommen werden:

- Customizing der Workflow-Dokumentart
- Voreinstellung für den Start des Workflows
- Transaktionscode für den Workflow

Vorausgesetzt wird das durchgeführte automatische Grund-Customizing für SAP Business Workflow in Transaktion SWU3.

**Workflow-Dokumentart**

Das Customizing der Workflow-Dokumentart bewirkt, dass die Dokumentart für SAP Business Workflow aktiviert wird. Die Einstellung können Sie in der Transaktion SOA0 (Workflow-Dokumentart pflegen) vornehmen, wie in Abbildung 4.58 dargestellt.

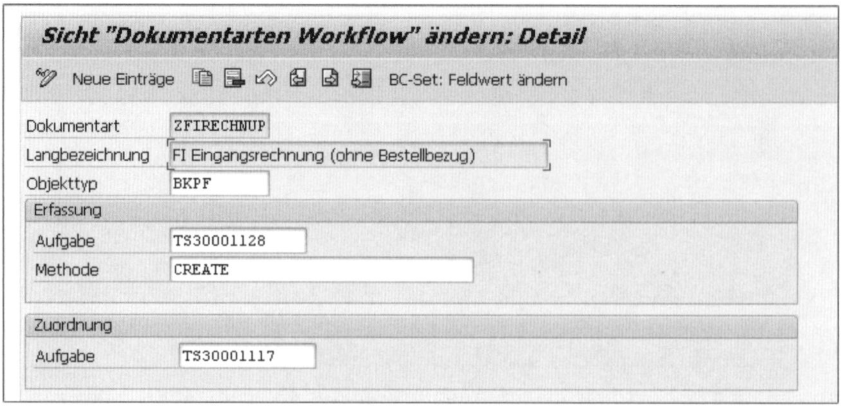

**Abbildung 4.58** Einstellung der Workflow-Dokumentart in Transaktion SOA0

Die Einstellungen für das Beispielszenario sind in Tabelle 4.8 erklärt.

| Feld | Wert |
|---|---|
| **Dokumentart** | die Dokumentart, für die der Workflow Gültigkeit haben soll, in unserem Beispiel die kundeneigene Dokumentart **FI Eingangsrechnung (ohne Bestellbezug)** (ZFIRECHNUP) |
| **Objekttyp** | das verknüpfte Business-Objekt, in unserem Beispiel das Objekt für einen Rechnungsbeleg (BKPF) |
| **Erfassung • Aufgabe** | der technische Name der Workflow-Aufgabe zur Erfassung des Dokuments (hier TS30001128) |
| **Erfassung • Methode** | die Methode CREATE für die Anlage des Belegs |
| **Zuordnung • Aufgabe** | der technische Name der Workflow-Aufgabe für die Zuordnung (hier TS30001117) |

**Tabelle 4.8** Einstellung für den Workflow zur Ablage einer Dokumentart zur späteren Erfassung

**Start des Workflows**

Um den manuellen Start des Workflows zu ermöglichen, müssen die Voreinstellungen gepflegt werden. Hierzu öffnen Sie Transaktion OAWS (Voreinstellungen Workflow).

Zuerst richten Sie die Gruppe **FI Finanzbelege** in der Sicht **Voreinstellung** ein. Hierzu fügen Sie einen neuen Eintrag für die Dokumentart ZFIRECHNUP hinzu und setzen das Häkchen in der Spalte **Ablegen für spätere Erfassung** (siehe Abbildung 4.59).

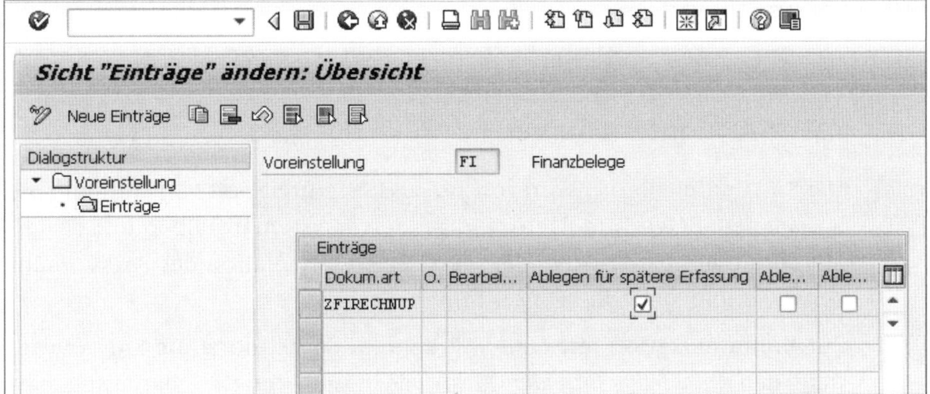


**Abbildung 4.59** Voreinstellung für die neue Dokumentart in Transaktion OAWS

Transaktion zur Belegerfassung

Damit der Workflow zur Erfassung der Daten des SAP-Belegs die Transaktion für die Buchung aufruft, muss diese Transaktion hinterlegt werden. Dazu rufen Sie die Transaktion OACA (Transaktionscode Workflow) auf (siehe Abbildung 4.60).

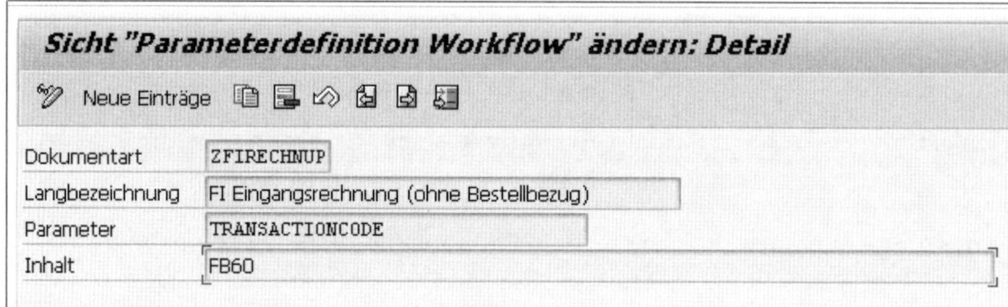


**Abbildung 4.60** Aufzurufende Transaktion für den Workflow einrichten

Tabelle 4.9 zeigt, welche Einstellungen Sie hier vornehmen müssen.

| Feld | Wert |
|---|---|
| **Dokumentart** | ZFIRECHNUP |
| **Parameter** | TRANSACTIONCODE |
| **Inhalt** | die Transaktion FB60 zur Erfassung eingehender Rechnungen |

**Tabelle 4.9** Einstellung der durch den Workflow aufzurufenden Transaktion zur Belegerfassung

Die Einstellungen für die Ablage anderer Dokumente, wie z. B. dem Lieferschein aus dem Referenzprozess, können analog erfolgen. Einzig die Dokumentart und der Transaktionscode (MIGO) müssen angepasst werden.

## 4.2 SAP Content Server

Kommunikation mit dem SAP-System

Der SAP Content Server wird von SAP als kostenfreie Softwarekomponente ausgeliefert. Er wird als eigenständiges Serversystem installiert und basiert auf dem Datenbanksystem *SAP MaxDB*. Die Integration des SAP Content Servers erfolgt über die HTTP-Schnittstelle.

Zur Kommunikation mit dem SAP Content Server nutzt die SAP-Anwendung den *Knowledge Provider* (KPro), wie in Abbildung 4.61 dargestellt. Der SAP Content Server kann mit verschiedenen *Storages* verbunden werden. Als Storage kann eine Datenbank oder ein Dateisystem dienen.

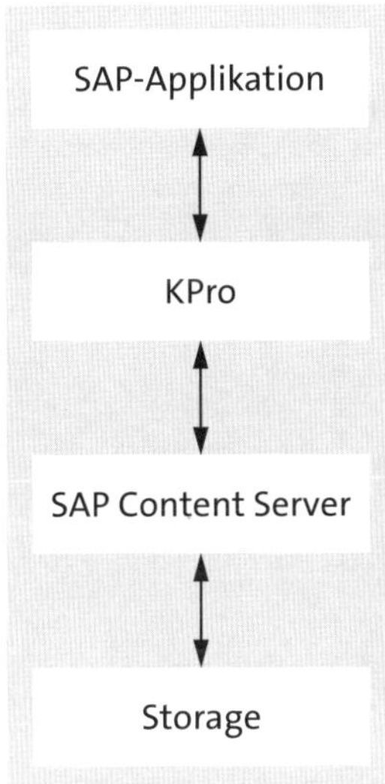


**Abbildung 4.61** SAP Content Server – Integration mit der SAP-Anwendung und dem Storage

### 4.2.1 Architektur des SAP Content Servers

**Content Server Engine**

Die *Content Server Engine* ist das Herzstück des SAP Content Servers. Die Engine empfängt über die HTTP-4.5-Schnittstelle des SAP Content Servers die Anfragen der SAP-Anwendung, z. B. zur Auslieferung von Content (in Form von HTTP-Aufrufen), und prüft deren Gültigkeit. Für gültige Anfragen wird die weitere Verarbeitung angestoßen.

Übergebene Daten werden in der angebundenen Datenbank oder auf dem Dateisystem gespeichert. Hierzu werden die Daten über den *Content Storage Layer* an das Repository übergeben. Das Repository kann entweder aus einem Dateisystem oder einer Datenbank bestehen, inklusive des Storage-Systems. Der Content Storage Layer greift über entsprechende Treiber auf die Datenbankinstanz zu. In der Datenbankinstanz werden die einzelnen Repositories verwaltet. Diese Architektur ist in Abbildung 4.62 dargestellt.

**Integration des SAP Content Servers**

Anwendungen, die den SAP Content Server technisch integrieren können, sind beispielweise SAP ArchiveLink, das Dokumentenverwaltungssystem (DVS) und SAP Business Workflow. Der Funktionsumfang ist auf das Ablegen und Abrufen von Content beschränkt. Weitere für ein Archivsystem notwendige Funktionen wie eine Schnittstelle für einen Scanner oder die Unterstützung der WebDAV-Schnittstelle sind nicht vorhanden.

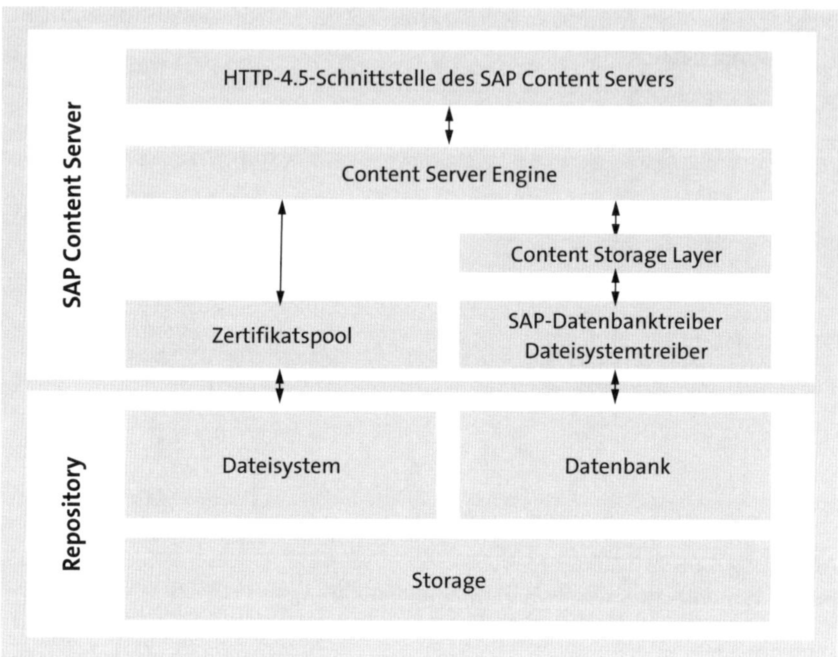


**Abbildung 4.62** Architektur des SAP Content Servers

[!]

**Kein Ersatz für Archivsysteme**

In den Dokumentationen von SAP wird darauf hingewiesen, dass der SAP Content Server keinen Ersatz für optische Ablagesysteme und andere Speichermedien zur Langzeitarchivierung von Content darstellt.

### 4.2.2 Administration des SAP Content Servers

Monitoring

Die Überwachung und das Monitoring des SAP Content Servers erfolgen über die Content Management Services (CMS) des Knowledge Providers (KPro). Das in das SAP-System integrierte *Computing Center Management System* (CCMS) ermöglicht die Überwachung aller bekannten SAP Content Server und deren Repositories. Sie rufen es über die Transaktion RZ20 oder SCMSMO auf. Mit Transaktion SCMSMO werden direkt die Komponenten von KPro ausgerufen.

Wie in Abbildung 4.63 dargestellt, werden verschiedene Prüfungen durch das CCMS durchgeführt. Die Informationen gliedern sich in allgemeine Informationen, statische Informationen und Informationen zu den Content Repositories der jeweiligen Content Server. Die allgemeinen Informationen beinhalten z. B. Informationen zum Hersteller, der Version des Systems und des verwendeten Protokolls. Die Informationen zum Content Repository beinhalten z. B. den Aufruf verschiedener Zugriffsparameter und deren Performance.

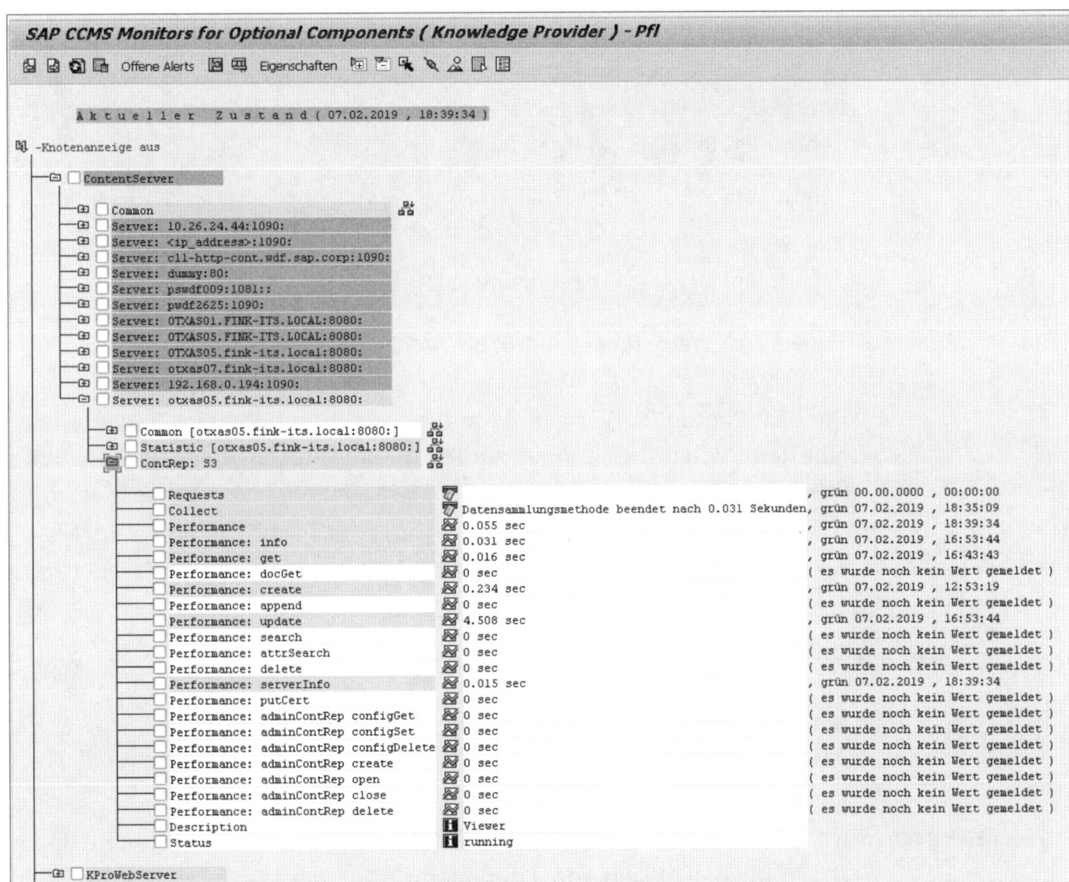


**Abbildung 4.63** Monitoring des SAP Content Servers (Transaktion SCMSMO)

### 4.2.3 Einrichtung und Customizing des SAP Content Servers

**Installation**

Als Grundlage für die weiteren Betrachtungen gehe ich von einem bereits installierten SAP Content Server aus. Die einzelnen Installationsschritte werden im SAP Installation Guide beschrieben. Diesen können Sie für die Version 6.50 unter der URL *http://s-prs.de/v652400* aufrufen. Im folgenden Beispiel wird der SAP Content Server 6.50 auf einem Microsoft-Windows-System verwendet.

**Erreichbarkeit testen**

Um die Erreichbarkeit des SAP Content Servers nach der Installation zu testen, rufen Sie die folgende URL in einem Webbrowser auf:

*<http>://<hostname>:<portnummer.>/ContentServer/ContentServer.dll?serverInfo*

Tragen Sie anstelle der Platzhalter die Werte aus Tabelle 4.10 ein.

| Feld | Wert |
|---|---|
| <http> (Protokoll) | »http« oder »https« |
| <hostname> | die IP-Adresse oder der Fully-Qualified Host Name (FQDN) des SAP Content Servers |
| <portnummer> | die Portnummer |

**Tabelle 4.10** Werte für den Aufruf des SAP Content Servers

Der SAP Content Server gibt daraufhin, wie in Abbildung 4.64 dargestellt, eine Reihe von Informationen zurück. Im Fall einer positiven Rückmeldung muss der Rückgabeparameter `serverStatus` den Wert `running` ausweisen.

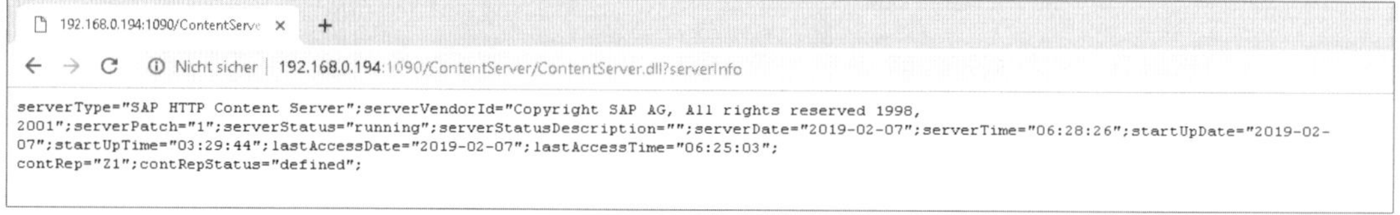


**Abbildung 4.64** Erreichbarkeit des SAP Content Servers testen

### Content Repository anlegen

**Transaktion OACO**

Nachdem der SAP Content Server installiert wurde, muss ein Content Repository für die Ablage von Content im SAP-System konfiguriert werden. Hierzu rufen Sie die Transaktion OACO (Content-Repositories anzeigen) auf. Klicken Sie auf **Anlegen** (🗋), um ein neues Content Repository anzulegen. Konfigurieren Sie dann die Detaileinstellungen des Content Repositorys, wie in Abbildung 4.65 gezeigt.

Für unser Beispiel können Sie die Werte aus Tabelle 4.11 für die Einrichtung des Content Repositorys verwenden.

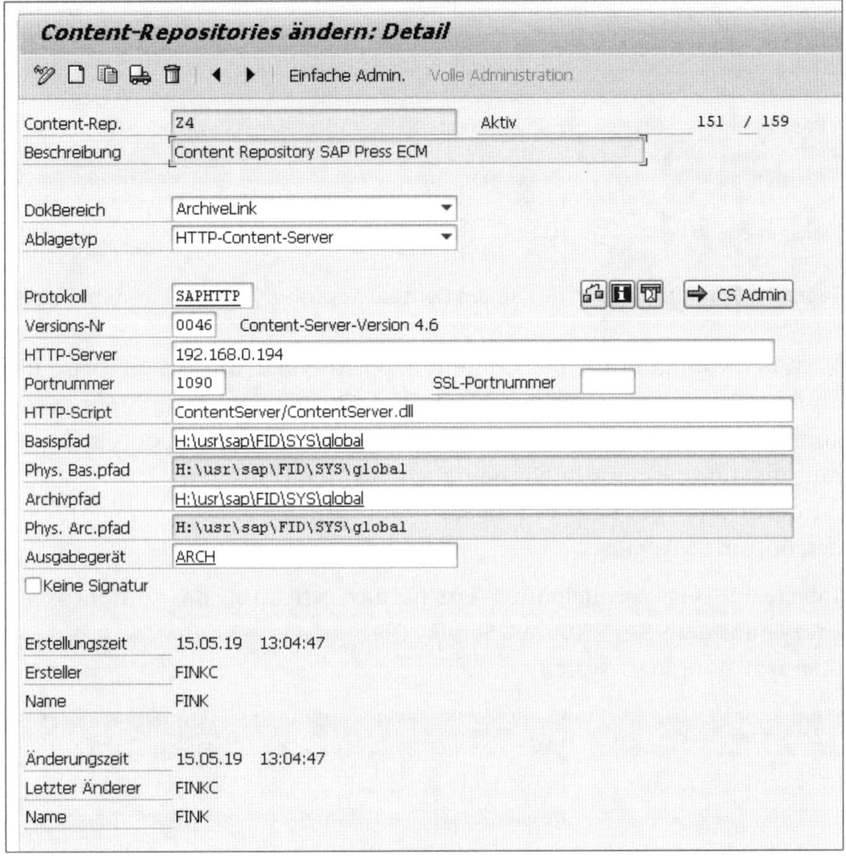


**Abbildung 4.65** Content Repository für den SAP Content Server einrichten

| Feld | Wert |
|---|---|
| **Content-Rep.** | Z4 |
| **Beschreibung** | frei wählbar |
| **DokBereich** | **ArchiveLink** |
| **Ablagetyp** | **HTTP-Content-Server** |
| **Protokoll** | SAPHTTP |
| **Versions-Nr** | 0046 |
| **HTTP-Server** | Netzwerkname des Content Servers |
| **Portnummer** | 1090 |

**Tabelle 4.11** Konfiguration des neuen Content Repositorys im SAP-System

| Feld | Wert |
|---|---|
| **HTTP-Script** | **ContentServer/ContentServer.dll** |
| **Basispfad** | frei wählbar |
| **Archivpfad** | frei wählbar |
| **Ausgabegerät** | ARCH |

**Tabelle 4.11** Konfiguration des neuen Content Repositorys im SAP-System (Forts.)

**Content Repository auf dem SAP Content Server**

Nach der Konfiguration des Content Repositorys im SAP-System wird das Content Repository im nächsten Schritt auch auf dem SAP Content Server konfiguriert. Hierzu führen Sie die Transaktion CSADMIN (Content-Server Administration) aus. Sie können auch aus der Transaktion OACO in die Administration des SAP Content Servers abspringen. Klicken Sie hierfür auf den Button **CS Admin**.

Tabelle 4.12 zeigt beispielhafte Werte für die Einrichtung des Content Repositorys auf dem SAP Content Server. Die Angaben beziehen sich auf ein Microsoft-Windows-System.

| Feld | Wert |
|---|---|
| ContentStorageHost | Der Parameter ContentStorageHost legt die Adresse des Servers fest, auf dem die Datenbank mit dem Repository installiert ist. Möglich sind die Werte localhost, eine IP-Adresse oder ein FQDN. Für unser Beispiel wählen Sie localhost. |
| ContentStorageName | Der Parameter ContentStorageName enthält den Namen der Datenbankinstanz. Der Vorschlagswert »SDB« ist der Wert der Standardinstallation. Sollte ein anderer Name für die Datenbankinstanz gewählt worden sein, tragen Sie diesen anstelle von »SDB« ein. Für unser Beispiel belassen Sie es bei dem Wert »SDB«. |
| Storage | Im Parameter Storage wird die für den Storage zuständige Library eingepflegt, hier **ContentStorage.dll**. |
| driver | Im Parameter driver wird der für den Datenbankzugriff notwendige OBDC-Treiber eingetragen. |

**Tabelle 4.12** Werte zur Konfiguration des Content Repositorys auf dem SAP Content Server

| Feld | Wert |
|---|---|
| Security | Der Parameter Security schaltet die Signaturprüfung ein oder aus. Die Signaturprüfung sollte immer aktiviert sein, deshalb wird der Wert 1 eingetragen. |

**Tabelle 4.12** Werte zur Konfiguration des Content Repositorys auf dem SAP Content Server (Forts.)

**Treiber herausfinden**

Die installierten Treiber können Sie als Administrator auf dem Server über das Kommando `odbcreg -g` im Pfad der Content-Server-Installation herausfinden. Abbildung 4.66 zeigt dafür ein Beispiel.

```
J:\sapdb\SDB\db\pgm>odbcreg  -g

List of data sources


List of installed drivers

1.      SQL Server;     %WINDIR%\system32\SQLSRV32.dll
2.      SAP MaxDB SDB (Unicode);        J:\sapdb\SDB\db\pgm\sdbodbcw.dll
3.      SAP MaxDB SDB;  J:\sapdb\SDB\db\pgm\sdbodbc.dll
4.      MaxDB;  J:\sapdb\SDB\db\pgm\sdbodbc.dll

J:\sapdb\SDB\db\pgm>_
```

**Abbildung 4.66** Auf dem Content-Server installierte Treiber herausfinden

Die Werte aus Tabelle 4.12 geben sie auf der Registerkarte **Anlegen** der SAP-Content-Server-Administration ein, wie in Abbildung 4.67 gezeigt. Durch Klick auf den Button **Ausführen** (⊕) wird das Content Repository im SAP Content Server angelegt.

**Dateisystem**

Möchten Sie als Repository ein Dateisystem verwenden, geben Sie folgende Werte an:

- `ContRepRoot`: Pfadangabe als absoluter Pfad
- `Storage`: **FileSystemStorage.dll**

Nach der erfolgreichen Anlage des Content Repositorys wird ein grünes Ampelsymbol (■) angezeigt, und die vergebenen Werte sind auf der Registerkarte **Einstellung** ersichtlich (siehe Abbildung 4.68).

Content-Server-Administration - ändern

| | |
|---|---|
| HTTP-Server | 192.168.0.194 |
| Portnummer | 1090 |
| HTTP-Script | ContentServer/ContentServer.dll |
| Version | 0046 |

Übersicht | Detail | Zertifikate | Einstellung | Statistik | Anlegen

Content-Rep. Z4

Beschreibung Content Repository SAP Press ECM

Signatur prüfen

Einstellungen des Repository

| Name | Inhalt |
|---|---|
| ContentStorageHost | localhost |
| ContentStorageName | SDB |
| Storage | ContentStorage.dll |
| driver | SAP MaxDB SDB |
| Security | 1 |

**Abbildung 4.67** Content Repository auf dem SAP Content Server anlegen

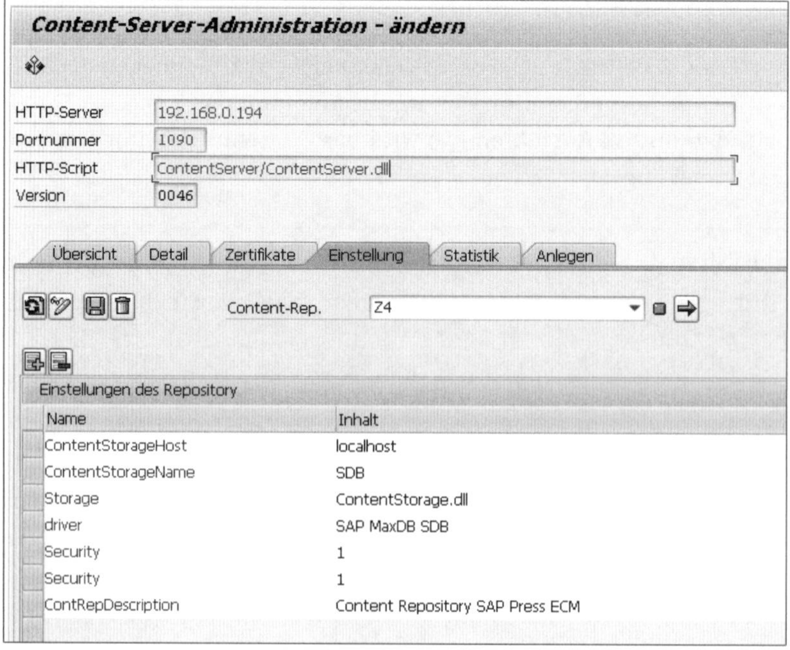


**Abbildung 4.68** Einstellung des Content Repositorys

### Zertifikat zum Datenaustausch aktivieren

Damit das SAP-System mit dem SAP Content Server kommunizieren kann, muss das SAP-System ein Zertifikat mit dem SAP Content Server austauschen. Um das Zertifikat an den SAP Content Server zu senden, klicken Sie in der Transaktion OACO auf den Button **Zertifikat senden** (), wie im Abschnitt »Customizing eines Content Repositorys« innerhalb von Abschnitt 4.1.4 beschrieben.

Zertifikat aktivieren

Das von SAP übermittelte Zertifikat muss im SAP Content Server noch aktiviert werden. Hierzu navigieren Sie in der SAP-Content-Server-Administration zur Registerkarte **Zertifikate** und aktivieren das übermittelte Zertifikat über den Aktivierungs-Button (), wie in Abbildung 4.69 gezeigt.

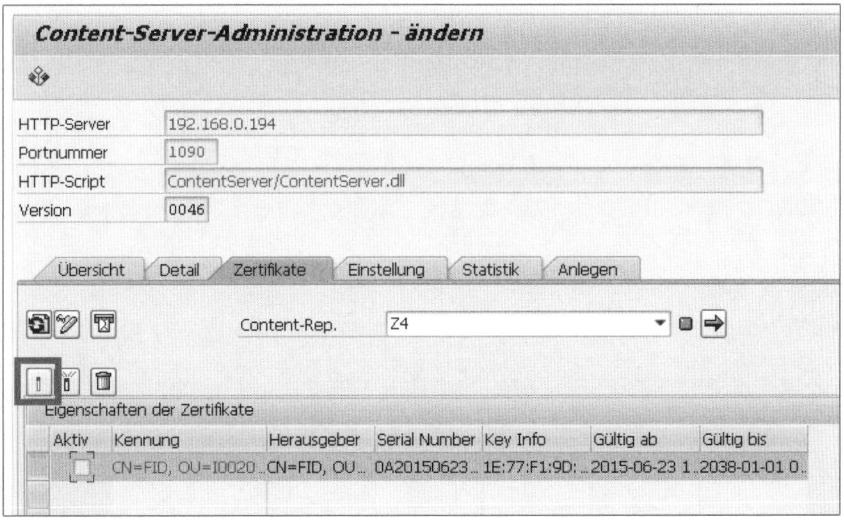

**Abbildung 4.69** Zertifikat im SAP Content Server aktivieren

Nachdem die Einrichtung von SAP ArchiveLink und der Ablagesysteme abgeschlossen wurde, können nun Dokumente über SAP ArchiveLink im Ablagesystem abgelegt werden.

Anhand des Referenzprozesses habe ich aufgezeigt, wie eine ausgehende Bestellung automatisch über die Nachrichtensteuerung im Ablagesystem archiviert wird und wie mithilfe des Barcodeszenarios weitere Dokumente mit der Bestellung verknüpft werden können. Auch die Möglichkeit der Ablage mit einem Ablageszenario wurde angesprochen. Wie die Dokumente mit SAP-Standardwerkzeugen verwaltet werden können, zeige ich Ihnen nun in Kapitel 5, »Content Management mit SAP-Standardwerkzeugen«.

# Kapitel 5
# Content Management mit SAP-Standardwerkzeugen



*SAP stellt einige eigene Werkzeuge für die Dokumentenverwaltung zur Verfügung, auf die teilweise auch die Werkzeuge von OpenText zugreifen. Dieses Kapitel behandelt die Funktionen und das Customizing der SAP-Werkzeuge.*

Zur Unterstützung der Dokumentenverwaltung und der Handhabung von Dokumenten innerhalb eines SAP-Systems liefert SAP einige Werkzeuge mit der Standardinstallation aus. In diesem Kontext zeige ich Ihnen in diesem Kapitel die Anwendung sowie die wesentlichen Einstellungen für die Administration und Einrichtung der wichtigsten Werkzeuge.

## 5.1 Generische Objektdienste

SAP stellt mit den generischen Objektdiensten (GOS) zentrale Funktionen zur Verfügung, die für die Bearbeitung von Business-Objekten im SAP-System hilfreich sind. Im Folgenden erläutere ich die generellen Funktionen der generischen Objektdienste und zeige Ihnen einige Möglichkeiten der Erweiterung dieser Funktionen.

### 5.1.1 Funktionen der generischen Objektdienste

**Aufruf und Menü**

Die generischen Objektdienste sind in so gut wie allen SAP-ERP-Komponenten und für alle Business-Objekte verfügbar. Ihre Funktionen werden in der Funktionsleiste über ein Dropdown-Menü () bereitgestellt, das in der Titelleiste der Transaktion aufgerufen werden kann. In älteren Releases können die generischen Objektdienste über den Menüpfad **System • Dienste zum Objekt** aufgerufen werden. Abbildung 5.1 zeigt das Menü der generischen Objektdienste.

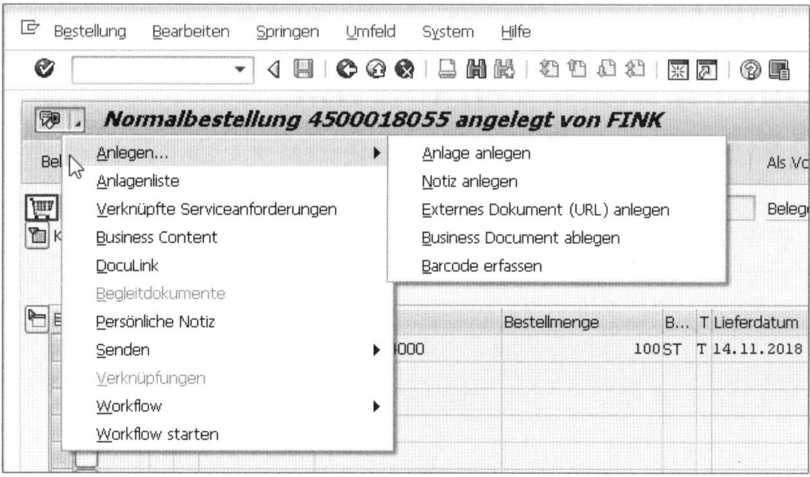


**Abbildung 5.1** Menü der generischen Objektdienste

Die GOS-Funktionsleiste (siehe Abbildung 5.2) wird durch einen Klick auf das Icon geöffnet.

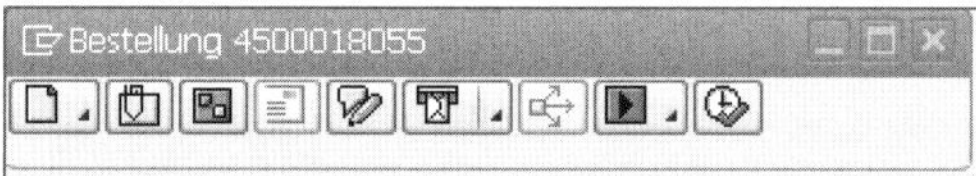


**Abbildung 5.2** Generische Objektdienste – Funktionsleiste

**Funktionen**

Die folgenden Funktionen sind in der Standardauslieferung verfügbar:

- Ablegen von Content zu einem Business-Objekt:
  - SAPoffice-Anlagen wie Dokumente oder Bilder
  - Notizen und externe URLs
  - Geschäftsdokumente (über SAP ArchiveLink)
  - Barcodes
- Anzeige der zum Business-Objekt abgelegten Dokumente in der Anlagenliste
- Starten von Workflows
- Anzeige des Workflows zum ausgewählten Business-Objekt
- Anzeigen von Business-Objekten, die mit dem ausgewählten Dokument verknüpft sind
- Versenden eines Objekts als Anlage einer Nachricht

**Dokumente, Bilder, Notizen und URLs**

Die Funktionen **Anlage ablegen**, **Notiz anlegen** und **Externe Dokumente (URL) anlegen** ermöglichen die einfache Ablage von Content zu einem Business-Objekt. Diese Funktionen sind für den Anwender einfach, praktisch und komfortabel zu bedienen. Um ein Dokument im SAP-System zu speichern, öffnen Sie das Dropdown-Menü des Icons und wählen den Menüpunkt **Anlegen... • Anlage anlegen**. Wählen Sie die Datei über den Dateibrowser aus, vergeben Sie gegebenenfalls einen neuen Dateinamen, und klicken Sie auf **Öffnen** (siehe Abbildung 5.3).

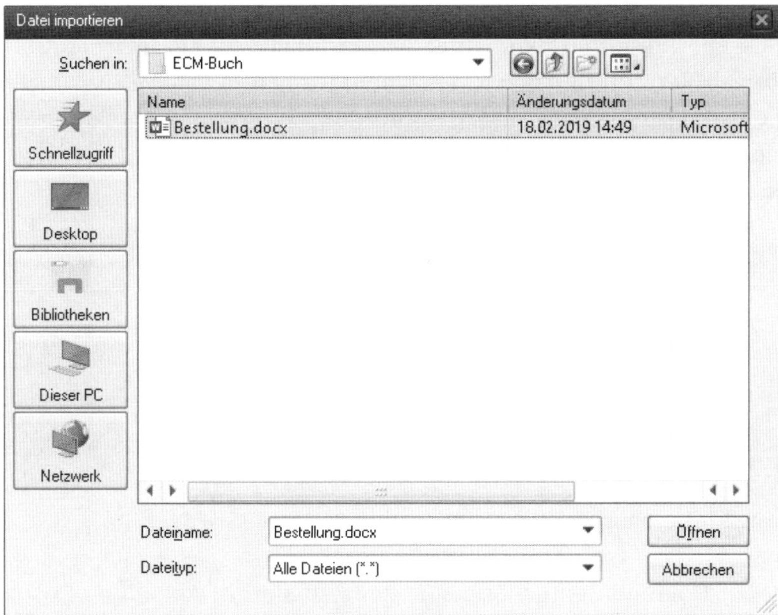


**Abbildung 5.3** SAPoffice-Dokument anlegen

Um eine Notiz anzulegen, öffnen Sie ebenfalls das Dropdown-Menü des Icons und wählen den Menüpunkt **Anlegen... • Notiz anlegen** (siehe Abbildung 5.4). Anschließend geben Sie einen Titel und einen Text für die Notiz ein und bestätigen Ihre Eingabe mit einem Klick auf das grüne Häkchen (siehe Abbildung 5.4).

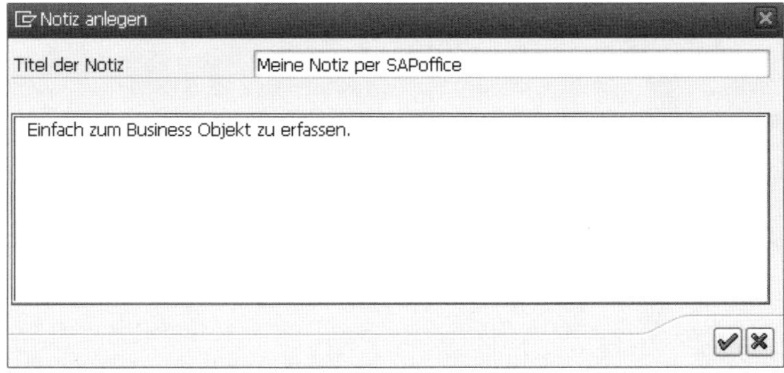


**Abbildung 5.4** Anlegen einer Notiz mit SAPoffice

**Verwaltung auf der SAP-Datenbank**

Wurden im SAP-System keine Einstellungen geändert, wird der erfasste Content in der SAP-Datenbank gespeichert. Durch die Speicherung von Dokumenten, Bildern und anderem Content benötigt die SAP-Datenbank allerdings mit der Zeit immer mehr Speicherplatz, sie wird sozusagen »aufgebläht«.

Der über SAPoffice (Business Workplace) und GOS abgelegte Content (Notizen, Anlagen, URLs und Dokumente) wird in Tabelle `SOC3` gespeichert. Die zugehörigen Verwaltungsdaten (Metadaten) werden in Tabelle `SOOD` abgelegt. Die Daten der Mappen werden in Tabelle `SOFM` verwaltet. Abbildung 5.5 zeigt die Darstellung des zuvor abgelegten Contents (das Dokument **Bestellung.docx** und die Notiz) in Tabelle `SOC3`.

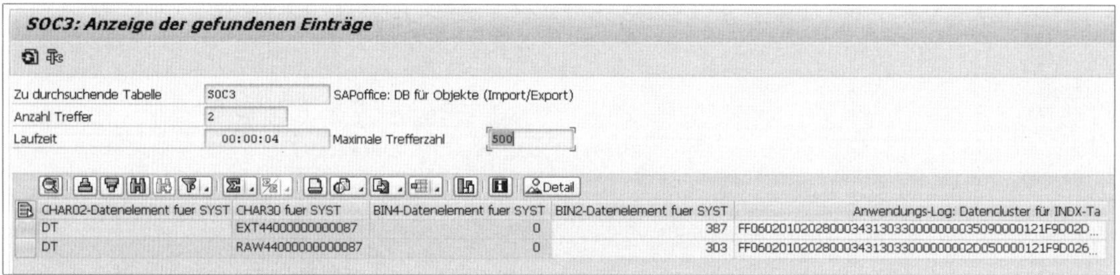


**Abbildung 5.5** Daten der SAPoffice-Dokumente in Tabelle SOC3

Die zu den Dokumenten gehörigen Metadaten sind in Abbildung 5.6 zu sehen. Das Feld `SOOD-EXTCT` (**IExt**) gibt Auskunft, ob die Anlage direkt in Tabelle `SOC3` (ohne Nutzung des Knowledge Providers, KPro) oder über den KPro (Wert »K«) gespeichert wurden. Der Inhalt der Anlagen wird im Normalfall über den KPro verwaltet. Eine Ausnahme bilden die Inhalte von Notizen und URLs. Aufgrund ihrer geringen Größe werden diese Inhalte nicht über den KPro verwaltet.

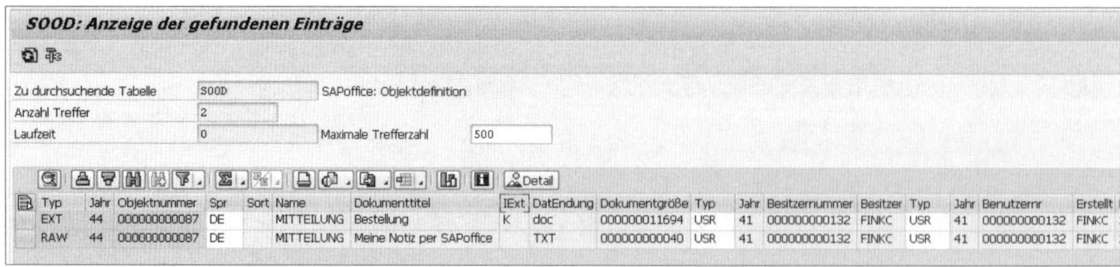


**Abbildung 5.6** Tabelle SOOD der generischen Objektdienste

In Abbildung 5.7 sind die Daten der zum Content gehörigen Mappen in Tabelle SOFM zu sehen.

**Abbildung 5.7** Tabelle SOFM der generischen Objektdienste

Sollte im KPro kein Ablagesystem angelegt worden sein, wie in Abschnitt 5.1.2, »Customizing der SAPoffice-Ablage«, beschrieben, wird der Inhalt der SAPoffice-Dokumente in Tabelle SOFFCONT1 geschrieben.

**Nachteile der SAPoffice-Dokumente**

Neben dem Nachteil des hohen Speicherbedarfs bei der Ablage von Content als SAPoffice-Dokument sind folgende weiteren Punkte zu beachten:

- Die Größe der SAP-Datenbank nimmt stetig zu.
- SAPoffice ist nur eingeschränkt Unicode-fähig.
- Die in der SAP-Datenbank abgelegten Dokumente können jederzeit gelöscht werden (keine revisionssichere Ablage).
- Die Ablage über SAPoffice wird seit Jahren nicht mehr durch die Deutschsprachige SAP-Anwendergruppe (DSAG) empfohlen (Weiterentwicklung wurde eingestellt).

SAP-Hinweis 691407 weist darauf hin, dass SAPoffice nicht weiterentwickelt wird. Um die SAP-Datenbank zu entlasten, kann ausschließlich die Ablage als Geschäftsdokumente über SAP ArchiveLink verwendet bzw. zugelassen werden. Alternativ oder ergänzend kann die Ablage des Inhalts von SAP-office-Dokumenten auf ein externes Ablagesystem umgestellt werden.

[+]

**Tabelle SOFFCONT1 entlasten**

SAP-Hinweis 530792 erläutert, wie der über die generischen Objektdienste abgelegte Content innerhalb des SAP-Systems verwaltet wird und wie Tabelle SOFFCONT1 entlastet werden kann.

**Eigene Objektdienste**

In einigen Fällen ist es sinnvoll, die generischen Objektdienste mit eigenen Diensten zu erweitern. Diese neuen Objektdienste sollten sich immer auf das aktuell bearbeitete Objekt beziehen. In Abbildung 5.8 sehen Sie z. B.

einen Objektdienst, um aus der Bearbeitung der SAP-Bestellung heraus zur Dokumentation abzuspringen, die in der elektronischen Akte in SAP Document Access by OpenText (kurz *DocuLink*) liegt. Der Einkäufer kann so auf die abgelegten Dokumente und E-Mails des gesamten Bestellprozesses (Bestellanforderung, Bestellung, Wareneingang, Rechnung) zugreifen. Der Objektbezug wird hier erreicht, indem beim Aufruf der DocuLink-Anwendung die Objekt-ID der Bestellung übergeben wird. Wie Sie einen zusätzlichen Objektdienst anlegen, zeige ich Ihnen in Abschnitt 5.1.3, »Eigene Services in die generischen Objektdienste einbinden«.

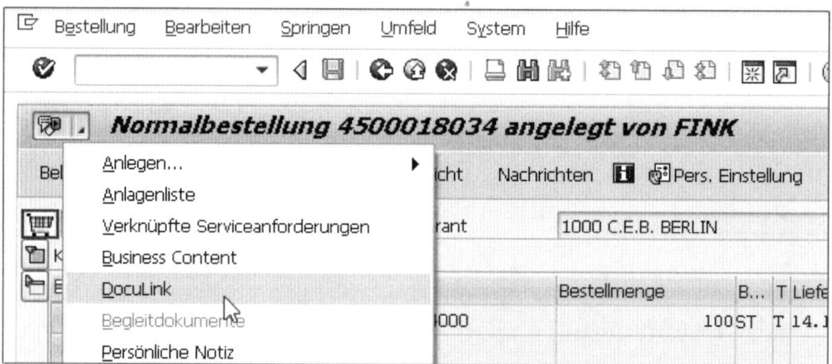


**Abbildung 5.8** Neuer Objektdienst im Menü der generischen Objektdienste

**Anlagenliste**

Die Anlagenliste gibt Ihnen einen Überblick über den zu einem Business-Objekt abgelegten Content. In der Anlagenliste in Abbildung 5.9 wird sowohl Content angezeigt, der als SAPoffice-Dokument abgelegt wurde, als auch solcher, der als Geschäftsdokument über SAP ArchiveLink abgelegt wurde. Die letzten zwei Anlagen sind SAP-ArchiveLink-Dokumente (Geschäftsdokumente), zu erkennen an dem Icon. Die ersten drei Anlagen sind SAPoffice-Dokumente. Dies erkennen Sie an den Icons in der ersten Spalte, die vom Icon der archivierten Dokumente abweichen.

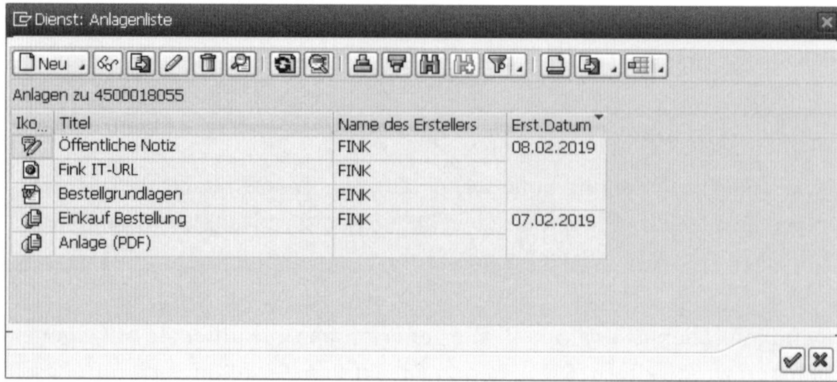


**Abbildung 5.9** Anlagenliste mit SAPoffice und Geschäftsdokumenten

**Aktivierung der generischen Objektdienste**

Die generischen Objektdienste sind grundsätzlich mit der Installation des SAP-Systems verfügbar. Es gibt allerdings Komponenten und Transaktionen, in denen sie nicht standardmäßig angezeigt werden, bevor sie nicht aktiviert wurden. Beispielsweise wird das Menü der generischen Objektdienste in der Transaktion VA02/VA03 nicht angezeigt. In diesem speziellen Fall müssen Sie den Benutzerparameter SD_SWU_ACTIVE auf den Wert X setzen, um die generischen Objektdienste zu aktivieren. Beachten Sie zu Transaktion VA02/VA3 auch SAP-Hinweis 598073, der die Aktivierung beschreibt.



## 5.1.2 Customizing der SAPoffice-Ablage

**Ablagekategorie**

Die Ablage der SAPoffice-Dokumente durch den KPro nutzt die Dokumentenklasse SOFFPHIO. Durch die Ablagekategorie wird festgelegt, ob als Ablagesystem die SAP-Datenbank oder der *HTTP-Content-Server* verwendet wird. Der Begriff HTTP-Content-Server umfasst nicht nur den SAP Content Server, sondern auch andere externe Ablagesysteme, wie beispielsweise den OpenText Archive Server.

Standardmäßig nutzt die Klasse SOFFPHIO als Ablagekategorie SOFFDB und das Content Repository SOFFDB. Das bedeutet, dass in der Standardauslieferung das Content Repository in die SAP-Datenbank geschrieben wird. Alternativ könnte die Ablagekategorie SOFFHTTP für einen HTTP-Content-Server verwendet werden oder die Ablagekategorie der Klasse SOFFPHIO zugewiesen werden. Die ersten beiden Varianten sind in Abbildung 5.10 schematisch dargestellt.

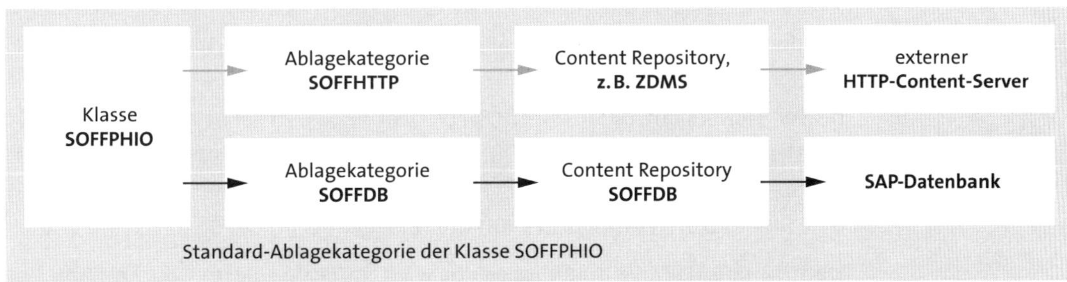


**Abbildung 5.10** Zusammenspiel von Klasse, Ablagekategorie und Content Repository im Knowledge Provider

**Standardauslieferung**

Die beschriebene Einstellung des KPros wird im Standard ausgeliefert. In der Customizing-Tabelle SDOKPHCL, in der die Klassen physischer Informationsobjekte gepflegt werden, ist als Standardzuordnung für die Dokumentenklasse SOFFPHIO die Kopftabelle SOFFPHIO und die Kategorie SOFFDB hinterlegt (siehe Abbildung 5.11).

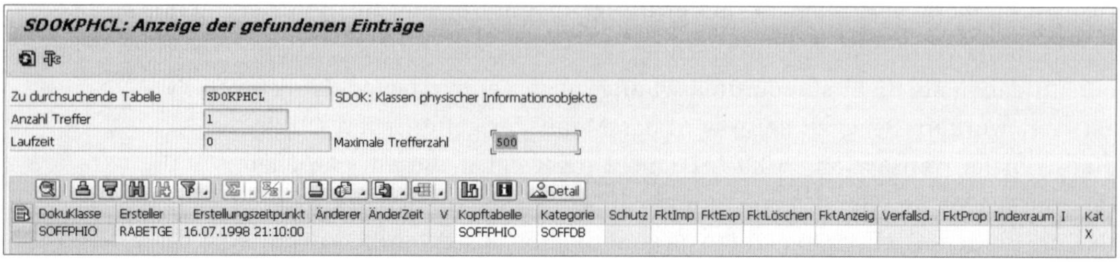

**Abbildung 5.11** Klassen physischer Informationsobjekte in Tabelle SDOKPHCL

Die Kategorie und die Zuordnung des Content Repositorys, hier SOFFDB, wird in der Transaktion OACT gepflegt. Hier können Sie auch die Standardkonfiguration einsehen (siehe Abbildung 5.12).

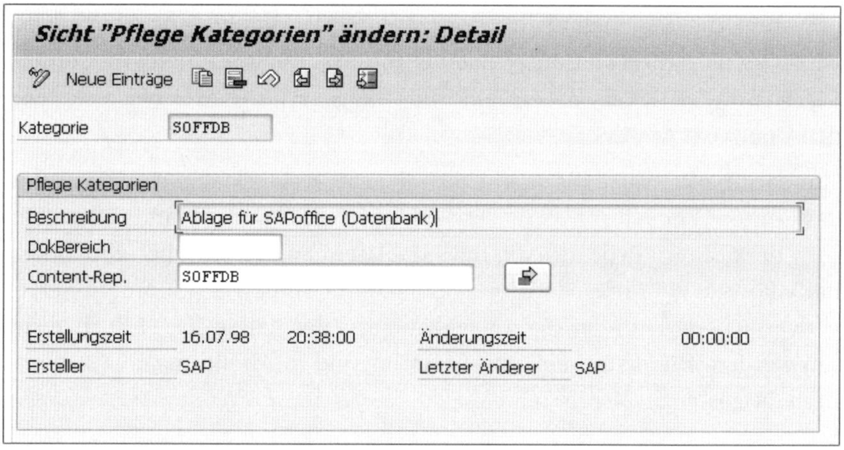

**Abbildung 5.12** Pflege der Ablagekategorien in Transaktion OACT

In der Detailsicht des Content Repositorys SOFFDB ist standardmäßig die Inhaltstabelle SOFFCONT1 für die Ablage der Dokumentinhalte eingetragen (siehe Abbildung 5.13). Diese erreichen Sie entweder über die Transaktion OACO oder durch einen Klick auf den Button in der Transaktion OACT.

Damit die SAP-Datenbank entlastet wird, müssen Sie im Customizing ein externes Ablagesystem für die Ablage von SAPoffice-Dokumenten konfigurieren.

**Externes Content Repository anlegen**

Als Erstes legen Sie dazu das Content Repository für die externe Ablage der SAPoffice-Dokumente an. Im Gegensatz zu einem Content Repository für die Ablage mit SAP ArchiveLink kann der Name des Content Repositorys mehr als zwei Zeichen lang sein, in unserem Beispiel ZDMS.

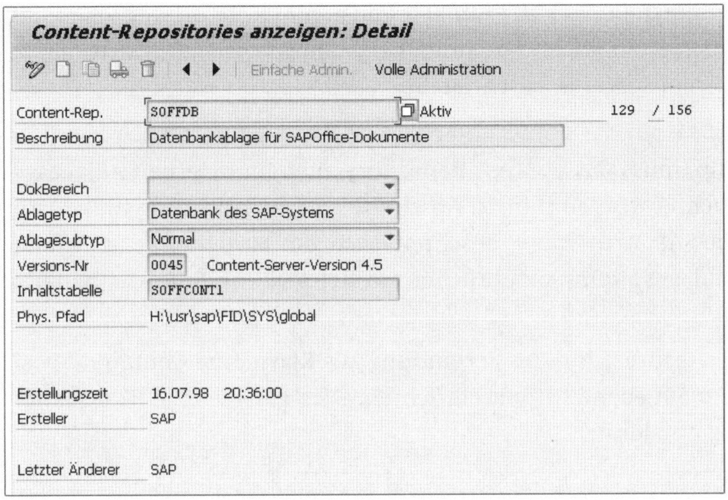

Content-Repositories anzeigen: Detail
Einfache Admin.
Volle Administration
Content-Rep.
SOFFDB
Aktiv
129 / 156
Beschreibung
Datenbankablage für SAPOffice-Dokumente
DokBereich
Ablagetyp
Datenbank des SAP-Systems
Ablagesubtyp
Normal
Versions-Nr
0045
Content-Server-Version 4.5
Inhaltstabelle
SOFFCONT1
Phys. Pfad
H:\usr\sap\FID\SYS\global
Erstellungszeit
16.07.98 20:36:00
Ersteller
SAP
Letzter Änderer
SAP

**Abbildung 5.13** KPro – Content Repository SOFFDB

Öffnen Sie die Transaktion OACO, und legen Sie dort ein neues Content Repository mit dem Namen »ZDMS« an. Als **Ablagetyp** stellen Sie **HTTP-Content-Server** ein, als **DokBereich** wählen Sie die Option **ArchiveLink** (siehe Abbildung 5.14).

Content-Repositories ändern: Detail
Einfache Admin.
Volle Administration
Content-Rep.
ZDMS
Aktiv
149 / 156
Beschreibung
Content Repository OTXAS05 - SAPoffice
DokBereich
ArchiveLink
Ablagetyp
HTTP-Content-Server
Protokoll
IX_HTTP2
CS Admin
Versions-Nr
0045
Content-Server-Version 4.5
HTTP-Server
OTXAS05.FINK-ITS.LOCAL
Portnummer
8080
SSL-Portnummer
HTTP-Script
archive
Austauschverz.
H:\usr\sap\FID\SYS\global
Phys. Pfad
H:\usr\sap\FID\SYS\global
Ausgabegerät
ARCH
Erstellungszeit
18.11.18 12:42:45
Ersteller
FINKC
Name
FINK
Änderungszeit
08.02.19 16:50:48
Letzter Änderer
FINKC
Name
FINK

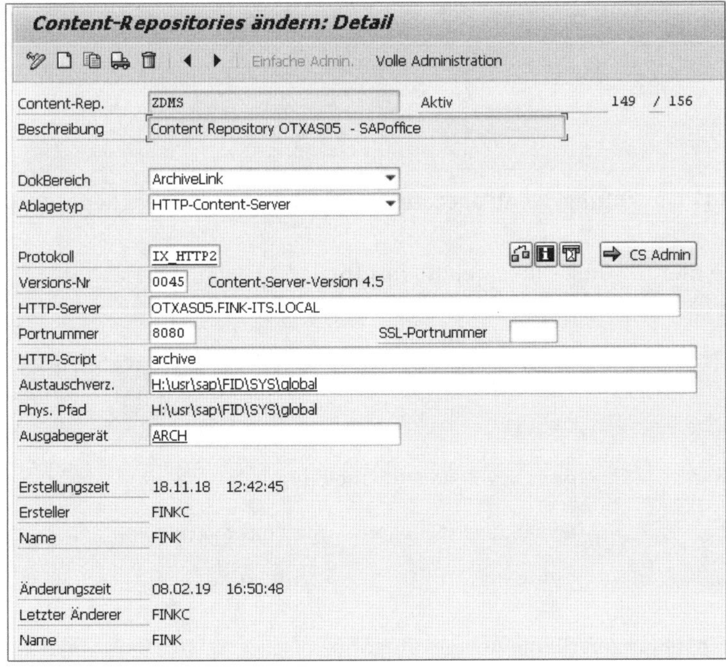

**Abbildung 5.14** Einrichtung eines Content Repositorys für die Ablage von SAPoffice-Dokumenten

Die weiteren Einstellungen zu **Protokoll**, **Portnummer** etc. pflegen Sie gemäß Ihrem Ablagesystem, wie in Abschnitt 4.2.3, »Einrichtung und Customizing des SAP Content Servers«, beschrieben.

Damit von SAP auf das Content Repository ZDMS auch technisch zugriffen werden kann, muss das Content Repository auch im externen Ablagesystem eingerichtet worden sein. In Abschnitt 9.2.2, »Einrichtung und Customizing von SAP Archiving«, beschreibe ich die Einrichtung auf einem externen Ablagesystem ausführlicher am Beispiel von SAP Archiving by OpenText.

**Ablagekategorie**

Die Ablagekategorie für diese Verbindung aus Klasse und Content Repository müssen Sie ebenfalls neu einrichten. Dies geschieht in Transaktion OACT (siehe Abbildung 5.15).

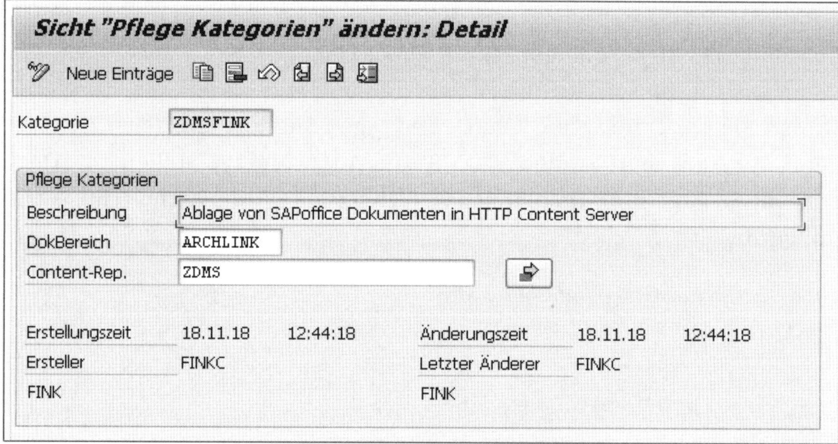


**Abbildung 5.15** Einrichtung der Ablagekategorie für das neue Content Repository

Nehmen Sie hier für unser Beispiel die in Tabelle 5.1 beschriebenen Einstellungen vor.

| Einstellung | Beschreibung |
|---|---|
| **Kategorie** | ZDMSFINK |
| **Beschreibung** | frei zu wählende Beschreibung |
| **DokBereich** | Der Dokumentenbereich muss nicht gefüllt werden. |
| **Content-Rep.** | ZDMS |

**Tabelle 5.1** Einstellungen für die Ablagekategorie

**Kategorie der Klasse SOFFPHIO zuordnen**

Die neue Kategorie ZDMSFINK wird abschließend der Dokumentenklasse SOFFPHIO zugeordnet. Die Zuordnung der Kategorie zur physischen Dokumentenklasse erfolgt in der Transaktion SKPR08 (siehe Abbildung 5.16).

Sicht "Kategorien für physische Dokumentklassen" ändern: Übersicht

Kategorien für physische Dokumentklassen

| Klasse | bisherige ... | neue Kat. | Beschreibung |
|---|---|---|---|
| /SAPSLL/P2 | LLS_CAT | | physische Klasse: Legal Services |
| /SAPSLL/PH | LLS_CAT | | physische Klasse Legal&Logistics Services Doc-Management |
| ASAPGENSRC | ASAP | | Multimedia-Objekt (Quelle) ASAP |
| ASAPTXTDST | ASAP | | Text im Anzeigeformat ASAP |
| ASAPTXTSRC | ASAP | | Quelltopic ASAP |
| BW_PH_MAST | BW_MAST | | BW: physische Klasse Stammdaten |
| BW_PH_TRAN | BDS_DB10 | | BW: physische Klasse Bewegungsdaten |
| SOFFPHIO | SOFFDB | ZDMSFINK | Physisches Informationsobjekt für SAPOffice |
| SOLARGNSRC | SOLAR01 | | Multimedia-Objekt (Quelle) |

**Abbildung 5.16** Kategorie der Klasse SOFFPHIO zuordnen

Damit die Klasse SOFFPHIO in der Transaktion SKPR08 angezeigt wird, muss in Tabelle SDOKPHCL im Feld **CAT MAINT** das Kennzeichen »X« gesetzt werden (siehe auch SAP-Hinweis 668271):

1. Hierzu öffnen Sie Transaktion SE16 (Data Browser) und selektieren die Klasse SOFFPHIO im Feld **PH_CLASS**, indem Sie die Zeile markieren. Klicken Sie auf das Stiftsymbol (✐), um in den Änderungsmodus zu gelangen (siehe Abbildung 5.17).

Data Browser: Tabelle SDOKPHCL 1 Treffer

Prüftabelle...

Tabelle: SDOKPHCL
Angezeigte Felder: 12 von 20 Feststehende Führungsspalten: 1 Listbreite 0250

| PH_CLASS | CREA_USER | CREA_TIME | CHNG_USER | CHNG_TIME | VERSTYPE | HEADERTAB |
|---|---|---|---|---|---|---|
| SOFFPHIO | RABETGE | 19980716191000 | | 00000000000000 | 0 | SOFFPHIO |

**Abbildung 5.17** Dokumentenklasse in Tabelle SDOKPHCL ändern

2. Im Pflege-View von Tabelle SDOKPHCL tragen Sie dann das Kennzeichen »X« im Feld **CAT MAINT** ein, wie in Abbildung 5.18 gezeigt.

**Tabelle SDOKPHCL ändern**

Prüftabelle...

| | |
|---|---|
| PH CLASS | SOFFPHIO |
| CREA USER | RABETGE |
| CREA TIME | 16.07.1998 21:10:00 |
| CHNG USER | |
| CHNG TIME | |
| VERSTYPE | |
| HEADERTAB | SOFFPHIO |
| STOR CAT | SOFFDB |
| DOC PROT | |
| FCT IMPORT | |
| FCT EXPORT | |
| FCT DELETE | |
| FCT VIEW | |
| BUFF XPIRE | |
| FCT PROP | |
| INDEX SPC | |
| AUTO INDEX | |
| CAT MAINT | X |
| NO BUFFER | |
| CAT URLS | |

**Abbildung 5.18** Feld CAT MAINT der Tabelle SDOKPHCL pflegen

**SAP-Hinweise**

In Tabelle 5.2 sind einige weitere SAP-Hinweise aufgeführt, die Sie im Rahmen der Einrichtung der generischen Objektdienste und des KPros konsultieren sollten.

| SAP-Hinweis | Hinweistitel |
|---|---|
| 1641800 | How to delete ›Has links to GOS/Document not sent‹ documents from the Hidden folder 1641800 |
| 1634908 | Reduce the number of entries of table SOFFCONT1 |
| 927407 | Determining the content of GOS and SAPoffice documents |
| 2293171 | RSGOS_RELOCATE_ATTA: Relocating attachments from generic object services |
| 904711 | SAPoffice: Where are documents physically stored? |
| 530792 | Storing documents in the generic object services |

**Tabelle 5.2** Hilfreiche SAP-Hinweise zu generischen Objektdiensten und KPro

### 5.1.3 Eigene Services in die generischen Objektdienste einbinden

Aufbau der Funktionsleiste

Der Aufbau der Funktionsleiste der generischen Objektdienste wird im Customizing festgelegt. Die Standardfunktionsleiste beginnt mit einer sogenannten *Serviceliste* namens **Anlegen** ❶, die mehrere Services beinhaltet. Sie können als Dropdown-Menü aufgerufen werden (siehe Abbildung 5.19). Dieser Serviceliste folgt der Service **Anlagenliste** ❷. In Abbildung 5.19 wurde das **Business Content Window** von OpenText an dritter Stelle der Funktionsleiste integriert ❸.



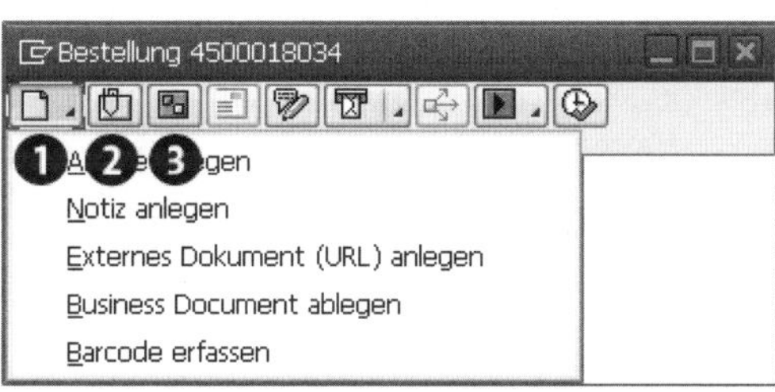


**Abbildung 5.19** Services in der Funktionsleiste der generischen Objektdienste

Eigenen Service einbinden

Möchten Sie nun einen eigenen Service in die Funktionsleiste und das Menü (wie den Service **DocuLink** in Abbildung 5.8) der generischen Objektdienste einbinden, müssen Sie Anpassungen in Tabelle SGOSATTR vornehmen.

Tabelle SGOSATTR

Den Aufbau von Tabelle SGOSATTR erläutere ich an einigen Beispielen. Die Services in dieser Tabelle werden im Rahmen des Customizings miteinander in Beziehung gesetzt. Dadurch wird der Aufbau der Funktionsleiste und des Menüs der generischen Objektdienste definiert. In Abbildung 5.19 ist der erste Service eine Serviceliste (**Anlegen** ❶). Dieser Service ist mit der technischen Bezeichnung CREATE_ATTA (Anlegen) in Tabelle SGOSATTR hinterlegt.

Um diesen Eintrag anzusehen und bei Bedarf zu bearbeiten, gehen Sie wie folgt vor:

1. Rufen Sie die Transaktion SM30 (Tabellenpflege-Views) auf.
2. Geben Sie in das Feld **Tabelle/Sicht** »SGOSATTR« ein, und bestätigen Sie die Eingabe durch einen Klick auf den Button **Pflegen**.
3. Markieren Sie den Eintrag CREATE_ATTA durch einen Doppelklick.

Attribute eines Objektdienstes

Im Fenster **SGOS: Attribute der generischen Dienste** sehen Sie nun die Eigenschaften des Service CREATE_ATTA (siehe Abbildung 5.20). Wichtig für unsere weiteren Betrachtungen sind die Felder **Servicetyp**, **Klasse f. gen.Dienst**, **Nächster Dienst** und **Subdienst**:

- Der **Servicetyp** kann unter anderem als **Einzelservice** oder **Serviceliste** ausgeprägt werden. Der Service CREATE_ATTA wurde als Serviceliste ausgeprägt. Das bedeutet, dass hinter diesem Service noch weitere Services hinterlegt werden können. Das sind die sogenannten *Subdienste*.
- Im Feld **Subdienst** tragen Sie den ersten Subdienst ein. Beim Klick auf das zur Serviceliste hinterlegte Icon werden die Subdienste dann als Dropdown-Liste angezeigt, wie in Abbildung 5.19 dargestellt.
- Im Feld **Ikone** kann ein aussagekräftiges Icon hinterlegt werden.
- Der nächste Dienst ist der Service, der in der Funktionsleiste direkt nach dem betreffenden Service angezeigt wird.
- Im Feld **Klasse f. gen.Dienst** wird im Fall einer Serviceliste keine ABAP-Klasse angegeben. Bei anderen Servicetypen, wie z. B. im Fall eines Einzelservice, muss hier die verwendete Klasse eingetragen werden.

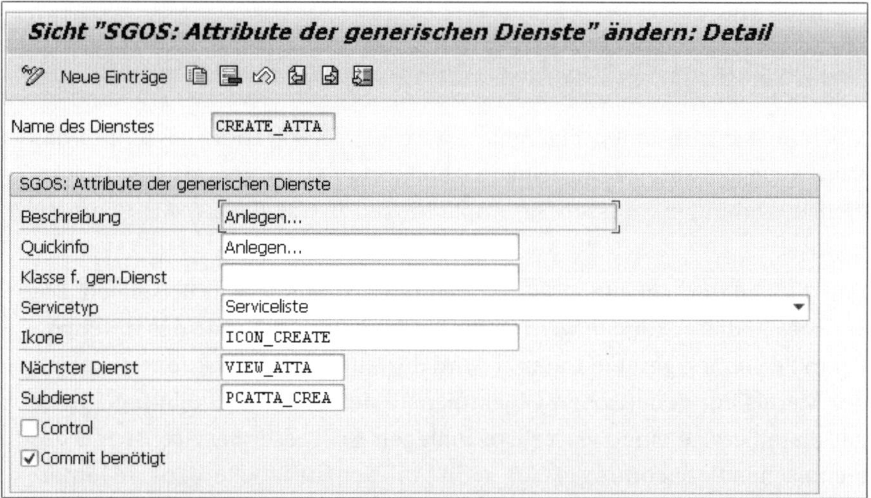


**Abbildung 5.20** SAP GOS – Serviceliste CREATE_ATTA

Mit diesem Wissen rund um die Konfiguration und den Aufbau der GOS können Sie nun einen eigenen Service erstellen. Wir erstellen als Beispiel einen Service für den Aufruf einer elektronischen Akte, die mit der OpenText-Anwendung *DocuLink for SAP Solutions* erstellt wurde:

1. Öffnen Sie dazu den Pflege-View für Tabelle SGOSATTR in Transaktion SM30, und navigieren Sie zur Detailseite des Service CREATE_ATTA.
2. Klicken Sie in der Funktionsleiste auf den Button **Neue Einträge**.
3. Tragen Sie die Werte aus Tabelle 5.3 ein, wie in Abbildung 5.21 gezeigt.

| Einstellung | Beschreibung |
|---|---|
| **Name des Dienstes** | IXOS_DC |
| **Beschreibung** | frei wählbare Beschreibung |
| **Quickinfo** | DocuLink |
| **Klasse f. gen.Dienst** | Ihre abgeleitete ABAP-Klasse, beispielsweise ZDC46_CL_GOS_SERVICE. Um eigene Services für die generischen Objektdienste zu erstellen, leiten Sie Ihre Klasse für den Service von der der abstrakten Klasse CL_GOS_SERVICE ab. |
| **Servicetyp** | **Einzelservice** |
| **Ikone** | ICON_TABLE_SETTING |
| **Nächster Dienst** | in unserem Beispiel OTDP |
| **Subdienst** | Bleibt leer, da wir keine Serviceliste anlegen. |

**Tabelle 5.3** Attribute des neuen Objektdienstes IXOS_DC

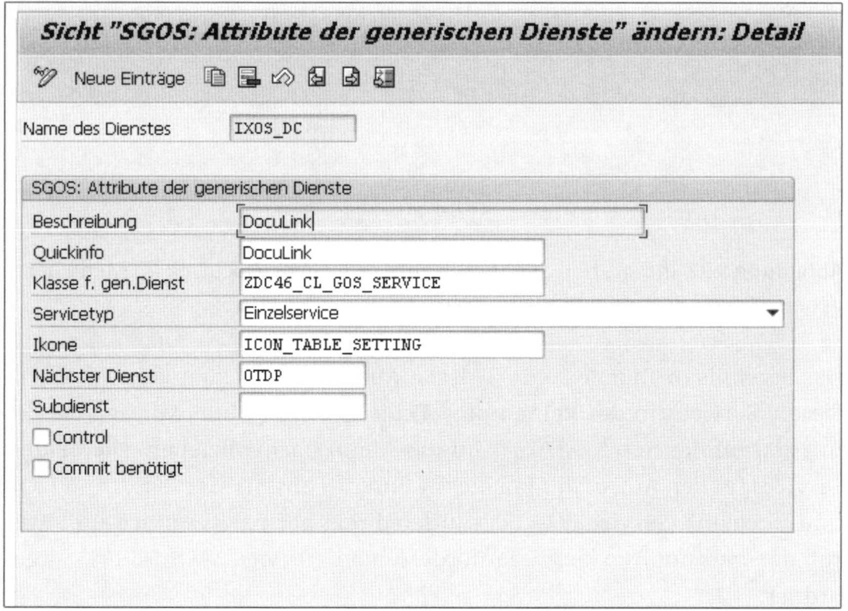


**Abbildung 5.21** Generischer Objektdienst zum Aufruf der Anwendung für DocuLink

Der neue Service IXOS_DC muss noch als nächster Dienst mit dem Vorgängerservice verbunden werden, damit er in das Menü der generischen Objektdienste integriert wird. Hierzu suchen Sie den Service im Menü aus, hinter dem der neue Service integriert werden soll (hier OTX_ATTACH), und ändern Sie den Eintrag im Feld **Nächster Dienst**. Tragen Sie in unserem Beispiel den Wert »IXOS_DC« ein. Den ehemaligen Wert des Feldes **Nächster Dienst** tragen Sie in den Attributen des IXOS_DC im Feld **Nächster Dienst** ein, hier z. B. den Service »OTDP« zum Aufruf der **Begleitdokumente**. Das Ergebnis sehen Sie in Abbildung 5.22.

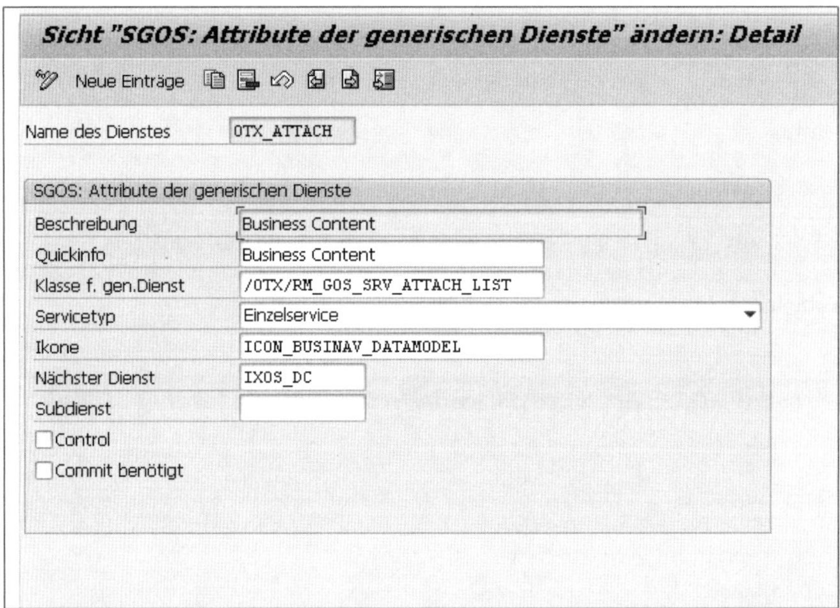


**Abbildung 5.22** Integration des Service zum Aufruf von DocuLink im Menü der generischen Objektdienste

Das Ergebnis in Tabelle SGOSATTR ist in Abbildung 5.23 zu erkennen. Wenn Sie die Services in der Reihenfolge ❶ bis ❻ durchgehen, können Sie die Integration des Service IXOS_DC in das Menü nachvollziehen. Die beiden Services für den Aufruf des Business-Content-Fensters (Service OTX_ATTACH) und DocuLink (Service IXOS_DC) wurden direkt nach dem Service zum Aufruf der verknüpften Serviceanforderungen (Service VIEW_SRLINK) angeordnet.

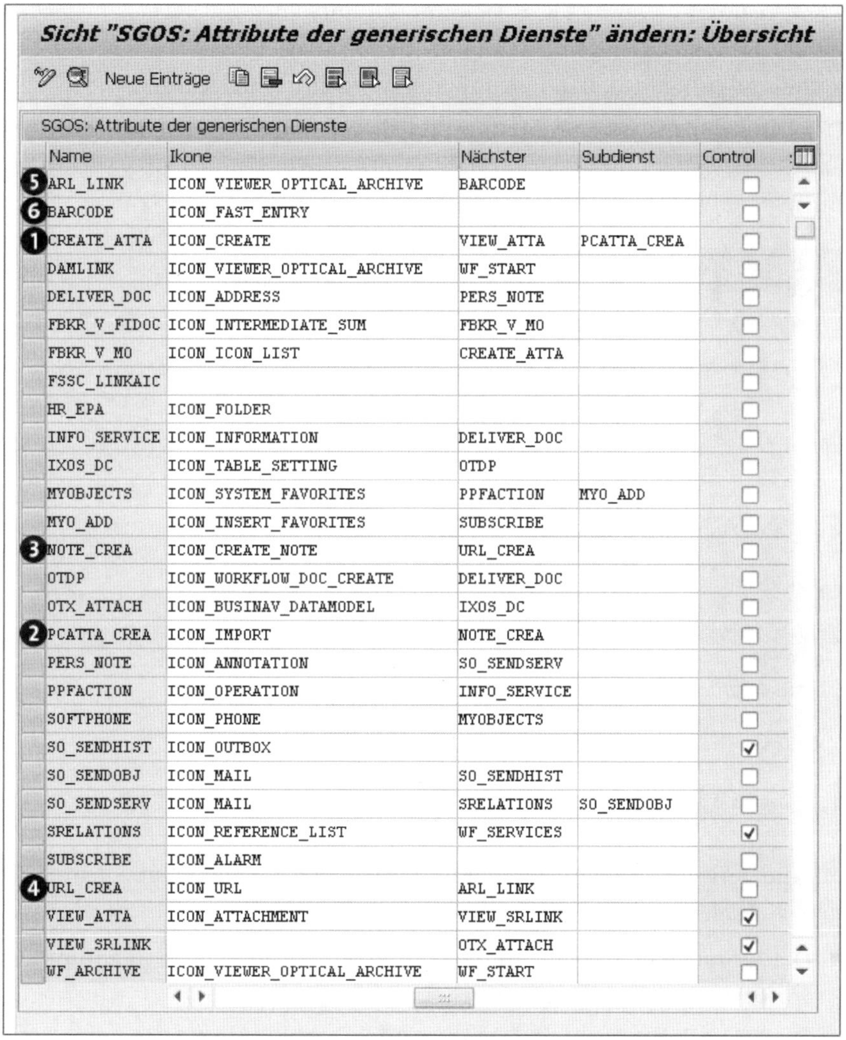

**Sicht "SGOS: Attribute der generischen Dienste" ändern: Übersicht**

Neue Einträge

SGOS: Attribute der generischen Dienste

| Name | Ikone | Nächster | Subdienst | Control |
|---|---|---|---|---|
| 5 ARL_LINK | ICON_VIEWER_OPTICAL_ARCHIVE | BARCODE | | ☐ |
| 6 BARCODE | ICON_FAST_ENTRY | | | ☐ |
| 1 CREATE_ATTA | ICON_CREATE | VIEW_ATTA | PCATTA_CREA | ☐ |
| DAMLINK | ICON_VIEWER_OPTICAL_ARCHIVE | WF_START | | ☐ |
| DELIVER_DOC | ICON_ADDRESS | PERS_NOTE | | ☐ |
| FBKR_V_FIDOC | ICON_INTERMEDIATE_SUM | FBKR_V_MO | | ☐ |
| FBKR_V_MO | ICON_ICON_LIST | CREATE_ATTA | | ☐ |
| FSSC_LINKAIC | | | | ☐ |
| HR_EPA | ICON_FOLDER | | | ☐ |
| INFO_SERVICE | ICON_INFORMATION | DELIVER_DOC | | ☐ |
| IXOS_DC | ICON_TABLE_SETTING | OTDP | | ☐ |
| MYOBJECTS | ICON_SYSTEM_FAVORITES | PPFACTION | MYO_ADD | ☐ |
| MYO_ADD | ICON_INSERT_FAVORITES | SUBSCRIBE | | ☐ |
| 3 NOTE_CREA | ICON_CREATE_NOTE | URL_CREA | | ☐ |
| OTDP | ICON_WORKFLOW_DOC_CREATE | DELIVER_DOC | | ☐ |
| OTX_ATTACH | ICON_BUSINAV_DATAMODEL | IXOS_DC | | ☐ |
| 2 PCATTA_CREA | ICON_IMPORT | NOTE_CREA | | ☐ |
| PERS_NOTE | ICON_ANNOTATION | SO_SENDSERV | | ☐ |
| PPFACTION | ICON_OPERATION | INFO_SERVICE | | ☐ |
| SOFTPHONE | ICON_PHONE | MYOBJECTS | | ☐ |
| SO_SENDHIST | ICON_OUTBOX | | | ☑ |
| SO_SENDOBJ | ICON_MAIL | SO_SENDHIST | | ☐ |
| SO_SENDSERV | ICON_MAIL | SRELATIONS | SO_SENDOBJ | ☐ |
| SRELATIONS | ICON_REFERENCE_LIST | WF_SERVICES | | ☑ |
| SUBSCRIBE | ICON_ALARM | | | ☐ |
| 4 URL_CREA | ICON_URL | ARL_LINK | | ☐ |
| VIEW_ATTA | ICON_ATTACHMENT | VIEW_SRLINK | | ☑ |
| VIEW_SRLINK | | OTX_ATTACH | | ☑ |
| WF_ARCHIVE | ICON_VIEWER_OPTICAL_ARCHIVE | WF_START | | ☐ |

**Abbildung 5.23** Reihenfolge der Services in Tabelle SGOSATTR

## 5.2 Document Viewer

Der Document Viewer wird ebenfalls in der Standardinstallation des SAP-Systems ausgeliefert und ermöglicht die Anzeige verschiedener Content-Arten. Da der Document Viewer standardmäßig im SAP-System enthalten ist, kann er sofort und ohne weitere Installationen eingesetzt werden. Somit stellt der Document Viewer eine gute Alternative zu Viewern anderer Hersteller dar.

Der Document Viewer kann Dokumente entweder im SAP GUI oder in einem Browser anzeigen. Anders als bei anderen Viewern können dabei keine Änderungen an den Dokumenten vorgenommen werden.

**Unterstützte Formate**

Der Document Viewer unterstützt in jedem Fall die Content-Arten, die in Tabelle 5.4 aufgeführt sind. Andere Content-Arten sind beim Aufruf im Browser abhängig von den Browserfunktionen möglich.

| Content-Art | Dateiendung |
|---|---|
| Microsoft-Word-Dokumente | .doc |
| Microsoft-Excel-Dokumente | .xls |
| Microsoft-Powerpoint-Präsentationen | .ppt |
| Rich Text Format | .rtf |
| Portable Document Format | .pdf |
| Quicktime Movie | .mov |
| Lotus-123-Arbeitsmappe | .123 |
| Lotus-Word-Pro-Dokument | .lwp |
| Visio-Grafik | .vsd |

**Tabelle 5.4** Übersicht der unterstützten Dokumententypen

**Einrichtung und Customizing**

Für die Verwendung des Document Viewers sind die folgenden Einstellungen wichtig:

- Die Grundeinstellungen für SAP ArchiveLink müssen vorgenommen worden sein (siehe Abschnitt 4.1.4).
- Die Einstellungen zur Frontendkommunikation im SAP-System dürfen nicht verändert worden sein (d. h., es darf keine andere Viewer-Technologie eingestellt worden sein). Das Customizing der Frontendkommunikation für die Viewer-Einstellung kann beispielsweise auf den vom Archiv-Hersteller ausgelieferten Viewer umgestellt werden, sodass nicht der Document Viewer verwendet wird. Die Konfiguration muss ähnlich wie beim Scanclient *OpenText Imaging Enterprise Scan* (siehe Abschnitt 7.2.3, »Rechnungsbearbeitung mit SAP Invoice Management«) in Transaktion OAA4 und OAA3 vorgenommen werden.

- Die Benutzer, die mit dem Document Viewer arbeiten sollen, müssen die Berechtigung zur Nutzung der Transaktion SDV zugeteilt bekommen, die im Hintergrund aufgerufen wird.

## 5.3 Dokumentenverwaltungssystem



Mit dem Dokumentenverwaltungssystem (DVS) bietet das SAP-System umfangreiche Möglichkeiten, um Content zu verwalten und den SAP-Prozessen zuzuordnen. Im Folgenden stelle ich Ihnen zunächst die Funktionen des DVS vor. Anschließend erläutere ich anhand eines Beispiels die wichtigsten Einstellungsmöglichkeiten.

### 5.3.1 Einführung in die Funktionsweise des Dokumentenverwaltungssystems

**Funktionsumfang**

Das DVS ermöglicht die Verwaltung von statischen und dynamischen Dokumenten innerhalb des SAP-Systems. Als Bestandteil von SAP Product Lifecycle Management (SAP PLM) und SAP ERP stellt das DVS verschiedene Funktionen zur Ablage von Content wie Dokumenten, Videos, Bildern etc. zu einem Business-Objekt bereit. Es ermöglicht somit den unternehmensweiten Zugriff auf den verwalteten Content.

Zu den Funktionen gehören unter anderem:

- Dokumentenklassifikation
- Statusverwaltung für Dokumente
- Versionierung von Dokumenten
- Nummerierung
- Objektverknüpfungen
- Änderungsdienst
- Integration in SAP Business Workflow
- Ablage und Archivierung (KPro, SAPoffice, SAP ArchiveLink)
- Dokumentensuche
- Schnittstellen (Application Link Enabling – ALE, CAD-Systeme)

**Zugriff**

Der Zugriff auf das DVS ist mit verschiedenen Frontendtechnologien möglich. Neben dem Zugriff über das SAP GUI kann auch über die Weboberfläche von SAP PLM (*PLM Web UI*) oder über SAP Easy Document Management auf das DVS zugegriffen werden. In diesem Abschnitt beschränke ich mich auf die Vorstellung der Funktionen des DVS, die mit dem SAP GUI verfügbar sind. Mehr Informationen zu den Möglichkeiten von SAP Easy Document Management finden Sie in Abschnitt 5.4.

**Dokumentinfosatz**

Zentrales Element des DVS ist der *Dokumentinfosatz*. Der Dokumentinfosatz (DIS) ist der Stammsatz eines Dokuments im SAP-System. Ein Beispiel sehen Sie in Abbildung 5.24. Er enthält folgende Daten:

❶ **Metadaten**
In den Metadaten werden die Informationen zum Dokument gespeichert. Hierzu zählen Dokumentnummer, Dokumentbeschreibung, Dokumentstatus, Klassifizierungsdaten und Objektverknüpfungen.

❷ **Nutzdaten**
Die Nutzdaten beinhalten die sogenannten *Originale*. Die Originale sind die abgelegten Dokumente.

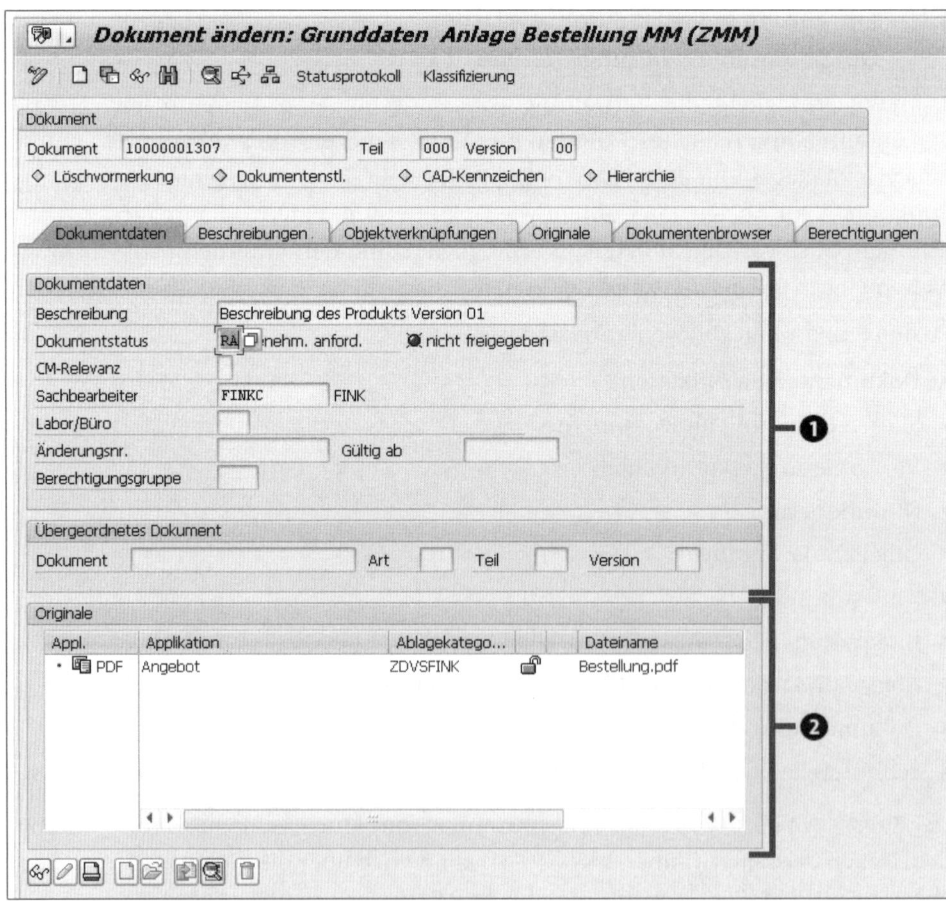


**Abbildung 5.24** Dokumentinfosatz

Der *Dokumentschlüssel* dient der Identifikation eines Dokuments und setzt sich aus den folgenden Komponenten zusammen:

**Dokumentschlüssel**



- **Dokumentnummer**
  Die Dokumentnummer besteht aus maximal 25 alphanumerischen Zeichen. Im Customizing wird festgelegt, wie die Nummernvergabe erfolgen soll.
- **Dokumentart**
  Die Dokumentart ist ein zentrales Steuerelement der Dokumentenverwaltung. Die Dokumentart wird mit drei alphanumerischen Zeichen angegeben. Im Customizing wird für jede Dokumentart festgelegt, welche Daten bearbeitet werden müssen und wie der Ablauf der Bearbeitung über ein Statusnetz nachverfolgt werden kann. Die Standarddokumentart ist DRW (für Konstruktionszeichnungen lautet sie DRAW).
- **Teildokument**
  Ein Teildokument unterteilt einen Dokumentinfosatz in mehrere Dokumente. So ist es z. B. möglich, Dokumente mit unterschiedlichen Sprachen zu verwalten. Der Name eines Teildokuments setzt sich aus drei alphanumerischen Zeichen zusammen. Der Default-Wert ist 000.
- **Dokumentversion**
  Die Dokumentversion wird mit zwei alphanumerischen Zeichen angegeben und bildet den Bearbeitungsstand eines Änderungsprozesses ab.

**Transaktionen**

In Tabelle 5.5 sind die wichtigsten Transaktionen zur Arbeit mit dem DVS aufgelistet.

| SAP-Transaktion | Beschreibung |
|---|---|
| CV01N | Dokumentinfosatz anlegen |
| CV02N | Dokumentinfosatz ändern |
| CV03N | Dokumentinfosatz anzeigen |
| CV04N | Dokument suchen |
| CL30N | Objektsuche in Klassen |
| CC04 | Anzeige Produktstruktur |

**Tabelle 5.5** Transaktionen im Dokumentenverwaltungssystem

### 5.3.2 Anlegen, Anzeigen und Ändern von Dokumentinfosätzen

**Dokumentinfosatz anlegen**

Zum Anlegen eines Dokumentinfosatzes tragen Sie in Transaktion CV01N die Angaben zum Dokumentenschlüssel ein (siehe Abbildung 5.25).

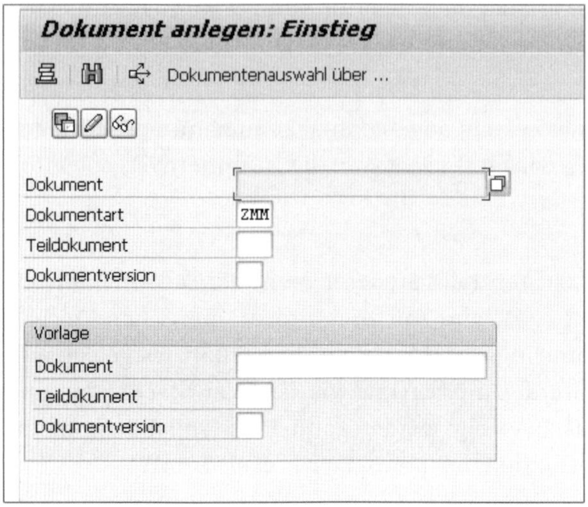

**Abbildung 5.25** Dokumentinfosatz anlegen (Transaktion CV01N)

Dokumente sollen zur Bestellposition unseres Referenzprozesses Purchase-to-Pay erfasst werden. Hierzu wird ein Dokumentinfosatz erfasst und abschließend an die Bestellposition geknüpft. Da die Nummernvergabe automatisch vom SAP-System durchgeführt wird, muss im Feld **Dokument** keine Eingabe erfolgen. Die **Dokumentart** ist in diesem Beispiel die kundeneigene Dokumentart »ZMM«. Wie Sie eine solche Dokumentart einrichten, zeige ich Ihnen im Abschnitt »Customizing der Dokumentart« in Abschnitt 5.3.4.

**Metadaten ergänzen**

Im Dokumentinfosatz werden nach der Anlage des Dokumentinfosatzes die Pflichtfelder ergänzt. In Abbildung 5.26 ist das einzige Pflichtfeld die **Beschreibung**. Diese können Sie frei wählen.

**Original hinzufügen**

Im nächsten Schritt fügen Sie ein Original dem Dokumentinfosatz hinzu. Hierzu klicken Sie auf den Button **Original anlegen** (). Im sich öffnenden Fenster tragen Sie im Feld **WS-Appl.** »PDF« ein (siehe Abbildung 5.27). Damit wird das Dokument mit der Workstation-Anwendung für PDF-Dokumente, z. B. dem Adobe Acrobat Reader, erzeugt und geöffnet. Schließlich wählen Sie im Feld **Original** noch den Pfad zu dem Originaldokument aus. Bestätigen Sie Ihre Eingaben mit einem Klick auf das grüne Häkchen.

**Originaldatei in Ablagesystem ablegen**

Soll das Original in einem externen Ablagesystem abgelegt werden, müssen Sie noch die Ablagekategorie auswählen. Hierzu markieren Sie das eben angelegte Original in der Liste der Originale und klicken auf den Button **Original ablegen** ().

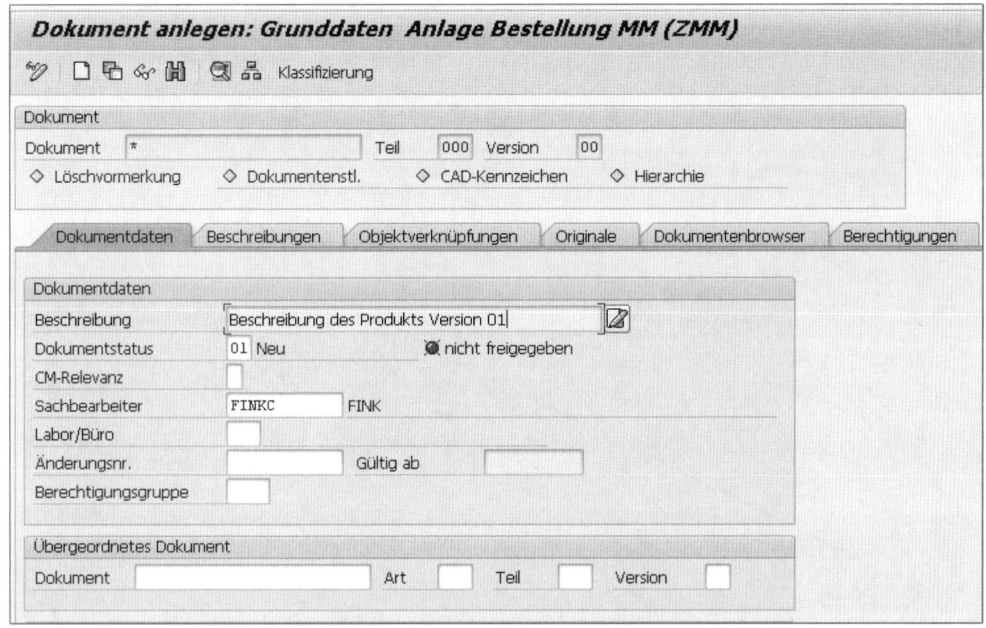


**Abbildung 5.26** Metadaten zum Dokumentinfosatz ergänzen (Transaktion CV01N)

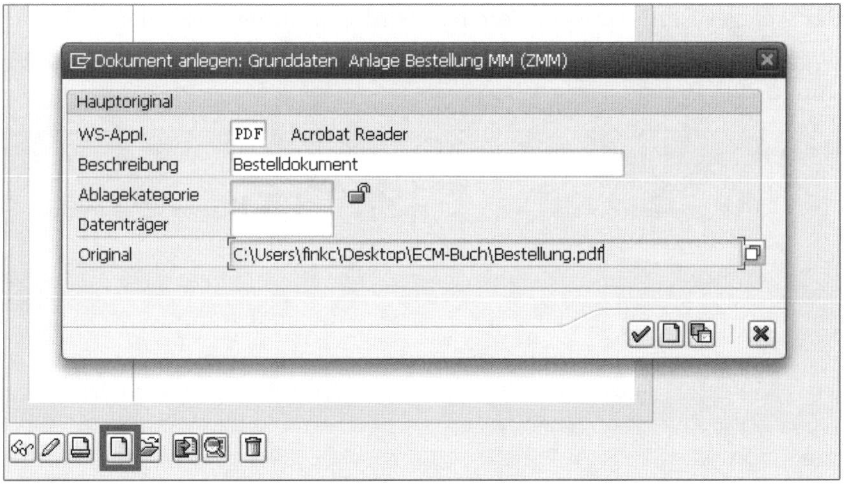

**Abbildung 5.27** Original anlegen

Die möglichen Ablagekategorien werden daraufhin angezeigt, wie in Abbildung 5.28 dargestellt. Durch Wahl der kundeneigenen Ablagekategorie ZDVSFINK wird das Original beispielsweise im angeschlossenen OpenText-Archiv abgelegt. Bestätigen Sie Ihre Auswahl mit einem Klick auf das grüne Häkchen.

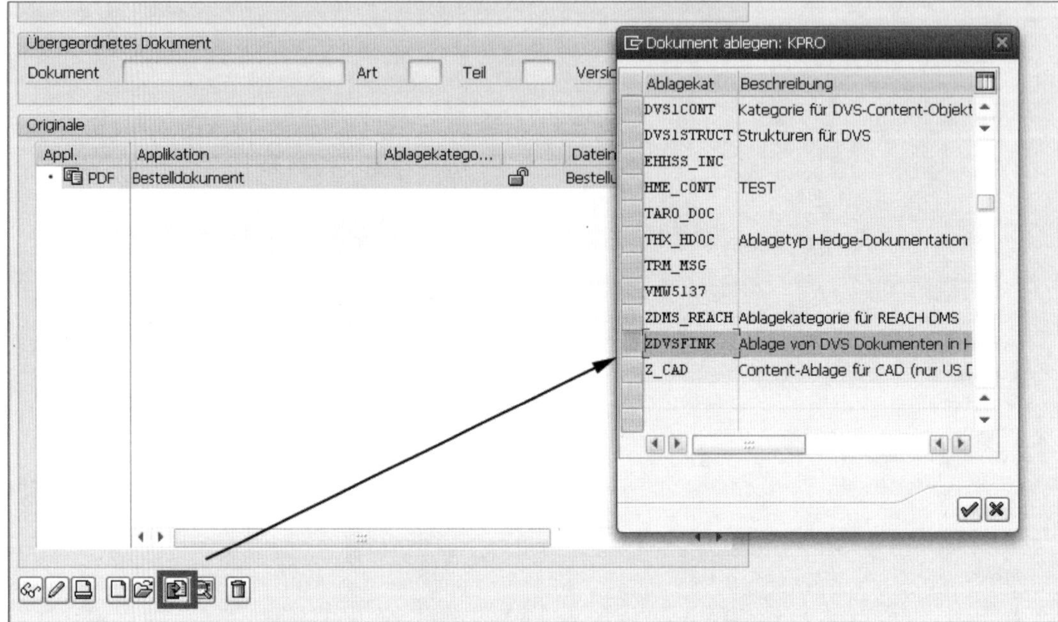


**Abbildung 5.28** Original in einem externen Archiv ablegen

Sobald das System die Originaldatei entsprechend der Ablagekategorie in das Ablagesystem transportiert hat, wird dies in der Liste der Originale durch das Symbol eines abgeschlossenen Schlosses angezeigt (siehe Abbildung 5.29).

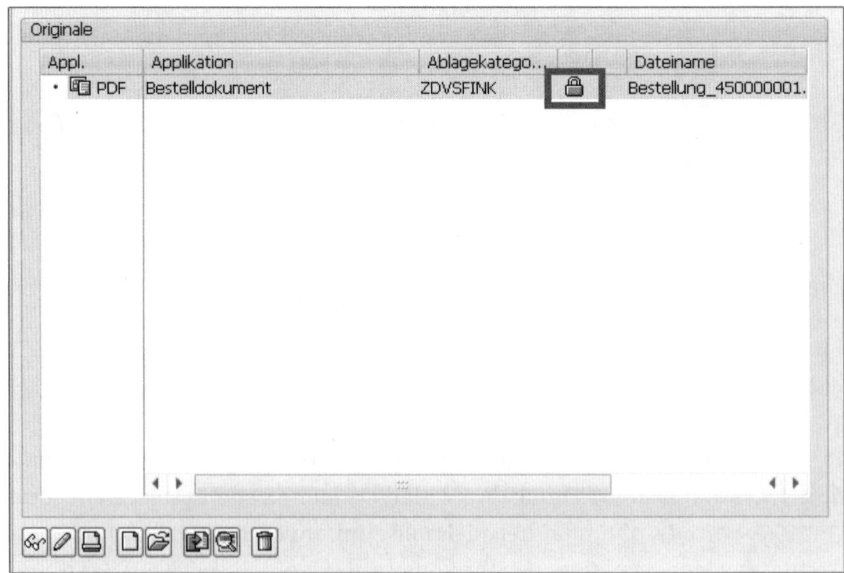


**Abbildung 5.29** Original wurde im Archiv abgelegt

Sichern Sie den Dokumentinfosatz abschließend, indem Sie auf das Diskettensymbol in der Menüleiste klicken.

**Mit Business-Objekt verknüpfen**

Möchten Sie den Dokumentinfosatz einem Prozess oder Vorgang zuordnen, muss dieser Dokumentinfosatz mit einem Business-Objekt verknüpft werden:

1. Hierzu öffnen Sie den zuvor angelegten Dokumentinfosatz mit Transaktion CV02N (Dokumentinfosatz ändern).
2. Danach wechseln Sie auf die Registerkarte **Objektverknüpfungen** und tragen das gewünschte Business-Objekt ein. In unserem Beispiel kann der Dokumentinfosatz für die Dokumentart ZMM nur an eine Bestellposition geknüpft werden, da dies im Customizing so hinterlegt wurde.
3. Auf der Registerkarte **Bestellposition** tragen Sie im Feld **EinkBeleg** die Bestellnummer und im Feld **Pos** die Bestellpositionsnummer ein, auf die sich der Dokumentinfosatz beziehen soll (siehe Abbildung 5.30).

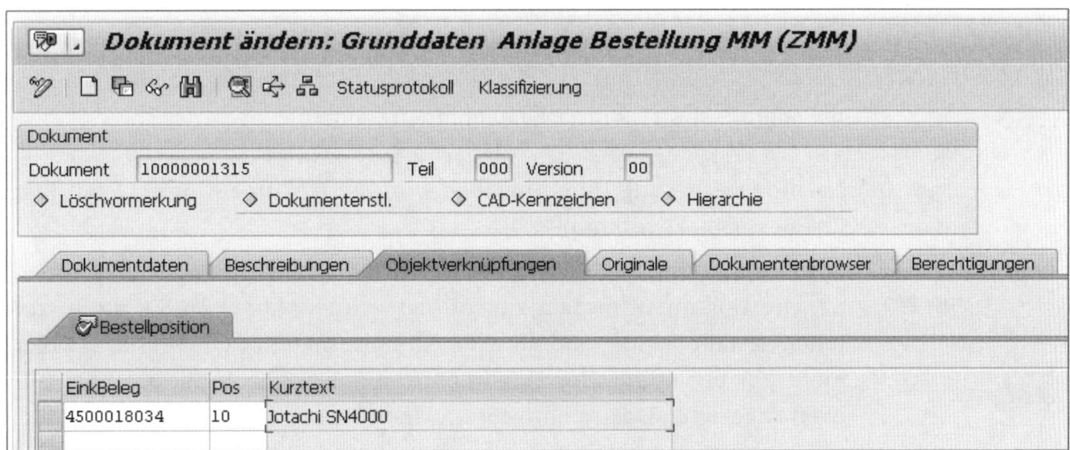


**Abbildung 5.30** Dokumentinfosatz mit einem Business-Objekt verknüpfen

**Bearbeitungsstatus ändern**

Im Beispiel habe ich im Rahmen des Customizings ein Statusnetz für die Bearbeitung des Dokumentinfosatzes eingerichtet. Aus diesem Grund muss ich bei Änderungen des Dokumentinfosatzes auch den Status des Dokumentinfosatzes ändern. Hierzu navigieren Sie zur Registerkarte **Dokumentdaten** und setzen den Status im Feld **Dokumentstatus**. Nutzen Sie dazu die Wertehilfe des Feldes. In diesem Beispiel soll die Bestellung noch genehmigt werden, daher wählen Sie den (kundeneigenen) Status RA (Genehmigung anfordern, siehe Abbildung 5.31).

**Abbildung 5.31** Status im Dokumentinfosatz ändern

Nach der Sicherung Ihrer Eingaben wird der Dokumentinfosatz mit dem Business-Objekt verknüpft.

**Dokumentinfosatz anzeigen**

Zur Überprüfung des Ergebnisses können Sie nun die Bestellung öffnen, der der Dokumentinfosatz zugeordnet wurde. Markieren Sie die betreffende Bestellposition, und öffnen Sie durch einen Klick auf das Icon **Dokument** (▣) die verknüpften Dokumentinfosätze (siehe Abbildung 5.32). Den eben angelegten Dokumentinfosatz sehen Sie hier an vierter Stelle.

**Dokumentinfosatz anpassen**

Die Transaktion CV02N ermöglicht die Anpassung des Dokumentinfosatzes. Die folgenden Möglichkeiten der Anpassung stehen Ihnen hierbei zur Verfügung:

- Anpassung des Dokumentstatus
- Anpassung von Dokumentdaten
- neue Version des Dokumentinfosatzes erstellen
- neue Originale hochladen

**Neue Version anlegen**

Um eine neue Version eines Dokumentinfosatzes anzulegen, öffnen Sie die Transaktion CV01N und klicken auf den Button **Neue Version** (▣). Bestätigen Sie den Vorgang über den Button **Weiter** (siehe Abbildung 5.33). Sollten Objektverknüpfungen vorliegen, fragt das System, ob die Verknüpfungen für die neue Version des Dokumentinfosatzes übernommen werden sollen.

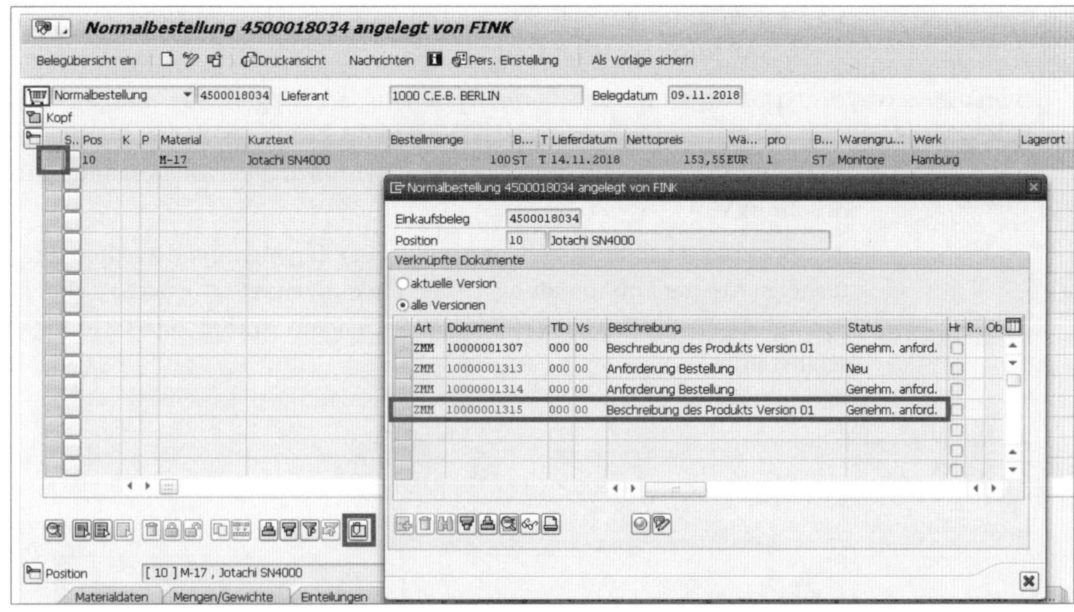


**Abbildung 5.32** Dokumentinfosatz über die zugeordnete Bestellung öffnen

Die Versionsnummer wird anhand der Einstellungen im Customizing festgelegt. In diesem Beispiel wird von Version 00 auf Version 01 hochgezählt.

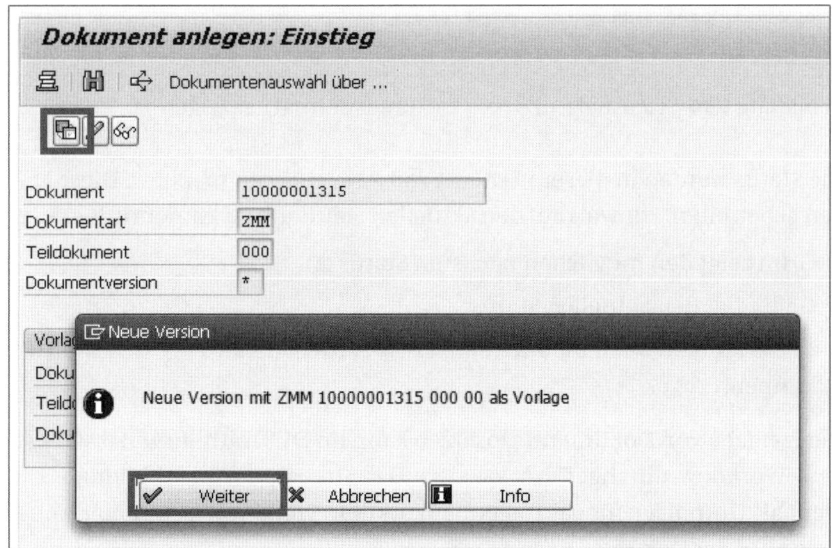


**Abbildung 5.33** Neue Version eines Dokumentinfosatzes anlegen

### 5.3.3 Bearbeitung von Dokumenten mit Unterstützung von SAP Business Workflow

**Statusnetz des Dokumentinfosatzes**

Zum Dokumentinfosatz kann ein Statusnetz eingerichtet werden, um Dokumentänderungsprozesse zu verwalten. Wie Sie ein solches Statusnetz einrichten, erfahren Sie im Abschnitt »Customizing der Dokumentart« in Abschnitt 5.3.4.

Das eingerichtete Statusnetz können Sie über den Menüpfad **Zusätze • Statusnetz** anzeigen. In Abbildung 5.34 ist ein einfaches Statusnetz zu sehen. Es umfasst die drei Status **01 – Neu**, **RA – Genehm. anford.** und **CP – Abgeschlossen**.

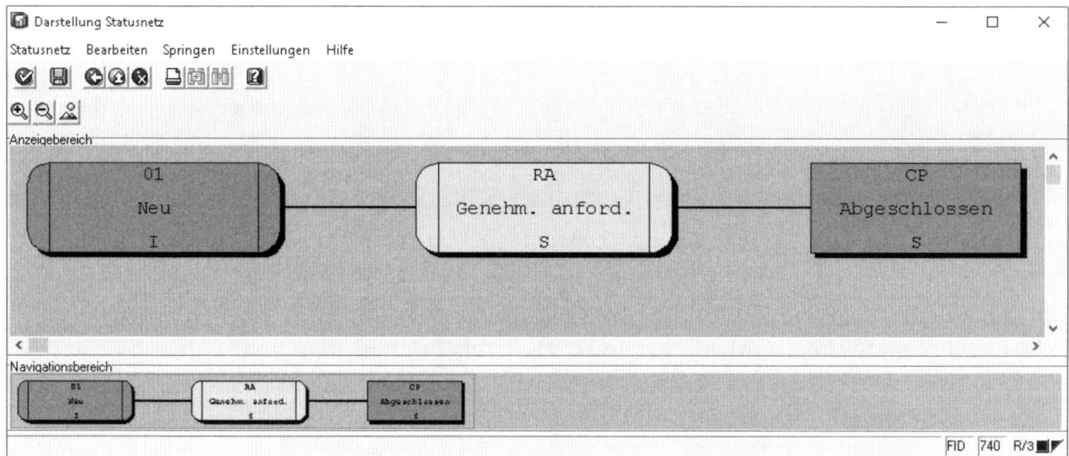


**Abbildung 5.34** Statusnetz zu einem Dokumentinfosatz anzeigen

Die Status werden in diesem Schema mit Ampelfarben markiert. Diese Farben geben einen Hinweis auf den aktuellen Status des Dokumentinfosatzes:

- Grün zeigt den möglichen nächsten Status an.
- Gelb zeigt den aktuellen Status.
- Rot zeigt Status an, die nicht aus dem aktuellen Status gesetzt werden können.

**Freigabe von Dokumenten**

Die Freigabe von Dokumentinfosätzen kann im DVS mithilfe von SAP Business Workflow durchgeführt werden. Das Statusnetz aus Abbildung 5.34 dient als Grundlage für das folgende Workflow-Szenario. Nach seiner Änderung wird der Dokumentinfosatz freigegeben:

1. **Dokumentinfosatz anlegen**
   Der Dokumentinfosatz wird in Transaktion CV01N angelegt. Als **Dokumentart** wird »ZMM« gewählt und ein beliebiger Beschreibungstext eingegeben.

2. **Dokumentinfosatz vervollständigen**
   Die Beschreibung des Dokumentinfosatzes wird in Transaktion CV02N vervollständigt. Hierzu wird die **Beschreibung** »SAP Press – DIS für Freigabeworkflow« hinterlegt, der Status wird auf den Status »RA« (Genehmigung erforderlich) angepasst, und der Dokumentinfosatz wird gesichert.



3. **Dokumentinfosatz im Business Workplace öffnen**
   Nach Änderung des Dokumentstatus wird der Workflow für den geänderten Dokumentinfosatz im Business Workplace des konfigurierten Empfängers angezeigt (siehe Abbildung 5.35).

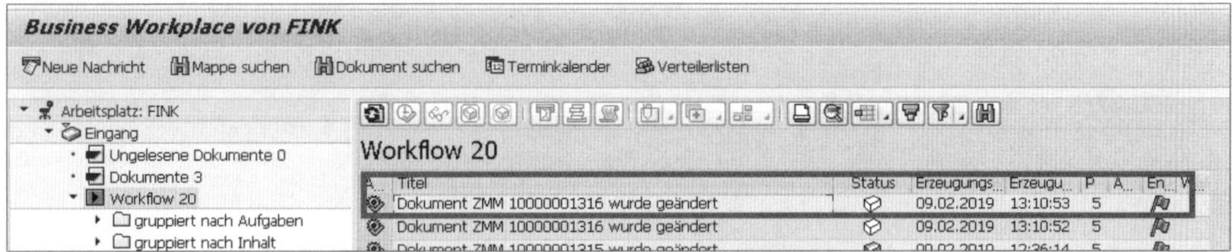


**Abbildung 5.35** SAP DVS – Dokumentinfosatz für Workflow angelegt

4. **Dokumentinfosatz freigeben**
   Durch einen Doppelklick auf den Workflow wird der Dokumentinfosatz geöffnet, und die Freigabe kann erfolgen. Dazu wird der Dokumentstatus erneut geändert, diesmal auf den Status »CP« (Abgeschlossen, siehe Abbildung 5.36), und der Dokumentinfosatz wird gesichert.

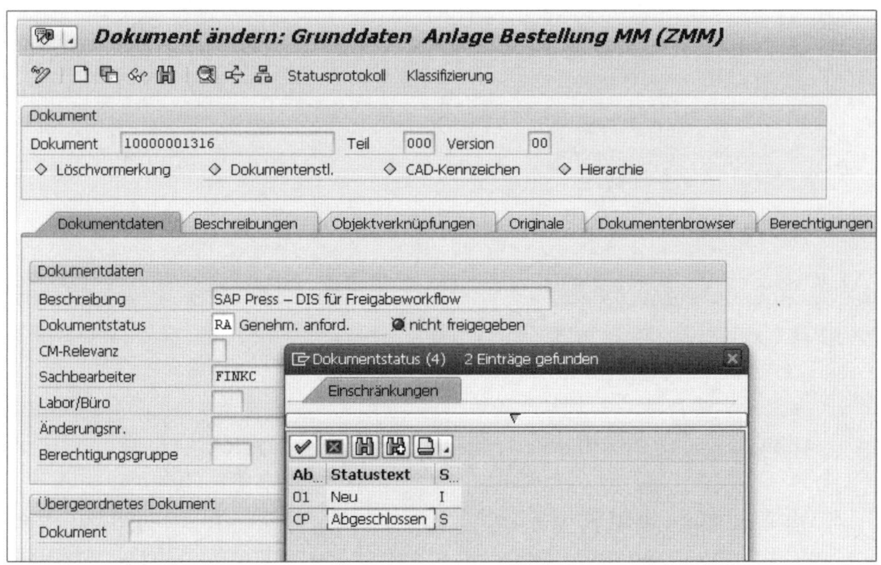


**Abbildung 5.36** Genehmigung für die Änderung des Dokumentinfosatzes erteilen

### 5.3.4 Einrichtung und Customizing des Dokumentenverwaltungssystems

In diesem Abschnitt zeige ich Ihnen, wie Sie die in den vorangegangenen Abschnitten beschriebenen Funktionen des DVS im Customizing konfigurieren können.

#### Customizing der Dokumentart

**Dokumentart definieren**

Um eine neue Dokumentart für das DVS einzurichten, nutzen Sie die Transaktion DC10. Gehen Sie wie folgt vor, um die Dokumentart `ZMM` für unser Beispiel anzulegen:

1. Klicken Sie auf den Button **Neue Einträge** in der Funktionsleiste (siehe Abbildung 5.37).

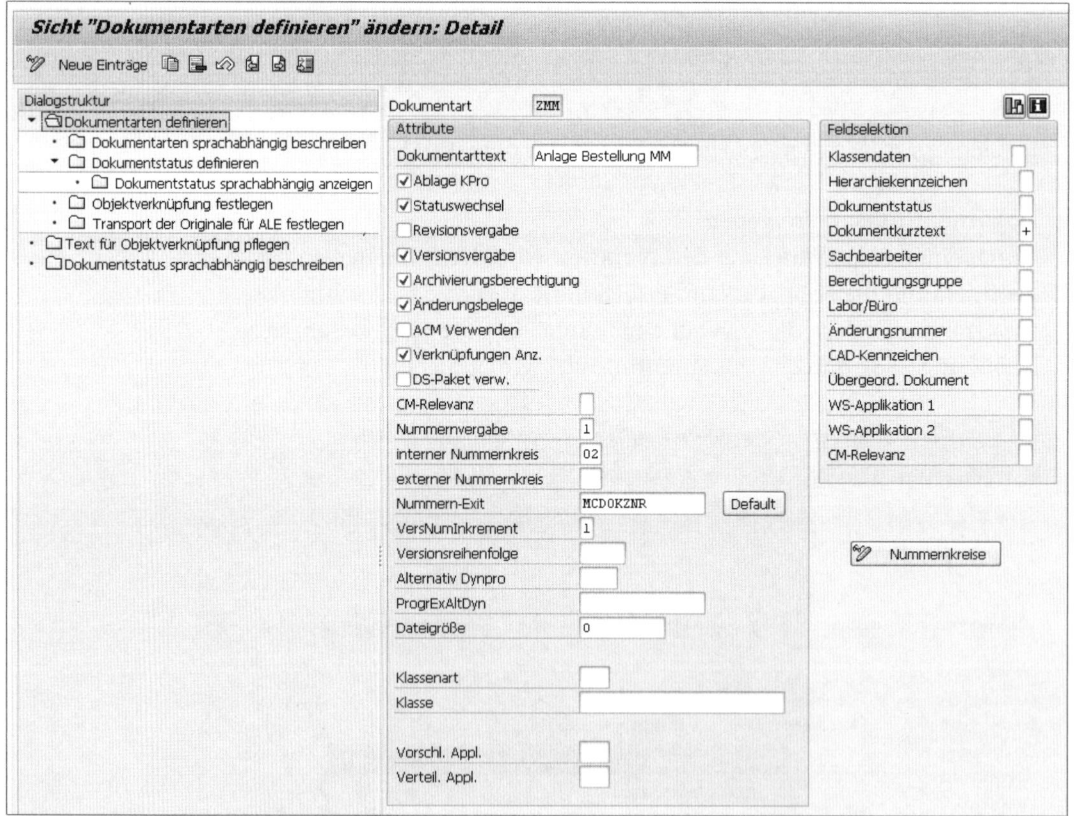


**Abbildung 5.37** Dokumentart anlegen (Transaktion DC10)

2. Als Nächstes legen Sie die Dokumentart »ZMM« an, um Anlagen zu einer Bestellung in einem Ablagesystem speichern zu können. Verwenden Sie dazu die folgenden Angaben:

- Die Einstellung **Ablage KPro** definiert, ob Originaldateien mit dem KPro in definierten Ablagesystemen (Content Repositories) abgelegt werden.
- Um einen Statuswechsel bei Feldwertänderungen zu erzwingen, können Sie das Kennzeichen **Statuswechsel** setzen.
- Die automatische Vergabe der Versionsnummern durch Versionsinkrementierung (schrittweise Erhöhung) erreichen Sie durch das Setzen des Kennzeichens **Versionsvergabe**.
- Ist das Kennzeichen **Archivierungsberechtigung** gesetzt, wird geprüft, ob für diese Dokumentart die Ablage der Originaldateien vorgesehen ist.
- Ist das Kennzeichen **Änderungsbelege** gesetzt, werden Änderungsbelege bei jeder Änderung eines Dokumentinfosatzes dieser Dokumentart erzeugt.
- Um den Dokumentinfosatz mit Business-Objekten verknüpfen zu können, muss das Kennzeichen **Verknüpfungen Anz.** gesetzt sein.

Für unsere exemplarische Dokumentart ZMM nehmen Sie die in Tabelle 5.6 aufgeführten Einstellungen vor.

| Feld | Wert |
|---|---|
| **Dokumentart** | ZMM |
| **Dokumentarttext** | Anlage Bestellung MM |
| **Ablage KPro** | gesetzt |
| **Statuswechsel** | gesetzt |
| **Versionsvergabe** | gesetzt |
| **Archivierungsberechtigung** | gesetzt |
| **Änderungsbelege** | gesetzt |
| **Verknüpfungen Anz.** | gesetzt |
| **Nummernvergabe** | 1 (nur interne Nummernvergabe) |
| **interner Nummernkreis** | 02 |
| **Nummern-Exit** | MCDOKZNR (Standard) |
| **VersNumInkrement** | 1 (numerische Versionsnummern von 00 bis 99) |

**Tabelle 5.6** Einstellungen zur Konfiguration der Dokumentart ZMM

3. Die **Feldselektion** ermöglicht die Steuerung der Felder im Dokumentinfosatz. Je nachdem, welche Einstellungen Sie hier vornehmen, muss der Anwender die Felder füllen oder nicht:
   - Pflichtfeld (+),
   - Kann-Feld (.)
   - Feld ausblenden (-)
   - Feld anzeigen (*)

   Für unser Beispiel tragen Sie im Feld **Dokumentkurztext** ein »+« ein.
4. Sichern Sie die Dokumentart.

**Sprachabhängige Beschreibung pflegen**

Um die Beschreibung für die angelegte Dokumentart zu definieren, navigieren Sie in der Dialogstruktur auf die Seite **Dokumentarten definieren**. Markieren Sie dort die neue Dokumentart ZMM, und wählen Sie im Menübaum den Eintrag **Dokumentart sprachabhängig beschreiben**. Wie in Abbildung 5.38 gezeigt, können Sie dort sprachabhängige Beschreibungen hinterlegen, in unserem Beispiel eine Beschreibung auf Englisch und eine auf Deutsch.

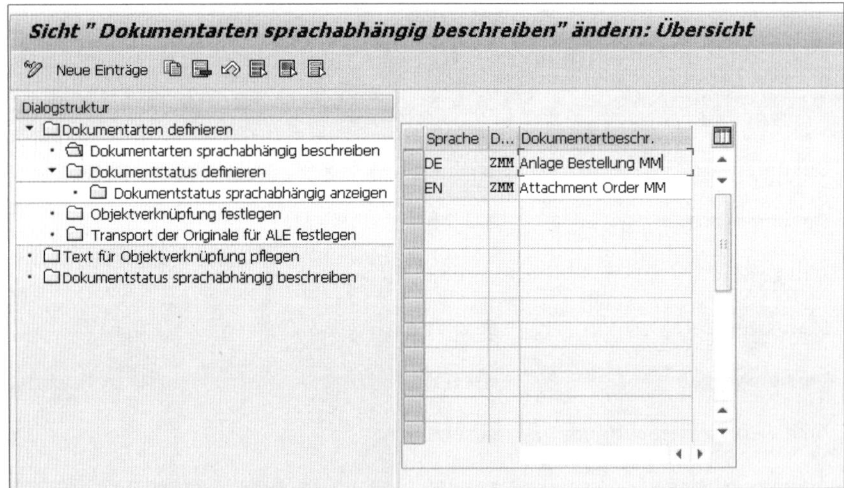


**Abbildung 5.38** Sprachabhängige Beschreibung der Dokumentart

**Dokumentstatus pflegen**

Durch die Verknüpfung zwischen dem Dokumentstatus und der Festlegung der Beziehung zum Vorgängerstatus können unter anderem der Dokumentlebenszyklus abgebildet und der Dokumentenzugriff gesteuert werden. Dazu werden einzelne Dokumentstatus definiert, die die entsprechenden Einstellungen enthalten. Das so entstehende Statusnetz bildet den vollständigen Bearbeitungszyklus eines Dokuments ab.

Um die Status zu definieren, navigieren Sie in der Dialogstruktur der Transaktion DC10 zur Seite **Dokumentstatus definieren** unterhalb des Knotens

**Dokumentarten definieren**. Legen Sie dann über den Button **Neue Einträge** die relevanten Status an. Die Pflegesicht sehen Sie in Abbildung 5.39).

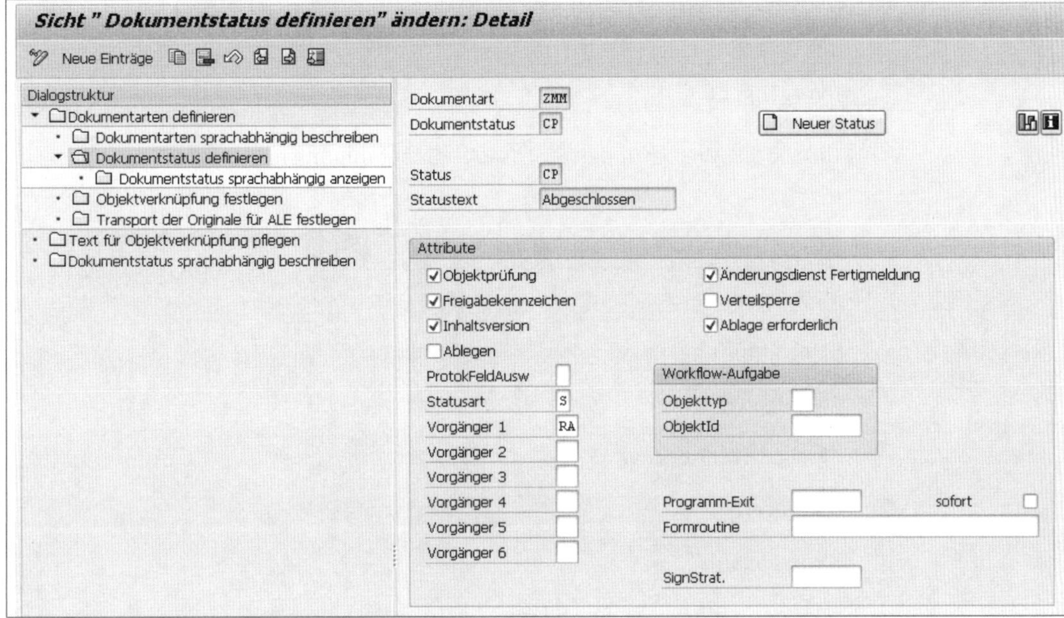


**Abbildung 5.39** Status für eine Dokumentart definieren

**Status anlegen**

Definieren Sie für unser Beispiel die Status 01 (Neu), RA (Genehmigung erforderlich) und CP (Abgeschlossen). Verwenden Sie dabei die Werte aus Tabelle 5.7 bis Tabelle 5.9.

| Feld | Wert |
|---|---|
| **Dokumentstatus** | 01 |
| **Objektprüfung** | gesetzt |
| **Inhaltsversion** | gesetzt |
| **Statusart** | I (Initialstatus) |

**Tabelle 5.7** Werte für den Status 01 – Neu

| Feld | Wert |
|---|---|
| **Dokumentstatus** | RA |
| **Objektprüfung** | gesetzt |

**Tabelle 5.8** Werte für den Status RA – Genehmigung erforderlich

| Feld | Wert |
|---|---|
| Inhaltsversion | gesetzt |
| Statusart | S (Sperrstatus) |
| Vorgänger 1 | 01 |

**Tabelle 5.8** Werte für den Status RA – Genehmigung erforderlich (Forts.)

| Feld | Wert |
|---|---|
| Dokumentstatus | CP |
| Objektprüfung | gesetzt |
| Inhaltsversion | gesetzt |
| Freigabekennzeichen | gesetzt |
| Statusart | S (Sperrstatus) |
| Vorgänger 1 | RA |
| Änderungsdienst Fertigmeldung | gesetzt |
| Ablage erforderlich | gesetzt |

**Tabelle 5.9** Werte für den Status CP – Abgeschlossen

Objektprüfung und Inhaltsversion

Durch die Einstellung der **Objektprüfung** prüft das System, ob die in der Objektverknüpfung angegebenen Objekte existieren. Existiert die Objektverknüpfung nicht, kann der Status nicht gesetzt werden.

Die Einstellung **Inhaltsversion** definiert, dass beim nächsten Ablegen einer Originaldatei eine neue Inhaltsversion erstellt wird.

Statusart

Die **Statusart** definiert, in welcher Art von Status sich das Dokument befindet. Folgende Statusarten sind möglich:

- **Initialstatus (I)**
  Dieser Status wird nur bei Neuanlage eines Dokuments gesetzt, kann aber im Statusnetz wiederholt belegt werden.
- **Sperrstatus (S)**
  Dieser Status bedeutet, dass die meisten Daten im Dokumentinfosatz nicht mehr geändert werden können.
- **Primärstatus (P)**
  Dieser Status wird nur bei Neuanlage eines Dokuments gesetzt und kann im Statusnetz nicht wiederholt belegt werden.

- **Temporärstatus (T)**
  Dieser Status dient dem Protokollieren von Ereignissen, wobei der aktuelle Status des Dokuments nicht geändert wird.
- **Änderungsdienst Fertigmeldung**

  Mit der Option **Änderungsdienst Fertigmeldung** stellen Sie ein, dass der nächste Systemstatus der Status **Änderung freigeben** ist. Nach erfolgreicher systemtechnischer Prüfung der Änderung des Dokumentinfosatzes wird der Status für den Änderungsdienst auf **Abgeschlossen** gestellt.



Folgende Status werden automatisch durch das System gesetzt:

- **Original in Bearbeitung (O)**
  Der Status wird automatisch bei der Änderung des Originals gesetzt.
- **Archivstatus (A)**
  Der Status wird automatisch bei der Archivierung gesetzt.
- **Check-in-Status (C)**
  Der Status wird automatisch gesetzt, wenn sich das Original im Sicherheitsbereich befindet.

Ist das Kennzeichen **Ablage erforderlich** gesetzt, kann der Dokumentstatus nur gesetzt werden, wenn sich alle Originaldateien einer Ablagekategorie in einem Ablagesystem befinden.

Nach der Konfiguration der Dokumentstatus sollte das Statusnetz wie in Abbildung 5.40 ausgeprägt sein.

**Abbildung 5.40** Statusnetz für die Dokumentart ZMM

### Customizing der Objektverknüpfung

Objektverknüpfung pflegen

Neben den Dokumentstatus muss auch festgelegt werden, welche Objektverknüpfungen für die Dokumentart möglich sein sollen. Gehen Sie wie folgt vor, um diese für die Dokumentart `ZMM` zu definieren:

1. Navigieren Sie zur Sicht **Objektverknüpfung festlegen** unterhalb des Knotens **Dokumentarten definieren**.
2. Legen Sie über den Button **Neue Einträge** die neuen Einstellungen zur Objektverknüpfung an.
3. Geben Sie die **Dokumentart** »ZMM« an. Diese soll mit der Einkaufsbelegposition verknüpft werden. Geben Sie daher das **Objekt** »EKPO« zur Verknüpfung ein (siehe Abbildung 5.41).

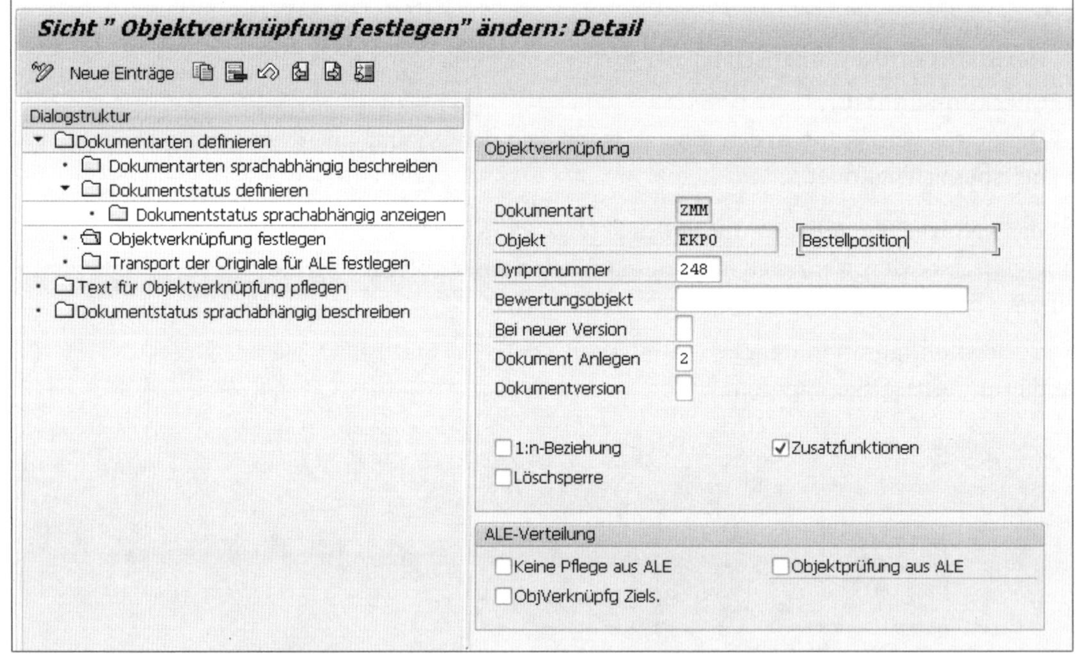


**Abbildung 5.41** Customizing der Objektverknüpfung zum Objekt EKPO

4. Als **Dynpronummer** für das Objekt EKPO ist die Nummer »248« einzutragen. Über diese Oberfläche wird die Einkaufsbelegposition im SAP GUI gepflegt.
5. Damit die Anlage von Dokumenten aus der Transaktion ME22N heraus möglich ist, müssen Sie im Feld **Dokument Anlegen** den Wert »2« eintragen. Mögliche Werte sind in Tabelle 5.10 aufgeführt.

| Wert | Kurzbeschreibung |
|---|---|
| 0 | Anlegen nicht möglich |
| 1 | Einfache Anlage |
| 2 | Anlage über Transaktion |

**Tabelle 5.10** Werte zur Pflege der Dokumente dieser Dokumentart

Weitere wichtige Dynpronummern im SAP-System können Sie Tabelle 5.11 entnehmen.

**Dynpronummern**

| Objekt | Dynpronummer |
|---|---|
| ANLA – Anlagenstamm | 225 |
| DRAW – Dokumentinfosatz | 202 |
| EQUI – Equipmentstamm | 204 |
| IFLOT – Technischer Platz | 205 |
| IMAV – Maßnahmenanforderung | 225 |
| IMPTT – Messpunkte | 227 |
| INET – Objektverbindung | 212 |
| IRLOT – Referenzplatz | 206 |
| KNA1 – Kunde | 216 |
| LFA1 – Lieferant | 217 |
| MARA – Materialstamm | 201 |
| MARC – Werksmaterial | 211 |
| CRVS_B – Fertigungshilfsmittel | 214 |
| VORGNET – Netzplan | 226 |
| VBAP – Verkaufsbelegposition | 215 |
| STPO_DOC – Stücklistenposition | 257 |
| QMQMEL – Qualitätsmeldung | 234 |
| PRPS – PSP-Element | 213 |
| PORDER – Fertigungsauftrag | 251 |

**Tabelle 5.11** Dynpronummern zur Objektverknüpfung

| Objekt | Dynpronummer |
| --- | --- |
| ANLA – Anlagenstamm | 225 |
| PMAFVC – IH-Vorgang | 500 |
| PMAUFK – IH-Auftrag | 500 |
| PMPLKO – IH-Arbeitsplan | 500 |
| PMPLPO – IH-Arbeitsplanvorgang | 500 |
| EBAN –BANF-Position | 247 |
| EKPO – Bestellposition | 248 |

**Tabelle 5.11** Dynpronummern zur Objektverknüpfung (Forts.)

**Screen für Objektverknüpfung anlegen**

Damit Dokumente aus einer Transaktion dem Business-Objekt hinzugefügt werden können, muss im Customizing ein Bildschirm (*Screen*) für die Objektverknüpfung hinzugefügt werden. Gehen Sie dazu wie folgt vor:

1. Öffnen Sie die Transaktion SPRO, und navigieren Sie zum folgenden Customizing-Schritt: **Anwendungsübergreifende Komponenten • Dokumentenverwaltung • Steuerdaten • Dynpro für Objektverknüpfung pflegen**.
2. Legen Sie über den Button **Neue Einträge** einen neuen Screen für die Objektverknüpfung an. Sie gelangen zu dem Pflege-View, den Sie in Abbildung 5.42 sehen.

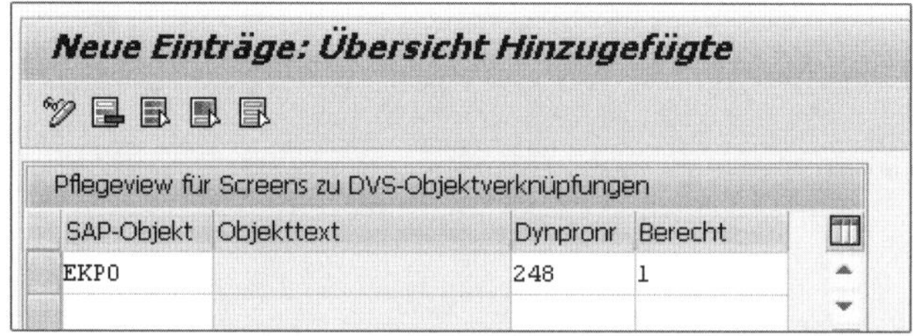


**Abbildung 5.42** DVS – Dynpro für Objektverknüpfung einpflegen

3. Geben Sie die Daten aus Tabelle 5.12 in den Pflege-View ein. In Abbildung 5.42 ist dieses Customizing beispielhaft zusehen.

Nachdem diese Einstellungen vorgenommen wurden, können Sie im Dynpro 248 der Transaktion ME22N (Bestellung anlegen) über den Button **Anlegen Dokument** (□) ein Dokument anlegen, das mit der Bestellposition verknüpft ist (siehe Abbildung 5.43).

| Feld | Wert |
|---|---|
| SAP-Objekt | EKPO |
| Dynpronr | 248 |
| Berecht | 1 |

**Tabelle 5.12** Neuen Screen 248 für die Objektverknüpfung anlegen

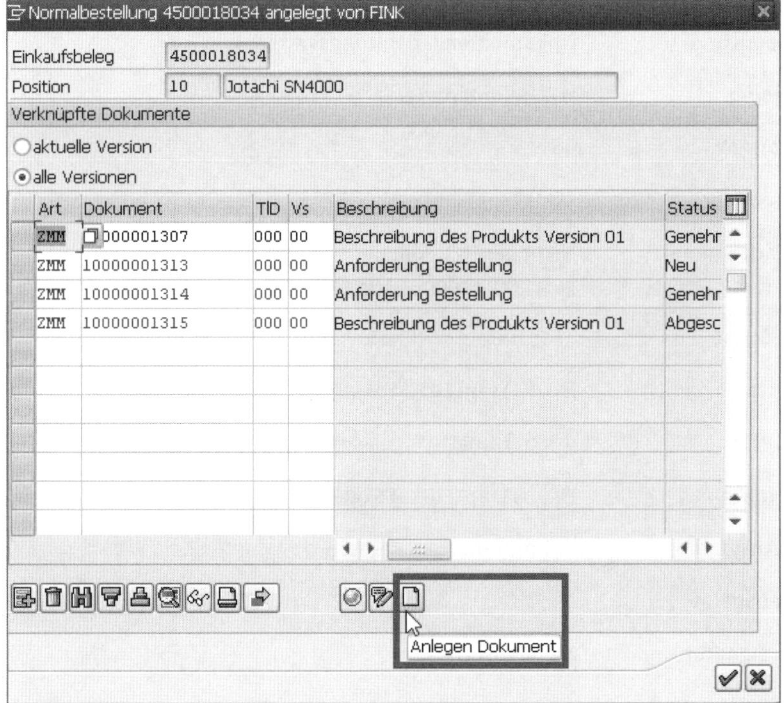


**Abbildung 5.43** Anlegen eines Dokuments in Transaktion ME22N

### Customizing des externen Ablagesystems

**Content Repository einrichten**

Damit die Originaldateien in einem externen Ablagesystem abgelegt werden können, müssen Sie die im Folgenden beschriebenen Einstellungen vornehmen. Zuerst wird das Ablagesystem (Content Repository) eingerichtet:

1. Rufen Sie dazu die Transaktion OACO oder direkt den folgenden Customizing-Pfad auf:

   **SPRO • Anwendungsübergreifende Komponenten • Dokumentenverwaltung • Allgemeine Daten • Einstellung Ablagesysteme • Ablagesystem pflegen.**

2. Über die Funktionstaste [F5] oder den Button **Anlegen** navigieren Sie zu dem Dialog, in dem Sie ein Content Repository erstellen.
3. Im Dialog **Content-Repository ändern** verwenden Sie die Daten aus Tabelle 5.13. Die Einstellungen sehen Sie auch in Abbildung 5.44.

| Feld | Wert |
|---|---|
| **Content-Rep.** | ZDVS |
| **Beschreibung** | Die Beschreibung kann frei vergeben werden. |
| **DokBereich** | **Dokumentenverwaltungssystem** |
| **Ablagetyp** | **HTTP-Content-Server** |
| **Versions-Nr** | 0047 |
| **Portnummer** | 8080 |
| **SSL-Portnummer** | Nicht gesetzt, sollte aber im protektiven Umfeld gesetzt werden, z. B. 8090. |
| **HTTP-Script** | archive |
| **Basispfad** | **H:\usr\sap\FID\SYS\global** |
| **Phys. Pfad** | Wir automatisch gesetzt. |
| **Archivpfad** | **H:\usr\sap\FID\SYS\global** |
| **Phys.Arc.pfad** | Wir automatisch gesetzt. |
| **Ausgabegerät** | ARCH |
| **Keine Signatur** | Nicht gesetzt. |

**Tabelle 5.13** Anlage eines neuen Content-Repositorys ZDVS

[»]

**Content Repository im Ablagesystem**

Vor der Anlage des Content Repositorys im SAP-System muss bei den meisten Archivherstellern (außer beim SAP Content Server) zuerst das Content Repository im Ablagesystem eingerichtet werden. Danach muss ein Zertifikat aus dem SAP-System (Transaktion OAC0) an das Archivsystem gesendet und im Ablagesystem aktiviert werden.

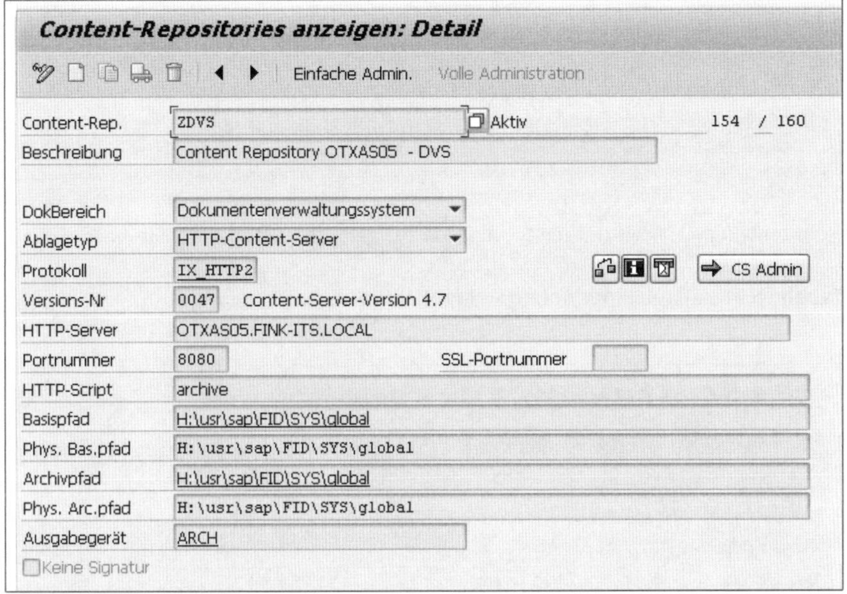


**Abbildung 5.44** Content-Repository für das Dokumentenverwaltungssytem pflegen (Transaktion OAC0)

Abhängig davon, ob das Ablagesystem ein SAP Content Server oder ein externes Archivierungssystem eines Drittanbieters ist, sind weitere Konfigurationsschritte notwendig. Die Schritte zur Einrichtung des SAP Content Servers können Sie Abschnitt 4.2.3, »Einrichtung und Customizing des SAP Content Servers«, entnehmen, die zur Einrichtung eines externen Ablagesystems sind am Beispiel des OpenText-Ablagesystems in Abschnitt 9.2.2, »Einrichtung und Customizing von SAP Archiving«, beschrieben.

### Customizing der Ablagekategorie

**Ablagekategorie pflegen**

Für die Ablage von Originaldateien wird eine Ablagekategorie im SAP-System konfiguriert. Gehen Sie dazu wie folgt vor:

1. Rufen Sie die Transaktion OACT auf, oder navigieren Sie über den folgenden Customizing-Pfad:

   **SPRO • Anwendungsübergreifende Komponenten • Dokumentenverwaltung • Allgemeine Daten • Einstellung Ablagesysteme • Ablagekategorie pflegen**.
2. Über die Funktionstaste [F5] oder den Button **Neue Einträge** navigieren Sie zu dem Dialog, um eine neue Ablagekategorie zu erstellen.
3. Im Dialog **Pflege Kategorien** verwenden Sie die Daten aus Tabelle 5.14. Diese Einstellungen sehen Sie auch in Abbildung 5.45.

| Einstellung | Wert |
|---|---|
| **Kategorie** | ZDVSFINK |
| **Beschreibung** | Die Beschreibung kann frei vergeben werden. |
| **DokBereich** | DMS |
| **Content-Rep.** | Hier ordnen Sie das eben angelegte Content Repository ZDVS zu. |

**Tabelle 5.14** Anlage einer neuen Ablagekategorie

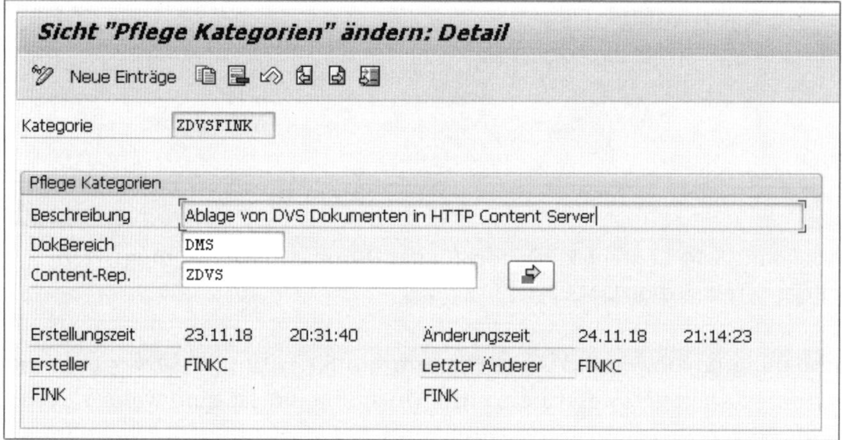


**Abbildung 5.45** Ablagekategorie für das Dokumentenverwaltungssystem anlegen

### 5.3.5 Customizing von SAP Business Workflow für das Dokumentenverwaltungssystem

In Abschnitt 5.3.3, »Bearbeitung von Dokumenten mit Unterstützung von SAP Business Workflow«, wurde der Workflow zur Bearbeitung von Dokumenten beschrieben. Dieser wird mithilfe von *SAP Business Workflow* definiert. In diesem Abschnitt zeige ich Ihnen die wesentlichen Schritte des hierfür notwendigen Customizings.

**Automatisches Workflow-Customizing**

Bevor SAP Business Workflow im SAP-System genutzt werden kann, muss vor der Nutzung das *automatische Workflow-Customizing* durchgeführt werden. Hierzu öffnen Sie die Transaktion SWU3 und klicken auf den Button **Automatisches Customizing durchführen** (, siehe Abbildung 5.46). Weitere Informationen dazu finden Sie in dem Buch »Workflow-Management mit SAP« von Jocelyn Dart, Sue Keohan, Alan Rickayzen et al. (SAP PRESS 2015) oder in der SAP-Online-Hilfe.

**Abbildung 5.46** Automatisches Workflow-Customizing (Transaktion SWU3)

**Workflow-Muster einrichten**

Nachdem das automatische Workflow-Customizing durchgeführt wurde, können Sie den Workflow einrichten. Als Grundlage für den Workflow wird ein *Workflow-Muster* für den Freigabeprozess der Dokumente eingerichtet. In Transaktion PFTC konfigurieren Sie die Definition des Workflow-Musters:

1. Rufen Sie die Transaktion PFTC auf.
2. Wählen Sie als **Aufgabentyp** die Option **Workflow-Muster** aus, und starten Sie die Konfiguration durch einen Klick auf den Button **Anlegen** (□), wie in Abbildung 5.47 dargestellt.
3. Im nächsten Schritt ergänzen Sie die Grunddaten der Workflow-Definition. Geben Sie dazu die Daten aus Tabelle 5.15 in die Felder ein. Diese Einstellungen sehen Sie auch in Abbildung 5.48.

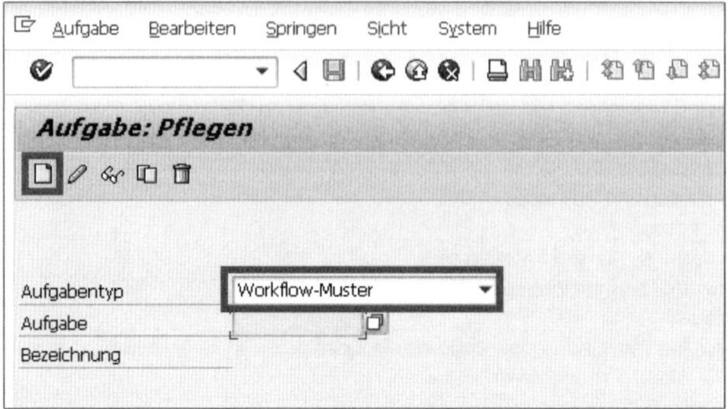


**Abbildung 5.47** Anlegen eines Workflow-Musters

| Feld | Wert |
|---|---|
| **Kürzel** | ZMMFREIGABE |
| **Bezeichnung** | Dokumentenfreigabe ZMM |
| **Freigabestatus** | **Nicht definiert** |

**Tabelle 5.15** Grunddaten des Workflow-Musters pflegen

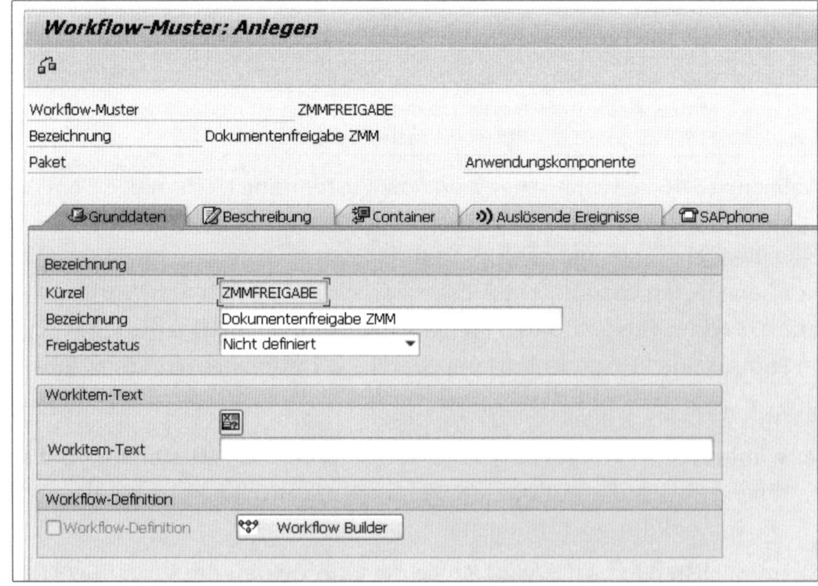


**Abbildung 5.48** Grunddaten des neuen Workflow-Musters

4. Sichern Sie das angelegte Workflow-Muster über das Icon 💾.

**Workflow-Container anlegen**

Anschließend wir ein neues Containerelement angelegt. Der *Workflow-Container* wird für die direkte Steuerung der Workflow-Ausführung benötigt. Er speichert die Daten, die übergeben werden, nachdem ein Ereignis (*Event*) ausgelöst wurde. Im folgenden Beispiel werden die Daten des Dokumentinfosatzes (Status, Beschreibung etc.) vom Ereignis an den Workflow-Container übergeben, sobald der Dokumentinfosatz geändert wird. Anhand der Daten im Workflow-Container wird die Verarbeitung des Workflows gesteuert. Der Workflow-Container kann sowohl bei der Definition des Workflow-Musters als auch über den *Workflow Builder* definiert werden.

Gehen Sie wie folgt vor, um den Workflow-Container bei der Erstellung des Workflow-Musters anzulegen:

1. Klicken Sie auf der Registerkarte **Container** auf den Button **Element anlegen** (**▢**).
2. In der Maske **Containerelement anlegen** tragen Sie auf der Registerkarte **Datentyp** die Daten aus Tabelle 5.16 ein. Diese Einstellungen sind auch in Abbildung 5.49 zu sehen.

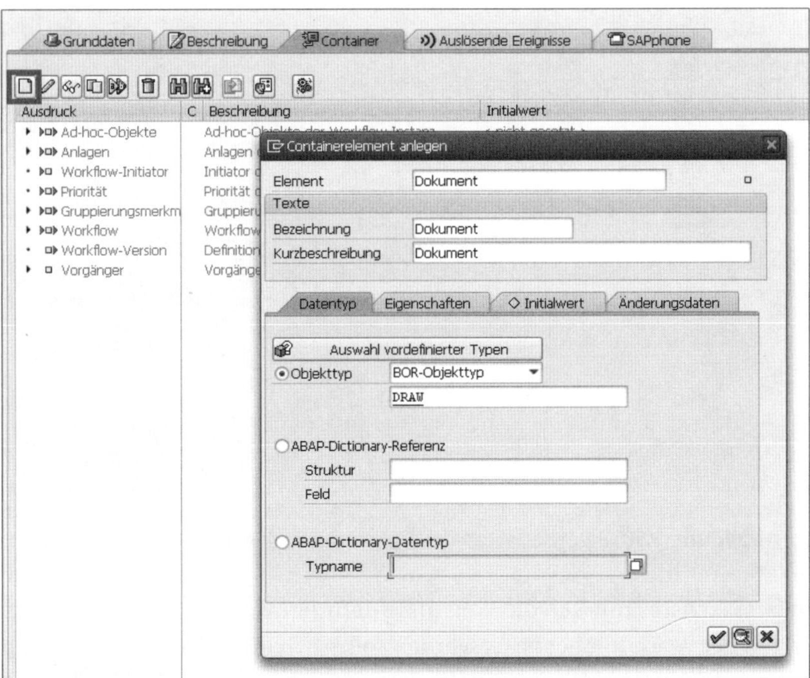


**Abbildung 5.49** Datentyp für das Containerelement einrichten

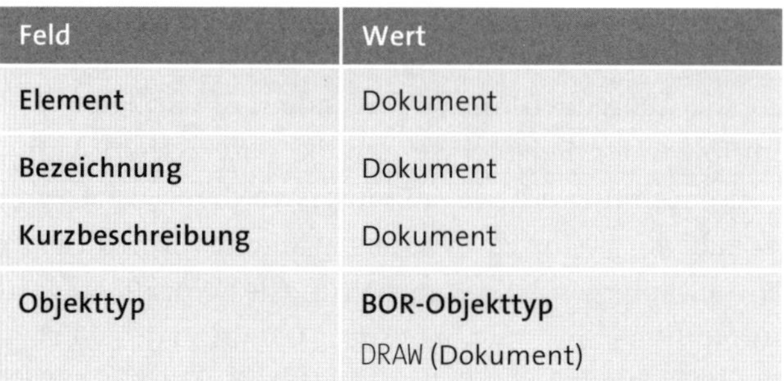

| Feld | Wert |
|---|---|
| **Element** | Dokument |
| **Bezeichnung** | Dokument |
| **Kurzbeschreibung** | Dokument |
| **Objekttyp** | **BOR-Objekttyp**<br>DRAW (Dokument) |

**Tabelle 5.16** Datentyp zur Anlage eines Workflow-Containers

3. Markieren Sie als Nächstes auf der Registerkarte **Eigenschaften** die beiden Optionen **Import** und **Export**, wie in Abbildung 5.50 dargestellt. Da das Containerelement als Schnittstelle dient, muss sowohl das Import- als auch das Exportkennzeichen gesetzt werden.

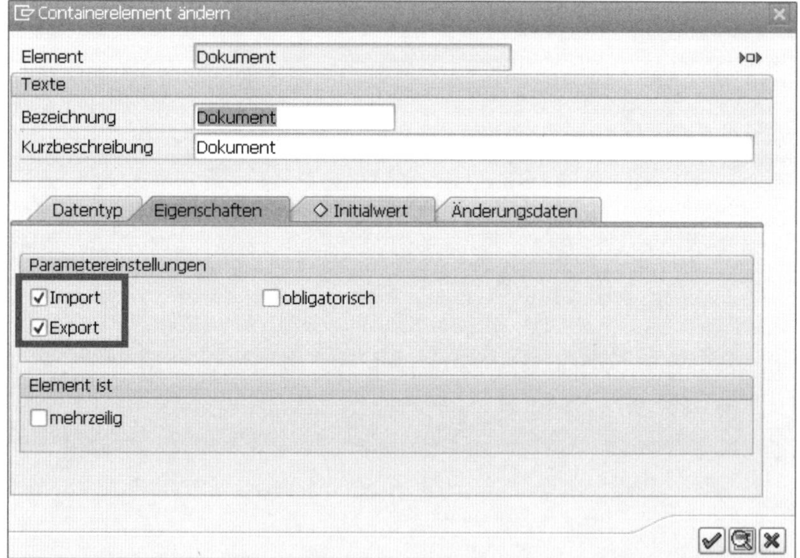


**Abbildung 5.50** Eigenschaften des Containerelements definieren

**Auslösende Ereignisse definieren**

4. Als Nächstes müssen die Ereignisse definiert werden, nach deren Eintreten der Workflow gestartet werden soll. Auch dies können Sie ausgehend vom Workflow-Muster tun.
5. Auf der Registerkarte **Auslösende Ereignisse** legen Sie fest, dass das auslösende Ereignis jegliche Änderung (Change) an dem Business-Objekt-Typ DRAW ist. Pflegen Sie dazu die Werte aus Tabelle 5.17 in den Spalten ein. Das Ergebnis sehen Sie in Abbildung 5.51.

| Feld | Wert |
|---|---|
| **Objektkategorie** | **BOR-Objekttyp** |
| **Objekttyp** | DRAW |
| **Ereignis** | CHANGED |

**Tabelle 5.17** Auslösendes Ereignis definieren

**Abbildung 5.51** Auslösende Ereignisse im Workflow-Muster definieren

6. Anschließend muss das Ereignis noch aktiviert werden. Durch einen Klick auf das Statussymbol (■) am Anfang der Zeile wird diese Aktivierung durchgeführt.
7. Nach Aktvierung wird der Button Aktivierungsstatus durch ein grünes Ampelsymbol angezeigt. Nun könnte der Workflow durch das Ereignis gestartet werden.

**Startbedingungen definieren**

Für unseren Beispielprozess möchten wir allerdings noch definieren, dass der Workflow nur gestartet wird, wenn ein Dokumentinfosatz mit einer bestimmten Dokumentart und einem bestimmten Dokumentstatus verändert wurde. Um diese Startbedingung festzulegen, gehen Sie wie folgt vor:

1. Öffnen Sie den Workflow Builder, indem Sie die Transaktion SWDD aufrufen.
2. Die Startkonditionen werden in den Grunddaten des angelegten Workflows eingetragen. Hierzu müssen Sie die Grunddaten aufrufen. Klicken Sie dazu auf den Button **Grunddaten** (, siehe Abbildung 5.52).

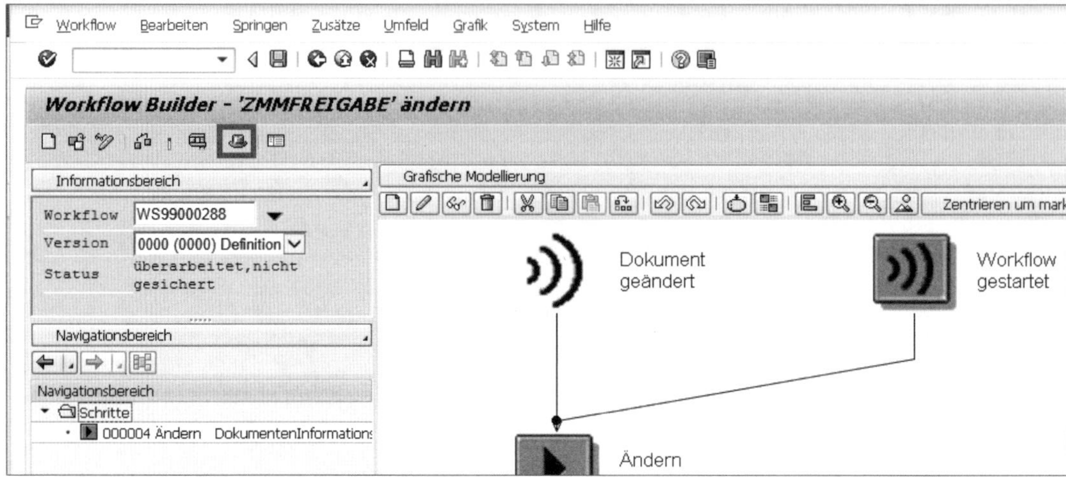


**Abbildung 5.52** Workflow Builder – Grunddaten aufrufen

3. Die Einstellungen für die Startbedingungen werden auf der Registerkarte **VersionsUNabhängig (Aufgabe) • Startereignisse** vorgenommen. In der Tabelle mit den auslösenden Ereignissen tragen Sie im Feld **Objekttyp** »DRAW« und im Feld **Ereignis des Objekts** das Ereignis CHANGED als auslösendes Ereignis ein (siehe Abbildung 5.53).

**Abbildung 5.53** Registerkarte »Startereignisse« im Workflow Builder

4. Nach einem Klick auf den Button **Startbedingungen** (![icon]) können Sie die Startbedingungen definieren.
5. Die Startbedingungen werden durch die Kombination von Ausdrücken, Operationen und Logik definiert. Ausdrücke können dynamische oder statische Werte sein. Der im Beispiel angelegte Workflow soll nur für die Dokumentart `ZMM` und den Dokumentstatus `RA` (Genehmigung erforder-

lich) ausgeführt werden. Diese Startbedingungen drücken Sie mit den Werten aus Tabelle 5.18 und Tabelle 5.19 aus. Dazu wählen Sie zunächst den Ausdruck, dann den Operator und dann einen Vergleichswert (Konstante oder Operator =)

| Feld | Wert |
|---|---|
| **Ausdruck1** | `&Dokument.Dokumentart&` |
| **Operatoren** | = |
| **Ausdruck2** | ZMM |
| **Logik** | AND |

**Tabelle 5.18** Startbedingung »nur bei Dokumentart ZMM«

| Feld | Wert |
|---|---|
| **Ausdruck1** | `&DocumentStatus&` |
| **Operatoren** | = |
| **Ausdruck2** | RA |
| **Logik** | leer |

**Tabelle 5.19** Startbedingung »nur bei Dokumentstatus RA«

Das Ergebnis sehen Sie in Abbildung 5.54.

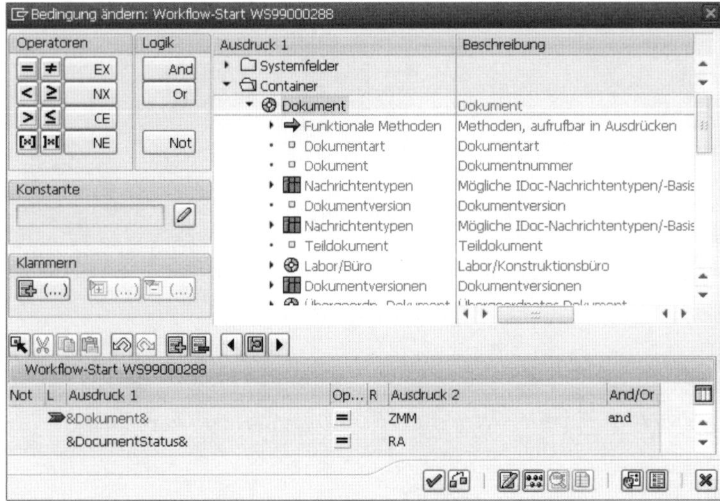


**Abbildung 5.54** Startbedingungen im Workflow Builder definieren

**Aktivität anlegen**

Der Workflow zur Bearbeitung des Bestelldokuments besteht bislang aus einem Schritt. Als Nächstes muss daher der Schritt **Aktivität** dem Workflow hinzugefügt werden:

1. Hierzu öffnen Sie das Kontextmenü des Workflow-Schritts, indem Sie in der grafischen Modellierung auf der Startseite des Workflow Builders (siehe Abbildung 5.52) doppelt auf den neuen Schritt klicken.
2. Wählen Sie, wie in Abbildung 5.55 dargestellt, als Schritttyp **Aktivität** aus, und bestätigen Sie Ihre Auswahl mit einem Klick auf das grüne Häkchen.
3. Nachdem Sie die Aktivität auf diese Weise dem Workflow hinzugefügt haben, muss die Standardaufgabe TS00007842 kopiert und angepasst werden. Hierzu öffnen Sie im **Navigationsbereich** den Ordner **Schritte** und wählen den Schritt **000002 Unbestimmt**.

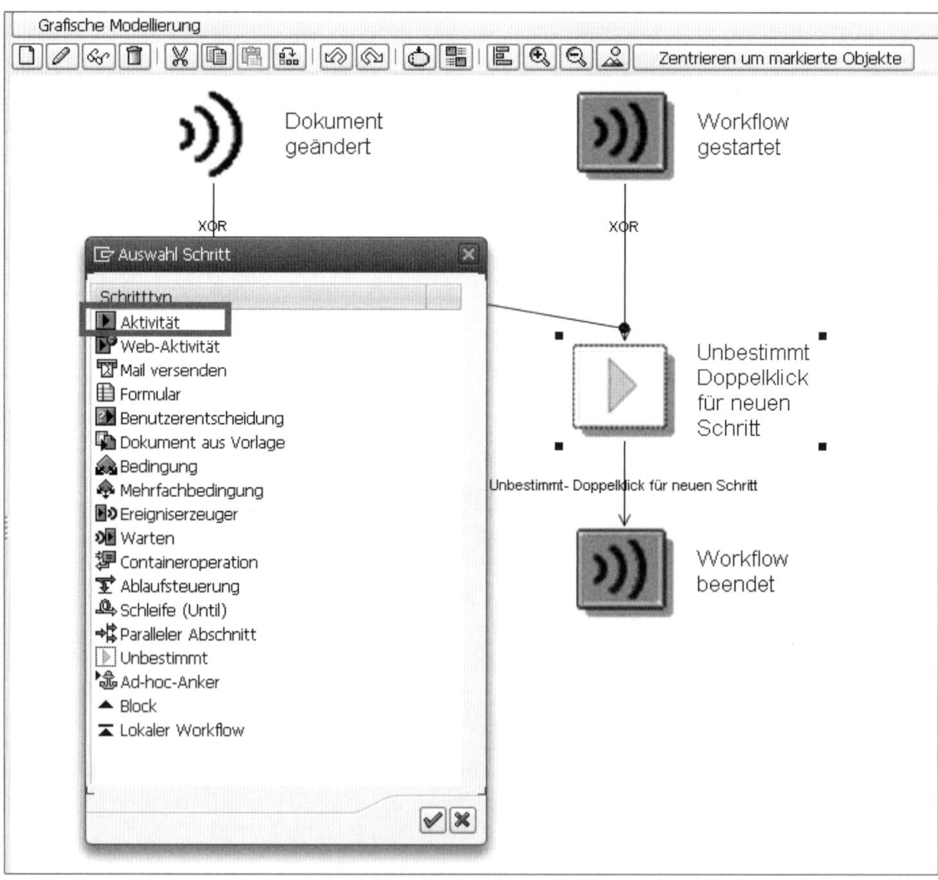


**Abbildung 5.55** Anlegen eines Workflow-Schritts im Workflow Builder

4. Auf der Registerkarte **Steuerung** öffnen Sie das Dropdown-Menü zum Feld **Aufgabe** für den Workflow-Schritt TS00007842. Wählen Sie hier den Eintrag **Aufgabe kopieren und bearbeiten** aus (siehe Abbildung 5.56).

**Abbildung 5.56** Aufgabe kopieren und bearbeiten

5. Nach dem Kopieren passen Sie das **Kürzel** der Aufgabe an. Hierzu fügen Sie ein Z vor dem Kürzel `DRAWChange` ein, wie in Abbildung 5.57 dargestellt.

**Abbildung 5.57** Kürzel der kopierten Aufgabe anpassen

6. Schließen den Vorgang mit einem Klick auf den Button **Aufgabe kopieren** (icon) ab.

**Beendende Ereignisse hinterlegen**

Nun passen Sie die Standardaufgabe so an, dass der Workflow beendet wird, sobald der Dokumentinfosatz geändert wurde. Dazu hinterlegen Sie die Werte aus Tabelle 5.20 auf der Registerkarte **Beendende Ereignisse**. Diese Einstellungen sehen Sie auch in Abbildung 5.58. Hierzu führen Sie einen Doppelklick auf die Aufgabennummer im Feld **Aufgabe** aus und navigieren zur Registerkarte **Beendende Ereignisse**.

| Feld | Wert |
|---|---|
| **Element** | `_WI_OBJECT_ID` (dieses Element trägt die Workitem-Nummer nach Auslösung des Workflows) |
| **Ereignis** | `CHANGED` |

**Tabelle 5.20** Beendendes Ereignis des Workflows definieren

**Abbildung 5.58** Beendendes Ereignis definieren

**Aufgabe als generelle Aufgabe deklarieren**

Abschließend muss diese Workflow-Standardaufgabe noch als generelle Aufgabe eingerichtet werden. Durch diese Einstellung kann jeder Benutzer des Systems die Workflow-Aufgabe ausführen. Gehen Sie dazu wie folgt vor:

1. Über den Menüpfad **Zusatzdaten • Bearbeiterzuordnung • Pflegen** öffnen Sie den Dialog **Bearbeiterzuordnung pflegen**, den Sie in Abbildung 5.59 sehen.
2. Durch einen Klick auf den Button **Eigenschaften** können Sie die Standardaufgabe als **Generelle Aufgabe** festlegen.
3. Bestätigen Sie diese Einstellung mit dem Button **Übernehmen**.

[»]

**Aufgaben-ID**

Beachten Sie, dass sich nach Speicherung der Änderung die Nummer der Aufgabe ändert.

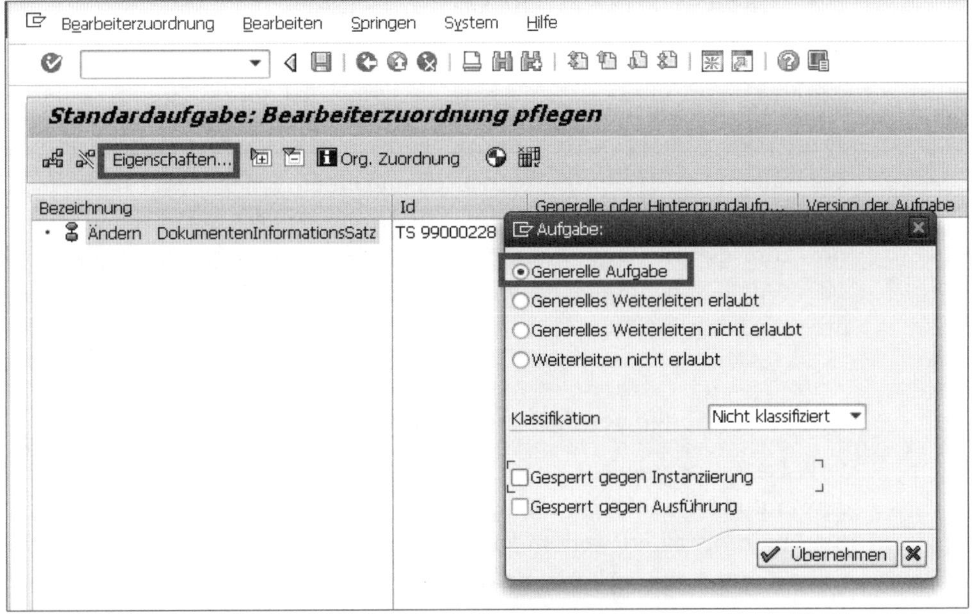


**Abbildung 5.59** Standardaufgabe als generelle Aufgabe definieren

**Bearbeiter festlegen**

Abschließend wird der Bearbeiter fest hinterlegt. In unserem einfachen Beispiel soll der Initiator des Workflows den Workflow auch zugestellt bekommen. Deshalb pflegen Sie den Ausdruck &_WF_INITIATOR& im Bereich **Bearbeiter** im Feld **Ausdruck** ein (siehe Abbildung 5.60).

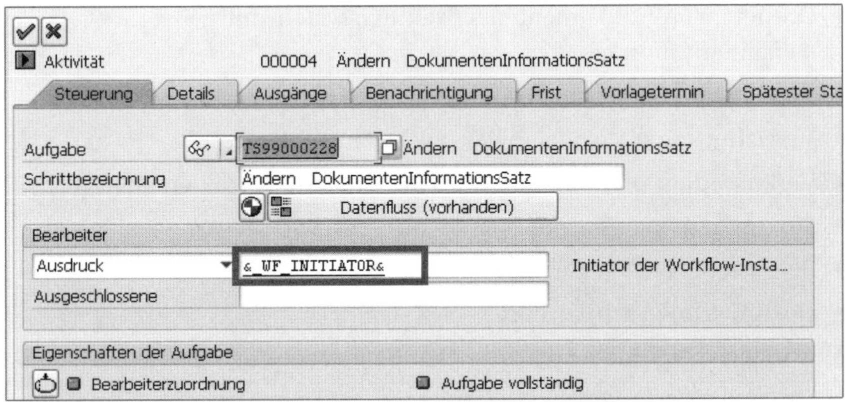


**Abbildung 5.60** Workflow-Initiator als Bearbeiter der Aufgabe festlegen

Nach Abschluss der Konfiguration, kann der Workflow wie in Abschnitt 5.3.3, »Bearbeitung von Dokumenten mit Unterstützung von SAP Business Workflow«, beschrieben, automatisch verwendet werden.

## 5.4 SAP Easy Document Management

SAP Easy Document Management ist eine Anwendung für Microsoft Windows, die lokal auf dem Desktop-PC installiert wird. SAP Easy Document Management bietet dem Anwender eine einfache Möglichkeit, um Content im SAP-System einzuchecken und einem SAP-Objekt zuzuordnen. Der Vorteil dieser Lösung ist, dass die Anwender kein detailliertes Know-how zur Dokumentenverwaltung im SAP-Dokumentenverwaltungssystem oder SAP PLM benötigen, sondern in der gewohnten Windows-Umgebung arbeiten können.

### 5.4.1 Funktionen von SAP Easy Document Management

SAP Easy Document Management ist aktuell als Microsoft-Windows-Anwendung erhältlich, die lokal auf dem Desktop-PC oder einer virtuellen Maschine installiert werden kann. Um mit SAP Easy Document Management Content im SAP-System ablegen zu können, ist keine SAP-GUI-Sitzung erforderlich. Der Benutzer legt den Content (Dokumente, E-Mails usw.) per Drag & Drop im Dokumentenverwaltungssystem ab.

Folgende Funktionen stehen in SAP Easy Document Management zur Verfügung:

- Drag & Drop von Dateien
- Dateien kopieren, verschieben und löschen
- Ordner im SAP-Dokumentenverwaltungssystem anlegen (Dokumentinfosatz)
- neue Dokumentversionen anlegen
- Verwaltung von Metadaten des Dokumentinfosatzes
- Verknüpfung von Dokumentinfosätzen mit SAP-Objekten
- Ein- und Auschecken von Dokumentinfosätzen
- Berechtigungen verwalten
- Dokumentinfosätze suchen
- Anzeigelayout und Anzeigefilter konfigurieren
- Ein- und Auschecken von Dokumenten aus einer Microsoft-Office-Anwendung
- Suchergebnis als Liste ausgeben

**Starten von SAP Easy Document Management**

SAP Easy Document Management kann auf drei Wegen gestartet werden:

- Im Microsoft Windows Explorer klicken Sie auf den Ordner **SAP Easy Doc Mgmt.**

- In einer Office-Anwendung wählen Sie den Menüeintrag **Sichern als** aus und navigieren zum Ordner **SAP Easy Document Management** auf dem Desktop.
- Auf dem Desktop klicken Sie auf das Symbol **SAP Easy Document Management** (siehe Abbildung 5.61).



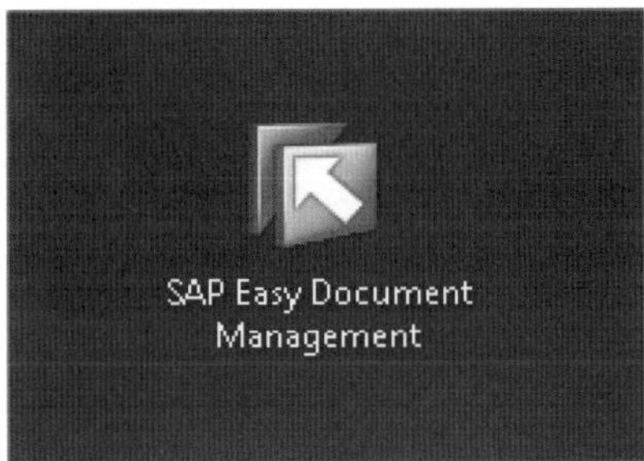


**Abbildung 5.61** Aufruf von SAP Easy Document Management über den Desktop

Nach dem Öffnen von SAP Easy Document Management wird eine Verbindung zum SAP-System hergestellt. In Abbildung 5.62 ist der Windows Explorer dargestellt. Unter **SAP Easy Document Management • Public Documents** haben Sie hier die Möglichkeit, Dokumente einzusehen oder zu bearbeiten.

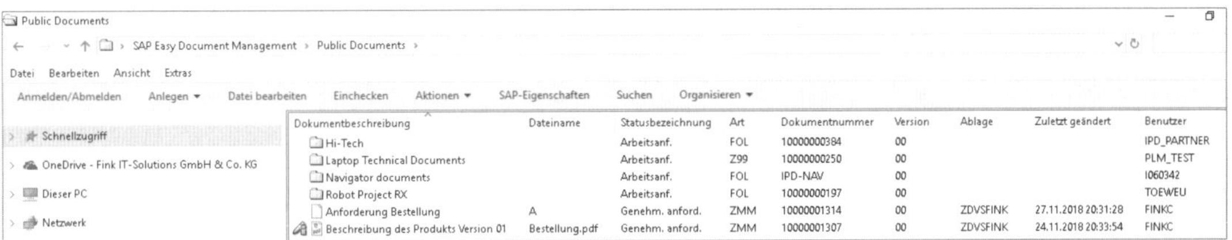


**Abbildung 5.62** SAP-Easy-Document-Management-Anwendung

**Ablegen von Content**

Dies zeige ich Ihnen im Folgenden anhand unseres Referenzprozesses. Wir legen dazu ein Microsoft-Word-Dokument über SAP Easy Document Management im SAP-System ab und ordnen es einer Bestellposition zu:

1. Wählen Sie im Menü **Anlegen**, und wählen Sie den darunterliegenden Eintrag.
2. Dort füllen Sie das Pflichtfeld **Beschreibung** und ordnen die Word-Datei durch einen Klick auf das Icon zu. Es erscheint ein Pop-up-Fenster mit den möglichen Workstation-Applikationen. Wählen Sie die Workstation-Applikation aus, und bestätigen Sie diese mit **OK**.
3. Danach werden Sie aufgefordert, die Ablagekategorie für das Dokument auszuwählen. Im Beispiel wählen Sie die in Abschnitt 5.3.4, »Einrichtung und Customizing des Dokumentenverwaltungssystems«, eingerichtete

Ablagekategorie ZDVSFINK (siehe Abbildung 5.63). Klicken Sie anschließend auf **OK**.

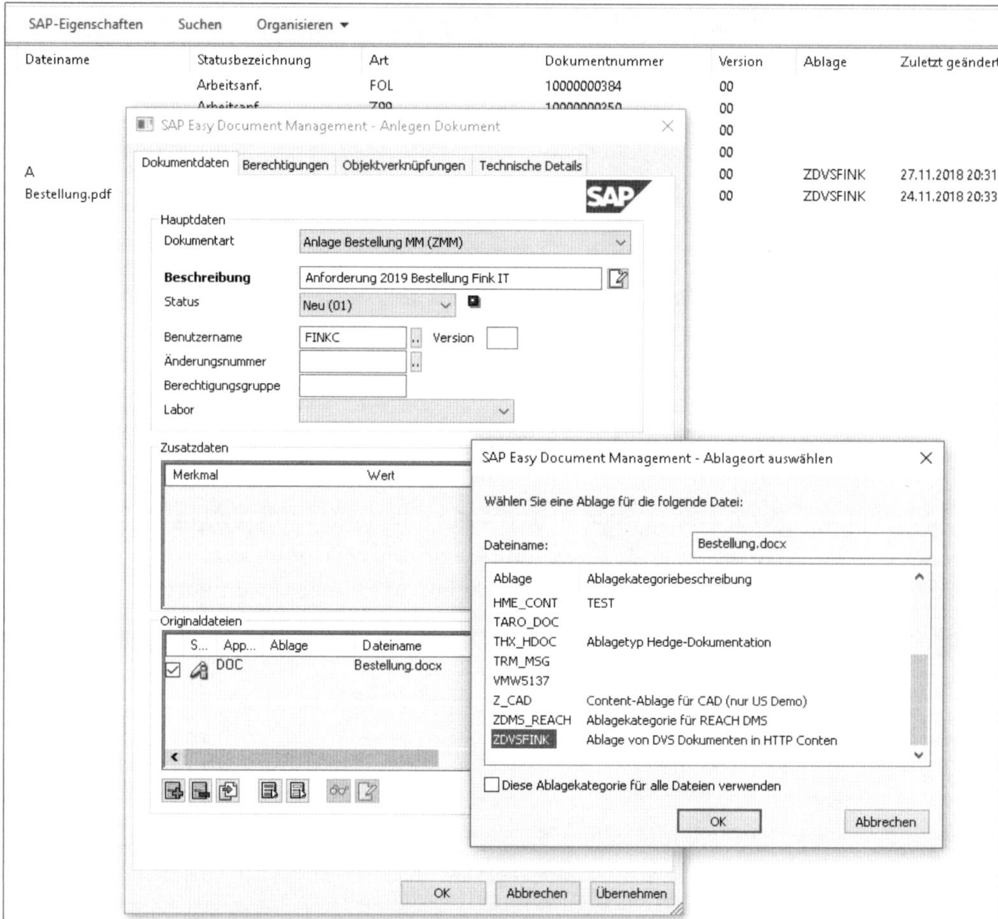

**Abbildung 5.63** Ablagekategorie in SAP Easy Document Management auswählen

4. Auf der Registerkarte **Objektverknüpfungen** verknüpfen Sie nun den Dokumentinfosatz mit dem SAP-Objekt, in diesem Fall der Bestellposition 10 der Bestellung 4500018055 (siehe Abbildung 5.64).
5. Die Word-Datei für die Bestellung wurde nun in SAP Easy Document Management angelegt und wird dort über den Windows Explorer angezeigt (siehe Abbildung 5.65).

Das gerade abgelegte Dokument kann, wie in Abbildung 5.66 gezeigt, über die Integration des Screens ab sofort auch über die SAP-Bestellung im SAP GUI aufgerufen werden.

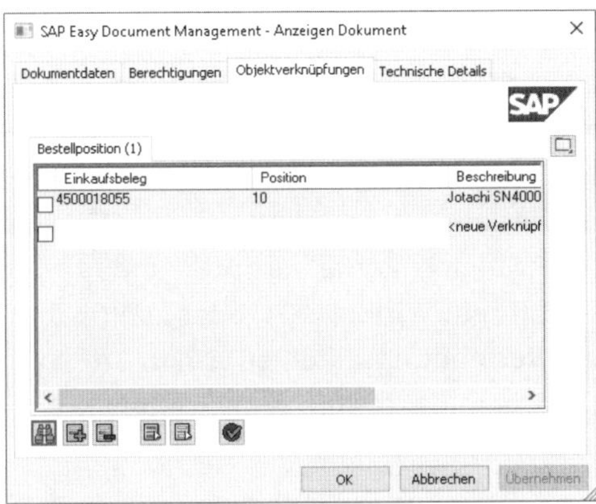


Abbildung 5.64 Dokumentinfosatz mit der Bestellposition verknüpfen

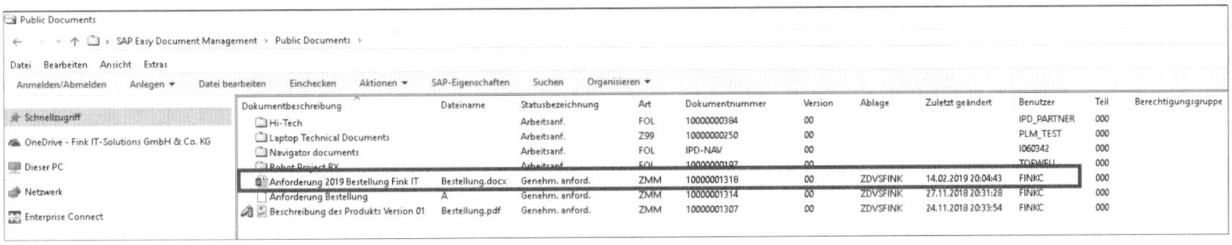

| Dokumentbeschreibung | Dateiname | Statusbezeichnung | Art | Dokumentnummer | Version | Ablage | Zuletzt geändert | Benutzer | Teil | Berechtigungsgruppe |
|---|---|---|---|---|---|---|---|---|---|---|
| Hi-Tech | | Arbeitsanf. | FOL | 10000000384 | 00 | | | IPD_PARTNER | 000 | |
| Laptop Technical Documents | | Arbeitsanf. | Z99 | 10000000250 | 00 | | | PLM_TEST | 000 | |
| Navigator documents | | Arbeitsanf. | FOL | IPD-NAV | 00 | | | I060342 | 000 | |
| Robot Project RX | | Arbeitsanf. | FOL | 10000000197 | 00 | | | TOEWELL | 000 | |
| Anforderung 2019 Bestellung Fink IT | Bestellung.docx | Genehm. anford. | ZMM | 10000001318 | 00 | ZDVSFINK | 14.02.2019 20:04:43 | FINKC | 000 | |
| Anforderung Bestellung | A | Genehm. anford. | ZMM | 10000001314 | 00 | ZDVSFINK | 27.11.2018 20:31:28 | FINKC | 000 | |
| Beschreibung des Produkts Version 01 | Bestellung.pdf | Genehm. anford. | ZMM | 10000001307 | 00 | ZDVSFINK | 24.11.2018 20:33:54 | FINKC | 000 | |

Abbildung 5.65 Abgelegtes Dokument in SAP Easy Document Management

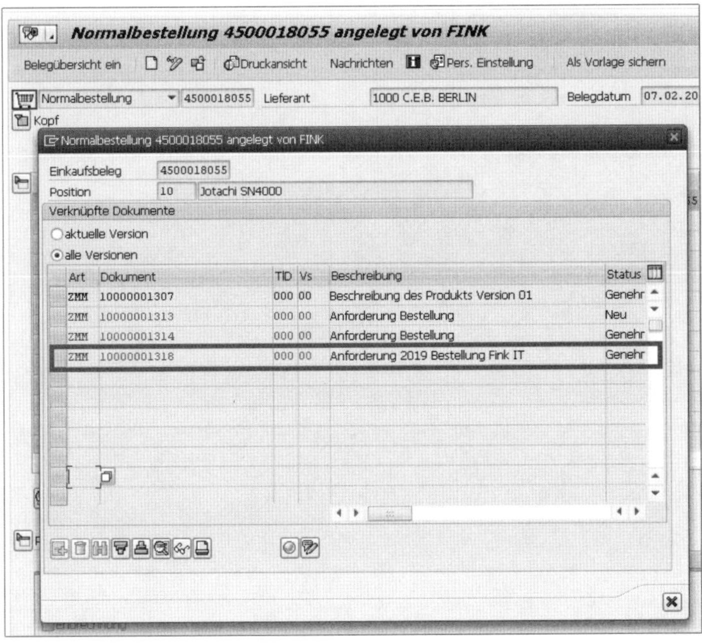


Abbildung 5.66 Mit SAP Easy Document Management erzeugtes Dokument im SAP GUI aufrufen

### 5.4.2 Installation von SAP Easy Document Management

Bevor SAP Easy Document Management genutzt werden kann, muss das SAP-Dokumentenverwaltungssystem eingerichtet worden sein, wie in Abschnitt 5.3.4, »Einrichtung und Customizing des Dokumentenverwaltungssystems«, beschrieben. Laden Sie dann das Installationspaket für SAP Easy Document Management im SAP Support Portal herunter, und führen Sie die Installationsdateien lokal auf Ihrem Windows-PC oder Laptop aus. Nach der Installation geben Sie die Verbindungsdaten zu Ihrem SAP-System ein. SAP Easy Document Management kann dann ohne weitere Konfigurationen verwendet werden (siehe Abbildung 5.67).

**Abbildung 5.67** Verbindung mit SAP Easy Document Management herstellen

TEIL III

# Enterprise Content Management mit OpenText-Werkzeugen

# Kapitel 6
# Die SAP-zertifizierten ECM-Werkzeuge von OpenText im Überblick

*In diesem Kapitel vermittle ich Ihnen einen ersten Überblick über die SAP-basierten ECM-Werkzeuge des Herstellers OpenText. Ich ordne die einzelnen Werkzeuge den Bereichen des ECM-Modells zu und erläutere deren Funktionen und Einsatzgebiete.*

6

Die *OpenText Suite* für SAP umfasst verschiedene Werkzeuge für das Enterprise Content Management (ECM), die ich Ihnen in diesem Kapitel kurz vorstelle, bevor ich in den folgenden Kapiteln ausführlicher auf deren Anwendung und Integration innerhalb der SAP-Systeme eingehe.

## 6.1 Die ECM-Suite von OpenText

**Bereiche der OpenText-Werkzeuge**

Die Firma OpenText ordnet die Werkzeuge ihrer ECM-Suite verschiedenen Bereichen von ECM zu, wie in Abbildung 6.1 skizziert:

- Der Bereich *Information Processing* beinhaltet maßgeblich Werkzeuge, die im Input Management anzusiedeln sind.
- Das *Information Management* beinhaltet Werkzeuge, die dem Content Management zugeordnet werden können.
- Der Bereich *Information Governance* beinhaltet Werkzeuge, die hauptsächlich für die Ablage und Archivierung zuständig sind.
- Der Bereich *Information Delivery* ist dem Output Management zuzuordnen.

**SAP Solution Extensions**

SAP verkauft diese OpenText-Softwarelösungen als *SAP Solution Extensions* wie eine eigene SAP-Lösung. Diese SAP Solution Extensions sind von SAP zertifiziert, werden unter dem SAP-Markennamen vertrieben und sind auf der SAP-Preisliste verfügbar. Wie bei SAP-eigenen Lösungen bietet SAP für die über SAP bezogenen Lizenzen den bekannten SAP-Support-Prozess, inklusive der Service Level Agreements (SLA) und Eskalationsprozeduren. Die Weiterentwicklung der Softwarelösungen erfolgt durch OpenText in enger Zusammenarbeit mit den Entwicklungsabteilungen von SAP.

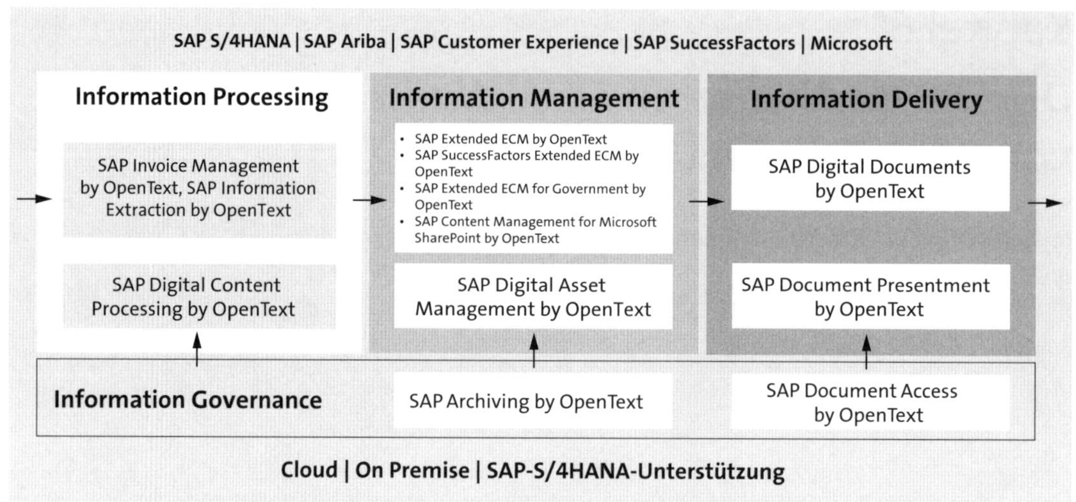


**Abbildung 6.1** SAP Solutions Extensions der OpenText Suite (Quelle: SAP)

ECM-Lösungen von SAP

Die von OpenText im SAP-Umfeld bereitgestellte ECM-Suite umfasst folgende zertifizierte Lösungen:

- **SAP Archiving and SAP Document Access by OpenText**
  SAP Archiving bei Open Text ist eine Archivierungslösung für SAP-Systeme unter Nutzung der Schnittstelle SAP ArchiveLink. SAP Document Access by OpenText ermöglicht den einfachen Zugriff auf Daten und Dokumente in einer virtuellen Ordnerstruktur innerhalb der führenden SAP-Anwendung. Die beiden Lösungen werden im Paket angeboten, daneben gibt es SAP Archiving by OpenText als Einzellösung für Kunden, die nur die Archivierungsfunktionen nutzen möchten.
- **SAP Digital Content Processing by OpenText**
  SAP Digital Content Processing dient der Digitalisierung diverser Dokumentenprozesse mit OCR-Funktionalität (Optical Character Recognition) und Regelwerk für die Prüfungsautomatisierung. Damit lässt sich der manuelle Aufwands stark reduzieren.
- **SAP Extended Enterprise Content Management (ECM) by OpenText**
  SAP Extended ECM erweitert den SAP-Standard um ergänzende Dokumentenverwaltungsfunktionen zur Verwaltung sämtlichen Contents über den gesamten Lebenszyklus hinweg. SAP Extended ECM bietet Funktionen für die Erfassung, Speicherung, Archivierung, das Records Management und die Kollaboration in den Teams sowie professionelle Suche und Aufruf von Dokumenten. Durch die Integration in die SAP-Geschäftsprozesse und deren Business-Objekte werden Medienbrüche reduziert und eine End-to-End-Digitalisierung möglich.

- **SAP Invoice Management by OpenText**
  Mit SAP Invoice Management wird die Rechnungsbearbeitung und -prüfung digitalisiert. Mit dem extra zu lizenzierenden *SAP Information Extraction* wird eine automatische Zeichenerkennung für die Rechnungsdokumente ausgeführt. Innerhalb des SAP-Workflows wird durch ein frei definierbares Regelwerk die Prüfung der Dokumente weitgehend automatisiert und der manuelle Aufwand reduziert.
- **SAP Digital Asset Management by OpenText**
  SAP Digital Asset Management wurde bis Mitte 2018 unter dem Namen SAP Hybris Digital Asset Management by OpenText vertrieben und im Zuge der Umbenennung von SAP Hybris in *SAP Customer Experience* ebenfalls umbenannt. SAP Digital Asset Management ermöglicht die Organisation von *digitalen Assets*. Als digitale Assets wird unstrukturierter Content wie Produktbilder, Fotos und Videos bezeichnet. Durch die Integration können die digitalen Assets mit den Produkten der SAP Customer Experience Suite (den ehemaligen SAP-Hybris-Lösungen) verknüpft und verwaltet werden. Zudem können frei definierbare Metadaten zu den digitalen Assets gespeichert werden. Weitere Funktionen wie Workflows, Streaming von Videos oder die Integration in SAP-Systeme stehen für die Verwaltung der digitalen Assets zur Verfügung.
- **SAP Document Presentment by OpenText, zuzüglich eines Add-ons für Business Correspondence**
  SAP Document Presentment ist eine Lösung für das Output Management und dient der zentralen Verwaltung von Formularvorlagen und der Übergabe an den Empfänger über mehrere technischen Kanäle. Nicht nur die reine Ausgabe von Content ist Teil von SAP Document Presentment, sondern auch die Digitalisierung der Prozesse für die Erstellung des ausgehenden Contents. So können die Dokumente – im Gegensatz zu reinen SAP-Formularen – während der Erstellung inhaltlich ergänzt werden, und es können auch Freigabeverfahren implementiert werden.
- **SAP Digital Documents by OpenText**
  Auch bei SAP Hybris Digital Documents by OpenText fällt der Namenszusatz SAP Hybris seit Mitte 2018 weg. Es handelt sich um eine Erweiterung der SAP-Customer-Experience-Lösungen für das Output Management mit Funktionen für die Ausgabe, für Review- und Freigabeprozesse vor der Ausgabe etc.

Diese Lösungen ordne ich in diesem Kapitel in die Bereiche Input Management, Content Management, Archivierung und Output Management ein. In den folgenden Kapiteln erfahren Sie, wie Sie die Lösungen einrichten und anwenden.

Weitere OpenText-Werkzeuge

Neben den von SAP zertifizierten Werkzeugen gibt es weitere ECM-Werkzeuge von OpenText, die über die einzelnen Lösungen von OpenText bereitgestellt werden:

- **OpenText Imaging Enterprise Scan**
  OpenText Imaging Enterprise Scan ist ein Scanclient für große Scanvolumen. OpenText Imaging Enterprise Scan kann mit ISIS-Scannern (*Image and Scanner Interface Specification*) betrieben werden und unterstützt auch VirtualReScan (VRS). Image and Scanner Interface Specification ist eine Industriestandardschnittstelle (Application Programming Interface, kurz API) zwischen dem Dokumentscanner und dem ECM-Werkzeug.
- **OpenText Imaging Windows Viewer**
  OpenText Imaging Windows Viewer ist eine Viewer-Software, die auf dem Client-PC installiert wird. Das ECM-Werkzeug zeigt archivierte Dokumente an. Dazu beinhaltet es eine Reihe von Anzeigefunktionen wie die Möglichkeit, Annotationen und Notizen hinzuzufügen und anzuzeigen.
- **OpenText Imaging Web Viewer**
  OpenText Imaging Web Viewer wird im Gegensatz zum OpenText Imaging Windows Viewer nicht auf dem Client-PC, sondern als Serverinstallation und als Web-2.0-Applikation zur Verfügung gestellt.
- **OpenText Imaging ExchangeLink**
  Mit OpenText Imaging ExchangeLink können E-Mails oder E-Mail-Anlagen direkt aus dem Microsoft-Outlook-Client mit SAP-Transaktionen verlinkt werden. Eine Kopie kann auf dem OpenText Archive Server abgelegt werden. Das Original verbleibt auf dem Exchange-Server.
- **OpenText Imaging NotesLink**
  Mit OpenText Imaging NotesLink können E-Mails oder E-Mail-Anlagen direkt aus dem Microsoft-Outlook-Client an die SAP-Transaktion verlinkt und eine Kopie im OpenText Archive Server abgelegt werden. Das Original verbleibt im Exchange-Server.

Die verfügbaren ECM-Werkzeuge von OpenText habe ich in Abbildung 6.2 den einzelnen Bereichen des ECM-Modells zugeordnet, das Sie in Abschnitt 1.4, »Enterprise Content Management als Strategie«, kennengelernt haben.

Download von OpenText-Software

Wurden die SAP Solution Extensions von OpenText bei SAP lizenziert, kann die Software vom *SAP Support Portal* heruntergeladen werden. Der Zugang kann im SAP Support Portal als Support-Ticket unter Angabe der OpenText-Komponente, beginnend mit *XX-PART-OPT-<weitere Zeichen>*, beantragt werden. Die Bezeichnungen für die einzelnen Komponenten im SAP Support Portal sind in Abbildung 6.3 zu erkennen.

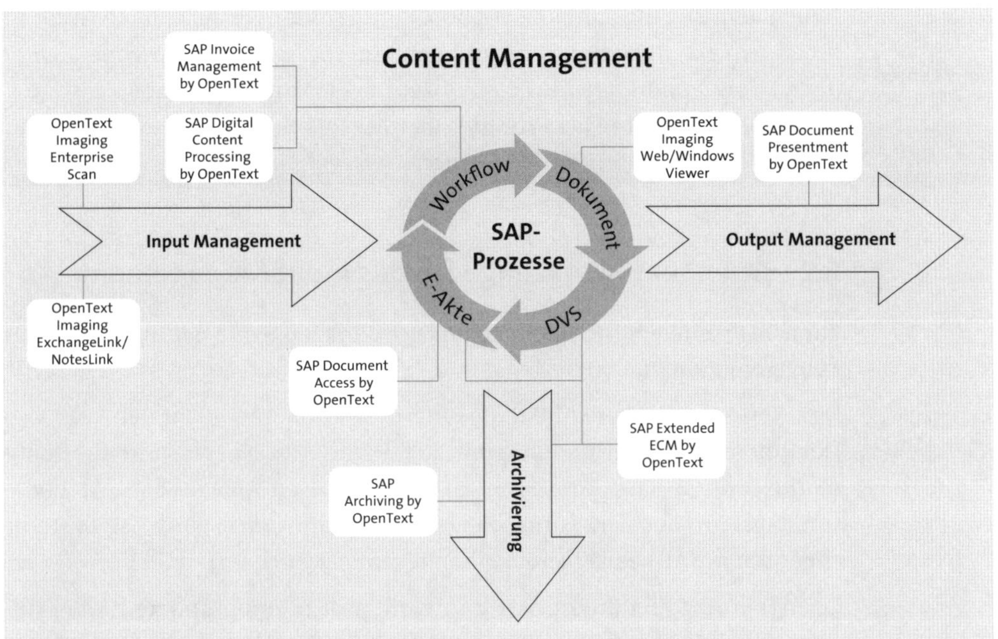


**Abbildung 6.2** Einrichtung der ECM-Werkzeuge von OpenText innerhalb des ECM-Modells

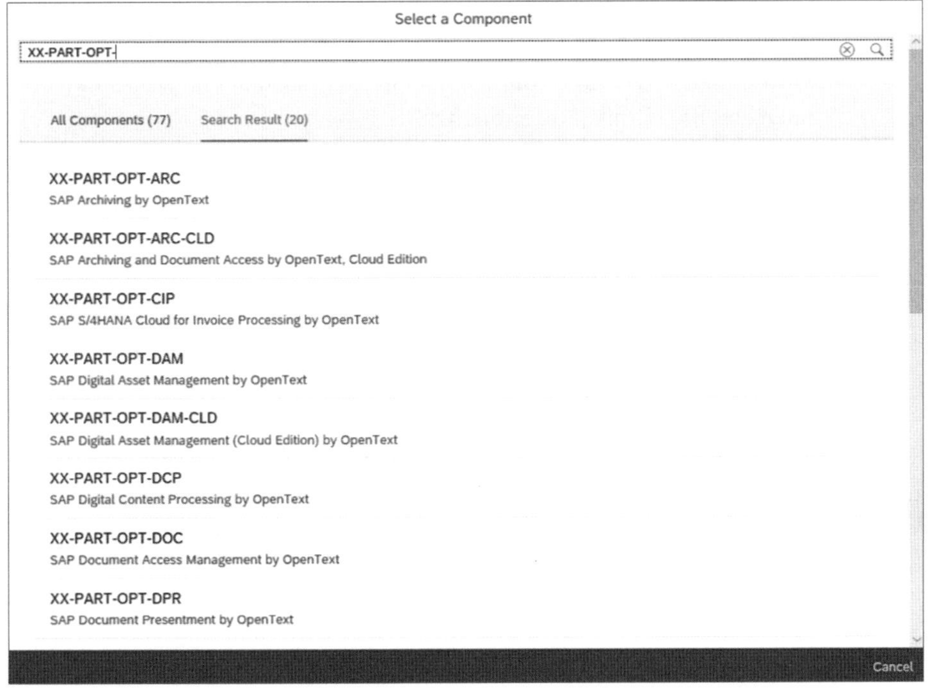


**Abbildung 6.3** OpenText-Komponenten im SAP Support Portal

**Zugang zum OpenText Knowledge Center**

Neben dem Zugang zum SAP Support Portal sollten Sie auch einen Account für *OpenText MySupport* beantragen. Im *OpenText Knowledge Center* (*https://mysupport.opentext.com*) werden Dokumentationen, Updates, Patches oder Service Packs für die OpenText-Werkzeuge bereitgestellt und können dort heruntergeladen werden.

## 6.2 OpenText-Werkzeuge für das Input Management

Zunächst stelle ich Ihnen die OpenText-Werkzeuge für den Bereich Input Management näher vor.

**OpenText Imaging Enterprise Scan**

Das Werkzeug *OpenText Imaging Enterprise Scan* ermöglicht den Scan von Dokumenten in Verbindung mit ISIS-Scannern. Die gescannten Dokumente werden nach dem Scan im angeschlossen Ablage- bzw. Archivierungssystem abgelegt und den Geschäftsprozessen des SAP-Systems zugeordnet. SAP selbst bietet keinen eigenen Scanclient.

OpenText Imaging Enterprise Scan verfügt dazu unter anderem über folgende Funktionen im Zusammenspiel mit SAP-Systemen:

- Initiierung von Workflows über SAP Business Workflows oder den SAP Content Server
- Unterstützung der SAP-ArchiveLink-Szenarien mit und ohne Barcode (siehe Abschnitt 3.1, »Werkzeuge für das Input Management«)
- automatische Dokumententrennung (bei Leerseiten, nach Barcode, nach einer bestimmten Seitenanzahl ...)
- Anzeige der Dokumente auf einem zweiten Monitor
- Integration mit Fax-Konnektoren von Microsoft Exchange und IBM Notes (ehemals Lotus Notes)
- Möglichkeit der Implementierung kundenspezifischer Felder und von Scripting

Weitere Informationen zu den Funktionen sowie zu Einrichtung und Customizing finden Sie in Abschnitt 7.2, »SAP Invoice Management by OpenText«.

**ExchangeLink oder NotesLink**

Die Werkzeuge *OpenText Imaging ExchangeLink* und *OpenText Imaging NotesLink* ermöglichen es, E-Mails und deren Anhänge im OpenText-Archiv abzulegen und mit einem Business-Objekt im SAP-System zu verknüpfen. Die Ablage erfolgt direkt über den E-Mail-Client von Microsoft Exchange oder IBM Notes. Auf diese Werkzeuge gehe ich im Rahmen dieses Buches nicht weiter ein. Im OpenText Knowledge Center werden die Funktionen dieser ECM-Werkzeuge erläutert.

SAP Invoice Management by OpenText

*SAP Invoice Management by OpenText* digitalisiert und optimiert den Eingangsprozess von Rechnungen durch die Automatisierung von Prüfungen der Rechnungsdaten. Dabei wird ein kundenspezifisches Regelwerk verwendet, mit dem die Rechnungsdaten abgeglichen werden. Nur wenn Abweichungen, sogenannte Ausnahmen (Exceptions) auftreten, werden die Rechnungen an den zuständigen Bearbeiter zur manuellen Prüfung weitergeleitet.



SAP Invoice Management bringt bereits in der Standardkonfiguration eine Vielzahl solcher Prüfungen mit, kann jedoch kundenspezifisch erweitert werden, um den Automatisierungsgrad bei der Verarbeitung von Rechnungen noch zu erhöhen. Die Genehmigung von Rechnungen wird über SAP-GUI-, SAP-Fiori- oder HTML5-Oberfächen im sogenannten *Approval Portal* durchgeführt.

[«]

**Produktnamen von OpenText und SAP**

Die Lösung wird unter unterschiedlichen Namen vermarktet, einmal als SAP Invoice Management by OpenText unter der SAP-Lizenz, einmal als *OpenText Vendor Invoice Management for SAP Solutions* für den Vertrieb durch OpenText direkt (zu weiteren Produktnamen siehe auch Anhang B).

SAP Information Extraction

Die Verarbeitung von eingehenden Lieferantenrechnungen ist mit SAP Invoice Management sowohl über den digitalen als auch über den analogen Eingangskanal möglich. Rechnungen, die in Papierform oder als Anhang einer E-Mail eingehen, werden der automatisierten *OCR-Texterkennung* mit *SAP Information Extraction* zugeführt. Durch die automatisierte Texterkennung wird der manuelle Aufwand zur Erfassung von Rechnungsdaten reduziert. Die durch die Texterkennung ausgelesenen Daten werden toolgestützt innerhalb oder außerhalb des SAP-Systems durch den Rechnungsbearbeiter überprüft, d. h., es erfolgt eine Kontrolle der erkannten Daten oder bei Bedarf eine Ergänzung von nicht erkannten Daten.

Die Funktionen sowie die Einrichtung und das Customizing von SAP Invoice Management stelle ich Ihnen in Abschnitt 7.2 ausführlicher vor.

SAP Digital Content Processing by OpenText

*SAP Digital Content Processing by OpenText* verarbeitet eingehende Geschäftsdaten und -dokumente, wie z. B. Verkaufsaufträge (Sales Orders) in der SAP-Komponente SD (Sales and Distributions) oder Lieferscheine (Delivery Notes). Die Daten können sowohl als unstrukturierte als auch als strukturierte Dateien eingehen. Auch hier hilft die automatisierte OCR-Texterkennung, den manuellen Erfassungsaufwand zu reduzieren. Die aus den übermittelten Geschäftsdokumenten gewonnenen Informationen werden inklusive des digitalen und archivierten Dokuments den richtigen Benutzern als Bearbeitern mittels SAP Business Workflow zugeordnet.

[»]

**Produktnamen von OpenText und SAP**

Auch diese Lösung trägt zwei unterschiedliche Namen, einmal SAP Digital Content Processing unter der SAP-Lizenz und einmal *OpenText Business Center for SAP Solutions* für den Vertrieb durch OpenText direkt.

Die Funktionen sowie die Einrichtung und das Customizing von SAP Digital Content Processing stelle ich Ihnen ausführlich in Abschnitt 7.3 vor.

## 6.3 OpenText-Werkzeuge für das Content Management

Im Folgenden stelle ich Ihnen die OpenText-Werkzeuge vor, die für den Bereich Content Management im SAP-Umfeld verwendet werden können.

**SAP Document Access by OpenText**

Mit *SAP Document Access by OpenText*, einer Komponente von SAP Archiving and SAP Document Access by OpenText, können Standard- oder/und kundenspezifischen SAP-Business-Objekte in Beziehung gebracht werden. Die zum Business-Objekt abgelegten Dokumente werden in einer *elektronischen Akte* (E-Akte) strukturiert angezeigt. Dadurch kann eine 360-Grad-Sicht auf die Prozesse geschaffen werden. Oftmals wird von den SAP-Kunden eine prozessorientierte Darstellungsform gewählt, in der auch der dazugehörige Content angezeigt oder abgelegt werden kann. Die E-Akte kann beispielweise in die generischen Objektdienste integriert werden und somit innerhalb des SAP-Geschäftsprozesses geöffnet werden. Neben der Integration in das SAP GUI kann auch über eine Weboberfläche des OpenText-Tools auf die E-Akte zugegriffen werden.

[»]

**Produktnamen von OpenText und SAP**

Auch diese Lösung trägt zwei unterschiedliche Namen, einmal SAP Document Access by OpenText unter der SAP-Lizenz und einmal *OpenText Document Access for SAP Solutions* oder *DocuLink* für den Vertrieb durch OpenText direkt.

Die Funktionen sowie die Einrichtung und das Customizing von SAP Document Access by OpenText stelle ich Ihnen in Abschnitt 8.1 vor.

**SAP Extended ECM by OpenText**

Das Werkzeug *SAP Extended ECM by OpenText* bietet Content-Management-Funktionen mit Integration in die SAP-Prozesse. Diese Funktionen umfassen solche für die Dokumentenverwaltung, für die Aktenverwaltung (Records Management), die Ablage und Archivierung sowie für Workflows und Scannen. Sie können über SAP-GUI- oder responsive HTML5-Benutzeroberflächen genutzt werden. Eine weitere große Stärke von SAP Extended ECM ist die Möglichkeit, externe Benutzer des SAP-Systems in die Content-basierten Geschäftsprozesse zu integrieren.



**Produktnamen von OpenText und SAP**

Auch diese Lösung trägt zwei unterschiedliche Namen, einmal SAP Extended ECM by OpenText unter der SAP-Lizenz und einmal *OpenText Extended ECM for SAP Solutions* für den Vertrieb durch OpenText direkt.

**SAP SuccessFactors und Governance**

SAP Extended ECM ist auch in Kombination mit anderen Lösungen wie SAP SuccessFactors (*SAP SuccessFactors Extended ECM by OpenText*) oder für die Verwaltung elektronischer Akten bei Bund, Ländern und Kommunen (*SAP Extended ECM for Government by OpenText*) verfügbar. Die Lösungen SAP SuccessFactors Extended ECM und SAP Extended ECM for Government werden im Rahmen dieses Buches nicht weiter behandelt. In Abschnitt 12.2, »SAP C/4HANA und OpenText«, wird ein Beispiel für die Integration von SAP Extended ECM und SAP C/4HANA dargestellt. Die Funktionen sowie die Einrichtung und das Customizing der Standardlösung SAP Extended ECM stelle ich in Abschnitt 8.2 vor.

**SAP Content Management for Microsoft SharePoint**

Das *SAP Content Management for Microsoft SharePoint by OpenText* integriert die Lösungen der Microsoft-Produktfamilie zur Erstellung von Content, zur Kollaboration und zur Unternehmenskommunikation mit SAP Extended ECM by OpenText und der SAP Business Suite. Das Werkzeug verbindet den digitalen Workplace (*Microsoft Office 365*) und das digitale Unternehmen, wie es SAP und OpenText ermöglichen, miteinander. Durch die Nutzung der integrierten Lösung können die Benutzer mit den gewohnten Microsoft-Werkzeugen der Office-365-Umgebung, wie *SharePoint, Teams, Outlook* und *OneDrive* arbeiten und dabei die Funktionen von SAP Extended ECM nutzen.

Im Hintergrund werden die Funktionen von SAP Extended ECM verwendet, wie die inkrementelle und regelbasierte Archivierung und die manuelle und automatische Klassifizierung, um Compliance-Anforderungen einhalten zu können. Auch die Integration mit SAP Information Lifecycle Management (SAP ILM) ist möglich.

[»]

**Produktnamen von OpenText und SAP**

Auch diese Lösung trägt zwei unterschiedliche Namen, einmal SAP Content Management for Microsoft SharePoint by OpenText unter der SAP-Lizenz und einmal *OpenText Extended ECM for Microsoft Office 365* für den Vertrieb durch OpenText direkt.

SAP Content Management for Microsoft SharePoint wird im Rahmen dieses Buches nicht weiter vertieft. Die Funktionen unterscheiden sich nicht erheblich von denen von SAP Extended ECM. Einen Einblick in die Integration mit Microsoft Teams gebe ich Ihnen im Abschnitt »Integration mit Microsoft-Anwendungen« in Abschnitt 8.2.2.

**SAP Digital Asset Management by OpenText**

Das Werkzeug *SAP Digital Asset Management by OpenText* ist eine spezielle Lösungserweiterung für SAP Customer Experience (vormals SAP Hybris) und als Produktpaket speziell auf diese CRM-Lösung angepasst. SAP Digital Asset Management ist Teil der Customer-Experience-Management-(CEM-) Anwendungen von OpenText. Das Werkzeug ermöglicht die unternehmensweite Verwaltung von *Digital Assets* wie Videos, Audiodateien, Fotos, Grafiken und anderen Mediendateien. Dazu bietet SAP Digital Asset Management eine Vielzahl von Funktionen, die im Rahmen dieses Buches allerdings nicht näher beleuchtet werden, da ich mich auf ECM-Werkzeuge für SAP-Geschäftsprozesse konzentrieren möchte:

- moderne HTML5-Oberfläche zur Verwaltung und Suche der Digital Assets
- API-Plattform (REST-API) zur Anbindung anderer Systeme
- Upload von Dateien per Drag & Drop
- Überprüfung auf Duplikate
- Speichern der Rich Media Assets und der dazugehörigen Metadaten
- Metadatenextraktion aus den Digital Assets und Auto-Tagging (mittels Tags können bestimmte Digital Assets gefunden werden, z. B. alle Produktbilder)
- Metadatensuche
- Massenmetadatenbearbeitung
- Versionierung
- automatische Zuweisung von Zeiten für die Aufbewahrung
- Strukturierung der Digital Assets mittels Ordnerstruktur
- Benachrichtigungen bei Änderungen an den Rich Media Assets
- Multichannel-Verteilung, z. B. Veröffentlichung über YouTube

- Workflow-Verwaltung
- Intelligent Media Analysis/Human Analysis zur Analyse der Inhalte des Digital Assets (beispielsweise die Erkennung, dass ein Baum mit auf einer Fotografie abgebildet ist). So kann die Suche nach relevanten Digital Assets erleichtert werden.
- Videomanagement und Konversation ermöglichen das Erzeugen von Videoausschnitten aus Videos zur Bereitstellung z. B. in Webauftritten
- Integration mit der SAP Business Suite (SAP Customer Relationship Management – SAP CRM, SAP ERP und SAP Product Lifecycle Management – SAP PLM) und SAP Commerce (vormals SAP Hybris Commerce), SAP Marketing (vormals SAP Hybris Marketing) und SAP Extended ECM by OpenText
- Integration von OpenText (SAP Extended ECM, SAP Archiving)
- Single Sign-on
- Berechtigungsvergabe



**OpenText Imaging Windows bzw. Web Viewer**

Mit den Werkzeugen *OpenText Imaging Windows Viewer* und *OpenText Imaging Web Viewer* werden professionelle Viewer für die Anzeige abgelegter Dokumente zur Verfügung gestellt. Die Dokumente können nicht nur angezeigt, sondern ihnen können auch Annotationen, Stempel und Notizen hinzugefügt werden.

## 6.4 OpenText-Werkzeuge für die Ablage und Archivierung

**SAP Archiving by OpenText**

Das Werkzeug *SAP Archiving by OpenText* ermöglicht die sichere Ablage und Archivierung von Geschäftsunterlagen wie digitalisierten Dokumenten, E-Mails oder Microsoft-Office-Dokumenten. Der archivierte Content wird per SAP ArchiveLink mit den SAP-Transaktionen und -Prozessen verknüpft. Bei einer Lizenzierung des SAP-Reseller-Lösungspakets über SAP können weitere Werkzeuge genutzt werden:

- OpenText Archive Center (inklusive OpenText Archive Server)
- OpenText Content Server (nur für den Support von SAP ILM)
- OpenText Imaging Windows Viewer
- OpenText Imaging Web Viewer
- OpenText Imaging PDF Extensions
- OpenText Imaging Enterprise Scan
- OpenText Imaging DesktopLink
- OpenText Imaging ExchangeLink

- OpenText Imaging NotesLink
- FormsManagement
- OpenText Brava! View for SAP Solutions

[»]

**Produktnamen von OpenText und SAP**

Diese Lösung trägt zwei unterschiedliche Namen, einmal SAP Archiving by OpenText unter der SAP-Lizenz und einmal *OpenText Archiving for SAP Solutions* für den Vertrieb durch OpenText direkt.

Die Funktionen sowie die Einrichtung und das Customizing von SAP Archiving beschreibe ich Ihnen in Abschnitt 9.2.

**OpenText Archive Center**

Seit 2016 wird neben dem OpenText Archive Server, der in der Lösung SAP Archiving beinhaltet ist, das *OpenText Archive Center* angeboten. Das OpenText Archive Center bietet eine Funktionserweiterung durch die neuen *Application Layer Services*. Der OpenText Archive Server ist Teil des OpenText Archive Centers (siehe Abbildung 6.4).

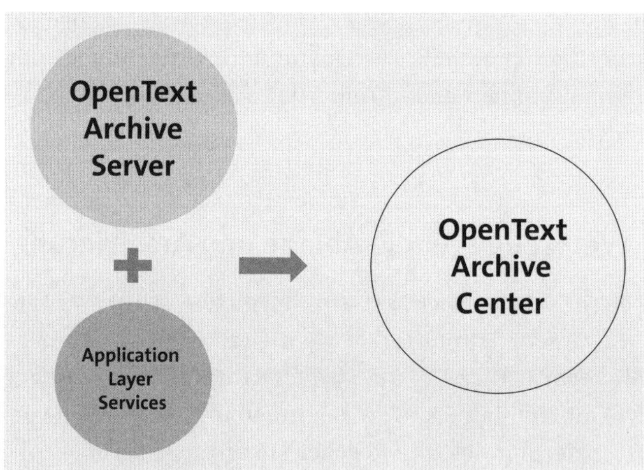


**Abbildung 6.4** OpenText Archive Center

**OpenText Archive Center mit CMIS-Schnittstelle**

*Content Management Interoperability Services* (CMIS) ist eine Schnittstellentechnologie für die Integration von Content-Management-Systemen. Das OpenText Archive Center beinhaltet eine CMIS-Schnittstelle. Für die Nutzung der CMIS-Schnittstelle ist eine eigene Lizenz erforderlich. Mehr Informationen zu CMIS finden Sie in Abschnitt 11.2.1, »SAP ArchiveLink, CMIS und ECMI«.

Auf die neuen Funktionen und Services des OpenText Archive Centers greifen die Benutzer über eine Weboberfläche zu. Für die Installation verwendet der Systemadministrator jedoch weiterhin den Administrationsclient des SAP Archive Servers. Für die Nutzung der Application Layer Services kommen noch weitere Benutzerrollen hinzu.

**Weboberflächen des OpenText Archive Centers**

Als weitere Benutzerrollen werden Business Administrator, der Access-Benutzer und die Anwender unterschieden. Für sie gibt es jeweils eigene Zugriffsclients (siehe Tabelle 6.1). Das System ist in logische Bereiche eingeteilt, die sogenannten *Tenants*. Ein Tenant ist vergleichbar mit einem Mandanten. Durch die Multi-Tenant-Fähigkeit kann das OpenText Archive Center von mehreren Kunden gemeinsam genutzt werden. Der Systemadministrator installiert das Gesamtsystem und benötigt deshalb auch Zugriff auf die Gesamtstruktur (also alle Tenants). Der Fachanwender hingegen arbeitet auf dem ihm zugewiesenen Tenant.

**Ergänzende Benutzerrollen**



| Benutzerrolle | System-administrator | Business-Administrator | Access-Benutzer | Anwender |
|---|---|---|---|---|
| Client | Administrations-client von Open-Text Archive Server | Oberfläche **Administraton** im Open-Text Archive Center | Oberfläche **Access** im OpenText Archive Center | Oberfläche **My Archive** im Open-Text Archive Center |
| Zugriff auf | ▪ Infrastruktur<br>▪ Archive<br>▪ Jobs<br>▪ Einstellungen | ▪ Datenquellen<br>▪ Aufbewahrung<br>▪ Regeln<br>▪ Statistiken | ▪ Suche<br>▪ Download<br>▪ Export<br>▪ alle Dokumente | ▪ Suche<br>▪ Download<br>▪ Export<br>▪ nur eigene Dokumente |
| Tenant | für alle Tenants | je Tenant | | |

**Tabelle 6.1** Benutzerrollen für OpenText Archive Center

Das *OpenText Archive Center for SAP Solutions, Cloud Edition* ist eine Cloud-Lösung und unterscheidet sich in dieser Hinsicht von dem Lösungspaket SAP Archiving by OpenText. Die Serverlösung wird in der Cloud betrieben, und die Clients werden on premise genutzt. Bei einer Lizenzierung des Lösungspakets (über OpenText oder Partner) können die folgenden weiteren Werkzeuge genutzt werden:

**Cloud Edition**

- Archive Center Proxy
- Archive Server Document Pipeline
- OpenText Imaging Windows Viewer
- OpenText Imaging Web Viewer

- OpenText Imaging PDF Extensions
- OpenText Imaging Enterprise Scan
- OpenText Imaging DesktopLink
- OpenText Imaging ExchangeLink
- OpenText Imaging NotesLink
- FormsManagement
- OpenText Brava! View for SAP Solutions
- DocuLink for SAP Solutions
- ArchiveLink PLUS (ohne Volltextsuche)
- Business Object Browser
- CMIS (CMIS-Layer)
- Fileshare-Archivierung (basiert auf CMIS-Layer)
- My Archive (Webzugriff auf Basis des CMIS-Layers)

Administration

Die Weboberfläche **Administration**, die Sie in Abbildung 6.5 sehen, ermöglicht dem Business-Administrator die Konfiguration des Systems und die Anlage neuer *CMIS-Collections*. Eine CMIS-Collection ist einem Content Repository eines Tenants zugewiesen. Die Collections kontrollieren die Archivierungsaktivitäten. Der Business-Administrator kann die Aufbewahrungsdauer (Retention) verwalten und Regeln anlegen, wie der abgelegte Content klassifiziert werden soll. Der Business-Administrator kann über diese Oberfläche auch Informationen zur Nutzung des Systems durch die Anwender einholen. Der Zugriff erfolgt über die folgende URL:
*https://<servername>:<Port>/archive/ba*

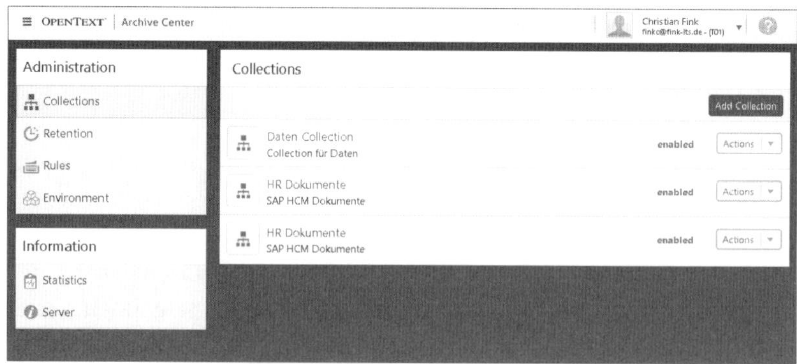


**Abbildung 6.5** Oberfläche »Administration« im OpenText Archive Center

Access

Über die Oberfläche **Access** können Access-Benutzer alle archivierten Dokumente suchen und exportieren. Der Zugriff erfolgt über die folgende URL: *https://<servername>:<Port>/archive/access*

**My Archive**

Über die Oberfläche **My Archive** können die Anwender auf den persönlichen Content zugreifen. Ein flexibel einstellbarer Filter ermöglicht die schnelle Filterung des gesuchten Contents (siehe Abbildung 6.6). Der Zugriff erfolgt über die folgende URL: *https://<servername>:<Port>/archive/my*

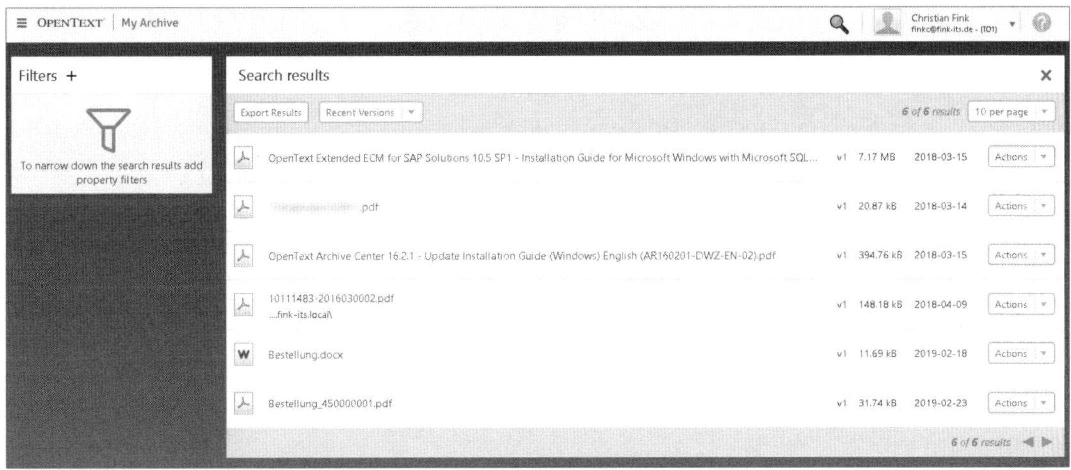


**Abbildung 6.6** Oberfläche »My Archive« im OpenText Archive Center

## 6.5 OpenText-Werkzeuge für das Output Management

In diesem Abschnitt stelle ich Ihnen die Werkzeuge vor, die OpenText für das Output Management im SAP-Umfeld bereitstellt.

**SAP Document Presentment by OpenText**

*SAP Document Presentment by OpenText* ist eine Plattform für die unternehmensweite Gestaltung, Bereitstellung und Multichannel-Auslieferung von Dokumenten und Korrespondenz. Das Add-on für *Business Correspondence* erweitert die Funktionalität von SAP Document Presentment um Echtzeitfunktionen für die Erstellung, Änderung und den Review von Dokumenten im SAP-Frontend. Das Add-on zur Korrespondenzerstellung kann in verschiedene Systeme integriert werden, wie unter anderem in SAP Business Suite, SAP Extended ECM, SAP Digital Asset Management sowie Nicht-SAP-Anwendungen.

**Produktnamen von OpenText und SAP**

Diese Lösung trägt zwei unterschiedliche Namen, einmal SAP Document Presentment by OpenText unter der SAP-Lizenz und einmal *OpenText Document Presentment for SAP Solutions* für den Vertrieb durch OpenText direkt.

Die Funktionen sowie die Einrichtung und das Customizing von SAP Document Presentment by OpenText beschreibe ich in Kapitel 10. In Abschnitt 12.2, »SAP C/4HANA und OpenText«, wird ein Beispiel für die Integration von SAP Document Presentment mit SAP C/4HANA dargestellt.

**SAP Digital Documents by OpenText**

Die Lösung *SAP Digital Documents by OpenText* basiert auf der Lösung SAP Document Presentment by OpenText und dem Add-on Business Correspondence. Es handelt sich um ein Erweiterungspaket für SAP Customer Experience (vormals SAP Hybris). Die Dokumentengenerierung kann dabei auf Daten zurückgreifen, die aus verschiedenen Systemen zur Verfügung gestellt werden. Die Übermittlung der Dokumente an den Empfänger kann über verschiedene Ausgangskanäle (Druck, Fax, E-Mail etc.) erfolgen. Die generierten und übermittelten Dokumente werden auf Wunsch auch im Archivsystem abgelegt.

Die Erweiterung kann in folgende Lösungen integriert werden:

- SAP Billing and Revenue Innovation Management (vormals SAP Hybris Billing)
- SAP Commerce (vormals SAP Hybris Commerce)
- SAP Marketing (vormals SAP Hybris Marketing)
- SAP Digital Asset Management by OpenText
- SAP Business Suite (SAP ERP, SAP Customer Relationship Management – SAP CRM)
- Nicht-SAP-Anwendungen

**Vergleich mit SAP Document Presentment**

Die Unterschiede zwischen SAP Digital Documents by OpenText und SAP Document Presentment by OpenText können Sie Tabelle 6.2 entnehmen. Beachten Sie, dass sich das Angebot ändern kann.

| Funktion | SAP Digital Documents by OpenText | SAP Document Presentment by OpenText |
|---|---|---|
| Integration mit SAP CRM | ja | ja |
| Integration mit SAP ERP | ja | ja |
| Integration mit SAP Billing and Revenue Innovation Management | ja | nein |
| Integration mit SAP Commerce | ja | nein |

**Tabelle 6.2** Funktionsumfang von SAP Digital Documents und SAP Document Presentment by OpenText im Vergleich

| Funktion | SAP Digital Documents by OpenText | SAP Document Presentment by OpenText |
|---|---|---|
| Integration mit SAP CPQ (Configure, Price, and Quote) als Teil von SAP Sales Cloud | ja | ja |
| Integration mit SAP Marketing | ja | nein |
| Integration mit SAP Digital Asset Management by OpenText | ja | ja |
| Hintergrundverarbeitung | ja | ja |
| Echtzeitzugriff | ja | nein, nur mit dem Add-on Business Correspondence |

**Tabelle 6.2** Funktionsumfang von SAP Digital Documents und SAP Document Presentment by OpenText im Vergleich (Forts.)

Kapitel 7

# Input Management mit OpenText-Werkzeugen

*In diesem Kapitel zeige ich Ihnen die Anwendung der Werkzeuge, die OpenText im Bereich Input Management zur Verfügung stellt. Sie erfahren, wie Sie Rechnungen mit SAP Invoice Management und andere Geschäftsdokumente mit SAP Digital Content Processing verarbeiten können.*



In Kapitel 5, »Content Management mit SAP-Standardwerkzeugen«, habe ich Ihnen unter anderem die Verarbeitung des eingehenden Contents wie Papierdokumente, E-Mails, elektronische Dateien etc. mit den SAP-Standardwerkzeugen gezeigt. In diesem Kapitel möchte ich Sie mit den Werkzeugen vertraut machen, die OpenText zur Verarbeitung des eingehenden Contents anbietet. Hierbei konzentriere ich mich auf Geschäftsdokumente wie die in unserem Referenzprozess Purchase-to-Pay verarbeiteten Rechnungen und Kundenaufträge.

## 7.1 ECM-Strategie und rechtliche Rahmenbedingungen für das Input Management

**ECM-Modell**

Für das Input Management in SAP-Systemen kann auf zwei Werkzeuge der Firma OpenText zurückgegriffen werden. *SAP Invoice Management by OpenText* ist ein Werkzeug für die Ver- und Bearbeitung von eingehenden Rechnungen. Für die Ver- und Bearbeitung von weiteren Dokumentarten, wie z. B. Kundenbestellungen, wird das Werkzeug *SAP Digital Content Processing by OpenText* verwendet. In Abbildung 7.1 habe ich die beiden Werkzeuge im ECM-Modell hervorgehoben.

**Steuervereinfachungsgesetz**

Schauen wir uns den Bereich Input Management im Rahmen unseres Referenzprozesses zur Rechnungsverarbeitung einmal genauer an. Rechnungen werden heute noch zu einem Großteil per Papier versendet und empfangen. Im Jahr 2011 wurden durch das *Steuervereinfachungsgesetz* die gesetzlichen Bestimmungen zur Rechnungsstellung verändert.

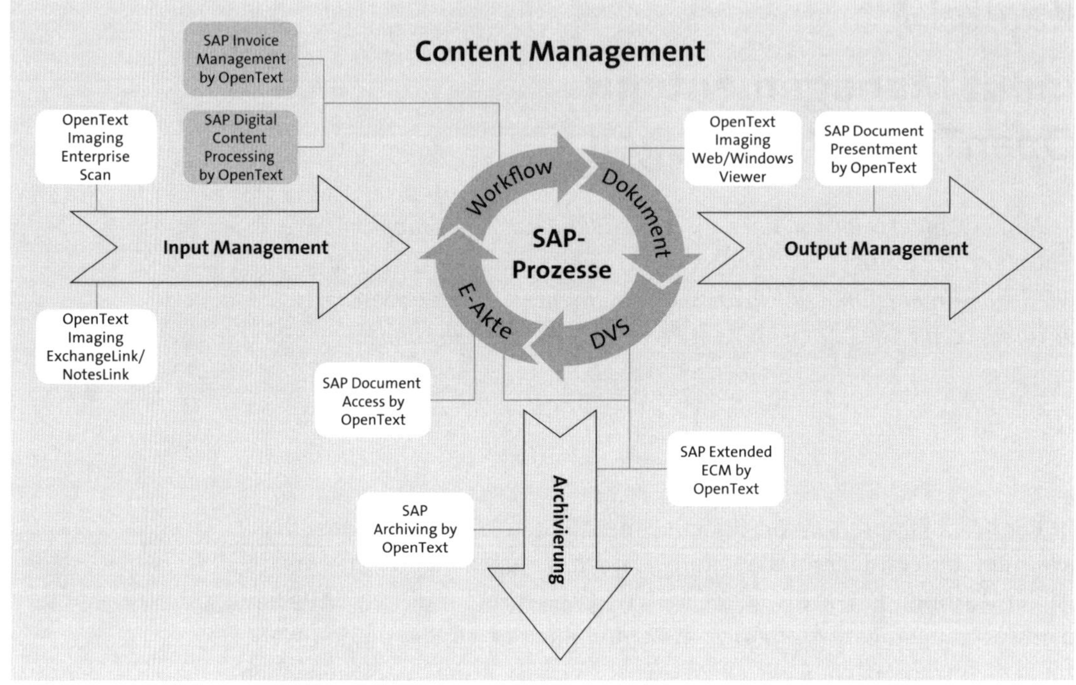


**Abbildung 7.1** OpenText-Werkzeuge für das Input Management

Durch die Lockerung der Anforderungen an elektronische Rechnungen wurden die elektronischen Rechnungen ohne qualifizierte elektronische Signatur den bisherigen Papierrechnungen gleichgestellt. Diese Vereinfachung führt zu einer erheblichen Zunahme des Anteils von Rechnungen, die per E-Mail an den Rechnungsempfänger zugestellt werden.

Gründe für diesen Anstieg von Rechnungsübermittlungen per E-Mail, über Webseiten, DE-Mail oder auch Fax sind sicherlich die Einfachheit der Bereitstellung, die Prozessbeschleunigung und die damit einhergehende Kostenreduktion durch die Ersparnis von Prozesskosten gegenüber dem papierbasierten Versand.

[»]

**DE-Mail**

Zur Umsetzung der EU-Dienstleistungsrichtlinie in nationales Recht wurde *DE-Mail* eingeführt. DE-Mail ist ein Postfach- und Versanddienst mit zuverlässiger und vertraulicher Kommunikation.

Nur der Übertragungsweg per Electroning Data Interchange (EDI) ist auf einem verhältnismäßig niedrigen Niveau geblieben bzw. stagniert. Sicherlich ist der größte Hinderungsgrund für die Übertragung per EDI der hohe

Aufwand für die Bereitstellung einer EDI-Anbindung und die damit einhergehenden Kosten.

**Einführung in die XRechnung**

Durch eine weitere Initiative wird der elektronische Rechnungsaustausch weiter an Bedeutung gewinnen, und auch die Anzahl der per EDI übermittelten Rechnungen wird weiter steigern: Es handelt sich um eine Initiative der Europäischen Union (EU) zur Digitalisierung der öffentlichen Verwaltung. Diese soll durch die Digitalisierung des Rechnungsaustausches und die damit einhergehende Standardisierung des Rechnungsaustauschformats erreicht werden. Sie wird den Anteil der elektronisch übertragenen strukturierten Rechnungen erhöhen.



Am 06.09.2017 verabschiedete das Bundeskabinett die *E-Rechnungs-Verordnung*, um der EU-Richtlinie 2014/55/EU (EU-Richtlinie über die elektronische Rechnungsstellung bei öffentlichen Aufträgen) vom 26.05.2015 Rechnung zu tragen. Bereits mit dem *E-Rechnungsgesetz* vom 01.12.2016 hatte die Bundesregierung die EU-Vorgabe 2014/55/EU über die elektronische Rechnungsstellung im öffentlichen Auftragswesen umgesetzt und sie nun mit der E-Rechnungs-Verordnung genauer definiert. Die E-Rechnungs-Verordnung sieht vor, dass in Zukunft Rechnungen an Behörden und Einrichtungen der Bundesverwaltung weitestgehend elektronisch zu stellen sind. Somit ist davon auszugehen, dass bis Ende 2020 der Anteil der Rechnungen, die per Papier und PDF gestellt werden, zugunsten der strukturierten elektronischen Rechnung erheblich sinken wird.

**GoBD**

Die elektronisch eingegangenen Aufzeichnungs- und aufbewahrungspflichtigen Daten, Datensätze und Dokumente sind gemäß den Grundsätzen zur ordnungsgemäßen Führung und Aufbewahrung von Büchern, Aufzeichnungen und Unterlagen in elektronischer Form sowie zum Datenzugriff (GoBD) auch in elektronischer Form aufzubewahren.

**Andere Geschäftsdokumente**

Neben Rechnungen gehen noch weitaus mehr Dokumentarten in Unternehmen ein. Die Dokumente werden wie die Rechnungen ebenfalls als Papierdokumente, PDF-Dokumente, per E-Mail oder in einem elektronischen Format bereitgestellt. Einige Beispiele für solche Dokumente sind:

- Kundenaufträge
- Bestellbestätigungen
- Lieferscheine
- Personaldokumente

**Zwei Werkzeuge auf einem Lösungs-Stack**

Die rechtlichen Rahmenbedingungen und die weiter voranschreitende Digitalisierung machen Werkzeuge wie SAP Invoice Management by OpenText und SAP Digital Content Processing by OpenText unabdingbar. Open-

Text liefert die beiden Werkzeuge auf Basis eines Lösungs-Stacks aus. Der Lösungs-Stack besteht aus folgenden Komponenten:

- **OpenText Information Processing Framework (IPF)**
  Im IPF werden spezialisierte Lösungen für die Verarbeitung von Geschäftsdokumenten (Rechnungen und anderen Geschäftsdokumenten) bereitgestellt. Für das SAP-System werden spezielle Add-ons zur Automatisierung mithilfe von Regeln und Workflows sowie SAP-Fiori-Lösungen bereitgestellt.
- **OpenText OCR und Information Extraction Platform (IEP)**
  Die Extraktion von Daten aus den Dokumenten wird mittels OCR und neuerdings auch mittels Machine Learning durchgeführt. Die Prüfung der Extraktionsergebnisse kann in der Validierung vorgenommen werden. Für die Prozessierung der einzelnen Geschäftsdokumente werden auf diesem Lösungs-Stack unter anderem folgende technische Komponenten bereitgestellt:
  - für die Rechnungsverarbeitung das Add-on SAP Invoice Management by OpenText und die *Business Center Capture (BCC) Invoice Solution* für die OCR-Lösung
  - spezielle Solutions Accelerators für andere Geschäftsdokumente auf Basis der technischen Komponenten Business Center und Business Center Capture
  - OpenText Information Extraction Service for SAP Solutions (IES) für Machine-Learning-Funktionen während der Extraktion der Informationen aus den Dokumenten

In Abbildung 7.2 ist die Architektur des Lösungs-Stacks dargestellt.

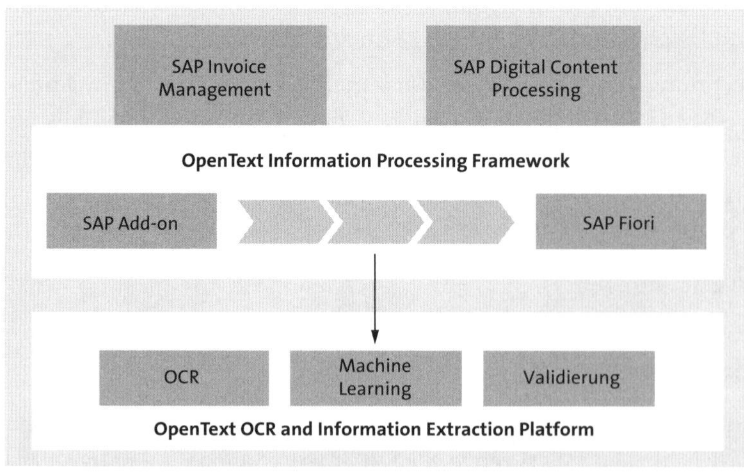


**Abbildung 7.2** Lösungs-Stack für SAP Invoice Management und SAP Digital Content Processing by OpenText

## 7.2 SAP Invoice Management by OpenText

Für Unternehmen, die SAP ERP oder SAP S/4HANA als ERP-System einsetzen und die zeitintensiven Rechnungsverarbeitungsprozesse effizienter gestalten möchten, bietet sich das Werkzeug SAP Invoice Management by OpenText an. Es wird als SAP-Add-on ausgeliefert und ermöglicht eine vollständig ins SAP-System integrierte Rechnungseingangsverarbeitung. Damit können die Rechnungsprozesse im Unternehmen komplett digitalisiert und optimiert werden.



SAP Invoice Management beinhaltet zwei Kernfunktionen, das optionale OCR-System und den Workflow im SAP-System. Zur Archivierung einer verarbeiteten Rechnung können das Archivierungssystem von OpenText (siehe Kapitel 9, »Ablage und Archivierung mit OpenText-Werkzeugen«) oder ein anderes Archivierungssystem mit der SAP-ArchiveLink-Schnittstelle verwendet werden.

Komponenten

Bei Lizenzierung der Lösung SAP Invoice Management by OpenText werden in den aktuellen Releases folgende Komponenten ausgeliefert:

- SAP Add-on (Rechnungs-Workflow)
- Scansoftware OpenText Imaging Enterprise Scan (für die Digitalisierung der Papierrechnungen)
- Freigabeanwendung basierend auf HTML5 (Approval Portal)
- verschiedene SAP-Fiori-Apps für den Workflow-Prozess
- Self-Service-Anwendung für Lieferanten (Supplier Self Service)

Lizenzierung

Eine häufig gestellt Frage ist, welche Lizenzen bei OpenText und welche bei SAP erworben werden können. Eine Übersicht finden Sie in Abbildung 7.3. Es gibt verschiedene Lizenzmodelle für den Betrieb mit der klassischen SAP Business Suite, die On-Premise-Version von SAP S/4HANA und SAP S/4HANA Cloud. OpenText Vendor Invoice Management entspricht SAP Invoice Management und OpenText Invoice Management Capture Center entspricht SAP Information Extraction by OpenText. SAP Information Extraction und der OpenText Archive Server können bei Bedarf separat lizenziert werden.

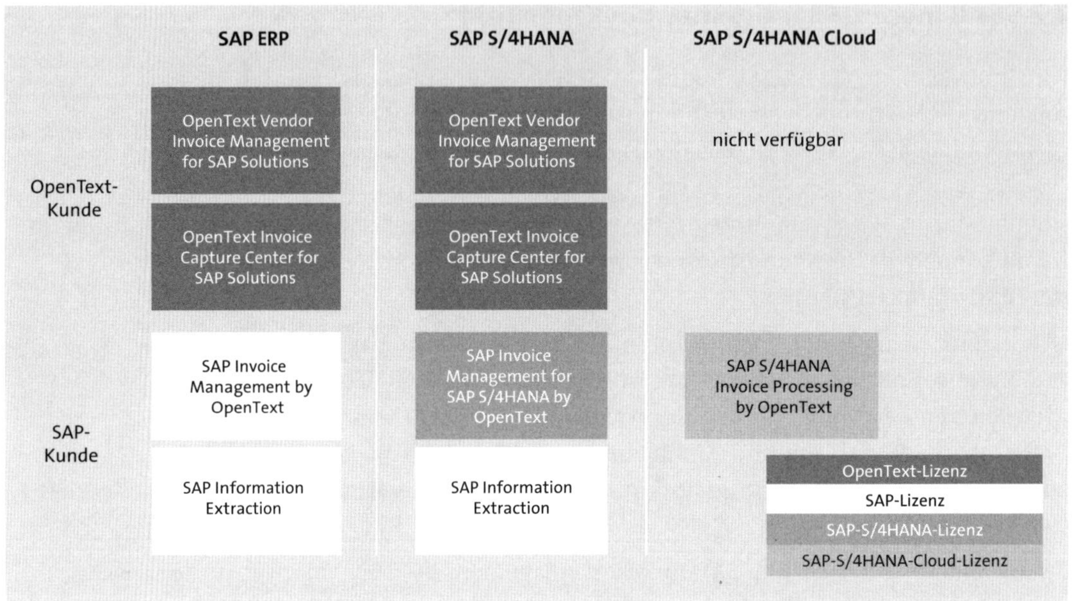


**Abbildung 7.3** Lizenzpakete für SAP Invoice Management by OpenText und SAP

### 7.2.1 Einführung in die Funktionsweise von SAP Invoice Management

**Prozess der Rechnungsverarbeitung**

Der Prozess der Rechnungsverarbeitung ist Teil unseres Referenzprozesses Purchase-to-Pay. Das ECM-Werkzeug SAP Invoice Management ist, wie in Abbildung 7.4 dargestellt, in mehrere Schritte aufgeteilt. Die einzelnen Schritte werden im Folgenden behandelt. Anschließend erläutere ich weitere wesentliche Funktionen.

1. **Empfangen**
   Die Rechnungen können über verschiedene Kanäle empfangen werden. Mögliche Kanäle sind unter anderem Scan, elektronische strukturierte Datei, E-Mail oder ein Business Network wie SAP Ariba. An SAP Invoice Management übermittelte Rechnungen werden sofort nach Übergabe im angeschlossenen Ablagesystem archiviert.
2. **Umwandeln**
   Die Daten von papierbasiert oder per E-Mail empfangenen Rechnungen werden beim Einsatz von SAP Information Extraction mittels OCR-Software ausgelesen. Ansonsten müssen die Daten manuell erfasst werden oder man muss einen elektronischen Datensatz vom Lieferanten erfragen.

3. **Prüfen und Vervollständigen**
   Die über OCR erkannten Daten werden je nach Einstellung über die Validierungsoberfläche zur Überprüfung vorgelegt oder direkt an den Workflow geleitet.
4. **Ausnahmenbehandlung**
   In diesem Schritt werden durch das System verschiedene Prüfungen der Daten vorgenommen. Bei Auffälligkeiten wird eine Ausnahme erkannt und an den zuständigen Bearbeiter zur Begutachtung und Lösung weitergeleitet. Ziel ist es, sicherzustellen, dass ein kompletter und konsistenter Beleg zur Buchung übergeben wird.
5. **Freigabe**
   Für Rechnungen ohne Bestellbezug ist eine mehrstufige Sachlich-richtig-Zeichnung des Belegs vorgesehen, bevor die Buchung erfolgt. Für Rechnungen mit Bestellbezug wird nur im Abweichungsfall (Abweichung zwischen Bestellung, Wareneingang, Rechnung) eine Freigabe notwendig.
6. **Bezahlen**
   Die Zahlung der Rechnung erfolgt im SAP-Standardsystem.

OpenText liefert auch mehrere Möglichkeiten, die Vorgänge zu überwachen.

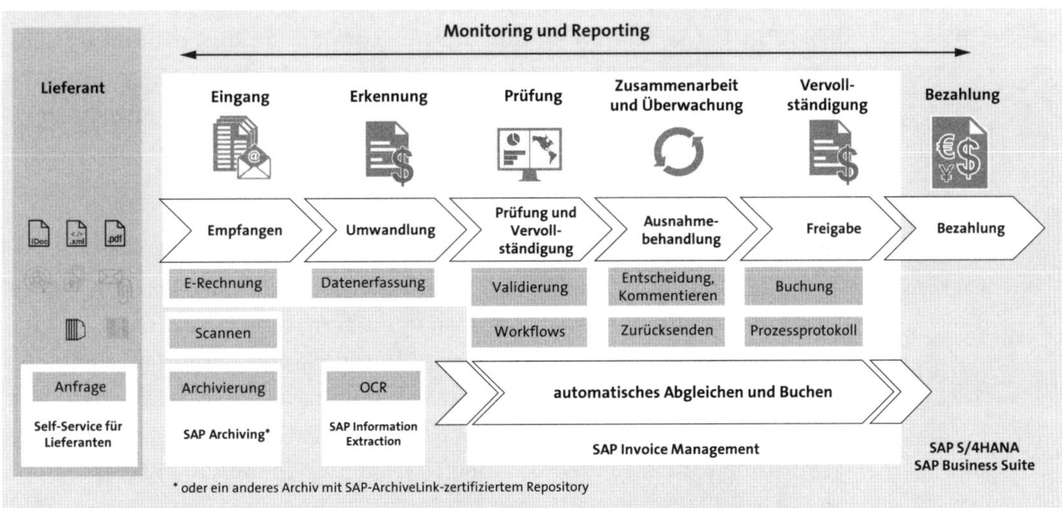


**Abbildung 7.4** Gesamtprozessübersicht für SAP Invoice Management

Grundlage für die Funktionsvorstellung in den folgenden Abschnitten sind folgende Softwarekomponenten und Releasestände:

**Softwarekomponenten**

- **SAP Invoice Management by OpenText 7.5**
  SAP-Add-on für den Rechnungs-Workflow und die Funktionen innerhalb des SAP-Systems
- **Business Center Capture 16.3 (Komponente von SAP Information Extraction)**
  OCR-Extraktion der Rechnungsdaten
- **Approval Portal**
  Freigabe von Rechnungen ohne Bestellbezug
- **SAP-Fiori-Apps**
  Alternative zur SAP-GUI-Oberfläche oder zu speziellen Apps im Genehmigungsprozess für Rechnungen ohne Bestellbezug
- **OpenText Imaging Enterprise Scan**
  Einscannen der papierbasierten Dokumente
- **OpenText-Validierungsclient**
  Prüfen und gegebenenfalls Ergänzen der extrahierten Rechnungsdaten
- **OpenText Imaging Windows Viewer**
  Anzeige der archivierten Dokumente in SAP

Baseline-Konfiguration

Mit SAP Invoice Management wird bereits ein Satz vordefinierter Funktionen und Regeln mit ausgeliefert. Diese werden als *Baseline-Konfiguration* bezeichnet. Die Baseline-Konfiguration können Sie durch umfangreiche Erweiterungsmöglichkeiten an Ihre Bedürfnisse anpassen. Hierfür werden Möglichkeiten für die kundenspezifische Erweiterung mit Funktionsbausteinen, eigenen Klassen etc. bereitgestellt.

### 7.2.2 Rollen und Berechtigungen in SAP Invoice Management

Rollenauflösung

An einem Rechnungsprozess sind verschiedene Bearbeiterrollen beteiligt. Eine *Rolle* definiert eine Gruppe von Benutzern, die für bestimmte Aufgaben während der Rechnungsbearbeitung zuständig sind. Die Benutzer, denen eine Rolle zugeordnet wurde, werden in SAP Invoice Management zur Laufzeit anhand der definierten *Rollenauflösung* ermittelt. Die Benutzerermittlung kann als Ergebnis einen oder mehrere Benutzer ergeben.

SAP-Berechtigungen

Die SAP-Berechtigungen für die relevanten SAP-Transaktionen (z. B. FB60, FB03) und den Zugriff auf die SAP-Daten werden weiterhin durch die dem Benutzer zugehörigen SAP-Berechtigungsrollen ermittelt. In Abbildung 7.5 ist der Zusammenhang zwischen einer Rolle in SAP Invoice Management, dem SAP-Benutzer und der SAP-Berechtigungsrolle dargestellt.

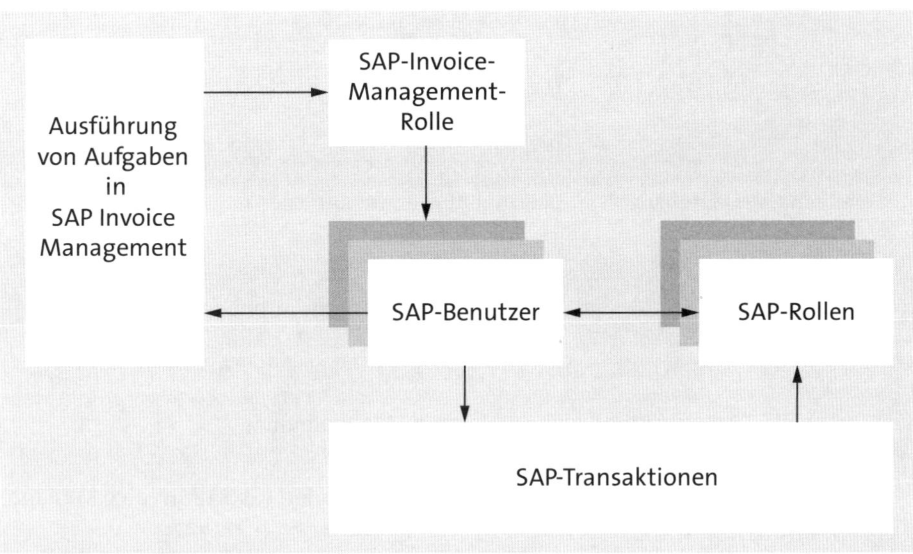


**Abbildung 7.5** Rollenauflösung in SAP Invoice Management

**Standardrollen in SAP Invoice Management**

In der Baseline-Auslieferung werden die in Tabelle 7.1 aufgeführten Rollen für SAP Invoice Management ausgeliefert.

| Rolle | Beschreibung |
|---|---|
| Buyer | Einkäufer |
| Indexer | Belegbearbeiter, der die Belegdaten eingibt oder validiert |
| Dublicate Analyst | Prüft Belege, die als Duplikate erkannt wurden. |
| Accounts Payable Processor (AP Processor) | Buchhalter |
| Rescan | Ist für den Rescan von Rechnungen zuständig. |
| Requestor/Requistioner | Anforderer |
| Service Requistioner | Ist für die Anforderung von Dienstleistungen zuständig. |
| Service Approver | Ist für die Freigabe von Dienstleistungen zuständig. |
| Receiver | Empfänger |
| Validator | Ist für die Validierung der Rechnungsdaten zuständig. |
| Tax Expert | Steuerexperte, ist für Steuerangelegenheiten zuständig. |

**Tabelle 7.1** Standardrollen in SAP Invoice Management

| Rolle | Beschreibung |
|---|---|
| Information Provider | Die Rolle kann jedem Benutzer zugeordnet werden, damit weitere Informationen eingeholt werden können. |
| Vendor Maintenance | Stammdatenverantwortlicher |
| WFAdmin | Workflow-Administrator |
| Coder | Ist für die Kontierung von Rechnungen zuständig. |
| Approver | Ist für die Freigabe von Rechnungen zuständig. |

**Tabelle 7.1** Standardrollen in SAP Invoice Management (Forts.)

Im Customizing können bei Bedarf weitere Rollen für SAP Invoice Management definiert werden.

**VIM Role Framework**

Das *Vendor Invoice Management (VIM) Role Framework* nutzt für die Rollenauflösung die *Produktrollenvorlagen*, die aus der Rolle in SAP Invoice Management und der Vorlagendefinition bestehen. Wie in Abbildung 7.6 dargestellt, werden die SAP-Invoice-Management-Rollen einer Produktrollenvorlage (*Template*) zugeordnet, die die Rollenauflösung gemäß der Vorlagendefinition durchführt. Durch den modularen Aufbau des VIM Role Frameworks ist eine flexible Anpassung der Rollenauflösung möglich, sodass jede denkbare Kombination abgebildet werden können sollte.

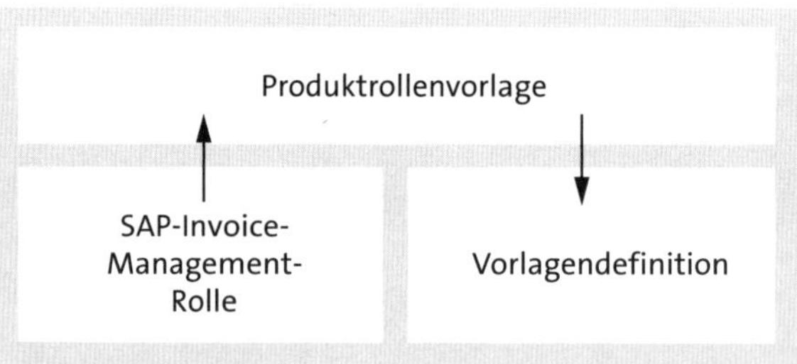


**Abbildung 7.6** VIM Role Framework

### 7.2.3 Rechnungsbearbeitung mit SAP Invoice Management

**Technische Prozesse in SAP Invoice Management**

Der Gesamtprozess der Rechnungsbearbeitung innerhalb von SAP Invoice Management gliedert sich technisch in den Eingangsprozess (*Inbound Document Processing*), den Dokumentenprozess (DP – Produktcode 005), den Genehmigungsprozess für Rechnungen ohne Bestellbezug (Produktcode IAP) sowie den Genehmigungsprozess für Rechnungen mit Bestellbezug (Produktcode LIX) auf. An den Eingangsprozess werden die Dokumente und Daten aus den Eingangskanälen des SAP-Systems übergeben.

### Technischer Eingangsprozess

**Business Center**

Der erste Schritt nach einer empfangenen Rechnung ist die automatische technische Registrierung der eingehenden Dokumente und die Zuteilung einer eindeutigen ID in der *Inbound Configuration* des Business Centers. Direkt nach der Registrierung wird das Rechnungsdokument per SAP ArchiveLink im Ablagesystem archiviert. In Abbildung 7.7 ist das Business Center innerhalb der SAP-Umgebung dargestellt.

| Beleg-ID | Kanalb. | BV Belegart | Belegartbeschreibung | Bel.status | ErzDatum | ErzZeit | BuKr. | Belegnr | Jahr | Belegdatum |
|---|---|---|---|---|---|---|---|---|---|---|
| 71 | | ZPO_75_APP | MM Verarbeitung VIM 7.5 | Gesperrt | | 00:00:00 | 1000 | 5105609683 | 2019 | 20.03.2019 |
| 70 | | ZPO_75_APP | MM Verarbeitung VIM 7.5 | Gesperrt | | 00:00:00 | 1000 | 5105609682 | 2019 | 20.03.2019 |
| 57 | | ZPO_75 | MM Verarbeitung VIM 7.5 | Gesperrt | | 00:00:00 | 1000 | 5105609676 | 2019 | 20.03.2019 |
| 51 | | ZPO_75 | MM Verarbeitung VIM 7.5 | Gesperrt | | 00:00:00 | 1000 | 5105609675 | 2019 | 18.03.2019 |
| 50 | | ZPO_75 | MM Verarbeitung VIM 7.5 | Gesperrt | | 00:00:00 | 1000 | 5105609674 | 2019 | 18.03.2019 |
| 48 | | ZPO_75 | MM Verarbeitung VIM 7.5 | Gesperrt | | 00:00:00 | 1000 | 5105609673 | 2019 | 18.03.2019 |
| 47 | | ZPO_75 | MM Verarbeitung VIM 7.5 | Gesperrt | | 00:00:00 | 1000 | 5105609672 | 2019 | 18.03.2019 |
| 3 | | ZPO_75 | MM Verarbeitung VIM 7.5 | Gesperrt | | 00:00:00 | 1000 | 5105609662 | 2019 | 25.02.2019 |

**Abbildung 7.7** Business Center

**Business Center Capture**

Nach der Ablage der Rechnung werden die Rechnungsdaten im Fall einer nicht elektronischen Rechnung (EDI-Rechnung) durch *Business Center Capture* ausgelesen (Extraktion). Nachdem die Extraktion abgeschlossen ist, wird die Rechnung dem Benutzer zur Validierung übergeben. Nach Abschluss der Validierung und des Eingangsprozesses werden die Daten an SAP Invoice Management übergeben, und der Dokumentenprozess innerhalb von SAP Invoice Management wird gestartet. In SAP Invoice Management werden die übergebenen Rechnungsdaten dem Purchase-Order-(PO-) oder Non-Purchase-Order (Non-PO-)Rechnungsprozess zugeordnet (siehe Abbildung 7.8).

**Scan von Rechnungen**

Für den Scan von Papierrechnungen steht das ECM-Werkzeug OpenText Imaging Enterprise Scan zur Verfügung. Das ECM-Werkzeug ist eine für den Massendokumentenscan ausgelegte Scansoftware. Der zum Einsatz kommende Dokumentenscanner muss direkt mit dem Scan-PC verbunden sein. Hierzu werden die Schnittstellen *Image and Scanner Interface Specification* (ISIS) oder *Kofax Virtual ReScan* unterstützt. Nicht unterstützt wird hingegen der Schnittstellenstandard TWAIN. In Abbildung 7.9 sehen Sie die Oberfläche von OpenText Imaging Enterprise Scan mit einem eingescannten Rechnungsdokument.

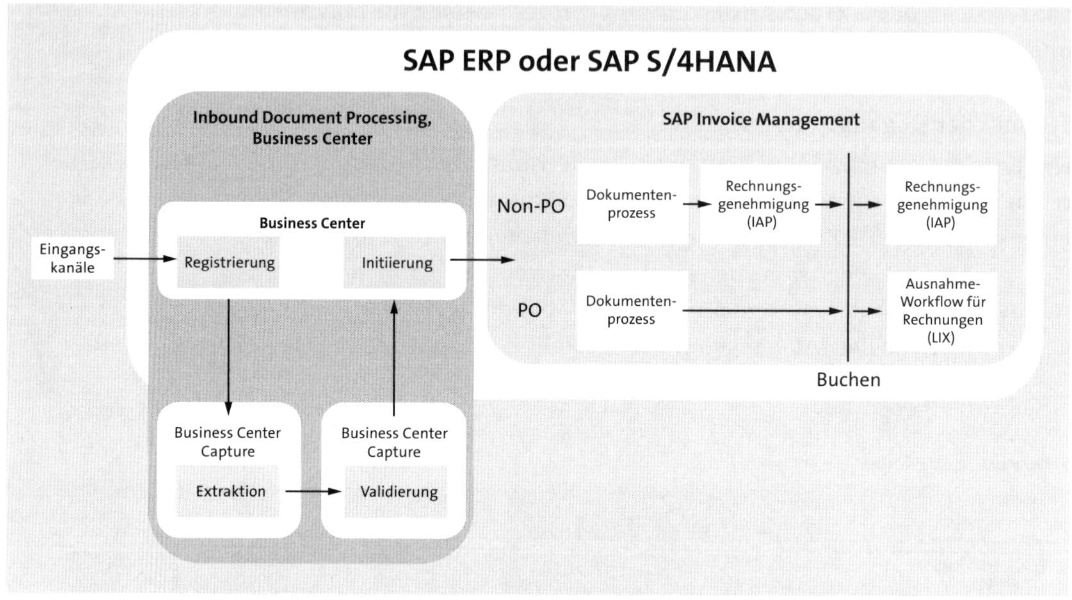


**Abbildung 7.8** Eingangsprozess

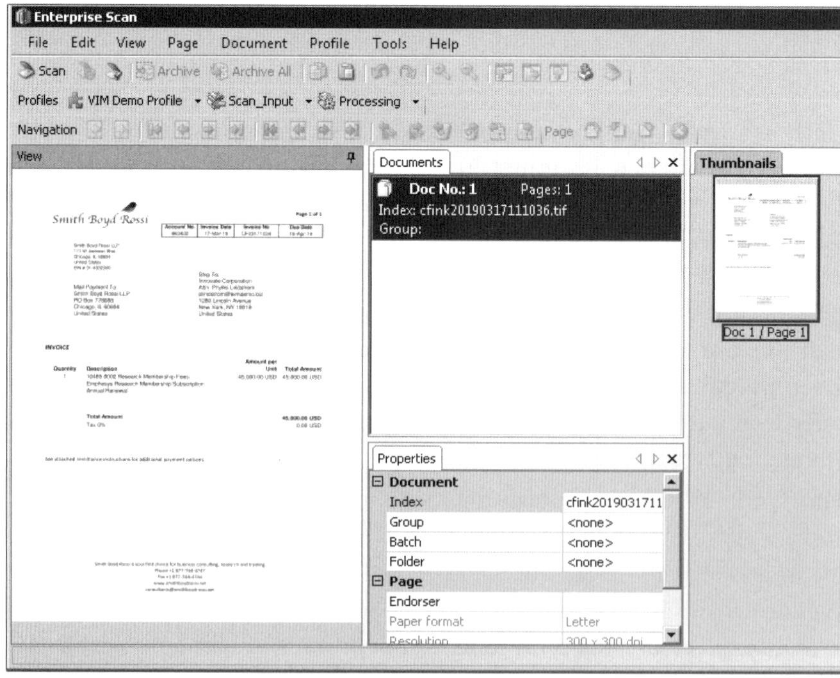


**Abbildung 7.9** OpenText Imaging Enterprise Scan

Nach der Digitalisierung der Rechnung wird diese von dem Benutzer, der für den Scan verantwortlich ist, der weiteren Verarbeitung zugeführt. Hierzu meldet sich dieser Benutzer am SAP-System an und öffnet den *VIM Workplace* (Vendor Invoice Management) über die Transaktion /OTX/VIM_WP. Hier klickt er auf den Button **Scan** (siehe Abbildung 7.10).

**VIM Workplace**

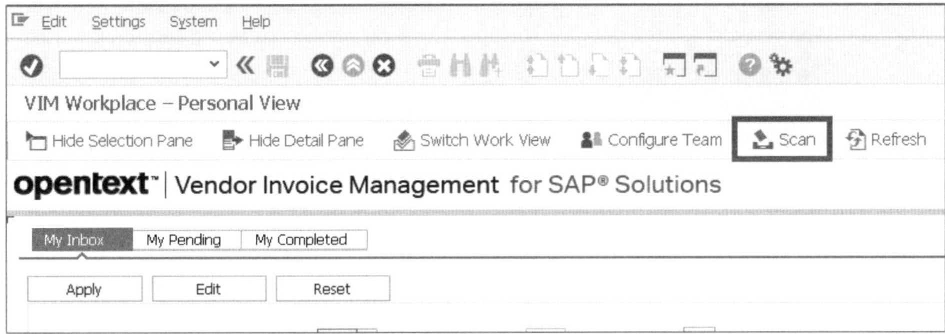


**Abbildung 7.10** Scanfunktion im VIM Workplace

**Auslieferungs- und Anmeldesprachen in den OpenText-Lösungen**

Die Auslieferungssprache der OpenText-Lösungen ist Englisch. Für einen Großteil der Oberflächenelemente ist es möglich, diverse Sprachpakete einzuspielen. In diesem Buch werden die englischen Standardoberflächen gezeigt.

Der VIM Workplace ist der zentrale Einstieg für alle Bearbeiter während der Rechnungsverarbeitung. Im VIM Workplace kann der Bearbeiter die gescannten Dokumente übernehmen und den Rechnungs-Workflow starten. Nach dem Klick auf **Scan** gelangt der Benutzer zur Auswahl des *Verarbeitungsprofils*. Über das Verarbeitungsprofil kann der Benutzer den relevanten Rechnungsprozess wählen. In Abbildung 7.11 wurde beispielsweise das Verarbeitungsprofil **VIM Invoice – US (Validation)** gewählt. Nach der Auswahl des Verarbeitungsprofils legt der Benutzer die Rechnung über den Button **Archive Document** ab. Daraufhin wird der Beleg im Business Center registriert und der Rechnungseingangsprozess gestartet. Anschließend kann der Benutzer das Fenster über den Button **Close** schließen.

**Rechnung per E-Mail**

Per E-Mail übermittelte Rechnungen werden von SAP Invoice Management per Simple Mail Transfer Protocol (SMTP) aus dem E-Mail-Postfach des Benutzers aus dem E-Mail-Server abgeholt und der weiteren Verarbeitung zugeführt. In der Konfiguration können verschiedene Funktionen ausgewählt werden, wie mit der E-Mail (Body) und dem Rechnungsanhang umgegangen werden soll.

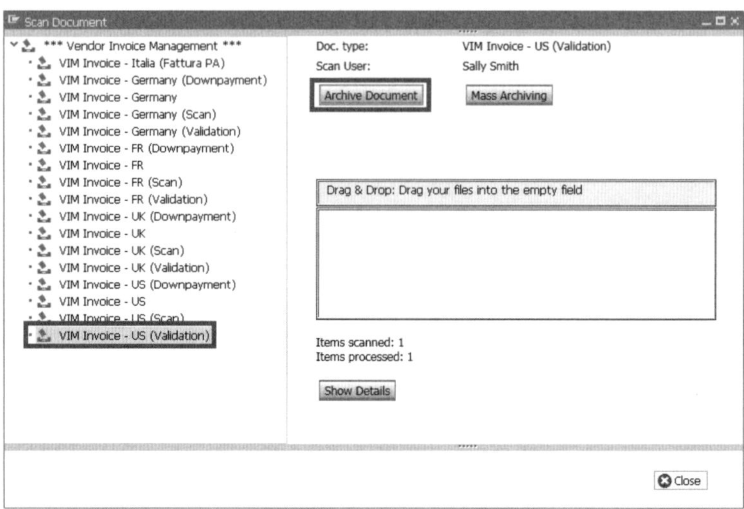


**Abbildung 7.11** Verarbeitungsprofile für Rechnungen auswählen

Beispielsweise können, wie in Abbildung 7.12 der Fall, der E-Mail-Body und der Rechnungsanhang getrennt im Ablagesystem abgelegt werden. Diese können dann über die Anlagenliste in den generischen Objektdiensten aufgerufen werden.

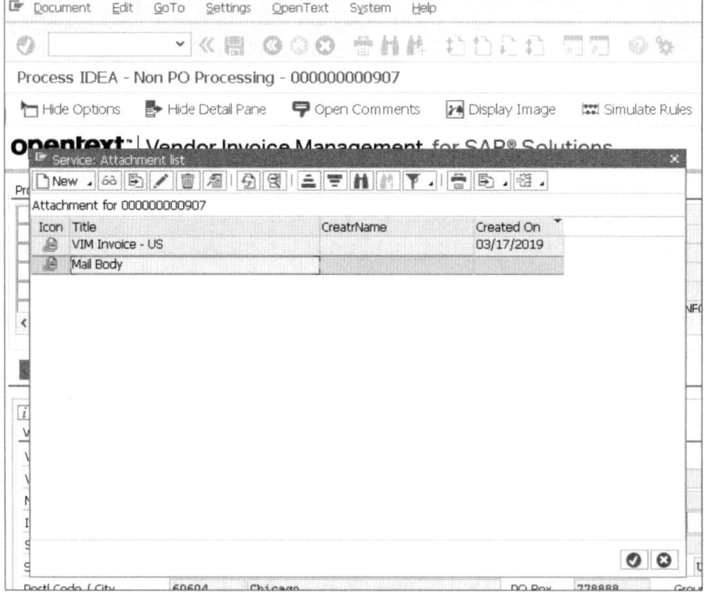


**Abbildung 7.12** Archivierter E-Mail-Body

**Rechnungen manuell hochladen**

Die Rechnungsdatei kann auch aus dem SAP-ERP-System für die Rechnungsverarbeitung mit SAP Invoice Management hochgeladen werden.

Hierzu wird die zuvor entsprechend eingerichtete Transaktion OAWD genutzt. Diese SAP-ArchiveLink-Transaktion ermöglicht den Upload von Dateien vom Desktop oder einem Fileshare.

**Rechnungen als strukturierte Datei verarbeiten**

Rechnungen können auch als strukturierte Dateien in den Formaten EDIFACT, IDoc, XML oder XRechnung an den Rechnungsempfänger übermittelt werden. SAP Invoice Management unterstützt die Verarbeitung des IDoc-Typs INVOIC02. Bei der Verarbeitung von strukturierten Dateien sind zwei Wege möglich, wie in Abbildung 7.13 dargestellt:

- Konvertierung der eingehenden strukturierten Datei in den IDoc-Typ INVOIC02 mittels einer Integrationsplattform bzw. Middleware wie *SAP Process Orchestration* (SAP PO)
- Umwandlung der eingehenden strukturierten XML-Datei durch eine XLS-Transformation im Business Center von SAP Invoice Management

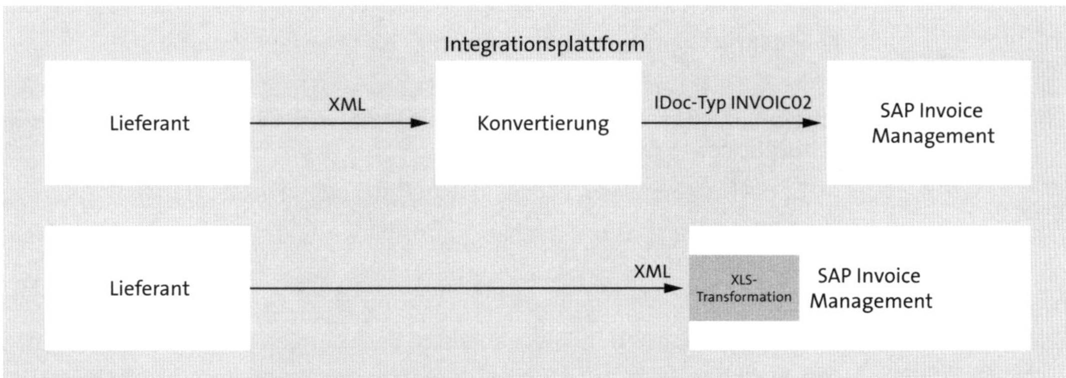


**Abbildung 7.13** Verarbeitung von XML-Eingangsdokumenten mit und ohne Middleware

**Eingangskanal SAP Ariba**

SAP Invoice Management unterstützt auch die Integration mit dem Geschäftsnetzwerk *SAP Ariba*. Im sogenannten *Ariba Network* können der Austausch von geschäftlichen Transaktionen wie Bestellungen, Rechnungen mit Geschäftspartnern und weitere andere Transaktionen erfolgen. Die an das Ariba Network übergebenen Rechnungen werden als cXML-Datei (Commerce Extensible Markup Language) an das SAP-System weitergereicht. Hierfür kann wieder eine Middleware wie SAP PO verwendet werden. SAP PO bietet spezielle Adapter für SAP Ariba an. Die Dateien werden dann als IDoc des Typs INVOIC02 übergeben. Eine weitere Möglichkeit ist die Nutzung von *Ariba Network Integration for SAP Business Suite*. Dabei handelt es sich um eine Webservice-Anwendung, mit der man das SAP-System entweder direkt oder über eine Middleware mit dem Ariba Network verbindet. Abbildung 7.14 stellte diese beiden Integrationsmöglichkeiten gegenüber.

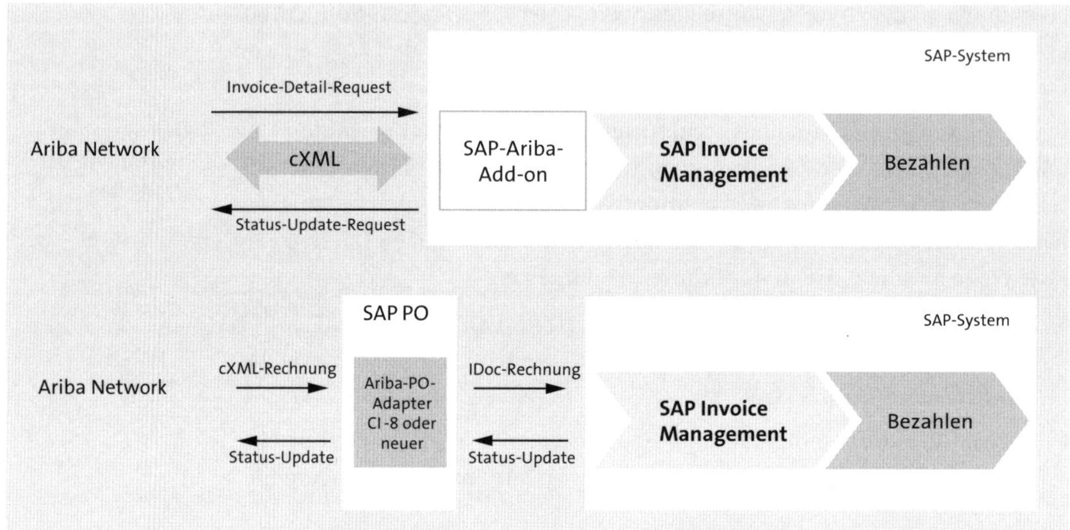


**Abbildung 7.14** Integration von SAP Ariba in SAP Invoice Management

[»]

**Komponente OTVIMARB**

Für die Nutzung der Webanwendung Ariba Network Integration muss die Komponente OTVIMARB installiert werden, die in der Auslieferung von OpenText verfügbar ist.

**Extraktion der Rechnungsdaten**

Nach der Übergabe der eingegangenen Rechnungen an den Rechnungsprozess wird der Beleg in SAP Invoice Management angelegt. Der Belegstatus gibt Auskunft darüber, welche Belege vom OCR-System noch verarbeitet werden müssen. Business Center Capture ist eine optionale Komponente von SAP Invoice Management, um Daten aus digitalen oder digitalisierten Dokumenten zu extrahieren. Die Rechnungsdokumente dazu werden von Business Center Capture geladen, und die Extraktion der Daten wird durchgeführt.

**OpenText Information Extraction Service**

Ende 2018 hat OpenText außerdem das Werkzeug *OpenText Information Extraction Service for SAP Solutions* (IES) auf den Markt gebracht. Mit IES wird Machine-Learning-Funktionalität für die Extraktion von Rechnungsdaten bereitgestellt. Die Lernkurve des Systems soll damit wesentlich schneller ansteigen und somit auch das Erkennen der Rechnungsdaten wesentlich erhöht werden. IES kann zusätzlich zu Business Center Capture, aber auch eigenständig installiert werden.

**Validierung der extrahierten Daten**

Nach der erfolgten Extraktion der Rechnungsdaten folgt in der Regel die Validierung der Extraktionsergebnisse. Für die Validierung wird der ausgelieferte *Validierungsclient* verwendet, der auf dem PC des hierfür zuständigen Mitarbeiters installiert werden muss. Der Aufruf erfolgt über eine Verknüpfung. Während der Validierung wird der Benutzer von einer farblichen Hinterlegung der Felder unterstützt. Grün markierte Felder wurden von Business Center Capture und der Systemlogik als in Ordnung gekennzeichnet. Rote Felder zeigen an, dass hier eine manuelle Überprüfung durch den Benutzer erforderlich ist (siehe Abbildung 7.15). Auch in der Rechnung selbst werden die ausgelesenen Daten farbig markiert, sodass der Benutzer erkennen kann, an welcher Stelle des Dokuments die Daten extrahiert wurden. Dies erkennen Sie rechts in Abbildung 7.15.

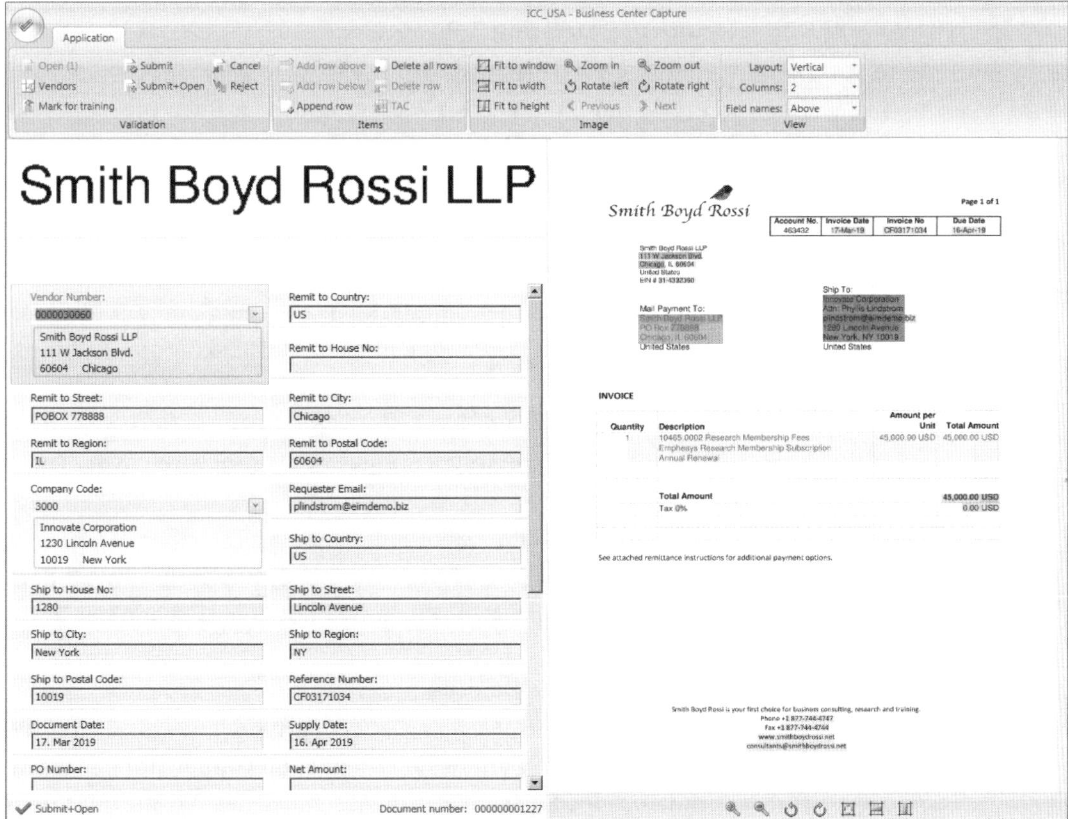


**Abbildung 7.15** Validierungsclient in SAP Invoice Management

Nach der Validierung der Belegdaten wird der Eingangsprozess abgeschlossen, und der Rechnungs-Workflow und somit die Rechnungsbearbeitung innerhalb des SAP Invoice Managements gestartet.

### Rechnungsbearbeitung

Workflow-Arten in SAP Invoice Management

Nach Abschluss des Eingangsprozesses werden die Rechnungsdaten an SAP Invoice Management übergeben und der *VIM-Beleg* wird angelegt. Der Workflow-Prozess wird durch verschiedene Sub-Workflows abgebildet. Folgende Sub-Workflows werden unterschieden:

- 005 – Document Processing Workflow (DP)
- LIX – PO Parking and PO Blocking Workflow
- IAP –Invoice Approval Workflow
- PIR – Non-PO Parking Workflow

Diese Sub-Workflows beschreibe ich im Folgenden kurz. Für sie wird jeweils ein Workflow-Muster für SAP Business Workflow ausgeliefert:

- **005 – Document Processing (DP)**

  Der DP-Workflow verarbeitet die aus dem Eingangsprozess (Document Inbound Processing) übergebene Rechnung bis zur Buchung, zum Parken der Rechnung oder bis die Rechnung als obsolet oder Duplikat gekennzeichnet wurde.

  Workflow-Muster: WS00275269

- **LIX – PO Parking und PO Blocking Workflow**

  Es sind drei verschiedene Varianten des PO Parking and PO Blocking Workflows möglich – ein PO Parking und ein PO Blocking auf Positions- oder Kopfebene:

  - Der *Parked PO Invoice Workflow* verarbeitet die Rechnung ab dem Moment des Parkens bis zur Buchung oder bis zum Löschen der Rechnung.
    Workflow-Muster: WS00275260
  - Der *Blocked PO Invoice Workflow* verarbeitet die Rechnung ab dem Moment des Blockens bis zur Buchung oder dem Löschen der Rechnung.
    Workflow-Muster: WS00275264
  - Der *Blocked PO Invoice Header Level Action Workflow* verarbeitet die Rechnung ab dem Moment des Blockens für Aktionen auf der Ebene der Kopfdaten des Belegs bis zum Abschluss der Aktion oder dem Zurücksenden der Rechnung.
    Workflow-Muster: WS00275266

- **IAP – Invoice Approval Workflow**
  Der IAP-Workflow ermöglicht die Freigabe einer Rechnung über mehrere Stufen und kann innerhalb und außerhalb des SAP GUI genutzt werden.
  Workflow-Muster: WS00275252

Bestimmung der Dokumentart

Unmittelbar vor dem Start des DP-Workflows erfolgt eine erneute Bestimmung der Dokumentart, die bei der Einarbeitung statisch bestimmt wurde. Das bringt den Vorteil mit sich, dass auf Basis der Extraktionsergebnisse (also der Ergebnisse der OCR) entschieden werden kann, in welchen Rechnungsprozess verzweigt werden soll. Wird im Rahmen der Erkennung beispielsweise eine Einkaufsbelegnummer ausgelesen, geht das System davon aus, dass es sich um eine Rechnung mit Bestellbezug handelt. Folglich wird der DP-Workflow für PO-Rechnungen gestartet. Bleibt diese Information aus, startet der NPO DP-Workflow für Non-PO-Rechnungen.



Besteht zwischen der SAP-ArchiveLink-Belegart und dem DP-Dokumententyp eine 1:1-Beziehung (d. h., lässt sich von der SAP-ArchiveLink-Dokumentart eindeutig die DP-Dokumentart ableiten), ist die erneute Bestimmung der DP-Dokumentart nicht unbedingt erforderlich. Deshalb kann dieses Verhalten auch über die Konstante `DP_DOC_TYPE_REDETRMN` im Customizing abgeschaltet werden.

Logische Module

Innerhalb des DP-Workflows werden zunächst die für die DP-Dokumentart zulässigen logischen Module (*Logic Modules*) gestartet. Die Aufgabe der logischen Module ist die spezifische Datenergänzung bzw. Datenanreicherung. Dies geschieht im Hintergrund und bedarf keiner Zuarbeit durch den Benutzer. Beispielsweise wird über ein logisches Modul das SAP-Steuerkennzeichen für die Rechnung auf Basis des ausgelesenen Steuersatzes ermittelt. Die einzelnen logischen Module können gezielt aktiviert bzw. deaktiviert werden. Auch die Entwicklung eigener logischer Module kann über entsprechende ABAP-Klassen realisiert werden.

Prozessarten

Für die Verarbeitung von Rechnungen mit und ohne Bestellbezug sind in der Standardauslieferung verschiedene *Prozessarten* verfügbar. Die Prozessarten führen eine Gültigkeitsprüfung auf Basis der erkannten oder gepflegten Daten des Rechnungsbelegs durch. Es können die Felder des VIM-Belegs selbst geprüft werden (gefüllt/nicht gefüllt), oder es können die Daten des VIM-Belegs mit Bewegungsdaten aus anderen Belegen, wie z. B. Bestellbeleg oder Stammdaten, abgeglichen werden. Beispielsweise können so die Lieferantendaten geprüft werden. Ziel dieser Prüfungen ist es, dass der VIM-Beleg komplett ausnahmefrei ist, sodass der am Ende des Prozesses zu buchende SAP-Beleg mit den richtigen Daten angelegt werden kann. Zum Zeitpunkt der Drucklegung dieses Buches werden 64 Prozessarten für den NPO-Prozess und 100 Prozessarten für den PO-Prozess ausgeliefert.

Geschäftsregeln

Die Summe der konfigurierten Prozessarten definiert die notwendigen Verarbeitungsschritte und Prüfungen. Im Zusammenhang mit der VIM-Belegart definieren die Prozessarten den Rechnungsprozess und bilden somit die *Geschäftsregeln* des Unternehmens ab. Werden bei den Prüfungen Abweichungen festgestellt, wird eine spezifische Bearbeitung durch einen bestimmten Benutzer oder eine Gruppe von Benutzern ausgelöst. Durch diese Ausnahmebearbeitung ist der Rechnungsprozess ein dynamischer Prozess. Nur die für die spezifische Situation erforderlichen Benutzer erhalten den Rechnungsbeleg. Sollten keine Ausnahmen auftreten, ist eine automatische Buchung denkbar (*Dunkelbuchung*).

**Prüfung und Ausnahmen**

Geschäftsregeln können nur innerhalb des DP-Workflows geprüft werden. In Abbildung 7.16 wird die Prüfung der Geschäftsregel für den VIM-Beleg dargestellt. Die Prüfung beginnt immer beim ersten Prozessschritt, in diesem Beispiel der Prozessart 242. Sollte ein Prozessschritt eine Ausnahme erkennen, muss diese Ausnahme ausgelöst werden.

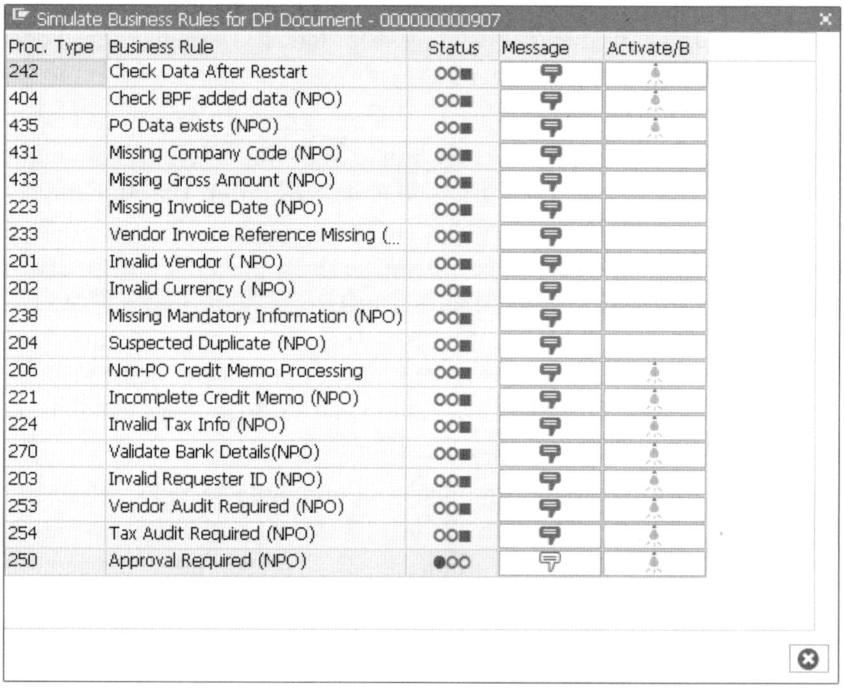

Simulate Business Rules for DP Document - 000000000907

| Proc. Type | Business Rule | Status | Message | Activate/B |
|---|---|---|---|---|
| 242 | Check Data After Restart | | | |
| 404 | Check BPF added data (NPO) | | | |
| 435 | PO Data exists (NPO) | | | |
| 431 | Missing Company Code (NPO) | | | |
| 433 | Missing Gross Amount (NPO) | | | |
| 223 | Missing Invoice Date (NPO) | | | |
| 233 | Vendor Invoice Reference Missing (... | | | |
| 201 | Invalid Vendor ( NPO) | | | |
| 202 | Invalid Currency ( NPO) | | | |
| 238 | Missing Mandatory Information (NPO) | | | |
| 204 | Suspected Duplicate (NPO) | | | |
| 206 | Non-PO Credit Memo Processing | | | |
| 221 | Incomplete Credit Memo (NPO) | | | |
| 224 | Invalid Tax Info (NPO) | | | |
| 270 | Validate Bank Details(NPO) | | | |
| 203 | Invalid Requester ID (NPO) | | | |
| 253 | Vendor Audit Required (NPO) | | | |
| 254 | Tax Audit Required (NPO) | | | |
| 250 | Approval Required (NPO) | | | |

**Abbildung 7.16** Geschäftsregeln zur Prüfung eines Rechnungsdokuments

Die Prozessart 250 meldet in Abbildung 7.16 eine Ausnahme (markierte Zeile unten), da die Genehmigung des VIM-Belegs noch aussteht. In diesem Fall muss die Genehmigung gestartet werden, die wiederum mehrere Prozessschritte (Stichwort Vieraugenprinzip) nach sich zieht. Für die Bearbeitung können daher einige Stunden oder Tage ins Land gehen. Theoretisch könnte sich in dieser Zeit noch etwas an den Daten ändern, was wieder Auswirkungen auf die Prüfung der Geschäftsregel hätte. Eine Ausnahme würde vorliegen, wenn Daten geändert werden, die eine Prozessart *vor* Prozessart 250 überprüft.

Dazu ein Beispiel: Wird in der Zwischenzeit der Lieferant auf die Auditliste gesetzt, würde die Prüfung der Prozessart 253 (Vendor Audit Recquired) eine Ausnahme erkennen. Die Auditliste definiert Lieferanten, deren Rechnungen immer einer manuellen Prüfung unterzogen werden müssen. Würde nun nach einer ersten Prüfung einer Prozessart keine Folgeprüfung erfolgen, würde die Rechnung ohne Prüfung »durchrutschen«. Die Lösung ist, dass die Geschäftsregeln immer von »oben nach unten«, also von der ersten Prozessart (hier 242) bis zur letzten Prozessart (hier 250), geprüft werden. Sollte sich also während der Bearbeitung eine relevante Änderung ergeben, würde diese Ausnahme erkannt werden. Die Ausnahme müsste dann bearbeitet werden. Die ständige Prüfung der Geschäftsregeln verhindert die Buchung eines VIM-Belegs, der nicht einwandfrei ist und noch Ausnahmen aufweist.



**By-Pass**

Ausnahmen können prinzipiell auch ignoriert werden, ohne das zugrunde liegende Problem zu beseitigen, um den weiteren Bearbeitungsverlauf zu ermöglichen und keine Endlosschleifen im Prozess zu provozieren. Die Möglichkeit, bestimmte Prozessarten zu überspringen, muss jedoch zuvor konfiguriert werden. Die Möglichkeit des Überspringens wird *By-Pass* genannt und wird durch das Lampensymbol ( ) in der Spalte **Activate/B** der Geschäftsregel symbolisiert. Ein Überspringen einer Prozessart erfordert einen Kommentar seitens des bearbeitenden Benutzers, der auch in der Historie des VIM-Belegs dokumentiert wird.

Die Geschäftsregeln werden immer an folgenden Prozessschritten geprüft:

- Beginn des DP-Workflows
- Benutzeraktion im VIM-Beleg im DP Dashboard
- innerhalb des Ausnahme-Workflows

### Ausnahmenbehandlung

Sollten die Daten des VIM-Belegs nicht vollständig sein oder sollte eine andere Ausnahme vorliegen, wird anhand des Customizings der Prozessart die verantwortliche SAP-Invoice-Management-Rolle ermittelt und die Rollenauflösung ausgeführt. Den ermittelten Benutzern wird der Workflow zur Überprüfung der Rechnung übermittelt, und die zu prüfende Rechnung wird diesen Benutzern im VIM Workplace angezeigt (Transaktion /OPT/VIM_WP). Abbildung 7.17 zeigt die Inbox des VIM Workplaces.

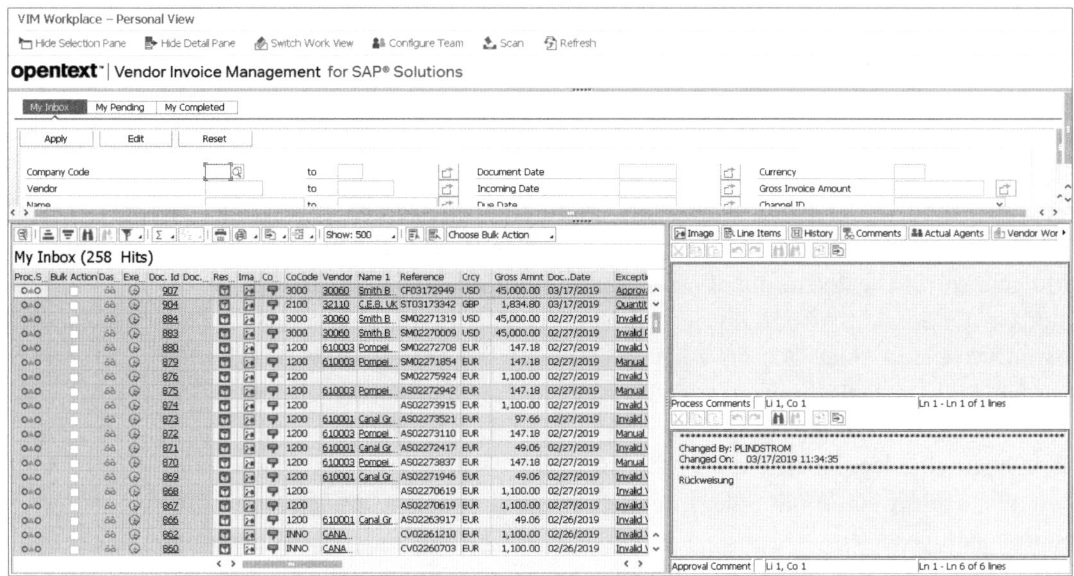


**Abbildung 7.17** VIM Workplace mit den zugeordneten Rechnungsbearbeitungs-Workflows

Hier kann der Benutzer die ihm aktuell zugeordneten Workflows sowie ausstehende und durch ihn abgeschlossene Workflows einsehen. Zur Suche innerhalb dieser Workflows stehen dem Benutzer verschiedene Selektionskriterien im oberen Bereich der Transaktion zur Verfügung. Im Bereich **My Inbox** sind alle ihm aktuell zugeordneten Workflows aufgeführt. Der Rechnungsbeleg wird durch Klicken des Buttons geöffnet.

**Prüfen und Vervollständigen**

Die Detailsicht des geöffneten VIM-Belegs sehen Sie in Abbildung 7.18. Klicken Sie hier auf den Button **Simulate Rules**. Daraufhin wird die Liste mit der Geschäftsregel und den Prozessarten geöffnet. Für die Prozessart **Missing Gross Amount (NPO)** (Fehlender Bruttobetrag) wird eine Ausnahme angezeigt. Die Prüfung ergibt, dass das Feld **Gross Amount** (Bruttobetrag) für den VIM-Belegt nicht gefüllt wurde. Dies wird unten links auf der Registerkarte **Basic Data** eingeblendet. Aufgrund dieser Ausnahme wurde der VIM-Beleg dem zuständigen Benutzer oder der zuständigen Gruppe von Benutzern zur Klärung zugestellt.

**Single Click Entry**

Dieser Benutzer kann nun den fehlenden Bruttobetrag entweder manuell oder unter Zuhilfenahme der Funktion *Single Click Entry* (SCE) in den Beleg eintragen. Um diese Funktion verwenden zu können, muss Single Click Entry vor der Nutzung von SAP Invoice Management im SAP-System und auf dem Desktop-PC installiert und konfiguriert werden.

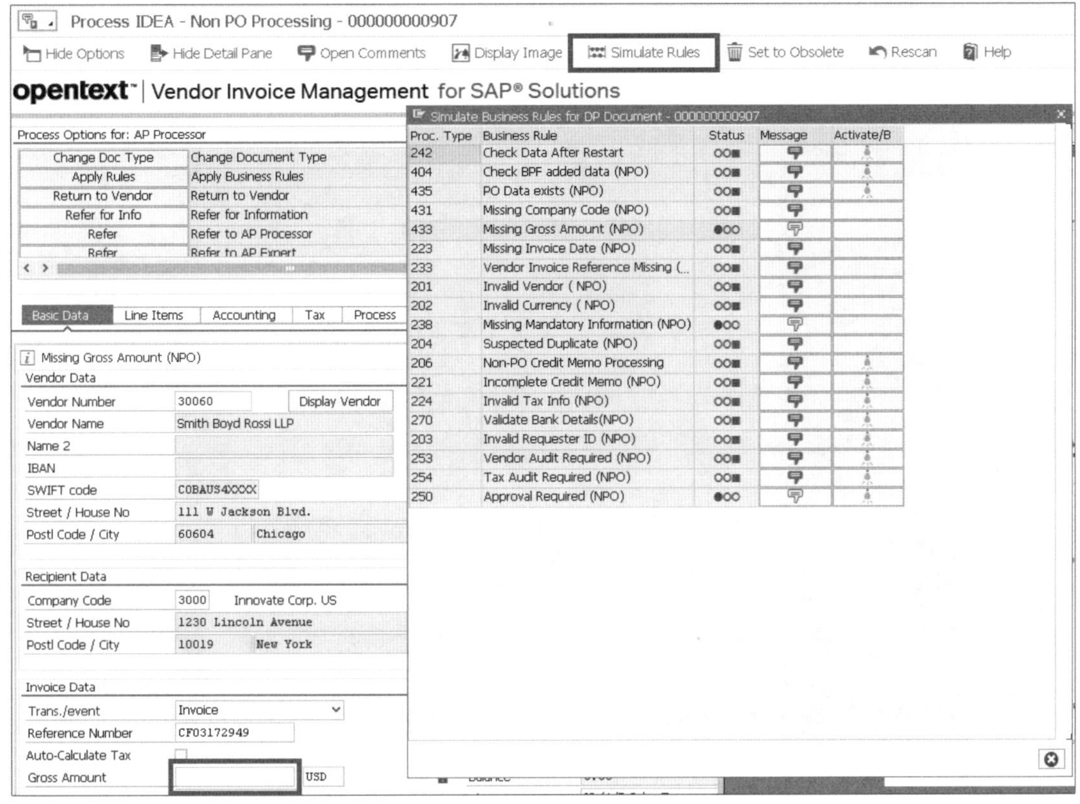


**Abbildung 7.18** Ausnahme »fehlender Bruttobetrag«

Mit Single Click Entry können Sie die Daten aus der Rechnungsdatei (dem *Rechnungsimage*) mit einem Klick in den Rechnungsbeleg übernehmen (siehe Abbildung 7.19). Ob die Funktion SCE in Ihrem System bereitsteht, erkennen Sie daran, ob der Button **Single Click Entry** eingeblendet wird.

Nachdem die Ausnahme **Missing Gross Amount (NPO)** gelöst wurde, kann der Prozess durch Ausführen des Regelwerkes in den Prozessoptionen wieder gestartet werden. Hierzu klicken Sie auf den Button **Apply Rules** und starten somit die Prüfung auf Ausnahmen. Nach der erneuten Simulierung der Geschäftsregeln über den Button **Simulate Rules** wird als nächste Ausnahme **Genehmigung obligatorisch (FI)** ermittelt. Eine Rechnung ohne Bestellbezug wird in der Regel im Mehraugenprinzip durch die im System hinterlegten Verantwortlichen freigezeichnet. Der Start des Genehmigungs-Workflows kann durch Ausführen der entsprechenden Prozessoption **Genehmigung starten** oder auch automatisch erfolgen.

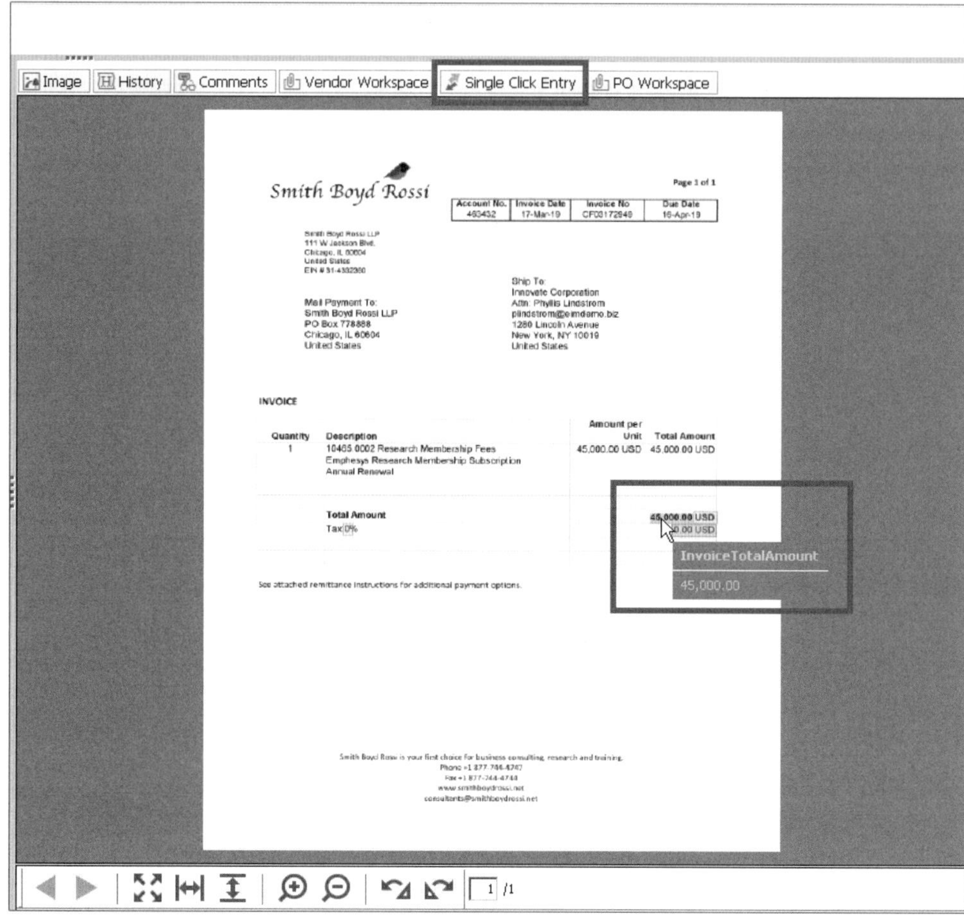


**Abbildung 7.19** Funktion »Single Click Entry« in SAP Invoice Management

**Prozessoptionen**

*Prozessoptionen* sind vordefinierte Aktionen, die im Customizing für jeden Prozessschritt definiert werden müssen. Die Prozessoptionen werden im oberen linken Kopfbereich des VIM-Belegs angezeigt (markiert in Abbildung 7.20).

Tabelle 7.2 führt einige Beispiele für Prozessoptionen auf.

| Prozessoption | Funktion |
| --- | --- |
| Belegart ändern | Wechseln der Belegart, z. B. von NPO zu PO |
| Regelwerk ausführen | Die Geschäftsregeln stellen das Regelwerk dar. Durch Ausführen dieser Aktion werden alle Prüfungen der Reihe nach durchgeführt. |

**Tabelle 7.2** Beispiele für Prozessoptionen zur Bearbeitung einer Rechnung

| Prozessoption | Funktion |
|---|---|
| Weiterleiten an <verschiedene Rollen> | Leitet die Rechnung an eine bestimmte Rolle weiter. |
| Genehmigung starten | Starten der Genehmigung der Rechnungen |

**Tabelle 7.2** Beispiele für Prozessoptionen zur Bearbeitung einer Rechnung



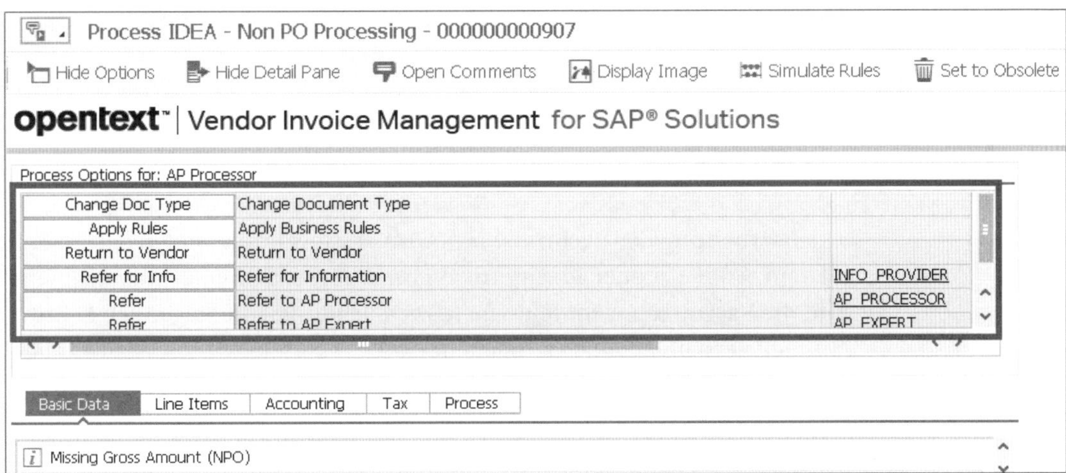


**Abbildung 7.20** Beispiele für Prozessoptionen in SAP Invoice Management

## Sachlich-richtig-Zeichnung

Rechnungen ohne Bestellbezug, auch *FI-Rechnungen* oder *NPO-Rechnungen* genannt, haben keinen Bezug zu einer SAP-Bestellung. Die Benutzer müssen aus diesem Grund die Kontierung der Rechnungen auf Sachkonten und Kostenträgern wie Kostenstellen, Projekten usw. manuell vornehmen. Die Genehmigung, oft auch *Sachlich-richtig-Zeichnung* genannt, wird nach der Kontierung eingeholt. Die für die Genehmigung der FI-Rechnung relevanten Benutzer und die für die Findung relevanten Daten (wie Kostenträger, Sachkonten etc.) werden in SAP Invoice Management in der Genehmigungsmatrix (*Chart of Authority*, kurz COA) hinterlegt. Der Genehmigungsprozess kann beispielweise wie in Abbildung 7.21 ablaufen. Nach der Kontierung (durch den Bearbeiter mit der Rolle Coder) wird die Rechnung an den Anforderer (Requester) gesendet. Nachdem der Anforderer die Rechnung freigegeben hat, werden die weiteren Genehmiger aus der COA ermittelt und der Workflow entsprechend weitergeleitet. Diesen Baseline-Genehmigungsprozess können Sie entsprechend den Bedürfnissen Ihres Unternehmens anpassen.

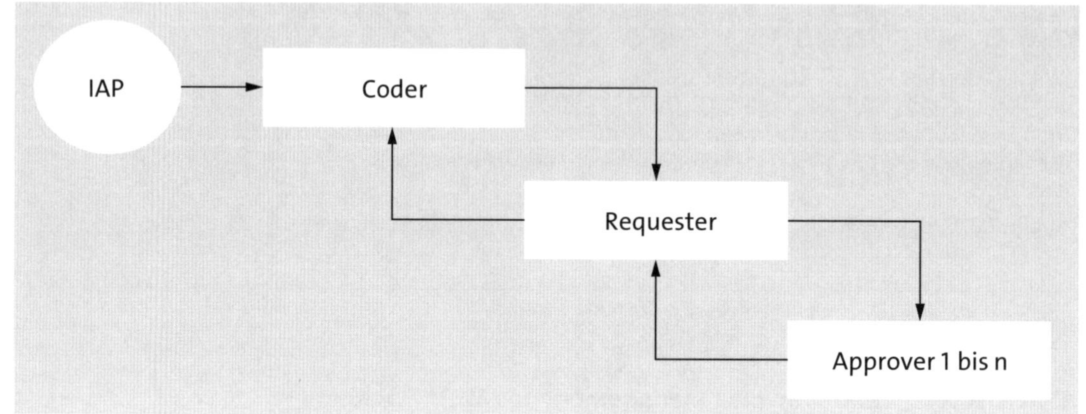


**Abbildung 7.21** Genehmigungsprozess (IAP-Workflow)

Die Bearbeitung der Rechnung im IAP-Workflow erfolgt entweder im SAP GUI, in SAP Fiori oder im Approval Portal von SAP Invoice Management. Um die Varianten zu verdeutlichen, zeige ich Ihnen die folgenden Schritte mit den verschiedenen Oberflächen.

**Kontierung im SAP GUI**

Im ersten Schritt ist die Kontierung der NPO-Rechnung notwendig. Neben der Kontierung der Rechnungen kann der Bearbeiter verschiedene weitere Funktionen nutzen. Folgende Funktionen stehen ihm zur Verfügung:

- Anlagen anzeigen und hinzufügen
- Bearbeitungsprotokoll anzeigen
- Rückfrage stellen
- Weiterleiten
- Genehmigen
- Ablehnen
- Kommentar hinzufügen

Abbildung 7.22 zeigt, wie die Prüfung und Kontierung im SAP GUI innerhalb der Transaktion /OPT/VIM_WP (dem VIM Workplace) durchgeführt wird. Hierzu werden das Sachkonto (**G/L Acc**) und die Kostenstelle (**Cost Ctr**) eingetragen. Anschließend wird der Beleg über den Button **Approve** genehmigt.

**Genehmigung in SAP Fiori**

Die Genehmigung wird im nächsten Schritt durchgeführt, z. B. wie in Abbildung 7.23 dargestellt, in einer speziellen von OpenText entwickelten SAP-Fiori-App. In der Split-Screen-Variante werden im linken Bereich die zugeteilten Belege und im rechten Bereich die Details wie Rechnungsimage und die Rechnungsdaten angezeigt. Zur Genehmigung klickt der Genehmiger auf den Button **Approve**.

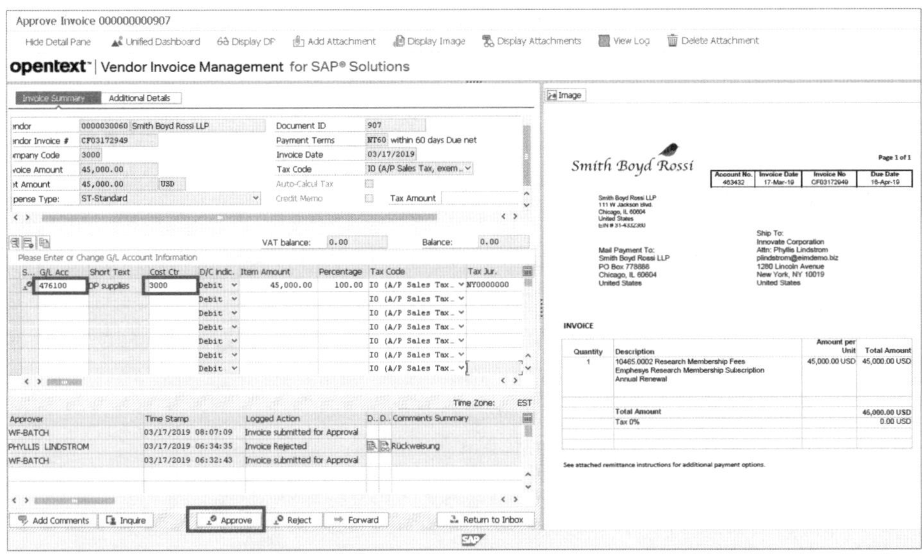

Abbildung 7.22 Kontierung einer Rechnung im SAP GUI

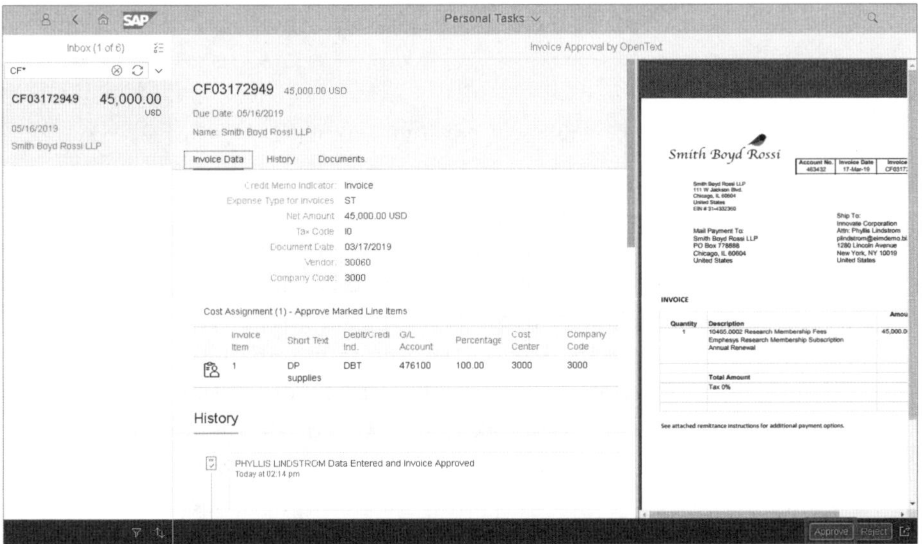

Abbildung 7.23 Freigabe der Rechnung in SAP Fiori

Der letzte Genehmigungsschritt kann im *Approval Portal* von SAP Invoice Management, einer HTML5-basierten Webanwendung, durchgeführt werden (siehe Abbildung 7.24). Das Approval Portal kann entweder im SAP Enterprise Portal oder auf einem eigenen SAP-Server bereitgestellt werden. Wurde das Approval Portal im SAP Enterprise Portal installiert, kann es dort über einen Link geöffnet werden. Auch hier findet der Genehmiger alle zugestellten Rechnungs-Workflows inklusive der Rechnungsdaten. Das Rechnungsimage wird über den Button **View Invoice** aufgerufen. Die Genehmigung der Rechnung ist über den Button **Approve** möglich.

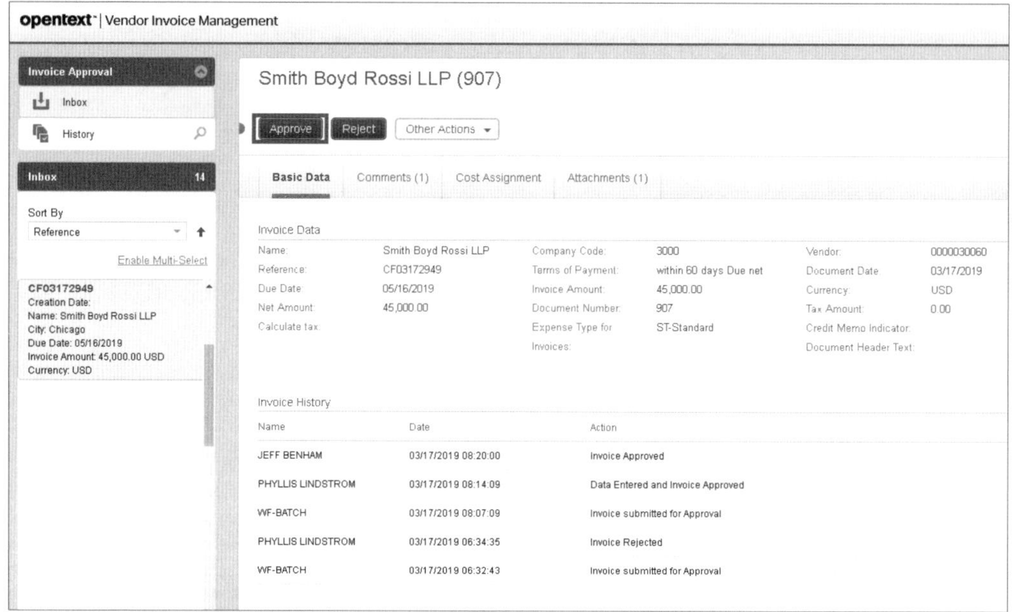


**Abbildung 7.24** Genehmigung der Rechnung im Approval Portal

### Rechnungsbuchung

Die Rechnung kann verbucht werden, wenn alle relevanten Felder gefüllt sind. Durch die richtige Konfiguration der Geschäftsregel sollte dies durch das System geprüft und sichergestellt sein. SAP Invoice Management kann so konfiguriert werden, dass die Rechnung automatisch verbucht wird, wenn diese Voraussetzung zutrifft. Die verbuchten Rechnungen können auch über *VIM Analytics* (Transaktion /OPT/VIM_VA2) gefiltert werden. Der VIM-Rechnungsbeleg bekommt nach der Verbuchung in den SAP-Standardtransaktionen die Belegnummern aus dem SAP-System (siehe Abbildung 7.25). VIM Analytics ist eine der Standardauswertungen von SAP Invoice Management. Sie beinhaltet über 80 Selektionsmöglichkeiten und kann mit verschiedenen Varianten für eine schnelle Selektion bestimmter Rechnungen sorgen.

**Abweichungen in der Logistik-Rechnungsprüfung**

Für Rechnungen mit Bestellbezug, die eine Abweichung (z. B. in der Menge oder beim Preis) aufweisen, wird der Beleg nach der Buchung mit einem *Sperrgrund* erfasst. Die Abweichung wird über ein spezielles Dashboard (siehe Abbildung 7.26) bearbeitet. Der Aufruf erfolgt im SAP GUI über die Transaktion /OPT/VIM_WP.

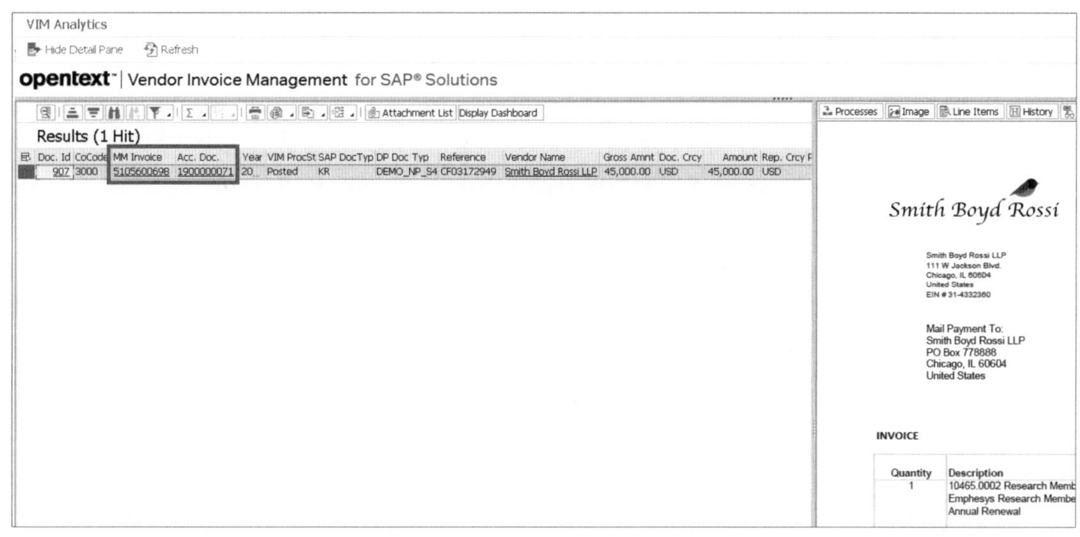

Abbildung 7.25 Prüfung einer FI-Belegnummer in VIM Analytics

Im Beispiel wurde eine Mengenabweichung festgestellt. Der Grund hierfür ist der, dass der Wareneingang für die Bestellposition noch nicht erfasst wurde. Durch einen Klick auf den Buttons **POST GR** in den Prozessoptionen wird die Transaktion MIGO (Warenbewegungen) in SAP ERP aufgerufen, und der Wareneingang kann erfasst werden.

Abbildung 7.26 Mengenabweichung im Rahmen der Rechnungsbuchung bearbeiten

### 7.2.4 Reporting in SAP Invoice Management

**Standardreports**

Für die Optimierung der Rechnungsverarbeitung bietet SAP Invoice Management verschiedene Auswertungen. Diese umfassen Live-Berichte zu Prozesslaufzeiten, Volumen und Beträgen, bieten aber auch Informationen für die Buchhaltung und Unternehmensführung.

Folgende Standardauswertungen können genutzt werden:

- KPI Dashboard
- VIM Analytics
- VIM Analytics Current Liability Report
- Central Reporting, bestehend aus den folgenden Berichten:
  - Summenbericht
  - zentraler Auditbericht
  - Kernprozessauswertung
  - Ausnahmenanalysebericht
  - Produktivitätsbericht
  - Forderungenbericht

Als Beispiel für Reports in VIM Analytics zeigt Abbildung 7.27 die Auswertung der aktuellen Verbindlichkeiten (Current Liability, Transaktion /OPT/VAN_LIABILITY).

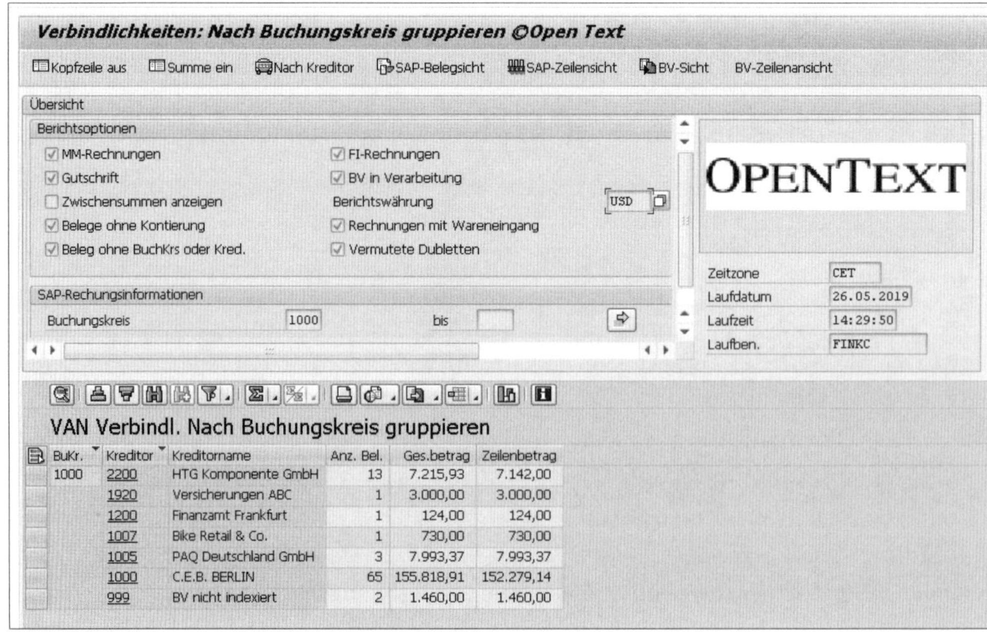


| BuKr. | Kreditor | Kreditorname | Anz. Bel. | Ges.betrag | Zeilenbetrag |
|---|---|---|---|---|---|
| 1000 | 2200 | HTG Komponente GmbH | 13 | 7.215,93 | 7.142,00 |
| | 1920 | Versicherungen ABC | 1 | 3.000,00 | 3.000,00 |
| | 1200 | Finanzamt Frankfurt | 1 | 124,00 | 124,00 |
| | 1007 | Bike Retail & Co. | 1 | 730,00 | 730,00 |
| | 1005 | PAQ Deutschland GmbH | 3 | 7.993,37 | 7.993,37 |
| | 1000 | C.E.B. BERLIN | 65 | 155.818,91 | 152.279,14 |
| | 999 | BV nicht indexiert | 2 | 1.460,00 | 1.460,00 |

**Abbildung 7.27** Beispielreport in VIM Analytics

Die Berichte müssen im Customizing eingerichtet werden, damit eine Auswertung möglich ist.

**DataSources für SAP BW**

Neben den verfügbaren Reports können Unternehmen auch die Auswertungsmöglichkeiten von SAP Business Warehouse (SAP BW) nutzen. SAP Invoice Management liefert DataSources für SAP BW mit folgenden Komponenten:

- Extraktoren
- InfoObjects
- DataStore-Objekte (DSO)
- InfoCubes
- InfoPackages
- MultiProvider
- Datentransferprozesse (DTP)
- Transformationen
- BW-Query-Variablen
- Prozessketten

### 7.2.5 Einrichtung und Customizing von SAP Invoice Management

In diesem Abschnitt gebe ich Ihnen einen Einblick in das Customizing von SAP Invoice Management. Auf die Installation und das Customizing des SAP-Add-ons und des OCR-Servers für Business Center Capture gehe ich nicht detailliert ein. Die Anleitungen sind im Knowledge Center von OpenText unter *https://knowledge.opentext.com* verfügbar.

[«]

**Englische Anwendungsoberfläche**

OpenText empfiehlt, das System mit englischer Anmeldesprache zu konfigurieren.

#### Einstellungen für E-Mails

Die E-Mail-Verarbeitung erfolgt über *SAP Connect*. Die Eingangsverarbeitung für SAP Connect muss in jedem System dezentral angepasst werden. Dazu verwenden Sie Transaktion SCOT (E-Mail-Konfiguration):

1. Öffnen Sie die Transaktion SCOT.
2. Legen Sie unter **Einstellungen • Eingehende Nachrichten • Eingangsverarbeitung** einen neuen Eintrag an (siehe Abbildung 7.28). Verwenden Sie dazu die Einstellungen aus Tabelle 7.3.

| Feld | Wert |
|---|---|
| **Kommunikationstyp** | **Internet Mail** |
| **Empfängeradresse** | Ihre E-Mail-Adresse für eingehende Rechnungen |
| **Exit-Name** | /OPT/CL_C_IDH_CHANNEL_EMAIL |
| **Dokumentenklasse** | Dokumentenklasse |

**Tabelle 7.3** Feldwerte zur Konfiguration von SAP Connect

**Abbildung 7.28** Einrichten von SAP Connect in Transaktion SCOT

### Customizing des Business Centers

Grundlage für die Eingangsverarbeitung von Rechnungen mit dem Business Center von SAP Invoice Management ist die Installation des Add-ons OTBCSL03 und der zugehörigen Business Configuration Sets (BC Sets).

**Logisches System**

Das Business Center kann als lokales System oder als Multisystem genutzt werden. Im folgenden Beispiel wird das *logische System* des Business Centers als lokales System gepflegt. Ein logisches System identifiziert ein System in einem verteilten Umfeld eindeutig. Da wir in einer nicht verteilten Umgebung tätig sind, wird es lokal hinterlegt. Die Einrichtung erfolgt in Transaktion /OTX/PF00_IMG:

1. Starten Sie die Transaktion /OTX/PF00_IMG, und navigieren Sie zu dem Customizing-Schritt **General Settings • Logical Systems**.
2. Klicken Sie auf den Button **New Entries**, und legen Sie einen neuen Eintrag »LOCAL« an. Vergleichen Sie die Einstellung mit Abbildung 7.29.

**Grundeinstellungen**

Durch die Aktivierung der BC Sets für das Business Center werden die meisten Werte zu Grundeinstellungen bereits vorausgefüllt.

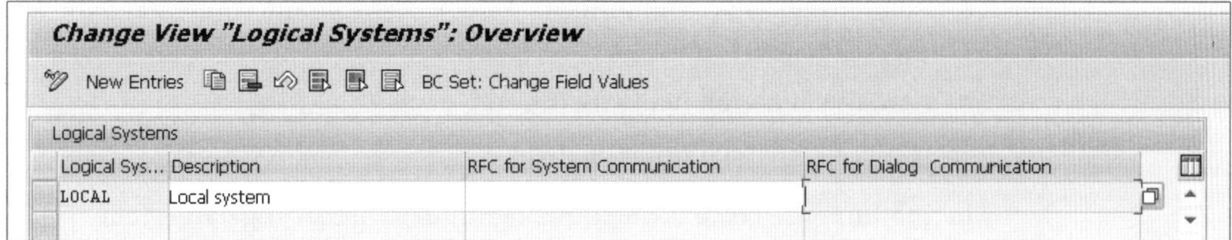


**Abbildung 7.29** Logisches System einrichten

Offen ist hingegen die Einstellung des Content Repositorys für die Ablage ARCHIV_XML. Richten Sie diesen wie folgt ein:

1. Starten Sie die Transaktion /OTX/PF00_IMG, und navigieren Sie zu dem Customizing-Schritt **Inbound Configuration • Basic Settings**.
2. Tragen Sie die ID Ihres Content Repositorys im Parameter ARCHIV_XML (ArchiveID for XML) ein (siehe Abbildung 7.30).

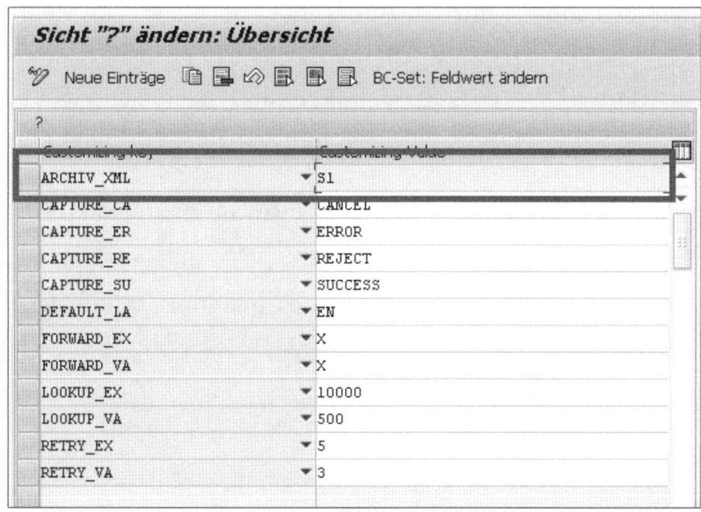


**Abbildung 7.30** Konfiguration des Content Repositorys für das Business Center

## Customizing der Validierungseinstellungen

Validierungsgruppen

Die Validierungseinstellungen legen fest, wann ein Rechnungsbeleg nach der Extraktion einem Benutzer zur Überprüfung vorgelegt wird. Hierzu werden *Validierungsgruppen* gepflegt, in denen festgelegt wird, wann ein Rechnungsbeleg überprüft werden muss. Dazu rufen Sie Transaktion /OTX/PF00_IMG auf und navigieren zum Customizing-Schritt **Inbound Configuration • Business Center Capture • Validation**.

Für die Überprüfung der Rechnungsdokumente können die folgenden Einstellungen vorgenommen werden:

- Validierung, falls konfigurierte Felder nicht gefüllt sind (**Validate for selected fields**)
- niemals validieren (**Validate never**)
- immer validieren (**Validate always**)

In Abbildung 7.31 ist das Customizing für die Validierung dargestellt.

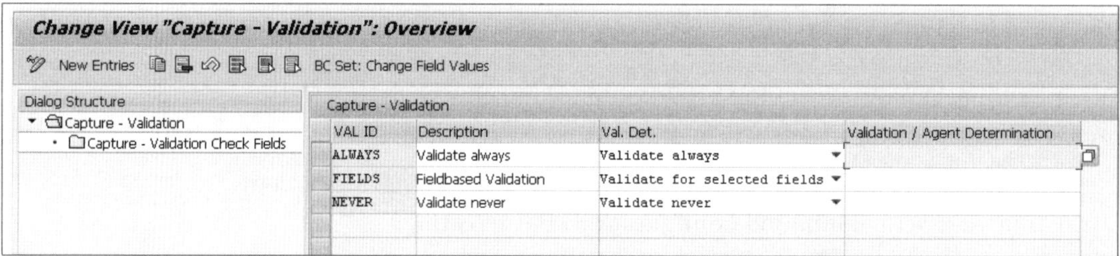


**Abbildung 7.31** Validierungseinstellungen für das Business Center

**Dokumentart zuweisen**

Die Validierungseinstellungen müssen zum Schluss noch der Dokumentart zugewiesen werden. Gehen Sie dazu wie folgt vor:

1. Starten Sie die Transaktion /OTX/PF00_IMG, und navigieren Sie zu dem Schritt **Inbound Configuration • Business Center Capture • Validation Assignment**.
2. Klicken Sie auf den Button **New Entries**, und legen Sie einen neuen Eintrag zur Dokumentart an.

In Abbildung 7.32 wurde für die kundeneigene Dokumentart `Z_VIMICC` festgelegt, dass diese Belege immer in die Validierung laufen sollen.

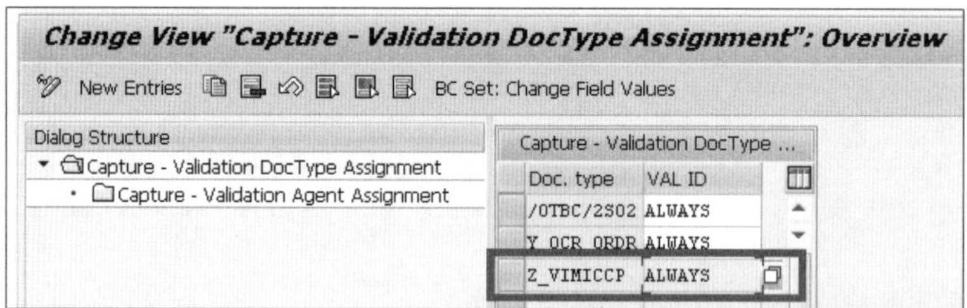


**Abbildung 7.32** Zuweisung der Validierungsgruppe zu einer Dokumentart

**Validerungsbenutzer zuweisen**

Nach der Konfiguration der Validierungseinstellungen müssen Sie noch die Benutzer zuweisen, die die Validierung vornehmen werden:

1. Öffnen Sie dazu den Ordner **Capture – Validation Agent Assignment**, und klicken Sie auf den Button **New Entries**.
2. Legen Sie einen neuen Eintrag mit der ID des SAP-Benutzers an (siehe Abbildung 7.33).

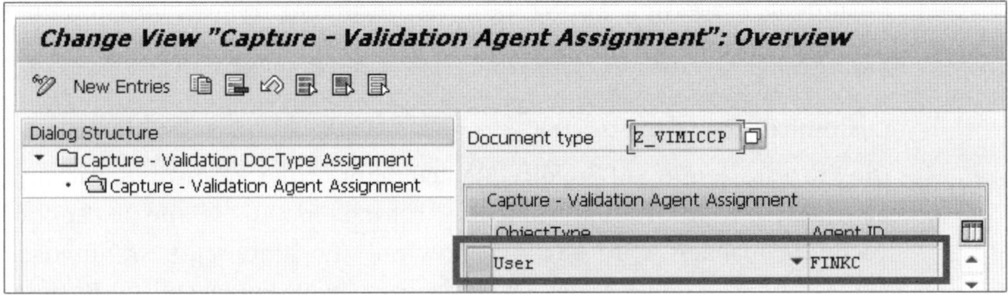


**Abbildung 7.33** Benutzer für die Validierung festlegen



### Customizing der Belegarten

Die DP-Dokumentart (Belegart) ist das Schlüsselelement für die Bearbeitung der eingehenden Dokumente mit SAP Invoice Management. Über die Belegart werden zentrale Einstellungen vorgenommen, die das Verhalten des Workflows definieren. Mit der Baseline-Konfiguration werden eine Reihe von Standardbelegarten ausgeliefert:

- NPO_75 – Rechnungen ohne Bestellbezug
- PO_75 – Rechnungen mit Bestellbezug
- DWN_75 – Anzahlungen

**Prozesseinstellungen anhand der Belegart**

Die folgenden grundlegenden Einstellungen der Prozesse werden über die Belegart durchgeführt:

- Zuordnung von Nummernkreisen
- Herkunft und Verarbeitungsart der Rechnungsdaten
- Festlegung, ob es sich um einen speziellen Prozess wie Anzahlung oder Rechnungen/Gutschrift handelt
- Rechnungen mit oder ohne Bestellbezug
- Festlegung der SAP-FI-Belegart (statisch oder dynamisch)
- Beeinflussung des Oberflächenaufbaus des Index-Screens
- Standardrolle, die für den Rescan verantwortlich ist
- Standardrolle, die für die Buchung verantwortlich ist
- die Art und Weise der Dublettenprüfung
- Standardrolle, die bei möglichen Dubletten verantwortlich ist
- Standardprozessart für die Buchung der Rechnung
- Einstellungen und Festlegungen zur Steuerermittlung
- Matching der Rechnungs- und Bestellpositionen/Wareneingänge

Das Customizing der Belegarten erfolgt in Transaktion /OPT/SPRO (OpenText Konfiguration). Rufen Sie hier den Pfad **Vendor Invoice Management •**

**Document Processing Configuration • Document Type Configuration • Maintain Document Types** auf.

### Customizing der Prozessarten

Die Prozessarten in SAP Invoice Management prüfen bestimmte Sachverhalte, Daten und Kriterien. Sollte die Prüfung eine Ausnahme (Exception) ausfindig machen, wird der Workflow an eine hinterlegte SAP-Invoice-Management-Rolle gesendet. Die Prozessart stellt den jeweiligen Prozessschritt dar, in dem der Benutzer verschiedene Bearbeitungsoptionen (Prozessoptionen) zur Verfügung haben muss.

Je Prozessart wird die *initiale Rolle* (Initial Actor) definiert. Diese Rolle in SAP Invoice Management erhält initial den Workflow. Das Customizing der Prozessarten ist sowohl über das allgemeine OpenText-Customizing in Transaktion /OPT/SPRO als auch über die Transaktion /OPT/VIM_8CX1 erreichbar. In der Transaktion /OPT/SPRO wählen Sie den Pfad **Vendor Invoice Management • Document Processing Configuration • Process Configuration • Maintain Process Types**.

Nach Aufruf des Customizings werden in der Struktur unter **Process Type Definition** alle in SAP Invoice Management verfügbaren Prozessarten und die zugeordnete initiale Rolle angezeigt (siehe Abbildung 7.34). Das Kennzeichen **Is Exception** sagt aus, dass diese Prozessart eine Ausnahme auslöst und nicht für die Hintergrundverbuchung verwendet wird.

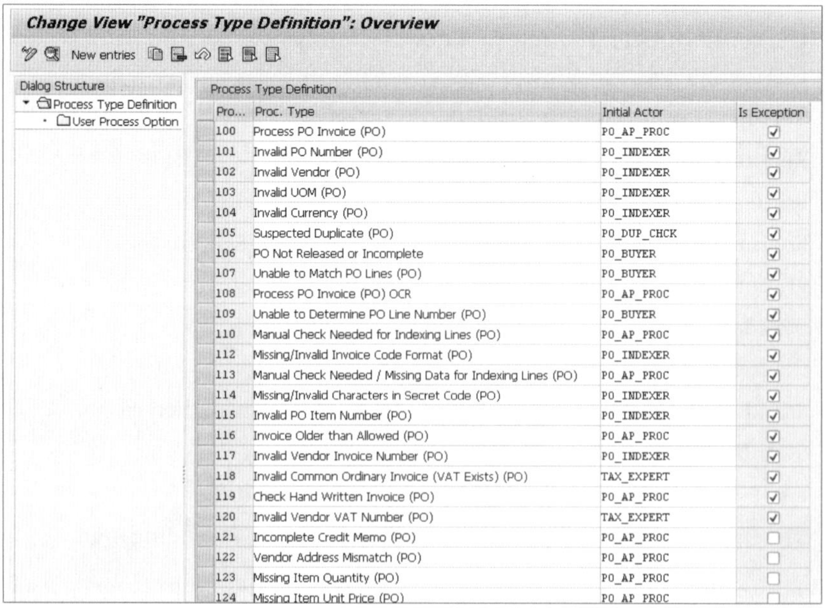

**Change View "Process Type Definition": Overview**

New entries

Dialog Structure
- Process Type Definition
  - User Process Option

Process Type Definition

| Pro... | Proc. Type | Initial Actor | Is Exception |
|---|---|---|---|
| 100 | Process PO Invoice (PO) | PO_AP_PROC | ☑ |
| 101 | Invalid PO Number (PO) | PO_INDEXER | ☑ |
| 102 | Invalid Vendor (PO) | PO_INDEXER | ☑ |
| 103 | Invalid UOM (PO) | PO_INDEXER | ☑ |
| 104 | Invalid Currency (PO) | PO_INDEXER | ☑ |
| 105 | Suspected Duplicate (PO) | PO_DUP_CHCK | ☑ |
| 106 | PO Not Released or Incomplete | PO_BUYER | ☑ |
| 107 | Unable to Match PO Lines (PO) | PO_BUYER | ☑ |
| 108 | Process PO Invoice (PO) OCR | PO_AP_PROC | ☑ |
| 109 | Unable to Determine PO Line Number (PO) | PO_BUYER | ☑ |
| 110 | Manual Check Needed for Indexing Lines (PO) | PO_AP_PROC | ☑ |
| 112 | Missing/Invalid Invoice Code Format (PO) | PO_INDEXER | ☑ |
| 113 | Manual Check Needed / Missing Data for Indexing Lines (PO) | PO_AP_PROC | ☑ |
| 114 | Missing/Invalid Characters in Secret Code (PO) | PO_INDEXER | ☑ |
| 115 | Invalid PO Item Number (PO) | PO_INDEXER | ☑ |
| 116 | Invoice Older than Allowed (PO) | PO_AP_PROC | ☑ |
| 117 | Invalid Vendor Invoice Number (PO) | PO_INDEXER | ☑ |
| 118 | Invalid Common Ordinary Invoice (VAT Exists) (PO) | TAX_EXPERT | ☑ |
| 119 | Check Hand Written Invoice (PO) | PO_AP_PROC | ☑ |
| 120 | Invalid Vendor VAT Number (PO) | TAX_EXPERT | ☑ |
| 121 | Incomplete Credit Memo (PO) | PO_AP_PROC | ☐ |
| 122 | Vendor Address Mismatch (PO) | PO_AP_PROC | ☐ |
| 123 | Missing Item Quantity (PO) | PO_AP_PROC | ☐ |
| 124 | Missing Item Unit Price (PO) | PO_AP_PROC | ☐ |

**Abbildung 7.34** Customizing der Prozessarten in SAP Invoice Management

Nach einem Doppelklick auf eine Prozessart öffnet sich das Detailbild zu der gewählten Prozessart, in unserem Beispiel Prozessart 129 (siehe Abbildung 7.35).

**Einstellungen für eine Prozessart**

7

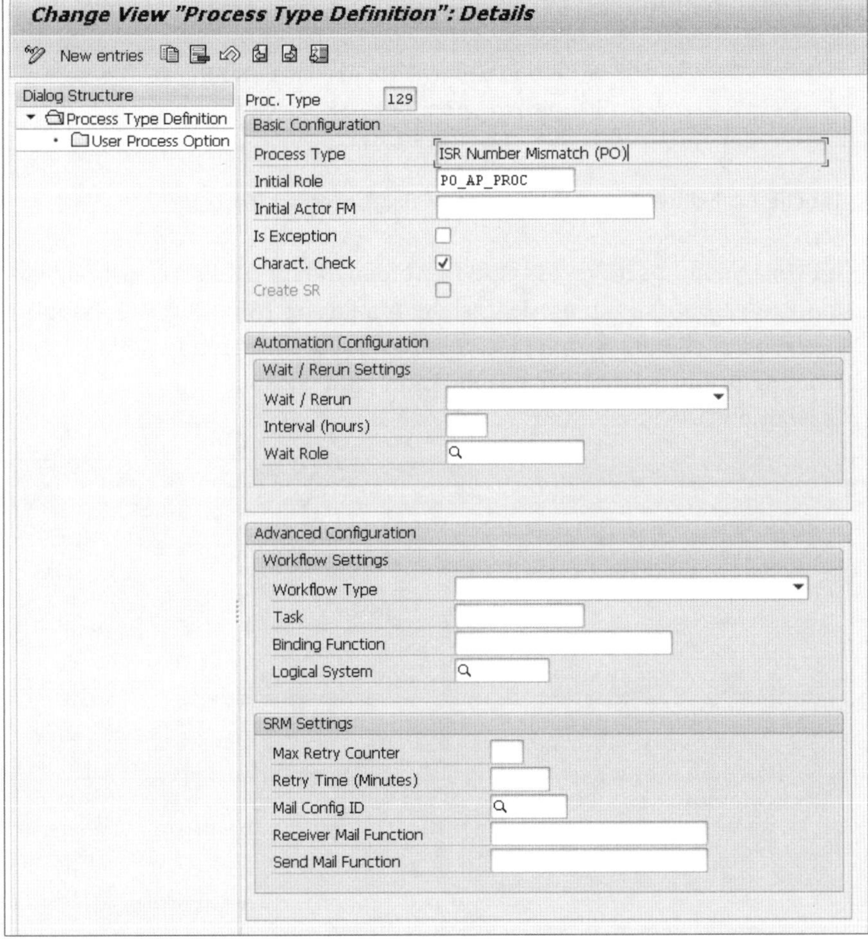


**Abbildung 7.35** Customizing-Details der Prozessart (Beispielprozessart 129)

Hier können Sie die in Tabelle 7.4 beschriebenen Einstellungen an der Prozessart vornehmen.

| Feld | Beschreibung |
|---|---|
| **Initial Actor FM** | Es ist möglich, die SAP-Invoice-Management-Rolle für die initiale Rolle durch einen eigenen Funktionsbaustein ermitteln zu lassen. Bei Einsatz eines eigenen Funktionsbausteins darf das Feld **Initial Role** nicht gefüllt sein. |

**Tabelle 7.4** Feldwerte zur Konfiguration der Prozessart

| Feld | Beschreibung |
|---|---|
| **Characteristic Check** | Durch das Setzen des Kennzeichens wird dem SAP Invoice Management mitgeteilt, dass vor der Prüfung auf eine Ausnahme die Charakteristik-Einstellungen geprüft werden müssen. In der Baseline-Auslieferung ist bei bestimmten Prozessarten die Charakteristik Prüffunktion aktiviert, beispielsweise bei 129 – ISR Number Mismatch (PO), die für die Schweiz relevant ist. |

**Tabelle 7.4** Feldwerte zur Konfiguration der Prozessart (Forts.)

Prozessoptionen zuordnen

Im Untermenü **User Process Option** werden die für die Prozessart relevanten Prozessoptionen hinterlegt (siehe Abbildung 7.36). Den Prozessoptionen wird in diesem Konfigurationsschritt eine initiierende Rolle im Feld **From Actor** zugewiesen. Im Beispiel kann etwa die Rolle PO_AP_PROC die Prozessoption 2000 ausführen.

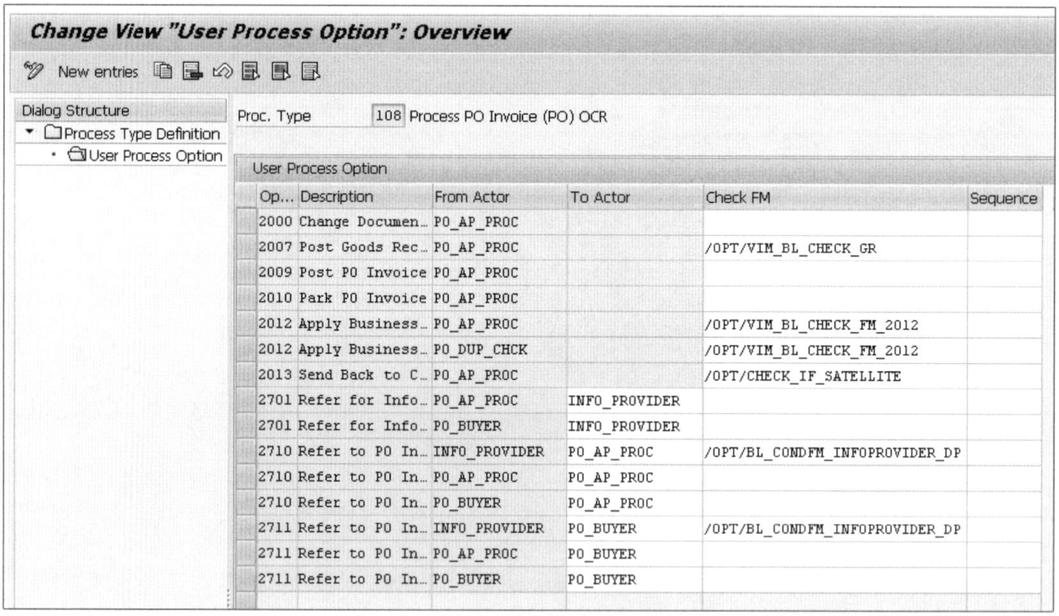

**Change View "User Process Option": Overview**

New entries

Dialog Structure
- Process Type Definition
  - User Process Option

Proc. Type 108 Process PO Invoice (PO) OCR

User Process Option

| Op... | Description | From Actor | To Actor | Check FM | Sequence |
|---|---|---|---|---|---|
| 2000 | Change Documen... | PO_AP_PROC | | | |
| 2007 | Post Goods Rec... | PO_AP_PROC | | /OPT/VIM_BL_CHECK_GR | |
| 2009 | Post PO Invoice | PO_AP_PROC | | | |
| 2010 | Park PO Invoice | PO_AP_PROC | | | |
| 2012 | Apply Business... | PO_AP_PROC | | /OPT/VIM_BL_CHECK_FM_2012 | |
| 2012 | Apply Business... | PO_DUP_CHCK | | /OPT/VIM_BL_CHECK_FM_2012 | |
| 2013 | Send Back to C... | PO_AP_PROC | | /OPT/CHECK_IF_SATELLITE | |
| 2701 | Refer for Info... | PO_AP_PROC | INFO_PROVIDER | | |
| 2701 | Refer for Info... | PO_BUYER | INFO_PROVIDER | | |
| 2710 | Refer to PO In... | INFO_PROVIDER | PO_AP_PROC | /OPT/BL_CONDFM_INFOPROVIDER_DP | |
| 2710 | Refer to PO In... | PO_AP_PROC | PO_AP_PROC | | |
| 2710 | Refer to PO In... | PO_BUYER | PO_AP_PROC | | |
| 2711 | Refer to PO In... | INFO_PROVIDER | PO_BUYER | /OPT/BL_CONDFM_INFOPROVIDER_DP | |
| 2711 | Refer to PO In... | PO_AP_PROC | PO_BUYER | | |
| 2711 | Refer to PO In... | PO_BUYER | PO_BUYER | | |

**Abbildung 7.36** Zuweisung der Prozessoptionen

Prozessoptionen einrichten

Die im Standard verfügbaren Prozessoptionen können gegebenenfalls nicht ausreichend sein. Im Customizing können Sie daher alle verfügbaren Prozessoptionen konfigurieren oder auch neue Prozessoptionen anlegen. Dazu rufen Sie die Transaktion /OPT/SPRO auf und wählen den Customizing-Pfad **Vendor Invoice Management • Document Processing Configuration • Procss Configuration • Maintain Process Options**.

**Funktionen von Prozessoptionen**

Prozessoptionen können standardmäßig verschiedene Funktionen (Prozessoptionstypen) haben, für die es entsprechende Bezeichnungen gibt. Diese werden in Tabelle 7.5 beschrieben.



| Prozessoptiontyp | Beschreibung |
|---|---|
| **BDC Action** | BDC (Business Data Communication) ermöglicht die Ausführung von SAP-Transaktionen ohne Programmierung. |
| **Referral** | Weiterleiten des VIM-Belegs an eine andere Rolle, um z. B. weitere Informationen einzuholen |
| **Class Method** | Aufruf der hinterlegten ABAP-Klasse im SAP-System |
| **Call Transaction** | Ausführen der angegebenen Transaktion |
| **Workflow Task** | Führt einen Workflow aus. Hierzu ist eine Workflow-Aufgabe anzugeben. Die Workflow-Aufgabe muss mit der OpenText-Workflow-Aufgabe kompatibel sein. |

**Tabelle 7.5** Funktionen der Prozessoptionen

In Abbildung 7.37 wird die BDC-Aktion mit der **BDC Configuration Id** 17 als Prozessoptionstyp verwendet. Im folgenden Abschnitt zeige ich Ihnen, wie Sie diese BDC-Funktion einrichten.

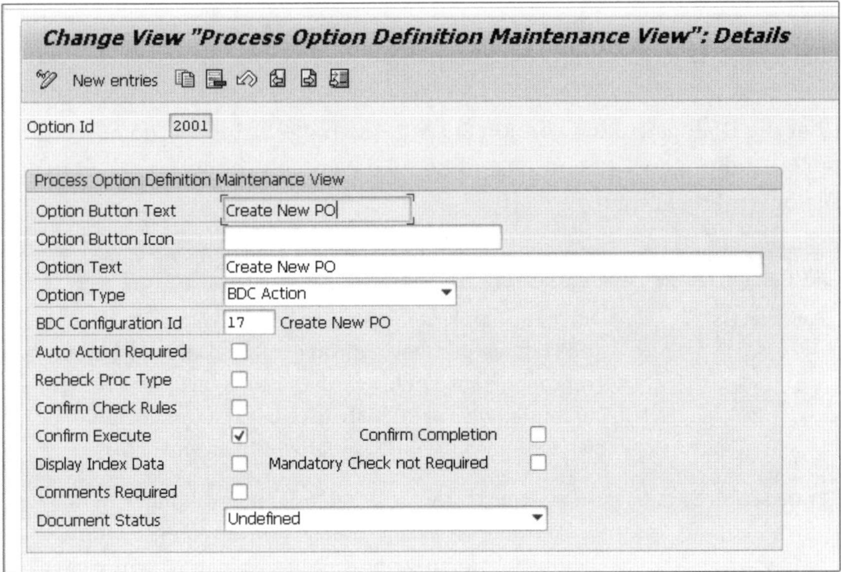


**Abbildung 7.37** Customizing der Prozessoptionen

**BDC-Aktion einrichten**

Die BDC-Aktion ermöglicht die Ausführung von Transaktionscodes ohne eine weitere Konfigurationen oder Entwicklung. Die BDC-Aktion können Sie bei Bedarf auch mit eigenem Code versehen. Um die BDC-Aktion einzurichten, rufen Sie die Transaktion /OPT/SPRO auf und wählen den Customizing-Pfad **Vendor Invoice Management • Document Processing Configuration • Process Configuration • Maintain BDC Procedures**.

In Abbildung 7.37 wurde die BDC-Aktion mit der **BDC Configuration Id** 17 verwendet. Diese BDC-Aktion ist so konfiguriert, dass die Transaktion ME21N (Bestellung anlegen) aufgerufen wird (siehe Abbildung 7.38).

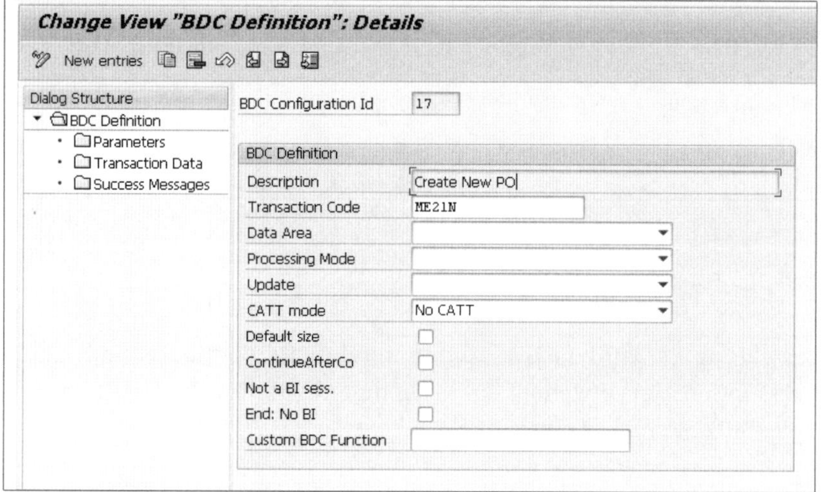


**Abbildung 7.38** Customizing der BDC-Aktion

Über die Dialogstruktur können Sie nun noch die in Tabelle 7.6 aufgeführten Einstellungen vornehmen, indem Sie die entsprechenden Ordner in der Dialogstruktur öffnen.

| Ordner | Werte |
|---|---|
| **Parameters** | Durch die hier hinterlegten Parameter können Werte ermittelt werden, bevor die in der BDC-Aktion angegebene Transaktion ausgeführt wird. Es ist möglich, verschiedene Parameter wie Funktionsbausteine, Systemfelder, Variablen und Konstanten/Standardwerte anzugeben. |
| **Transaction Data** | Transaktionsdaten, wie SAP-Programme, können hinterlegt werden, sobald die Transaktion ausgeführt wird. Hierdurch können Daten an verschiedene Screens weitergereicht werden. |

**Tabelle 7.6** Customizing der BDC-Feldwerte

| Ordner | Werte |
|---|---|
| **Success Messages** | Für bestimmte Transaktionen können die Nachrichten aus dem SAP-System ausgegeben werden. Die Nachrichten können mit Message-ID und Message-Klasse im Customizing hinterlegt werden. |

**Tabelle 7.6** Customizing der BDC-Feldwerte (Forts.)

**Prozessarten der Belegart zuweisen**

Die Prozessarten, die beispielsweise in der Belegart ZPO_75 genutzt werden sollen, müssen der Belegart bekannt gemacht werden. Dazu rufen Sie die Transaktion /OPT/SPRO auf und wählen den Customizing-Pfad **Vendor Invoice Management • Document Processing Configuration • Document Type Configuration • Maintain Document Types**.

Die Prozessarten werden im Unterordner **Document Processes** zugeordnet und aktiviert. Bestimmte Prozessarten können BDC Configuration IDs zugeordnet werden, um eine Online- und Hintergrundbuchung durchzuführen. Es kann auch eine Dunkelverbuchung eingerichtet werden. Hierzu nutzen Sie das Feld **Autopost Flag** (siehe Abbildung 7.39). In Version SAP Invoice Management 7.0 konnte die Dunkelbuchung lediglich durch das Setzen eines »X« im Feld **Autopost Flag** konfiguriert werden. In Version 7.5 ist nun eine dynamische Ermittlung des Auto-Postings möglich. Hierzu wird der Funktionsbaustein /OPT/VIM_DETERMINE_AUTOPOST hinterlegt. Das Feld **BDC-Transaction ID** ist in der Standardkonfiguration mit dem Wert 1 und das Feld **Background Tran ID** mit dem Wert 6 gesetzt. (siehe Abbildung 7.39).

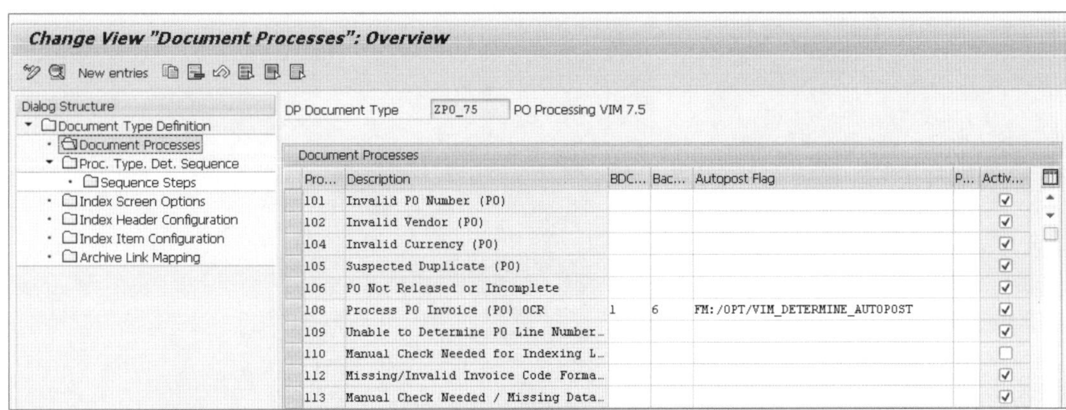


**Abbildung 7.39** Prozesstypen für die Belegart ZPO_75 zuordnen

Weiterführende Informationen zum Auto-Posting sind im folgenden Abschnitt »Customizing der automatischen Buchung« zu finden.

**Reihenfolge der Prozessarten**

Durch die Einstellungen im Unterordner **Proc. Type. Det. Sequence** wird festgelegt, in welcher Reihenfolge die Prozessarten geprüft werden. Diese Festlegung definiert die Geschäftsregel für die betreffende Belegart.

Bei der Konfiguration ist auf die sinnvolle Reihenfolge der Prozessarten zu achten. Um zu prüfen, ob ein Duplikat vorliegt, sollten beispielsweise vorher alle für die Prüfung relevanten Daten des VIM-Belegs geprüft worden und vorhanden sein. Wenn z. B. in der Belegkonfiguration festgelegt wurde, dass für die Prüfung auf Duplikate die Werte der Felder **Rechnungsdatum**, **Bruttobetrag**, **Lieferantenrechnungsnummer** und **Lieferantennummer** verwendet werden sollen, ist dies bei der Konfiguration der Reihenfolge zu beachten. Somit muss die Prozessart 105 (**Suspected Duplicate (PO)**) nach der Vollständigkeitsprüfung der für die Duplikatsprüfung konfigurierten Felder eingerichtet werden.

Abbildung 7.40 zeigt das Customizing der Prozessarten und die Anordnung dieser in Prozessschritten.

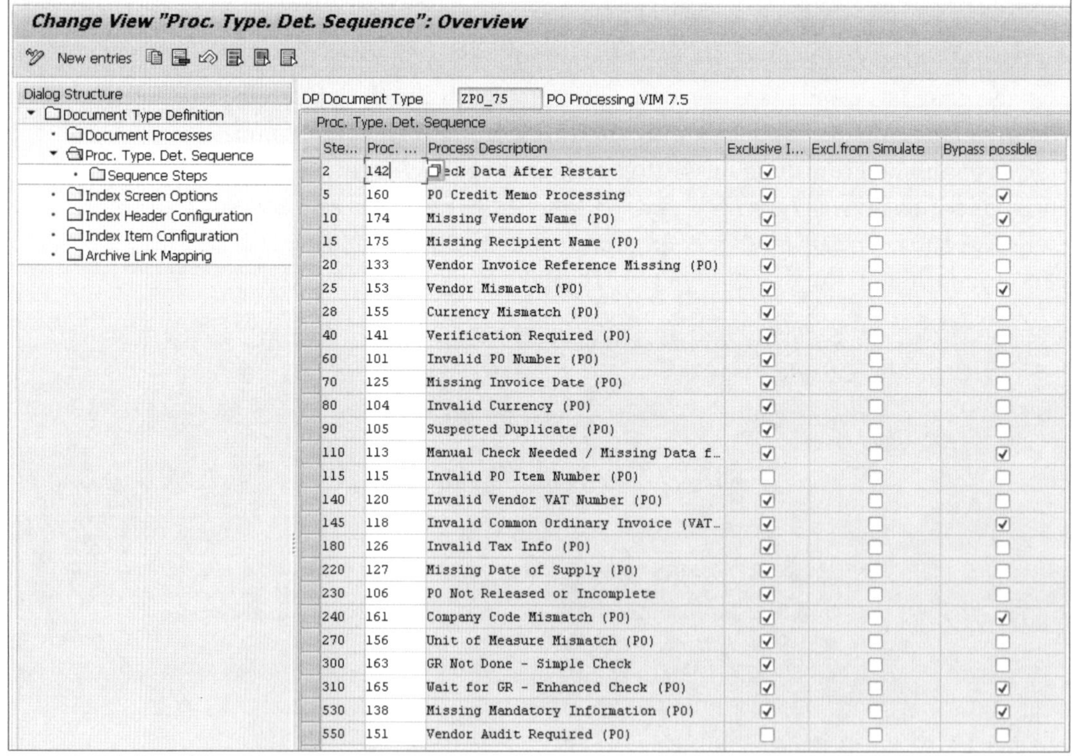


| Ste... | Proc. ... | Process Description | Exclusive I... | Excl.from Simulate | Bypass possible |
|---|---|---|---|---|---|
| 2 | 142 | Check Data After Restart | ☑ | ☐ | ☐ |
| 5 | 160 | PO Credit Memo Processing | ☑ | ☐ | ☑ |
| 10 | 174 | Missing Vendor Name (PO) | ☑ | ☐ | ☑ |
| 15 | 175 | Missing Recipient Name (PO) | ☑ | ☐ | ☐ |
| 20 | 133 | Vendor Invoice Reference Missing (PO) | ☑ | ☐ | ☐ |
| 25 | 153 | Vendor Mismatch (PO) | ☑ | ☐ | ☑ |
| 28 | 155 | Currency Mismatch (PO) | ☑ | ☐ | ☐ |
| 40 | 141 | Verification Required (PO) | ☑ | ☐ | ☐ |
| 60 | 101 | Invalid PO Number (PO) | ☑ | ☐ | ☐ |
| 70 | 125 | Missing Invoice Date (PO) | ☑ | ☐ | ☐ |
| 80 | 104 | Invalid Currency (PO) | ☑ | ☐ | ☐ |
| 90 | 105 | Suspected Duplicate (PO) | ☑ | ☐ | ☐ |
| 110 | 113 | Manual Check Needed / Missing Data f... | ☑ | ☐ | ☑ |
| 115 | 115 | Invalid PO Item Number (PO) | ☐ | ☐ | ☐ |
| 140 | 120 | Invalid Vendor VAT Number (PO) | ☑ | ☐ | ☐ |
| 145 | 118 | Invalid Common Ordinary Invoice (VAT... | ☑ | ☐ | ☑ |
| 180 | 126 | Invalid Tax Info (PO) | ☑ | ☐ | ☐ |
| 220 | 127 | Missing Date of Supply (PO) | ☑ | ☐ | ☐ |
| 230 | 106 | PO Not Released or Incomplete | ☑ | ☐ | ☐ |
| 240 | 161 | Company Code Mismatch (PO) | ☑ | ☐ | ☑ |
| 270 | 156 | Unit of Measure Mismatch (PO) | ☑ | ☐ | ☐ |
| 300 | 163 | GR Not Done - Simple Check | ☑ | ☐ | ☐ |
| 310 | 165 | Wait for GR - Enhanced Check (PO) | ☑ | ☐ | ☑ |
| 530 | 138 | Missing Mandatory Information (PO) | ☑ | ☐ | ☑ |
| 550 | 151 | Vendor Audit Required (PO) | ☐ | ☐ | ☐ |

**Abbildung 7.40** Customizing der Prozessschritte und -arten

**Prüfung einrichten**

Die eigentliche Prüfung wird in dem Unterordner **Sequence Steps** eingerichtet. Die Prüfungen innerhalb der Prozessschritte können verschiedene

Arten von Prüfmechanismen nutzen. Sie können die Daten eines Belegs beispielsweise gegen verschiedene Werte abgleichen, die z. B. in einem Tabellenfeld gepflegt sind oder über einen Funktionsbaustein ermittelt werden. Folgende Möglichkeiten stehen zur Verfügung:

- Tabellenfeld
- Funktionsbaustein
- Wert einer Konstanten
- Pflichtfeld

Im Beispiel in Abbildung 7.41 wir die Prüfung durch den hinterlegten Funktionsbaustein /OPT/VIM_DETERMINE_PROC_101 durchgeführt.

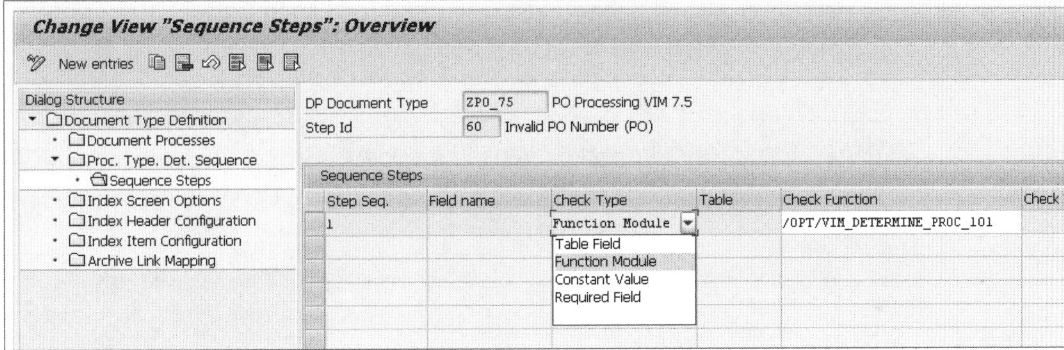


**Abbildung 7.41** Definition einer Prüfung mit einem Funktionsbaustein

### Customizing der automatischen Buchung

Das Auto-Posting (automatische Buchung) kann in Version SAP Invoice Management by OpenText 7.5 nicht nur ein- und ausgeschaltet, sondern auch beeinflusst werden, sodass nur die gewünschten VIM-Belege automatisch gebucht werden. Es ist möglich, das Auto-Posting aufgrund von hinterlegten Kriterien wie dem Buchungskreis und der Kreditorennummer zu beeinflussen. Auch die Beeinflussung durch den Benutzer, durch eine manuelle Eingabe, ist möglich.

Das Customizing erfordert die folgenden Schritte:

1. **Einpflegen des Funktionsbausteins**
   Einpflegen des Funktionsbausteins /OPT/VIM_DETERMINE_AUTOPOST in der Einstellung der Belegart
2. **Festlegen der Felder im Customizing**
   Festlegen der Datenfelder, die für die Ermittlung der VIM-Belege im Auto-Posting verwendet werden sollen

3. **Festlegen der Daten im Customizing**
   Nachdem die Datenfelder festgelegt wurden, müssen die Kriterien für die Ermittlung der für das Auto-Posting relevanten VIM-Belege gepflegt werden.

**Felder für das Customizing**

Um die Felder für das Customizing einzustellen, rufen Sie den folgenden Pfad in Transaktion SPRO auf: **Vendor Invoice Management • Document Processing Configuration • General Configuration • Automated Posting Determination • Auto Posting Determination – Fields**.

Als Ermittlungstyp (**Det. Type**) ist der Typ APO vorgegeben. In Abbildung 7.42 wurden für die Selektion die Felder **Buchungskreis** (BUKRS) und Lieferantennummer (LIFNR) aus dem Kopf des VIM-Belegs festgelegt. Durch das Setzen des Kennzeichens **Allow Ranges** wird im folgenden Customizing eine Eingabe von Bereichen statt Einzelwerten erlaubt. Tabelle 7.7 fasst die Werte zusammen.

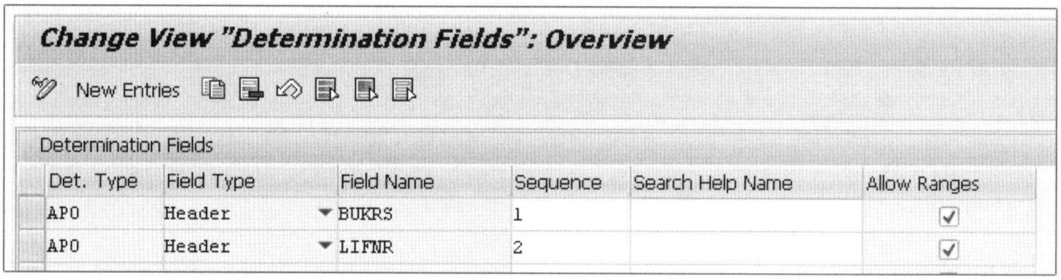

**Change View "Determination Fields": Overview**

New Entries

Determination Fields

| Det. Type | Field Type | Field Name | Sequence | Search Help Name | Allow Ranges |
|---|---|---|---|---|---|
| APO | Header | BUKRS | 1 | | ☑ |
| APO | Header | LIFNR | 2 | | ☑ |

**Abbildung 7.42** Customizing des Auto-Postings

| Feld | Wert |
|---|---|
| **Det. Type** | APO |
| **Field Type** | Header |
| **Field Name** | BUKRS, LIFNR |
| **Sequence** | 1, 2 |
| **Allow Ranges** | gesetzt |

**Tabelle 7.7** Feldwerte für das Customizing des Auto-Postings

**Kriterien für die Ermittlung der VIM-Belege**

Um die die Kriterien für die Ermittlung der relevanten VIM-Belege zu pflegen, wählen Sie folgenden Pfad in Transaktion SPRO: **Vendor Invoice Management • Document Processing Configuration • General Configuration • Automated Posting Determination • Auto Posting Determination – Data**.

In unserem Beispiel lauten die Kriterien für das Auto-Posting, dass der Buchungskreis zwischen 1000 und 3000 und die Kreditorennummer zwischen 1000 und 2000 liegen muss (siehe Abbildung 7.43).

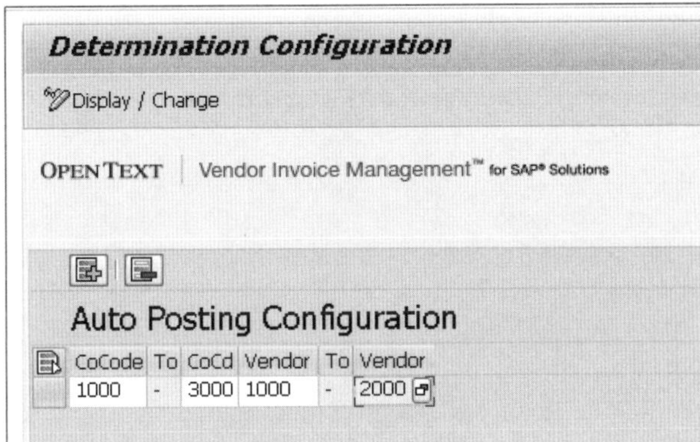


Abbildung 7.43 Kriterien für das Auto-Posting festlegen

Diese Werte sind in Tabelle 7.8 noch einmal aufgeführt.

| Feld | Werte |
|---|---|
| **Company Codee** | 1000–3000 |
| **Vendor** | 1000–2000 |

Tabelle 7.8 Feldwerte zur Ermittlung der Auto-Posting-Kriterien

### Neue Rolle in SAP Invoice Management anlegen

Neben den Standardrollen können Sie auch kundeneigene Rollen für SAP Invoice Management verwenden. Legen Sie beispielweise eine neue Rolle für die Benutzer an, die Rechnungsbelege validieren sollen:

1. Um eine Rolle anzulegen, öffnen Sie die Transaktion /OPT/CP_9CX5 (Rollenpflege).
2. Klicken Sie auf den Button **New Entries**, um die Rolle »ZVALIDATOR« anzulegen. Nutzen Sie als Produktcode »005«. Weitere mögliche Produktcodes sind `LIX` und `PIR`.

Das Kennzeichen **Key Determination** muss für die Zuweisung der Rolle über Objektinformationen aktiviert sein. Die Objektinformationen stellen hierbei den Kontext dar, in dem die Rolle verwendet wird. Die Checkbox **Key Determination** muss für die Zuweisung einer Rollenvorlage im VIM Role

Framework aktiviert sein. Ansonsten erscheint die Rolle nicht in der folgenden Transaktion.

Nach dem Anlegen der Rolle ist diese, wie in Abbildung 7.44 dargestellt, in der Liste der Rollen vorhanden.

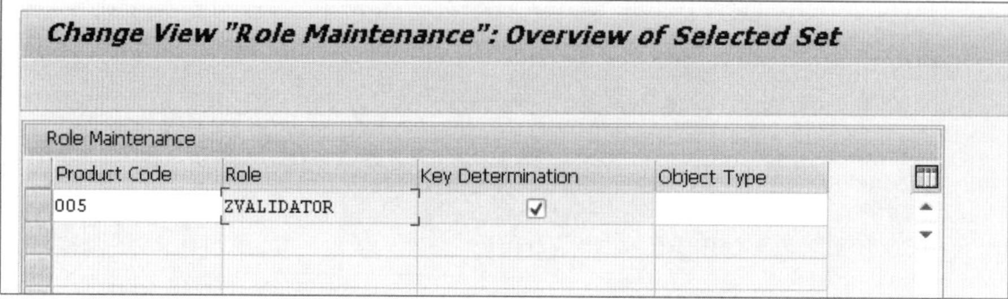


**Abbildung 7.44** Neue Rolle für SAP Invoice Management anlegen

**Funktionsbaustein für die Rollenauflösung**

Bei Bedarf können Sie einen Funktionsbaustein für die Rollenauflösung hinterlegen. Als Vorlage für die Ausprägung des Interface können Sie den Funktionsbaustein /PTGWFI/COA_W_ADKY_GET nutzen.

**Rolle einer Vorlage zuweisen**

Die Rollenauflösung erfolgt immer auf Grundlage einer Rollenvorlage (Template). Es sind in der Baseline-Konfiguration einige Rollenvorlagen vorhanden, die Sie nutzen können. Sie können aber auch eigene Vorlagen anlegen. Die Rollenauflösung über eine Rollenvorlage kann auf verschiedene Arten erfolgen:

- **Basierend auf einem Funktionsbaustein**
  Beispiel: Ersteller der SAP-Bestellung ermitteln
- **Basierend auf einem SAP-HCM-Organisationselement**
  Beispiel: Einen Benutzer ermitteln, der eine bestimmte Stelle im Unternehmen einnimmt
- **Feldbasierte (auch statische) Zuweisung**
  Beispiel: Die relevanten Werte für die Rollenauflösung werden anhand von bestimmten Feldern des Business-Objekts (SAP-Beleg), wie hier z. B. dem Werk oder Buchungskreis, ermittelt. Der Rolle werden später die Benutzer für die ermittelten Werte zugewiesen.

Um eine Rollenvorlage einer Rolle zuzuordnen, verwenden Sie die Transaktion /OPT/CP_9CX2, die Sie in Abbildung 7.45 sehen.

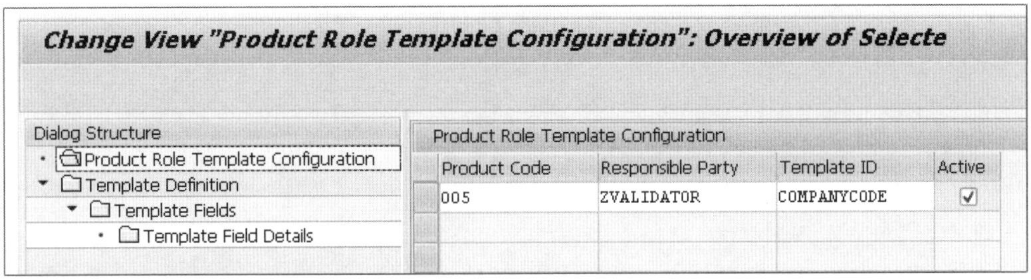

Change View "Product Role Template Configuration": Overview of Selecte

Dialog Structure
- Product Role Template Configuration
- Template Definition
  - Template Fields
    - Template Field Details

Product Role Template Configuration

| Product Code | Responsible Party | Template ID | Active |
|---|---|---|---|
| 005 | ZVALIDATOR | COMPANYCODE | ☑ |

**Abbildung 7.45** Zuordnung einer Vorlage zu einer Rolle



Für die Rollenauflösung der neuen Rolle ZVALIDATOR verwende ich beispielsweise eine vorhandene Rollenvorlage. Die Vorlage COMPANYCODE ermöglicht die Rollenauflösung gemäß dem im Beleg verwendeten Buchungskreis. Tragen Sie dazu die Werte aus Tabelle 7.9 in die Felder der **Product Role Template Configuration** ein.

| Feld | Wert |
|---|---|
| **Product Code** | 005 |
| **Responsible Party** | ZVALIDATOR |
| **Template ID** | COMPANYCODE |
| **Active** | gesetzt |

**Tabelle 7.9** Werte zur Zuordnung der Rollenvorlage COMPANYCODE

**Kriterien für die Rollenauflösung**

Im letzten Schritt wird die Rollenauflösung ausgeprägt. Hierzu rufen Sie die Transaktion /OPT/CP_9CX4 auf.

Im Beispiel in Abbildung 7.46 wird dem Benutzer FINKC die Rolle ZVALIDATOR für die Buchungskreise 1000–3000 zugewiesen. Die Einstellung von **Agent Type** und **Agent Id** im Bereich **Fail Safe** ermöglicht die Hinterlegung einer Rückfallposition, falls die Rollenauflösung fehlschlägt. In diesem Fall würde der Benutzer DOERGER benachrichtigt, um die Validierung durchzuführen.

In diesem Abschnitt habe ich die Verarbeitung von Rechnungsdokumenten behandelt. Im folgenden Abschnitt werde ich die Behandlung von anderen Dokumentarten mit SAP Digital Content Processing by OpenText erläutern.

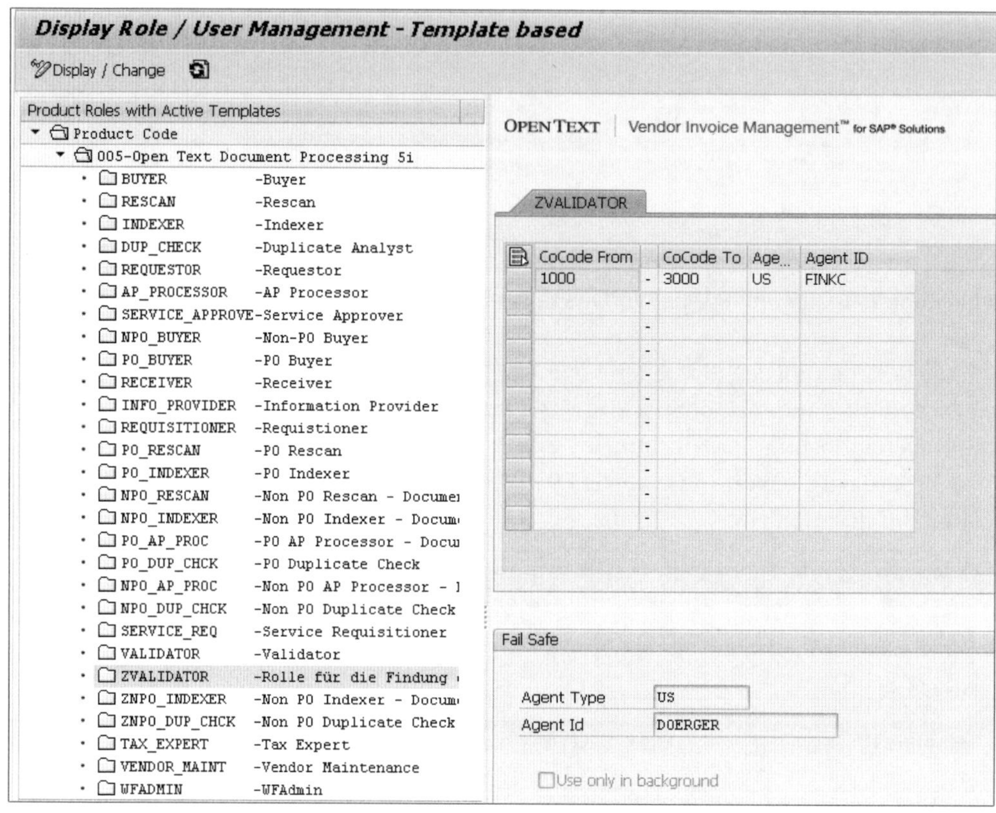


Abbildung 7.46 Rollenauflösung für die Rolle ZVALIDATOR

## 7.3 SAP Digital Content Processing by OpenText

Die Digitalisierung dokumentenbasierter Prozesse birgt ein erhebliches Optimierungspotenzial. Durch die Digitalisierung des Gesamtprozesses vom Eingang eines Dokuments bis zu seiner Verarbeitung und Aufbewahrung können in erheblichem Maß Prozesskosten eingespart und Prozesse beschleunigt werden.

**Komponenten**

Mit SAP Digital Content Processing by OpenText stellt SAP eine Lösung für die Digitalisierung von dokumentenbasierten Prozessen bereit. Die Lösung basiert auf dem gleichen Lösungs-Stack wie SAP Invoice Management by OpenText. Grundlage der Lösung sind auch hier die Komponenten Business Center und Business Center Capture. Die Komponente Business Center Capture ist für die Extraktion der Daten aus den eingehenden Dokumenten zuständig. Das Business Center wird als SAP-Add-on ausgeliefert und ermöglicht die Workflow-gesteuerte Weiterverarbeitung der Dokumente und deren Daten im SAP-System.

Solution Accelerator

Mithilfe von vorkonfigurierten Lösungen, den sogenannten *Solution Accelerators*, kann die Umsetzung bestimmter Dokumentenprozesse erheblich verkürzt werden. Die Solution Accelerators sind nach der Lizenzierung von SAP Digital Content Processing kostenfrei nutzbar. Durch die vorkonfigurierten Lösungen können erste Geschäftsdokumente ohne großen Konzeptionsaufwand komplett digital verarbeitet werden. Aktuell liefert OpenText die in Tabelle 7.10 aufgeführten Solution Accelerators für SAP Digital Content Processing aus.

| Solution Accelerator | Beschreibung |
|---|---|
| Kundenauftrag (Sales Orders) | OCR-Datenerfassung und Anlegen eines eingehenden Kundenauftrags in der SAP-ERP-Komponente Sales and Distribution (SD) |
| Lieferscheine (Delivery Notes) | OCR-Datenerfassung und Anlegen eine Materialbelegs in der SAP-ERP-Komponente Materials Management (MM) |
| Personaldokumente (HR Documents) | OCR-Datenerfassung und Klassifikation von Dokumenten in SAP ERP Human Capital Management (HCM) |
| Bestellanforderung und Bestellung (Purchase Requisition und Purchase Orders) | Unterstützung der Standard-SAP-Freigabestrategie für Bestellanforderung und Bestellung durch Monitoring-Funktionalität |
| Zahlungsavis (Remittance Advice) | OCR-Datenerfassung und Anlegen eines Zahlungsavis in der Debitorenbuchhaltung FI-AR (Transaktion FBE1) |
| Bestellbestätigung (Order Confirmation) | OCR-Datenerfassung und Anlegen einer eingehenden Bestellbestätigung in MM |

**Tabelle 7.10** Solution Accelerators für SAP Digital Content Processing

### 7.3.1 Einführung in die Funktionsweise von SAP Digital Content Processing

In diesem Abschnitt erläutere ich die wichtigsten Funktionen von SAP Digital Content Processing. In den folgenden Abschnitten gehe ich anhand eines Beispielprozesses für Kundenaufträge detaillierter auf die Funktionen des Business Center Captures und des Business Centers ein.

**Voraussetzungen**

Grundlage für die Funktionsvorstellung in den folgenden Abschnitten sind folgende Softwarekomponenten und Releasestände:

- Business Center 16.3
- Business Center Capture 16.3
- SAP Fiori
- Business-Center-Validierungsclient

**Business Center Capture**

SAP Digital Content Processing nutzt für die Datengewinnung ebenso wie SAP Invoice Management Business Center Capture. Für die Validierung wird der OpenText-Validierungsclient verwendet.

**Information Extraction Service**

Seit Ende 2018 ist auch mit SAP Digital Content Processing der OpenText Information Extraction Service for SAP Solutions (IES) einsetzbar. Die Maschine-Learning-Technologie ermöglicht höhere Extraktionsquoten. Der IES kann parallel zu Business Center Capture eingesetzt werden.

**Grundkonzept von SAP Digital Content Processing**

Das Grundkonzept von SAP Digital Content Processing ermöglicht die Workflow-gesteuerte Verarbeitung von Dokumenten über verschiedene Eingangskanäle wie E-Mail, Scan (Papier, Fax) oder EDI. Die Solution Accelerators ermöglichen die digitale Prozessierung mit SAP Workflow und Geschäftsregeln sowie das Anlegen von SAP-Belegen. Abbildung 7.47 stellt die verschiedenen Prozesse und die darin verarbeiteten Dokumente grafisch dar.

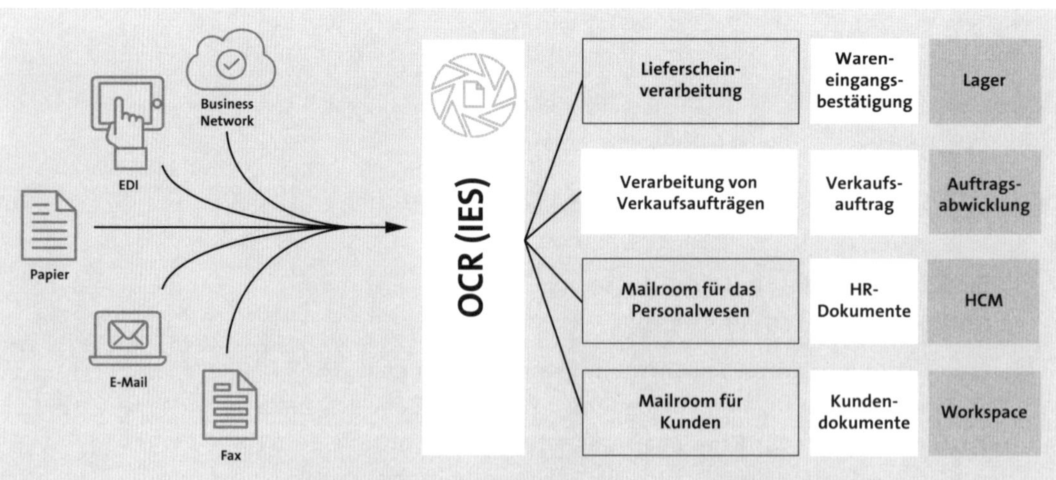


**Abbildung 7.47** Grundkonzept des Business Centers

Technische Abläufe

Eine grobe Übersicht der technischen Abläufe innerhalb eines Prozesses zur Dokumentenverarbeitung mit SAP Digital Content Processing zeigt Ihnen Abbildung 7.48. Die einzelnen Teilschritte sehen wir uns im Folgenden genauer an:

- **Inbound Processing**
  - Über verschiedene Eingangskanäle können die eingehenden Dokumente empfangen werden. Mögliche Kanäle sind unter anderem Scan, elektronische strukturierte Datei, Upload, E-Mail oder Business-Netzwerke. Für die eingehenden Dokumente wird durch die Registrierung eine Beleg-ID vergeben, und die Archivierung der Eingangsdatei wird durchgeführt.
  - Aus den gescannten oder per PDF übertragenen Dokumenten werden die Daten per OCR extrahiert. Die vorliegenden Daten, ob aus der eingehenden strukturierten Datei oder aus der OCR-Extraktion, werden in die Belegstrukturen gemappt.
  - Nach Abschluss werden die Daten in das Document Processing und den Workflow übergeben.
- **Document Processing**
  - Der Workflow prüft anhand von Geschäftsregeln (Business Rules) die Vollständigkeit und Plausibilität der Daten. Bei Ausnahmen wird der Workflow an den zuständigen Bearbeiter weitergeleitet. Beispielsweise müssen weitere Daten ergänzt werden (*Indexierung*).
  - Sobald keine Ausnahmen mehr auftreten, wird der SAP-Beleg angelegt (*Posting*).

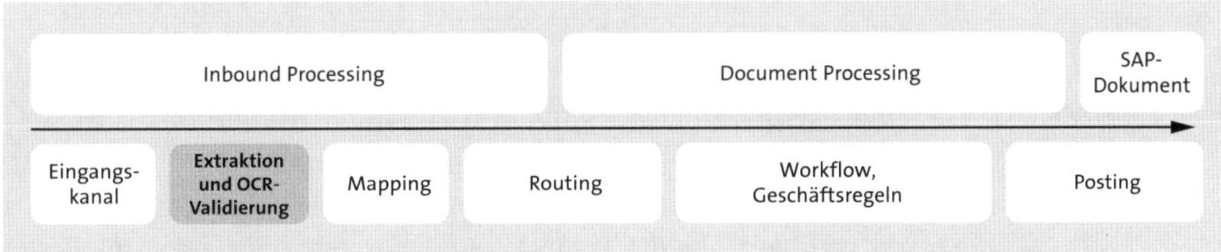


**Abbildung 7.48** Technische Prozessübersicht

### 7.3.2 Beispiel: Prozess zur Verkaufsauftragsverarbeitung

Der Solution Accelerator für Verkaufsaufträge (Sales Orders) liefert eine vorkonfigurierte OCR-Applikation für Business Center Capture sowie einen vordefinierten Prozess mit vorgedachten Rollen und Geschäftsregeln. Diesen Prozess ziehe ich als Beispiel heran, um die Funktionen von SAP Digital Content Processing detaillierter zu beschreiben.

Eingehende Kundenaufträge werden mit OCR- und Maschine-Learning-Technologien ausgelesen und als digitalisierte Dokumente im OpenText-Ablagesystem abgelegt. Die hinterlegte Geschäftsregel stellt sicher, dass keine Duplikate verarbeitet werden, und prüft, ob alle notwendigen Daten vollständig zur Verfügung stehen. Mögliche weitere Überprüfungen (Audits) können zusätzlich hinterlegt werden, z. B. für bestimmte Kunden, Materialien und für die finanzielle Abwicklung. Über mögliche Abweichungen (Exceptions) werden bestimmte Rollen benachrichtig, die die Ausnahmen klären und die Daten, wenn nötig, ergänzen können. Der Kundenauftrag wird automatisiert im Hintergrund angelegt, sobald vom System keine Abweichungen mehr erkannt werden. Dieser Prozess ist in Abbildung 7.49 dargestellt.

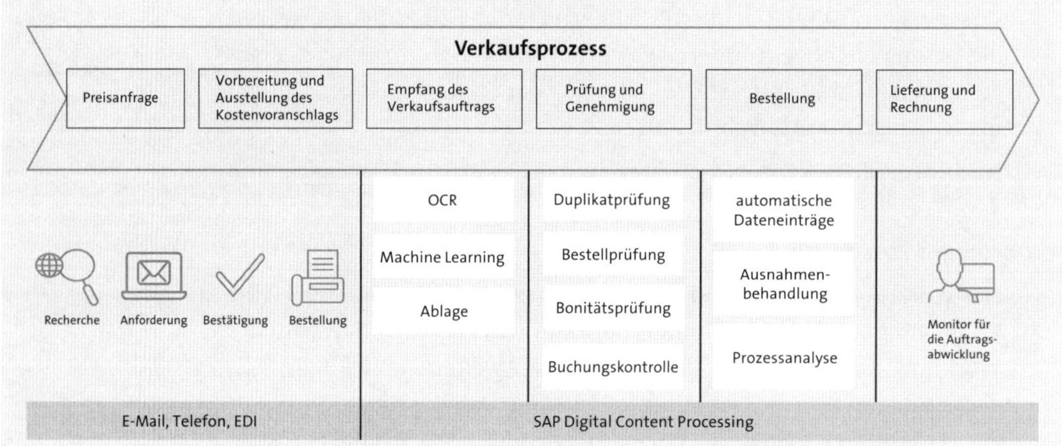


**Abbildung 7.49** Verkaufsprozess mit SAP und SAP Digital Content Processing by OpenText

**Rollen in SAP Digital Content Processing**

An dem Prozess zur Verkaufsauftragsverarbeitung sind verschiedene Rollen beteiligt. Diese werden als Standardrollen mit dem Solution Accelerator für diesen Prozess ausgeliefert. Bei Bedarf können weitere kundenspezifische Rollen hinzugefügt oder die Vorkonfiguration an den eigenen Bedarf angepasst werden. Tabelle 7.11 gibt einen Überblick über die verfügbaren Standardrollen.

| Rolle | Beschreibung |
|---|---|
| `INQUIRE_ROLE` | verantwortlich für Nachfragen an den Lieferanten |
| `SOL_2ND_PROC` | verantwortlich für Ausnahmenbehandlung und Audits |
| `SOL_MASTER_APPR` | Genehmigt die Änderung von Stammdaten. |

**Tabelle 7.11** Rollen für den Prozess zur Verkaufsauftragsbearbeitung

| Rolle | Beschreibung |
|---|---|
| SOL_1ST_PROC | verantwortlich für die Indexierung der Kundenaufträge im Rahmen der Validierung, die manuelle Indexierung und Lösung der Probleme beim automatischen Anlegen des SAP-Belegs (Auto-Posting) |
| SOL_MASTER_PROC | Führt Änderungen der Stammdaten durch. |
| SOL_SALES | Stellt Kundeninformationen zur Verfügung, wie z. B. Stammdaten. |

**Tabelle 7.11** Rollen für den Prozess zur Verkaufsauftragsbearbeitung (Forts.)

**Prozessschritte und Prüfungen**

Die Aufstellung in Tabelle 7.12 gibt Ihnen eine Übersicht über die Prozessschritte und die Prüfungen innerhalb des Prozesses. In der Spalte »Rolle« sind jeweils die Rollen des First-Levels (SOL_1ST_PROC) und des Second-Levels (SOL_2ND_PROC) aufgeführt. Die vorkonfigurierten Prozessschritte mit den jeweiligen Prüfungen sind in den weitern Spalten dargestellt.

| Rolle | Prozessschritt | Prüfungen |
|---|---|---|
| erste Ebene (First-Level-Rolle) | Indexdaten prüfen | Pflichtangaben |
| | | Geschäftspartnernummer |
| | | Materialnummer |
| erste Ebene (First-Level-Rolle) | Duplikatsprüfung | Duplikatsprüfung |
| zweite Ebene (Second-Level-Rolle) | Bestellvalidierung | Prüfung der Preisanfrage |
| | | Prüfung spezieller Auftragsinstruktionen |
| zweite Ebene (Second-Level-Rolle) | Validierung des Kunden und Buchungskontrolle | allgemeine Sperre des Kunden in der Organisation |
| | | Kreditlimit Kreditsperre |
| | | Materialprüfung |
| | | Auftraggeberprüfung |
| | | Nettobetragsprüfung |

**Tabelle 7.12** Schritte und Prüfungen des Prozesses zur Verkaufsauftragsverarbeitung

### Eingangsverarbeitung

Ich beschreibe zunächst den Prozess der Eingangsverarbeitung (Inbound Processing) genauer. Die eingescannten oder per E-Mail übermittelten Kundenaufträge werden im Business Center registriert. Dazu wird ihnen ein Registrierungstyp zugewiesen. Hierdurch wird das Szenario klassifiziert, d. h., es wird festgestellt, dass es sich um einen Kundenauftrag handelt, der den Prozess zur Kundenauftragsverarbeitung erfordert. Daraufhin werden die zugeordneten *Servicemodule* und die relevanten Verarbeitungsschritte bestimmt. Die Servicemodule werden nacheinander abgearbeitet. Ein Servicemodul ist eine ABAP-Klasse, die das Dokumentenhandling übernimmt. Nach der Abarbeitung der Module wird jeweils der entsprechende nächste Status gesetzt. Dazu wird das bereitgestellte Statusschema verwendet. Nach erfolgreicher Verarbeitung des Kundenauftrags im Inbound Processing startet der Dokumentenverarbeitungsprozess (Document Processing). Am Ende des Prozesses wird der SAP-Beleg angelegt.

**Status der Eingangsverarbeitung**

Die Registrierung des übermittelten Dokuments ist der erste Vorgang innerhalb des Inbound Processings (Status 1). Danach wird das Dokument (und gegebenenfalls der E-Mail-Body) abgelegt (Status 10, 20 und 71). Außerdem wird der Erfassungsprozess (*Capture*) durchlaufen. Innerhalb des Erfassungsprozesses werden die Extraktion der Dokumentendaten (Status 72, 73 und 74) und die Validierung der ausgelesenen Daten (Status 75, 76 und 98) durchgeführt. Nachdem alle Status fehlerfrei durchlaufen wurden, wird der sich anschließende Workflow der Dokumentenverarbeitung gestartet (Status 99), und die Eingangsverarbeitung (Status 100) wird beendet.

Die wichtigsten Status für die Eingangsverarbeitung können Sie Tabelle 7.13 entnehmen.

| Status | Beschreibung |
|---|---|
| 1 | registriert |
| 10 | Dokument archiviert |
| 20 | Link für archiviertes Dokument erstellt |
| 71 | bereit für Extraktion |
| 72 | an OCR Server zur Extraktion gesendet |
| 73 | Extraktion abgeschlossen |
| 74 | bereit für Validierung |

**Tabelle 7.13** Status für die Eingangsverarbeitung

| Status | Beschreibung |
|---|---|
| 75 | an Validierungsclient zur Validierung gesendet |
| 76 | Validierung komplett |
| 98 | bereit für Verarbeitung in der Geschäftsapplikation im Business Center |
| 99 | Prozess in Business Center gestartet |
| 100 | Eingangsprozess abgeschlossen |

**Tabelle 7.13** Status für die Eingangsverarbeitung (Forts.)

**Per E-Mail eingehender Kundenauftrag**

Der eingehende Kundenauftrag wird in unserem Beispiel per E-Mail vom Kunden an uns (den Lieferanten) übermittelt. Der Kundenauftrag ist als PDF-Anlage in der E-Mail enthalten (siehe Abbildung 7.50).

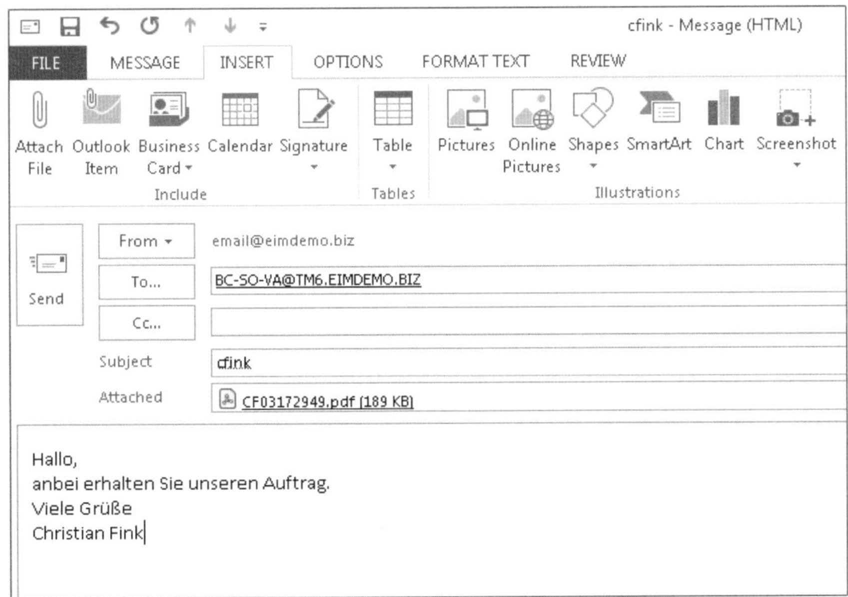


**Abbildung 7.50** Kundenauftrag per E-Mail übermitteln

**E-Mail wird von SAP abgeholt**

Der Kundenauftrag wird von SAP Connect aus dem E-Mail-Postfach abgeholt und an das Business Center von SAP Digital Content Processing übergeben. Im Business Center wird das Dokument registriert und abgelegt. Ein Beleg im Business Center (BC-Beleg) wird vom System angelegt. Die zentrale Anwendung für die Bearbeitung des BC-Belegs ist der *Business Center Workplace*. Diesen öffnen Sie über den Transaktionscode /OTX/PF03_WP.

**Business Center Workplace**

Der Business Center Workplace teilt sich in verschiedene Bereiche auf, die Sie in Abbildung 7.51 sehen:

❶ **Work-Center-Navigation**
Für jede zu bearbeitende Dokumentart (*Work Object*) wird ein Knoten in der Navigation des Business Center Workplaces bereitgestellt. Das Work Object in unserem Beispiel ist **Incoming Orders**.

❷ **Navigationsknoten**
In diesem Bereich werden die Work Objects gemäß eingerichteter Navigationsstruktur und Filterkriterien hierarchisch dargestellt.

❸ **Funktionen der Work Objects**
Es können für jedes Work Object Funktionen eingerichtet werden, z. B. zum Aufruf einer Transaktion im SAP-System. Diese Funktionen werden als Links dargestellt.

❹ **Liste der Work Objects**
Zeigt alle *Workitems* des jeweiligen Work Objects an. Von hier aus kann man in die Bearbeitung der Work Objects abspringen.

❺ **Detailsicht mit Plug-ins**
Für jedes Work Object werden in der Detailsicht unten rechts Kontextinformationen angezeigt, wie das Dokument, die enthaltenen Kundenauftragspositionen oder Kommentare.

❻ **Selektionsmaske**
Für jedes Work Object kann ein eigenes Selektionsbild definiert werden, um die relevanten Belege im Business Center zu selektieren.

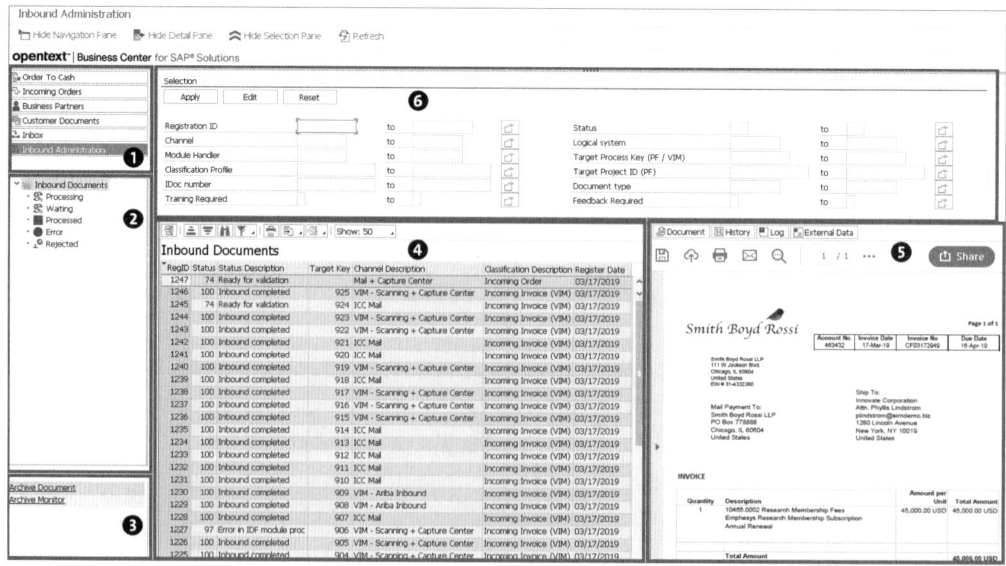


**Abbildung 7.51** Aufbau des Business Center Workplaces

**Inbound Administration**

Eingehende Vorgänge werden während des Eingangsprozesses im **Inbound Administration** angezeigt. In Abbildung 7.52 ist **Inbound Administration** ausgewählt. In dem Bereich **Inbound Documents** ist der Beispielvorgang mit der Registrierungsnummer (**RegID**) 1248 zu finden. Der Beleg wird nach dem Routing im Dokumentenverarbeitungsprozess für Kundenaufträge weiterverarbeitet und erscheint dann im Bereich **Incoming Orders**.

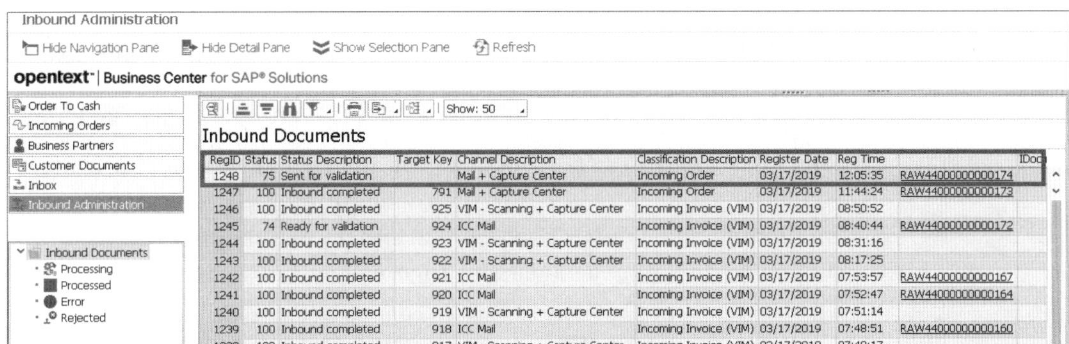


**Abbildung 7.52** Inbound Administration und Inbound Documents

Document | History | Log | External Data

**External Data**

| Call Point | Index | Field Information | External Field Name | Field Type | Field Value | Confidence | Original OCR string |
|---|---|---|---|---|---|---|---|
| EX | | | __Ref | H | 74dce506-2af1-4157-ad29-accc4fdac78c | 100 | |
| EX | | | __RelTriVer | H | 0 | 100 | |
| EX | | | __SessionID | H | 63ca7c5a4a7b407097116c6093975030 | 100 | |
| EX | | | __AppName | H | 11 | 100 | |
| EX | | | __FBID | H | 63ca7c5a4a7b407097116c6093975030 | 100 | |
| EX | | | __FileName | H | pdf | 100 | |
| EX | | | __OCRClassificator | H | WesternEurope | 100 | WesternEurope |
| EX | | | OrderNumber | H | CFI9146322269 | 100 | CFI9146322269 |
| EX | | | SoldTo_Phone | H | | 100 | |
| EX | | | SoldTo_ID | H | 0000052001 | 100 | 0000052001 |
| EX | | | ShipTo_ID_CITYN... | H | Philadelphia | 100 | Philadelphia |
| EX | | | ShipTo_ID_ZIP | H | 19134 | 100 | 19134 |
| EX | | | ShipTo_ID_STREET | H | 2701 Castor Avenue | 100 | 2701 Castor Avenue |
| EX | | | ShipTo_ID_COMP... | H | Computer World | 100 | Computer World |
| EX | | | ShipTo_ID_KUNNR | H | 0000052001 | 100 | 0000052001 |
| EX | | | RequestedDate | H | 20190331 | 100 | 03/31/19 |
| EX | | | NetAmount | H | 18735.00 | 100 | 18,735.00 |
| EX | | | DocumentDate | H | 20190317 | 100 | 03/17/19 |
| EX | | | Currency | H | USD | 100 | $ |
| EX | | | ContactEmail | H | m.smith@computerworld.com | 100 | m.smith@computerworld.com |
| EX | 1 | OrderItems[0] | Amount | I | 7996.00 | 100 | 7,996.00 |
| EX | 1 | OrderItems[0] | UnitPrice | I | 1999.00 | 100 | 1,999.00 |
| EX | 1 | OrderItems[0] | Unit | I | ST | 100 | PC |
| EX | 1 | OrderItems[0] | Quantity | I | 4.0000 | 100 | 4 |
| EX | 1 | OrderItems[0] | Description | I | 3D Printer Dimension (FDM) | 100 | 3D Printer Dimension (FDM) |
| EX | 1 | OrderItems[0] | MaterialNumber | I | 3D-3010 | 100 | 3D-3010 |
| EX | 1 | OrderItems[0] | Position | I | 10 | 100 | 10 |
| EX | 1 | OrderItems[0] | TableRow | I | | 100 | |
| EX | 2 | OrderItems[1] | TableRow | I | | 100 | |
| EX | 2 | OrderItems[1] | Position | I | 20 | 100 | 20 |
| EX | 2 | OrderItems[1] | MaterialNumber | I | MYO-1000 | 100 | MYO-1000 |
| EX | 2 | OrderItems[1] | Description | I | Myo Motion Control11 | 100 | Myo Motion Control11 |
| EX | 2 | OrderItems[1] | Quantity | I | 11.0000 | 100 | 11 |
| EX | 2 | OrderItems[1] | Unit | I | ST | 100 | PC |
| EX | 2 | OrderItems[1] | UnitPrice | I | 199.00 | 100 | 199.00 |
| EX | 2 | OrderItems[1] | Amount | I | 2189.00 | 100 | 2,189.00 |
| EX | 3 | OrderItems[2] | Description | I | Android ViewPad Tablet10 | 100 | Android ViewPad Tablet10 |
| EX | 3 | OrderItems[2] | Quantity | I | 10.0000 | 100 | 10 |

**Abbildung 7.53** Extrahierte Daten zum ausgewählten Kundenauftrag

**Kundenauftrag validieren** Nach Abschluss der Extraktion der Kundenauftragsdaten werden die ausgelesenen Daten im *Business-Center-Validierungsclient* zur Validierung durch einen Benutzer bereitgestellt. Die Daten aus der OCR-Extraktion werden im Bereich **Inbound Documents** zum BC-Beleg durch einen Klick auf den Button **External Data** in der in Abbildung 7.53 dargestellten Tabelle in der Spalte **Original OCR string** angezeigt. In der Spalte **Field Value** befinden sich die Daten im SAP Format.

**Validerung der OCR-Daten** Im Validierungs-Framework wurde im Rahmen des Customizings festgelegt, dass jeder BC-Beleg geprüft werden muss (Wert ALWAYS). Deshalb müssen die Daten, die im Rahmen der Extraktion per OCR erfasst wurden, validiert werden. Der erste Benutzer mit der First-Level-Rolle für die erste Validierung (SOL_1ST_PROC) führt die Validierung der extrahierten Daten im Validierungsclient durch. Dazu werden ihm die extrahierten Daten und das Originaldokument nebeneinander angezeigt (siehe Abbildung 7.54).

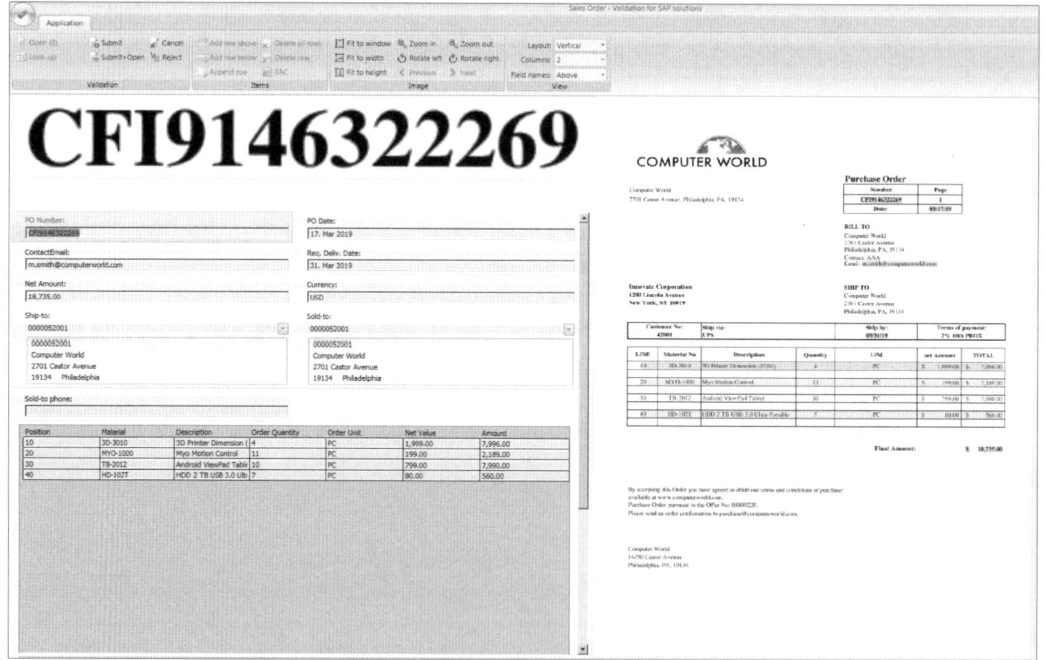


**Abbildung 7.54** Kundenauftrag im Validierungsclient prüfen

**Abschluss der Eingangsverarbeitung** Nach Abschluss der Validierung wird der SAP-Workflow im Document Processing gestartet (Status 99), und die Belegnummer (**Target Key**) wird vergeben. Der Beleg in unserem Beispielprozess hat die Belegnummer 792 (siehe Abbildung 7.55). Diese Nummer trägt der Beleg innerhalb des SAP-Workflows. Anschließend wird der Eingangsverarbeitungsprozess abgeschlossen (Status 100).

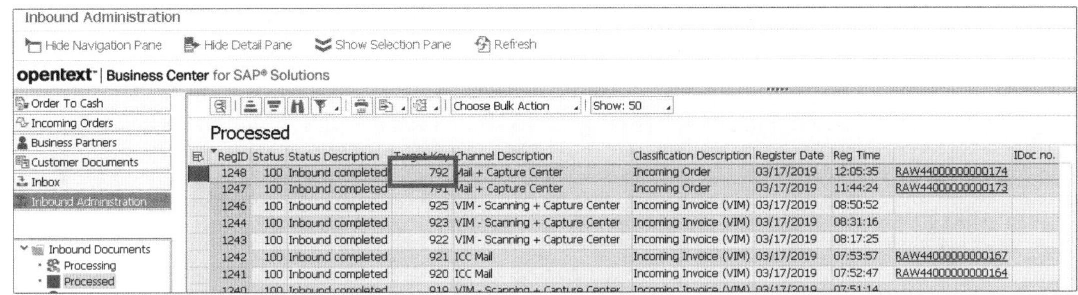

**Abbildung 7.55** Belegnummer des an SAP Business Workflow übergebenen Kundenauftrags



## Dokumentenverarbeitungsprozess

**Prozessschritte und Rollen**

Im Menü **Incoming Orders** des Business Centers für eingehende Kundenaufträge können die gestarteten Business-Center-Workflows analysiert und weiterbearbeitet werden. Dieser Dokumentenverarbeitungsprozess (*Document Processing*) im Business Center besteht aus verschiedenen Prozessschritten, die in Tabelle 7.14 aufgeführt sind. Zu den einzelnen Prozessschritten ist jeweils die Rolle vermerkt, die den Schritt ausführt.

| Prozessschritt | Beschreibung | Business-Center-Rolle |
|---|---|---|
| `INDEXING` (Datenvalidierung) | Die Indexdaten werden validiert. | `SOL_1ST_PROC` |
| `DUPLICATE` (Dublikatsprüfung) | Die Duplikatsprüfung wird ausgeführt. | `SOL_1ST_PROC` |
| `VALIDATE` (Auftragsvalidierung) | Die Kundenauftragsdaten werden geprüft. | `SOL_2ND_PROC` |
| `CUSTOMER` (Validierung des Kunden und Buchungskontrolle) | Der Auftraggeber des Kundenauftrags wird gegen die SAP-Stammdaten abgeglichen. Zusätzlich können weitere Prüfungen im System erzwungen werden, wenn z. B. ein gewisses Material geprüft werden muss. | `SOL_2ND_PROC` |
| `DEFAULT` (Erzeugung des Verkaufsauftrags) | Kundenauftrag in SD buchen | `SOL_1ST_PROC` |

**Tabelle 7.14** Prozessschritte und Rollen des Dokumentenverarbeitungsprozesses

**Geschäftsregeln**

Jedem der aufgeführten Prozessschritte sind bestimmte Geschäftsregeln zugeordnet. Tabelle 7.15 zeigt einen Auszug der Geschäftsregeln, die im Solution Accelerator für Kundenaufträge bereits vorkonfiguriert sind. Weitere eigene Geschäftsregeln können Sie bei Bedarf anlegen.

| Prozessschritt | Beschreibung | Prüfungen |
|---|---|---|
| INDEXING | Materialnummer | ▪ Materialnummer in Tabelle MARA vorhanden?<br>▪ Material in Vertriebsorganisation vorhanden?<br>▪ Material im Lager verfügbar?<br>▪ Stimmt die Mengeneinheit des Materials mit der Mengeneinheit der Stammdaten überein? |
| INDEXING | Business-Partner-Nummer | ▪ Ist der Auftraggeber oder Warenempfänger in den Stammdaten vorhanden? |
| DUPLICATE | Dublettenprüfung | ▪ Prüfung, ob schon ein Beleg mit folgenden Daten vorhanden ist: Vertriebsorganisation, Kundenauftragsnummer, Nettosumme, Währung, Auftraggeber |
| CUSTOMER | Prüfung Netto-Gesamtsumme | ▪ Die Netto-Gesamtsumme darf die Anzahl der im Customizing eingestellten maximalen Netto-Gesamtsumme nicht überschreiten – unabhängig vom Kunden. |
| CUSTOMER | Anzahl Positionen | ▪ Es muss mindestens eine Position vorhanden sein.<br>▪ Die Anzahl der Positionen darf die Anzahl der im Customizing eingestellten maximalen Positionen nicht überschreiten. |
| CUSTOMER | Kundensperre | ▪ Der Kunde ist nicht auf der Ebene Vertriebsorganisation oder Global für die Organisation gesperrt. |
| CUSTOMER | Kreditlimit | ▪ Der Kunde befindet sich innerhalb seines eingeräumten Kreditlimits, und es existiert keine Kreditsperre. |
| CUSTOMER | Prüfung des Auftraggebers | ▪ Der Auftraggeber unterliegt keiner Prüfung. |

**Tabelle 7.15** In den Geschäftsregeln definierte Prüfungen für die einzelnen Prozessschritte

| Prozessschritt | Beschreibung | Prüfungen |
|---|---|---|
| CUSTOMER | Prüfung der Materialmengen | ▪ Die Materialmenge des Kundenauftrags übersteigt/unterschreitet nicht die im Customizing hinterlegte Materialmenge. |
| DEFAULT | Anlegen Kundenauftrag | ▪ Anlegen des Kundenauftrags über den Funktionsbaustein BAPI_SALESORDER_CREATEFROMDAT2 |

**Tabelle 7.15** In den Geschäftsregeln definierte Prüfungen für die einzelnen Prozessschritte (Forts.)



**Processing Screen**

In unserem Beispiel ergibt die Prüfung im ersten Schritt, dass die Ausnahme »Customer validation and audit trails« aufgetreten ist. Aus diesem Grund wurde der Beleg der Second-Level-Rolle SOL_2ND_PROC zugewiesen. Der Benutzer, der diese Rolle ausübt, öffnet nun den Beleg im Business Center Workplace und gelangt zum Bildschirm für den Dokumentenverarbeitungsprozess im Business Center (*Processing Screen*). Dessen Aufbau sehen Sie in Abbildung 7.56:

- Im *Aktionsbereich* ❶ befinden sich die Prozessoptionen für die Bearbeitung des Prozessbelegs. Je nachdem, in welchem Prozessschritt Sie sich befinden, können sich die hier angezeigten Prozessoptionen unterscheiden.

  Es sind unter anderem folgende Optionen verfügbar:
  - Ausführen (**Submit**)
  - Bestätigen (**Confirm**)
  - Rückfrage stellen (**Inquire**)
  - Simulation der Geschäftsregel (**Simulate**)
  - Hinzufügen von Kommentaren (**Add Comment**)
  - Beleg auf den Status obsolet setzen (**Set To Obsolete**)
- Im *Informationsbereich* ❷ werden die Informationen zu den Prüfungen hinterlegt.
- Im unteren Teil befindet sich der *Datenindexbereich* ❸ mit den Daten des Prozessbelegs.
- Der *Detailbereich* ❹ verhält sich wie im Business Center Workplace, er zeigt das Dokument, die Belegpositionen, die Kommentare und die Historie des Belegs an.

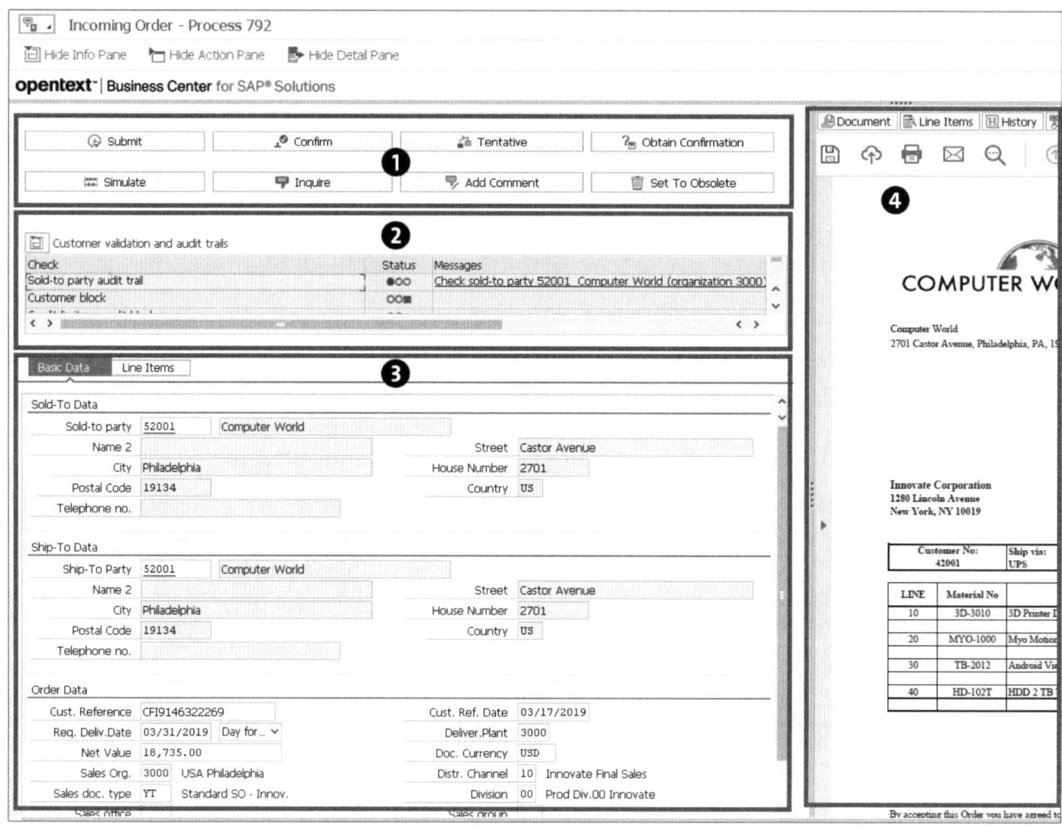

**Abbildung 7.56** Aufbau des Business Center Processing Screens

Für unseren Beispielbeleg wird im Informationsbereich ein Fehler bei der Prüfung (dem Check) »Sold-to party audit trail« angezeigt (rotes Ampelsymbol in der Spalte **Status**). Für jeden Prozessschritt sind verschiedene solcher Prüfungen hinterlegt. Alle Prüfungen, bei denen kein Fehler (Ausnahme) gefunden wurde, werden mit einer grünen Ampel angezeigt. Die Prozessoption **Simulate** zeigt die Abfolge des Prozesses, dessen Prüfungen und den Status der Prüfungen an (siehe Abbildung 7.57).

Nach der Prüfung der Kundendaten kann der verantwortliche Benutzer die Fehlerfreiheit des Kundenauftrags mit der Option **Confirm** bestätigen. Damit ist die Behandlung der Ausnahme abgeschlossen, und der Prozessbeleg wird automatisch in der Komponente SD des SAP-Systems gebucht. Während der Buchung werden das Kundenauftragsdokument (PDF) und der E-Mail-Body der eingegangenen E-Mail mit dem Kundenauftrag per SAP ArchiveLink abgelegt und mit dem SD-Beleg im SAP System verknüpft. Die Anzeige der digitalen Dokumente ist nun in SD über das Menü der generischen Objektdienste möglich (siehe Abbildung 7.58).

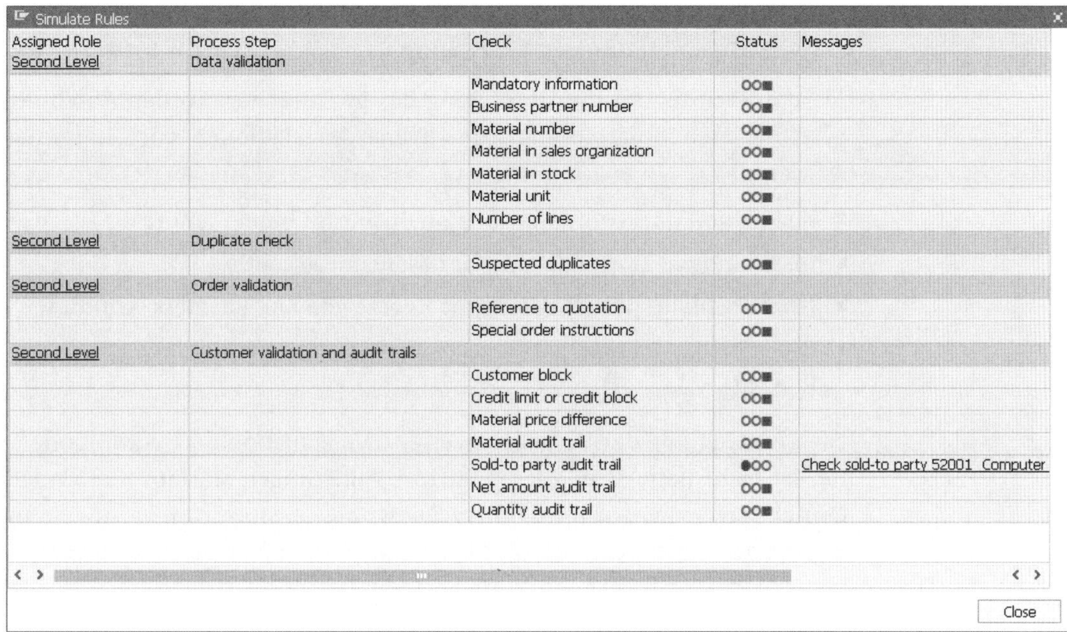


Abbildung 7.57 Simulation der Regeln zur Prozessierung eines Kundenauftrags

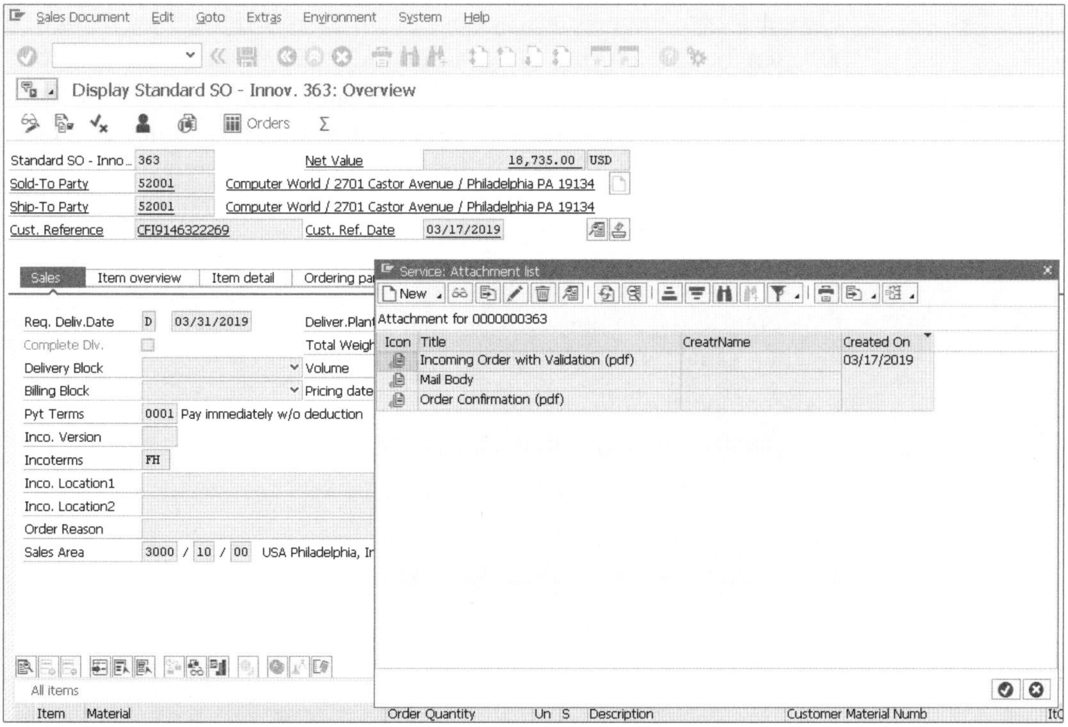

Abbildung 7.58 Angelegter Beleg für den Kundenauftrag im SAP-System

### 7.3.3 Einrichtung und Customizing von SAP Digital Content Processing

Als Vorbereitung für die Umsetzung des im vorangegangenen Abschnitt beschriebenen Prozesses müssen diverse Installationen vorgenommen werden:

- Installation und Konfiguration von Business Center Capture
- Installation des SAP-Add-ons für das Business Center
- Grundkonfiguration der Runtime Engine von SAP Business Workflow
- Bereitstellung eines HTTP-Ablagesystems und eines Content Repositorys

Die Beschreibung der Vorgehensweise zur Installation dieser Komponenten ist nicht Bestandteil dieses Buches. Anleitungen sind im Knowledge Center von OpenText unter *https://knowledge.opentext.com* verfügbar. In diesem Abschnitt werde ich die fachlichen Customizing-Schritte zur Konfiguration des Business Centers auf Basis des installierten Solution Accelerators für Kundenaufträge vorstellen.

#### Customizing des Datenmodells und Mappings

Über das Datenmodell des Business Centers wird festgelegt, in welche Tabellen die aus den eingehenden Dokumenten extrahierten Daten überführt werden. In diesen Tabellen werden also die Daten für den BC-Beleg gespeichert. Dabei wird auch die Verknüpfung mit dem Nummernkreisobjekt aus Transaktion /OTX/PF02L hergestellt, das für die Vergabe der Beleg-ID herangezogen wird. In der Regel verwendet ein Datenmodell zwei Datentabellen – die Kopf- und die Positionstabelle.

**Customizing-Schritte**

Folgende Schritte müssen im Customizing durchgeführt werden, um das Datenmodell zu konfigurieren, das Mapping der Daten in die SAP-Tabellen und den Kanal zum Mapping einzurichten:

1. Datenmodell konfigurieren
2. Levels des Datenmodells konfigurieren
3. Schlüsselfelder der Levels konfigurieren
4. externes Daten-Mapping konfigurieren
5. Feld-Mapping des externen Daten-Mappings konfigurieren
6. Kanal dem Mapping hinzufügen

**Datenmodell konfigurieren**

Um das Datenmodell zu konfigurieren, starten Sie zunächst die Transaktion /OTX/PF00_IMG. Navigieren Sie zur Konfiguration des Datenmodells über den Pfad **OpenText Business Center for SAP Solutions • Process Foundation • Data Model**.

Klicken Sie auf den Button **New Entries** im Ordner **Data Model Configuration** der Dialogstruktur, und legen Sie einen neuen Eintrag mit den Daten aus Tabelle 7.16 an.

| Feld | Wert |
|---|---|
| **Data Model ID** | eindeutige ID mit zehn Stellen |
| **Description** | frei zu wählende Beschreibung |
| **Author** | Freitextfeld mit dem Benutzernamen, der das Datenmodell erstellt |
| **Lock object** | /OTX/PS02_L_PLH |

**Tabelle 7.16** Werte zur Konfiguration des Datenmodells

Nach dem Customizing des Datenmodells sollte die Anzeige der in Abbildung 7.59 ähneln.

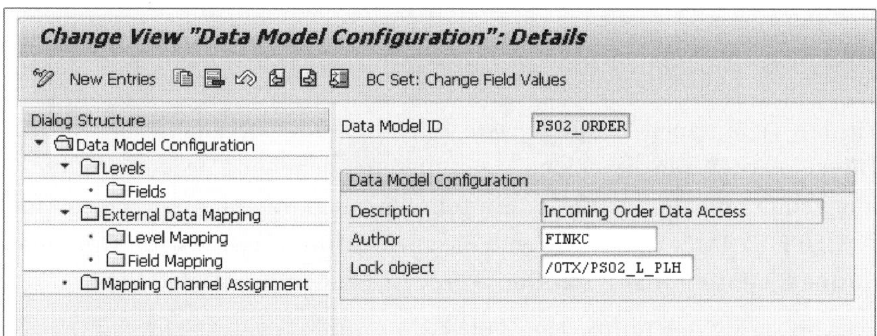


**Abbildung 7.59** Datenmodell konfigurieren

**Levels des Datenmodells konfigurieren**

Im nächsten Schritt werden die Datentabellen für das Datenmodell als *Levels* bereitgestellt. Starten Sie dazu ebenfalls die Transaktion /OTX/PF00_IMG, und navigieren Sie zu der Customizing-Aktivität **OpenText Business Center for SAP Solutions • Process Foundation • Data Model**.

Klicken Sie auf den Button **New Entries** im Ordner **Levels** der Dialogstruktur, und legen Sie dort die neuen Einträge mit den Daten aus Tabelle 7.17 an.

| Feld | Wert |
|---|---|
| **Data hier. level** | ■ 1 – Kopf (Header Table)<br>■ 2 – Position (Item Table) |
| **Description** | frei zu wählende Beschreibung |
| **Table Name** | Technischer Name der Datentabelle:<br>■ Level 1: /OTX/PS02_T_PLH (Header)<br>■ Level 2: /OTX/PS02_T_PLI (Item) |

**Tabelle 7.17** Werte zur Konfiguration der Datenmodellebenen

In Abbildung 7.60 sind Datentabellen für die Kopf- und Positionsdaten unseres Beispiels hinterlegt worden.

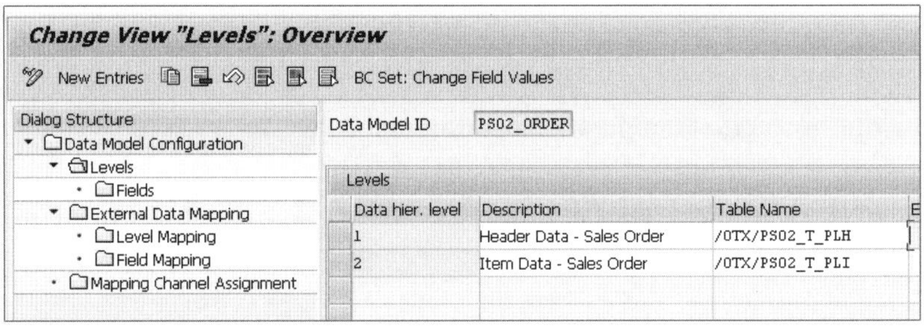

Change View "Levels": Overview

New Entries BC Set: Change Field Values

Dialog Structure
- Data Model Configuration
  - Levels
    - Fields
  - External Data Mapping
    - Level Mapping
    - Field Mapping
  - Mapping Channel Assignment

Data Model ID PS02_ORDER

Levels

| Data hier. level | Description | Table Name |
|---|---|---|
| 1 | Header Data - Sales Order | /OTX/PS02_T_PLH |
| 2 | Item Data - Sales Order | /OTX/PS02_T_PLI |

**Abbildung 7.60** Datenmodellebenen anlegen

**Schlüsselfelder der Levels konfigurieren**

Zu den Datentabellen müssen die Schlüsselfelder bereitgestellt werden. Hierzu werden für die beiden Datenhierarchieebenen (Header und Item) die Schlüsselfelder gepflegt. Starten Sie auch hierzu die Transaktion /OTX/PF00_IMG, und navigieren Sie zur Customizing-Aktivität **OpenText Business Center for SAP Solutions • Process Foundation • Data Model**.

Klicken Sie auf den Button **New Entries** im Ordner **Levels • Fields** der Dialogstruktur, und legen Sie dort die neuen Einträge mit den Daten aus Tabelle 7.18 und Tabelle 7.19 an.

| Feld | Wert |
|---|---|
| **Field Name** | Name des Schlüsselfeldes PLKEY |
| **Key type** | Schlüssel wird über Nummernvergabe erstellt. |
| **Object** | Nummernkreisobjekt /OTX/PF02L |
| **Number** | Intervallnummer 01 |

**Tabelle 7.18** Erstes Schlüsselfeld in den Kopfdaten auf Level 1

| Feld | Wert |
|---|---|
| **Field Name** | Name des Schlüsselfeldes PROJECT_ID |
| **PROJECT_ID** | Schlüssel wird durch kundenspezifische Logik gefüllt. |

**Tabelle 7.19** Zweites Schlüsselfeld in den Kopfdatenauf Level 1

In Abbildung 7.61 sind die Felder für Level 1 (Kopftabelle) dargestellt. Die Einstellungen müssen entsprechend auch für Level 2 erfolgen.



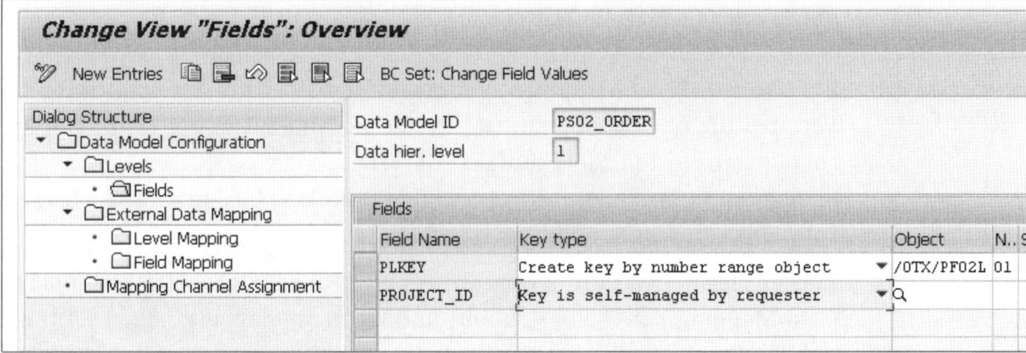


**Abbildung 7.61** Felder der Datenmodellebene 1

**Externes Daten-Mapping konfigurieren**

Die eingehenden Daten werden durch ein Daten-Mapping in die Datentabellen geschrieben. Hierzu wird das *externe Daten-Mapping* konfiguriert. Starten Sie auch hierzu die Transaktion /OTX/PF00_IMG, und navigieren Sie zur Customizing-Aktivität **OpenText Business Center for SAP Solutions • Process Foundation • Data Model**.

Klicken Sie auf den Button **New Entries** im Ordner **External Data Mapping** der Dialogstruktur, und legen Sie dort die neuen Einträge mit den Daten aus Tabelle 7.20 an.

| Feld | Wert |
|---|---|
| **Data Model ID** | eindeutige technische ID des Datenmodells |
| **Mapping ID** | CAPT_BCC |

**Tabelle 7.20** Werte zur Pflege des externen Daten-Mappings

In Abbildung 7.62 sind verschiedene Mapping-IDs eingerichtet worden. Ein Mapping trägt das Kennzeichen **Default**. Das so gekennzeichnete Mapping dient als Rückfallposition, falls kein anderes Mapping gefunden werden kann.

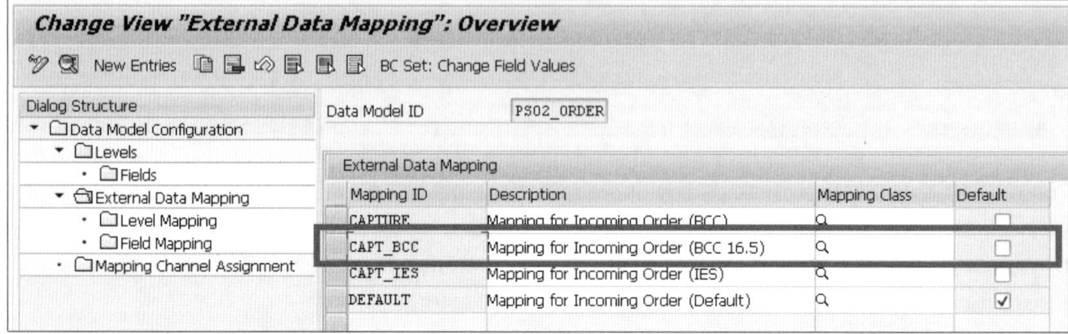


**Abbildung 7.62** Externes Daten-Mapping

**Feld-Mapping des externen Daten-Mappings**

Die Daten des Feld-Mappings werden aus dem Solution Accelerator für die Verarbeitung von Kundenaufträgen übernommen. Um das Feld-Mapping zu pflegen, starten Sie ebenfalls die Transaktion /OTX/PF00_IMG, und navigieren Sie zur Customizing-Aktivität **OpenText Business Center for SAP Solutions • Process Foundation • Data Model**.

Klicken Sie auf den Button **New Entries** im Ordner **External Data Mapping • Field Mapping** der Dialogstruktur, und legen Sie dort die neuen Einträge mit den Daten aus Tabelle 7.21 an.

| Feld | Wert |
|---|---|
| **Data hier. Level** | gepflegtes Hierarchielevel |
| **External Field Name** | Feldnamen der externen Anwendung, z. B. aus dem Business Center Capture |
| **Field Name** | Feldname der Zieltabelle des jeweiligen Hierarchielevels |
| **Curr. Field** | Währungsfelder müssen markiert werden. |
| **FieldMapTy** | verschiedene Varianten für das Mapping |

**Tabelle 7.21** Werte zur Pflege des Feld-Mappings für das externe Mapping

Nach dem Customizing sind alle Felder, die aus der externen Anwendung kommen, den internen Strukturen zugeordnet. In Abbildung 7.63 ist das für unseren Prozess zur Kundenauftragsverarbeitung durchgeführt worden.

**Kanal dem Mapping hinzufügen**

Als letzter Schritt wird der Eingangskanal, hier E-Mail, mit der gewählten Mapping-ID verknüpft. Die Mapping-ID identifiziert dabei das Mapping-Szenario. Verwenden Sie auch für diesen Schritt die Transaktion /OTX/PF00_IMG, und navigieren Sie zur Customizing-Aktivität **OpenText Business Center for SAP Solutions • Process Foundation • Data Model**.

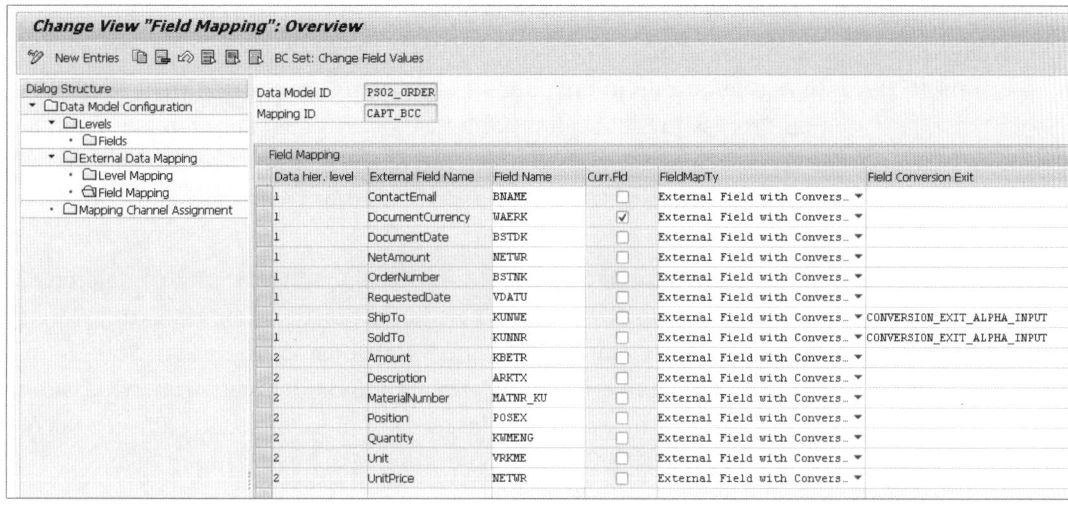

Abbildung 7.63 Feld-Mapping

Klicken Sie auf den Button **New Entries** im Ordner **Mapping Channel Assignment** der Dialogstruktur, und legen Sie dort die neuen Zuweisungseinträge mit den Daten aus Tabelle 7.22 an.

| Feld | Wert |
|---|---|
| **Channel** | MAIL_BCC |
| **Mapping ID** | CAPT_BCC |

**Tabelle 7.22** Werte zur Zuordnung der Eingangskanäle

In Abbildung 7.64 ist das Customizing des Kanal-Mappings für unseren Beispielprozess dargestellt.

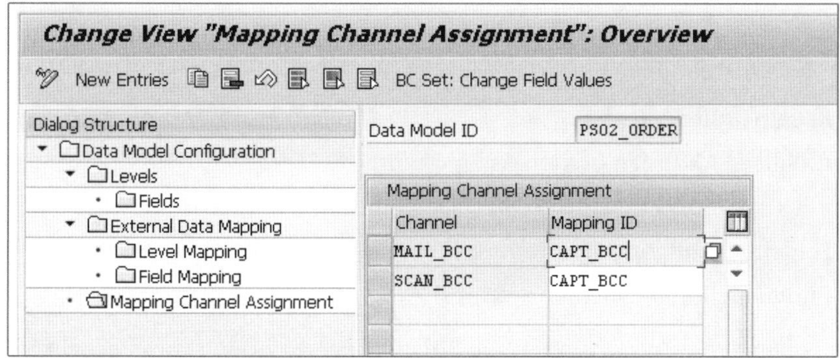

**Abbildung 7.64** Customizing der Eingangskanalzuordnung

### Definition der Business Center-Rollen

Prozessrollen definieren

Die im Beispielsprozess beteiligten Rollen können Sie nutzen, wie im Solution Accelerator definiert, oder Sie können sie erweitern. Um die Rollen für einen Prozess in SAP Digital Content Processing zu definieren, nutzen Sie die Transaktion /OTX/PF00_IMG. Navigieren Sie zur Customizing-Aktivität **OpenText Business Center for SAP Solutions • Process Configuration • Profiles**.

Rollenauflösung

Markieren Sie das relevante Profil für Kundenaufträge, und navigieren Sie zum Ordner **Version Definition • Role Definition** der Dialogstruktur. Wählen Sie die aktuelle Version im Dialogfeld **Version** aus. Im Bereich **Role Definition** können Sie nun die Rollen definieren und mit einer eigenen Klasse zur Benutzerfindung im Feld **Role Class** verknüpfen. Alternativ können Sie die Benutzer im Feld **Agent ID** direkt zuordnen (siehe Abbildung 7.65).

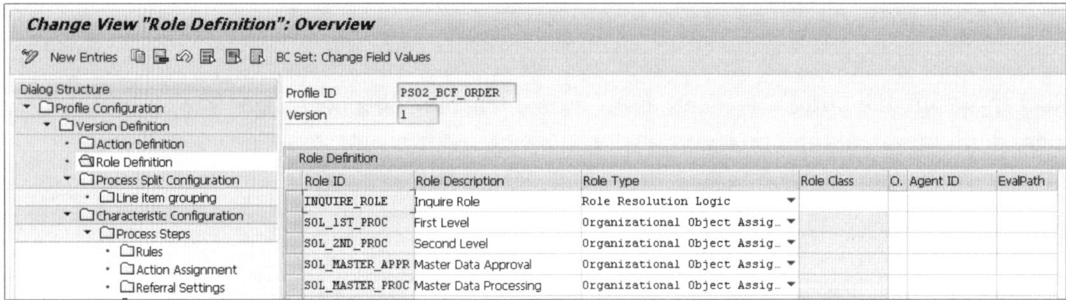


**Abbildung 7.65** Rollendefinition und -auflösung im Customizing des Business Centers

### Definition der Prozessschritte

Prozessschritt anpassen

Der Solution Accelerator liefert vordefinierte Prozessschritte aus. Diese können genauso wie die Rollendefinitionen nach Ihren eigenen Bedürfnissen angepasst oder erweitert werden. Einem Prozessschritt können dabei weitere Einstellungen zugewiesen werden. Zur Verfügung stehen die folgenden Einstellungen:

- Regeln (Rules)
- mögliche Aktionen (Action Assignment)
- Rückfrageeinstellungen (Referral Settings)
- Feldeinstellungen (Field Settings)
- Bildeinstellungen (Screen Settings)

Prozessschritte definieren

Im Folgenden zeige ich Ihnen die Einstellungen zu den Prozessschritten, Regeln und möglichen Aktionen beispielhaft für den Verkaufsauftragsprozess. Starten Sie dazu die Transaktion /OTX/PF00_IMG, und navigieren Sie zur Customizing-Aktivität **OpenText Business Center for SAP Solutions • Process Configuration • Profiles**.

Markieren Sie das relevante Profil, und navigieren Sie zum Ordner **Version Definition • Characteristic Configuration • Process Steps** der Dialogstruktur. Wählen Sie die aktuelle Version im Dialogfeld **Version** aus (siehe Abbildung 7.66). Das Customizing ermöglicht die Definition von Prozessschritten mit den dazugehörigen Aktionen und Rollenzuordnungen.

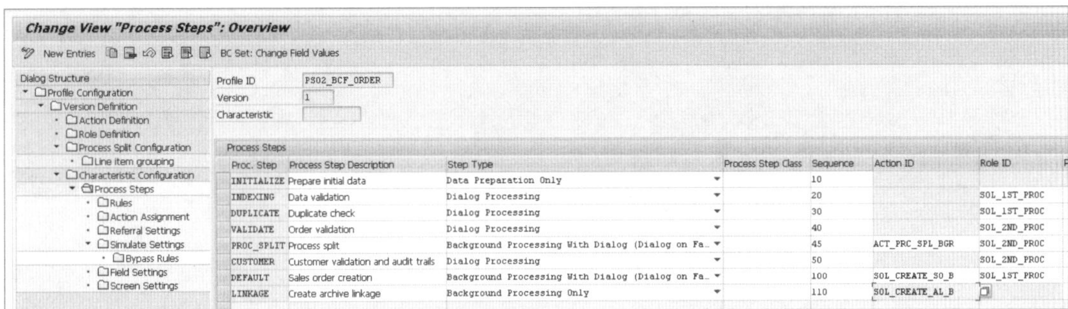

**Abbildung 7.66** Customizing und Prozessschritte

**Regeln definieren**

Um die Regeln zu einem Prozessschritt zu definieren, markieren Sie den Prozessschritt (z. B. **CUSTOMER**), und navigieren Sie zum Ordner **Version Definition • Characteristic Configuration • Process Steps • Rules** der Dialogstruktur. Definieren Sie die Regeln basierend auf einer ABAP-Klasse. Tragen Sie diese Klasse in die Spalte **Rule Class** ein. Nehmen Sie außerdem die Einstellungen zur Ausführungshäufigkeit (`Always` oder `Custom`) im Feld **Frequency** vor (siehe Abbildung 7.67).

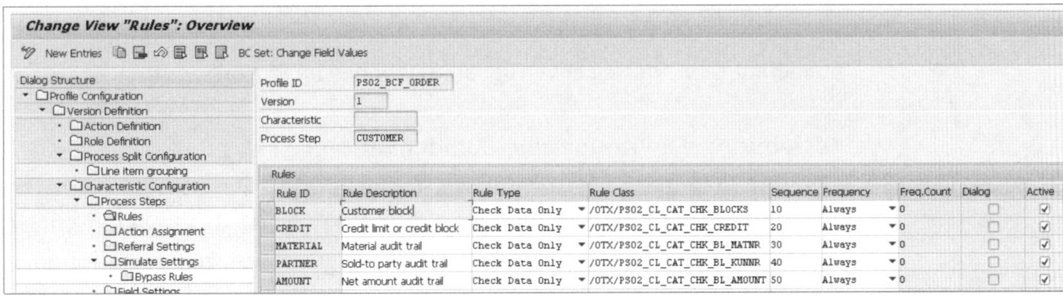

**Abbildung 7.67** Definition der Regeln für die Prüfungen innerhalb eines Prozessschritts

**Aktionen definieren**

Die verfügbaren Aktionen innerhalb des Prozessschritts (in diesem Beispiel `CUSTOMER`) werden ebenfalls in dieser Customizing-Aktivität vorgenommen. Markieren Sie dazu das relevante Profil, und navigieren Sie zum Ordner **Version Definition • Characteristic Configuration • Action Assignment** der

Dialogstruktur. Es sind Einstellungen für Aktion im SAP GUI oder auf der Weboberfläche von SAP Digital Content Processing möglich. Innerhalb des gewählten Prozessschritts können Sie die möglichen Aktionen pro Rolle definieren, indem Sie diese in der Spalte **Action ID** eintragen. In den weiteren Spalten können Sie z.B. definieren, ob der Prozess beendet oder die Aktion aktiv ist (siehe Abbildung 7.68).

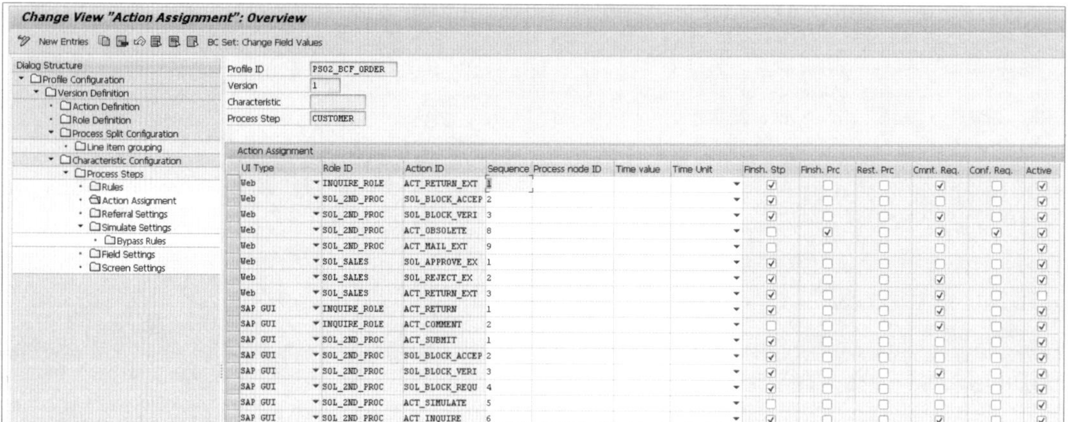


**Abbildung 7.68** Definition der möglichen Aktionen für eine Rolle innerhalb eines Prozessschritts

Die Aktionen werden dann z. B., wie in Abbildung 7.69 dargestellt, der jeweiligen Rolle im Prozessschritt zur Verfügung gestellt.

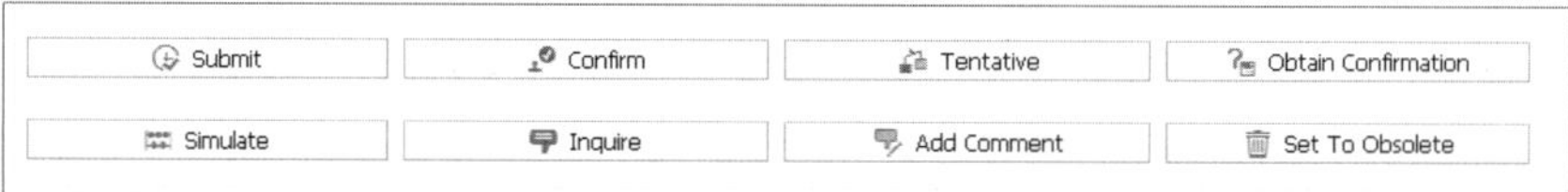


**Abbildung 7.69** Anzeige er verfügbaren Aktionen im Prozessschritt

### Customizing der Prüfung eines Kundenauftrags

Kundenprüfung

Um Kundenaufträge bestimmter Kunden automatisch einem Audit zu unterziehen, kann im Tabellenpflege-View /OTX/PS02_T_KUNR der Kunde einer bestimmten Vertriebsorganisation zugeordnet werden. Zusätzlich muss das Kennzeichen **Audit check required** aktiviert sein.

Um die Prüfung der Kundendaten zu konfigurieren, starten Sie die Transaktion SM30 (Tabellenpflege-Views) und öffnen den View /OTX/PS02_T_KUNR.

Geben Sie in das Feld **Sales Org.** die Verkaufsorganisation und in das Feld **Sold-To Party** die Kunden-ID ein, und markieren Sie die Option **Audit Check required** (siehe Abbildung 7.70). Es ist auch möglich, im Feld **Maximum**

**lines** die maximale Anzahl von Positionen für die Geschäftsregel zu hinterlegen, nach deren Überschreitung einer Ausnahme ausgegeben wird.

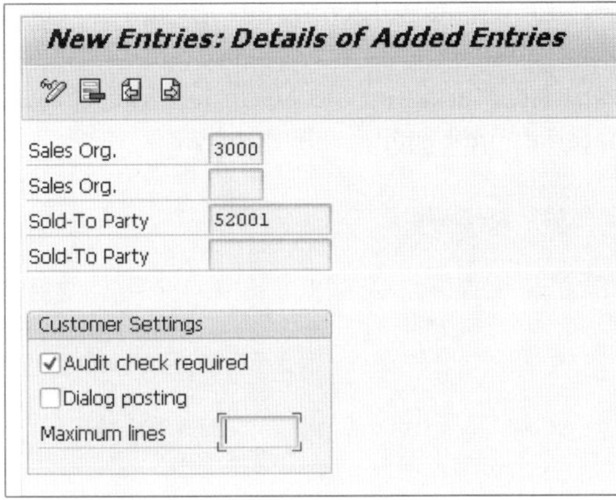


**Abbildung 7.70** Hinterlegung eines Kunden, für den eine Validierung notwendig ist

**Limitprüfung**

Die Regel zur Prüfung des Limits eines Kunden meldet eine Ausnahme, sobald die im Customizing für eine Vertriebsorganisation hinterlegten Gesamtsummen (minimaler oder maximaler Wert, den ein Kundenauftrag aufweisen darf) unter- oder überschritten werden. Um die Limitprüfung zu konfigurieren, Starten Sie die Transaktion SM30 und rufen den View /OTX/PS02_T_LIMI auf.

Geben Sie in das Feld **Sales Org.** die Verkaufsorganisation, in die Felder **Maximum order value** und **Minimum order value** die Grenzwerte und in das Feld **Crcy** die Währung ein, in der der Wert angegeben wird (siehe Abbildung 7.71).

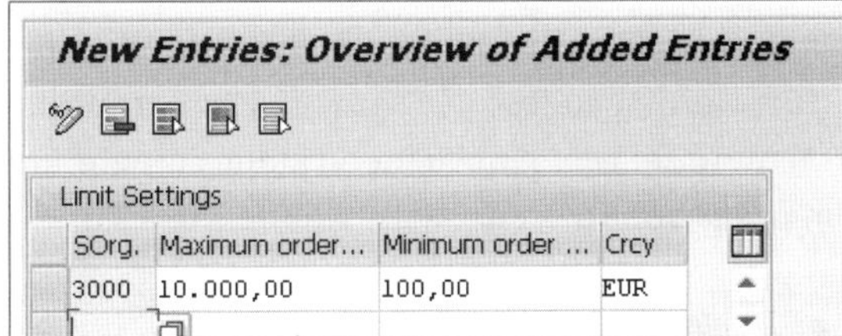


**Abbildung 7.71** Limitprüfung für einen Kundenauftrag konfigurieren

**Materialprüfung**

Die Regel zur Materialprüfung meldet eine Ausnahme, sobald die im Customizing für die Vertriebsorganisation und/oder den Auftraggeber hinterlegten Materialien beauftragt werden. Um diese Regel zu definieren, starten Sie die Transaktion SM30 und öffnen den die Tabellenpflege-View /OTX/PS02_T_MATN.

Geben Sie in das Feld **Sales Org.** die Verkaufsorganisation, in das Feld **Sold-to party** die Kunden-ID und in das Feld **Material** das Material ein, das für die automatische Prüfung relevant ist. Markieren Sie außerdem die Option **Check required** im Bereich **Material Audit** (siehe Abbildung 7.72).

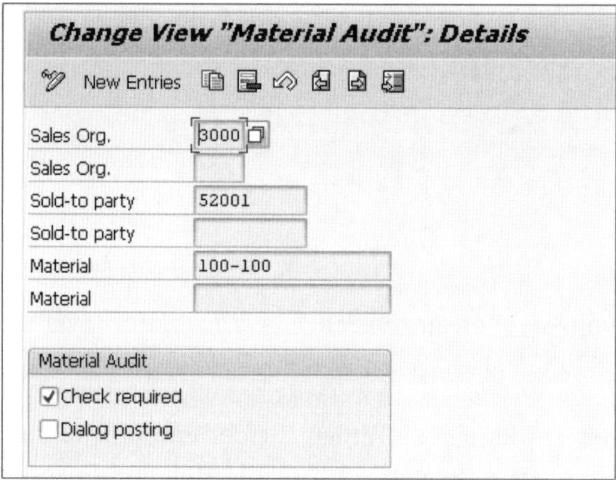


**Abbildung 7.72** Customizing der Materialprüfung

**Prüfung der Materialmengen**

Die Regel für die Prüfung der Materialmengen meldet eine Ausnahme, sobald die im Customizing für eine Vertriebsorganisation hinterlegte minimale oder maximale Menge eines Materials in einem Kundenauftrag unter- oder überschritten werden. Um diese Regel zu konfigurieren, starten Sie die Transaktion SM30 und öffnen den Tabellenpflege-View /OTX/PS02_T_QUAN.

Geben Sie in das Feld **SOrg.** die Verkaufsorganisation ein, für die die Prüfung aktiv sein soll. In dem Feld **Material** geben Sie die Materialnummer an, für die die Materialmengen geprüft werden sollen. Die maximal und minimal erlaubten Bestellmengen zum Material geben Sie in den Feldern **Maximum order quantity** und **Minimum order quantity** ein (siehe Abbildung 7.73).

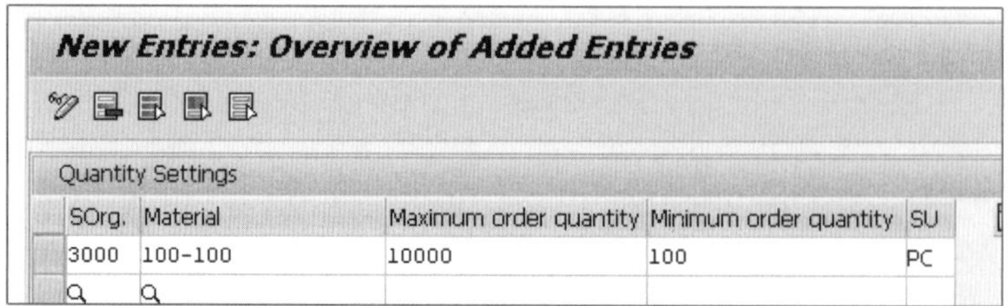


**Abbildung 7.73** Customizing der Prüfung der Materialmengen

Diese Beschreibung des Customizings von SAP Digital Content Processing hat Ihnen einen Einblick in das Customizing eines Szenarios gegeben. Andere Dokumentenszenarien werden in ähnlicher Form eingerichtet. Die vollständigen Informationen sind im Knowledge Center von OpenText unter *https://knowledge.opentext.com* verfügbar.

Kapitel 8
# Content Management mit OpenText-Werkzeugen

*OpenText liefert mehrere Werkzeuge für die prozessbegleitende Verwaltung von Content. In diesem Kapitel erläutere ich die Content-Management-Funktionen der Werkzeuge SAP Document Access by OpenText und SAP Extended ECM by OpenText und gehe außerdem auf das Customizing dieser Werkzeuge ein.*



Im Bereich Content Management des ECM-Modells kann auf zwei Werkzeuge von OpenText zurückgegriffen werden:

- *SAP Document Access by OpenText* (als Teil des Pakets SAP Archiving and SAP Document Access by OpenText) ist ein SAP-zentriertes Werkzeug zur Erstellung unterschiedlicher Sichten auf die Daten zu einem Business-Objekt im SAP-System und auf den zu diesem Objekt abgelegten Content. Die verschiedenen Sichten ermöglichen die objektübergreifende Recherche und objektübergreifende Anzeige des angelegten Contents. Als Ergebnis stehen elektronische Akten innerhalb des SAP-Systems zur Verfügung.
- *SAP Extended Enterprise Content Management (ECM) by OpenText* erweitert den Content-Management-Ansatz von SAP Document Access mit spezifischen Funktionen eines professionellen Content-Management-Systems und einem umfangreichen Toolset. In SAP Extended ECM werden die Werkzeuge OpenText Archive Server, OpenText Content Server sowie eine Reihe von speziellen OpenText-Werkzeugen verwendet. Der Funktionsumfang ist im Vergleich zu SAP Document Access erheblich erweitert, und im Fokus stehen nicht nur SAP-Benutzer, sondern auch Nicht-SAP-Benutzer.

**Content Management im ECM-Modell**

Die Einordnung der OpenText-Werkzeuge für den Bereich Content Management in das ECM-Modell habe ich in Abbildung 8.1 hervorgehoben. Diese beiden Werkzeuge werden in diesem Kapitel beleuchtet. Ich gewähre Ihnen einen Einblick in das Customizing und die Einrichtung der Werkzeuge sowie deren Funktionsweise.

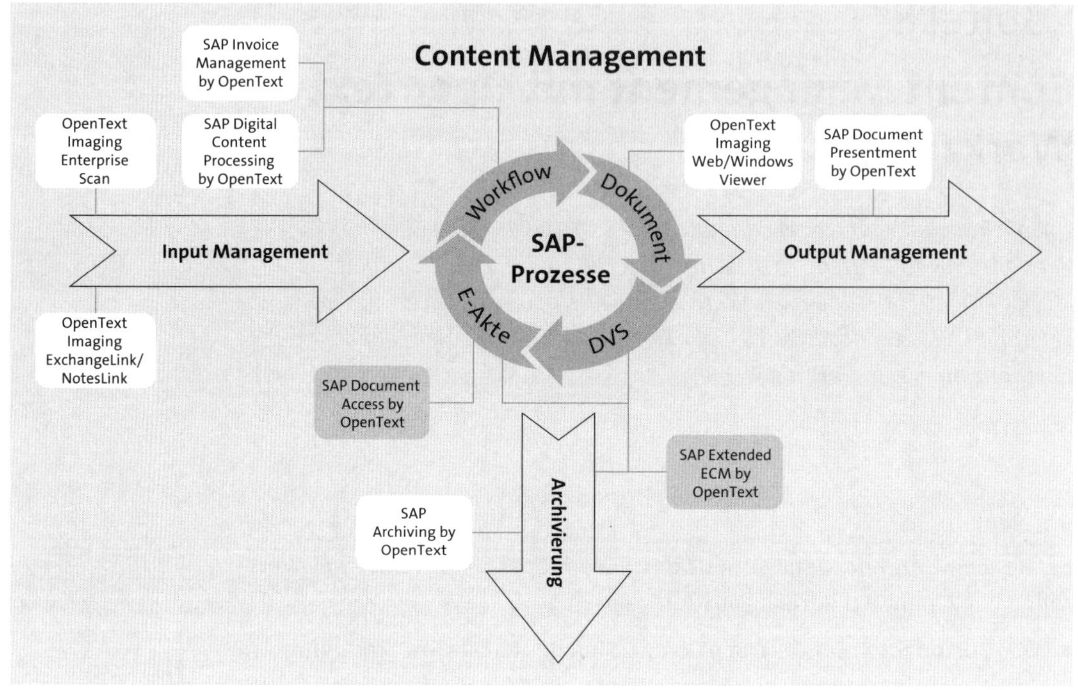


**Abbildung 8.1** OpenText-Werkzeuge im Content Management

**Altes und neues Paradigma**

Im Gegensatz zum alten Paradigma, nach dem Content ohne die Integration in die Geschäftsprozesse verwaltet wurde, wird dem neuen Paradigma entsprechend der Content in die Geschäftsprozesse integriert. Durch die tiefe Integration von SAP Extended ECM in die SAP-Systeme wird ein Medienbruch bei der Bearbeitung von unstrukturiertem Content (E-Mails, Dateien, Dokumente) in den SAP-Geschäftsprozessen beseitigt. Außerdem können die Funktionen von SAP Extended ECM so verschiedenen Benutzergruppen innerhalb und außerhalb des SAP-Systems zur Verfügung gestellt werden. Altes und neues Paradigma sind in Abbildung 8.2 einander gegenübergestellt.

Die Anwenderunternehmen können, abhängig von ihrer Anforderung und ihrer ECM-Strategie, zwischen den verschiedenen OpenText-Werkzeugen auswählen. Als Entscheidungshilfe kann Ihnen der Vergleich in Tabelle 8.1 dienen. Hier werden die OpenText-Werkzeuge SAP Archiving, SAP Document Access und SAP Extended ECM einander gegenübergestellt. Für die Ablagefunktionen greifen alle drei Werkzeuge auf den OpenText Archive Server zurück.

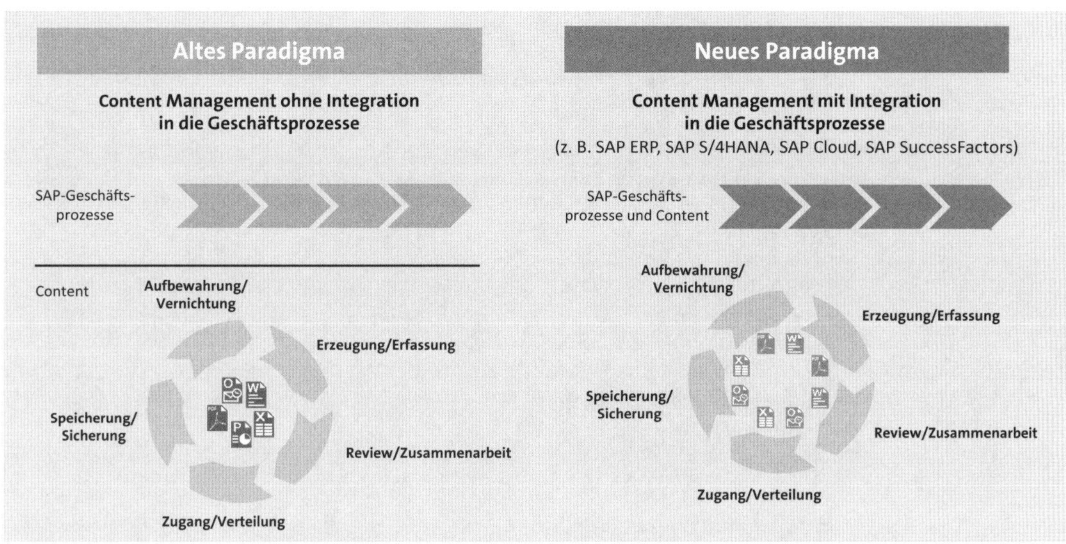


**Abbildung 8.2** Neues Paradigma für SAP Extended ECM ohne Medienbruch



| Funktion | SAP Archiving by OpenText | SAP Document Access by OpenText | SAP Extended ECM by OpenText |
|---|---|---|---|
| Ablage von ADK-Dateien (Archive Development Kit) | ja | OpenText Archive Server | OpenText Archive Server |
| Ablage von SAP-ArchiveLink-Dokumenten | ja | OpenText Archive Server | OpenText Archive Server |
| Ablage von Knowledge-Provider- und Generischer-Objektdienst-Dokumenten | ja | OpenText Archive Server | OpenText Archive Server |
| Integration von WORM Storages (*write once read many*) | ja | OpenText Archive Server | OpenText Archive Server |
| Massenimport von Dokumenten | Document Pipeline | OpenText Archive Server | OpenText Archive Server |
| Scanclient | Enterprise Scan | Enterprise Scan | Enterprise Scan |

**Tabelle 8.1** Funktionen von SAP Archiving, SAP Document Access und SAP Extended ECM by OpenText

| Funktion | SAP Archiving by OpenText | SAP Document Access by OpenText | SAP Extended ECM by OpenText |
|---|---|---|---|
| Integration auf dem Desktop | DesktopLink | DesktopLink | Enterprise Connect |
| Integration von E-Mails | ExchangeLink/ NotesLink | ExchangeLink/ NotesLink | ExchangeLink/ NotesLink |
| Langzeitaufbewahrung von Dokumenten | ja | OpenText Archive Server | OpenText Archive Server |
| Anlagenliste mit Thumbnails und Attributen | nein | ja | ja |
| Geschäftsprozesssicht auf Dokumente und Daten | nein | innerhalb des SAP-Systems | innerhalb und außerhalb des SAP-Systems |
| Volltextsuche | nein | Nutzung des OpenText Content Servers | Nutzung des OpenText Content Servers |
| Dokumentenverwaltung | nein | eingeschränkt auf SAP-Dokumente | ja |
| Zusammenarbeit von SAP- und Nicht-SAP-Benutzern | nein | nein | ja |
| Aufbewahrungsfrist für archivierte Daten | feste Aufbewahrungsfristen je Content Repository, Aufbewahrungsfristen verwalten mit SAP Information Lifecycle Management (ILM) oder SAP Extended ECM | | ja |
| Aufbewahrungsfrist für SAP-ArchiveLink-Dokumente | | | ja |
| Aufbewahrungsfrist für Nicht-SAP-Dokumente | nein | nein | ja |
| zertifiziertes Records Management | nein | nein | ja |
| Mobile App | nein | nein | ja |

**Tabelle 8.1** Funktionen von SAP Archiving, SAP Document Access und SAP Extended ECM by OpenText (Forts.)

## 8.1 SAP Document Access by OpenText

**Komponenten und Funktionen**

*SAP Document Access by OpenText*, auch *DocuLink* genannt, erweitert die Dokumentenverwaltungsfunktionen des SAP-Systems. Die mit DocuLink generierten virtuellen Ordnerstrukturen bieten einen einfachen Zugang zu den SAP-Daten und dem abgelegten und verknüpften Content über frei definierbare *Sichten*.

SAP Document Access baut auf den Backendfunktionen von SAP Archiving by OpenText auf. SAP Document Access beinhaltet neben dem SAP Add-on weitere Komponenten wie *ArchiveLink PLUS* und den *Business Object Browser*. In Abbildung 8.3 sind die einzelnen Komponenten des Pakets SAP Archiving and SAP Document Access dargestellt.



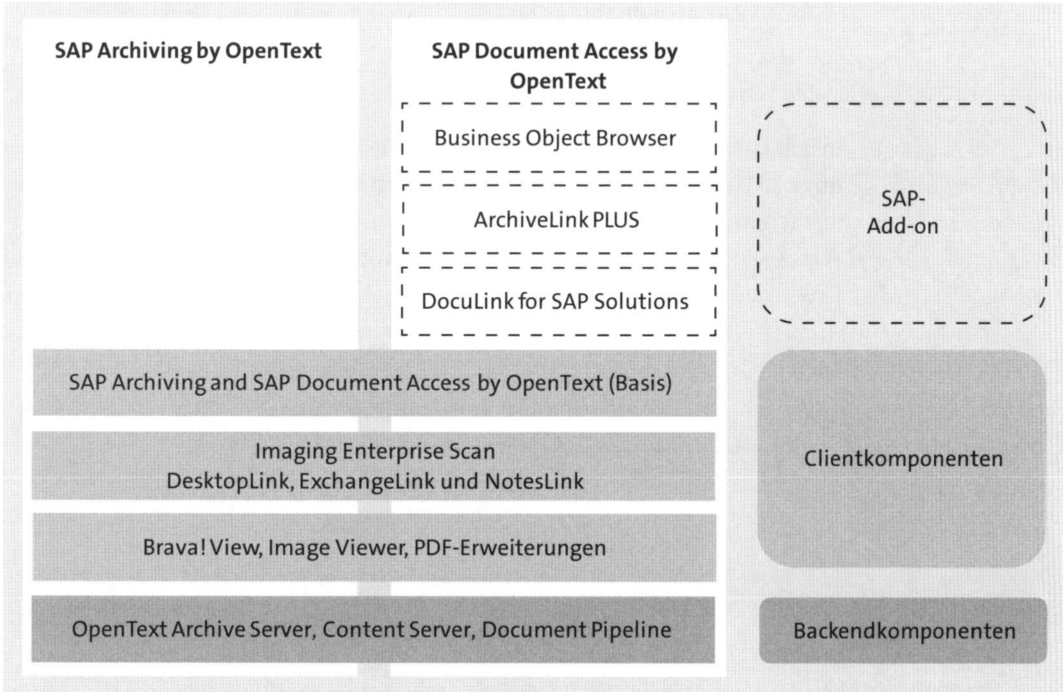


**Abbildung 8.3** Übersicht der Komponenten von SAP Archiving and SAP Document Access

In den folgenden Abschnitten stelle ich Ihnen das Werkzeug SAP Document Access vor. Zuerst führe ich Sie in die grundlegenden Funktionen des Werkzeugs ein. Darauf aufbauend zeige ich Ihnen, wie Sie Ihre erste elektronische Akte auf Basis von SAP Document Access erstellen.

### 8.1.1 Einführung in die Funktionsweise von SAP Document Access

Softwareversion

In diesem Abschnitt erläutere ich die gängigen Funktionen von SAP Document Access. Aufgrund der Vielzahl an Funktionen werde ich mich auf die für das Verständnis wichtigsten konzentrieren. Grundlage für die weiteren Betrachtungen ist das Release SAP Document Access by OpenText 16.2.

Referenzprozess

Die grundlegenden Funktionen stelle ich Ihnen anhand des Referenzprozesses Purchase-to-Pay vor. Der Beschaffungsprozess kann über eine Bestellakte abgebildet werden.

Der Prozess besteht aus den folgenden Schritten:

1. Ein Einkäufer legt im SAP-System eine Bestellung an.
2. Nach Eingang des Materials wird der Wareneingang zur Bestellung im SAP-System gebucht.
3. Die am Ende des Prozesses eingehende Rechnung wird ebenfalls im SAP-System erfasst und gebucht.

In allen Prozessschritten werden die ein- und ausgehenden Dokumente über SAP ArchiveLink in das angebundene OpenText-Ablagesystem abgelegt (siehe Abbildung 8.4). In SAP Document Access werden der Gesamtprozess sowie die mit den Business-Objekten im SAP-System verknüpften Dokumente angezeigt.

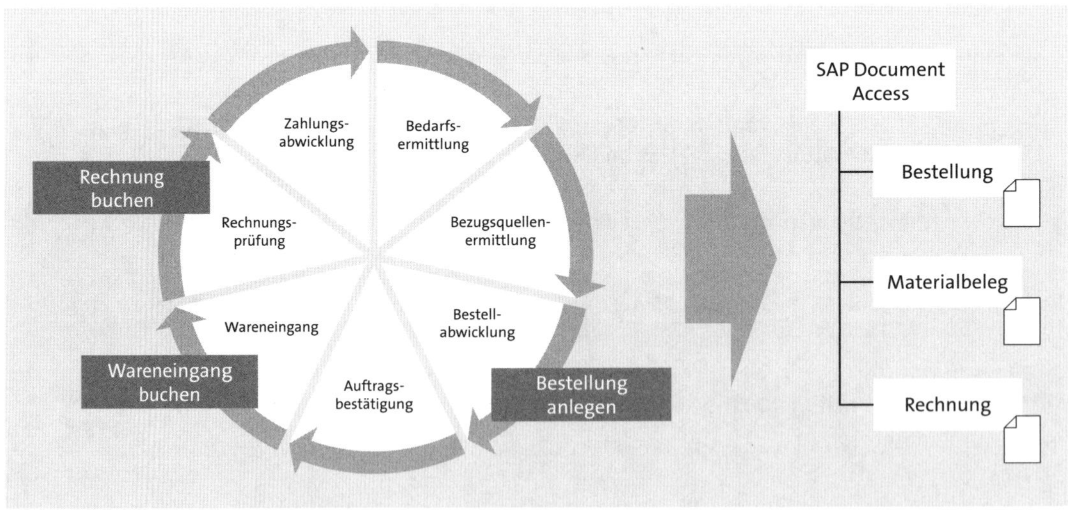


**Abbildung 8.4** Referenzprozess Purchase-to-Pay in SAP Document Access

Die einzelnen Schritte dieses Prozesses betrachten wir im Folgenden genauer.

### 8.1.2 Anlegen der Bestellung

**Transaktion ME21N/ME23N**

Der Einkäufer in unserem Beispielprozess legt eine SAP-Bestellung mit der Bestellnummer 4500018034 an. Hierzu verwendet er die Transaktion ME21N. Zur Anzeige der Bestellung verwendet er die Transaktion ME23N.

Nach der Anlage der Bestellung übermittelt das SAP-System das Bestelldokument gemäß den Einstellungen in der Nachrichtensteuerung per E-Mail an den Lieferanten und legt es parallel im OpenText-Ablagesystem ab. Das zur Bestellung abgelegte Bestelldokument kann über die Anlagenliste der generischen Objektdienste (![icon]) in Transaktion ME23N angezeigt und geöffnet werden (siehe Abbildung 8.5).



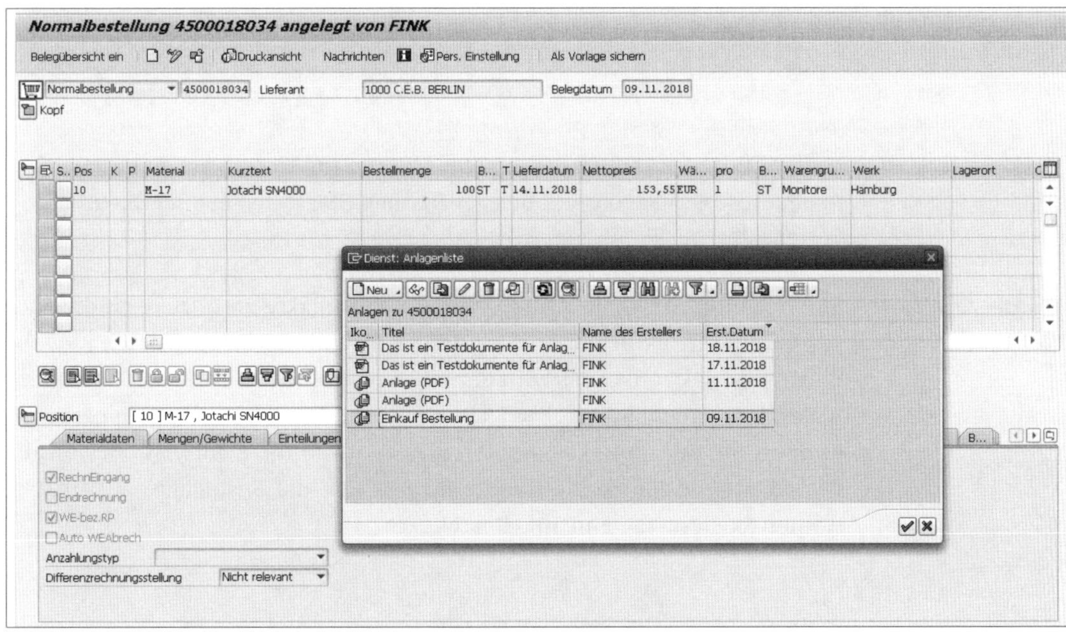


**Abbildung 8.5** Bestelldokument als Anlage zu einer SAP-Bestellung

**Zugriff auf DocuLink aus der Bestellung**

Die elektronische Bestellakte in SAP Document Access (*DocuLink-Bestellakte*) zum Bestellprozess ist ebenfalls über die gewohnte SAP-Transaktion ME23N zugänglich. Wie Sie diese einrichten, erkläre ich in Abschnitt 8.1.6, »Einrichtung und Customizing von SAP Document Access«. Im Prozess navigiert der Einkäufer zum Öffnen von SAP Document Access über das Menü der generische Objektdienste (![icon]) zum Eintrag **DocuLink** (siehe Abbildung 8.6). Dieser Menüeintrag in den generischen Objektdiensten wurde im Rahmen des Customizings eingefügt. Das Vorgehen habe ich in Abschnitt 5.1.3, »Eigene Services in die generischen Objektdienste einbinden«, beschrieben.

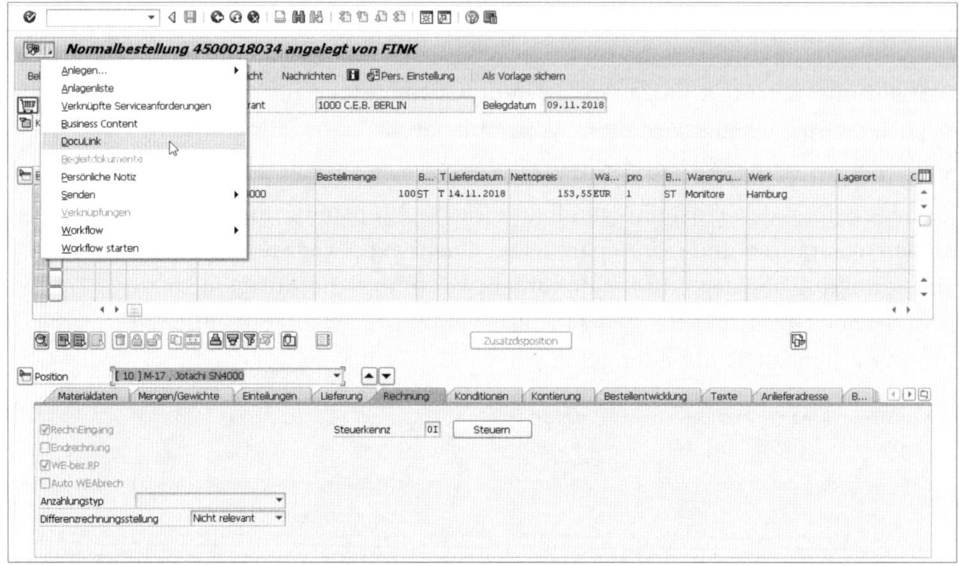

**Abbildung 8.6** Absprung aus den generischen Objektdiensten zur DocuLink-Bestellakte

**Direkter Zugriff auf DocuLink**

Eine weitere Möglichkeit, die DocuLink-Bestellakte zu öffnen, ist die Nutzung der Transaktion J6NY (DocuLink-Anwendung öffnen). Nach Eingabe dieses Transaktionscodes wird der Einstiegsbildschirm von SAP Document Access bzw. DocuLink geöffnet. Über das Menü dieses Einstiegsbildschirms können Sie alle Projekte der DocuLink-Anwendung, unter anderem die Bestellakte, öffnen (siehe Abbildung 8.7). Um die Bestellakte aufzurufen, wählen Sie den Pfad **Einkauf • Bestellakte**.

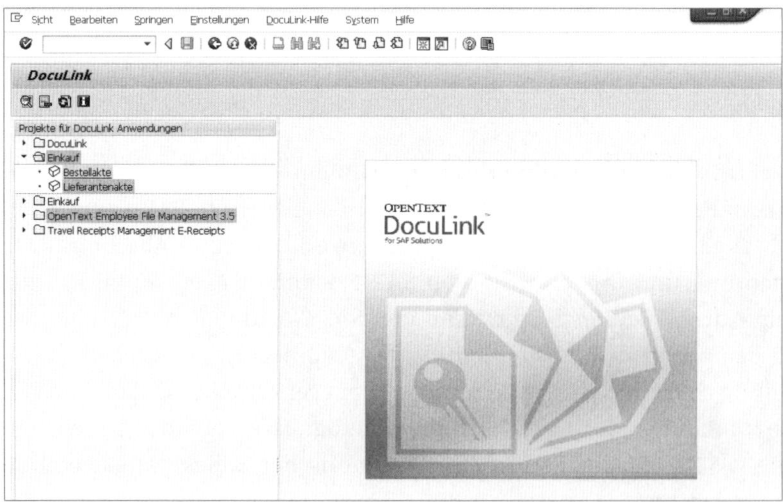

**Abbildung 8.7** Einstiegsbildschirm von DocuLink (Transaktion J6NY)

**Auswahl der Bestellakte**

Nach Auswahl des Knotens **Bestellakte** im DocuLink-Einstiegsbildschirm wird Ihnen das Selektionsbild zur Auswahl der Bestellakte angezeigt (siehe Abbildung 8.8). Geben Sie hier die Bestellnummer 4500018034 in das Feld **Einkaufsbelegnummer** ein. Daraufhin wird die Bestellakte dieses Geschäftsprozesses geöffnet.

Selektion Bestellakte

Selektion Bestellakte

| | | | |
|---|---|---|---|
| Einkaufsbelegnummer | 4500018034 | bis | |
| Lieferantennummer | | bis | |
| Datum | | bis | |
| Material | | bis | |
| Buchungskreis | | bis | |
| Einkäufergruppe | | bis | |
| Einkaufsorganisation | | bis | |
| Kontierungstyp | | bis | |
| Warengruppe | | bis | |
| Submissionnummer | | bis | |
| Werk | | bis | |

**Abbildung 8.8** Selektionsbild zur Auswahl der Bestellakte

**DocuLink-Sicht der Bestellakte**

In der konfigurierten DocuLink-Sicht sind der Bestellbeleg 4500018034 und die zur Bestellung abgelegten Dokumente zu sehen und können bei Bedarf auch geöffnet werden (siehe Abbildung 8.9). Eine *Sicht* in SAP Document Access definiert den Aufbau der DocuLink-Akte und welche Business-Objekte von dieser Akte genutzt werden.

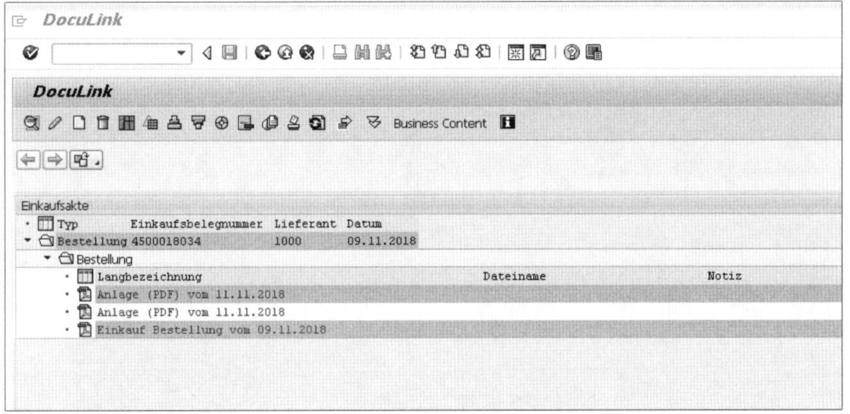


**Abbildung 8.9** Sicht der Bestellakte mit den Business-Objekten und Dokumenten zu einer Bestellung

### 8.1.3 Wareneingang erfassen

Transaktion MIGO

Als Nächstes wird der Wareneingang für die Bestellung 4500018034 in der Transaktion MIGO erfasst (siehe Abbildung 8.10). Dabei wird der Lieferschein über die generischen Objektdienste oder über das Szenario *spätes Ablegen mit Barcode* im Ablagesystem abgelegt und mit dem SAP-Materialbeleg verknüpft.

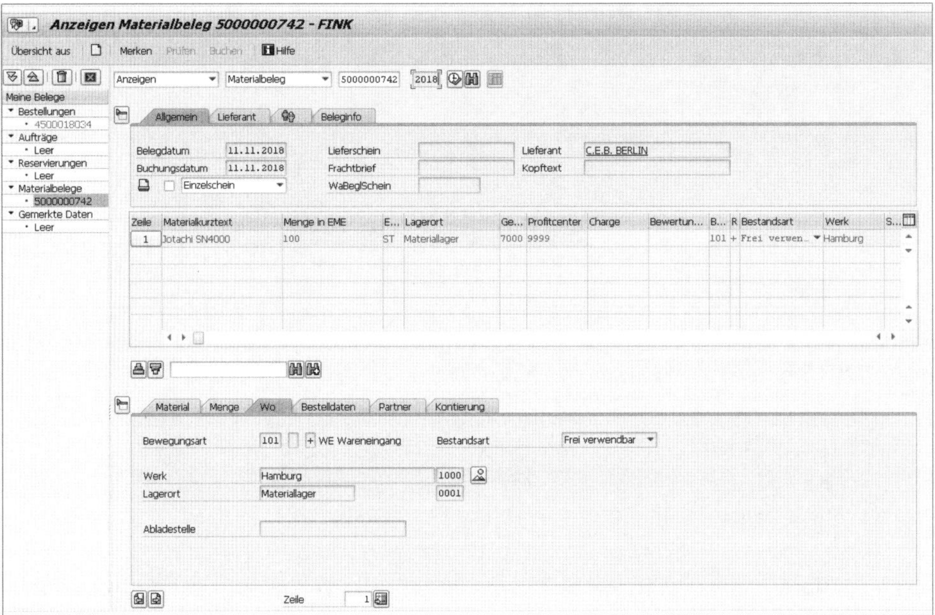


**Abbildung 8.10** Wareneingang für eine Bestellung in Transaktion MIGO erfassen

DocuLink-Sicht der Bestellakte

Öffnet nun der Benutzer die Bestellakte in DocuLink, werden ihm neben dem Bestellbeleg auch der zugehörige Materialbeleg sowie die dazu abgelegten und verknüpften Dokumente (hier der Lieferschein als PDF) angezeigt (siehe Abbildung 8.11).

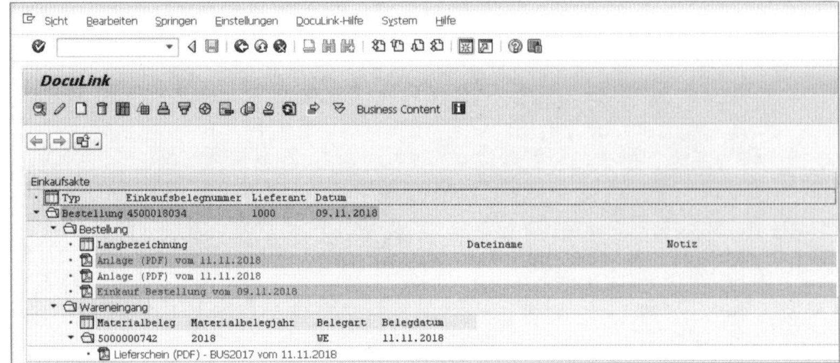


**Abbildung 8.11** Sicht der Bestellakte mit Bestellung und Lieferschein

### 8.1.4 Rechnung erfassen

Transaktion MIRO

Der letzte Prozessschritt ist die Erfassung der eingegangenen Rechnung. Hierzu erfasst der Benutzer in der Transaktion MIRO (Eingangsrechnung erfassen) die Rechnungsdaten zur Bestellung oder zum Wareneingang (abhängig von der Systemkonfiguration des Bestellbelegs). Das Rechnungsdokument legt er über die generischen Objektdienste per SAP ArchiveLink im Ablagesystem ab. Hierzu öffnet er den Rechnungsbeleg z. B. mit der Transaktion MIR4, ruft das Menü der generischen Objektdienste auf () und nutzt die Funktion **Anlegen... • Business Document ablegen**. In der Anlagenliste des Rechnungsbelegs wird das abgelegte Rechnungsdokument angezeigt (siehe Abbildung 8.12).

8

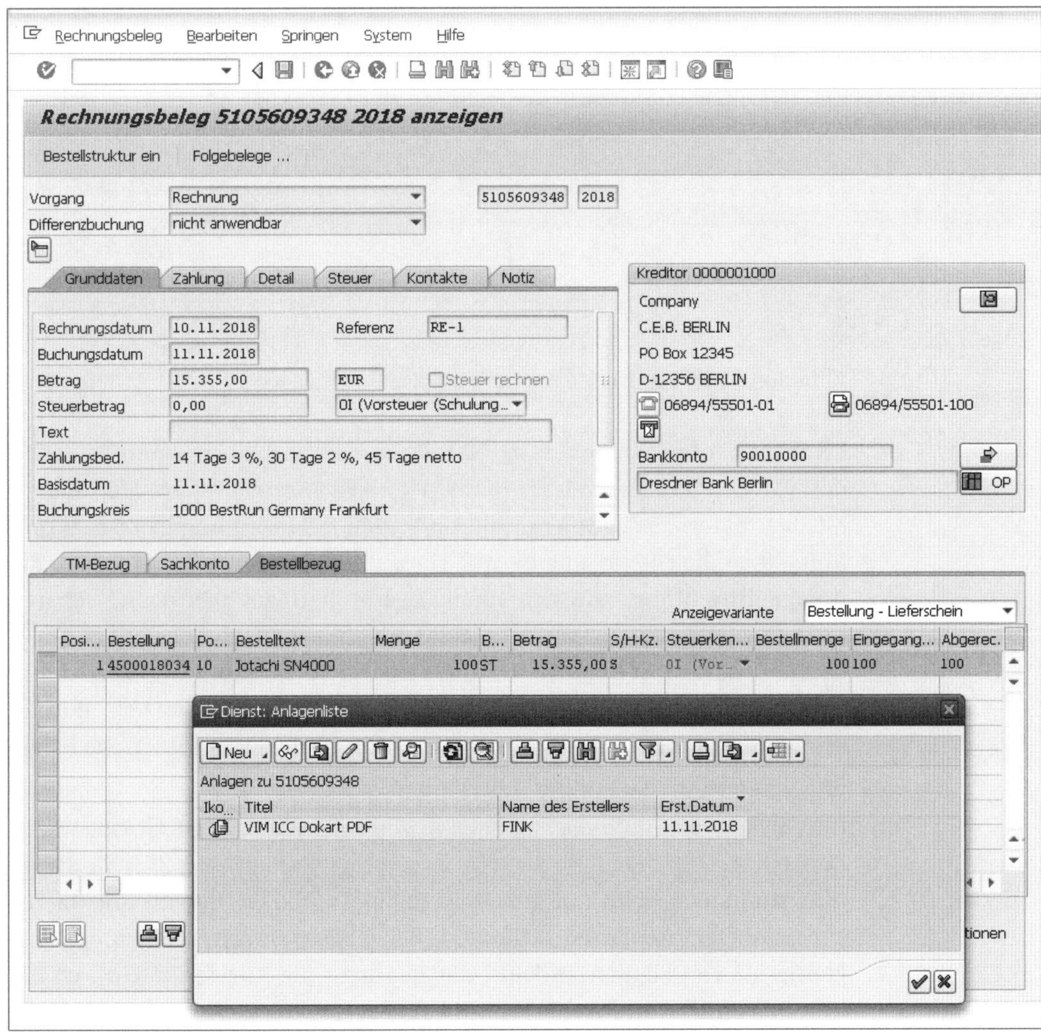


**Abbildung 8.12** Rechnung zur Bestellung in Transaktion MIRO erfassen

**DocuLink-Sicht der Bestellakte**

Öffnet man nach der Erfassung der Rechnung die Bestellakte in DocuLink, werden alle SAP-Belege des gesamten Geschäftsprozesses und die dazugehörigen Dokumente angezeigt. Ganz unten in Abbildung 8.13 sehen Sie die erfasste Rechnung und das abgelegte Rechnungsdokument.

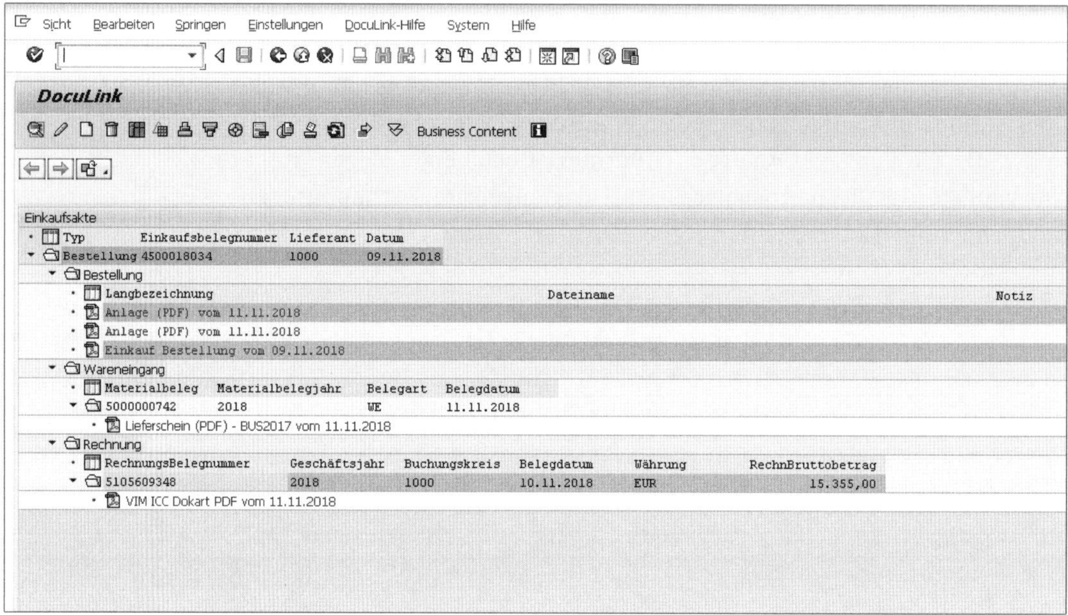


**Abbildung 8.13** Bestellakte mit der kompletten Prozesssicht

Ohne die Unterstützung durch SAP Document Access müssten Sie jeden der für den Prozess relevanten SAP-Belege (Bestellung in Transaktion ME23N, Materialbeleg in Transaktion MIGO und Rechnung in Transaktion MIR4) über die entsprechende SAP-Transaktion öffnen und dort jeweils die Anlagenliste öffnen, um sich einen Gesamtüberblick über den Geschäftsprozess verschaffen zu können. Dies wird mit SAP Document Access vereinfacht. Zudem ist es möglich, die Daten der beteiligten SAP-Belege direkt in DocuLink anzuzeigen. Hierzu klicken Sie auf den jeweiligen Belegeintrag in der DocuLink-Sicht, beispielsweise die Materialbelegnummer. Die Belegdaten werden Ihnen dann wie in Abbildung 8.14 angezeigt.

Durch die Nutzung verschiedener Anzeigeelemente von SAP Document Access kann die DocuLink-Sicht so ausgeprägt werden, dass sich die Struktur automatisch beim Anlegen eines Business-Objekts aufbaut und die für den Benutzer relevanten Metadaten des Objekts anzeigt. Neben den fest konfigurierten Elementen kann der Benutzer die Anzeige z. B. durch die Nutzung einer Wertetabelle selbst beeinflussen.

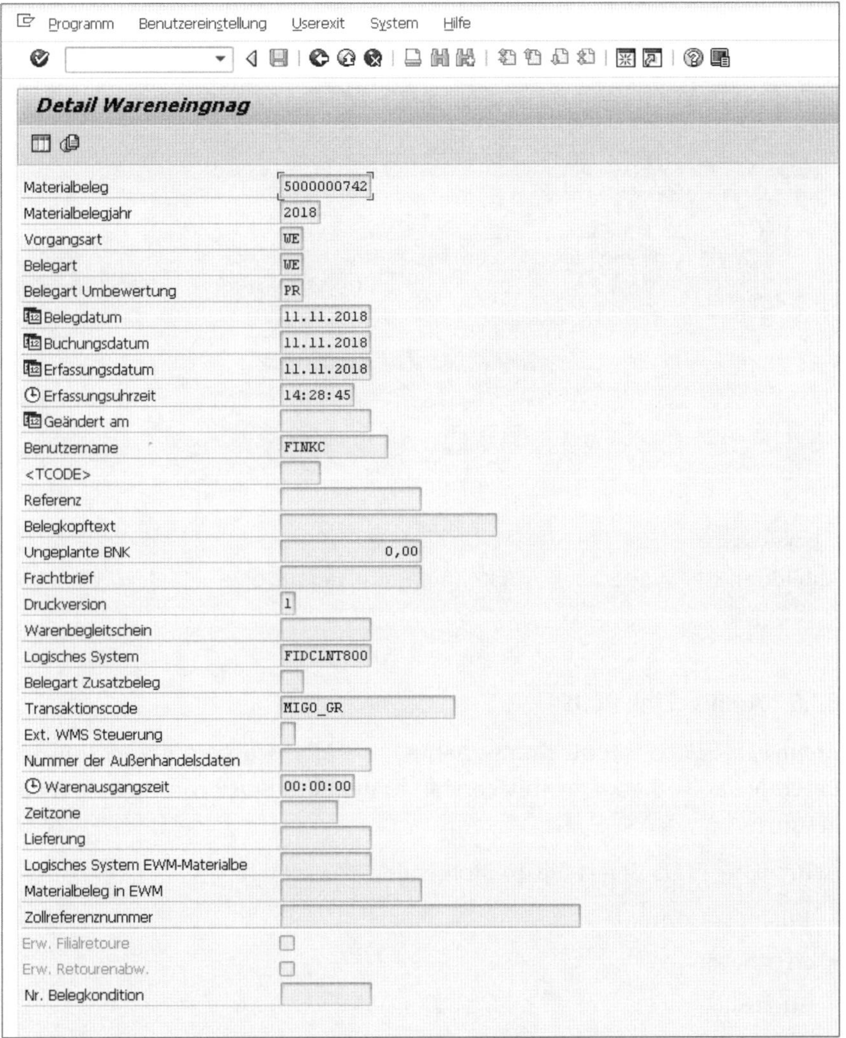


**Abbildung 8.14** SAP-Belegdaten anzeigen lassen

In der Bestellakte in Abbildung 8.15 werden die Belegdaten dargestellt, die in der Wertetabelle ausgewählt wurden, also Belegtyp, Einkaufsbelegnummer, Lieferant und Datum. Durch einen Klick auf das Trefferlisten-Icon öffnet sich die Konfigurationsansicht. Hier kann der Benutzer diverse Vorgaben zur Anzeige machen. Beispielsweise kann der Benutzer eine auf- oder absteigende Sortierung für die SAP-Belege einstellen.

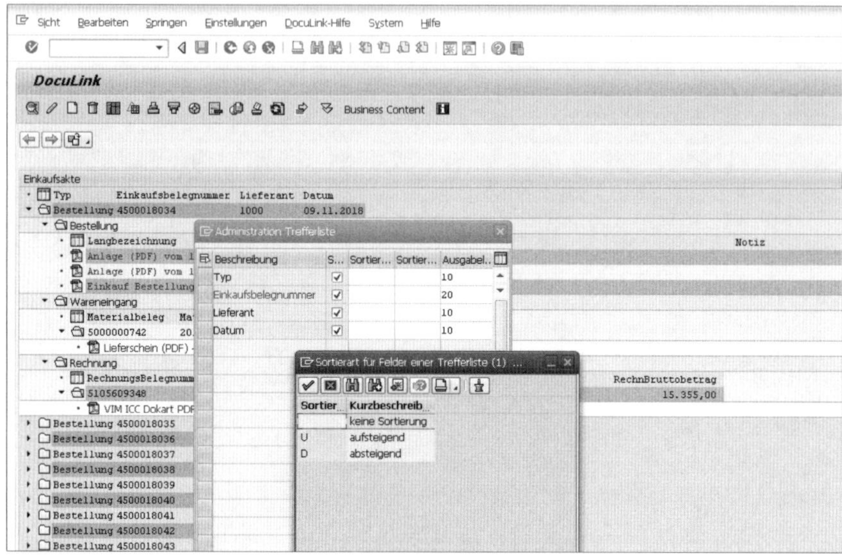

**Abbildung 8.15** Wertetabelle zur Konfiguration der Anzeige bei Selektion mehrerer Belege

### 8.1.5 ArchiveLink PLUS

*ArchiveLink PLUS* ist eine Komponente von SAP Document Access und SAP Extended ECM. Sie wurde mit Version 10 der ECM-Suite von OpenText eingeführt.

AchiveLink PLUS liefert die drei folgenden Werkzeuge:

- Business Content
- Attribute
- Suche

**Business Content**

Das *Business-Content-Fenster* integriert den OpenText Imaging Web Viewer und ermöglicht damit die Anzeige eines Miniaturvorschaubildes (*Thumbnail*) sowie die Anzeige von zusätzlichen Dokumentattributen (siehe Abbildung 8.18). Das Business-Content-Fenster wird, wie in Abbildung 8.16 dargestellt, in das Dropdown-Menü der generischen Objektdienste integriert. Wie Objektdienste in die generischen Objektdienste integriert werden können, ist in Abschnitt 5.1.3, »Eigene Services in die generischen Objektdienste einbinden«, beschrieben.

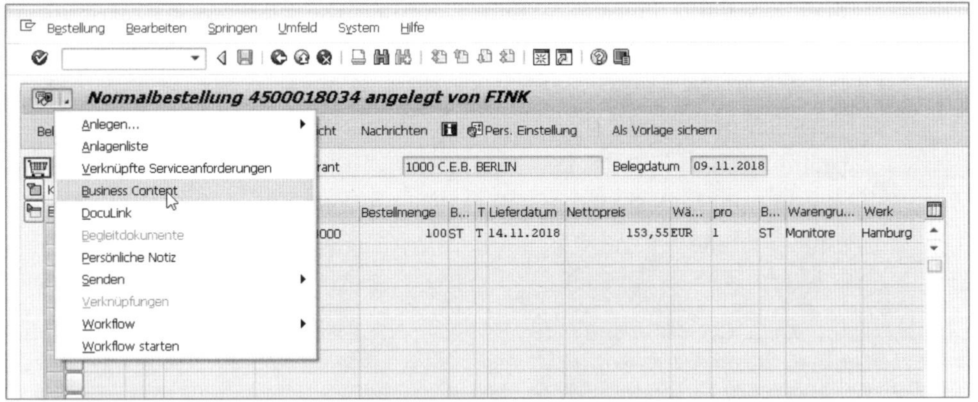

Abbildung 8.16 ArchiveLink PLUS – Aufruf des Business-Content-Fensters

Attribute

Die *Attributfunktion* von ArchiveLink PLUS unterstützt das Hinzufügen weiterer Informationen zu einem Dokument. Welche Attribute verfügbar sind, wird im Customizing von ArchiveLink PLUS festgelegt. Hierzu wird je Business-Objekt und Dokumentart definiert, welche Daten hinterlegt werden können. Im Beispiel können zur Dokumentart **Angebot (PDF)** verschiedene Daten erfasst werden. In Abbildung 8.17 werden etwa die Attribute **Archiviert durch**, **Dat.Name** und **Notiz** erfasst.

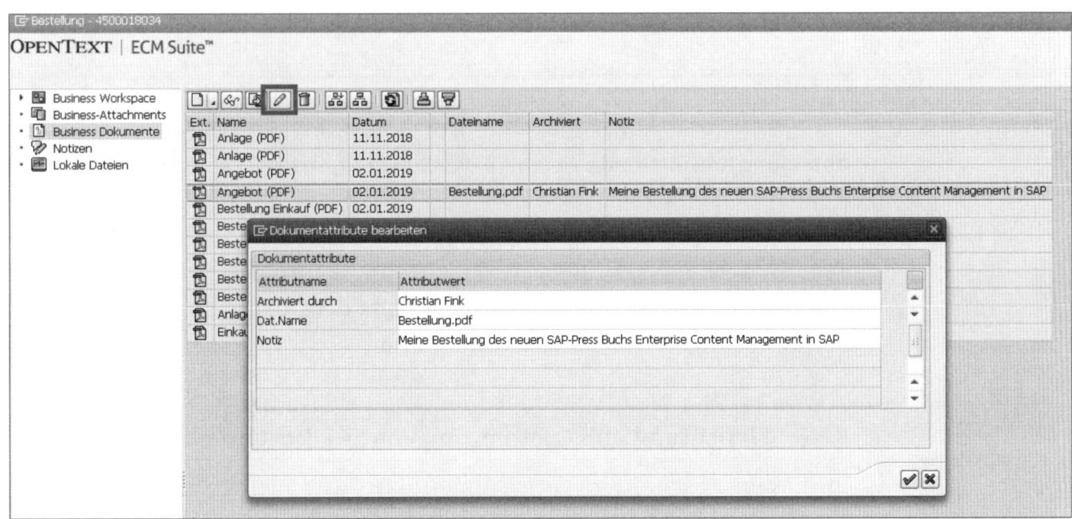

Abbildung 8.17 Dokumentattribute mit ArchiveLink PLUS pflegen

Um die Attribute zu erfassen, öffnen Sie die Bestellung mit Transaktion ME23N, öffnen das Business-Content-Fenster über die generischen Objektdienste und navigieren zum Menüpunkt **Business Dokumente**. Markieren Sie das relevante Dokument, und klicken Sie auf das Stiftsymbol (✎), um die Pflege der Dokumentattribute zu öffnen. Die Erfassung der Attribute ist auch beim Ablegen des Geschäftsdokuments über das Business-Content-Fenster möglich.

Nach der Pflege sind die Attribute im Business-Content-Fenster verfügbar (siehe Abbildung 8.18). Der Dateiname wurde automatisch vom System übernommen. Deshalb handelt es sich um eine sogenannte *externe Attributzuordnung*.

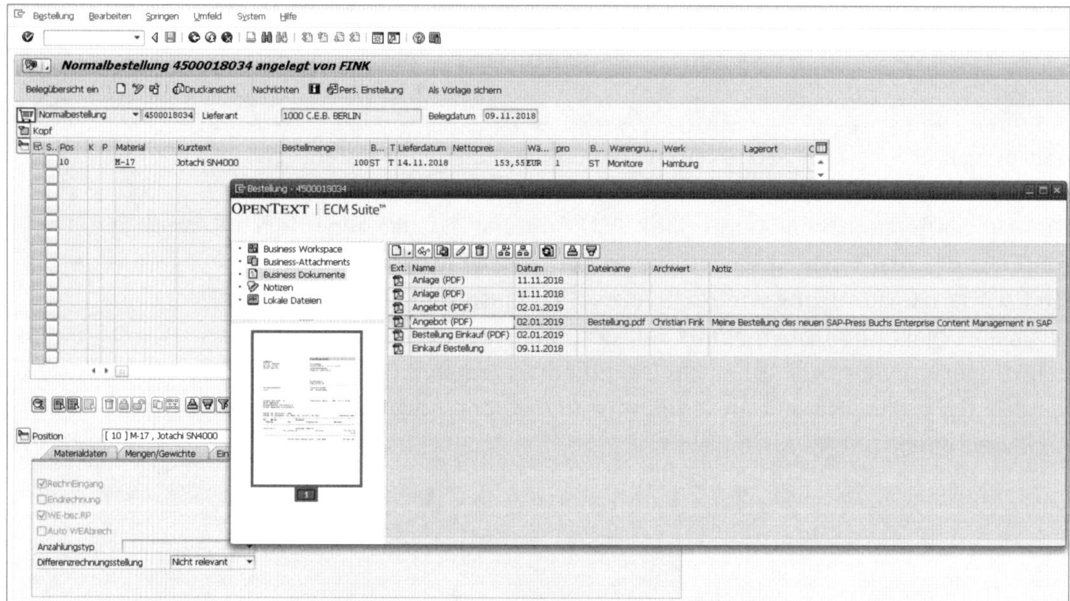


**Abbildung 8.18** Attribute zu einer Bestellung mit ArchiveLink PLUS anzeigen

**Volltextsuche**

Die Suchfunktion von ArchiveLink PLUS nutzt die Funktionen des OpenText Content Servers zur Volltextsuche innerhalb des SAP GUI. Damit können Sie eine Volltextsuche über die Inhalte der Dokumente im durch den Benutzer festgelegten Bereich durchführen.

### 8.1.6 Einrichtung und Customizing von SAP Document Access

In diesem Abschnitt zeige ich Ihnen das Customizing für eine einfache DocuLink-Akte, wie sie in Abbildung 8.13 gezeigt wurde. Ziel des folgenden DocuLink-Projekts ist es, eine Bestellakte wie im Beispielprozess zu konfigurieren, jedoch nur mit den Business-Objekten BUS2012 (Bestellung) und BUS2081 (Rechnung).

**Ziel: Bestellakte mit Bestellung und Rechnung**

Diese Bestellakte soll der Anwender über die Transaktion J6NY aufrufen können, indem er die **Einkaufsbelegnummer** in die Selektionsmaske eingibt (siehe Abbildung 8.19).

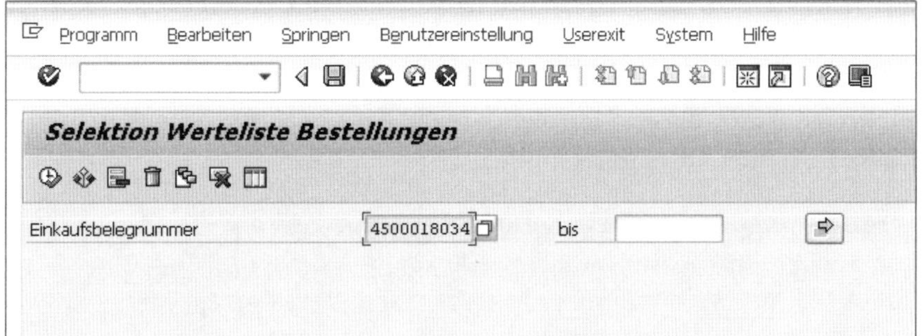


**Abbildung 8.19** Selektionsmaske zur Auswahl einer Bestellakte

Nach der Selektion soll die Bestellakte mit den beiden Business-Objekten Bestellung und Rechnung wie in Abbildung 8.20 angezeigt werden.

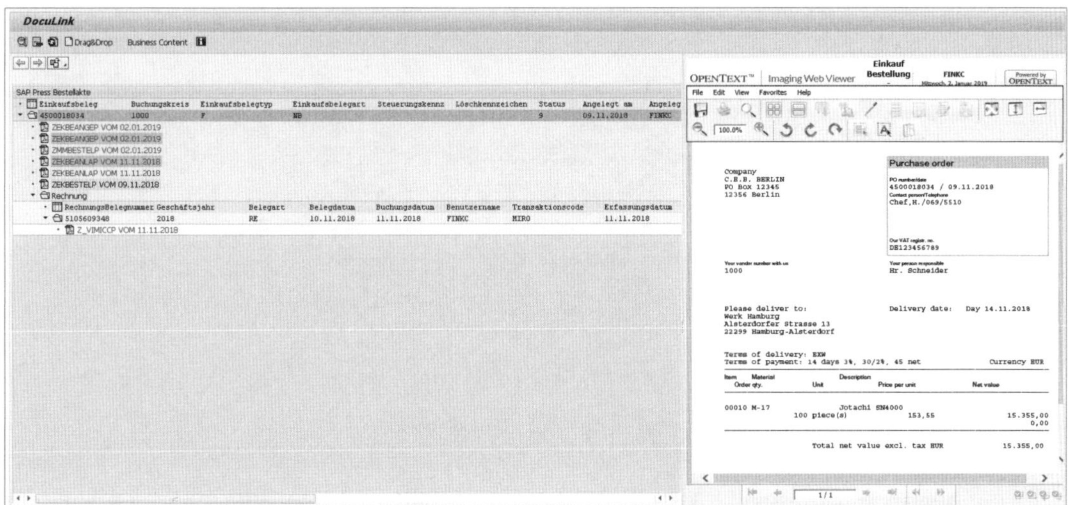


**Abbildung 8.20** Sicht einer Bestellakte mit Bestellung und Rechnung in DocuLink

## Grundlagenwissen zu DocuLink-Projekten

**DocuLink-Projekt**

Um dies in DocuLink umzusetzen, muss ein Customizing-Projekt angelegt werden (mehr dazu im Abschnitt »Anlegen eines DocuLink-Projekts«). Ein solches Projekt wird in DocuLink versioniert. Jede Version wird mit einem Status versehen. Die Übersicht unseres Customizing-Projekts sehen Sie in

Abbildung 8.21. Die ampelfarbenen Symbole (in Rot, Gelb, Grün) vor der Versionsnummer zeigen den Status des eingerichteten Projekts an. Das grüne Symbol bedeutet, dass das DocuLink-Projekt produktiv ist. Ein produktiv gesetztes DocuLink-Projekt kann nicht mehr verändert werden. Für Änderungen muss eine neue Version angelegt werden. Ein Projekt mit gelber Statusanzeige ist aktuell in Bearbeitung. Wird ein rotes Ampelsymbol angezeigt, ist das Projekt obsolet. Wie Sie ein Projekt anlegen, beschreibe ich im folgenden Abschnitt.

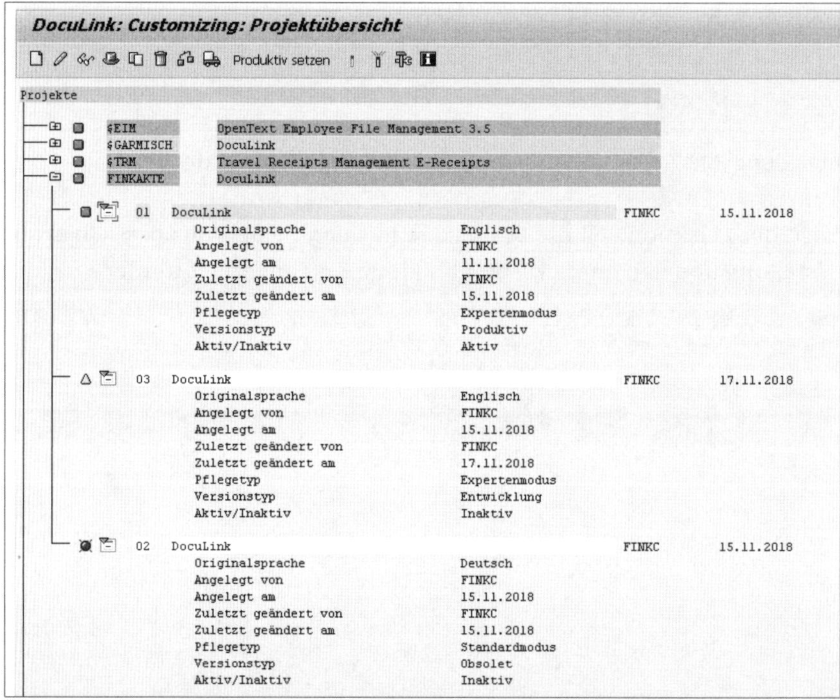


**Abbildung 8.21** Status des DocuLink-Projekts

Die DocuLink-Projektübersicht enthält wichtige Informationen wie den Namen, den Status und die Versionsnummer des Projekts (siehe Abbildung 8.22):

❶ Status des DocuLink-Projekts

❷ Name des DocuLink-Projekts

❸ Version des DocuLink-Projekts

❹ Projektbeschreibung

❺ Version aktiv oder inaktiv

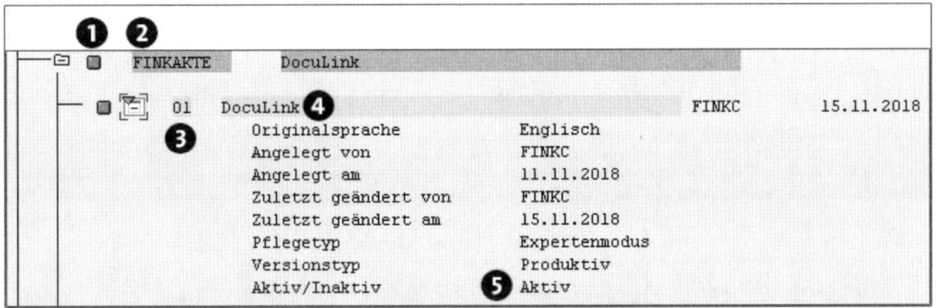


**Abbildung 8.22** Informationen zum DocuLink-Projekt

**DocuLink-Sicht**

Durch mehrere Sichten eines DocuLink-Projekts kann ein Geschäftsprozess zu den gleichen Business-Objekten auf unterschiedliche Weise dargestellt werden. Eine Sicht liefert die relevanten Informationen für eine bestimmte Benutzergruppe. Nur aktive Sichten können von den Anwendern genutzt und über die Transaktion J6NY gestartet werden. In dem DocuLink-Projekt in Abbildung 8.23 sind mehrere Sichten vorhanden. Nur die Sicht 200 für die Bestellakte ist jedoch aktiv. Wie Sie eine Sicht innerhalb eines DocuLink-Projekts anlegen, beschreibe ich im folgenden Abschnitt.

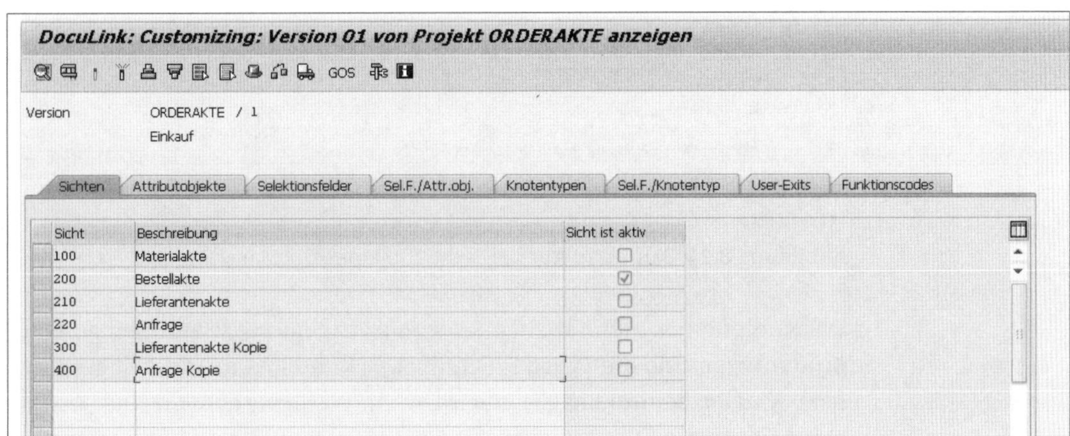


**Abbildung 8.23** Sichten innerhalb eines DocuLink-Projekts

**Knoten**

Die Sicht eines DocuLink-Projekts besteht aus *Knoten*, die für verschiedene Aufgaben genutzt werden. Einige Beispiele für Knotentypen sind:

- Knoten für den Zugriff auf die SAP-Datenbank (Select-Anweisung)
- Knoten für die Auswahl eines Dokuments
- statischer Knoten, der als Ordner angezeigt werden, auch wenn kein Datensatz hierfür existiert (meist als Ordnungselement eingesetzt)
- dynamische Knoten für die Anzeige von Feldwerten

**Knotentypen** Der erste Knoten jeder Sicht ist ein Wurzelknoten vom Typ *Root* (0). Unter diesem Wurzelknoten werden verschiedene weitere Knoten der verschiedenen Typen angeordnet. Auf diese Weise entsteht eine Baumstruktur wie in Abbildung 8.24.

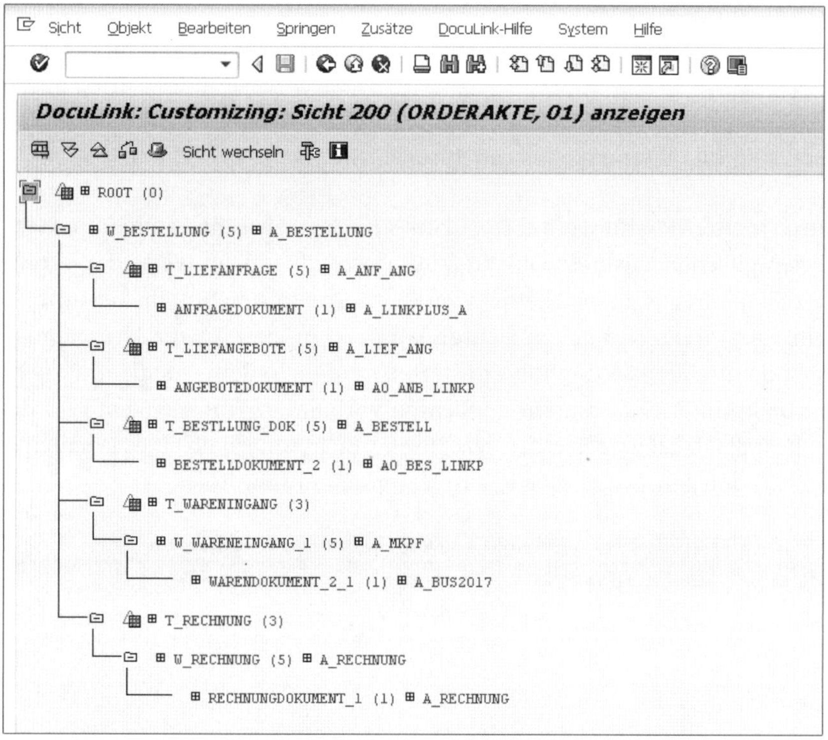

Sicht Objekt Bearbeiten Springen Zusätze DocuLink-Hilfe System Hilfe

**DocuLink: Customizing: Sicht 200 (ORDERAKTE, 01) anzeigen**

Sicht wechseln

```
ROOT (0)
└─ W_BESTELLUNG (5) A_BESTELLUNG
   ├─ T_LIEFANFRAGE (5) A_ANF_ANG
   │  └─ ANFRAGEDOKUMENT (1) A_LINKPLUS_A
   ├─ T_LIEFANGEBOTE (5) A_LIEF_ANG
   │  └─ ANGEBOTEDOKUMENT (1) AO_ANB_LINKP
   ├─ T_BESTLLUNG_DOK (5) A_BESTELL
   │  └─ BESTELLDOKUMENT_2 (1) AO_BES_LINKP
   ├─ T_WARENINGANG (3)
   │  └─ W_WARENEINGANG_1 (5) A_MKPF
   │     └─ WARENDOKUMENT_2_1 (1) A_BUS2017
   └─ T_RECHNUNG (3)
      └─ W_RECHNUNG (5) A_RECHNUNG
         └─ RECHNUNGDOKUMENT_1 (1) A_RECHNUNG
```

**Abbildung 8.24** Baumstruktur der Sicht 200 eines DocuLink-Projekts

Die Knotentypen werden auch *Selektionsart* genannt. Häufig eingesetzte Knotentypen sind die Typen 3, 5 und 1. Der Knoten vom Typ 3 ist ein *statischer Knoten*, der nur angezeigt wird, wenn Werte vorhanden sind. Er wird meist über einem Knoten vom Typ 5 (Selektion und Darstellung als Wertetabelle) angelegt. Die selektierten Daten werden mit dem Knotentyp 5 als Wertetabelle angezeigt. Um Dokumente anzuzeigen, wird der Knotentyp 1 (SAP-ArchiveLink-Dokumente) verwendet.

**Attributobjekte** Die *Attributobjekte* der Knoten werden in der Baumstruktur in roter Schrift neben den Knotennamen angezeigt. Ein Attributobjekt beschreibt eine Eigenschaft einer Tabelle oder eines Dokuments. Die Grundlage eines Attributobjekts ist eine Tabelle, ein Datenbank-View oder eine Struktur. In den Einstellungen der Attributobjekte können Sie diverse Festlegungen treffen, die ich im folgenden Abschnitt erläutern werde. Sie können auch eigene

Entwicklungen in den Einstellungen eines Attributobjekts nutzen, um das Verhalten eines Knotens zu beeinflussen.

Ein weiteres Element der DocuLink-Sicht ist das *Selektionsfeld*, das auch Attribut genannt wird. Das Selektionsfeld wird für den Aufruf der Selektionsbildschirme zur Auswahl eines Business-Objekts und die Selektion auf der Datenbank verwendet. In Abbildung 8.25 sehen Sie beispielweise das Selektionsfeld EBELN zum Aufruf der Selektionsmaske zur Auswahl einer Einkaufsbelegnummer. Solche Selektionsfelder bzw. Attribute werden von einem übergeordneten Knoten an die untergeordneten Knoten vererbt).

**Selektionsfeld**



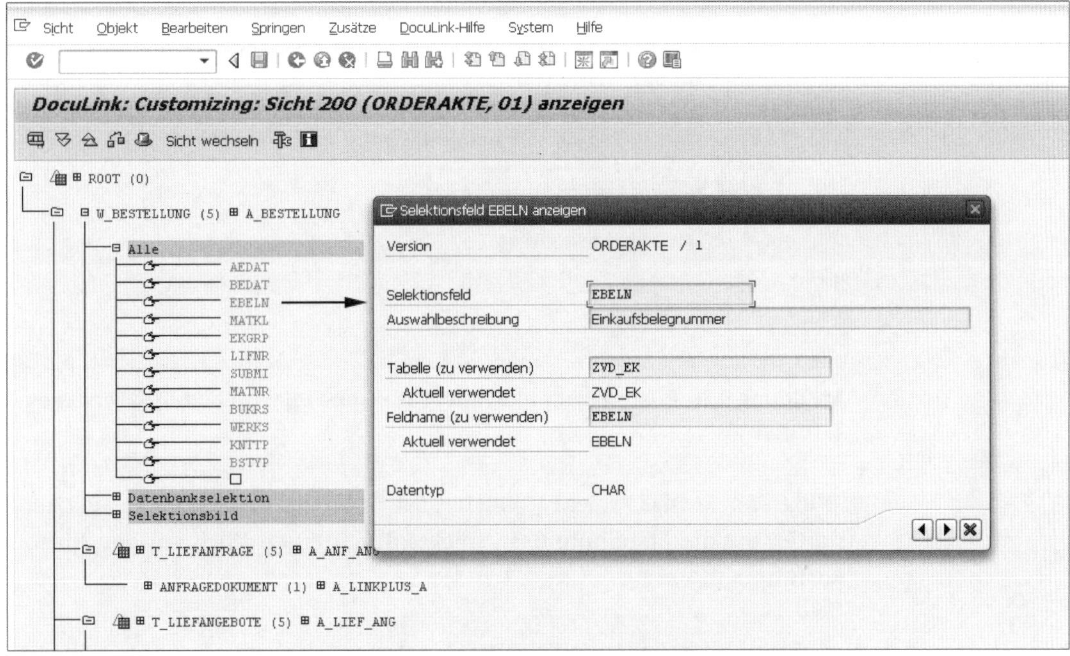


**Abbildung 8.25** Selektionsfelder/Attribute zu einem Attributobjekt in einer DocuLink-Sicht

Im Folgenden zeige ich Ihnen, wie Sie eine solche DocuLink-Sicht in einem Customizing-Projekt anlegen.

### Anlegen eines DocuLink-Projekts

Der erste Schritt nach der Neuinstallation von SAP Document Access ist die Einrichtung des Basisprojekts. Das im Standard ausgelieferte OpenText-Basisprojekt ist am $-Zeichen im Projektnamen zu erkennen. Für DocuLink heißt das Basisprojekt $GARMISCH. Ohne die Einrichtung dieses Basisprojekts ist die Erstellung eines ersten eigenen DocuLink-Projekts nicht möglich.

**Basisprojekt $GARMISCH**

Die Einrichtung des Basisprojekts erfolgt über die Transaktion J6NA (DocuLink: Administration).

Hier rufen Sie den folgenden Customizing-Pfad auf (siehe Abbildung 8.26): **DocuLink: Administration • Customizing-Pflege und Upgrade • DocuLink-Projekt $GARMISCH erstellen**.

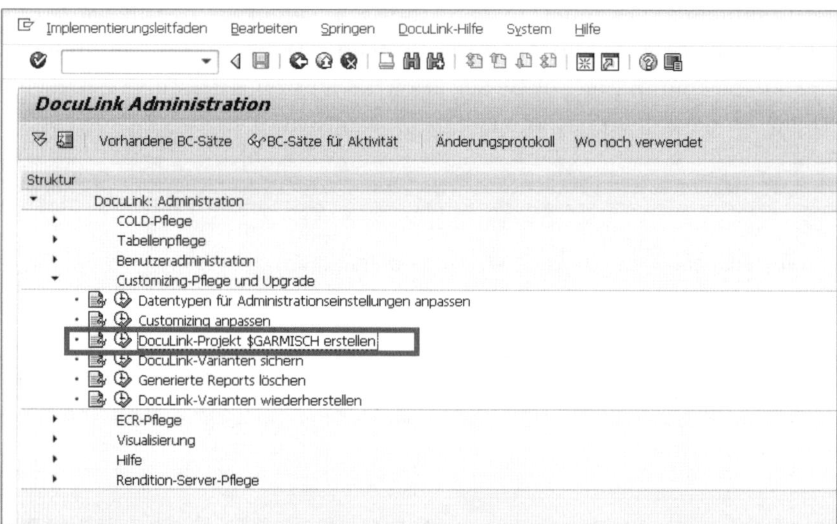


**Abbildung 8.26** Customizing-Aktivität »DocuLink-Projekt $GARMISCH erstellen« aufrufen

Selektieren Sie das Projekt `$GARMISCH`, wie in Abbildung 8.27 dargestellt, und starten Sie die Erstellung des Projekts durch einen Klick auf den Button **Ausführen** ().

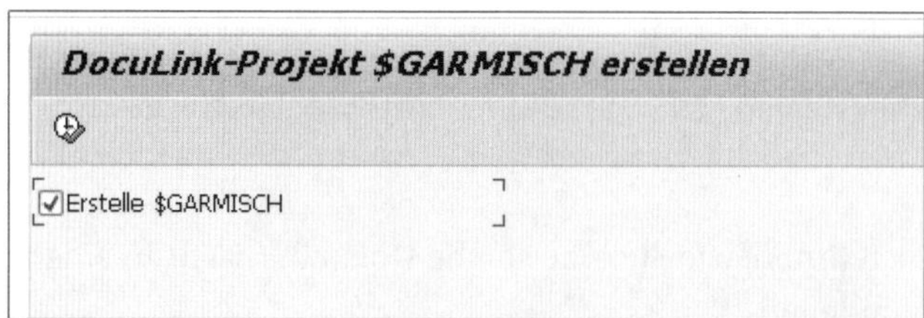


**Abbildung 8.27** DocuLink-Projekt $GARMISCH erstellen

**Eigenes DocuLink-Projekt anlegen**

Nachdem das Basisprojekt `$GARMISCH` erstellt wurde, können Sie eigene DocuLink-Projekte anlegen. Die Einrichtung eines DocuLink-Projekts erfolgt in der Transaktion J6NP (DocuLink: Projektübersicht).

In Abbildung 8.28 sind neben dem Projekt `$GARMISCH` noch weitere Basisprojekte zu erkennen, die DocuLink als Grundlage nutzen. Diese weiteren Projekte sind für spezielle DocuLink-Lösungen für den Bereich SAP ERP

Human Capital Management (SAP ERP HCM) gedacht, und müssen extra lizenziert werden.

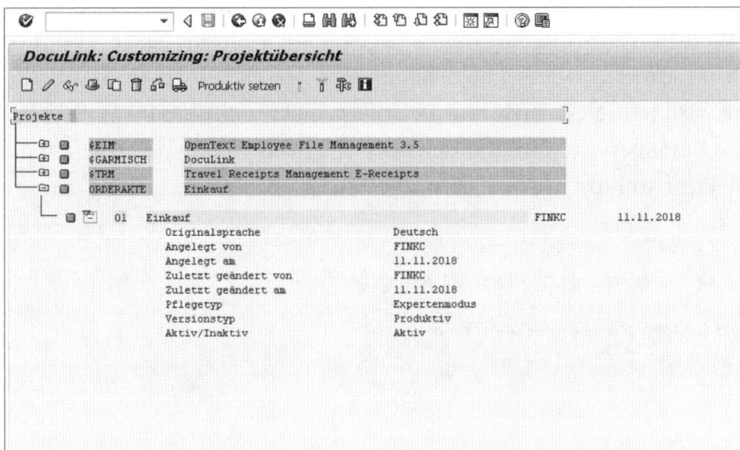


**Abbildung 8.28** DocuLink-Projektübersicht in Transaktion J6NP

**Neues Projekt anlegen**

Um ein neues DocuLink-Projekt anzulegen, z. B. unser Beispielprojekt zur Anzeige einer Bestellakte, wählen Sie im Menü der Transaktion J6NP die Funktion **Version anlegen** (▢) oder drücken die Taste [F5]. In der nun geöffneten Eingabemaske tragen Sie einen Projektnamen in das Feld **Projekt** und die **Beschreibung** ein (siehe Abbildung 8.29).

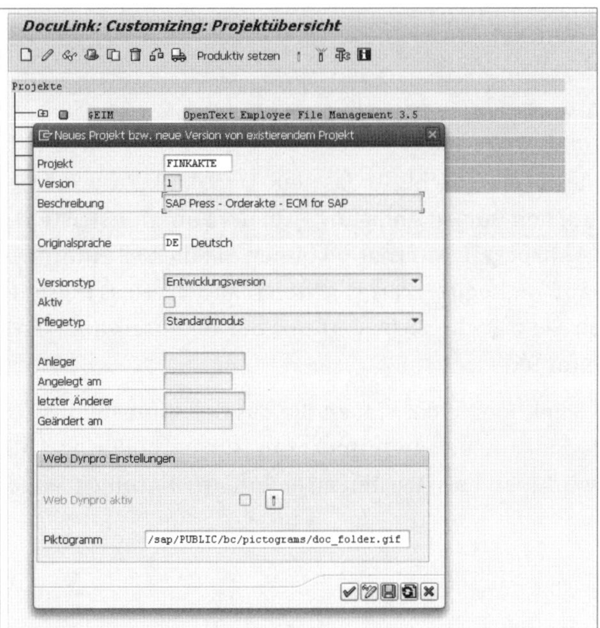


**Abbildung 8.29** DocuLink-Projekt anlegen

Für die Nutzung der Web-Dynpro-Oberfläche können Sie im Bereich **Web Dynpro Einstellungen** die Option **Web Dynpro aktiv** aktivieren. Wenn die Web-Dynpro-Einstellungen aktiviert wurden, kann auf die DocuLink-Sichten über Web-Dynpro-Anwendungen zugegriffen werden. Diese Variante bietet sich an, um DocuLink in Portalapplikationen zu integrieren. Diese Oberfläche wird jedoch in unserem Beispielprojekt nicht benötigt. Bestätigen Sie Ihre Eingaben mit einem Klick auf das grüne Häkchen. Sie gelangen in die Projekteinstellungen, die Sie in Abbildung 8.30 sehen.

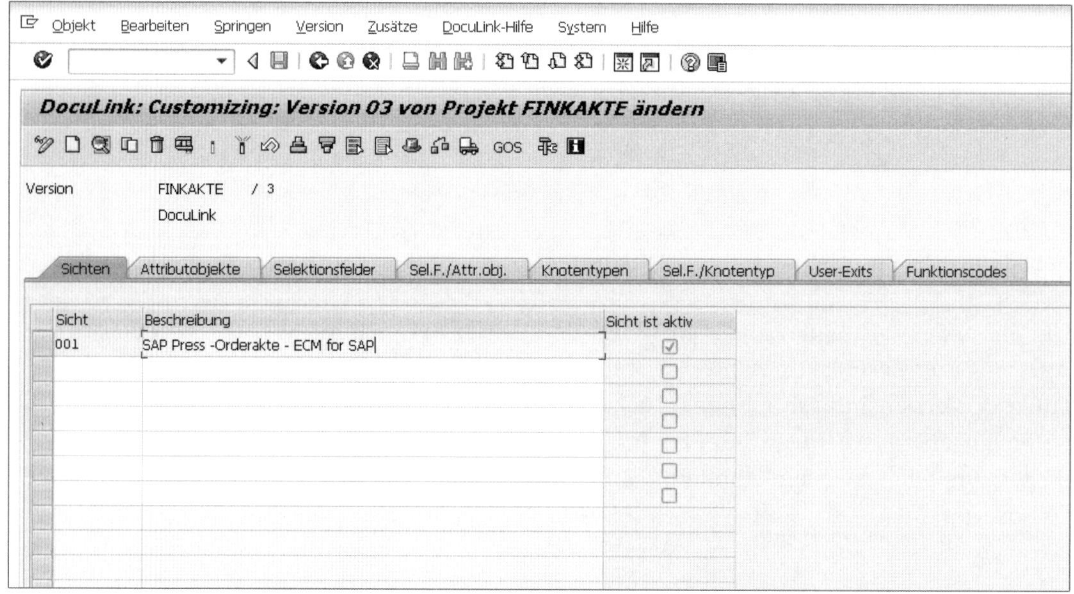


**Abbildung 8.30** Sicht für ein DocuLink-Projekt anlegen

**Sicht anlegen**

Als Nächstes können Sie die erste Sicht für das neue DocuLink-Projekt anlegen. Dazu können Sie auf den Button **Anlegen** (🗋) in der Funktionsleiste klicken oder die Taste [F5] drücken. Alternativ können Sie die Sichtnummer und die **Beschreibung** auf der Registerkarte **Sichten** manuell erfassen (siehe Abbildung 8.30). Legen Sie z. B. die Sicht 001 mit der Beschreibung »SAP Press Orderakte – ECM for SAP« an.

Auf der Registerkarte **Selektionsfelder** tragen Sie das Selektionsfeld EBELN und die Beschreibung »Einkaufsbelegnummer« ein (siehe Abbildung 8.31). Dieses Selektionsfeld wird später als Attribut zu einem Attributobjekt angezeigt.

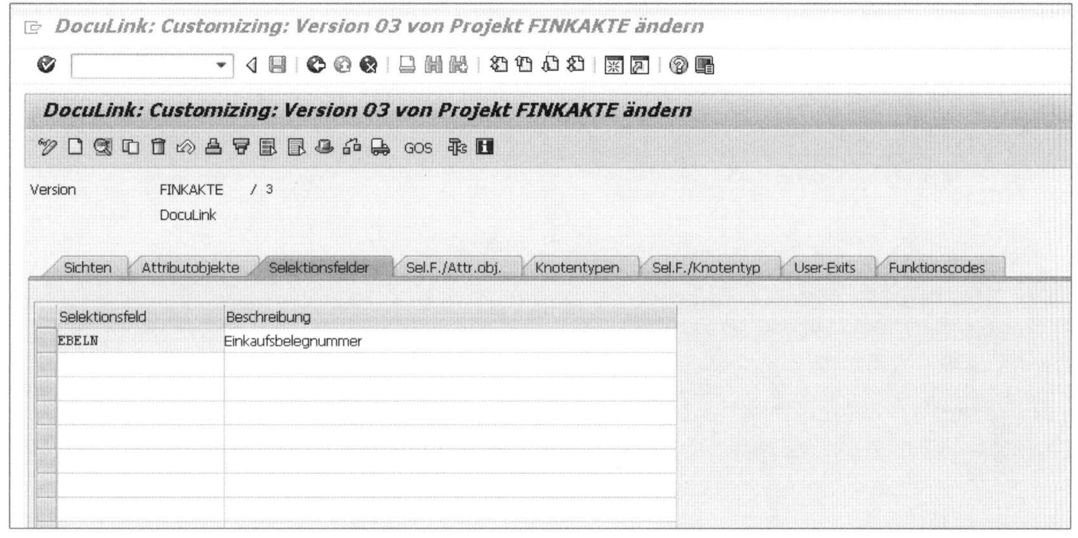


**Abbildung 8.31** Selektionsfelder anlegen

**Attributobjekte anlegen**

Als Nächstes legen Sie die Attributobjekte für das DocuLink-Projekt an. Dazu rufen Sie die Registerkarte **Attributobjekte** auf. Klicken Sie auf den Button **Anlegen** (▯) in der Funktionsleiste, oder drücken Sie die Taste F5. Legen Sie z. B. das **Attributobjekt** »A_BESTELLUNG« für das Business-Objekt Bestellung an, wie in Abbildung 8.32 gezeigt.

Tragen Sie die Werte aus Tabelle 8.2 ein.

| Feld | Wert |
|---|---|
| **Attributobjekt** | A_BESTELLUNG |
| **Beschreibung** | Bestellung |
| **Datenstruktur** (Tabelle) | EKKO |
| **SAP-Objekttyp** | BUS2012 |

**Tabelle 8.2** Feldwerte zur Anlage des Attributobjekts A_BESTELLUNG

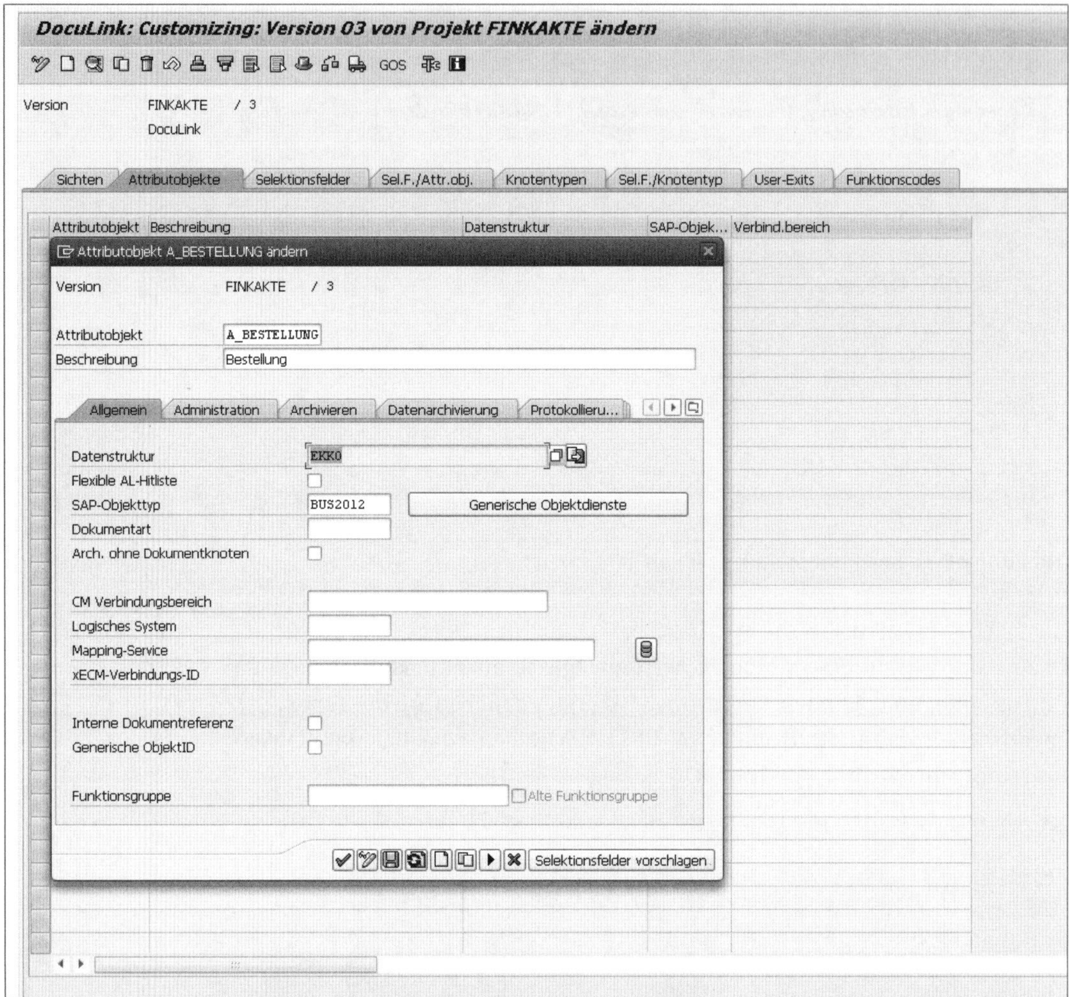


**Abbildung 8.32** Attributobjekt anlegen

Legen Sie auf die gleiche Weise das Attributobjekt »A_RECHNUNG« mit den Werten aus Tabelle 8.3 an.

| Feld | Wert |
|---|---|
| **Attributobjekt** | A_RECHNUNG |
| **Beschreibung** | Rechnung |
| **Datenstruktur** (Tabelle) | RBKP |
| **SAP-Objekttyp** | BUS2081 |

**Tabelle 8.3** Feldwerte zur Anlage des Attributobjekts A_RECHNUNG

**Archivierungsmodus des Attributobjekts**

Auf der Registerkarte **Archivieren** des Anlagedialogs für das Attributobjekt tragen Sie die Einstellung für die Ablage der Dokumente zu diesem Attributobjekt ein. Wählen Sie für die Objekte A_BESTELLUNG und A_RECHNUNG den **Archivierungsmodus 3** (**ArchiveLink/CM – Datei importieren**, siehe Abbildung 8.33). Dadurch kann eine Datei über DocuLink per Upload archiviert werden. Es werden noch weitere Archivierungsmodi, z. B. für die Ablage über das Szenario *späte Erfassung mit Barcode*, angeboten. Bestätigen Sie diese Einstellung mit einem Klick auf das grüne Häkchen.

8

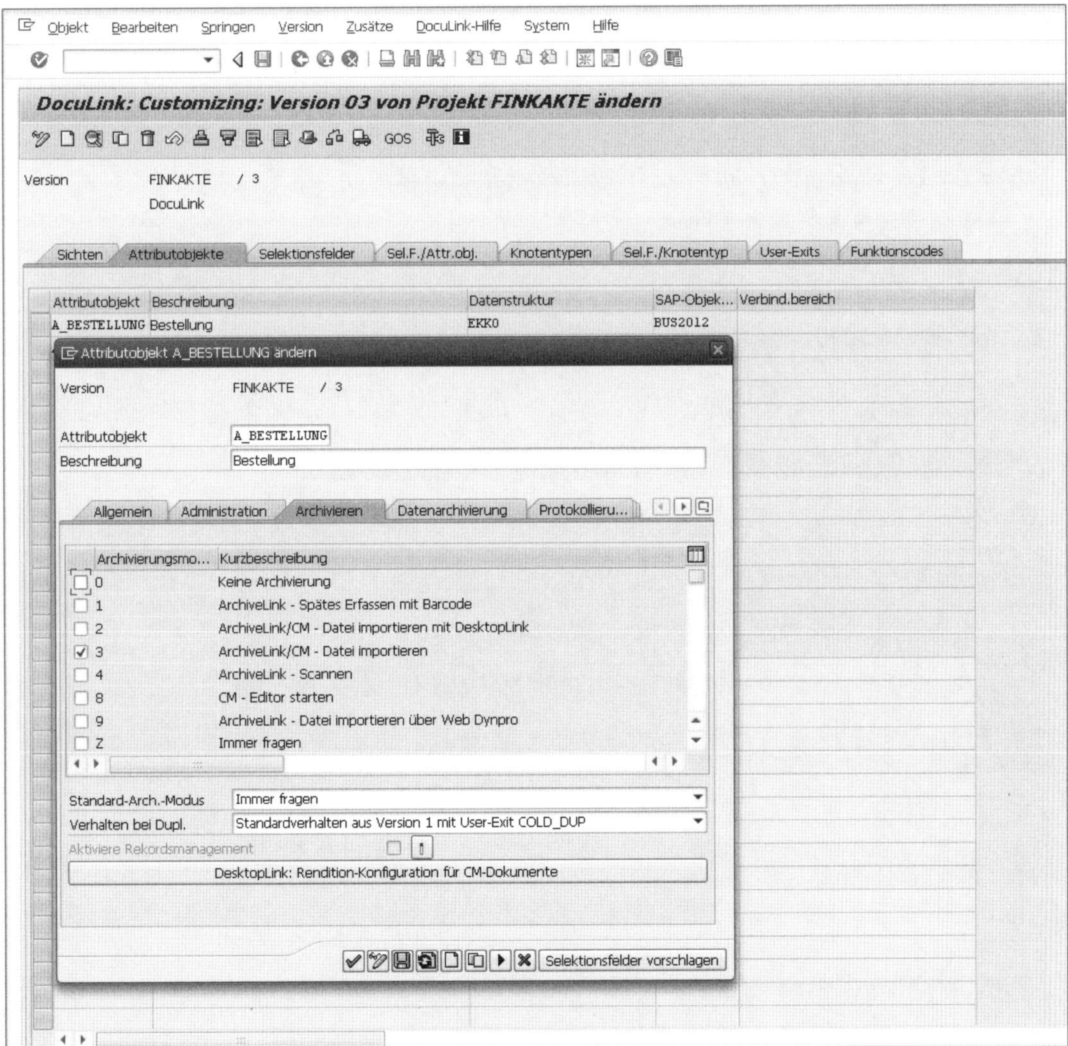


**Abbildung 8.33** Archivierungsmodus für Attributobjekte einstellen

**Funktionsbaustein zur Selektion der Rechnungsbelege**

Der Unterschied zwischen den Attributobjekten A_RECHNUNG und A_BESTELLUNG besteht darin, dass für die Rechnungsbelege, die zur Bestellung erfasst wurden, eine Selektion vorgenommen werden muss. Hierzu muss ein Funktionsbaustein erstellt werden, der nur die für die Bestellung relevanten Rechnungsbelege aus der Datenbank des SAP-Systems selektiert. Den Namen dieses Funktionsbausteins ordnen Sie auf der Registerkarte **User-Exits** dem Ereignis SELECT zu. Setzen Sie dann das Häkchen in der Spalte **Aktiv**. Der Funktionsbaustein liefert zur Laufzeit, also bei Aufruf der DocuLink-Sicht, die relevanten Business-Objekte der zur Bestellung gehörigen Rechnungen zurück.

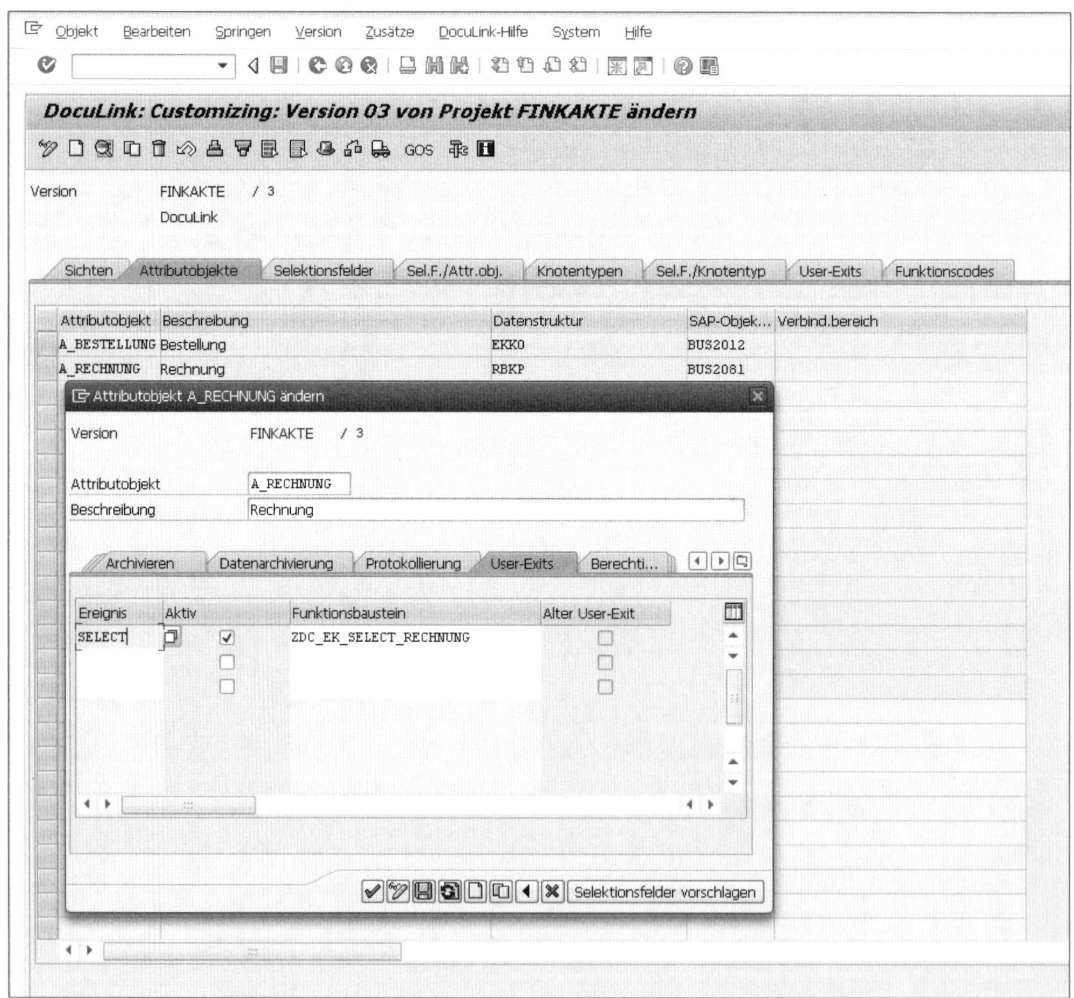


**Abbildung 8.34** User-Exit für das Attributobjekt A_RECHNUNG aktivieren

Listing 8.1 zeigt eine exemplarische Implementierung eines solchen Funktionsbausteins.

```
DATA: lt_rbkp     TYPE TABLE OF rbkp,
      ls_rbkp     TYPE rbkp,
      lt_ekbe     TYPE TABLE OF ekbe,
      ls_selvalue TYPE /ixos/dc_sg_selvalues.

READ TABLE pt_selvalues WITH KEY selfield = 'EBELN' INTO ls_selvalue.

  SELECT * FROM ekbe INTO TABLE lt_ekbe
  WHERE ebeln EQ ls_selvalue-value_low
    AND ( bewtp EQ 'C' OR bewtp EQ 'Q' OR bewtp EQ 'R' OR bewtp EQ 'T' ).

  IF lt_ekbe IS NOT INITIAL.
    SELECT * FROM rbkp INTO TABLE lt_rbkp
    FOR ALL ENTRIES IN lt_ekbe
      WHERE  belnr EQ lt_ekbe-belnr AND gjahr EQ lt_ekbe-gjahr.

    INSERT LINES OF lt_rbkp INTO TABLE pet_values.
  ENDIF.

  DESCRIBE TABLE pet_values LINES pe_count.
```

**Listing 8.1** Beispielcode für einen Funktionsbaustein zur Selektion der relevanten Rechnungsbelege

**Selektionsfeld zuordnen**

Auf der Registerkarte **Sel.F/Attr.obj.** der DocuLink-Sicht-Konfiguration ordnen Sie nun dem Attributobjekt A_BESTELLUNG das Selektionsfeld und Attribut (Feldname) EBELN zu (siehe Abbildung 8.35). Das Selektionsfeld ist somit für die weitere Konfiguration verfügbar.

**Aktenstruktur einrichten**

Nach dieser grundlegenden Einrichtung des DocuLink-Projekts können Sie die Aktenstruktur in der Sicht 001 einrichten. Hierzu öffnen Sie die Sicht 001 durch einen Doppelklick auf den Eintrag 001 auf der Registerkarte **Sichten** (siehe erneut Abbildung 8.30). Die Meldung »Bis jetzt kein Knotentyp« wird in der initialen Sicht angezeigt (siehe Abbildung 8.36).

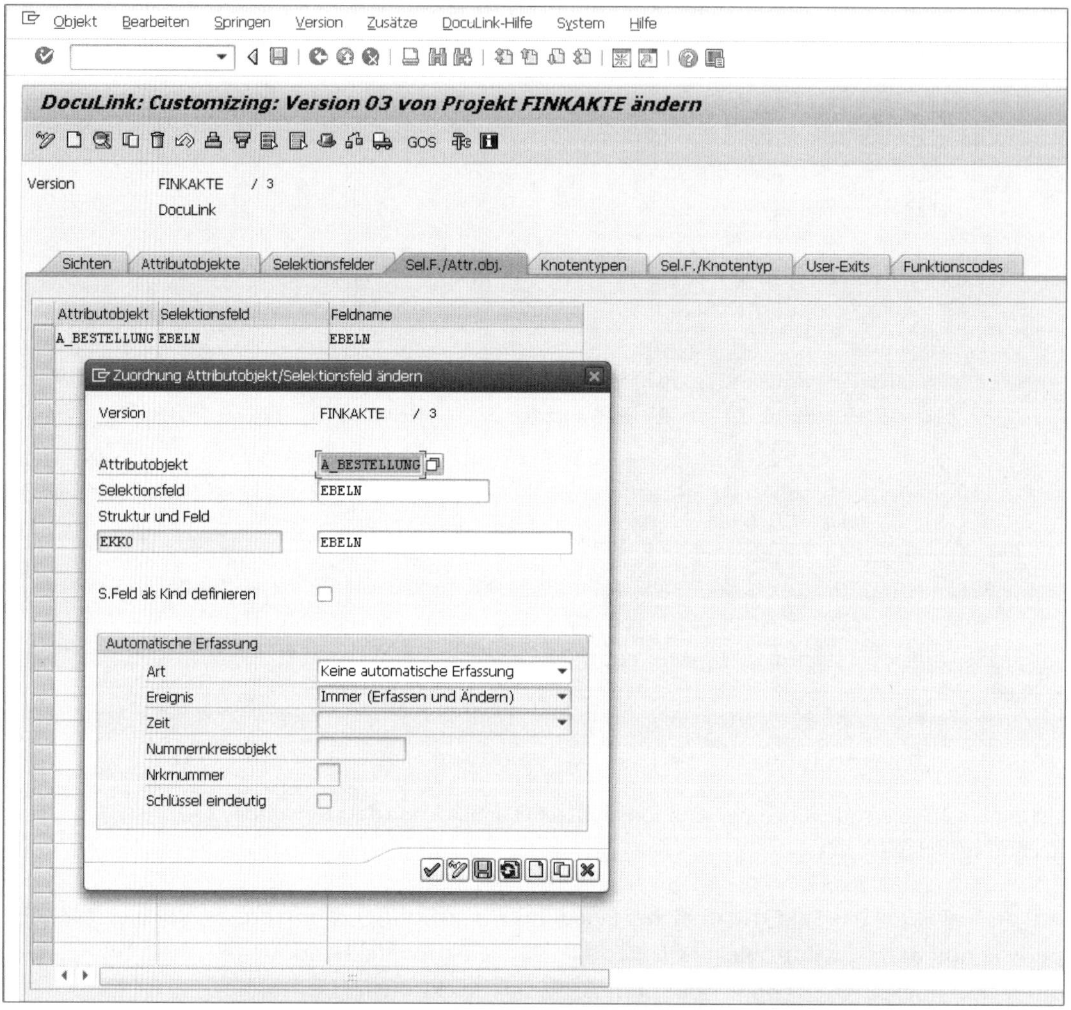

Abbildung 8.35 Attributobjekt und Selektionsfeld mappen

Abbildung 8.36 Initiale Sicht 001

Zuerst legen Sie den Wurzelknoten an. Hierzu klicken Sie in der initialen Sicht auf den Button **Anlegen** (□) oder drücken die Taste F5. Im sich öffnenden Pop-up-Fenster wählen Sie **Wurzel anlegen** und bestätigen Ihre Auswahl über den Button **Anlegen** (□, siehe Abbildung 8.37).

**Wurzelknoten anlegen**

**Abbildung 8.37** Wurzelknoten für die DocuLink-Sicht anlegen

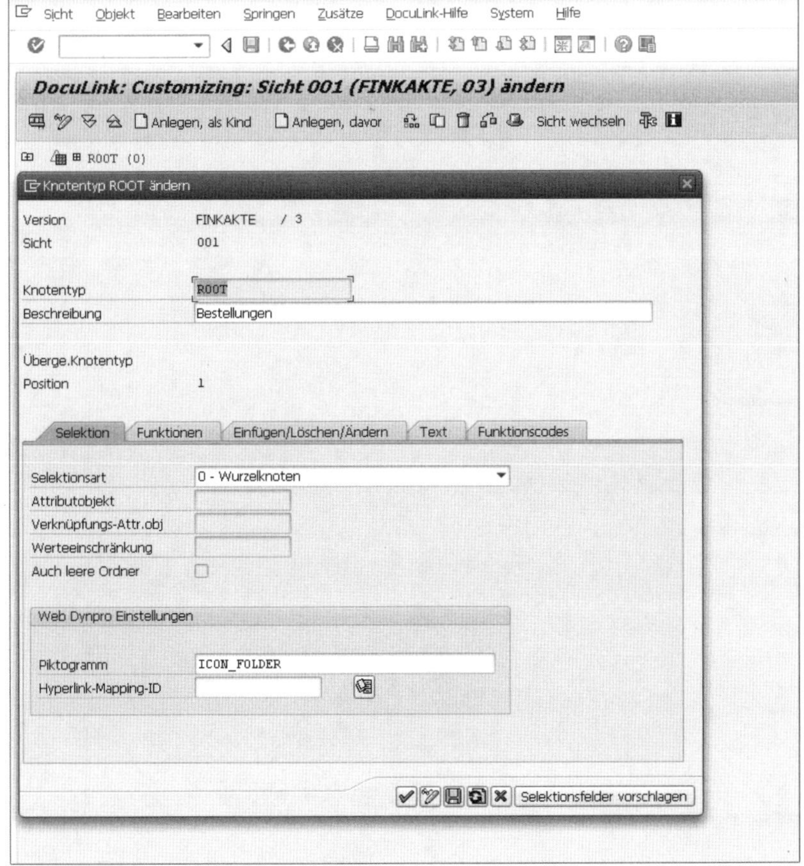


**Abbildung 8.38** Eigenschaften des Wurzelknotens anzeigen

[»]

**Standard- oder Expertenmodus**

Die Bearbeitung des DocuLink-Projekts kann im Standard- oder Expertenmodus durchgeführt werden. Im Standardmodus wird nur die Registerkarte **Sichten** angezeigt, weshalb wir in den folgenden Schritten den Expertenmodus verwenden.

Der neue Wurzelknoten wird nun in der DocuLink-Sicht angezeigt. Durch einen Doppelklick auf den Wurzelknoten öffnen Sie dessen Eigenschaften (siehe Abbildung 8.38). ROOT als **Knotentyp** und **0 – Wurzelknoten** als **Selektionsart** werden hier automatisch eingetragen.

Auf der Registerkarte **Funktionen** markieren Sie die Option **Trefferliste anzeigen** (siehe Abbildung 8.39). Durch diese Einstellung wird das Ergebnis beim Aufruf des Wurzelknotens als Liste angezeigt. Bestätigen Sie Ihre Einstellung mit einem Klick auf das grüne Häkchen.

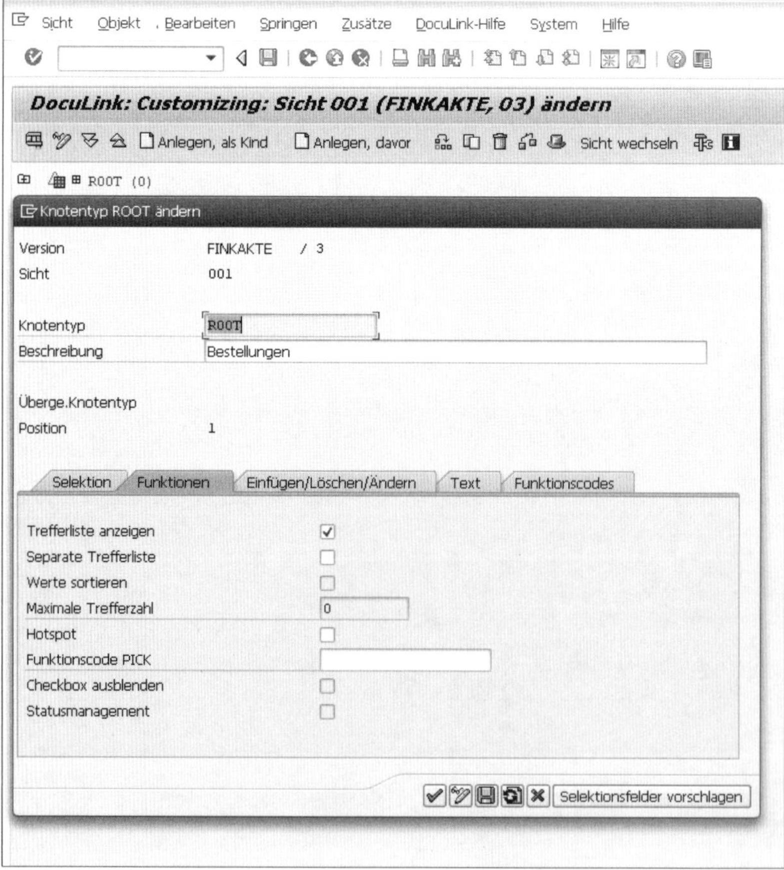


**Abbildung 8.39** Funktionen des Wurzelknotens einstellen

Auf der Registerkarte **Text** tragen Sie den Namen der Akte als freie Beschreibung ein, hier »SAP Press Bestellakte« (siehe Abbildung 8.40). Dieser Text wird als Überschrift in der Aktensicht verwendet (siehe erneut Abbildung 8.20).

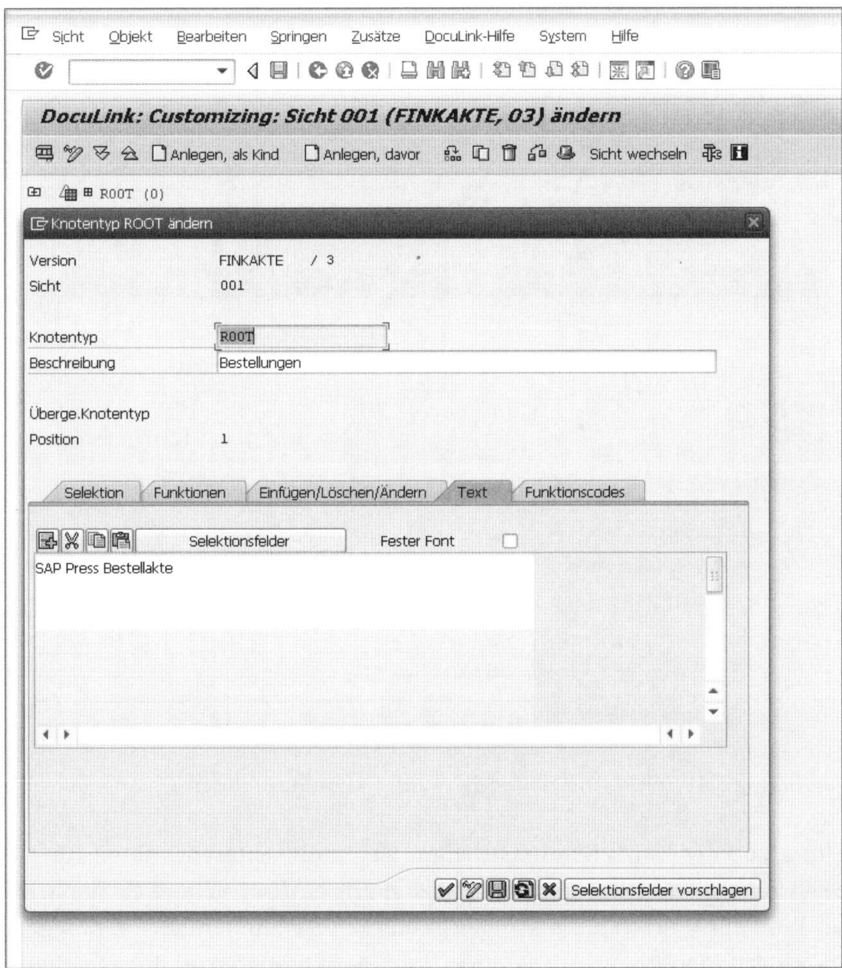


**Abbildung 8.40** Text des Wurzelknotens eintragen

Selektionsbild einrichten

Als Nächstes richten Sie die Datenbankselektion und die Einstiegsmaske mit den Selektionsfeldern ein (siehe Abbildung 8.41). Hierzu klicken Sie auf das Zeigefingersymbol (☞) unterhalb der Zeile **Selektionsfelder vorschlagen** im Knoten **Alle**. Als **Selektionsfeld** tragen Sie sowohl für die **Datenbankselektion** als auch im **Selektionsbild** den Wert »EBELN« für die Belegnummer ein. Im Dialog **Zuordnung Knotentyp/Selektionsfeld ändern** wählen Sie auf der Registerkarte **Verwendung** die Felder **Datenbankselektion** und **Für Selektionsbild verwenden** aus.

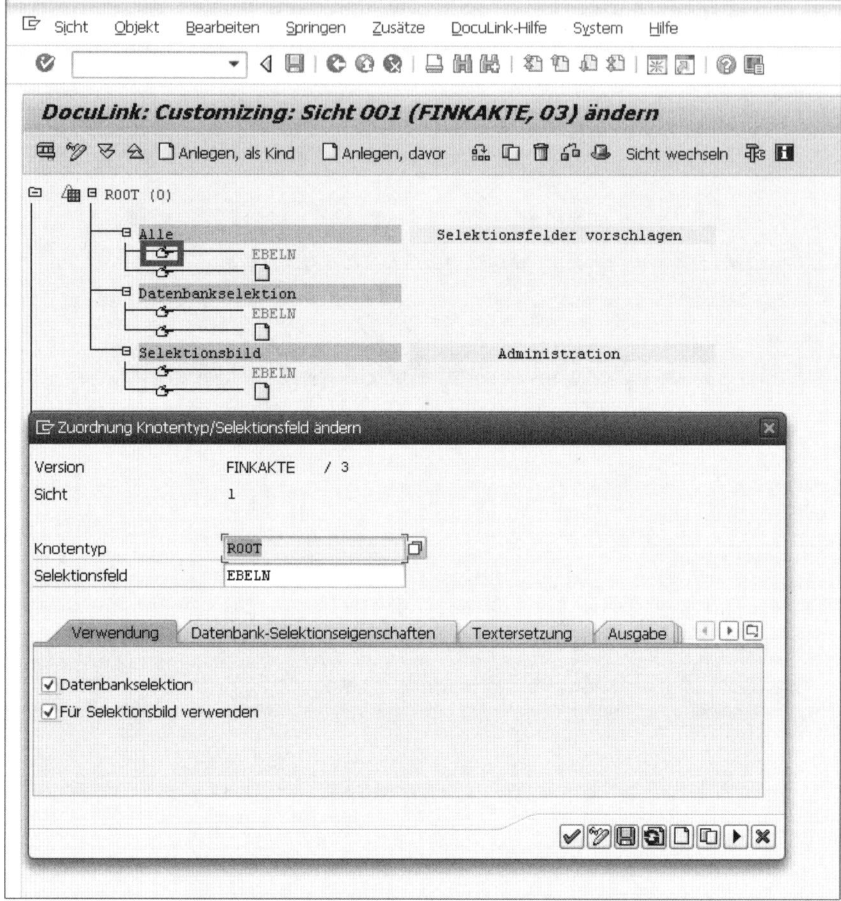


**Abbildung 8.41** Selektionsfeld für den Wurzelknoten zuordnen

**Knoten für Bestellung einrichten**

Unterhalb des Wurzelknotens richten Sie einen weiteren Knoten für die Selektion und die Anzeige der SAP-Bestellung ein. Der weitere Knoten wird als Kind des Wurzelknotens angelegt. Klicken Sie auf den Button **Anlegen, als Kind**, und wählen Sie die Option **Normaler Knotentyp**. Es öffnet sich der Dialog aus Abbildung 8.42. Tragen Sie in das Feld **Knotentyp** »W_BESTELLUNG« ein, und geben Sie eine **Beschreibung** ein. Als **Selektionsart** wählen Sie **5 – Wertetabellen** mit dem **Attributobjekt** A_ BESTELLUNG aus. Dadurch wird der Knoten für die Bestellungen in Form einer Wertetabelle angezeigt, wie in Abbildung 8.20 gesehen.

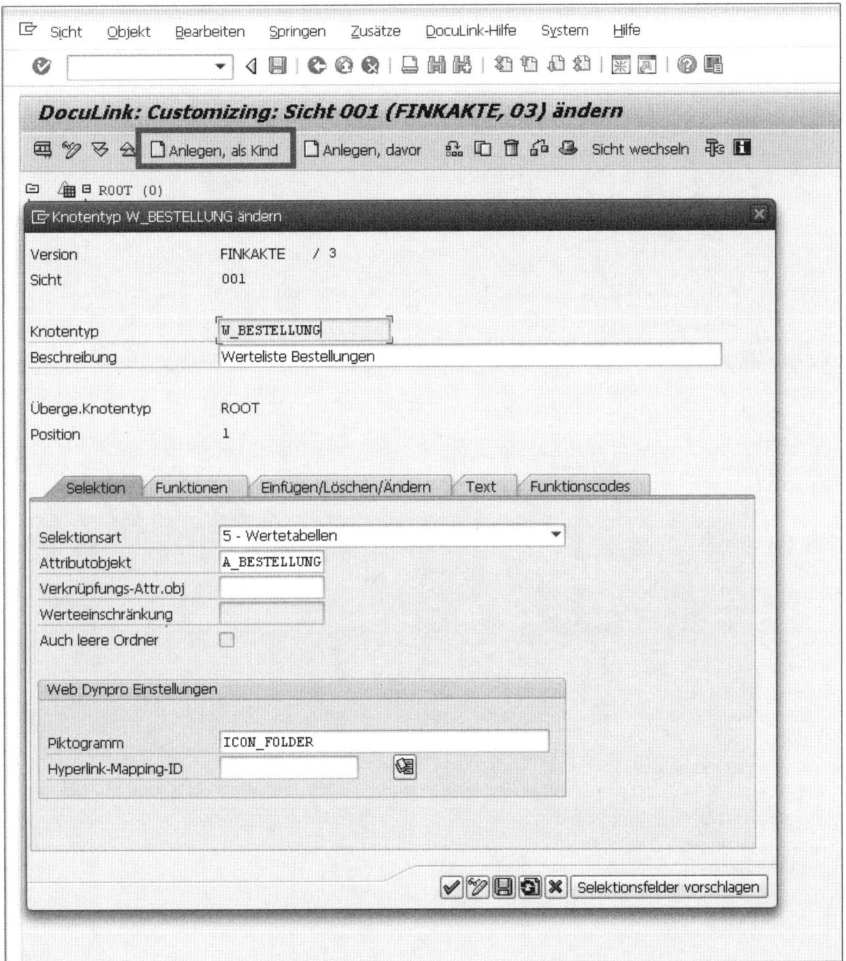


**Abbildung 8.42** Kindknoten zur Auswahl einer Bestellung anlegen

Auf der Registerkarte **Funktionen** des Knotentyps W_BESTELLUNG wählen Sie die Funktion **Knoten automatisch öffnen** aus (siehe Abbildung 8.43). Bestätigen Sie diese Einstellung mit einem Klick auf das grüne Häkchen. Mit dieser Einstellung wird der Knoten bei Aufruf der DocuLink-Bestellakte immer geöffnet.

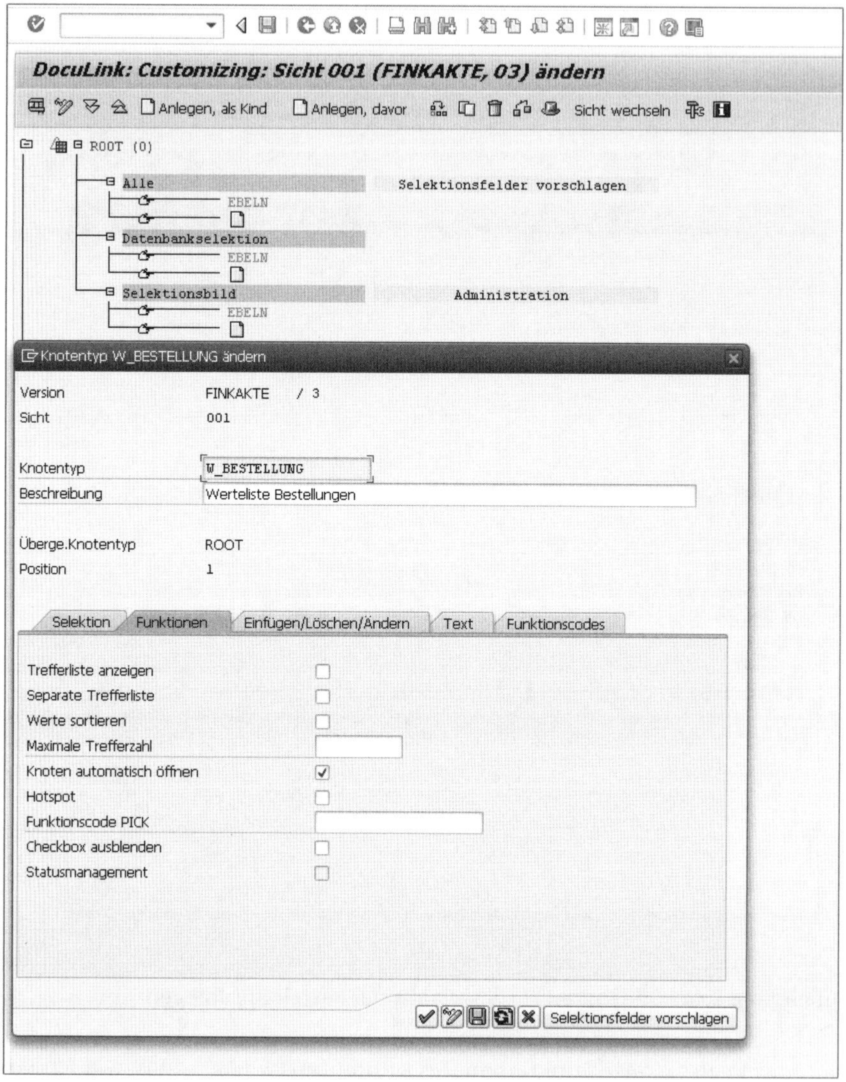

DocuLink: Customizing: Sicht 001 (FINKAKTE, 03) ändern

Anlegen, als Kind   Anlegen, davor   Sicht wechseln

ROOT (0)
Alle   Selektionsfelder vorschlagen
EBELN
Datenbankselektion
EBELN
Selektionsbild   Administration
EBELN

Knotentyp W_BESTELLUNG ändern

Version   FINKAKTE / 3
Sicht   001
Knotentyp   W_BESTELLUNG
Beschreibung   Werteliste Bestellungen
Überge.Knotentyp   ROOT
Position   1

Selektion | Funktionen | Einfügen/Löschen/Ändern | Text | Funktionscodes

Trefferliste anzeigen
Separate Trefferliste
Werte sortieren
Maximale Trefferzahl
Knoten automatisch öffnen
Hotspot
Funktionscode PICK
Checkbox ausblenden
Statusmanagement

Selektionsfelder vorschlagen

**Abbildung 8.43** Funktionen für den Bestellknoten auswählen

Wird diese Funktion nicht ausgewählt, bleiben die Knoten beim Aufruf der Bestellakte in SAP Document Access zunächst geschlossen, wie in Abbildung 8.44 dargestellt, und müssen immer manuell geöffnet werden.

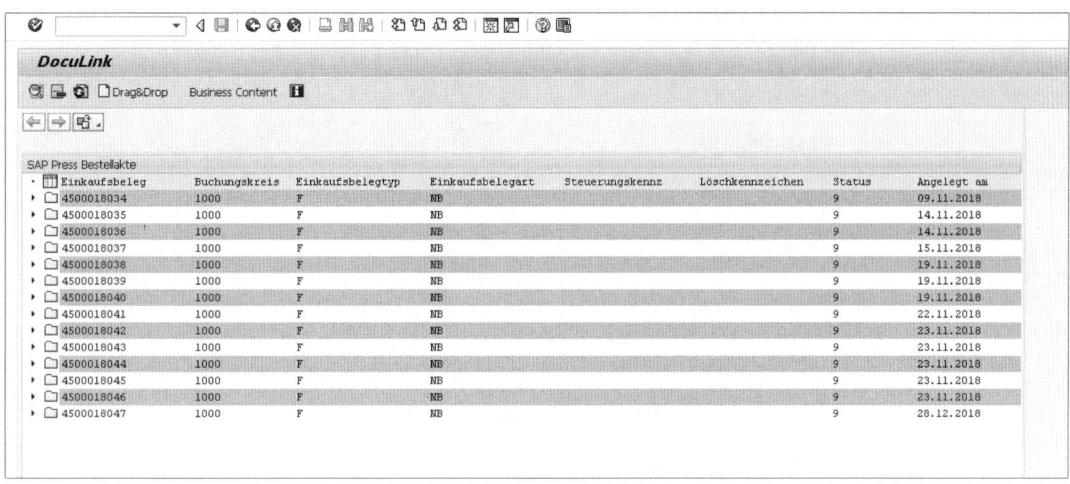


| Einkaufsbeleg | Buchungskreis | Einkaufsbelegtyp | Einkaufsbelegart | Steuerungskennz | Löschkennzeichen | Status | Angelegt am |
|---|---|---|---|---|---|---|---|
| 4500018034 | 1000 | F | NB | | | 9 | 09.11.2018 |
| 4500018035 | 1000 | F | NB | | | 9 | 14.11.2018 |
| 4500018036 | 1000 | F | NB | | | 9 | 14.11.2018 |
| 4500018037 | 1000 | F | NB | | | 9 | 15.11.2018 |
| 4500018038 | 1000 | F | NB | | | 9 | 19.11.2018 |
| 4500018039 | 1000 | F | NB | | | 9 | 19.11.2018 |
| 4500018040 | 1000 | F | NB | | | 9 | 19.11.2018 |
| 4500018041 | 1000 | F | NB | | | 9 | 22.11.2018 |
| 4500018042 | 1000 | F | NB | | | 9 | 23.11.2018 |
| 4500018043 | 1000 | F | NB | | | 9 | 23.11.2018 |
| 4500018044 | 1000 | F | NB | | | 9 | 23.11.2018 |
| 4500018045 | 1000 | F | NB | | | 9 | 23.11.2018 |
| 4500018046 | 1000 | F | NB | | | 9 | 23.11.2018 |
| 4500018047 | 1000 | F | NB | | | 9 | 28.12.2018 |

**Abbildung 8.44** DocuLink-Bestellakte mit geschlossenen Knoten

**Knoten für Bestelldokument**

Unterhalb des Knotens W_BESTELLUNG wird der Knoten für die Abfrage und Anzeige der mit der Bestellung verknüpften Dokumente eingerichtet. Klicken Sie dazu wieder auf den Button **Anlegen, als Kind**, und wählen Sie die Option **Normaler Knotentyp** (siehe Abbildung 8.45). Bestätigen Sie Ihre Auswahl mit einem Klick auf **Anlegen** (▯).

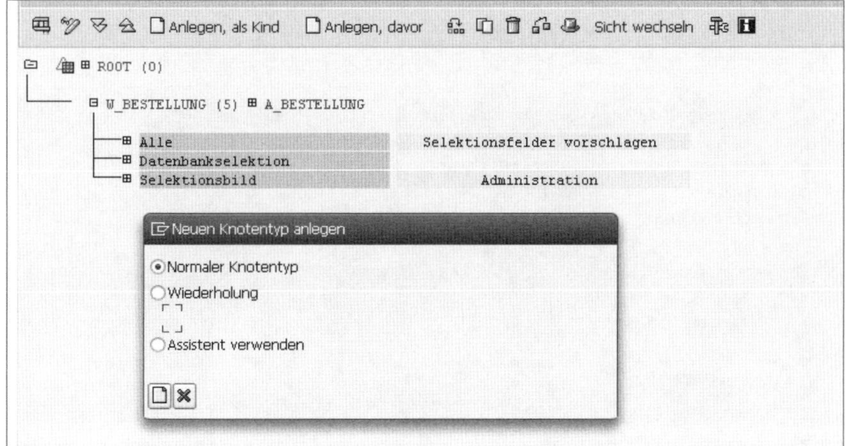


**Abbildung 8.45** Dokumentknoten als Kindknoten anlegen

Prägen Sie den Dokumentknoten mit den Werten aus Tabelle 8.4 aus, wie in Abbildung 8.46 gezeigt.

| Feld | Wert |
|---|---|
| **Knotentyp** | T_BESTELLUNG_DOK |
| **Beschreibung** | Dokumente der Bestellung |
| **Selektionsart** | **1 – ArchiveLink-Dokument** |
| **Attributobjekt** | A_BESTELLUNG |

**Tabelle 8.4** Feldwerte für den Dokumentknoten T_BESTELLUNG_DOK

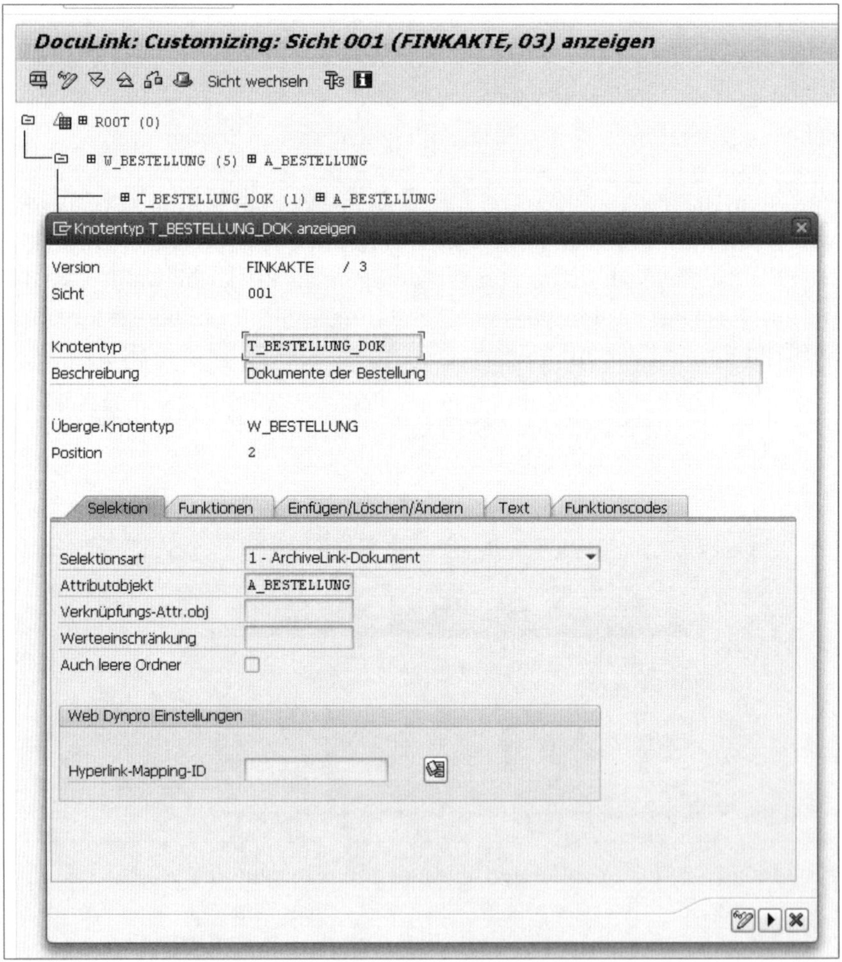


**Abbildung 8.46** Einstellungen für den Dokumentknoten T_BESTELLUNG_DOK

**Anzeigetexte** Auf der Registerkarte **Text** legen Sie die Anzeigetexte für die einzelnen, mit der Bestellung verknüpften Dokumente fest. Der Anzeigetext kann mit statischen Werten oder mit dynamischen Werten aufgebaut werden. Die dynamischen Werte können Sie über den Button **Selektionsfelder** auswählen, wie in Abbildung 8.47 dargestellt. Zum Beispiel können das **Archivierungsdatum**, die **Dokumentart** oder die **Dokumentart Beschreibung** Teil des Anzeigetextes sein. Im Beispiel setzt sich der Anzeigetext aus der SAP-ArchiveLink-Dokumentart (&@ARC_DOCTYPE&), dem statischen String »VOM« und dem SAP-ArchiveLink-Archivierungsdatum (&@ARC_DATE&) zusammen.

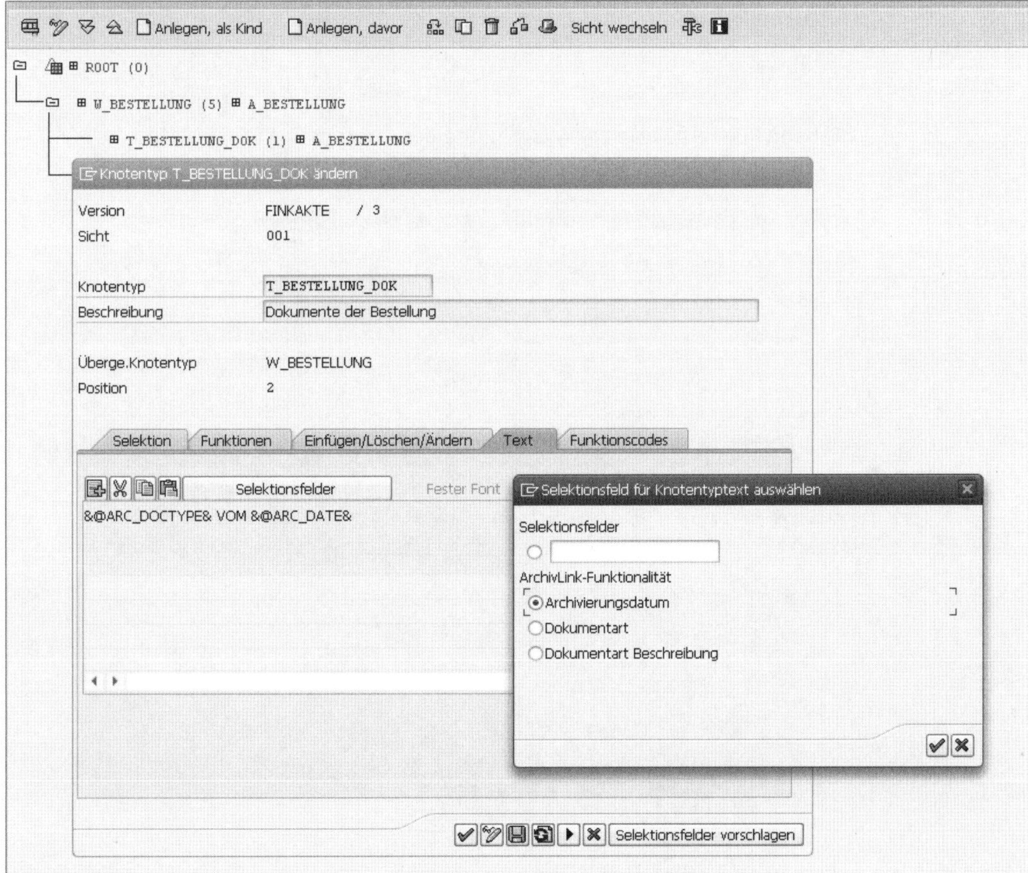


**Abbildung 8.47** Anzeigetexte für den Dokumentknoten konfigurieren

Unterhalb der selektierten Bestellungen in der DocuLink-Sicht sollen alle Rechnungsvorgänge mit den dazugehörigen Rechnungsdokumenten angezeigt werden. Hierfür richten Sie weitere Knoten ein.

**Knoten für Rechnung einrichten**

Unterhalb des Knotens W_BESTELLUNG richten Sie den statische Knoten T_RECHNUNG zur Anzeiger der Rechnung ein. Klicken Sie dazu auf den Button **Anlegen, als Kind**, und wählen Sie die Option **Normaler Knotentyp**. Im Unterschied zum bisherigen Customizing richten Sie diesmal einen statischen Knoten zur Gruppierung der Rechnungsvorgänge und zur Abgrenzung der Rechnungsvorgänge von der Bestellung ein. Tragen Sie dazu die Werte aus Tabelle 8.5 ein, wie in Abbildung 8.48 gezeigt. Den Anzeigetext prägen Sie ähnlich wie beim Knoten für die Bestellung aus.

| Feld | Wert |
|---|---|
| **Knotentyp** | T_RECHNUNG |
| **Beschreibung** | Rechnungen |
| **Selektionsart** | **3 – Statisch, nur anzeigen, wenn Werte vorhanden** |

**Tabelle 8.5** Feldwerte zur Ausprägung des Knotens T_RECHNUNG

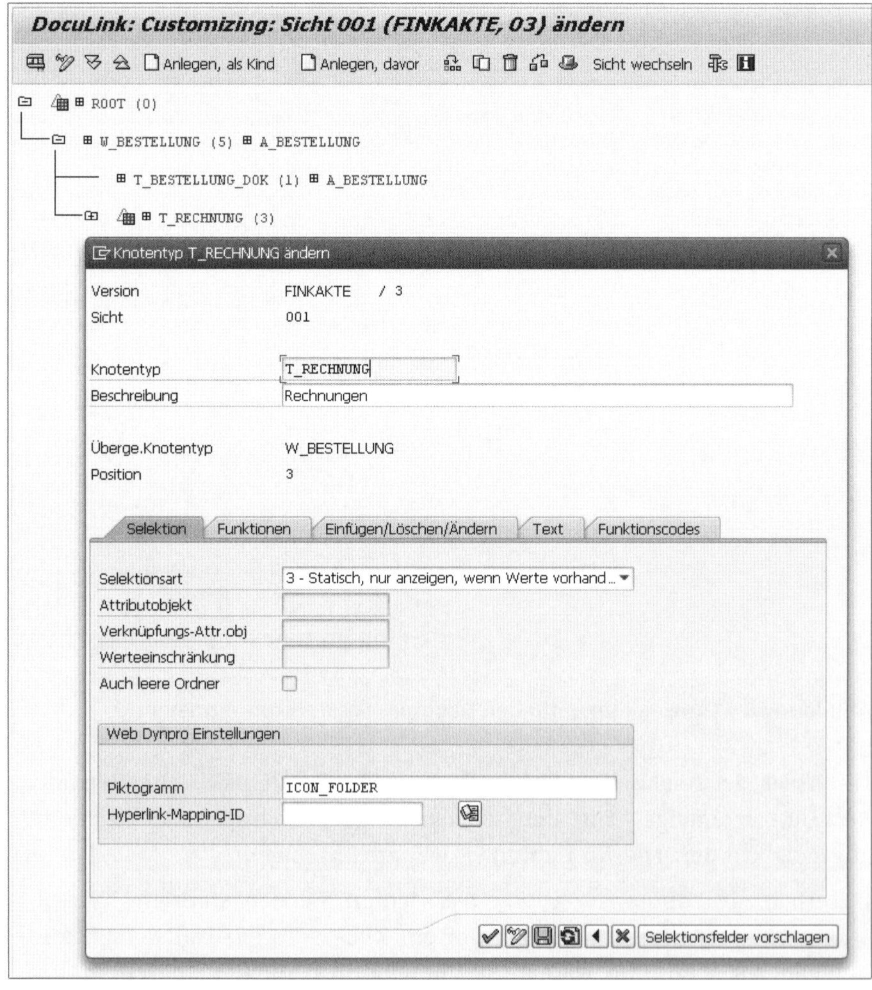


**Abbildung 8.48** Knoten für die Rechnungen konfigurieren

Unterhalb des Knotens T_RECHNUNG müssen noch die Knoten W_RECHNUNG und T_RECHNUNG_DOK zur Anzeige des verknüpften Business-Objekts und der verknüpften Dokumente angelegt werden. Die Einstellungen für den Knoten W_RECHNUNG entsprechen denen des Knotens W_BESTELLUNG. Die Einstellungen für den Knoten T_RECHNUNG_DOK entsprechen denen des Knotens T_BESTELLUNG_DOK.

**Unterknoten für Rechnungsbeleg und Dokumente**

Nach der Einrichtung aller Knoten und Eigenschaften steht die Baumstruktur, wie in Abbildung 8.49 dargestellt, zur Verfügung und kann mit der Funktion **Sicht testen** (▯) oder über die Funktionstaste [F8] getestet werden.

**Finale Baumstruktur**



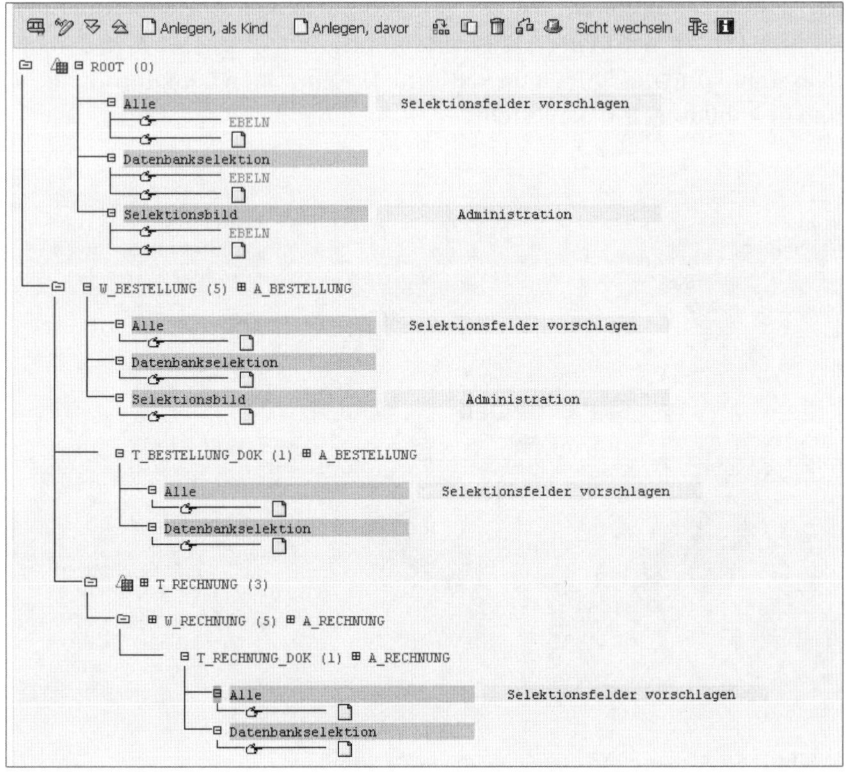


**Abbildung 8.49** DocuLink-Customizing – finale Baustruktur

### Transportieren eines DocuLink-Projekts

Ein DocuLink-Projekt wird, wie alle anderen SAP-Entwicklungen, in einen SAP-Transportauftrag aufgenommen und in das Produktivsystem transportiert. Die jeweilige Version des DocuLink-Projekts muss dazu aktiviert und produktiv gesetzt werden. Bei der Produktivsetzung wird Ihnen ein Transportauftrag vorgeschlagen. Im Menü der DocuLink-Projektübersicht stehen Buttons zum Aktivieren und Produktivsetzen des Projekts zur Verfügung (siehe Abbildung 8.50)

**Abbildung 8.50** DocuLink-Projekt aktivieren und produktiv setzen

## 8.2 SAP Extended ECM by OpenText

SAP Extended ECM bietet den Benutzern einen vielfältigen Funktionsumfang zum Digitalisieren, Verknüpfen, Managen und Bereitstellen von Content. Diese Funktionen können in verschiedenen SAP-Anwendungen genutzt werden, wie in der SAP Business Suite, in SAP S/4HANA, in der SAP Sales Cloud und der SAP Cloud Platform. Die einzelnen Funktionsbereiche sind in Abbildung 8.51 dargestellt.

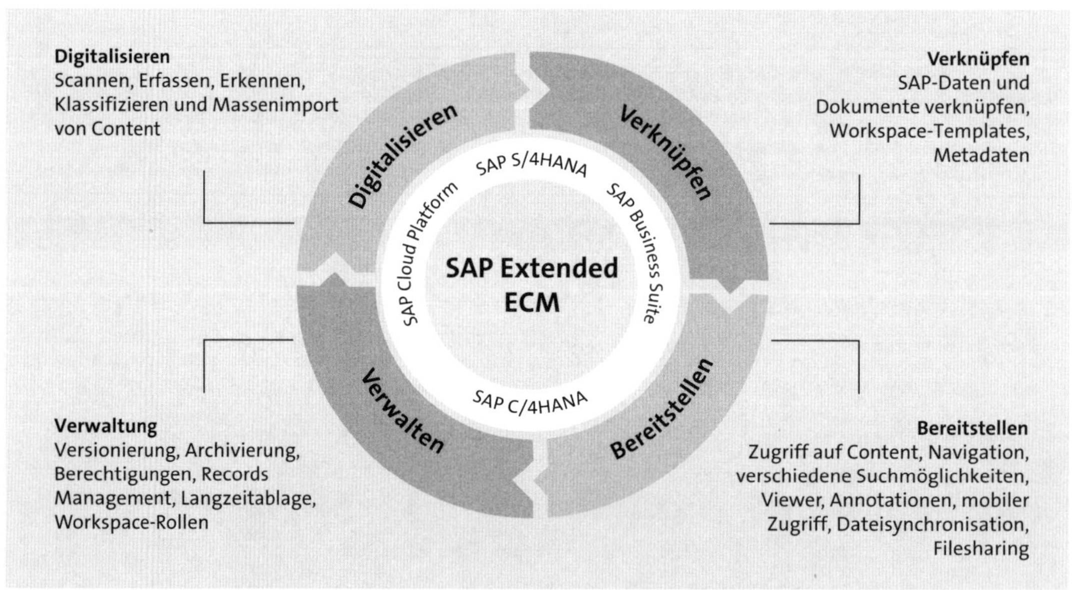


**Abbildung 8.51** Funktionsbereiche von SAP Extended ECM

**Digitalisieren**

Für das Digitalisieren von Content nutzt SAP Extended ECM verschiedene OpenText-Werkzeuge. Für das Scannen von Dokumenten wird das Werkzeug *OpenText Imaging Enterprise Scan* bereitgestellt. Für die Datenerfassung und die damit einhergehende Dokumentenklassifizierung bietet OpenText OCR-Werkzeuge (Optical Character Recognition) wie *OpenText Business Center Capture*. Die *Document Pipeline* ermöglicht den Massenimport von Content – auch aus Drittsystemen.

**Verknüpfen**

Die Verknüpfung von Content mit den SAP-Daten erfolgt über Workspace-Templates, die den Aufbau des *Business Workspace* definieren. Ein Business

Workspace ist ein Bereich, in dem Metadaten, Dokumente usw. zum Business-Objekt abgelegt und miteinander in Verbindung gebracht werden.

**Verwalten**

SAP Extended ECM bietet dem Benutzer außerdem verschiedene Funktionen, um den abgelegten Content zu verwalten. Unter anderem kann Content archiviert, versioniert und mit Berechtigungen geschützt werden. Das zertifizierte *Records Management* ermöglicht neben der Langzeitarchivierung durch die Klassifizierung eine Verwaltung von Content über den gesamten Lebenszyklus hinweg.

**Bereitstellen**

Auf den abgelegten Content kann über verschiedene Technologien zugegriffen werden. Eine umfangreiche und anpassbare Suche ermöglicht das schnelle Wiederauffinden des Contents und die Anzeige in professionellen Viewern. Mit dem *OpenText Imaging Windows Viewer* kann der Benutzer Annotationen, Stempel oder andere Markierungen auf den abgelegten Dokumenten aufbringen. Neben einem mobilen Zugriff auf den Content kann der Zugriff durch andere Benutzer innerhalb und außerhalb der Organisation mittels Filesharing ermöglicht werden.

**Extended-ECM-Produktfamilie**

Die Extended-ECM-Produktfamilie besteht aus der *Content Suite Platform* sowie der *Extended ECM Platform* und den über diese Plattformen bereitgestellten Anwendungen. Wie in Abbildung 8.52 dargestellt, liefert die Content Suite Platform diverse Funktionen zur Verwaltung von Content verschiedenster Art. Die Extended ECM Platform verbindet die führenden Applikationen mit den Funktionen der Content Suite Platform. Standardmäßig ermöglicht SAP Extended ECM die Integration verschiedener SAP-Anwendungen (On-Premise- und Cloud-Anwendungen) sowie von Microsoft-, Salesforce- und Oracle-Anwendungen.

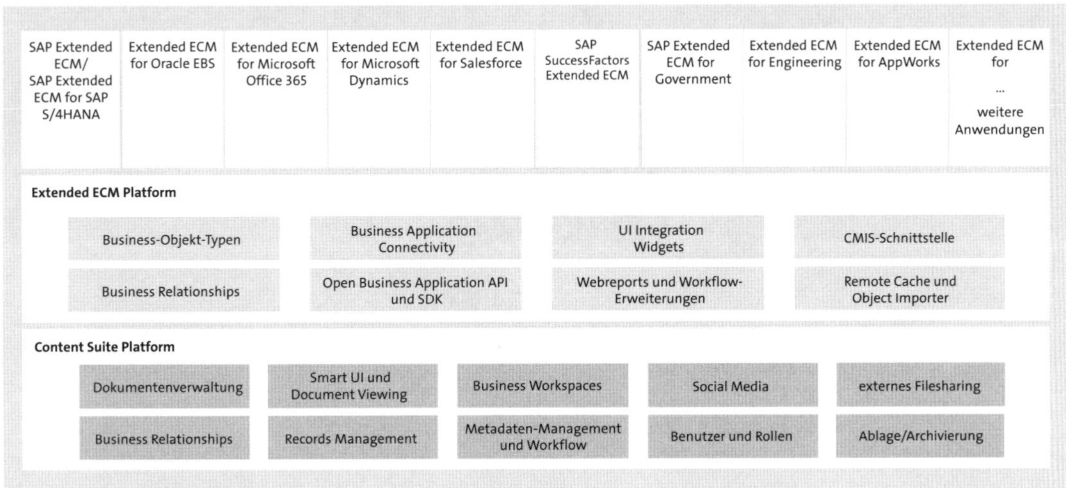


**Abbildung 8.52** Extended-ECM-Produktfamilie

### 8.2.1 Einführung in die Funktionsweise von SAP Extended ECM

In diesem Abschnitt führe ich Sie in ausgewählte Funktionen von SAP Extended ECM ein. Aufgrund der Vielzahl an Funktionen stellte ich lediglich die gängigsten vor. Grundlage für die weiteren Betrachtungen ist das Release SAP Extended ECM by OpenText 16.2.

#### Komponenten und Konzepte von SAP Extended ECM

SAP Extended ECM baut auf den folgenden Komponenten auf:

- Business Workspace
- Business Relationships (Beziehungen)
- Business Attachments
- Template Management
- SAP-ArchiveLink-Dokumente

**Business Workspace**

Das Konzept des *Business Workspace* ist das zentrale Konzept von SAP Extended ECM. Ein Business Workspace repräsentiert ein Business-Objekt im SAP-System, beispielsweise einen Lieferanten, Kunden, ein Projekt, ein Material, ein Bestellung oder eine Rechnung. Der Business Workspace verwaltet Daten, Content, Benutzer und Rollen (Team) und Aufgaben zu diesem Business-Objekt (siehe Abbildung 8.53).

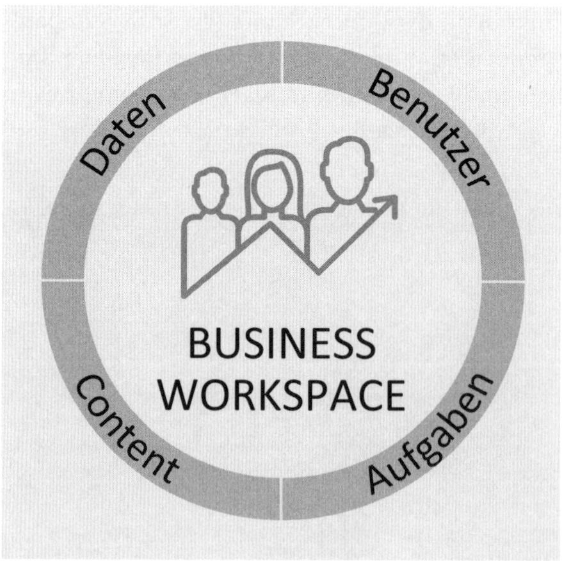


**Abbildung 8.53** Konzept des Business Workspace

**Sicht auf ein Business-Objekt**

In Abbildung 8.54 ist ein Business Workspace für den Lieferanten C.E.B New York Inc. abgebildet. Die im Business Workspace angezeigten Daten stammen unter anderem aus dem SAP-Lieferantenstammsatz. Abhängig vom Business-Objekt, auf dem der Business Workspace basiert, können hier verschiedene Daten aus dem SAP-System angezeigt werden. Des Weiteren ist es möglich, Nicht-SAP-Daten als Metadaten zu erfassen.

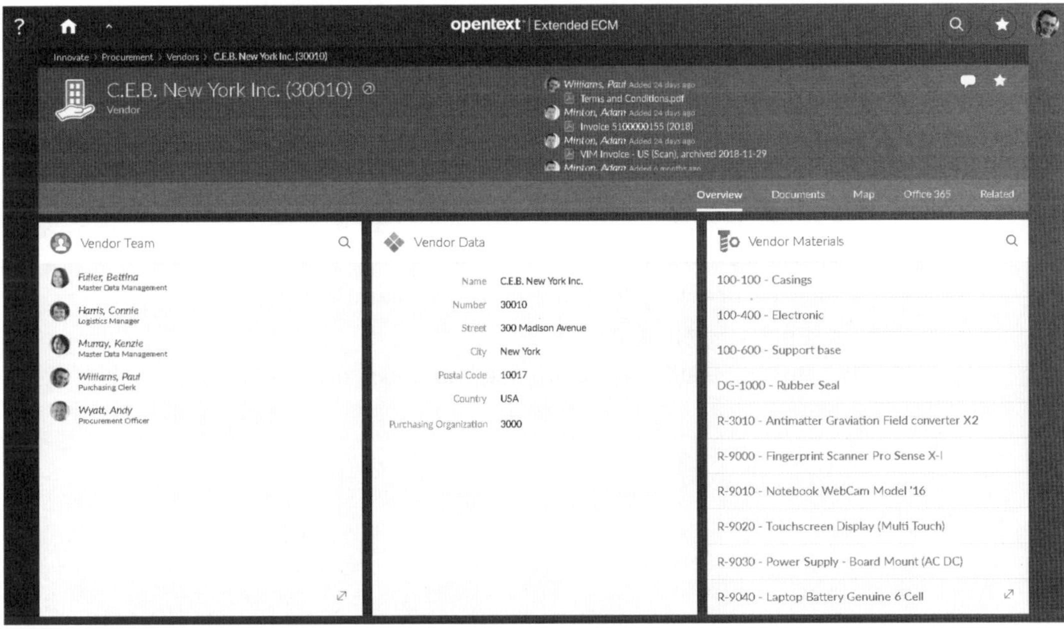


**Abbildung 8.54** Business Workspace in SAP Extended ECM

**Funktionen des Business Workspace**

Die Hauptaufgabe von SAP Extended ECM ist es, den unstrukturierten Content und das Business-Objekt aus dem SAP-System zu verknüpfen. Für die zentralisierte Verwaltung des Contents wird daher ein Business Workspace generiert. Der Business Workspace verwaltet relevante Informationen zum Business-Objekt sowie den Content, d. h. Dokumente und Metadaten zu den Dokumenten. Auch die Beziehungen zwischen den am Geschäftsprozess beteiligten Business-Objekten und deren Business Workspaces werden abgebildet.

Neben den bereits erwähnten Funktionen deckt der Business Workspace folgende, in Abbildung 8.55 dargestellte, Funktionen und Inhalte ab:

- **Dokumente**
  Ablage und Klassifizierung von Dokumenten
- **Rollen**
  Rollenkonzept, auch mit SAP-Integration

- **Content-Workflows**
  Workflow, z. B. zur Freigabe von Dokumenten
- **Funktionen für die Zusammenarbeit**
  Chat-Funktionen und Kommentare
- **Records Management**
  Klassifizierung von Content zur Einhaltung der Aufbewahrungs- oder Löschfristen
- **Metadaten**
  Daten im Workspace, aus dem SAP-System oder eigenständige Daten aus SAP Extended ECM
- **Beziehungen**
  Beziehungen zwischen Business-Objekten
- **Ordnerstruktur**
  Strukturierung der Dokumentenablage
- **Business-Objekte**
  Business-Objekt als Grundlage für die Business Workspaces

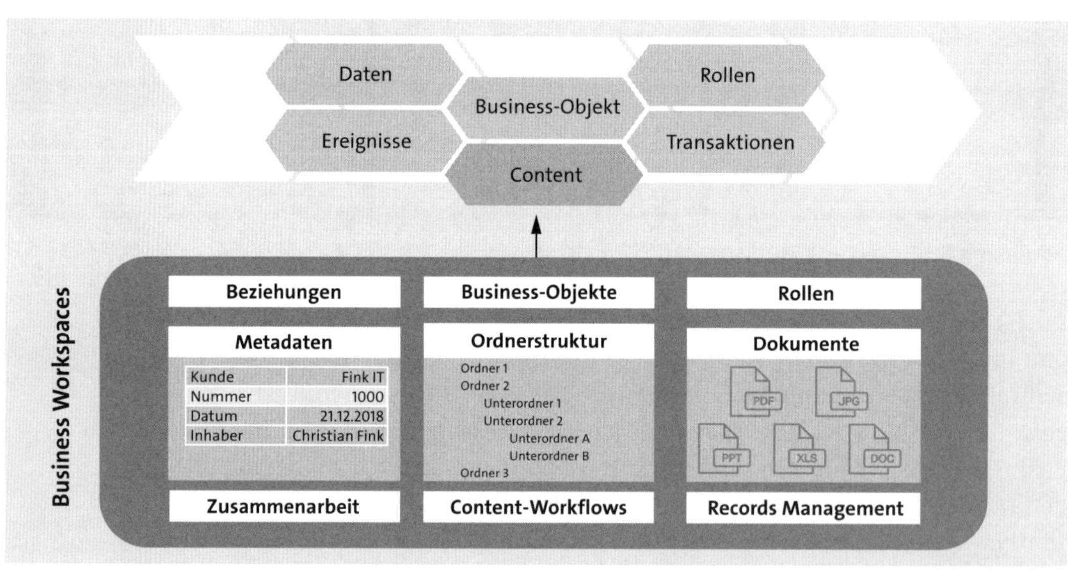


**Abbildung 8.55** Funktionen des Business Workspace

Generierung und Aktualisierung

Der zu einem Business-Objekt gehörige Business Workspace wird in der Regel automatisiert angelegt, sobald das Business-Objekt (z. B. eine SAP-Bestellung im Rahmen unseres Referenzprozesses Purchase-to-Pay) im SAP-System erstellt wird. Der Aufbau und Inhalt eines Business Workspace wird dynamisch zum Zeitpunkt der Erstellung und abhängig vom Business-Objekt festgelegt. Somit ist es möglich, dass der Business Workspace für ein

Business-Objekt anders dargestellt wird als für ein anderes Business-Objekt. Sollten sich die Daten des Business-Objekts im SAP-System ändern, werden durch das ausgelöste Ereignis im SAP-System die Daten des Business Workspace in SAP Extended ECM aktualisiert.

**Business Relationships**

Ein weiteres zentrales Konzept von SAP Extended ECM sind die *Business Relationships*, also die Beziehungen zwischen den am Geschäftsprozess beteiligten SAP-Objekten und deren Business Workspaces. In der Regel stehen bei einem Geschäftsprozess verschiedene Business-Objekte miteinander in Beziehung. In Abbildung 8.56 habe ich die Beziehungen der einzelnen Business-Objekte und deren Business Workspaces für den Beispielprozess Purchase-to-Pay abgebildet.



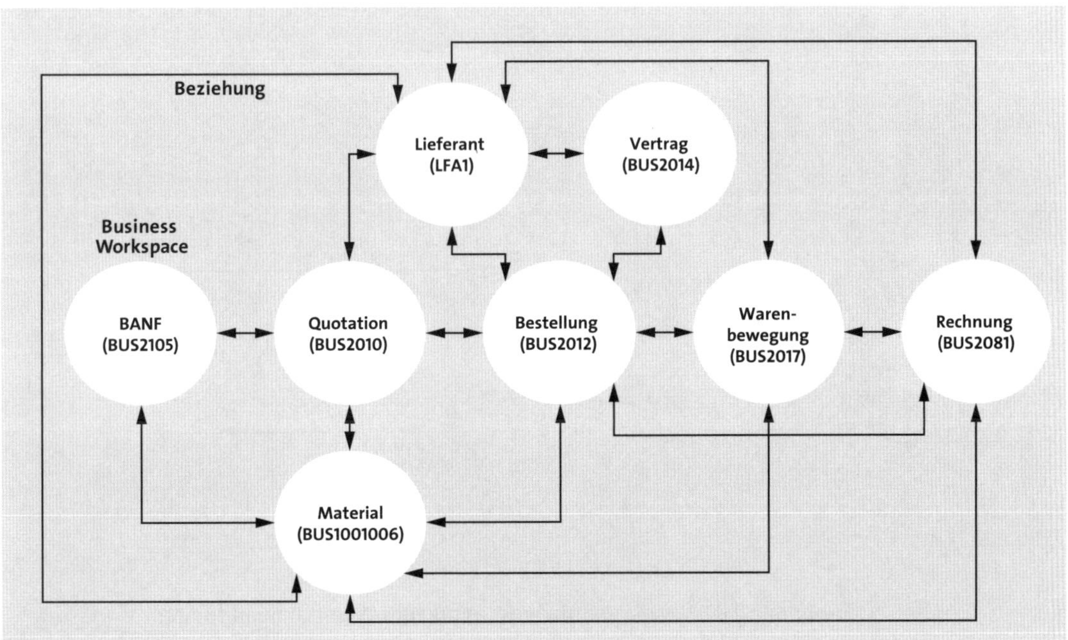


**Abbildung 8.56** Beziehungen zwischen den Business-Objekten im Prozess Purchase-to-Pay

Durch die Funktion der Business Relationships kann ein Benutzer schnell und unkompliziert zu den Business Workspaces der an einem Geschäftsprozess beteiligten SAP-Belege navigieren und die relevanten Informationen einsehen.

**Anwendungsübergreifende Beziehungen**

Insbesondere durch die Unterstützung von Anwendungen verschiedener Hersteller dient SAP Extended ECM auch als eine Art Integrationssystem. Durch die Integration wird der Zugriff aus den verschiedenen Anwendungen auf den Content des Business Workspace in SAP Extended ECM ermöglicht. Sind mehrere Anwendungen (z. B. SAP, Oracle, Salesforce oder Microsoft) im Einsatz, die die gleichen Business-Objekte verwenden, werden die relevanten Daten und Dokumente in einem zentralen Business Workspace verwaltet und den verschiedenen Anwendungen zur Verfügung gestellt.

Beispielsweise ist in Abbildung 8.57 das Business-Objekt für einen Kunden in mehreren Anwendungen (SAP und Salesforce) in Verwendung. SAP-Anwendung und Salesforce greifen auf den zentralen Business Workspace für den Kunden in SAP Extended ECM zu. Die Benutzer aus dem SAP-System und Salesforce können durch die Integration des Contents auf der gleichen Daten- und Content-Basis und ohne Medienbruch arbeiten. In Abbildung 8.57 finden Sie noch weitere Business Workspaces mit einer Reihe weiterer Anwendungen. In SAP Extended ECM können verschiedenste Anwendungen integriert werden.

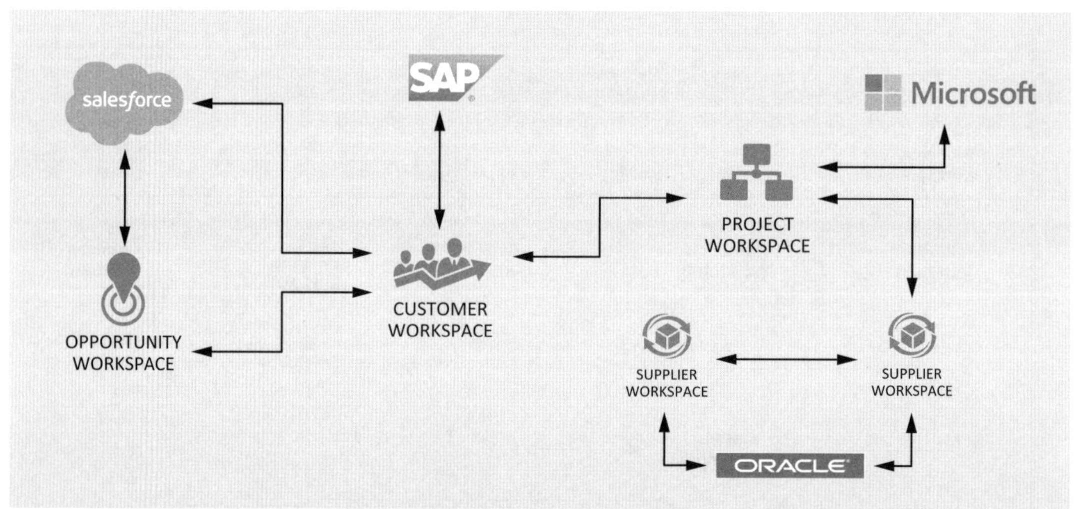


**Abbildung 8.57** Mehrere Business Workspaces und Anwendungen

**Business Attachments**

*Business Attachments* sind Dokumente oder anderer Content, der in SAP Extended ECM abgelegt wurde und mit einem Business-Objekt im SAP-System verknüpft ist. SAP Extended ECM ermöglicht die Erstellung von Business Attachments zu verschiedenen Business-Objekten. Business Attachments können auch mit Objekten in verschiedenen SAP-Systemen verlinkt werden. Die Erstellung eines Business Attachments kann manuell oder automatisch durch das System erfolgen.

**Template Management**

Das *Template Management* verwaltet Vorlagen (Templates), die für immer wieder zu erstellenden Content, wie bestimmte Dokumente oder Akten, verwendet werden. Die Vorlagen werden auch für die Generierung der Business Workspaces herangezogen. Im Fall des Business Workspace werden durch die Dokumentvorlage (*Document Template*) die Orderstruktur, die Berechtigungen, die möglichen Metadaten, Klassifizierungen und Beziehungen innerhalb des Business Workspace definiert. In Abbildung 8.58 wurde eine Dokumentvorlage verwendet, um die Orderstruktur zu generieren.

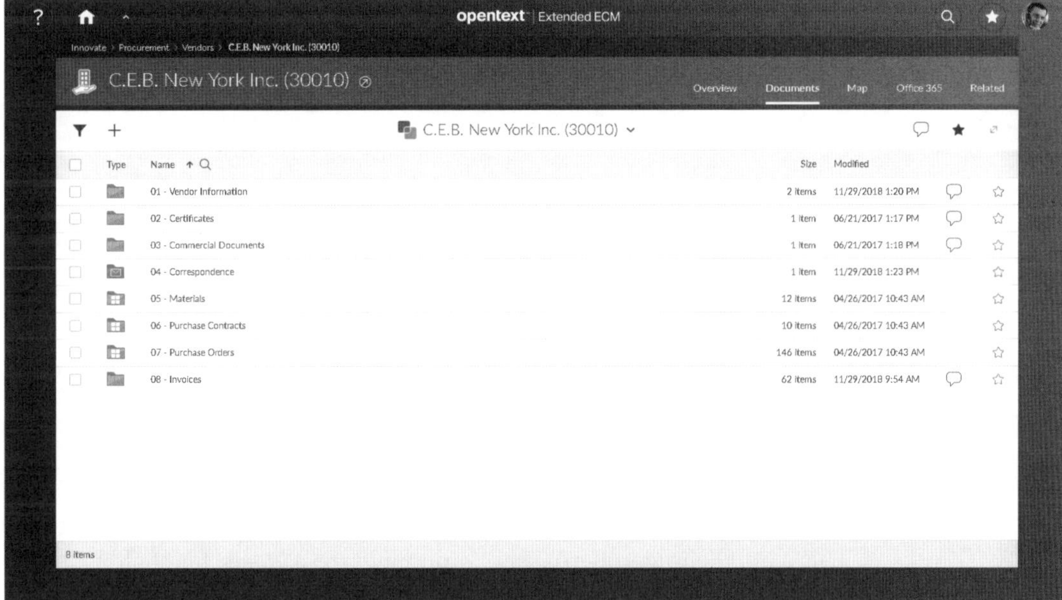


**Abbildung 8.58** Dokumentvorlage zum Aufbau der Ordnerstruktur im Business Workspace

**SAP-ArchiveLink-Dokumente**

*SAP-ArchiveLink-Dokumente* werden ebenfalls durch Extended ECM verwaltet. Die Funktionen Archivierung und Records Management ermöglichen das Lifecycle Management von SAP-ArchiveLink-Dokumenten. Hierzu werden die SAP-ArchiveLink-Dokumente als *Records* deklariert und durch das Records Management über die gesamte Aufbewahrungsdauer hin verwaltet.

## Benutzeroberfläche von SAP Extended ECM

**Klassische Ansicht vs. Smart UI**

SAP Extended ECM bietet mit dem *Smart UI* neben der *klassischen Ansicht* eine vereinfachte Benutzeroberfläche. Bei der klassischen Ansicht handelt es sich um eine umfangreiche Benutzeroberfläche für Power User (siehe Abbildung 8.59).

**Perspektiven**

Das neue Smart UI (auch als *Smart View* bezeichnet) ist seit Version 16 der Content Suite Platform verfügbar und basiert auf der Technologie HTML5. Im Rahmen dieses Buches gehe ich hauptsächlich auf das Smart UI ein.

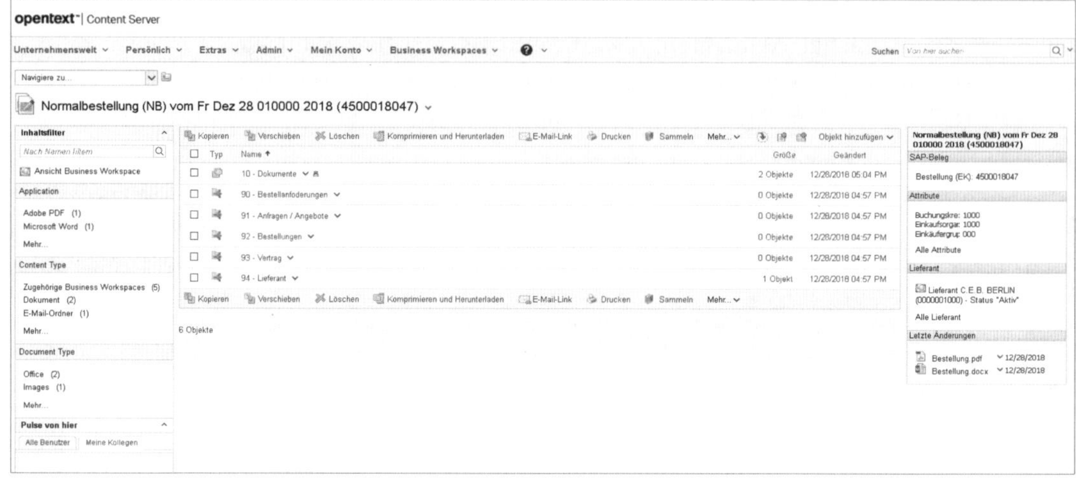


**Abbildung 8.59** Klassische Ansicht von SAP Extended ECM

Es handelt sich um eine einfache, intuitiv bedienbare und rollenbasierte Benutzeroberfläche, die sowohl auf dem Desktop als auch auf Tablets ausgeführt werden kann (siehe Abbildung 8.60). Das Konzept des Smart UI ist es, eine sogenannte *Perspektive* bereitzustellen, die individuelle Kacheln (*Tiles*) und Benutzeroberflächenkomponenten (*Widgets*) beinhaltet.

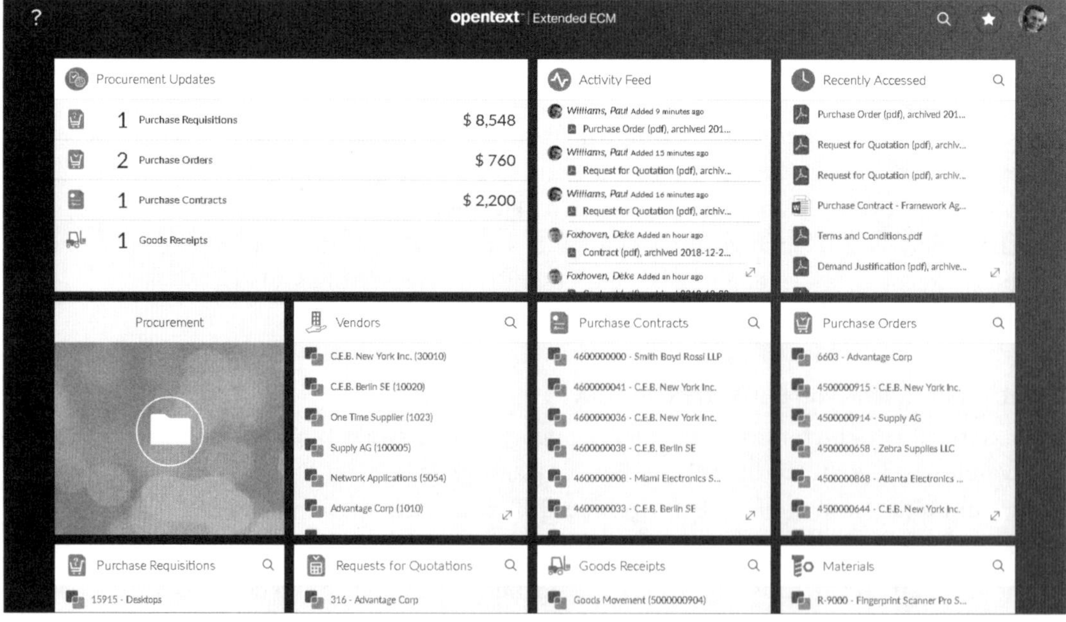


**Abbildung 8.60** Einstiegseite von SAP Extended ECM im Smart UI

Eine Perspektive wird einer oder mehreren Rollen zugeordnet. Widgets können Nachrichten aus sozialen Netzwerken, dem Benutzer zugeordnete Workflows, kürzlich geöffnete Dokumente, Favoriten, Suchen oder Links auf weitere Business Workspaces enthalten.

**Demo für Smart UI**

Demovideos für das Smart UI für die Content Suite Platform finden Sie auf der folgenden Seite: *http://s-prs.de/v652407*



Widgets

Aktuell liefert das Smart UI beispielsweise folgende Widgets in den Perspektiven für OpenText Content Server, Records Management Connected Workspace und Extended ECM Platform aus:

- **OpenText Content Server**
  Anzeige von Tabelleninhalten, Shortcuts, Favoriten, kundenspezifischen Suchen, HTML-Content, Wiki-Seiten, Aktivitäten-Stream, Workflow-Zuweisung etc.
- **Records Management**
  Anzeige einer Objektstatistik
- **Connected Workspaces**
  My Workspace, in Beziehung stehende Workspaces, Teams, Metadaten etc.
- **Extended ECM Platform**
  Business Attachments, Daten aus SAP SuccessFactors, Microsoft Office 365, SAP Extended ECM for Government und SAP Extended ECM for Engineering

Charts, Diagramme und andere Dashboard-Ansichten können mit dem Add-on *Content Intelligence* für die Content Suite Platform und SAP Extended ECM in das Smart UI integriert werden.

**Aktuelle Liste der Smart-UI-Widgets**

Eine Liste der aktuell verfügbaren Widgets finden Sie auf der folgenden Seite: *http://s-prs.de/v652408*. Für den Zugriff auf diese Liste wird ein Zugang zum Knowledge Center von OpenText benötigt.

Die in Abbildung 8.60 dargestellte Einstiegsseite (Landingpage) von SAP Extended ECM wird im Customizing an die Anforderungen des Benutzers angepasst. Dabei kann die Landingpage mit verschiedenen Widgets und Kacheln ausgeprägt werden. Auch eine Festlegung der Landingpage für einen bestimmten Benutzerkreis ist möglich. Eine persönliche Sicht ist aktuell nicht möglich.

### 8.2.2 Purchase-to-Pay mit SAP Extended ECM

Um den Funktionsumfang von SAP Extended ECM zu beschreiben, führe ich den Beispielprozess Purchase-to-Pay aus Abschnitt 2.4, »Referenzprozess für dieses Buch: Von der Bestellanforderung bis zum Zahlungseingang«, aus. Die einzelnen Etappen dieses Geschäftsprozesses sind noch einmal in Abbildung 8.61 dargestellt. Er umfasst mehrere Business-Objekte. Im folgenden Beispiel werde ich jedoch nur sechs dieser Objekte berücksichtigen:

- Lieferant
- Vertrag
- Bestellanforderung (BANF)
- Angebot
- Bestellung
- Materialbeleg des Wareneingangs

Für jedes dieser in SAP generierten Business-Objekte gibt es einen Business Workspace in SAP Extended ECM.

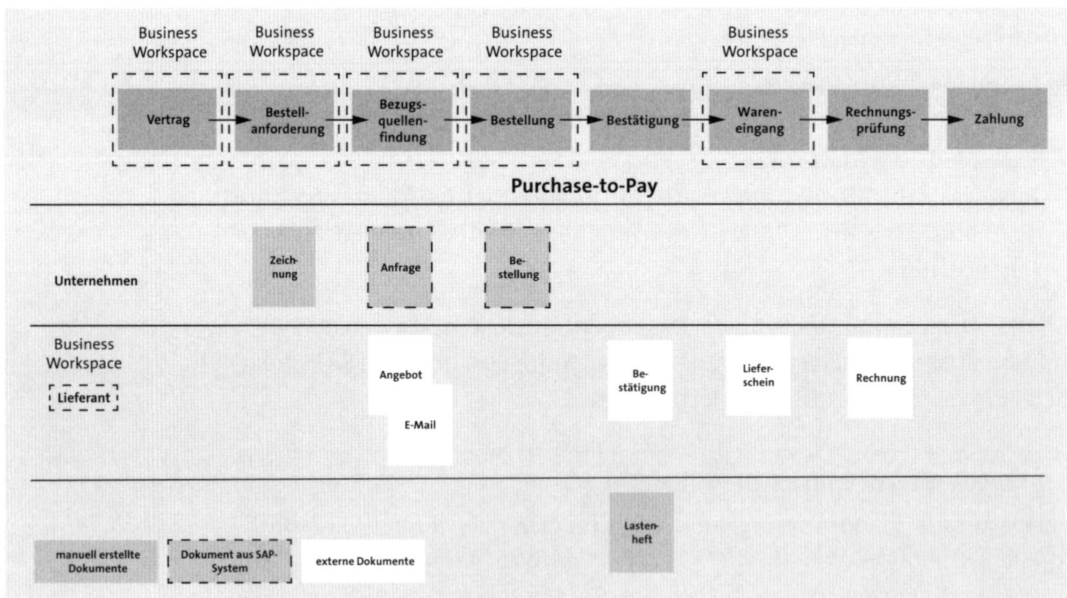


**Abbildung 8.61** Business Workspaces im Prozess Purchase-to-Pay

**Vertrag anlegen**

Zuerst wird im SAP-System ein Vertrag (hier ein Mengenkontrakt) für zwei Materialen (R-9000 und R-9010) angelegt. Für das Anlegen eines Mengenkontrakts wird die Transaktion ME31K verwendet. In diesem Beispiel werden die Daten gepflegt, wie in Abbildung 8.62 gezeigt. Bei Bedarf könnten über die generischen Objektdienste auch Dokumente zu dem Vertrag abgelegt werden (z. B. das Vertragsdokument).

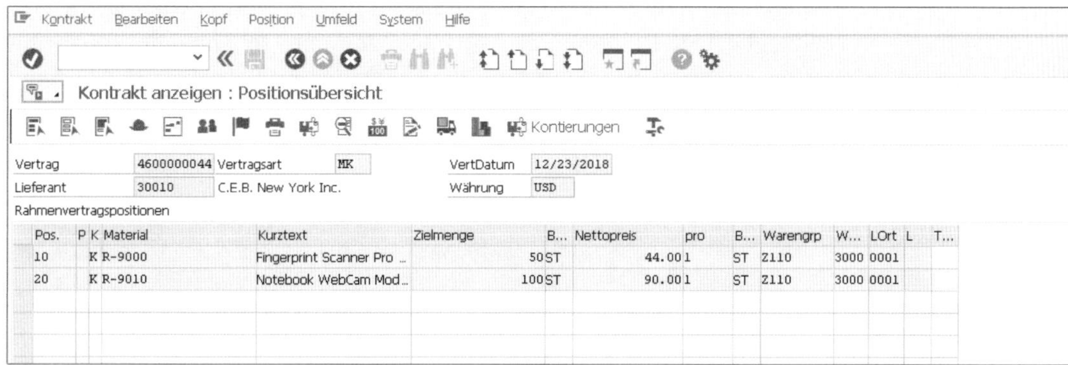

Abbildung 8.62 Vertrag im SAP-System anlegen

**Bestellanforderung anlegen**

Die Bestellanforderung wird, wie in Abbildung 8.63 dargestellt, in der Transaktion ME51N auf Basis des Vertrags mit der Nummer 4600000044 angelegt.

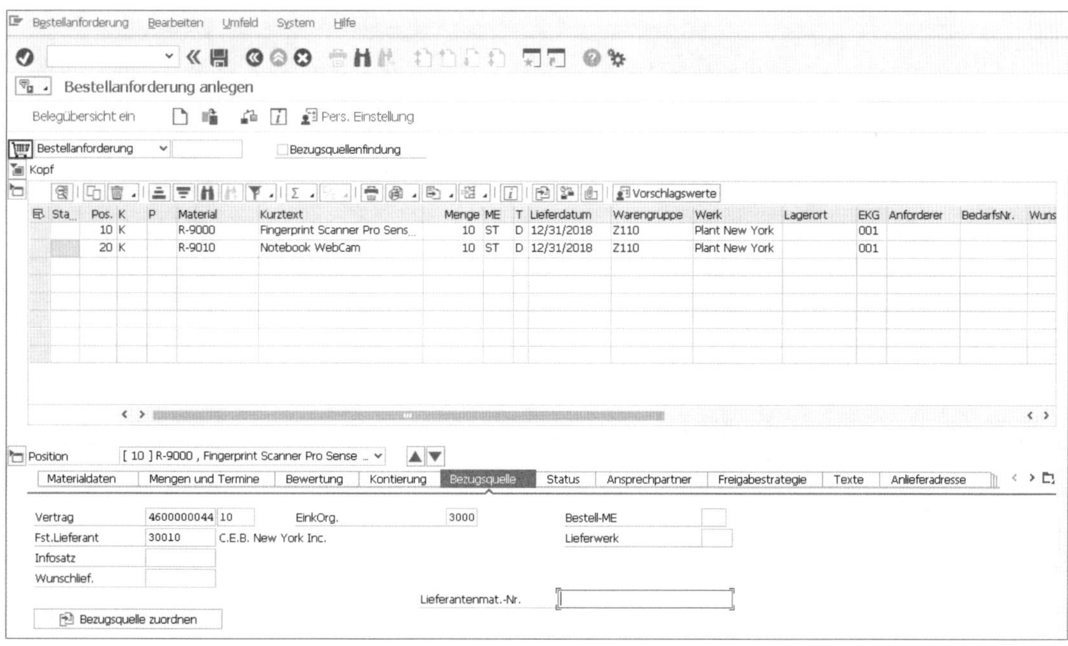

Abbildung 8.63 Bestellanforderung im SAP-System anlegen

**Anfrage im SAP-Systemanlegen**

Im Rahmen der Bezugsquellenfindung wird eine Anfrage an den Lieferanten 30010 auf Basis der Bestellanforderung angelegt. Hierzu wird in der Transaktion ME41N **Bezug zur Banf** ausgewählt, und es wird auf die vorher generierte BANF-Nummer 0010000120 referenziert. Die Daten werden dann aus der BANF in das Angebot übernommen. In diesem Zuge wird das Anfragedokument in der Nachrichtensteuerung geniert und per SAP ArchiveLink abgelegt. Das generierte Anfragedokument sehen Sie in Abbildung 8.64. In diesem Beispiel wird der Viewer OpenText Brava! für die Anzeige verwendet.

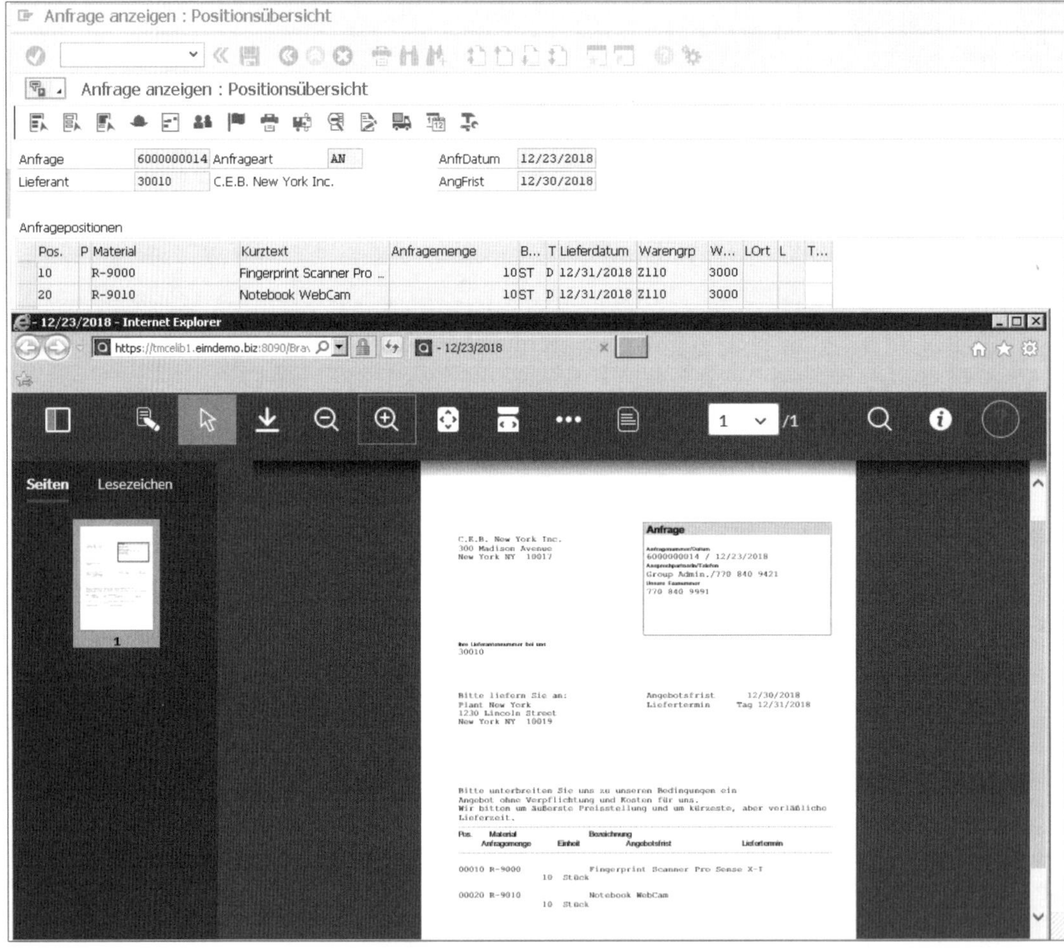


Abbildung 8.64 Anfrage im SAP-System angelegt

**Bestellung anlegen** Als Nächstes wird die Bestellung in Transaktion ME21N mit Bezug zur Anfrage 6000000014 im SAP-System angelegt. Für das generierte Bestelldokument, das Sie in Abbildung 8.65 sehen, wird die Nummer 4500000922 vergeben. Das generierte Bestelldokument wird ebenso wie das Dokument zur Anfrage per SAP ArchiveLink abgelegt.

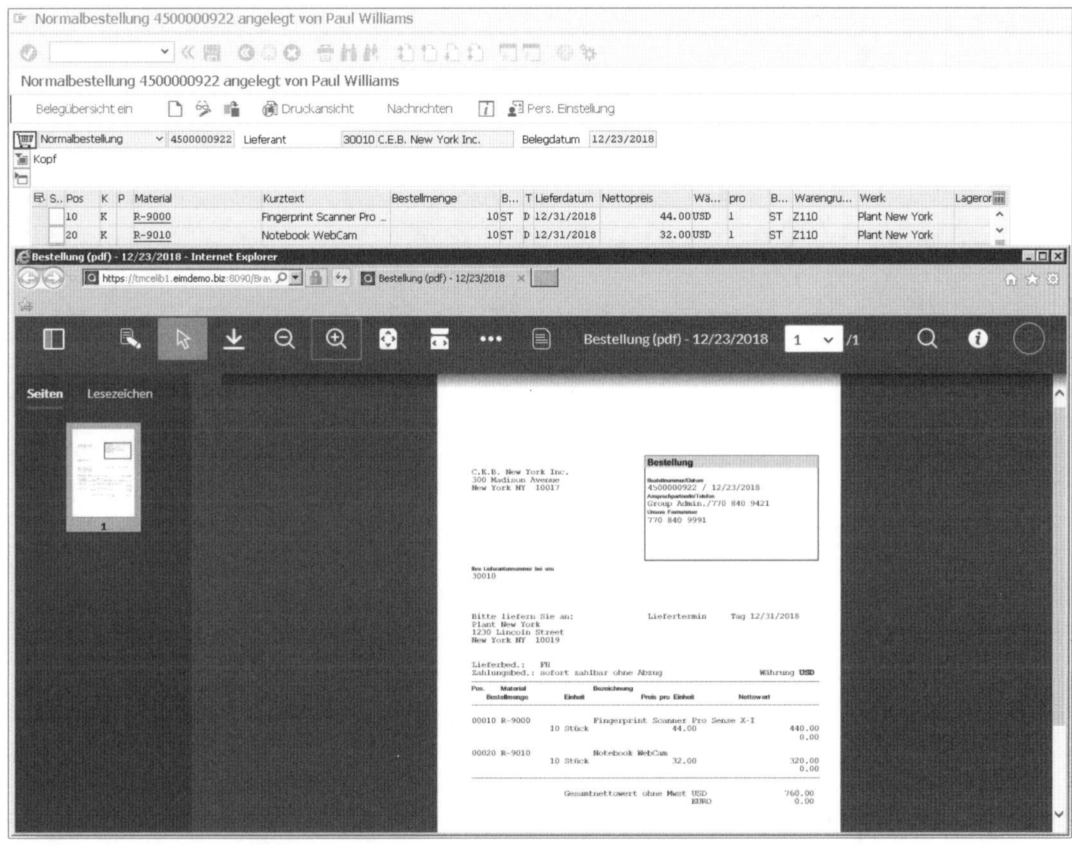

**Abbildung 8.65** Bestellung im SAP-System anlegen

**Wareneingang erfassen**

Abschließend wird der Wareneingang für die bestellten Materialien in Transaktion MIGO erfasst. Hierzu werden die Wareneingänge für die Bestellnummer 4500000922 mit einem Häkchen in der Spalte **OK** markiert (siehe Abbildung 8.66). Bei Bedarf können Dokumente zum Wareneingang wie Lieferscheine, Warenbegleitscheine etc. per SAP ArchiveLink abgelegt werden.

Während die verschiedenen SAP-Belege in dem beschriebenen Prozess angelegt werden, wird jeweils der zugehörige Business Workspace in SAP Extended ECM generiert.

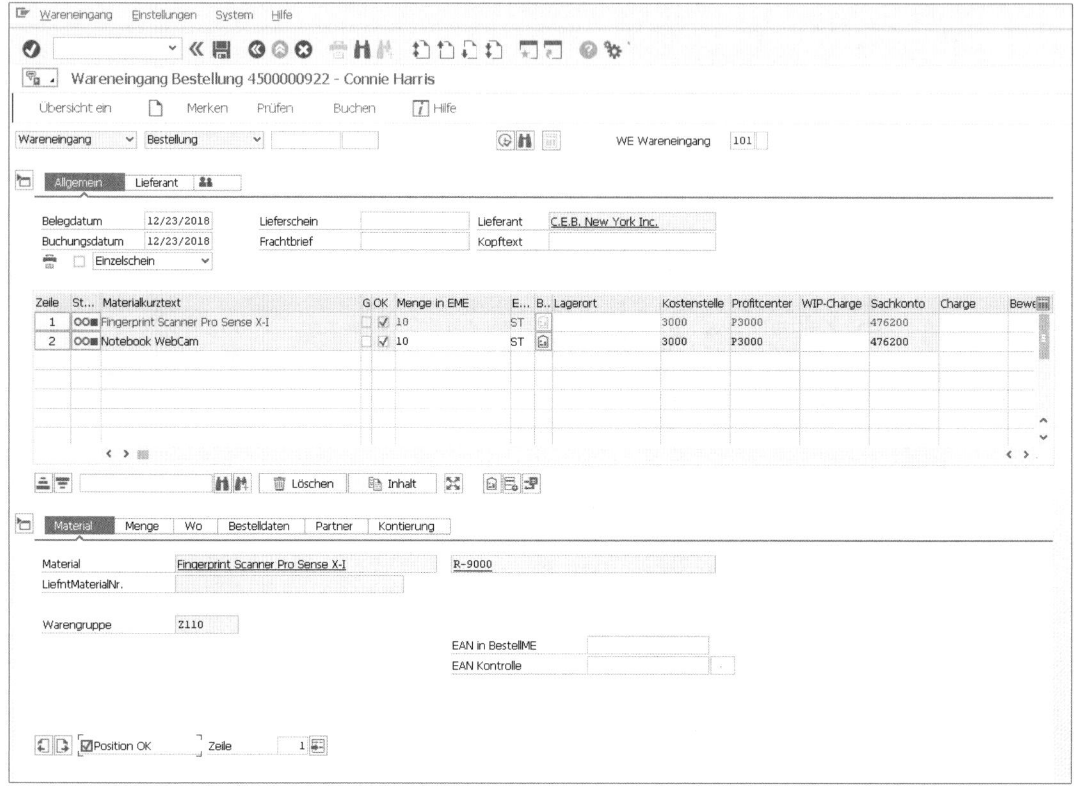

**Abbildung 8.66** Wareneingang im SAP-System erfassen

### Organisation von Business Workspaces

**Hierarchie vs. Business Relationships**

Die Business Workspaces können in SAP Extended ECM auf zwei verschiedene Arten organisiert werden:

- über die Workspace-Hierarchie
- über die Business Relationships

In der Workspace-Hierarchie werden die Business Workspaces als Eltern- und Kind-Workspaces dargestellt. Vorteil dieser Darstellung ist, dass die Vererbung von Metadaten, Rollen und der Berechtigungen leicht abgebildet werden kann. Außerdem ist in dieser Hierarchie eine strukturierte Suche möglich.

Im SAP-Umfeld werden jedoch in der Regel die Business Relationships verwendet, um die Business Workspaces zu organisieren. Das führende SAP-System gibt aufgrund der vorhandenen Business-Logik die Beziehung zwischen den Business Workspaces vor. Ein Vorteil ist, dass die Beziehungen dynamisch sind und durch SAP aktualisiert werden. Hierdurch ist die Konsistenz der Beziehungen gewährleistet, ohne dass ein Administrator eingreifen muss.

In den folgenden Ausführungen möchte ich Ihnen die Funktionen der Business Relationships anhand der im Beispielprozess angelegten Business-Objekte verdeutlichen. Ich beginne mit der Rolle eines Einkäufers und der SAP-Bestellung. Darauf aufbauend navigiere ich durch die Business Workspaces der am Purchase-to-Pay-Prozess beteiligten Business-Objekte und erläutere in diesem Zuge die Funktionen von SAP Extended ECM.

**Business Workspace der Bestellung**



Nach der Anmeldung in SAP Extended ECM wird der Benutzer, in diesem Fall der Einkäufer, auf die Einstiegseite geleitet (siehe erneut Abbildung 8.60). Dort wählt er im Widget für die Bestellungen die Bestellung 4500000922 aus und wird in den Business Workspace der Bestellung geleitet, den Sie in Abbildung 8.67 sehen. Die SAP-Bestelldaten werden im Widget **Purchase Order Data** angezeigt. Die zur Bestellung in Beziehung stehenden Business Workspaces für die Materialien R-9000 und R-9010 werden im Widget **Materials** angezeigt.

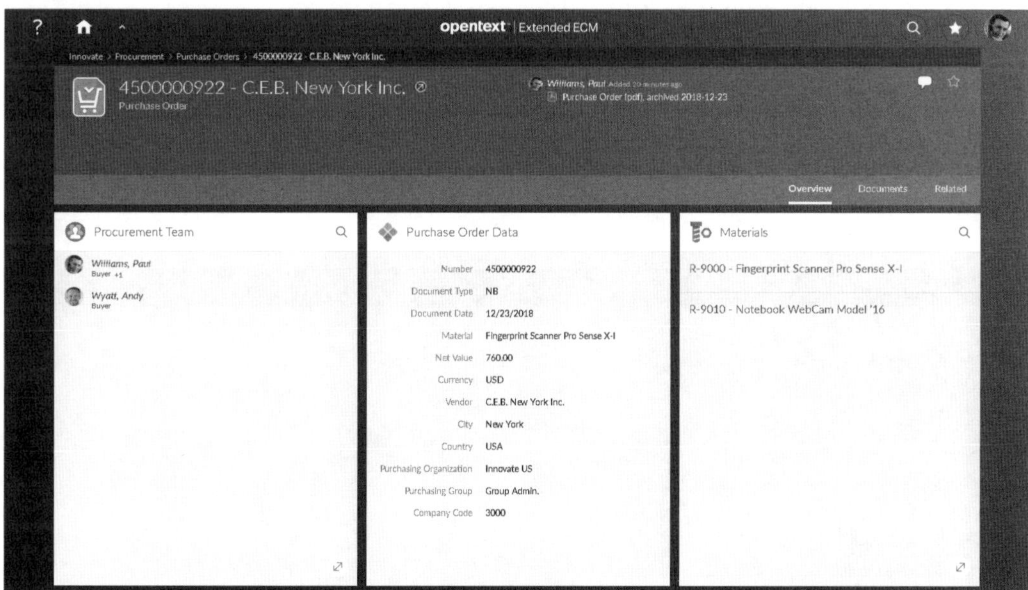


**Abbildung 8.67** Business Workspace für die Bestellung

**Anzeige von Dokumenten**

Oben rechts finden Sie drei Registerkarten. Auf der Registerkarte **Documents** ist das beim Anlegen der SAP-Bestellung 450000092 generierte Bestelldokument hinterlegt (siehe Abbildung 8.68). Der Einkäufer hat die Möglichkeit, hier weitere Dokumente entweder über den Business Workspace oder über den SAP-Beleg abzulegen. Egal, über welchen Weg die Dokumente abgelegt werden, es kann sowohl über die SAP-GUI-Oberfläche als auch über SAP

Extended ECM auf die Dokumente zugegriffen werden. Beim Öffnen des Dokuments wird der in der IT-Infrastruktur bereitgestellte Viewer zur Darstellung verwendet. Das kann z. B. der OpenText Imaging Web Viewer sein.

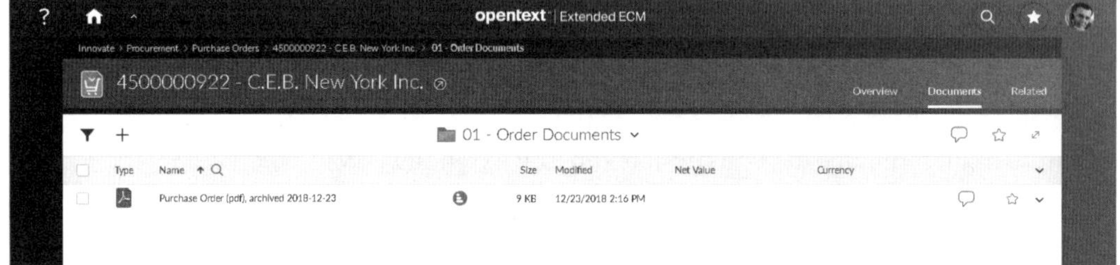


**Abbildung 8.68** Registerkarte »Documents« im Business Workspace der Bestellung

**Verbundene Business Workspaces**

Wechselt der Einkäufer auf die Registerkarte **Related** kann er, wie in Abbildung 8.69 gezeigt, die mit der Bestellung in Beziehung stehenden Business Workspaces öffnen. In unserem Beispiel werden die Business Workspaces des Lieferanten 30010, der Anfrage 6000000014 und des Materialbelegs der Wareneingangsbuchung 5000000910 als zugehörige Business Workspaces ermittelt. In den Widgets werden Ihnen konfigurierbare Quickinfos zu den Business Workspaces angezeigt, wenn Sie mit dem Mauszeiger über die entsprechenden Elemente fahren. Klicken Sie beispielsweise auf den Business Workspace des Lieferanten 30010 gelangen Sie zu diesem Business Workspace in Abbildung 8.70.

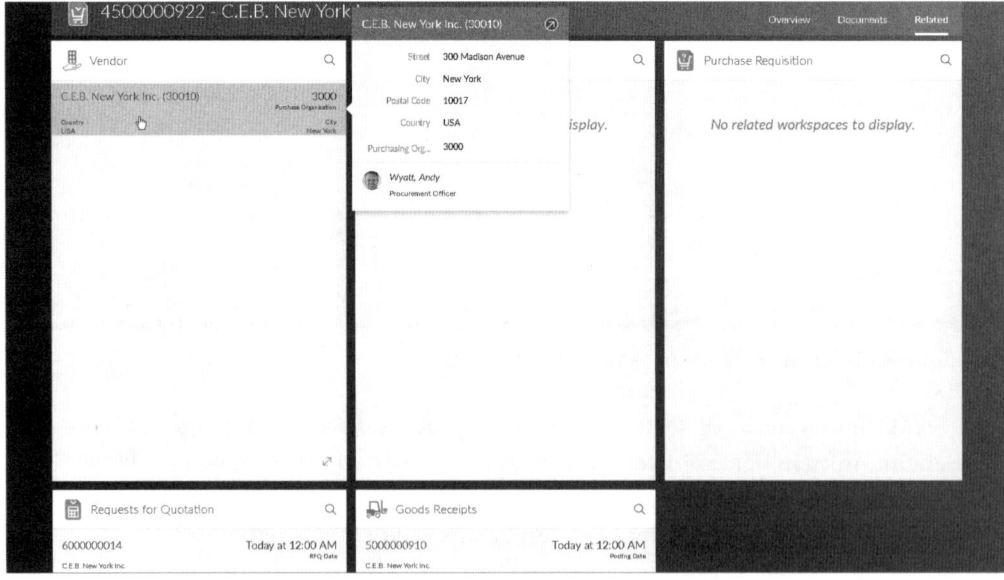


**Abbildung 8.69** Anzeige und Absprung in verbundene Business Workspaces

Um die zum Lieferanten in Beziehung stehenden Business Workspaces anzuzeigen, öffnen Sie auch hier wieder die Registerkarte **Related**. In Abbildung 8.70 werden alle zum Lieferanten in Beziehung stehenden Business Workspaces dargestellt. Beispielhaft können Sie sich hier die Informationen zur vorher angelegten Bestellung anzeigen lassen, indem Sie den Mauszeiger auf der Bestellung 450000092 positionieren.

**Bestellungen des Lieferanten anzeigen**



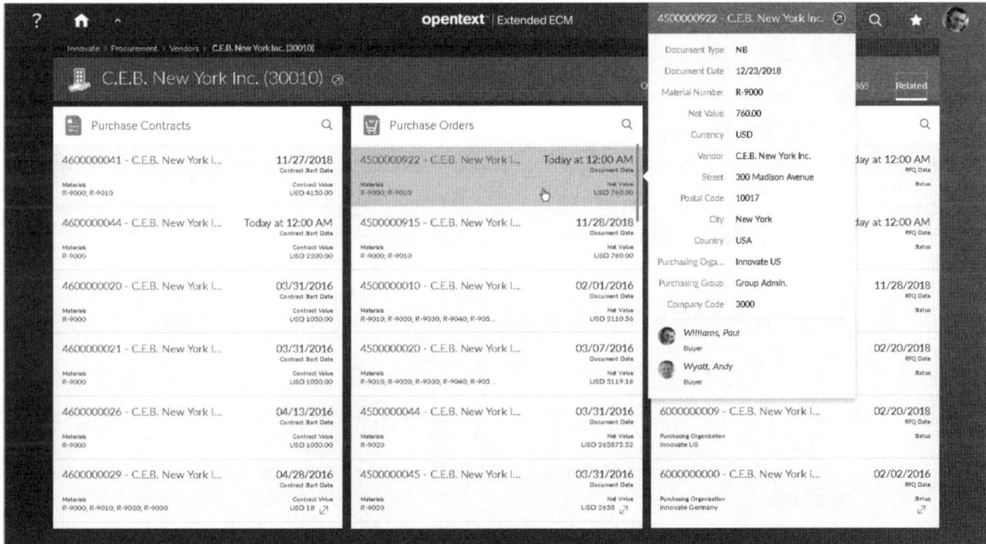


**Abbildung 8.70** Business Workspace für den Lieferanten

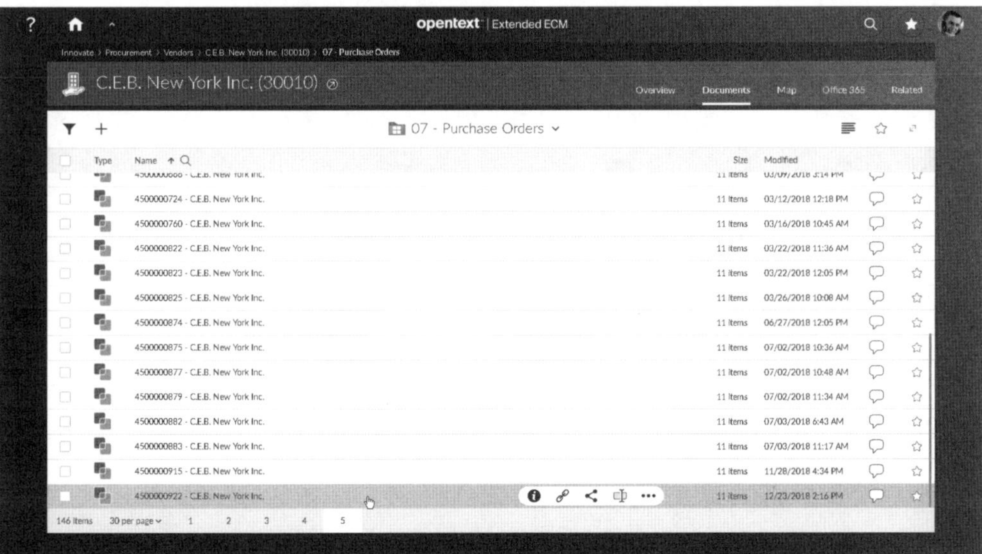


**Abbildung 8.71** Bestellungen zu einem Lieferanten über die Registerkarte »Documents« anzeigen

Wechseln Sie auf die Registerkarte **Documents**, und klicken Sie auf den Ordner **Releated Business Workspaces • 06-Purchase Orders**, gelangen Sie ebenfalls zu allen Bestellungen, die zum Lieferanten in Beziehung stehen. Die Liste der Bestellungen wird dann dargestellt, wie in Abbildung 8.71 gezeigt.

### Business-Content-Fenster

**Zugriff über das SAP GUI**

Das *Business-Content-Fenster* ist eine Funktion von SAP Extended ECM, die aus dem Menü der generischen Objektdienste im SAP-System heraus gestartet werden kann. Im Business-Content-Fenster hat OpenText die ECM-Funktionen Business Workspace, Business Attachments, Business Documents, Notizen und lokale Dateien zusammengefasst (siehe in Abbildung 8.72). Ziel des Business-Content-Fensters ist es, die Funktionen an einer Stelle gebündelt zur Verfügung zu stellen.

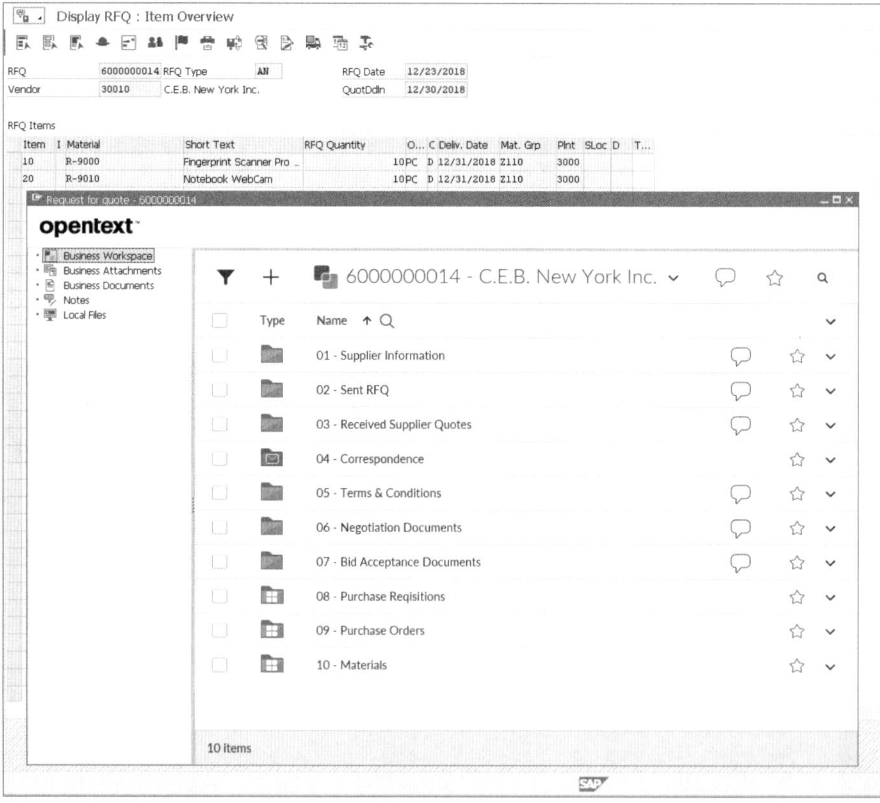


**Abbildung 8.72** Business-Content-Fenster

Das Business-Content-Fenster stellt die folgenden Inhalte bereit:

- Im Ordner **Business Workspace** wird der konkrete Business Workspace zur Anfrage 6000000014 angezeigt.

- Im Ordner **Business Documents** sind die per SAP ArchiveLink zum ausgewählten Business-Objekt abgelegten Dokumente in Form einer Standardanlagenliste zu finden (siehe Abbildung 8.73).
- Der Ordner **Notes** enthält Notizen, die zum ausgewählten Business-Objekt erstellt wurden. Die Erstellung kann im SAP GUI über die generischen Objektdienste oder aber auch über das Business-Content-Fenster erfolgen.



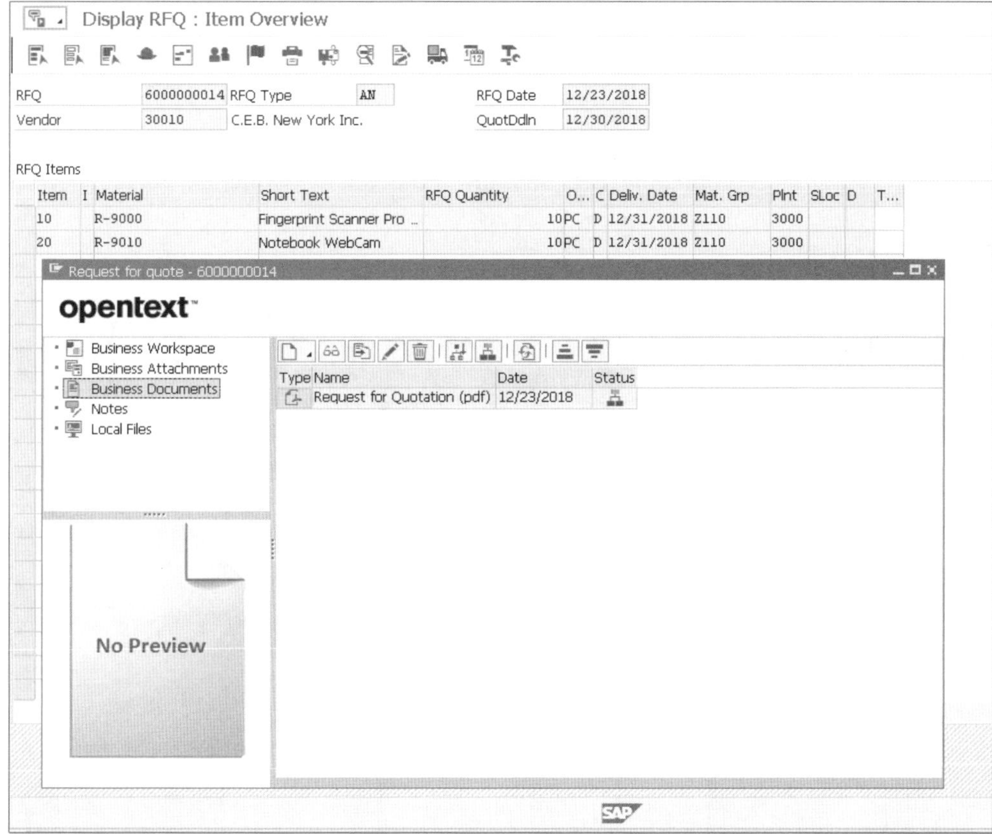


**Abbildung 8.73** Anzeige der Dokumente zu einem Business-Objekt über das Business-Content-Fenster

## Integration von Microsoft-Anwendungen

Integration von Office 365

Die Integration von Microsoft-Anwendungen ist ein weiteres wichtiges Thema im Kontext von SAP Extended ECM. Die Anwendungen *Microsoft Outlook* und *Microsoft Teams* können in SAP Extended ECM integriert werden. Ziel ist es dabei, die beiden technologisch getrennten Welten des digitalen Arbeitsplatzes (*Digital Workplace*, Microsoft) und der Geschäftsanwendungen (*Digital Business*, SAP) zu verknüpfen.

In dem in Abbildung 8.74 gezeigten Business Workspace des Lieferanten mit der Nummer 30010 sind die folgenden Microsoft-Anwendungen auf der Registerkarte **Office 365** integriert:

- **Conversations**: Die Gruppen-Chat-Anwendung Microsoft Outlook Groups
- **Calender**: Kalender aus Microsoft Outlook
- **Notebook**: Notizen aus Microsoft OneNote
- **Microsoft Teams**: neue zentrale Schaltstelle des Digital Workplace. Über Teams können unter anderem in den Teams-Gruppen Informationen über Chat-Funktionen ausgetauscht werden inklusive Dokumentenanhängen.

Die Integration der Office-365-Anwendungen kann über ein einzelnes Widget oder über einzelne Widgets für die jeweilige Office-365-Anwendung erfolgen.

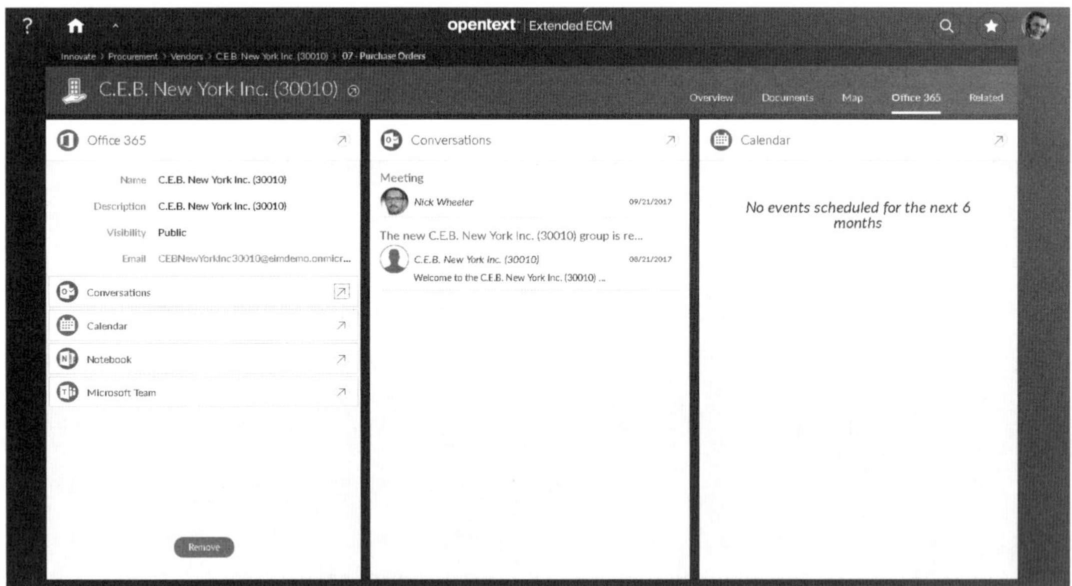


**Abbildung 8.74** Integration von Microsoft Office 365 in SAP Extended ECM

**Microsoft Outlook Groups**

Durch einen Klick auf den jeweiligen Link im Widget **Office 365** öffnet sich die Microsoft-Anwendung. Eine Konversation innerhalb einer Microsoft-Outlook-Gruppe kann sowohl innerhalb von SAP Extended ECM als auch über Microsoft Outlook eingesehen werden. In SAP Extended ECM wird sie im Widget **Conversations** angezeigt, wie in Abbildung 8.74 zu sehen. In Abbildung 8.75 ist eine Konversation in Microsoft Outlook dargestellt.

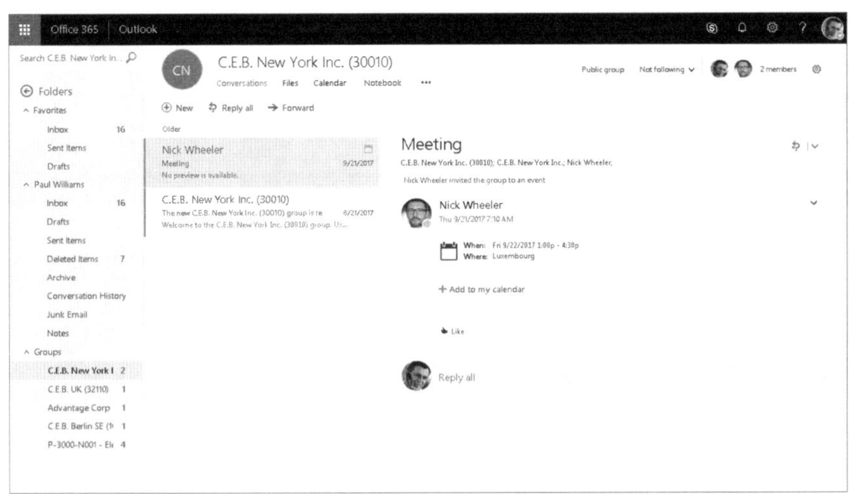


**Abbildung 8.75** Konversation in Microsoft Outlook Groups

**Microsoft Teams**

Klickt man hingegen auf den Link **Microsoft Teams** in Abbildung 8.74, gelangt man in die Anwendung Microsoft Teams, und zwar direkt in einen Kanal, wie in Abbildung 8.76 zu sehen. In Microsoft Teams werden die Inhalte der Outlook-Gruppen in Kanälen dargestellt.

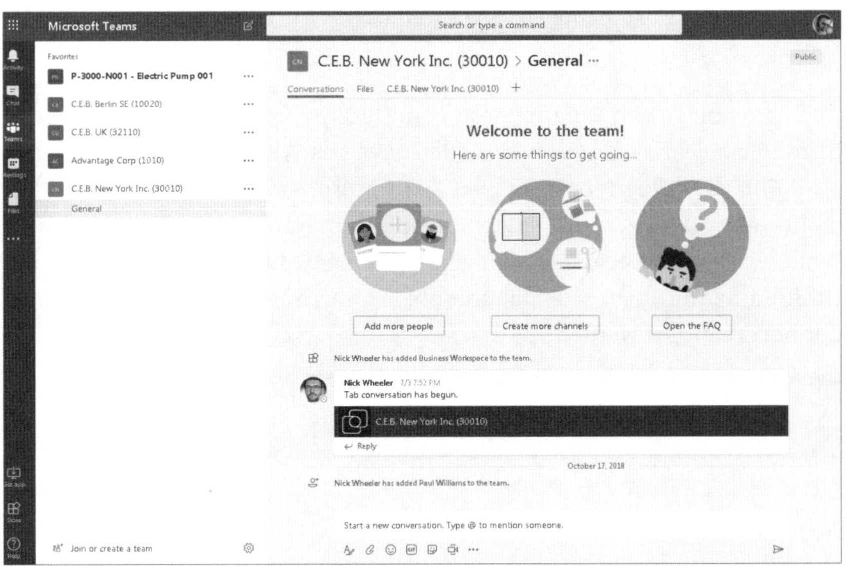


**Abbildung 8.76** Absprung in einen Microsoft-Teams-Kanal für einen Business Workspace

Innerhalb von Microsoft Teams können Sie den Dokumentenbereich des Business Workspace öffnen und verwalten, im Beispiel über den Ordner

**C.E.B. New York Inc. (30010) • General** (siehe Abbildung 8.77). Die Business Relationships (z. B. Material, Purchase Contracts, Purchase Order), zu erkennen am Icon (▦), ermöglichen auch hier die Navigation zwischen den miteinander in Beziehung stehenden Business Workspaces.

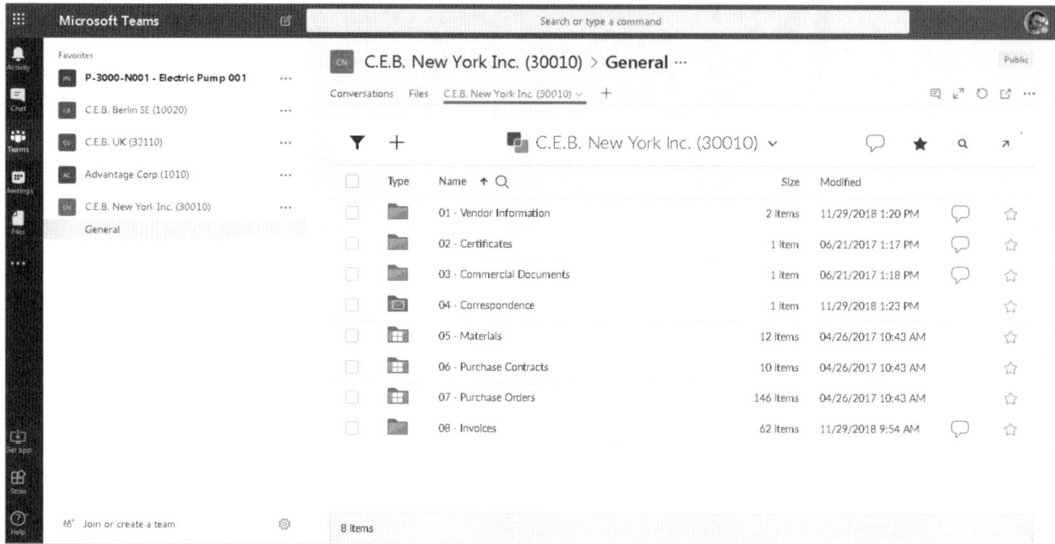


**Abbildung 8.77** Dokumente aus SAP Extended ECM in einem Microsoft-Teams-Kanal anzeigen

**OpenText Enterprise Connect**

Auch die Ablage von Dokumenten vom Desktop aus in SAP Extended ECM ist möglich. Dazu ist in SAP Extended ECM das Werkzeug *OpenText Enterprise Connect* integriert. Mit OpenText Enterprise Connect werden Dokumente aus SAP Extended ECM über die Integration mit dem Microsoft Windows Explorer abgelegt oder geöffnet (siehe Abbildung 8.78). Auch eine Offlinenutzung der SAP-Dokumente kann mit OpenText Enterprise Connect realisiert werden.

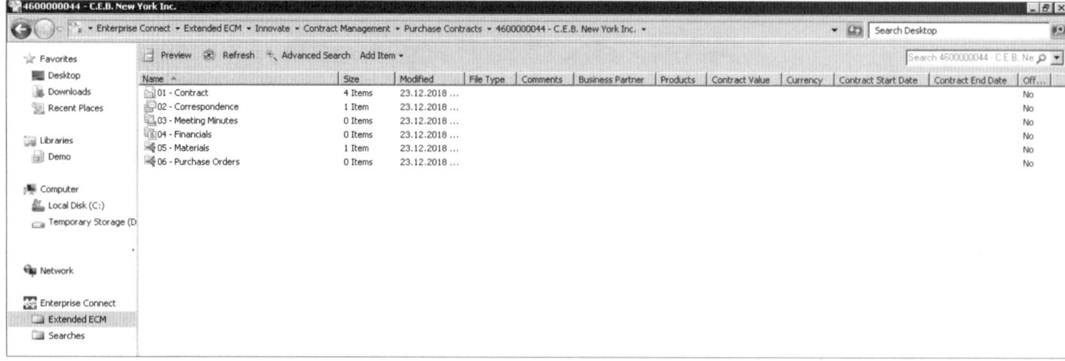


**Abbildung 8.78** OpenText Enterprise Connect

Die Integration von OpenText Enterprise Connect in Microsoft Outlook ermöglicht die Ablage von eingegangen E-Mails und deren Anlagen per Drag & Drop in den Business Workspace. In Abbildung 8.79 ist OpenText Enterprise Connect als *Easy-Access-Bereich* in Microsoft Outlook eingebunden.

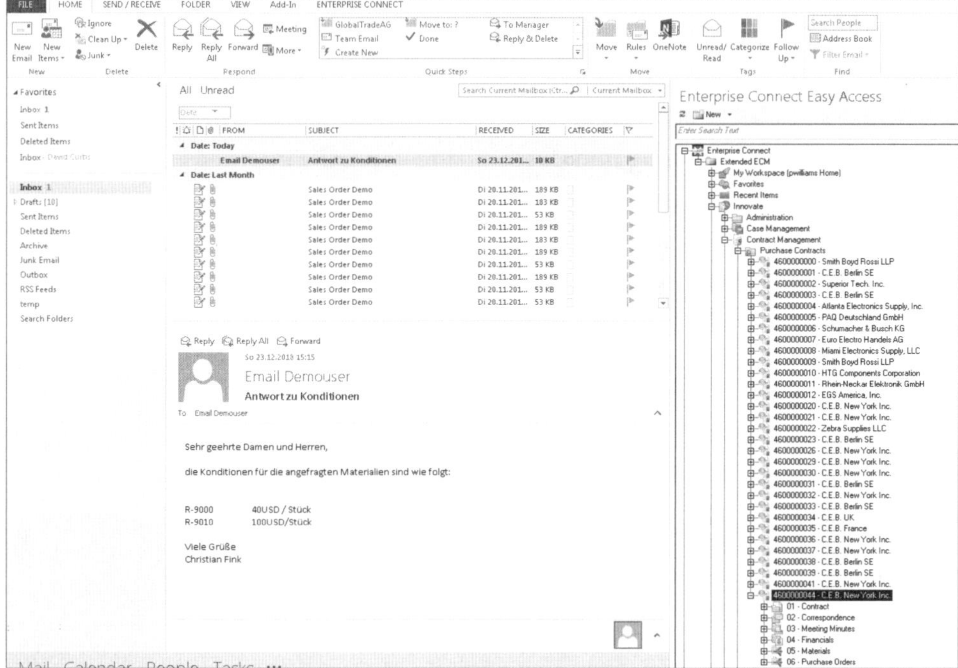

**Abbildung 8.79** Einbindung von OpenText Enterprise Connect in Microsoft Outlook

## Records Management

Die Verwaltung der Aufbewahrungsfristen für den abgelegten Content wird durch SAP Extended ECM automatisiert. So wird die Einhaltung der gesetzlich vorgeschriebenen Aufbewahrungsfristen sichergestellt. Das in SAP Extended ECM integrierte Records Management erfüllt verschiedene regulatorische Vorschriften und ist durch Behörden weltweit zertifiziert. Durch die Klassifikation des Contents können die Aufbewahrungsfristen automatisiert ermittelt werden. Sollte es eine rechtliche Auseinandersetzung geben, kann der relevante Content identifiziert und vor der vorzeitigen Löschung geschützt werden (**HOLD**-Funktion).

**Zertifizierungen**

Einige dieser Zertifizierungen sind:

- U.S. Department of Defense (DoD) 5015.02-STD v3
- The National Archives Electronic Records Management Systems Certification – UK Governments 2002 req

- Australian Victorian Electronic Records Strategy (VERS) 1–5
- SÄHKE2
- ISO 15489
- SEC 17a-4 – Archive Server
- U.S. Section 508
- U.S. Food and Drug Administration 21 CFR Part 11

### 8.2.3 Einrichtung und Customizing von SAP Extended ECM

In diesem Abschnitt zeige ich Ihnen beispielhaft das Customizing zur Einrichtung eines Business Workspace für SAP-Bestellungen. Die folgenden Erläuterungen sollen Ihnen einen Eindruck von den wichtigsten Schritten zur Einrichtung eines Business Workspace vermitteln.

**Überblick der Einrichtungsschritte**

Zuerst möchte ich Ihnen einen Überblick über die Installations- und Einrichtungsschritte geben:

1. Installation und Einrichtung der Systemumgebung für SAP Extended ECM
2. Installation der SAP-Add-ons für SAP Extended ECM
3. Customizing des SAP-Systems
4. Customizing des OpenText Content Servers

#### Systemumgebung von SAP Extended ECM einrichten

**Systemumgebung**

Die Systemumgebung von SAP Extended ECM ist beispielhaft in Abbildung 8.80 dargestellt. Diese besteht aus den folgenden Systemen:

- SAP ERP
- OpenText Content Server
- OpenText Archive Server
- OpenText Directory Services
- Storage (das Ablagemedium mit der Möglichkeit einer WORM-Funktion)

**SAP ERP**

SAP ERP ist das führende System und beinhaltet die Geschäftsprozesse sowie die Daten der Prozesse.

**OpenText Content Server**

Der *OpenText Content Server* stellt die grundlegenden Funktionen für SAP Extended ECM zur Verfügung. Das System wir je nach Anzahl der Benutzer durch die Nutzung von Frontend-, Backend- und Backendadministrationsservern skaliert. Je nachdem, wie viele Benutzer mit den Systemen arbeiten, kann es sinnvoll sein, einzelne Services des OpenText Content Servers auf eigene Systeme zu verteilen.

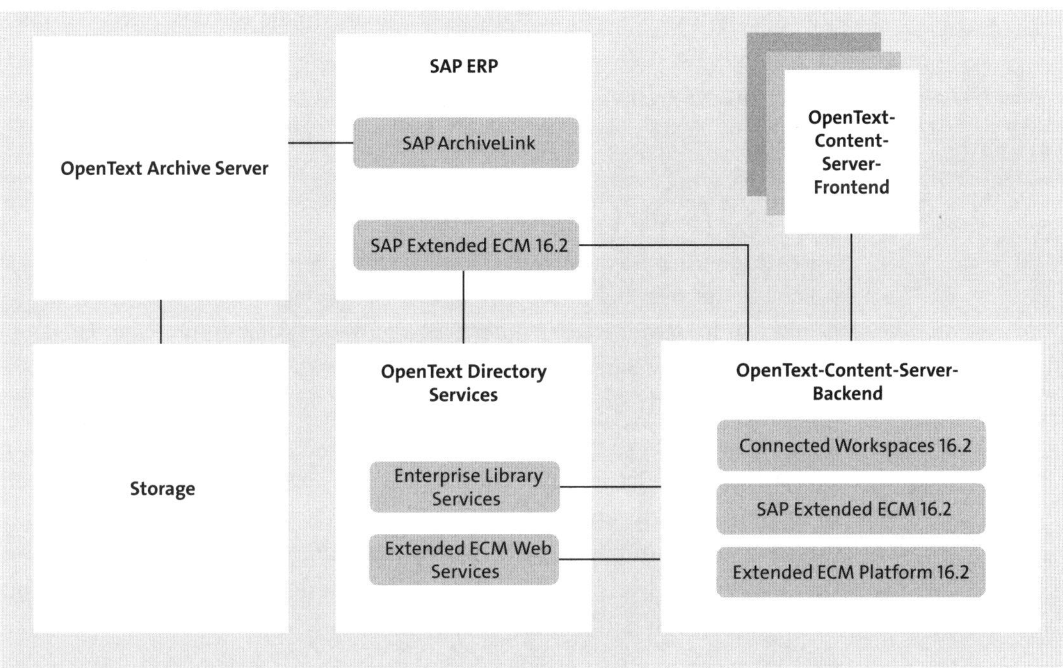


**Abbildung 8.80** Beispielhafte Architektur einer Systemumgebung für SAP Extended ECM



**OpenText-Services**

Innerhalb der Installation werden mehrere wichtige Services installiert:

- OpenText Directory Services
- Enterprise Library Services
- Extended ECM Webservices

**OpenText Directory Service**

Der *OpenText Directory Service* dient der Authentifizierung zwischen den OpenText-Systemen und bei Bedarf auch gegenüber einem Lightweight Directory Access Protocol (LDAP).

**Enterprise Library Service**

Der *Enterprise Library Service* ist in diesem Beispiel auf der Instanz des OpenText Directory Service installiert, kann aber auch wie der OpenText Directory Service auf einem anderen System betrieben werden. Der Enterprise Library Service liefert verschiedene Services, um Aufbewahrungsfristen und Compliance-Regeln für den abgelegten Content zu verwalten. Der Enterprise Library Service ist die Basis des *OpenText Content Management Frameworks* und stellt somit die Grundlage für die Verwaltung des Contents dar.

**Extended ECM Webservice**

Der *Extended ECM Webservice* ist für die Erstellung und Aktualisierung der Business Workspaces und für die Ermittlung der zugehörigen Business-

Objekte im SAP-System zuständig. Darüber hinaus werden auch Funktionen wie die Business Attachments über diesen Service realisiert.

**OpenText Archive Server**

Der *OpenText Archive Server* ist für die finale Ablage von Dokumenten oder Content im Storage per SAP ArchiveLink zuständig.

**Sizing der Systemumgebung**

Beachten Sie, dass die abgebildete Systemumgebung nur zur Veranschaulichung der beteiligten Systeme dient. Das Sizing der Umgebung ist von Ihren Anforderungen und Ihrer Nutzung des Systems abhängig. Hierzu können Sie den Hersteller oder den OpenText-Dienstleister Ihres Vertrauens ansprechen.

**Einrichtung der Business Workspaces**

Die Einrichtung der Business Workspaces basiert auf Standardfunktionen des OpenText Content Servers, der Connected Workspaces im OpenText Content Server und dem Customizing der SAP-Extended-ECM-Funktionen im SAP-System. Die Zusammenhänge zwischen diesen Einstellungen sind in Abbildung 8.81 dargestellt.

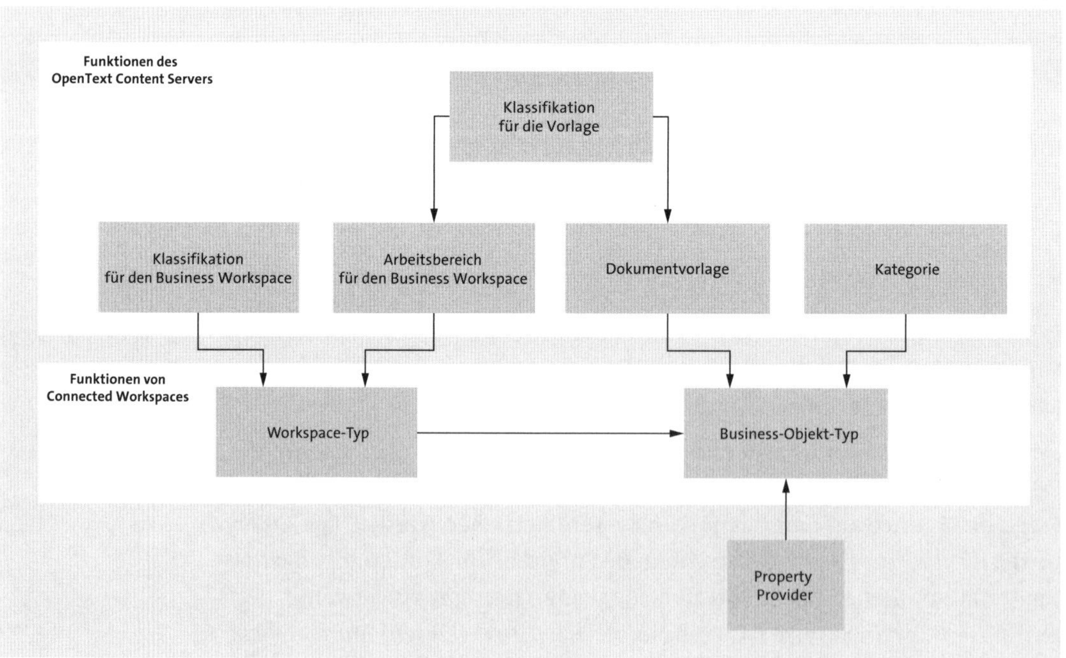


**Abbildung 8.81** Einrichtung und Customizing der Business Workspaces

Der OpenText Content Server beinhaltet im Standard Funktionen zur Verwaltung des Contents. Hierzu gehören folgende Funktionen:

Funktionen des OpenText Content Servers

- die *Klassifikation* für die Typisierung von Content
- der *Arbeitsbereich* als Ablageort des Contents
- die *Dokumentvorlage* zur Definition der Ablagestruktur
- die *Kategorien* für die Festlegung der Attribute (Metadaten) zum Business Workspace
- der *Workspace-Typ* für die Definition von Einstellungen für Indexierung und Suche, die Widgets der Seitenleiste, die Workspace-Namen, das Smart UI und den Ablagepfad
- der *Business-Objekt-Typ* mit Einstellungen zum angebundenen System, dem Business-Objekt im SAP-System und einem Property Mapping für die Zuordnung der Business-Objekt-Daten unter Einbeziehung des zugeordneten Workspace-Typs, der Dokumentvorlage und der Kategorie
- der über das Business-Objekt zugeordnete *Property Provider*

Die Daten des Business-Objekts werden durch den Property Provider ermittelt und an die Attribute des OpenText Content Servers übergeben. Technisch gesehen ist der Property Provider eine ABAP-Klasse und wird über die Deklaration des Business-Objekts zugeordnet.

Verbindung zwischen SAP-System und Content Server

Für die Kommunikation zwischen dem SAP-ERP-System und dem OpenText Content Server wird im SAP-Customizing die Verbindungseinstellung hinterlegt. Hierzu navigieren Sie im SAP-Einführungsleitfaden (Transaktion SPRO) zu folgendem Customizing-Pfad: **OpenText Extended ECM for SAP Solutions • Infrastruktur • Maintain Extended ECM Connections**.

Sie gelangen zu der Pflegemaske in Abbildung 8.82. Tragen Sie hier für unsere Beispielkonfiguration die Werte aus Tabelle 8.6 ein. Dabei handelt es sich um Beispielwerte, die Sie an Ihre Systemlandschaft anpassen müssen.

[«]

**Einrichtung des Enterprise Library Service**

Der Enterprise Library Service muss vor der Nutzung im SOA Manager des SAP-Systems (Transaktion SOAMANAGER) angelegt werden.

Einstellungen prüfen

Nachdem Sie die aufgezählten Einstellungen zur Konfiguration der Infrastruktur vorgenommen haben, sollten Sie das bereitgestellte Diagnoseprogramm im SAP-System durchführen. Wählen Sie dazu den folgenden Pfad in Transaktion SPRO: **OpenText Extended ECM for SAP Solutions • Infrastruktur • Diagnostic Program**.

Connection ID: XECM_FITS

**Extended ECM Connections**

|  |  |
|---|---|
| Description | Extended ECM for SAP FID |
| EL Appl. Password | ****************************************** |

**Logical Ports for Web Services**

|  |  |
|---|---|
| Enterprise Library | ELS_LOGICAL_PORT |
| Extended ECM | ECMLINK_LOGICAL_PORT |
| OT Directory | OTDS_LOGICAL_PORT |
| EL Content | ELSCS_LOGICAL_PORT |
| CS Member | CSMS_LOGICAL_PORT |

**OpenText Directory**

|  |  |
|---|---|
| Partition | |
| Impersonation RFC | |

**OpenText Content Server**

|  |  |
|---|---|
| Protocol | https |
| Hostname | otxcs05.fink-its.local |
| Port | 8080 |
| Path | OTCS/cs.exe |
| Support Directory | img |
| External System ID | FID |
| Logical Destination | OTX_FULLTEXT_SEARCH |
| CS Resource ID | |

☐ Suppress Sending SAP Logon Ticket

**Proxy Settings for OpenText Content Server**

☐ Proxy Settings Enabled

|  |  |
|---|---|
| Proxy Protocol | |
| Proxy Hostname | |
| Proxy Port | 0 |

**Abbildung 8.82** Verbindung zwischen SAP-System und OpenText Content Server pflegen

| Feld | Wert | Beschreibung |
|---|---|---|
| **Connection ID** | XECM_FITS | eindeutige ID der Verbindung |
| **Description** | Extended ECM for SAP FID | Beschreibungstext (frei wählbar) |
| **EL Appl. Password** | | Kennwort des Enterprise Library Service |
| **Enterprise Library** | ELS_LOGICAL_PORT | Port des Enterprise Library Service |
| **Extended ECM** | ECMLINK_LOGICAL_PORT | Port des Extended ECM Webservice |
| **OT Directory** | OTDS_LOGICAL_PORT | Port des OpenText Directory Service |
| **EL Content** | ELSCS_LOGICAL_PORT | Port des Enterprise Library Service |
| **CS Member** | CSMS_LOGICAL_PORT | Port des Content-Server-Mitgliedsservice |
| **Protocol** | **https** | Protokoll (HTTP oder HTTPS) |
| **Hostname** | otxcs05.fink-its.local | Adresse des OpenText Content Servers |
| **Port** | 8080 | Port des OpenText Content Servers |
| **Path** | OTCS/cs.exe | Pfad zur Anwendung des OpenText Content Servers |
| **Support Directory** | img | Verzeichnis für Widget-Dateien des OpenText Content Servers |
| **External System ID** | FID | System-ID des SAP-Systems |
| **Logical Destination** | OTX_FULLTEXT_SEARCH | logisches RFC-Ziel aus Transaktion SM59 zur Aktivierung der Content-Server-Volltextsuche |

**Tabelle 8.6** Einrichtung der Verbindung zwischen SAP-System und SAP Extended ECM

Das Ergebnis wird angezeigt, wie in Abbildung 8.83 dargestellt. Es gibt an, ob die durchgeführten Einstellungen korrekt durchgeführt worden sind und die Verbindungen erfolgreich hergestellt werden können.

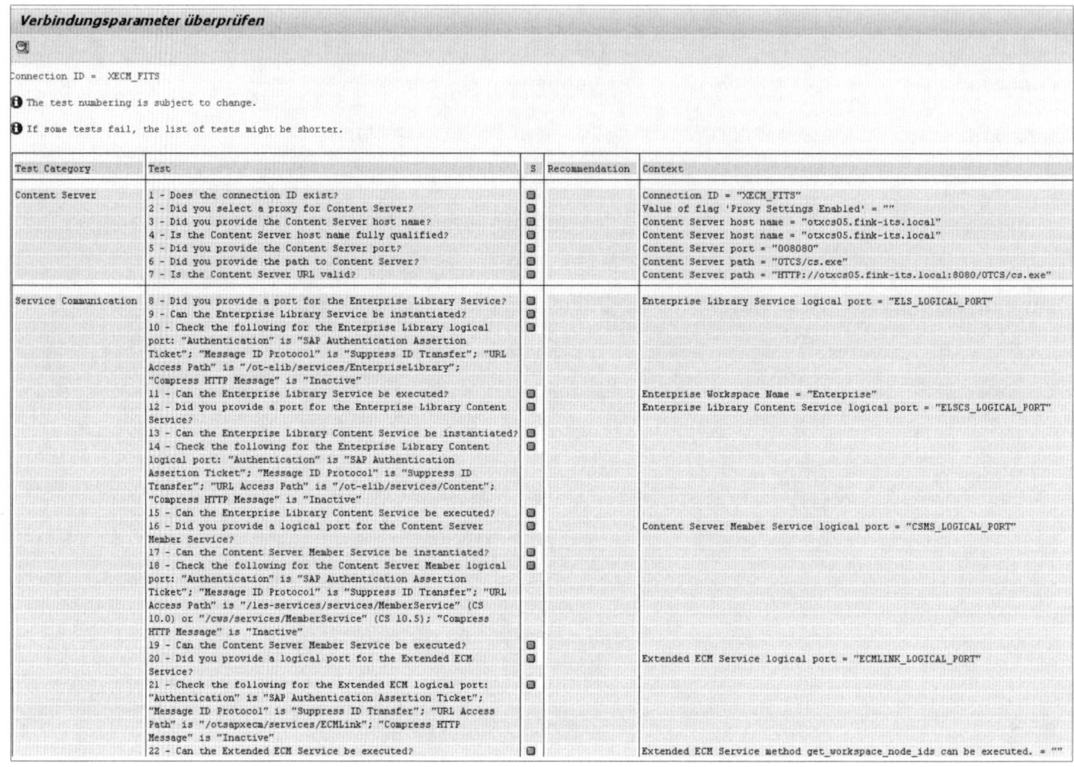

*Verbindungsparameter überprüfen*

Connection ID = XECM_FITS

The test numbering is subject to change.

If some tests fail, the list of tests might be shorter.

| Test Category | Test | S | Recommendation | Context |
|---|---|---|---|---|
| Content Server | 1 - Does the connection ID exist? | | | Connection ID = "XECM_FITS" |
| | 2 - Did you select a proxy for Content Server? | | | Value of flag 'Proxy Settings Enabled' = "" |
| | 3 - Did you provide the Content Server host name? | | | Content Server host name = "otxcs05.fink-its.local" |
| | 4 - Is the Content Server host name fully qualified? | | | Content Server host name = "otxcs05.fink-its.local" |
| | 5 - Did you provide the Content Server port? | | | Content Server port = "008080" |
| | 6 - Did you provide the path to Content Server? | | | Content Server path = "OTCS/cs.exe" |
| | 7 - Is the Content Server URL valid? | | | Content Server path = "HTTP://otxcs05.fink-its.local:8080/OTCS/cs.exe" |
| Service Communication | 8 - Did you provide a port for the Enterprise Library Service? | | | Enterprise Library Service logical port = "ELS_LOGICAL_PORT" |
| | 9 - Can the Enterprise Library Service be instantiated? | | | |
| | 10 - Check the following for the Enterprise Library logical port: "Authentication" is "SAP Authentication Assertion Ticket"; "Message ID Protocol" is "Suppress ID Transfer"; "URL Access Path" is "/ot-elib/services/EnterpriseLibrary"; "Compress HTTP Message" is "Inactive" | | | |
| | 11 - Can the Enterprise Library Service be executed? | | | Enterprise Workspace Name = "Enterprise" |
| | 12 - Did you provide a port for the Enterprise Library Content Service? | | | Enterprise Library Content Service logical port = "ELSCS_LOGICAL_PORT" |
| | 13 - Can the Enterprise Library Content Service be instantiated? | | | |
| | 14 - Check the following for the Enterprise Library Content logical port: "Authentication" is "SAP Authentication Assertion Ticket"; "Message ID Protocol" is "Suppress ID Transfer"; "URL Access Path" is "/ot-elib/services/Content"; "Compress HTTP Message" is "Inactive" | | | |
| | 15 - Can the Enterprise Library Content Service be executed? | | | |
| | 16 - Did you provide a logical port for the Content Server Member Service? | | | Content Server Member Service logical port = "CSMS_LOGICAL_PORT" |
| | 17 - Can the Content Server Member Service be instantiated? | | | |
| | 18 - Check the following for the Content Server Member logical port: "Authentication" is "SAP Authentication Assertion Ticket"; "Message ID Protocol" is "Suppress ID Transfer"; "URL Access Path" is "/les-services/services/MemberService" (CS 10.0) or "/cws/services/MemberService" (CS 10.5); "Compress HTTP Message" is "Inactive" | | | |
| | 19 - Can the Content Server Member Service be executed? | | | |
| | 20 - Did you provide a logical port for the Extended ECM Service? | | | Extended ECM Service logical port = "ECMLINK_LOGICAL_PORT" |
| | 21 - Check the following for the Extended ECM logical port: "Authentication" is "SAP Authentication Assertion Ticket"; "Message ID Protocol" is "Suppress ID Transfer"; "URL Access Path" is "/otsapxecm/services/ECMLink"; "Compress HTTP Message" is "Inactive" | | | |
| | 22 - Can the Extended ECM Service be executed? | | | Extended ECM Service method get_workspace_node_ids can be executed. = "" |

**Abbildung 8.83** Ergebnis des Diagnoseprogramms

**Deklaration der Business-Objekte**

Für jedes Business-Objekt des SAP-Systems, das in SAP Extended ECM integriert wird und für das ein Business Workspace angelegt werden soll, muss eine Deklaration vorgenommen werden. In der Deklaration wird der Property Provider (ABAP-Klasse) für die Datenintegration der SAP- und der OpenText-Attribute hergestellt. Dazu navigieren Sie in Transaktion SPRO zu folgender Customizing-Aktivität: **OpenText Extended ECM for SAP Solutions • Extended ECM • Maintain Business Object Declarations**.

Im Rahmen der Deklaration werden die Verbindungseinstellungen (XECM_FITS) und der Property Provider im Customizing des Business-Objekts eingetragen. Der Standard-Property-Provider für das Business-Objekt BUS2012 (Bestellung) lautet beispielsweise `/OTX/RM_PROCR_CL_PP_PURCHORDER`. Im Beispiel wurde ein selbst entwickelter Property Provider (`ZCL_XECM_PP_16_BUS2012`) erstellt und an dieser Stelle eingetragen. In Abbildung 8.84 sehen Sie die so eingerichtete Deklaration für das Business-Objekt BUS2012.

Die einzelnen Felder und Werte sind in Tabelle 8.7 erklärt.

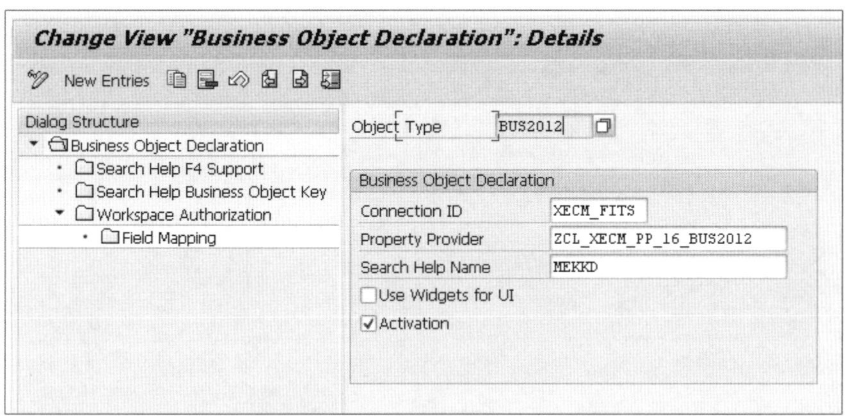


**Abbildung 8.84** Business-Objekt-Deklaration

| Feld | Wert | Beschreibung |
|---|---|---|
| **Object Type** | BUS2012 | das Business-Objekt im SAP-System |
| **Connection ID** | XECM_FITS | eindeutige ID der Verbindung |
| **Property Provider** | ZCL_XECM_PP_16_BUS2012<br>Standardwert: /OTX/RM_PROCR_CL_PP_PURCHORDER | der Property Provider zur Versorgung des Business Workspace mit Daten |
| **Search Help Name** | MEKKD | Suchhilfe |
| **Activation** | Kennzeichen gesetzt | Aktivierung der Deklaration |

**Tabelle 8.7** Beispielhafte Werte zur Business-Objekt-Deklaration

**Ereignistypkopplung einrichten**

In unserem Beispiel soll beim Erfassen einer Bestellung in SAP automatisiert ein Business Workspace generiert werden. Hierzu wird die Ereignistypkopplung für das Business-Objekt BUS2012 konfiguriert. Rufen Sie dazu den Pfad **OpenText Extended ECM for SAP Solutions • Extended ECM • Maintain Receiver Module Events** in Transaktion SPRO auf.

**Ereignis CREATED**

Wie in Abbildung 8.85 zu sehen, nutzen wir das Ereignis CREATED und den Funktionsbaustein /OTX/RM_WSC_UPD_ASYNC. Dieses Ereignis und dieser Funktionsbaustein werden für das Anlegen eines Business Workspace bereitgestellt.

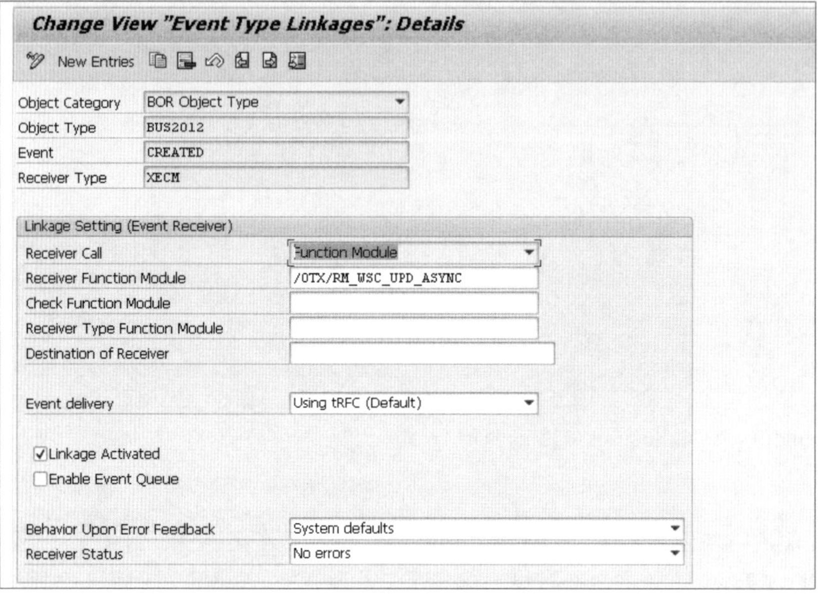


**Abbildung 8.85** Ereignistypkopplung für das Ereignis CREATED

Wird das Business-Objekt im SAP-System geändert, soll der Business Workspace aktualisiert werden. Hierzu legen wir eine weitere Ereignistypkopplung für das Ereignis CHANGED mit dem Funktionsbaustein /OTX/RM_WSC_UPD_ASYNC an (siehe Abbildung 8.86).

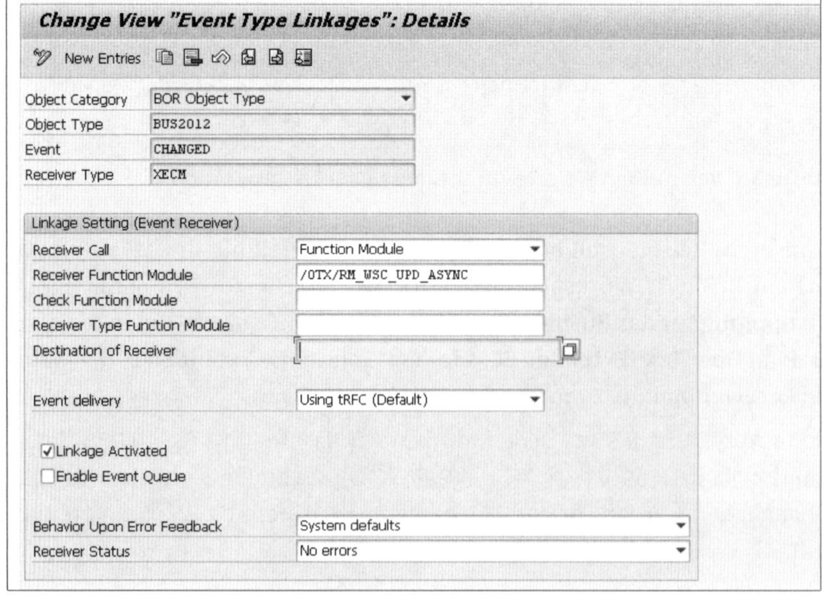


**Abbildung 8.86** Ereignistypkopplung für das Ereignis CHANGED

**Weitere Funktionsbausteine für die Ereignistypkopplung**

In der Standardauslieferung von SAP Extended ECM werden noch weitere Funktionsbausteine für die Ereignistypkopplung ausgeliefert, die je nach Szenario unverändert verwendet oder auch kopiert und angepasst werden können.

### OpenText Content Server einrichten

**Arbeitsbereich einrichten**

Nach der Einrichtung der Systemumgebung muss der OpenText Content Server eingerichtet werden. Hier nehmen wir uns zunächst den Arbeitsbereich vor (siehe Abbildung 8.87). Der Arbeitsbereich dient der Ablage der Business Workspaces. Um in unserem Beispiel den Arbeitsbereich für die verwendeten Business Workspaces einzurichten, wählen Sie im Menü des OpenText Content Servers **Unternehmensweit • Arbeitsbereich** aus. Dort richten Sie die gewünschte Ordnerstruktur für Ihr Szenario ein, wozu Sie Administratorrechte benötigen.

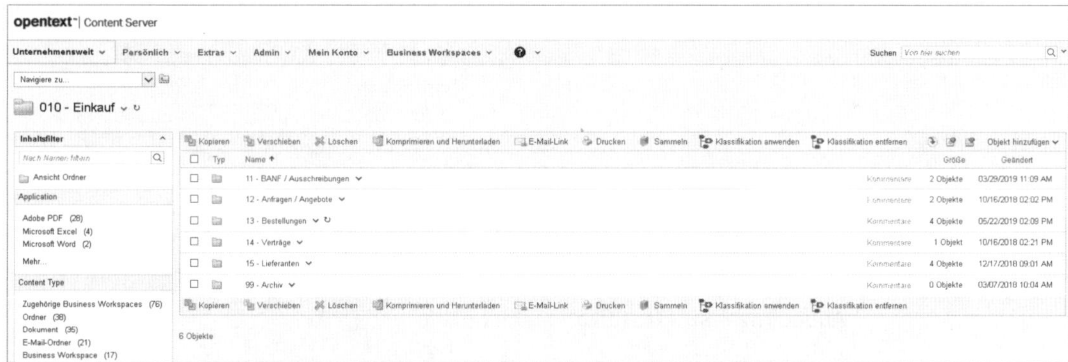


**Abbildung 8.87** Arbeitsbereich im OpenText Content Server einrichten

Für unser Beispiel habe ich zur Definition der Ablagestruktur die in Tabelle 8.8 dargestellte Ordnerstruktur angelegt. Im Ordner **13 – Bestellungen** werden in unserem Beispiel die generierten Business Workspaces abgelegt. Unterhalb der Ebene 2 werden weitere Strukturen durch das System angelegt, z. B. nach Jahr, Monat oder Tag.

**Klassifikationen einrichten**

Zur Klassifizierung des Typs eines Business Workspace und zur Klassifizierung der Dokumentvorlagen wird eine *Klassifikationshierarchie* eingerichtet. Diese Hierarchie ist in Abbildung 8.88 dargestellt.

| Ebene | Wert |
|---|---|
| 1 | 010 – Einkauf |
| 2 | 13 – Bestellungen |
| 3 | Wird durch den Workspace Type definiert. |

**Tabelle 8.8** Ordnerstruktur für den Arbeitsbereich

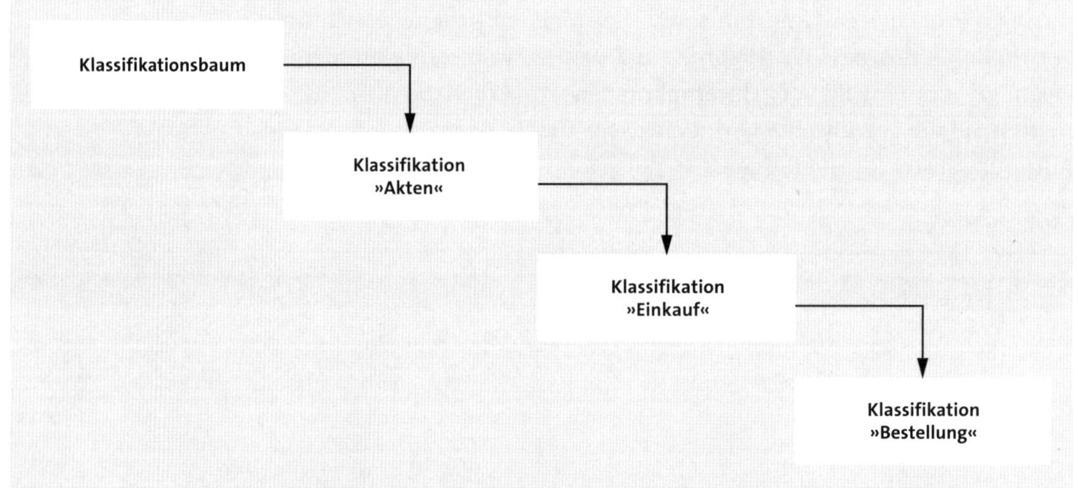


**Abbildung 8.88** Klassifikationshierarchie

Um die Klassifikationen einzurichten, wählen Sie als Administrator im Menü des OpenText Content Servers den Eintrag **Unternehmensweit • Klassifikationen** aus. Auf dem Bildschirm **Classifications** (siehe Abbildung 8.89) öffnen Sie rechts das Auswahlmenü **Objekt hinzufügen** und wählen den Eintrag **Klassifikationsbaum** aus.

Vergeben Sie einen Namen für den Klassifikationsbaum, und klicken Sie auf **Hinzufügen** (siehe Abbildung 8.90).

Navigieren Sie über einen Doppelklick auf den Klassifikationsbaum in den Klassifikationsbaum, und wählen Sie im Auswahlmenüpunkt **Objekt hinzufügen** rechts den Eintrag **Klassifikation** aus. Legen Sie nun die Hierarchie der Klassifikationen für Akten, Einkauf und Bestellung an. Ein Beispiel ist in Abbildung 8.91 dargestellt.

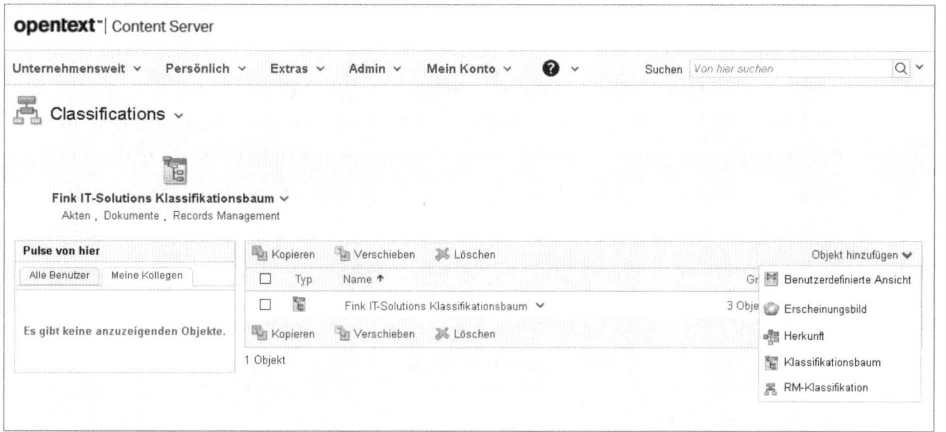


**Abbildung 8.89** Klassifikationsbaum im OpenText Content Server einrichten

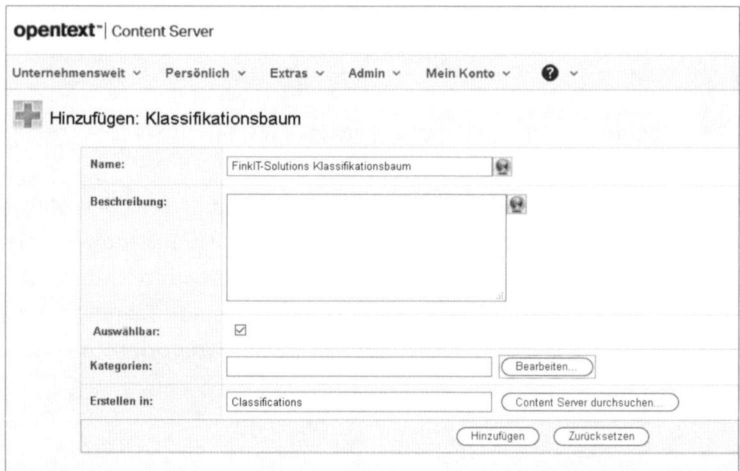


**Abbildung 8.90** Klassifikationsbaum im OpenText Content Server hinzufügen

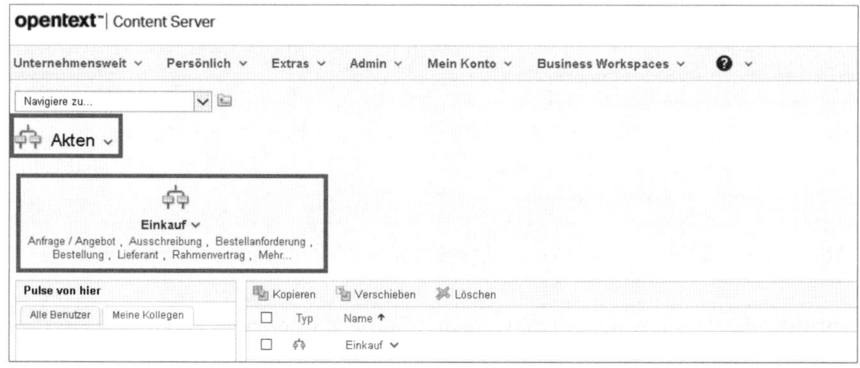


**Abbildung 8.91** Beispiel für eine Klassifikationshierarchie

**Kategorie einrichten**

Eine *Kategorie* definiert die Attribute (d. h. die Metadatenfelder) des Business Workspace. Bei Erstellung eines Business Workspace werden die definierten Attribute mit den Daten aus dem Business-Objekt (hier BUS2012 – Bestellung) befüllt. Die Kategorien für die Business-Objekttypen werden im Bereich **Categories** des OpenText Content Servers eingerichtet. Für unser Beispiel habe ich die Kategorien eingerichtet, wie in Abbildung 8.92 dargestellt.

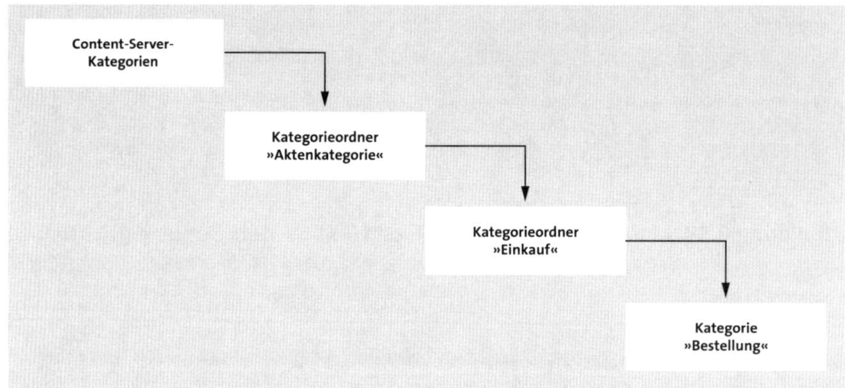


**Abbildung 8.92** Hierarchie der Kategorien im OpenText Content Server

Um die Kategorien einzurichten, wählen Sie als Administrator das Menü **Admin** und navigieren zur **Content Server-Verwaltung**. Hier öffnen Sie die Auswahl **Kategoriedatenbereich**. Öffnen Sie hier das Auswahlmenü **Objekt hinzufügen**, und wählen Sie den Punkt **Kategorie-Ordner** aus. Fügen Sie wie in Abbildung 8.93 die Kategorieordner für die **Aktenkategorien** und den Einkauf hinzu.

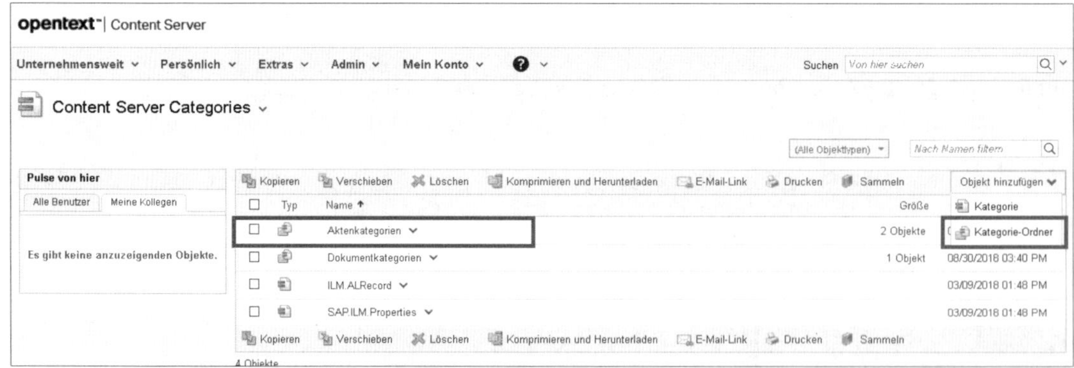


**Abbildung 8.93** Hinzufügen der Aktenkategorien im OpenText Content Server

Innerhalb der Aktenkategorien legen Sie die Kategorien für die verwendeten Business-Objekte an, in Abbildung 8.94 unter anderem die **SAP-Bestellung**.

Nun muss die Kategorie für den Business-Objekt-Typ Bestellung eingerichtet werden. Hierzu öffnen Sie innerhalb des Kategorieordners **Einkauf** das Auswahlmenü **Objekt hinzufügen** und wählen den Punkt **Kategorie** aus (siehe Abbildung 8.94).

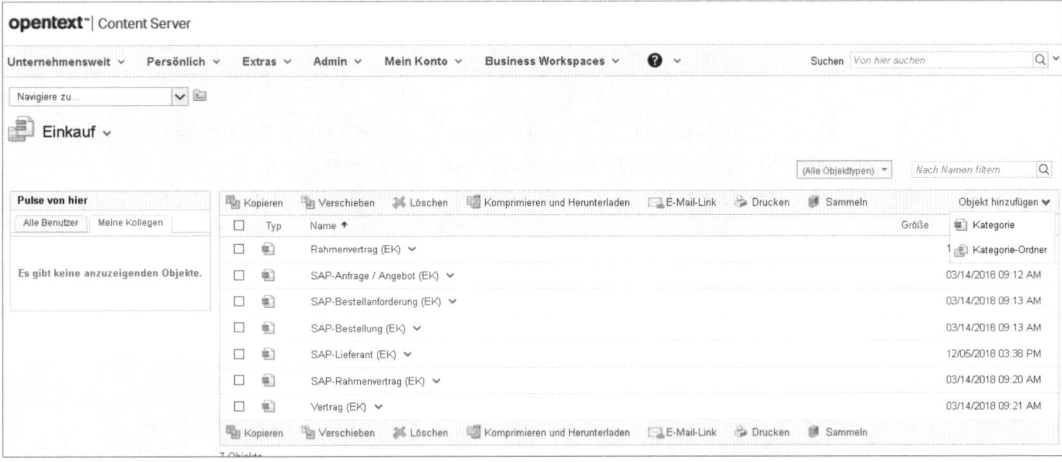


**Abbildung 8.94** Hinzufügen der Kategorien

Vergeben Sie den Kategorienamen, und fügen Sie die Kategorie durch Klick des Buttons **Hinzufügen** dem Kategorieordner **Einkauf** hinzu (siehe Abbildung 8.95).

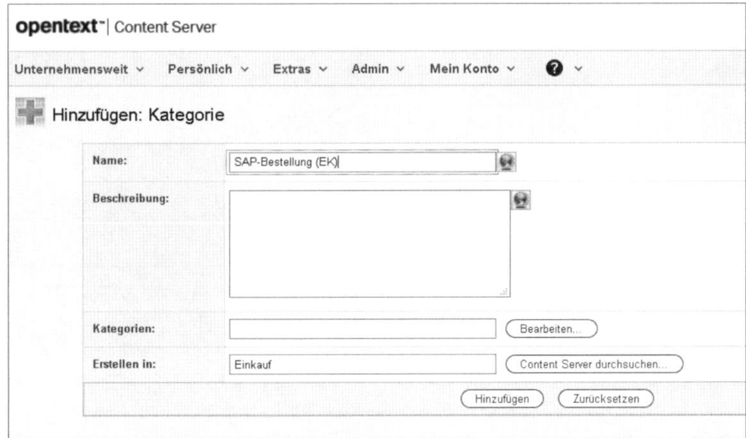


**Abbildung 8.95** Kategorie hinzufügen

**Attribute für die Kategorie einrichten**

Die Kategorie muss nun noch ausgeprägt werden. Öffnen Sie die Kategorie im Bearbeitungsmodus (siehe Abbildung 8.96), und fügen Sie folgende Attributobjekte der Kategorie hinzu. In unserem Beispiel wurde die Kategorie mit den Attributobjekten aus Tabelle 8.9 gepflegt.

| Attributobjekt | Beschreibung |
|---|---|
| **Bestellnummer** | SAP-Bestellnummer |
| **Bestellart** | Belegart der SAP-Bestellung |
| **Submission** | Angebotsnummer aus dem SAP-System |
| **Bestelldatum** | Datum der SAP-Bestellung |
| Lieferantendaten, **Name, Straße, Postleitzahl, Ort, Land, Telefon, E-Mail, Postfach, Postleitzahl** | verschiedene Daten des Lieferanten der SAP-Bestellung |
| **Organisation** mit **Buchungskreis, Einkaufsorganisation** und **Einkäufergruppe** | verschiedene Daten der Organisation der SAP-Bestellung |

**Tabelle 8.9** Attribute der Kategorie »Bestellung«

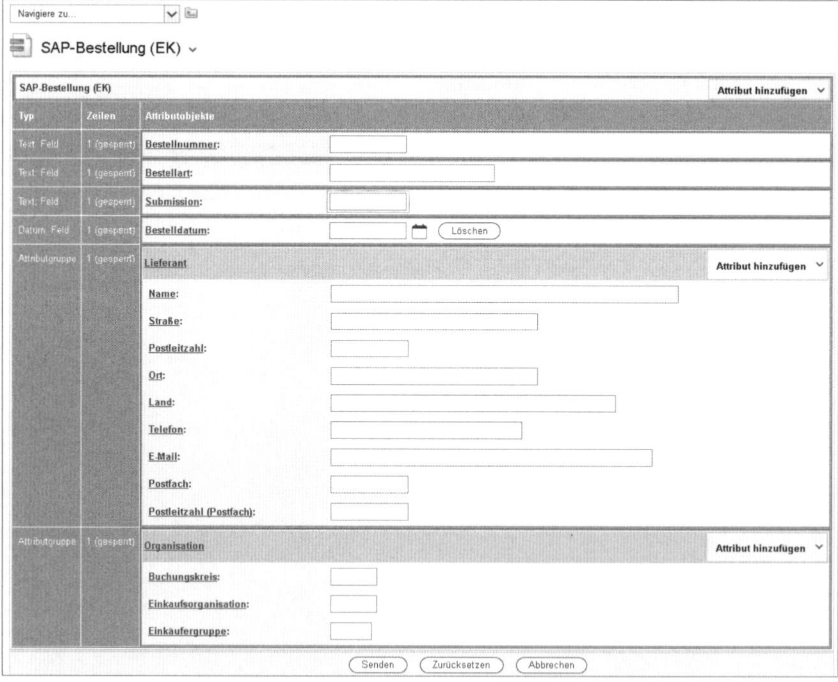


**Abbildung 8.96** Attributobjekte für Kategorie Bestellung einrichten

**Workspace-Typ einrichten**

Die Einrichtung des Workspace-Typs für einen Business Workspace wird innerhalb der OpenText-Content-Server-Komponente Connected Workspaces durchgeführt. Wählen Sie als Administrator im Menü des OpenText Content Servers den Eintrag **Unternehmensweit • Connected Workspaces** aus. Auf dem Bildschirm **Connected Workspaces** wählen Sie den Bereich **Workspace Types** (siehe Abbildung 8.97).

Öffnen Sie danach das Auswahlmenüpunkt **Objekt hinzufügen**, und wählen Sie den Eintrag **Workspace-Typ** aus (siehe Abbildung 8.98).

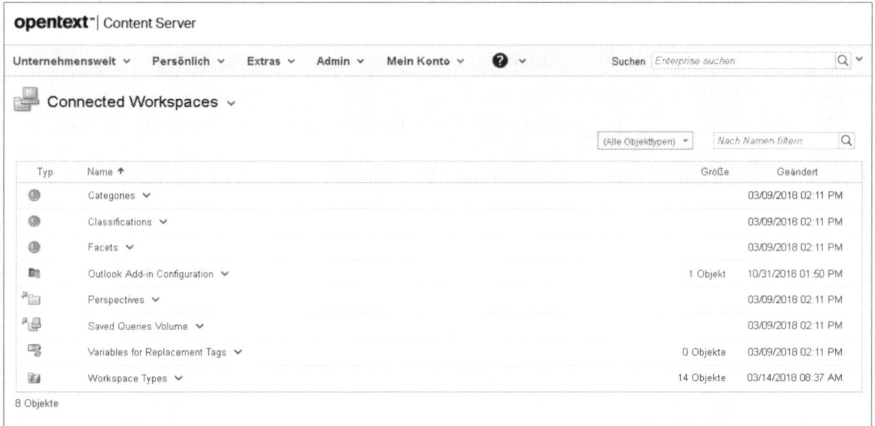


**Abbildung 8.97** Auswahl der Workspace Types in den Connected Workspaces

**Abbildung 8.98** Workspace-Typ einrichten

Um den Workspace-Typ einzurichten, müssen Sie auf der Registerkarte **Allgemein** (siehe Abbildung 8.99) mindestens die Werte aus Tabelle 8.10 angeben.

| Feld | Wert | Beschreibung |
|---|---|---|
| **Name** | Bestellung (EK) | SAP-Bestellnummer |
| **Workspace-Typnamen** | Bestellung | DE: Bestellung |
| **Business-Workspace-Namen** | [37763:Bestellart] vom [37763:Bestelldatum] ([37763:Bestellnummer]) | Normalbestellung (NB) 010000 vom Freitag, 28. Dezember 2018 (4500018047) |

**Tabelle 8.10** Einrichten des Workspace-Typs auf der Registerkarte »Allgemein«

| Feld | Wert | Beschreibung |
|---|---|---|
| **Perspective Manager** | siehe folgender Abschnitt »Smart UI mit dem Perspective Manager einrichten« | Mit dem Perspective Manager kann das Smart UI eingerichtet werden. |
| **Einstellungen für Workspace-Erstellung • Speicherort** | **Content-Server-Ordner •** Enterprise: 010 – Einkauf: 13 – Bestellungen | Die Ablage des Workspace erfolgt im angegebenen Arbeitsbereich. |
| **Pfad des untergeordneten Speicherorts** | **Aus Muster •** Wert festlegen, Auswahl aus **Attribut einfügen** | Über die Funktion **Attribut einfügen** können Sie den Aufbau der Ordnerhierarchie unterhalb des Arbeitsbereichs definieren. |

**Tabelle 8.10** Einrichten des Workspace-Typs auf der Registerkarte »Allgemein«

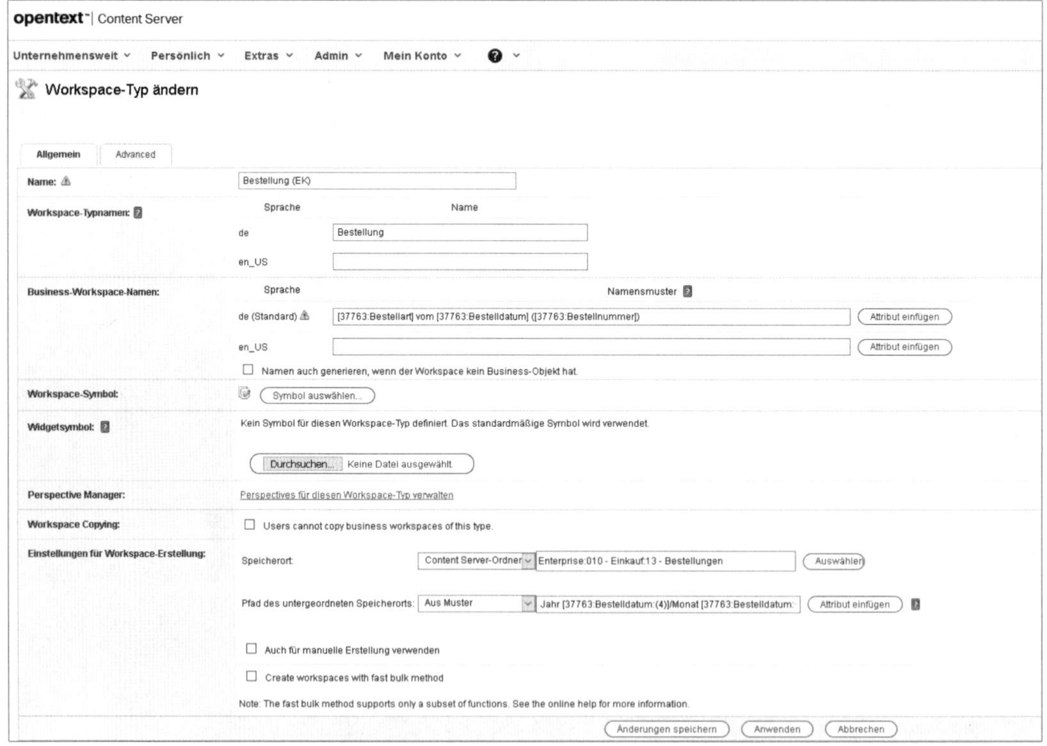


**Abbildung 8.99** Workspace-Typ hinzufügen auf der Registerkarte »Allgemein«

Seitenleisten-Widget

Anschließend können Sie auf der Registerkarte **Advanced** noch das Seitenleisten-Widget einrichten. Die Einstellungen können Sie vornehmen, wie in

Abbildung 8.100 gezeigt. Das Seitenleisten-Widget wird nur innerhalb der klassischen Ansicht des OpenText Content Servers angezeigt.

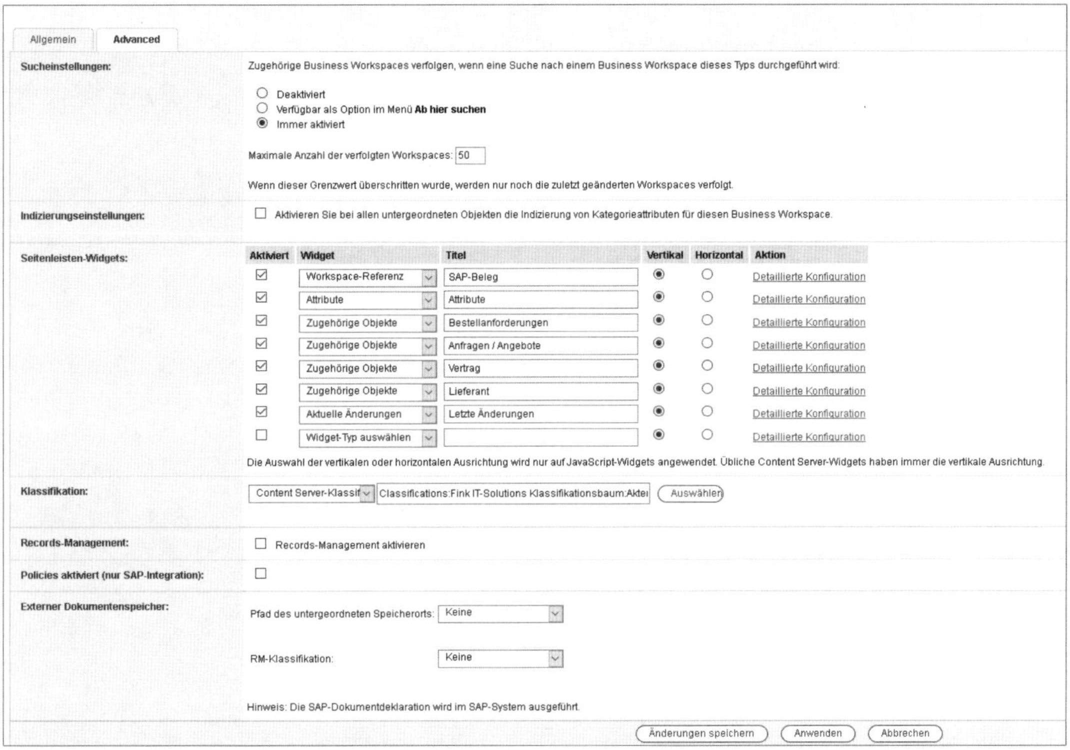

**Abbildung 8.100** Konfiguration des Seitenleisten-Widgets auf der Registerkarte »Advanced«

Wie das Seitenleisten-Widget gemäß unserer Beispielkonfiguration aussieht, sehen Sie in Abbildung 8.101.

Die Spalte **Widget** wird mit den gewünschten Widget-Arten ausgeprägt. In unserem Beispiel wollen wir den Aufbau der Seitenleiste wie in Abbildung 8.101 konfigurieren. Hierfür nutzen Sie die Widgets aus Tabelle 8.11.

| Widget | Beschreibung |
|---|---|
| **Workspace-Referenz** | die Referenz des Workspace, in unserem Fall die SAP-Bestellnummer |
| **Attribute** | die vom Property Provider bereitgestellten Attributwerte |
| **Zugehörige Objekte** | für in Beziehung stehende Anfrage/Angebot |

**Tabelle 8.11** Widgets zum Aufbau der Seitenleiste

| Widget | Beschreibung |
|---|---|
| **Zugehörige Objekte** | für in Beziehung stehende Verträge |
| **Zugehörige Objekte** | für in Beziehung stehende Lieferanten |
| **Aktuelle Änderungen** | zur Anzeige der letzten Änderungen im Workspace |

**Tabelle 8.11** Widgets zum Aufbau der Seitenleiste (Forts.)

**Abbildung 8.101** Beispiel für ein Seitenleisten-Widget für den Business Workspace zu einer Bestellung in der klassischen Ansicht

In den Seitenleisten-Widgets eines Business Workspace können grundsätzlich folgende Informationen angezeigt werden:

- Workspace-Referenzen auf den Business Workspace (im Beispiel die Bestellnummer)
- Attribute (Werte des Business-Objekts)
- in Beziehung stehende Business-Objekte (im Beispiel der Lieferant)
- Hinweise zu Änderungen
- Arbeitsobjekte wie Workitems, Aufgaben oder Wiedervorlagen

**Attribute zuweisen**

Die auf der Seitenleiste angezeigten Attribute prägen Sie über die **Detaillierte Konfiguration** auf der Registerkarte **Advanced** aus (siehe Abbildung 8.100). Die möglichen Attribute werden aufgrund der zuvor angelegten Kategorie zur Auswahl gestellt.

In Abbildung 8.102 wurde die Kategorie **Aktenkategorien • Einkauf • SAP-Bestellung (EK)** gesetzt. Demnach stehen Ihnen die Attribute **Organisation Buchungskreis**, **Organisation Einkaufsorganisation**, **Organisation Einkäufergruppe** und **Submission** zur Verfügung. Durch die Wahl der Attribute können die Daten aus dem SAP-System dem Business Workspace übergeben und dort angezeigt werden.

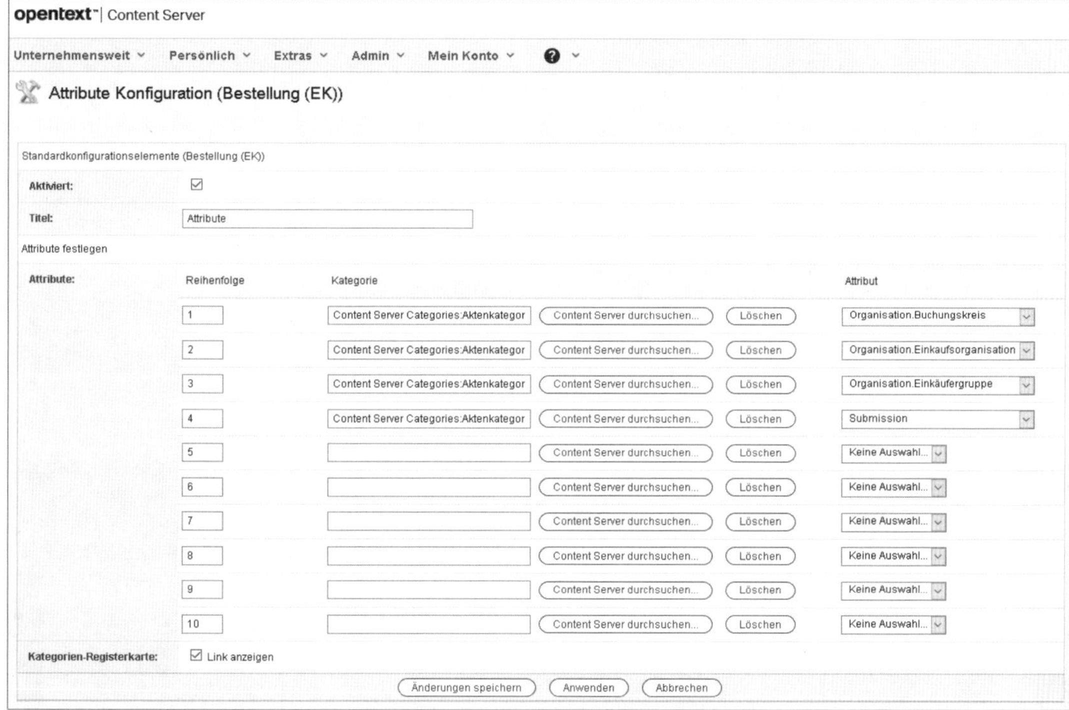


**Abbildung 8.102** Attribute für einen Workspace-Typ einrichten

Auch die in Beziehung stehenden Business-Objekte (*Releated Items*) können konfiguriert werden. Die Konfiguration in Abbildung 8.103 bewirkt, dass in Beziehung stehende Business-Objekte des Workspace-Typs **Lieferant** im Anzeigestil einer **Liste** angezeigt werden. Nachdem Sie Ihre Konfiguration abgeschlossen haben, speichern Sie diese über **Änderungen speichern**.

**Dokumentvorlage pflegen**

Der Business Workspace und der Dokumentenbereich basiert auf einer Dokumentvorlage. In Abbildung 8.104 ist im Business Workspace für das Business-Objekt Bestellung (BUS2012). Unter dem Menüpunkt **Dokumente** ist die Ordnerstruktur zu erkennen, die in der Dokumentvorlage definiert wird.

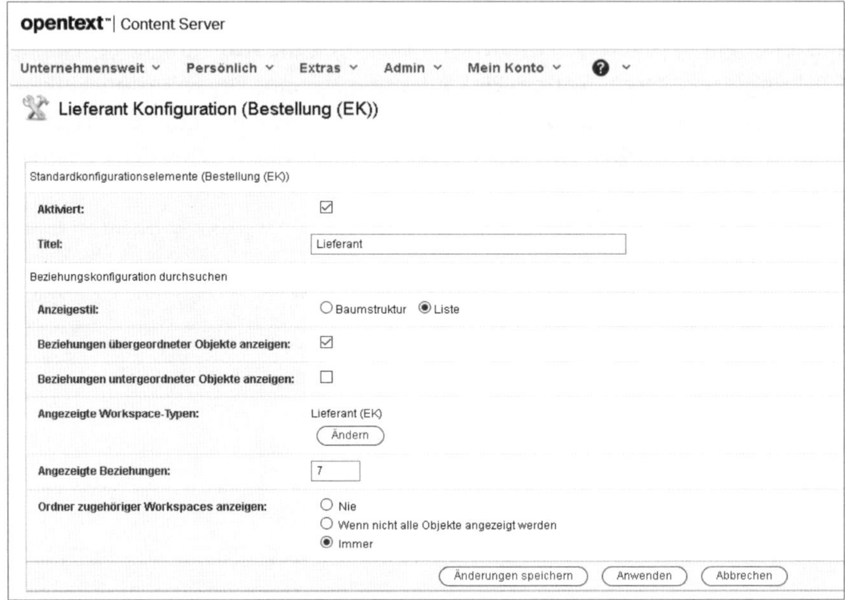


**Abbildung 8.103** Releated Items für Workspace-Typ einrichten

**Abbildung 8.104** Ordnerstruktur der Dokumentvorlage

Die Dokumentvorlage wird ebenfalls im Customizing des OpenText Content Servers eingerichtet. Hierzu wählen Sie als Administrator im Menü **Unternehmensweit • Document Templates** aus. Die Dokumentvorlagen können Sie mittels Orderstrukturen organisieren. In der Ordnerstruktur **Einkauf** richten Sie zuerst den mit der Dokumentvorlage verknüpften Business Workspace ein. Hierzu öffnen Sie das Auswahlmenü **Objekt hinzufügen** und wählen den Eintrag **Business Workspace** (siehe Abbildung 8.105).

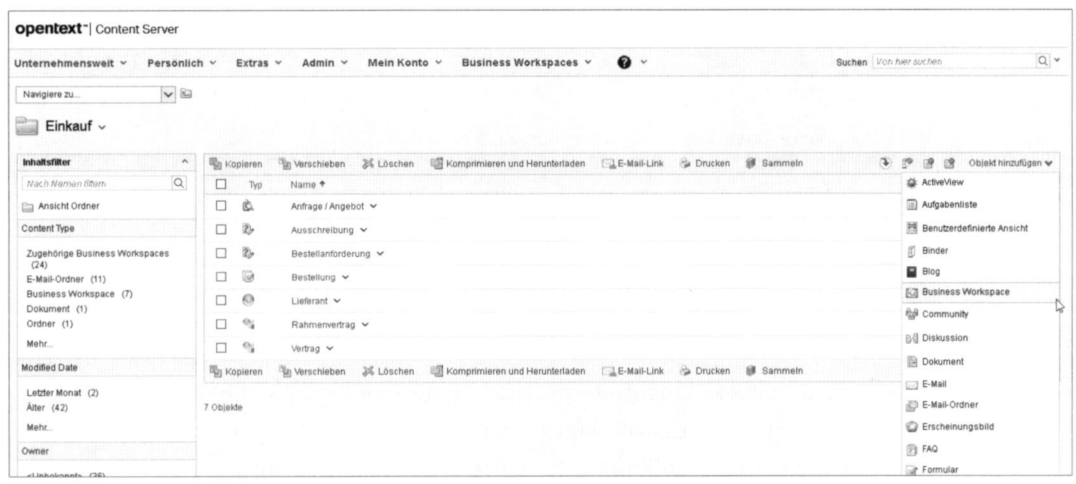

**Abbildung 8.105** Dokumentvorlage einem Business Workspace zuordnen

Im daraufhin angezeigten Fenster **Hinzufügen: Business Workspace** wählen Sie den Namen des Business Workspace und den **Workspace-Typ** aus (siehe Abbildung 8.106).

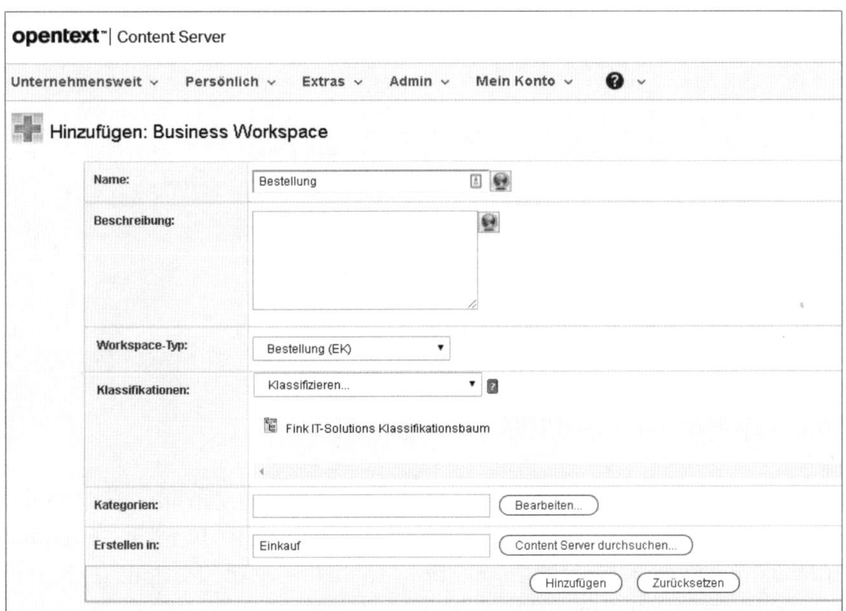

**Abbildung 8.106** Business Workspace hinzufügen

Die Einstellungen für unsere Beispielkonfiguration sehen Sie in Tabelle 8.12.

| Feld | Wert |
|---|---|
| Name | Bestellung |
| Workspace-Typ | Bestellung (EK) |
| Klassifikationen | Fink IT-Solutions Klassifikationsbaum:Akten:Einkauf: Bestellung |

**Tabelle 8.12** Werte für das Hinzufügen eines Business Workspace

**Objekte der Dokumentvorlage**

Die Objekte der Dokumentvorlage werden ebenfalls über das Auswahlmenü **Objekt hinzufügen** konfiguriert. Im Beispiel in Abbildung 8.107 wurden der Dokumentvorlage neben dem Objekt **E-Mail-Ordner** für per E-Mail eingegangene Dokumente mehrere mit der Bestellung in Verbindung stehende Business Workspaces (**Releated Business Workspaces**) hinzugefügt.

**Systemverbindung einrichten**

Damit der OpenText Content Server und die weiteren Komponenten von SAP Extended ECM mit dem führenden System, hier dem SAP-ERP-System, kommunizieren können, muss auch aufseiten des OpenText Content Servers die Anbindung an das SAP-ERP-Systems konfiguriert werden.

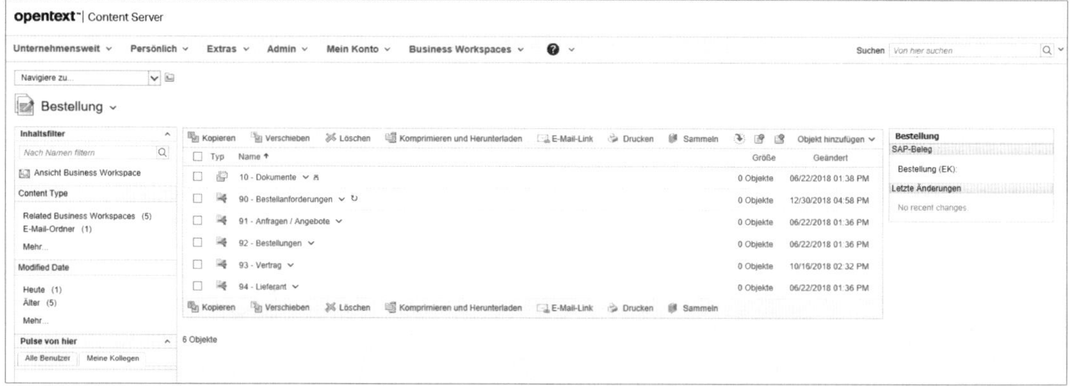


**Abbildung 8.107** Dokumentvorlage konfigurieren

Um die Anbindung einzurichten, wählen Sie als Administrator den Menüpunkt **Unternehmensweit • Extended ECM**. auf dem Bildschirm **Extended ECM** wählen Sie den Eintrag **Connections to Business Applications (External Systems)** (siehe Abbildung 8.108).

Auf dem Bildschirm **Connections to Business Applications (External Systems)** öffnen Sie das Auswahlmenü **Objekt hinzufügen** und wählen den Eintrag **Business Application**. Im darauffolgenden Fenster nehmen Sie die Einstellungen zur führenden Anwendung vor.

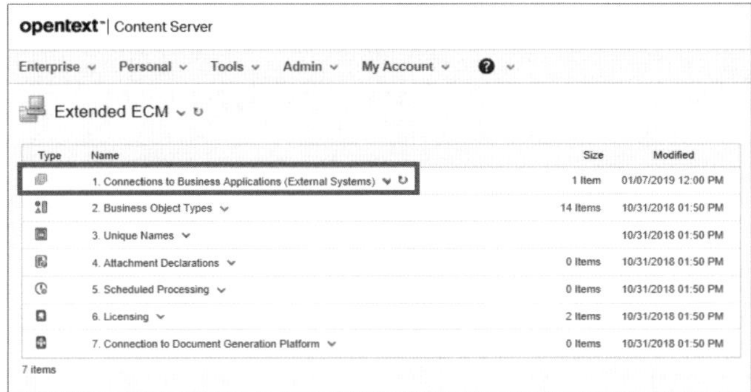


**Abbildung 8.108** Führendes System an den OpenText Content Server anbinden

Die Einstellungen umfassen den **Connection Type** mit dem Default-Wert **Default Webservice Adapter** und die **Base URL** des SAP-Systems sowie die URL des eingerichteten Webservice-Endpunktes (**Application Server Endpoint**). Zudem müssen Sie den in der führenden Anwendung eingerichteten Systembenutzer im Feld **User Name** inklusive des Kennwortes im Feld **Password** eintragen (siehe Abbildung 8.109).

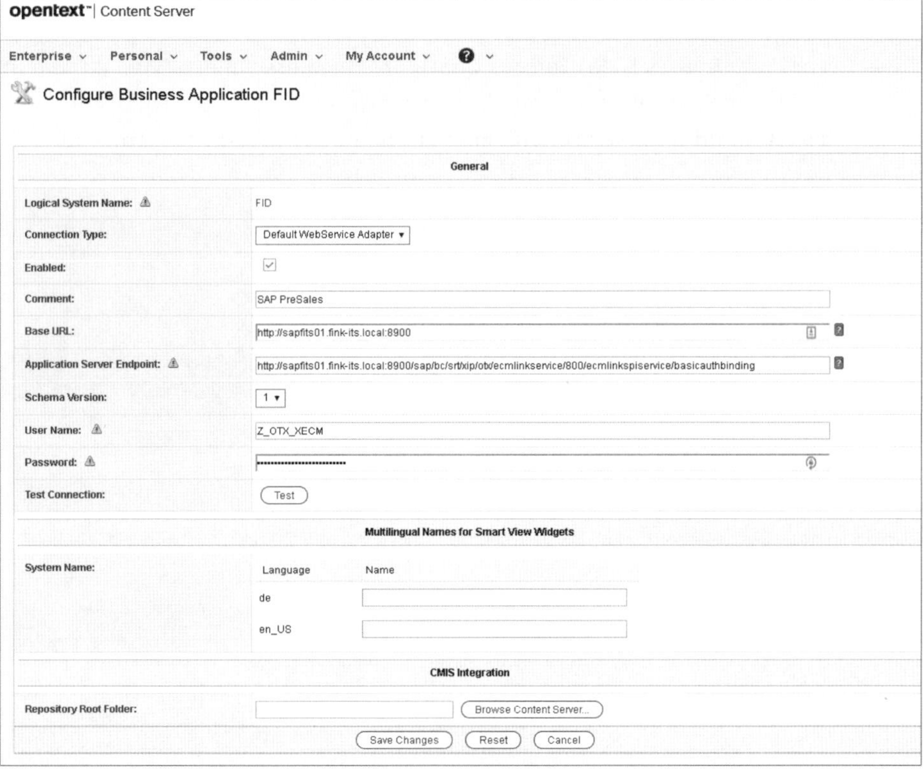


**Abbildung 8.109** Verbindung zum führenden System einrichten

**Business-Objekt-Typen einrichten**

Um die Business-Objekt-Typen einzurichten, wählen Sie als Administrator den Menüpunkt **Unternehmensweit • Extended ECM**. Auf dem Bildschirm **Extended ECM** wählen Sie den Punkt **Business Object Types** (siehe Abbildung 8.110).

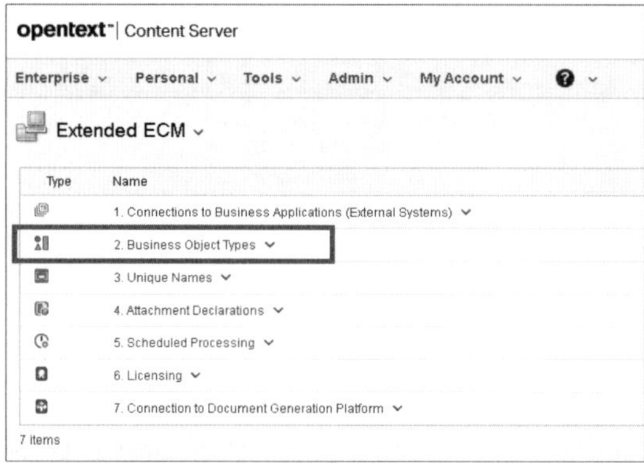


**Abbildung 8.110** Einrichtung der Business-Objekt-Typen im OpenText Content Server

Öffnen Sie auf dem folgenden Bildschirm **Business Object Types** das Auswahlmenü **Objekt hinzufügen**, und wählen Sie den Eintrag **Business Object Type**. Es öffnet sich das Fenster **Configure Business Object Type**, das Sie in Abbildung 8.111 sehen. Fügen Sie hier für unsere Beispielkonfiguration des Typs Bestellung die Werte und Einstellungen aus Tabelle 8.13 ein.

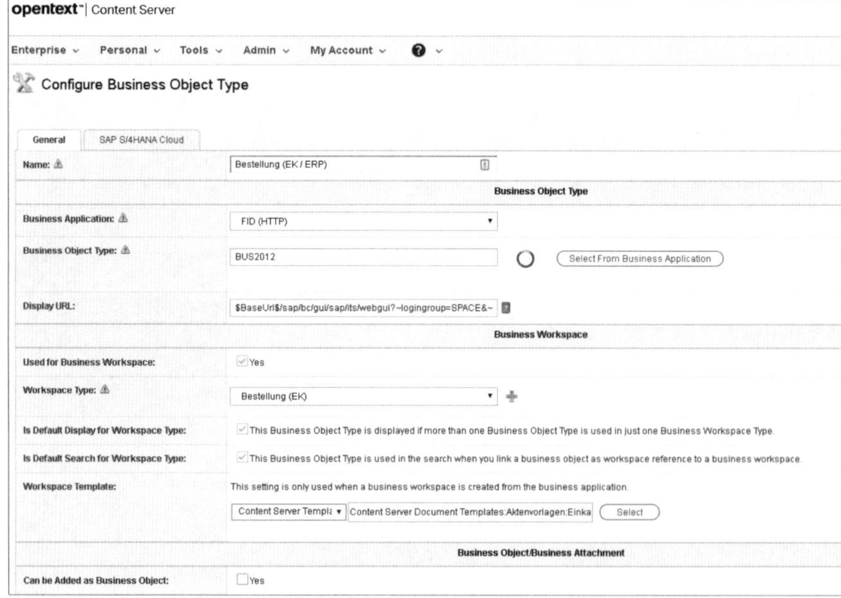


**Abbildung 8.111** Business-Objekt-Typ anlegen

| Feld | Wert | Beschreibung |
|---|---|---|
| **Name** | Bestellung (EK/ERP) | Name des Business-Objekt-Typs |
| **Business Application** | **FID (HTTP)** | ID des SAP-Systems |
| **Business Object Type** | BUS2012 | Business-Objekt für eine Bestellung |
| **Used for Business Workspace** | Kennzeichen setzen | Business-Objekt-Typ wird für den Business Workspace genutzt. |
| **Workspace Template** | Content Server Document Templates:Aktenvorlagen: Einkauf:Bestellung | die zu verwendende Dokumentvorlage |

**Tabelle 8.13** Einstellungen des Business-Objekt-Typs Bestellung

**Attribute mit Properties mappen**

Als letzter Schritt (Property Mapping) müssen die aus dem Property Provider übergebenen Werte zum Business-Objekt aus dem SAP-System mit den im OpenText Content Server vergebenen Attributen des Business-Objekts gemappt werden (siehe Abbildung 8.112).

Business Properties:

| Business Property | Mapping Method | Category and Attribute | | |
|---|---|---|---|---|
| PO_NUMBER | Category Attribute | Content Server Categories:Aktenkategorien:Einkauf:SAP | Select | Bestellnummer |
| BATXT | Category Attribute | Content Server Categories:Aktenkategorien:Einkauf:SAP | Select | Bestellart |
| NAME | Category Attribute | Content Server Categories:Aktenkategorien:Einkauf:SAP | Select | Lieferant.Name |
| BEDAT | Category Attribute | Content Server Categories:Aktenkategorien:Einkauf:SAP | Select | Bestelldatum |
| ORT01 | Category Attribute | Content Server Categories:Aktenkategorien:Einkauf:SAP | Select | Lieferant.Ort |
| PSTLZ | Category Attribute | Content Server Categories:Aktenkategorien:Einkauf:SAP | Select | Lieferant.Postleitzahl |
| PSTL2 | Category Attribute | Content Server Categories:Aktenkategorien:Einkauf:SAP | Select | Lieferant.Postleitzahl (Postfa |
| STRAS | Category Attribute | Content Server Categories:Aktenkategorien:Einkauf:SAP | Select | Lieferant.Straße |
| LAND | Category Attribute | Content Server Categories:Aktenkategorien:Einkauf:SAP | Select | Lieferant.Land |
| TELNR | Category Attribute | Content Server Categories:Aktenkategorien:Einkauf:SAP | Select | Lieferant.Telefon |
| EMAIL | Category Attribute | Content Server Categories:Aktenkategorien:Einkauf:SAP | Select | Lieferant.E-Mail |
| PUR_GROUP | Category Attribute | Content Server Categories:Aktenkategorien:Einkauf:SAP | Select | Organisation.Einkäufergrupp |
| CO_CODE | Category Attribute | Content Server Categories:Aktenkategorien:Einkauf:SAP | Select | Organisation.Buchungskreis |
| PURCH_ORG | Category Attribute | Content Server Categories:Aktenkategorien:Einkauf:SAP | Select | Organisation.Einkaufsorgani |
| COLL_NO | Category Attribute | Content Server Categories:Aktenkategorien:Einkauf:SAP | Select | Submission |
| PFACH | Category Attribute | Content Server Categories:Aktenkategorien:Einkauf:SAP | Select | Lieferant.Postfach |
| | Select Method... | | | |

**Abbildung 8.112** Business Properties mit den Attributen des Business-Objekt-Typs mappen

Hierzu legen Sie den Property Provider an (z. B. PO_NUMBER) und wählen die Mapping-Methode **Category Attribute** und die dazugehörige Kategorie inklusive der Attribute (Content Server Categories:Aktenkategorien:Einkauf:SAP-Bestellung (EK)) über den Button **Select**. Schließlich wählen Sie das zugehörige Attribut aus der Dropdown-Liste des letzten Feldes neben dem Button **Select**.

### Smart UI mit dem Perspective Manager einrichten

Bei Bedarf können Sie das Smart UI anpassen. Der *Perspective Manager* ist ein Konfigurationswerkzeug für das Smart UI von SAP Extended ECM. Hier werden die Perspektiven für die Business Workspaces hinterlegt und die Einstellungen zum Aussehen des Smart UI getroffen. Die vorhandenen Widgets können Sie einer Perspektive aus der Widget-Bibliothek per Drag & Drop hinzufügen, wie in Abbildung 8.113 gezeigt. Im Beispiel wurde eine Perspektive für eine Bestellung angelegt. Für die **Dokumente**-Registerkarte wurden verschiedene Widgets angeordnet, die das Aussehen des Smart UI bestimmen. Das Header Widget zeigt die Daten, wie den Namen des Business Workspace. Im unteren Widget wird die Dokumentvorlage angezeigt. Im mittleren Teil wurden zwei Registerkarten angelegt (**Übersicht** und **Dokumente**).

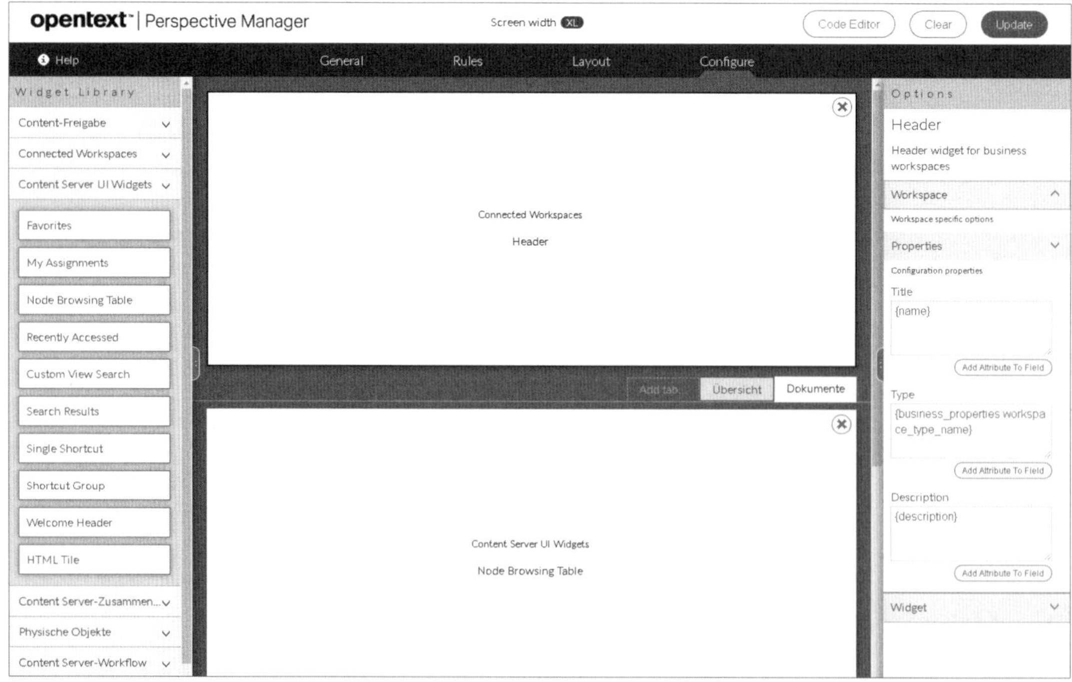


**Abbildung 8.113** Perspective Manager zur Einrichtung eines Business Workspace

In Abbildung 8.114 ist das im Perspective Manager erstellte Smart-UI zu sehen.

**Abbildung 8.114** Konfiguriertes Smart-UI zur Perspektive

Kapitel 9

# Ablage und Archivierung mit OpenText-Werkzeugen

*In der ECM-Strategie spielt das Archivierungssystem eine zentrale Rolle. Deshalb gehe ich in diesem Kapitel nicht nur auf die Funktionen und die Einrichtung des Archivierungssystems ein, sondern auch auf die infrastrukturelle Einbindung und die Unterschiede zwischen dem OpenText Archive Server und dem SAP Content Server.*



Als zentraler Bestandteil einer ECM-Strategie bietet das Werkzeug *SAP Archiving by OpenText* eine bewährte Lösung für die Archivierung von Dokumenten (z.B. gescannten Dokumenten oder E-Mail-Anhängen) und Daten. Vielen ist die Plattform noch als IXOS-Archiv bekannt. Im ECM-Modell ist SAP Archiving by OpenText dem Bereich Archivierung zuzuordnen, wie in Abbildung 9.1 dargestellt.

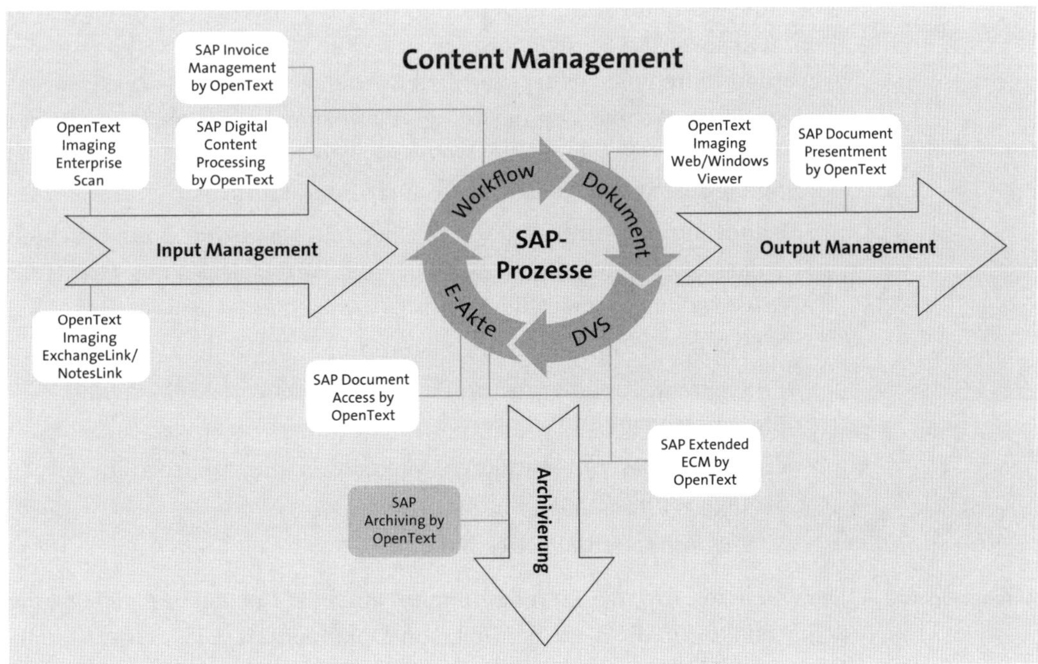


**Abbildung 9.1** OpenText-Werkzeuge für die Archivierung

## 9.1 Archivierungsinfrastruktur

Komponenten der Infrastruktur

Die Archivierungsinfrastruktur besteht aus den Clientkomponenten, den Serverkomponenten und dem Storage. Der *OpenText Archive Server* wird als zentrale Komponente mit der Lösung SAP Archiving by OpenText ausgeliefert. Diese Infrastruktur besteht, wie in Abbildung 9.2 dargestellt, aus folgenden Komponenten:

- **Betriebssystem**
  Als Betriebssystem der Serverplattform werden aktuelle Betriebssystemversionen von Microsoft Windows Server, Red Hat, Suse Linux oder Oracle Linux unterstützt.
- **Datenbanksystem**
  Die unterstützten Datenbanksysteme sind Teil der Serverplattform und teilweise auch abhängig vom eingesetzten Betriebssystem. Grundsätzlich werden aktuelle Datenbanksysteme von Oracle, Microsoft SQL Server, Microsoft Azure SQL, PostgreSQL und SAP HANA unterstützt.
- **Storage**
  Als *Storage* bezeichnet man spezielle Speicherlösungen, wie Festplattensysteme, elektromagnetische oder optische Medien. Ein Storage ist ein eigenständiges System, das direkt oder per Netzwerk an die Serverplattform angebunden wird. In einem solchen Storage legt das OpenText-Archivsystem den physischen Content wie archivierte Dokumente und E-Mails sowie Datenarchivierungsdateien ab. Die unterstützten Storages werden durch OpenText zertifiziert und sind in den Releasenotes »OpenText Archive Center Storage Platforms« zu finden. Unterstützt werden neben NAS-Systemen (Network Attached Storage) und CAS-Systemen (Content-adressed Storage) auch Cloud-Storages.

  Folgende Storages sind aktuell von OpenText zertifiziert (bitte beachten Sie, dass sich die Aufstellung abhängig vom Release des OpenText Archive Servers unterscheiden kann):

  - *NAS-Systeme*: unter anderem NepApp, EMC VNX oder iTernity iCAS
  - *CAS-Systeme*: unter anderem Dell EMC Centera oder IBM Tivoli Storage Manager
  - *Cloud-Storages*: unter anderem Microsoft Azure, Amazon Simple Storage Service
  - *SAN-Storages (Storage Area Network)*

Document Pipeline

Der OpenText Archive Server beinhaltet auch die *Document Pipeline*, eine Schnittstelle für die Verarbeitung von Dokumenten. Diese Schnittstelle kann auch hohe Datenvolumen verarbeiten. Über die Document Pipeline können auch Dokumente archiviert werden, die in Systemen außerhalb des SAP-Systems entstehen.

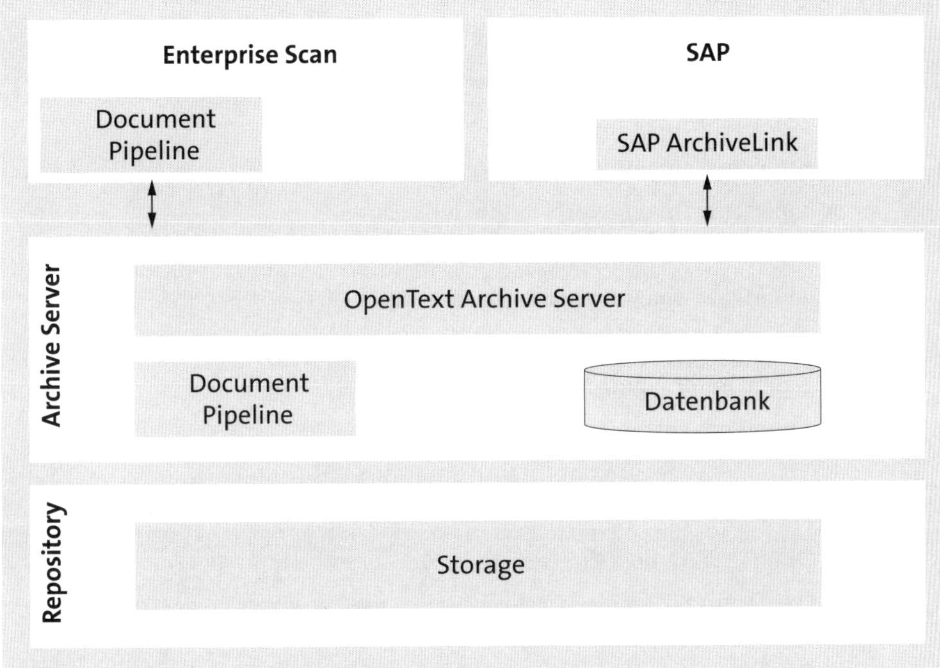


**Abbildung 9.2** Infrastruktur des OpenText Archive Servers



**OpenText Imaging Enterprise Scan**

Als Vertreter verschiedener Clientkomponenten ist OpenText Imaging Enterprise Scan zu nennen, der für die Digitalisierung von Papierdokumenten Verwendung findet. Der Scanclient archiviert die Dokumente auch über die Document Pipeline.

**SAP ArchiveLink und CMIS**

Der Zugriff eines SAP-ERP-6.0-Systems auf den OpenText Archive Server erfolgt über die zertifizierte Schnittstelle *SAP ArchiveLink*. In den neuen Versionen des Produktpakets OpenText Archive Center wird auch die Schnittstelle *Content Management Interoperability Services* (CMIS) unterstützt.

## 9.2 SAP Archiving by OpenText

SAP Archiving by OpenText ist ein Lösungspaket, dass auf die Implementierung im SAP-Umfeld zugeschnitten wurde. Der OpenText Archive Server stellt die Archivierungsfunktionen für die Archivierung von Dokumenten und Daten bereit. Die Archivierung kann je nach Geschäftsprozess unterschiedliche Funktionen und Techniken des Lösungspakets nutzen.

Weitere nützliche Werkzeuge

Das On-Premise-Paket SAP Archiving by OpenText beinhaltet nicht nur die reine Archivserversoftware, sondern auch weitere nützliche Werkzeuge, die bei anderen Herstellern oftmals separat lizenziert werden müssen:

- OpenText Archive Center (inklusive OpenText Archive Server)
- OpenText Content Server (nur für die Nutzung von ILM)
- OpenText Imaging Windows Viewer
- OpenText Imaging Web Viewer
- OpenText Imaging PDF Extensions
- OpenText Imaging Enterprise Scan
- OpenText Imaging DesktopLink
- OpenText Imaging ExchangeLink
- OpenText Imaging NotesLink
- OpenText FormsManagement
- OpenText Brava! View for SAP Solutions

**OpenText Archive Center**

Das OpenText Archive Center ist eine Erweiterung des OpenText Archive Servers, die seit 2016 verfügbar ist (siehe auch Abschnitt 6.4, »OpenText-Werkzeuge für die Ablage und Archivierung«). Technisch wird immer das OpenText Archive Center installiert, aber die Nutzung der über die Funktionen des OpenText Archive Servers hinausgehenden Funktionen muss extra lizenziert werden. Deshalb spreche ich in den weiteren Ausführungen immer von OpenText Archive Server.

### 9.2.1 Einführung in die Funktionsweise von SAP Archiving

Komponenten des OpenText Archive Servers

Im Folgenden erläutere ich die technischen Komponenten des OpenText Archive Servers (siehe Abbildung 9.3):

- Der *Document Service* ist verantwortlich für den Empfang des Contents. Der Document Service koordiniert das Puffern und das Schreiben des Contents auf den Storage.
- Der empfangene Content wird zuerst in den *Disk Buffer* geschrieben. Der Disk Buffer dient während der Verarbeitung auch als Cache. Die führenden Applikationen können nach Übergabe des Contents an den OpenText Archive Server sofort auf den Content im Disk Buffer zugreifen.
- Der Document Service speichert Informationen der empfangenen Dokumente in der *Storage Database*. Die Storage Database speichert

unter anderem Statusinformationen des Verarbeitungsprozesses, die Dokument-ID und Informationen zum Storage, in dem das Dokument abgelegt wurde.

- Der *Storage Manager* (STORM) koordiniert das Schreiben und Lesen von ISO-Images (CD-/DVD-Abbild) über den *ISO-Pool* (Write-at-once).
- Der *VI-Pool* und *FS-Pool* unterstützen *Single Files*. Bei Single Files werden die einzelnen Dateien auf dem Storage abgelegt und nicht wie im Fall von ISO als ISO-Image. Der VI-Pool (Vendor Interface) bindet den Storage über lieferantenspezifische APIs an. Der FS-Pool (File System Interface) verbindet sich mit den CAS-Storages über einen Share auf dem Storage.
- Der *HDSK-Pool* ist nur für Testzwecke zu verwenden.



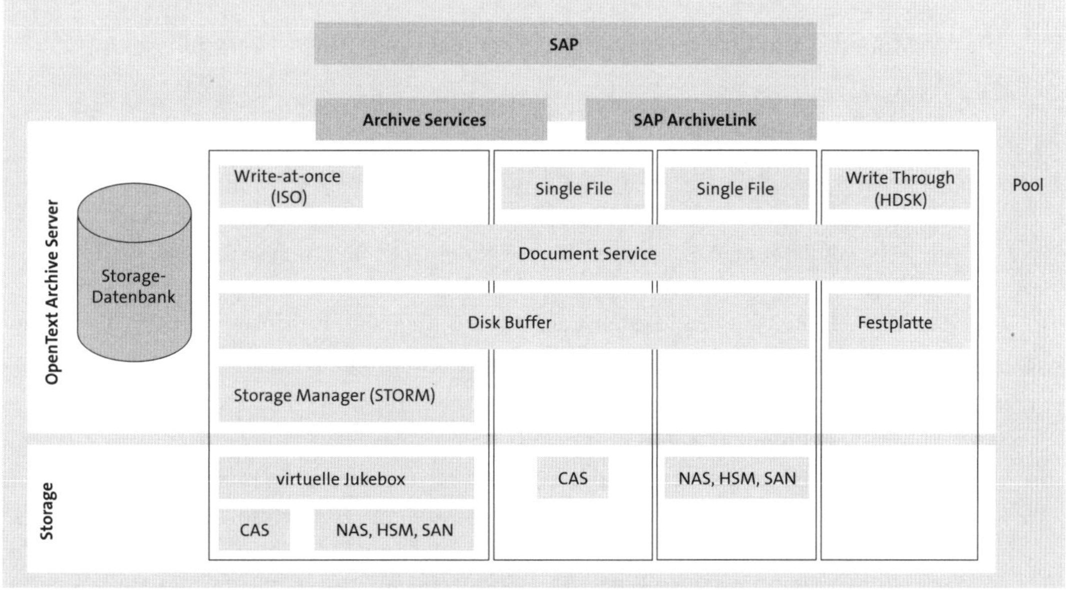


**Abbildung 9.3** Komponenten des OpenText Archive Servers

**Funktionsübersicht**

Der OpenText Archive Server bringt eine Reihe von nützlichen Funktionen mit. Diese sind in Abbildung 9.4 im Überblick dargestellt. In den folgenden Ausführungen erläutere ich die wichtigsten dieser Funktionen.

**Ablegen und Aufrufen von Content**

Abgelegter Content wie Dokumente oder Dateien werden im OpenText Archive Server verwaltet. Die Möglichkeit, große Dateien im OpenText-Archiv abzulegen und aufzurufen, wurde laut Angaben von OpenText erfolgreich mit bis zu 100 GB großen Dateien getestet.

| | | |
|---|---|---|
| Ablegen und Aufrufen von Content | Langzeitarchivierung | ILM-WebDAV-Schnittstelle |
| Caching und Cache Server | Signaturen und Zeitstempel | Single-Instance-Archivierung |
| SSL und SecKeys | Retention | Monitoring |
| Known-Server-Konzept | Backup | Komprimierung |
| Storage-Virtualisierung | Hochverfügbarkeit | Verschlüsselung |
| Archivierung hoher Volumen | Unterstützung großer Dateien | Notizen und Annotationen |

**Abbildung 9.4** Funktionsübersicht des OpenText Archive Servers

Caching

Neben einem lokalen Caching des abgelegten Contents durch den OpenText Archive Server ist es möglich, zusätzliche *OpenText Cache Server* zu installieren:

- **Lokales Caching**
  Bei lokalem Caching können die logischen Archive (d. h. die Content Repositories) eigene Caching-Bereiche zugewiesen bekommen. Diese Caching-Bereiche werden beim Leeren (*Purgen*) des Disk Buffers oder beim Aufruf von Dateien gefüllt. Die maximale Größe der Caching-Bereiche ist in der Konfiguration des OpenText Archive Servers einstellbar. Alte Dateien werden zuerst aus dem Cache gelöscht, sobald dieser vollläuft. Man spricht daher auch von einem FIFO-Cache nach dem Prinzip »First in, First out«. Der Ablauf des lokalen Cachings ist in Abbildung 9.5 dargestellt.
- **Cache Server**
  Zu Verbesserung der Performance können weitere *Cache Server* installiert und bereitgestellt werden. Ein mögliches Szenario ist etwa, einen Cache Server in einem bestimmten Subnetz mit langsamer Netzwerkanbindung aufzubauen, um die Zugriffszeiten auf Dokumente zu verringern.

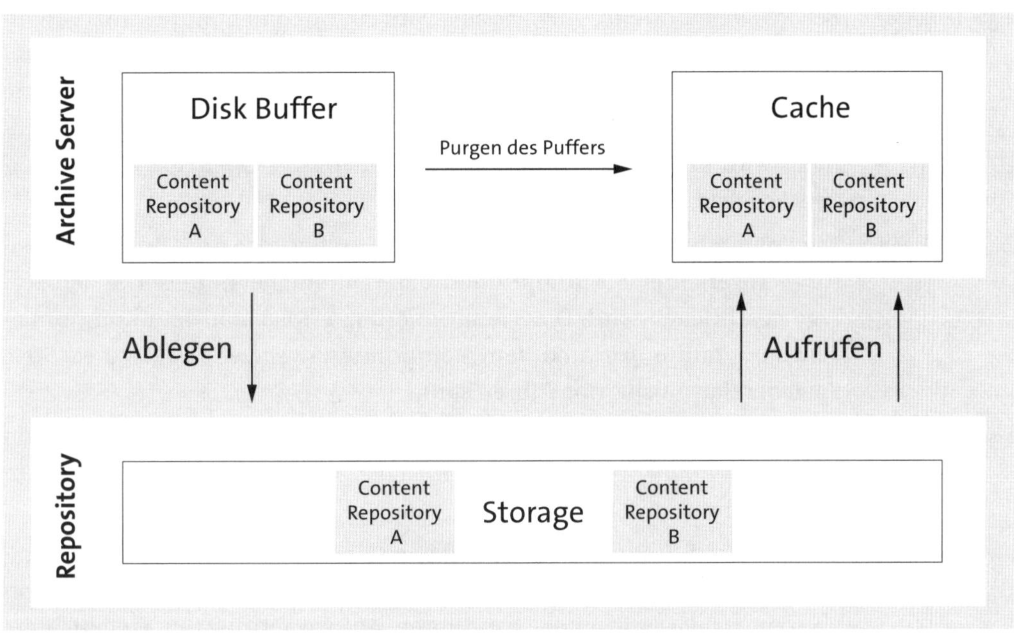


**Abbildung 9.5** Lokales Caching auf dem OpenText Archive Server

9

Sicherheit

Die Verbindungen zwischen der führenden Applikation und dem OpenText Archive Server können mit Secure Sockets Layer (SSL) gesichert werden. Beim Aufruf der Dokumente durch die führende Applikation werden die URLs für den Dokumentenzugriff signiert, und es wird festgelegt, bis zu welchem Zeitpunkt diese URLs gültig sind. Die folgende Beispiel-URL ist mit SSL gesichert (HTTPS/Port). Der Parameter `expiration=` legt die Gültigkeit der URL fest. Die Signatur ist im Parameter `secKey=` ausgewiesen.

*https://otxarchiv:***8090***/archive?get&contRep=S1&docId=7165575ECA1CD411BF1C0008C7F37094&***expiration=15430932810527***&pVersion=0047&accessMode=r&authId=ixos&***secKey=NAKFSSqGSIb3DQEQwqCIUUIBihIDFSEJMAcGBSsOAwIaEwVABCMQsCS**

Known Server

Das Konzept des *Known Servers* ermöglicht die Bereitstellung eines großen virtuellen Archivs, das mehrere OpenText Archive Server enthält. Werden Dokumente aus diesem virtuellen Archiv aufgerufen, ermitteln die enthaltenen OpenText-Archive, in welchem OpenText-Archiv das Dokument verwaltet wird, und liefern das Dokument dem aufrufenden Client aus.

Remote Standby

Die Known-Server-Konfiguration ermöglicht auch eine Umsetzung des Konzepts *Remote Standby*. Hierbei werden bei zwei Archivservern die Dokumente des jeweils anderen Archivs auch auf das zweite Archiv repliziert. Bei Ausfall eines Servers ist somit der Zugriff auf den abgelegten Content weiterhin möglich.

**Single-Instance-Archivierung** Bei der *Single-Instance-Archivierung* wird ein Dokument nur einmal gespeichert. Durch einen *Fingerprint* (erzeugt durch den *Secure-Hash-Algorithmus*, kurz SHA) werden identische Dokumente identifiziert, und eine weitere Archivierung wird verhindert. Für das zweite, identische Dokument wird nur die Referenz in der Datenbank des OpenText Archive Servers abgelegt.

**Komprimierung** Die *Komprimierung* wird für ein logisches Archiv (also pro Content Repository) eingerichtet. Sie komprimiert den Content, bevor dieser in den Storage geschrieben wird. Die Komprimierung erfolgt mit dem Komprimierungsprogramm *gzip* und dem Komprimierungslevel 6, was zu ca. 50 % Speicherplatzeinsparung führen kann.

**Verschlüsselung** Der OpenText Archive Server ermöglicht auch die Verschlüsselung von Content auf dem Storage. Hierbei wird der *Advanced Encryption Standard* (AES) mit bis zu 256 Bit eingesetzt.

**Aufbewahrungszeit** Die Aufbewahrungszeit (Retention) von Content wird in der Regel im logischen Archiv (d. h. dem Content Repository) festgelegt. Bei der Ablage von Content in das mit einer bestimmten Aufbewahrungszeit eingerichtete Content Repository wird die Aufbewahrungszeit an den Storage weitergeleitet und gilt für den betreffenden Content. Ein Löschen von Content ist so erst möglich, nachdem das Ende der Aufbewahrungsfrist erreicht wurde.

**Hochverfügbarkeit** Der OpenText Archive Server kann in einem *Aktiv-Passiv-Cluster* betrieben werden. Hierbei bildet ein System einen Knoten. Die Systemknoten kommunizieren miteinander. Bleibt die Kommunikation für einen bestimmten Zeitraum aus, wird von einem Ausfall des aktiven Knotens ausgegangen. In diesem Fall übernimmt der passive Knoten des Clusters den Betrieb.

**Notizen und Annotationen** Das Aufbringen von *Annotationen* in archivierten Dokumenten wird durch den OpenText Archive Server ebenfalls unterstützt. Annotationen sind Markierungen, Unterstreichungen, Stempel etc., die zum Dokument erfasst werden. Die Annotationen werden nicht auf dem Originaldokument aufgebracht, sondern zum Dokument gespeichert. Somit bleibt das Originaldokument unversehrt.

Der OpenText Imaging Windows Viewer ermöglicht dem Benutzer die Nutzung von Annotationen und Notizen. Der OpenText Archive Server unterstützt die Ablage dieser Annotationen und Notizen.

### 9.2.2 Einrichtung und Customizing von SAP Archiving

In diesem Abschnitt erläutere ich die relevanten Einstellungen für die im vorangegangenen Abschnitt beschriebenen Funktionen.

**Microsoft Management Console**

Die Konfiguration des OpenText Archive Servers in einer Windows-Umgebung erfolgt in der *Microsoft Management Console* (MMC). Hier rufen Sie die Konfigurationssicht für den OpenText Archive Server wie folgt auf:

1. Öffnen Sie zuerst die Microsoft Management Console, indem Sie den Befehl `MMC` beim Ausführen des Windows-Servers eingeben.
2. Fügen Sie das Snap-in für den OpenText-Administrationsclient zur MMC hinzu. Snap-ins sind Verwaltungsprogramme, die in der MMC ausgeführt werden. Dazu navigieren Sie zur Funktion **Datei • Add/Remove Snap-in...**, wählen den **OpenText Administration Client** aus und fügen diesen hinzu. Die Eingabe bestätigen Sie mit **OK** (siehe Abbildung 9.6).



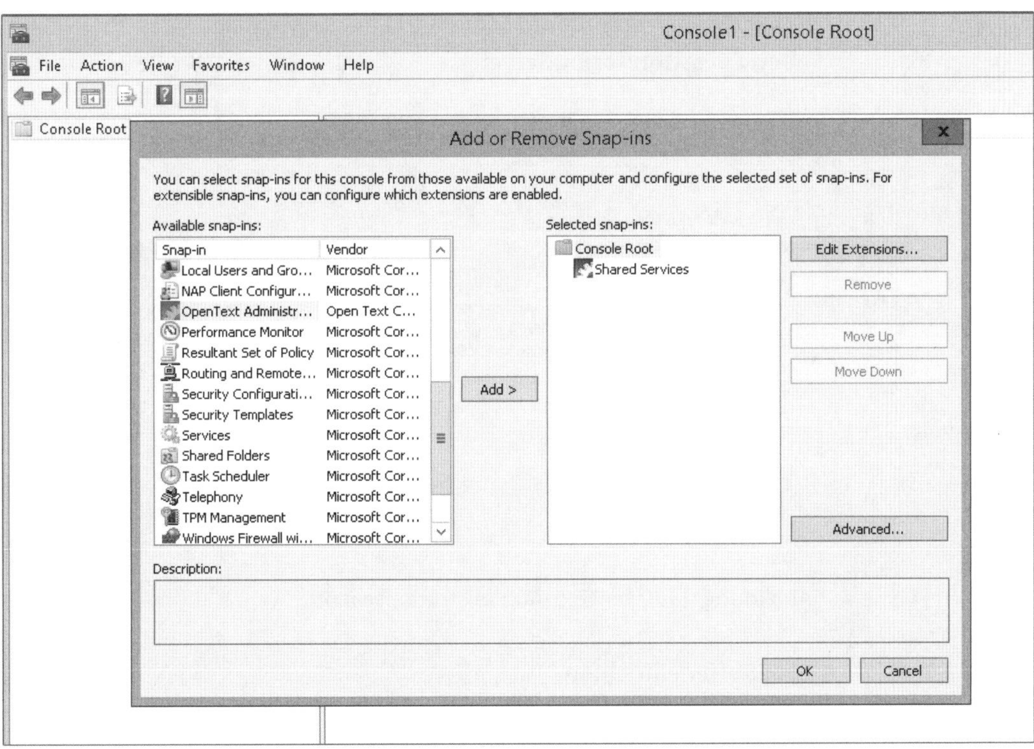


**Abbildung 9.6** OpenText-Administration-Snap-in hinzufügen

3. Geben Sie die Verbindungsdaten zum OpenText Archive Server im OpenText-Administrationsclient ein, indem Sie das Kontextmenü zu den **Shared Services** öffnen und den Eintrag **Add Server** wählen.

**Menü des Administrationsclients**

Der Administrationsclient zum OpenText Archive Server wird nun, wie in Abbildung 9.7 dargestellt, angezeigt. Das Menü unterteilt sich in die folgenden Unterpunkte:

- **Infrastructure**
  Einstellung zu Puffern, Caches, Storage-Bereichen
- **Archives**
  Einstellung der Content Repositorys
- **Environment**
  Einstellungen für Cache Server, Known Server, Anbindung an SAP und Konfiguration von Scanclients
- **System**
  Einstellung diverser Jobs, Zertifikate etc.
- **Configuration**
  allgemeine Konfiguration des Archive Servers, der Document Pipeline und des Monitoring Servers

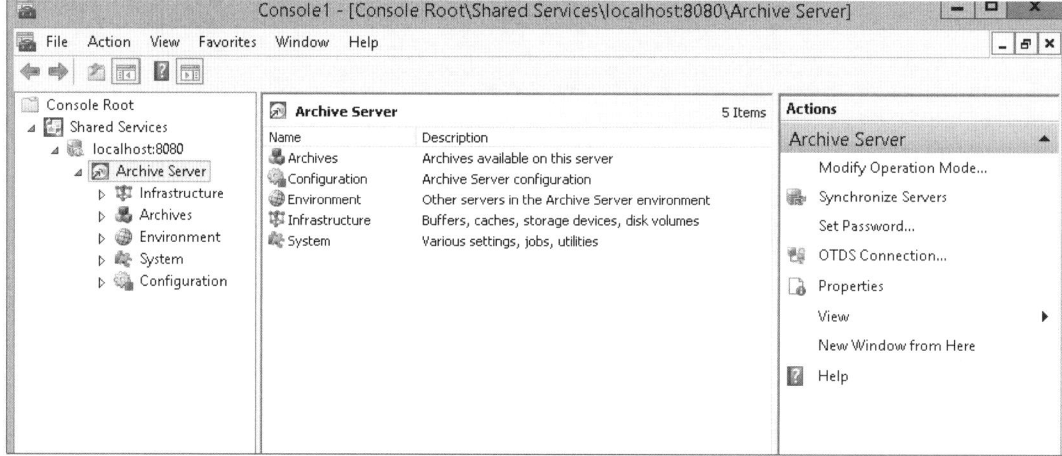


**Abbildung 9.7** OpenText-Administrationsclient

### Disk Buffer einrichten

Im ersten Schritt zur Einrichtung des OpenText Archive Servers wird der *Disk Buffer* konfiguriert:

1. Navigieren Sie hierfür im Administrationsclient zum Menüpunkt **Archive Server • Infrastructure • Buffers**.
2. Öffnen Sie das Kontextmenü zum Eintrag **Buffers**, und wählen Sie den Eintrag **New Original Disk Buffer ...**
3. Geben Sie die Werte aus Tabelle 9.1 ein. Vergleichen Sie die Einstellungen mit denen in Abbildung 9.8.

| Feld | Wert |
|---|---|
| **Disk buffer name** | DiskBuffer01 |
| **Purge job** | Purge_ DiskBuffer01 |
| **Min. free space** | 30 % |
| **Number of threads** | 3 |

**Tabelle 9.1** Werte zur Konfiguration des Disk Buffers



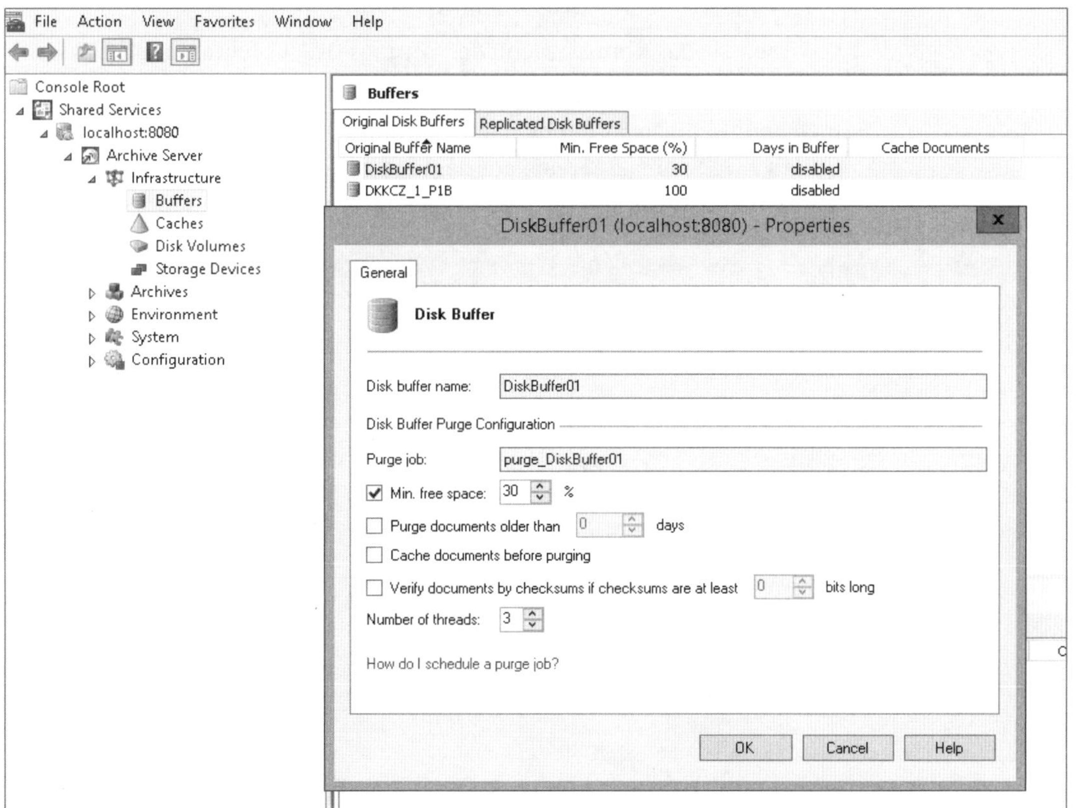


**Abbildung 9.8** Disk Buffer für den OpenText Content Server einrichten

Neben der Angabe eines Namens für den Disk Buffer und den Purge Jobs zur Leerung dieses Puffers, muss der freie Speicher im Disk Buffer eingerichtet werden. Der Wert »30%« im Feld **Min. free space** bedeutet, dass mindestens 30 % des Speichers frei bleiben müssen. Sollte dieser Mindestwert an freiem Speicherplatz unterschritten werden, werden die Daten und Dateien in den Storage verschoben und aus dem Disk Buffer gelöscht.

Die Anzahl der Threads des Purge Jobs kann zwischen 1 und 50 betragen. Der Default-Wert liegt bei drei Threads.

**Disk Volume einrichten**

Für jeden Disk Buffer wird auch ein *Disk Volume* eingerichtet und mit dem Disk Buffer verknüpft. Ein Disk Volume ist ein Speicherbereich auf einem Storage, wie z. B. auf einem NetApp- oder EMC-Storage oder dem lokalen System (Festplattenbereich). In diesen Speicherbereich speichert der Disk Buffer die gepufferten Dateien zwischen.

Um das Disk Volume einzurichten, gehen Sie wie folgt vor:

1. Navigieren Sie im Administrationsclient zum Menüpunkt **Archive Server • Infrastructure • Disk Volumes**.
2. Öffnen Sie das Kontextmenü des Eintrags **Disk Volumes**, und wählen Sie den Eintrag **New Disk Volumes ...**
3. Geben Sie im Feld **Volume name** »BuffPart01« und als **Mount path** einen Pfad zum Speicherbereich auf dem Storage an, hier »P:\BuffPart01«. Als **Volume class** wählen Sie Ihr Storage-System (siehe Abbildung 9.9).

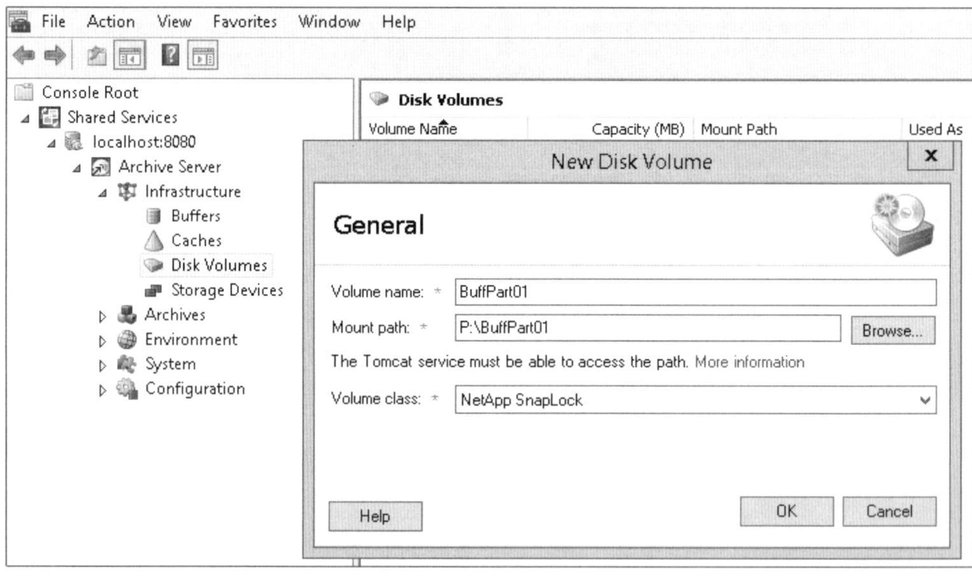


**Abbildung 9.9** Disk Volume einrichten

### Storage einrichten

**Storage Device**

Der Storage ist im produktiven Umfeld in der Regel ein System, das die abgelegten Dateien innerhalb der Aufbewahrungsfrist vor einer Löschung schützt. Gehen Sie wie folgt vor, um den Storage einzurichten:

1. Navigieren Sie im Administrationsclient zum Menüpunkt **Archive Server • Infrastructure • Storage Devices**.

2. Öffnen Sie das Kontextmenü zum Punkt **Storage Devices**, und wählen Sie den Eintrag **Add Storage Devices ...**
3. Geben Sie die Werte aus Tabelle 9.2 ein.

| Feld | Wert |
|---|---|
| **Storage Device Name** | frei wählbar, z. B. NetApp |
| **Storage Type** | Ihr Storage-System, z. B. NetApp SnapLock |
| **Storage Strategy** | Container oder Single File |
| **File system path** | der Pfad zum Storage, z. B. **P:\NetApp** |

**Tabelle 9.2** Werte zur Konfiguration des Storages



Nach der Einrichtung sollte der Pfad zum Storage wie in Abbildung 9.10 im Administrationsclient angezeigt werden.

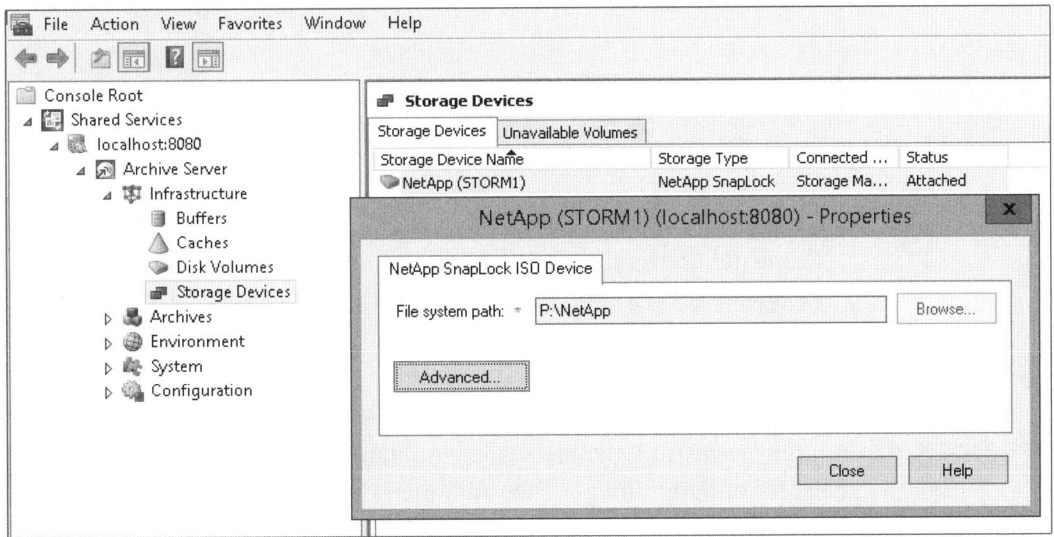


**Abbildung 9.10** Storage für den OpenText Archive Server einrichten

### Customizing des Content Repositorys

**SAP-ArchiveLink-Archivierung**

Um Dokumente aus dem SAP-System per SAP ArchiveLink an den OpenText Archive Server senden zu können, muss ein logisches Archiv (Content Repository) eingerichtet werden. Gehen Sie dazu wie folgt vor:

1. Navigieren Sie im Administrationsclient zum Menüpunkt **Archive Server • Archives • Original Archives**.

2. Öffnen Sie das Kontextmenü zum Punkt **Original Archives**, und wählen Sie den Eintrag **New Archive ...**
3. Geben Sie im Feld **General** den zwei Zeichen langen Archivnamen für das Content Repository ein (siehe Abbildung 9.11).

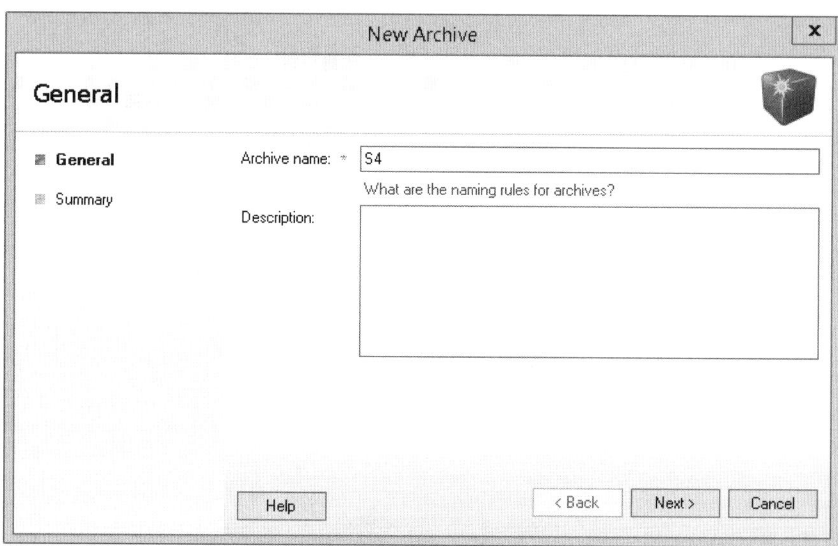


**Abbildung 9.11** Neues Content Repository anlegen

[»]

**Name des Content Repositorys**

Der Name eines Content Repositorys für SAP ArchiveLink darf maximal zwei Zeichen lang sein.

**Sicherheit des Content Repositorys**

Auf der Registerkarte **Security** werden die Sicherheitseinstellungen für das Content Repository definiert (siehe Abbildung 9.12). Der SecKey soll in der Beispielkonfiguration bei allen Aktionen (`Read`, `Create`, `Update` und `Delete`) verwendet werden. Eine SSL-Verbindung soll immer verwendet werden. Dokumente sollen nach Ablauf der Aufbewahrungsfrist nach Anfrage durch die führende Anwendung gelöscht werden können.

**Komprimierung und Verschlüsselung**

Auf der Registerkarte **Settings** werden die Einstellungen für die Komprimierung (**Compression**) und Verschlüsselung (**Encryption**) der Daten auf dem Storage vorgenommen. Letzteres ist nur mit hinterlegtem System-Key (ein symmetrisches Key-Verfahren) möglich. Auch die Einstellungen zur Single-Instance-Archivierung werden an dieser Stelle vorgenommen. Sollte ein Cache für das logische Archiv notwendig sein, kann dieser ebenfalls an dieser Stelle aktiviert werden (siehe Abbildung 9.13).

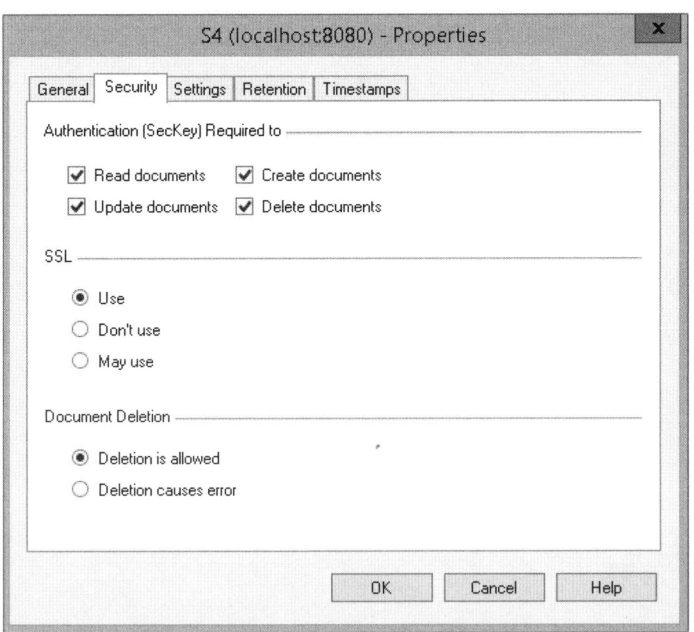


**Abbildung 9.12** Sicherheitseinstellungen für das Content Repository

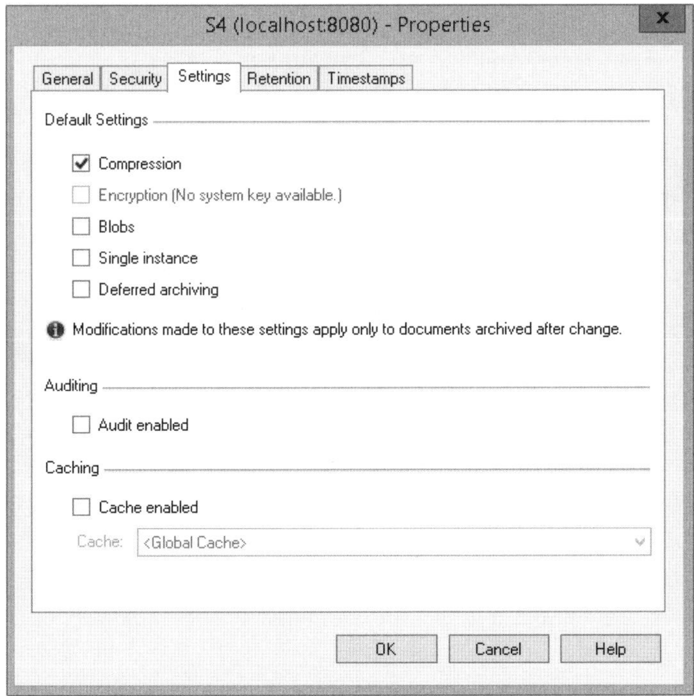


**Abbildung 9.13** Einstellungen für das Content Repository

Aufbewahrungszeit

Die Aufbewahrungszeit für den im Content Repository abgelegten Content wird auf der Registerkarte **Retention** eingestellt. Die Aufbewahrungsdauer wird immer in Tagen angegeben (siehe Abbildung 9.14).

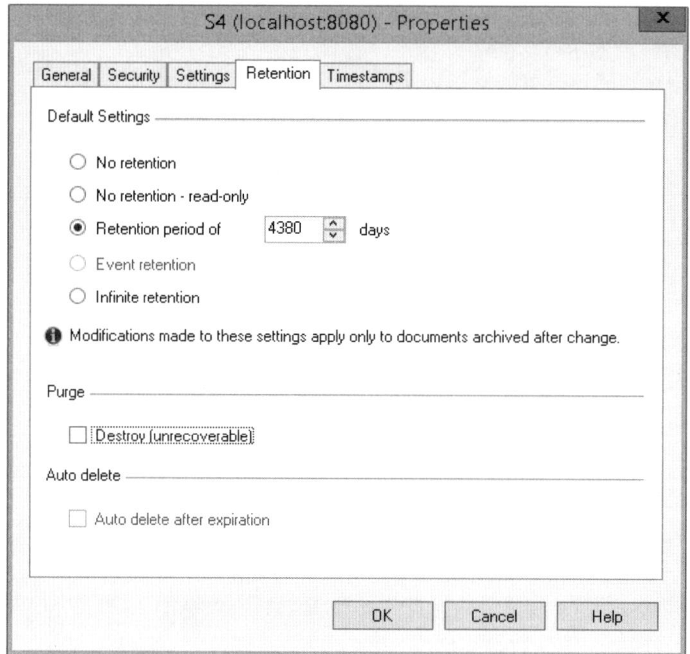


**Abbildung 9.14** Einstellung der Aufbewahrungszeit im Content Repository

Zeitstempel

Die Einstellungen für Zeitstempel sind auf der Registerkarte **Timestamps** möglich, wie in Abbildung 9.15 dargestellt. Mit den Zeitstempeln kann nachgewiesen werden, dass der abgelegte Content nicht verändert wurde. Hierzu wird aber eine autorisierte Stelle für die Ausstellung der Zeitstempel oder ein spezieller Archive Timestamp Server benötigt.

Pool

Beim Anlegen eines Pools für das Content Repository wird festgelegt, wie der Pool konfiguriert wird. Im folgenden Beispiel wird ein ISO-Pool verwendet, um die Daten in ISO-Images im Storage abzulegen. Jedes Content Repository benötigt einen zugewiesenen Pool, der die Art und Weise der Ablage des Contents im Storage definiert. Die Arten von Pools habe ich im Rahmen der Komponenten des OpenText Archive Servers in Abschnitt 9.2.1, »Einführung in die Funktionsweise von SAP Archiving«, erläutert.

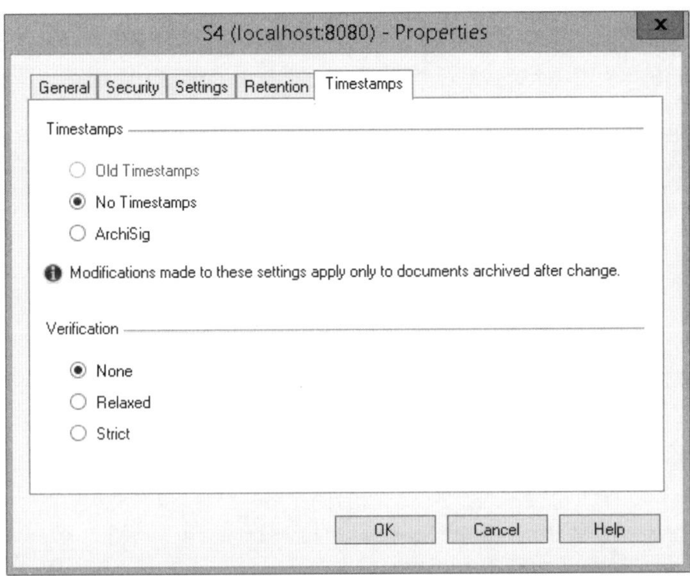


**Abbildung 9.15** Zeitstempel für ein Content Repository definieren

Gehen Sie wie folgt vor, um einen Pool anzulegen:

1. Navigieren Sie dazu im Administrationsclient zum Menüpunkt **Archive Server • Archives • Original Archives**.
2. Öffnen Sie die Registerkarte **Pools**. Öffnen Sie das Kontextmenü zur Registerkarte **Pools**, und wählen Sie den Eintrag **New Pool ...**
3. Wählen Sie die Art des Pools aus (hier **Write at Once ISO-Pool**)
4. Geben Sie Werte ein, wie in Abbildung 9.16 gezeigt. Tragen Sie im Feld **Used Disk Buffer** den Namen des zuvor angelegten Disk Buffers und im Feld **Original jukebox** den Namen des Storages ein. Der Eintrag im Feld **Maximum volume size** sagt aus, dass das ISO-Image eine maximale Größe von in diesem Fall 500 MB haben kann. Der im Feld **Minimum Amount of Data** von 100 MB sagt aus, dass 100 MB im Disk Buffer vorliegen müssen, bevor das IOS-Image geschrieben wird. Für den ISO-Pool muss der Wert unter dem angegebenen Wert für die **Maximum volume size** liegen.

**Sizing des Content Repositorys**

Die hier genannten Einstellungen sind Standardeinstellungen und müssen an die Vorgaben Ihres Unternehmens für die Archivierung angepasst werden.

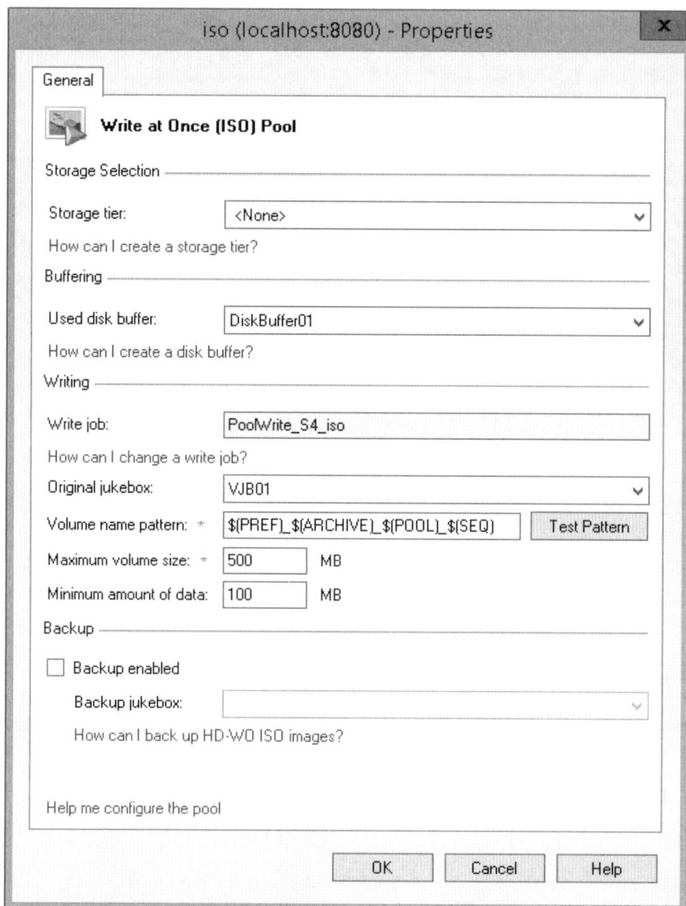


**Abbildung 9.16** Konfiguration des Pools für das logische Archiv (Content Repository)

### Verbindung zum SAP-System einrichten

**SAP-Server bekannt machen**

Damit der OpenText Archive Server vom SAP-System erreicht werden kann, muss das relevante SAP-System dem OpenText Archive Server bekannt gemacht werden. Dazu legen Sie eine neue Systemverbindung an:

1. Navigieren Sie im Administrationsclient zum Menüpunkt **Archive Server • Environment • SAP Servers.**
2. Öffnen Sie die Registerkarte **SAP System Connections**.
3. Öffnen Sie das Kontextmenü der Registerkarte **SAP System Connections**, und wählen Sie **New SAP System Connection ...**

Geben Sie die Daten und Werte aus Abbildung 9.17 ein. Die Verbindung benötigt den Netzwerknamen oder die IP-Adresse des SAP-Servers (hier **sap-**

**fits01.fink-its.local**) sowie den Mandanten/Client (hier 800), die Instanznummer des SAP-Systems (hier 00), die **Codepage** bzw. Zeichensatztabelle (hier 1100) und die Sprache, mit der das SAP-System installiert wurde.

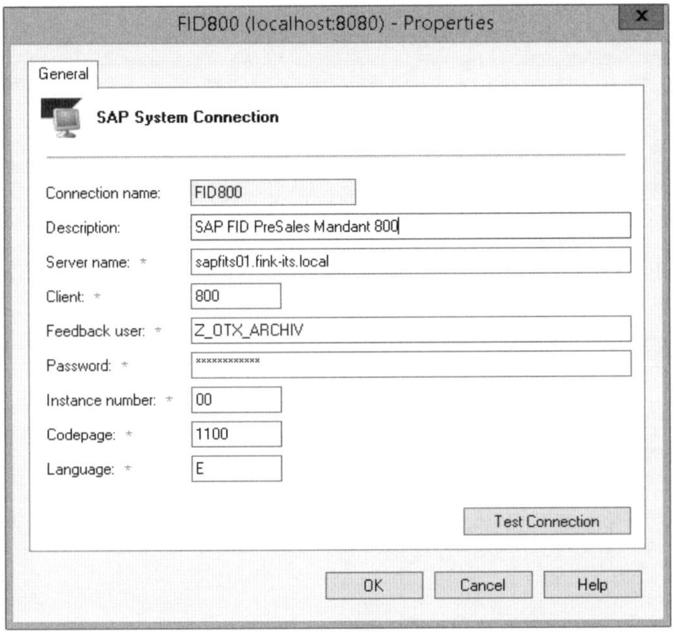

**Abbildung 9.17** Verbindung mit dem SAP-System konfigurieren

**SAP-Gateway anlegen**

Für jedes SAP-System muss mindestens ein Gateway eingerichtet werden. Ein Gateway kann auch für mehrere Verbindungen zu SAP-Systemen verwendet werden. Gehen Sie wie folgt vor, um das Gateway einzurichten:

1. Navigieren Sie im Administrationsclient zum Menüpunkt **Archive Server • Environment • SAP Servers**.
2. Öffnen Sie die Registerkarte **SAP Gateways**.
3. Öffnen Sie das Kontextmenü, und wählen Sie den Eintrag **New SAP Gateway ...**
4. Geben Sie die Daten und Werte aus Tabelle 9.3 ein.

| Feld | Wert |
|---|---|
| **Subnet address** | der IP-Adressbereich des SAP-Servers |
| **Subnet mask / Length** | die Subnetmask des aufgeteilten IP-Adressbereichs (Teilnetz), der durch Subnetting erstellt wurde und in dem der SAP-Server erreichbar ist |

**Tabelle 9.3** Werte zur Einrichtung des SAP-Gateways

| Feld | Wert |
|---|---|
| **SAP system connection** | die zuvor angelegte SAP-Systemverbindung |
| **Gateway address** | die IP-Adresse oder der Fully Qualified Domain Name (FQDN) des SAP-Servers |
| **Gateway number** | die Instanznummer des SAP-Systems, auf dem das Gateway läuft |

**Tabelle 9.3** Werte zur Einrichtung des SAP-Gateways (Forts.)

Das Ergebnis mit beispielhaften Werten für unsere Systemverbindung sehen Sie in Abbildung 9.18.

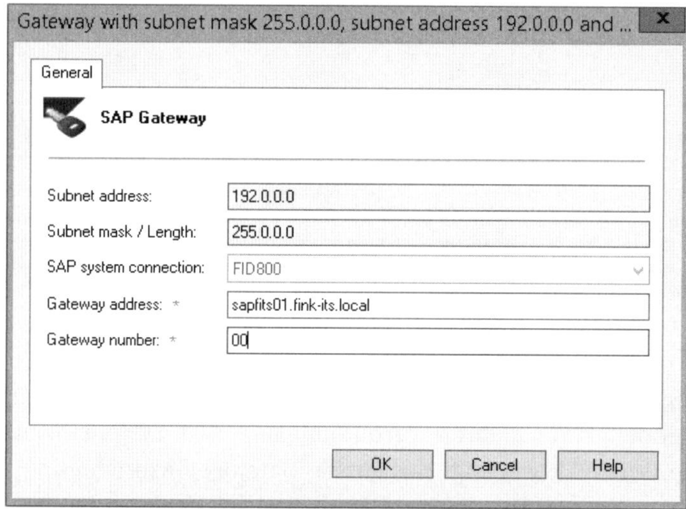


**Abbildung 9.18** Gateway zum SAP-System einrichten

**Logisches Archiv dem SAP-System zuweisen**

Damit das logische Archiv (Content Repository) mit dem SAP-System kommunizieren kann, wird dieses dem SAP-System zugewiesen. In der Regel wird dazu im OpenText Archive Server das HTTP-Protokoll mit der eingerichteten SAP-ArchiveLink-Protokollversion hinterlegt:

1. Navigieren Sie im Administrationsclient zum Menüpunkt **Archive Server • Environment • SAP Servers**.
2. Öffnen Sie die Registerkarte **Archive Assignments**, und wählen Sie das Content Repository aus.
3. Öffnen Sie das Kontextmenü der Registerkarte **Archive SAP Assignments**, und wählen Sie den Eintrag **New Archive SAP Assignment ...**
4. Geben Sie die Daten und Werte ein, wie in Abbildung 9.19 gezeigt.

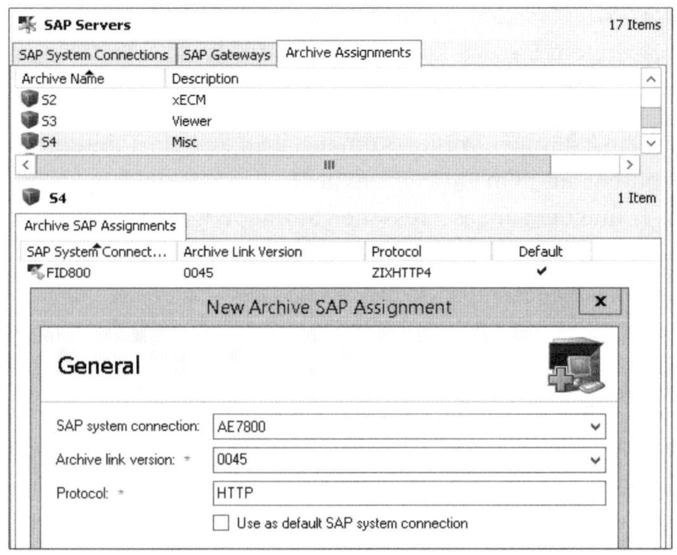


**Abbildung 9.19** Zuordnung des SAP-Systems zum logischen Archiv

**SAP-Zertifikat aktivieren**

Als letzter Schritt muss das aus der Transaktion OACO gesendete Zertifikat im OpenText Content Server aktiviert werden:

1. Navigieren Sie im Administrationsclient zum Menüpunkt **Archive Server • System • Key Store • Certificates**.
2. Öffnen Sie die Registerkarte **Assigned**, und wählen Sie das Zertifikat aus, das vom SAP-System übermittelt wurde (hier `CN=FID`, siehe Abbildung 9.20).

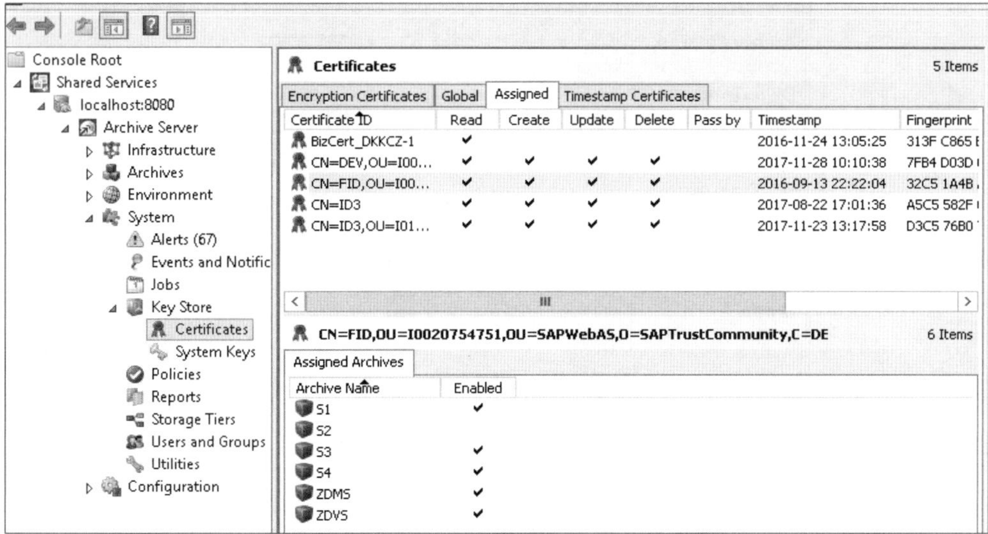


**Abbildung 9.20** SAP-Zertifikat im logischen Archiv aktivieren

3. Auf der Registerkarte **Assigned Archives** unten aktivieren Sie das Content Repository, indem Sie das Kontextmenü öffnen und den Eintrag **Enable** wählen.

Nachdem Sie diese Einstellungen vorgenommen haben, kann im Content Repository S4 der Content aus dem SAP-System per SAP ArchiveLink im OpenText Archive Server und dem angeschlossenen Storage abgelegt werden.

### Archivierung von Dokumenten aus SAPoffice und dem Dokumentenverwaltungssystem

Für die Ablage von Dokumenten aus dem Dokumentenverwaltungssystem (DVS) oder von SAPoffice-Dokumenten habe ich Ihnen in Abschnitt 5.1.2, »Customizing der SAPoffice-Ablage«, die Einstellungen gezeigt, die im SAP-System vorgenommen werden müssen. Wir haben dazu ein Content Repository `ZDMS` in der Transaktion OAC0 angelegt. (Für ein Content Repository, das nicht mit SAP ArchiveLink verwendet werden soll, kann der Name mehr als zwei Stellen lang sein.) Dieses Content Repository muss nun auch im OpenText Archive Server eingerichtet werden:

1. In der *Microsoft Management Console* (MMC) des OpenText Archive Servers wählen Sie dazu **Archives • Original Archives**.
2. Öffnen Sie das Kontextmenü, und wählen Sie den Eintrag **New Archive ...**
3. Richten Sie das Content Repository mit den Werten aus Tabelle 9.4 ein (siehe Abbildung 9.21).

| Feld | Beschreibung |
|---|---|
| **Archive Name** | ZDMS |
| **Description** | frei zu wählende Beschreibung |

**Tabelle 9.4** Werte zur Einrichtung des Content Repositorys für SAPoffice- und DVS-Dokumente

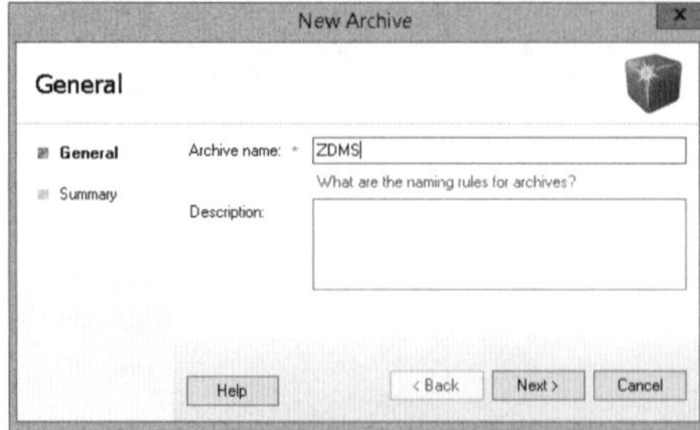


**Abbildung 9.21** Einrichten eines neuen Content Repositorys ZDMS

Die weiteren Einstellungen unterscheiden sich nicht von den Schritten zur Einrichtung des Content Repositorys für SAP-Archive-Link-Dokumente, die ich in den vorangegangenen Abschnitten beschrieben habe:

1. Disk Buffer und Disk Volume einrichten
2. Storage einrichten
3. Pool einrichten
4. SAP-Server-Verbindung und SAP Gateway einrichten
5. logisches Archiv dem SAP-System zuweisen

Nachdem Sie diese Einstellungen vorgenommen haben, kann im Content Repository ZDMS Content aus dem SAP-System über den Knowledge Provider (KPro) abgelegt werden.



## 9.3 SAP Content Server und SAP Archiving by OpenText im Vergleich

Der SAP Content Server wird in vielen Unternehmen als Alternative zu einem externen Archivsystem wie SAP Archiving by OpenText eingesetzt. In Abschnitt 9.2 habe ich bereits darauf hingewiesen, dass das Lösungspaket SAP Archiving nicht nur einen Server für die Archivierung beinhaltet. Im Gegensatz zum SAP Content Server werden mit SAP Archiving zusätzlich Schnittstellen zu Scanclients sowie NAS-, CAS- und Cloud-Storages zur Verfügung gestellt. Professionelle Viewer-Software ermöglicht außerdem die Hinterlegung von Notizen und Annotationen zu den abgelegten Dokumenten. Der Funktionsumfang unterscheidet sich aber deutlich von dem des SAP Content Servers, weshalb ich hier eine Gegenüberstellung bereitstelle.

**SAP Content Server 6.50**

SAP hat die Funktionen des SAP Content Servers mit Release 6.50 weiter verbessert. Folgende neue Funktionen wurden mit SAP Content Server 6.50 ausgeliefert:

- Der Upload/Download von Dateien mit einer maximalen Größe von 30 GB ist nun möglich (vorher waren nur 2 GB erlaubt). Der OpenText Archive Server ist mit bis zu 100 GB getestet worden (Datenarchivierung).
- Benutzername und Passwort des SAP-Datenbankbenutzers werden nun im Format Secure Store and Forward (SSF) DAT gespeichert und nicht mehr offen in der Konfigurationsdatei.

**Nicht für Langzeitarchivierung**

Im aktuellen Installationsguide empfiehlt SAP die Nutzung des SAP Content Servers nicht für die Langzeitarchivierung, sondern ausschließlich für die kurzfristige Ablage von Dokumenten:

> *»This provides the required technical infrastructure for all document-oriented applications and business scenarios that do not require long-term archiving.«*

**Funktionsvergleich**

Vergleicht man die Funktionen der beiden Ablagesysteme, wird deutlich, dass ein Großteil der Funktionen des OpenText Archive Servers nicht vom SAP Content Server abgedeckt werden. In Abbildung 9.22 sind die einzelnen Funktionsbereiche der beiden Server einander gegenübergestellt.

Für den Einsatz in einem Umfeld, in dem nicht mehr als nur ein paar Dateien abgelegt werden sollen, die zudem nicht der Langzeitarchivierungspflicht unterliegen, ist der SAP Content Server eine gute Alternative zu den Angeboten anderer Hersteller.

| | | | |
|---|---|---|---|
| Ablegen und Aufrufen von Content | Langzeitarchivierung | ILM-WebDAV-Schnittstelle | |
| Caching und Cache Server | Signaturen und Zeitstempel | Single-Instance-Archivierung | |
| SSL und SecKeys | Retention | Monitoring | |
| Known-Server-Konzept | Backup | Komprimierung | |
| Storage-Virtualisierung | Hochverfügbarkeit | Verschlüsselung | OpenText Archive Server |
| Archivierung hoher Volumen | Unterstützung großer Dateien | Notizen und Annotationen | SAP Content Server |

**Abbildung 9.22** Funktionen von SAP Content Server und OpenText Archive Server im Vergleich

Beim Einsatz einer integrativen ECM-Lösung, wie z. B. der OpenText Content Suite, SAP Extended ECM oder SAP Document Access, sowie bei der Integration von Scanclients und Massenarchivierung ist der Einsatz von SAP Archiving sinnvoller. Dies gilt auch bei der Integration von SAP-Cloud-Lösungen in das ECM. Je nach Szenario ist die Nutzung von SAP Archiving sogar verpflichtend.

Kapitel 10

# Output Management mit SAP Document Presentment by OpenText

*In diesem Kapitel stelle ich Ihnen das OpenText-Werkzeug für den Bereich Output Management vor, SAP Document Presentment by OpenText.*



Mit SAP Document Presentment liefert OpenText ein ECM-Werkzeug, das im Bereich des Output Managements des ECM-Modells anzusiedeln ist (siehe Abbildung 10.1).

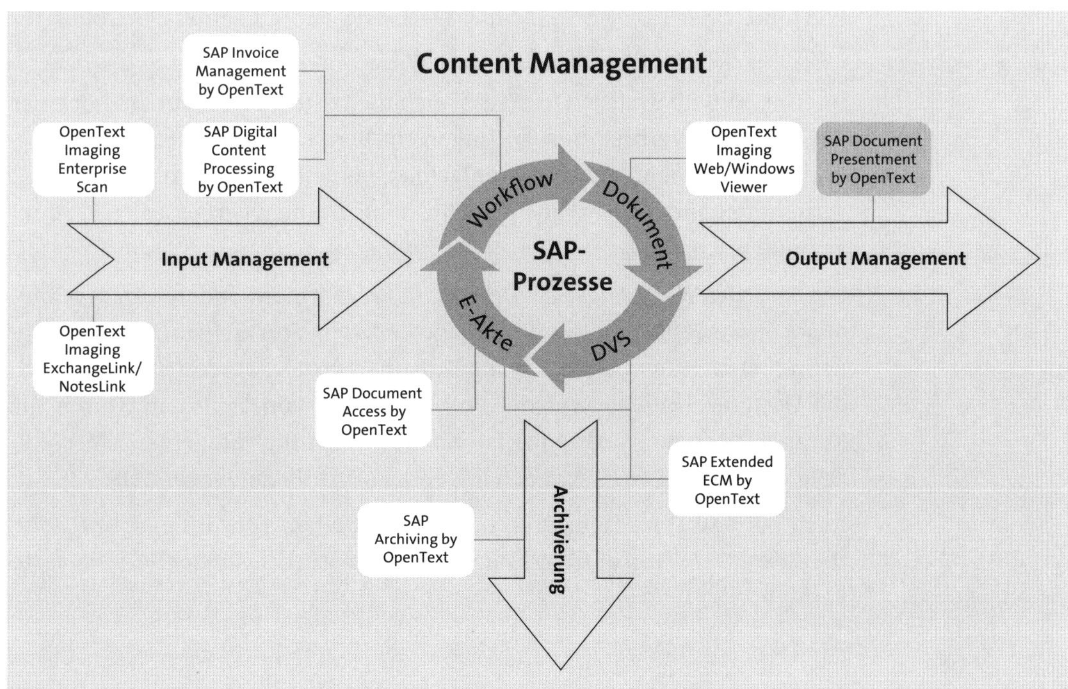


**Abbildung 10.1** OpenText-Werkzeug im Bereich Output Management

Beim Output Management geht es nicht nur um den Druck von Dokumenten, sondern auch um die Unterstützung von Geschäftsprozessen. Die Vereinheitlichung der ausgehenden Korrespondenz beispielsweise ist für den öffentlichen Auftritt eines Unternehmens (Cooperate Identity) ein wichtiger Punkt. Anhand eines Beispiels möchte ich Ihnen in diesem Kapitel einige, wenn auch nicht alle Möglichkeiten von SAP Document Presentment by OpenText aufzeigen und Ihnen einen Überblick über die technische Implementierung dieses Werkzeugs vermitteln.

**Historie von SAP Document Presentment**

Im Jahr 2010 wurde die Partnerschaft zwischen SAP und dem Hersteller der Lösung *StreamServe* bekannt gegeben. Zu diesem Zeitpunkt wurde StreamServe als präferiertes System für das Output Management in die SAP-Preisliste aufgenommen und wurde unter der Bezeichnung *Document Presentment for SAP Solutions* geführt. Für eine tiefere Integration in die SAP-Lösungen wurde zusätzlich das Werkzeug *OpenText Document Presentment Live* entwickelt. Dieses Werkzeug ermöglicht die Erstellung von Dokumenten direkt aus dem SAP-System unter Nutzung der in StreamServe definierten Dokumentvorlage.

Im gleichen Jahr übernahm OpenText StreamServe und integrierte damit eines der bekanntesten Systeme für das Output Management in das eigene Portfolio. OpenText vertreibt das Werkzeug als Teil seines Portfolios für *Customer Communications Management* (CCM).

Im Juni 2016 übernahm OpenText auch die Lösung HP Exstream, eine der am weitesten verbreiteten Lösungen im Bereich Customer Communications Management. OpenText entschied, beide Lösungen miteinander zu verheiraten und die Stärken beider Systeme in einem verbesserten Produkt zu nutzen.

Die Basis des Werkzeugs SAP Document Presentment bilden nun der *Communications Builder* sowie das Designwerkzeug *StoryTeller*. Diese Komponenten stammen aus der Lösung StreamServe. Sie werden ergänzt durch die Designwerkzeuge und die Prozess-Engine von Exstream. Durch die Kombination der Werkzeuge ist ein noch leistungsfähigeres CCM-Werkzeug entstanden, das ich in den folgenden Ausführungen vorstelle.

Auch bei SAP Document Presentment handelt es sich um eine *SAP Solutions Extension*, und das Werkzeug ist somit natürlich auf der SAP-Preisliste verfügbar.

## 10.1 Einführung in die Funktionsweise von SAP Document Presentment

SAP Document Presentment ist nicht nur ein einfaches Output-Management-System, sondern eine umfangreiches Werkzeug für die Verwaltung des gesamten Lebenszyklus eines ausgehenden Dokuments.

Die Schwerpunkte von SAP Document Presentment sind folgende Aufgaben (siehe Abbildung 10.2):

Anwendungsbereiche

- **Document Composition**
  Die *Dokumentgestaltung* (Document Composition) wird durch SAP Document Presentment vereinfacht und zentralisiert. Der Aufbau eines Dokuments wird zentral definiert. Hierfür wird je Dokumententyp eine Dokumentvorlage (*Document Template*) für die relevanten Ausgangskanäle erstellt. Die definierten Regeln ermöglichen die Personalisierung des Dokumenten-Outputs. Hierdurch ist die Verwendung von verschiedenen Logos, Fußzeilen und Texten möglich.

  Die *Dokumentinhalte* werden durch einen Mitarbeiter aus dem Fachbereich definiert und in SAP Document Presentment hinterlegt. Einzelne Bereiche können auch so definiert werden, dass diese während des Prozesses bearbeitet werden können.

- **Document Process Automation**
  Die Automatisierung der Dokumentenprozesse ist ein weiterer Schwerpunkt von SAP Document Presentment. Die Daten aus den Vorsystemen werden an SAP Document Presentment übergeben und nach einem hinterlegten Prozessablauf verarbeitet. Während des Dokumentenprozesses können die Dokumente individualisiert werden. Dabei kann auch ein *Live Review* durchgeführt werden, bei dem das Dokument vor der finalen Ausgabe geprüft und gegebenenfalls sogar ergänzt werden kann. Müssen bestimmte Dokumente vor der Ausgabe freigegeben werden, kann ein Freigabeprozess implementiert werden.

- **Enterprise Document Presentment**
  Für die Dokumente können mehrere verschiedene Output-Ströme erzeugt werden. Die ausgehenden Dokumente können somit simultan über unterschiedliche Kanäle an die Empfänger übermittelt werden.

Integration

Für die Integration der Vorsysteme stehen Standardschnittstellen zur Verfügung. Dadurch können verschiedene Systeme, unter anderem SAP ERP, SAP Customer Relationship Management (SAP CRM) und Nicht-SAP-Systeme, mit SAP Document Presentment integriert werden. Durch die Integration werden die gleichen Dokumentvorlagen für die Dokumenterstellung verwendet, egal, für welches System ein ausgehendes Dokument erstellt werden soll.

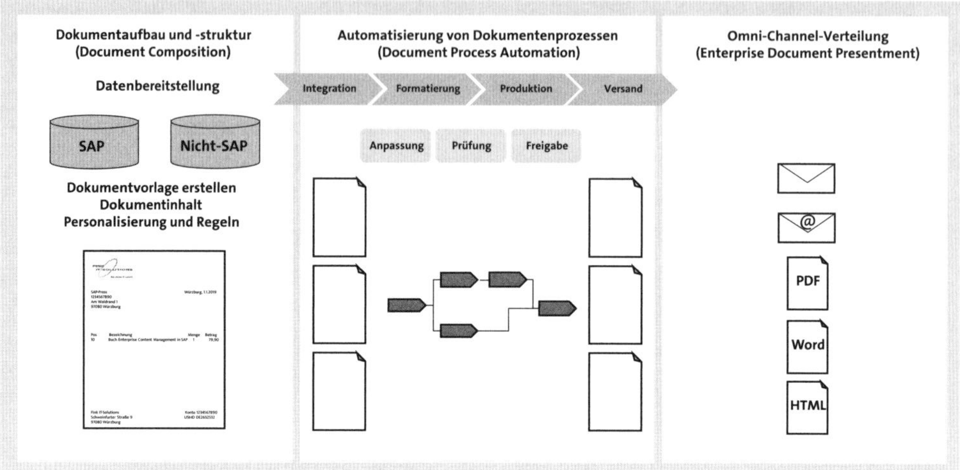


Abbildung 10.2 Funktionsbereiche von SAP Document Presentment

**Rollen in SAP Document Presentment**

Mit SAP Document Presentment arbeiten verschieden Rollen im Unternehmen an der Definition und Erstellung einer Dokumentvorlage. Hierzu zählen die in Abbildung 10.3 dargestellten Rollen:

- Die *IT* definiert den Prozess und die Prozessintegration.
- Der *Designer* definiert das Dokumentenlayout.
- Der *Redakteur* definiert die Dokumentinhalte und legt eine neue Dokumentvorlage an (ein sogenanntes *Theme*).

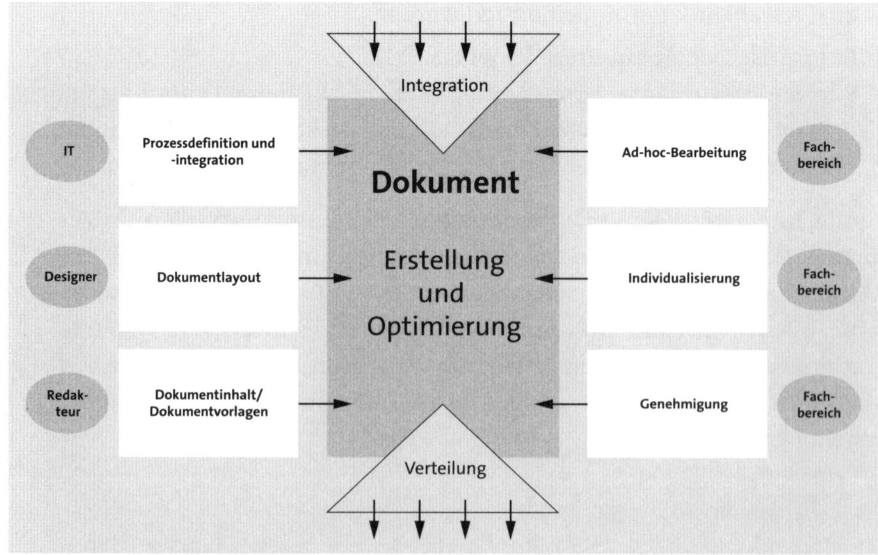


Abbildung 10.3 Rollen für die Erstellung und Optimierung von Dokumenten in SAP Document Presentment

Zur Laufzeit kann der Fachbereich weitere Optimierungen am Dokument durch die Ad-hoc-Bearbeitung und Individualisierung des Dokuments vornehmen. Möglich ist auch, dass das Dokument erst nach der Genehmigung endgültig dem Kommunikationskanal übergeben wird.

**Add-on for Business Correspondence**

Neben der Lösung SAP Document Presentment wird die Erweiterung *SAP Document Presentment, Add-on for Business Correspondence* angeboten. Das Add-on ermöglicht es SAP-Anwendern, die Korrespondenz während des Geschäftsprozesses direkt über das SAP GUI zu bearbeiten oder einen personalisierten Brief oder eine E-Mail an einen Empfänger zu schreiben. Das Layout und die Formatierung werden zentral von SAP Document Presentment zur Verfügung gestellt.

**OpenText Exstream**



Mit SAP Document Presentment können ausgehende Dokumente, die in verschiedenen Vorsystemen generiert werden, prozessiert werden. Hinter SAP Document Presentment steht das System *OpenText Exstream*. OpenText Exstream kann verschiedene eingehende Formate verarbeiten und das ausgehende Dokument entsprechend den hinterlegten Regeln mit zentral erstellten Vorlagen in ein einheitliches Layout überführen. Ausgehende Dokumente können in verschiedenen Formaten erstellt und über verschiedenste Kanäle versendet oder verarbeitet werden. Auch die Echtzeitgenerierung von Dokumenten, inklusive der direkten Bearbeitung der Texte, ist aus dem SAP-System heraus möglich.

**Mögliche Formate**

In Abbildung 10.4 ist das Zusammenspiel zwischen SAP Document Presentment und den Vorsystemen dargestellt. Es gibt diverse Möglichkeiten der Verarbeitung und mögliche Formate:

- **OTF**
  Output Text Format wird standardmäßig als Format für die Ausgabe von SAPscript-Formularen und Smart Forms verwendet.
- **RDI**
  Raw Data Interface ist eine SAPscript-Rohdatenschnittstelle und enthält alle Daten der SAP-Formulare, aber keine Layoutinformationen wie Schrifttyp oder Seitengröße.
- **XSF**
  XML for Smart Forms ist ein XML-Schema, um Inhalte eines Formulars auszugeben. XSF enthält keine Layoutinformationen.
- **XFP**
  XFP ist eine XML-Schnittstelle für PDF-basierte Formulare. XFP enthält keine Layoutinformationen.
- **IDoc**
  Das Intermediate Document ist ein Datenaustauschformat von SAP mit einer definierten Datenstruktur.

- **XML**
  Die Extensible Markup Language strukturiert Daten in hierarchischer Form.
- **CSV**
  Die CSV-Datei (Comma-Separated Values) enthält einfach strukturierte Daten.
- **JDBC**
  Java Database Connectivity ist eine Datenbankschnittstelle der Java-Plattform.
- **JMS**
  Java Message Service enthält grundlegende Befehle zum Senden und Empfangen von Nachrichten.

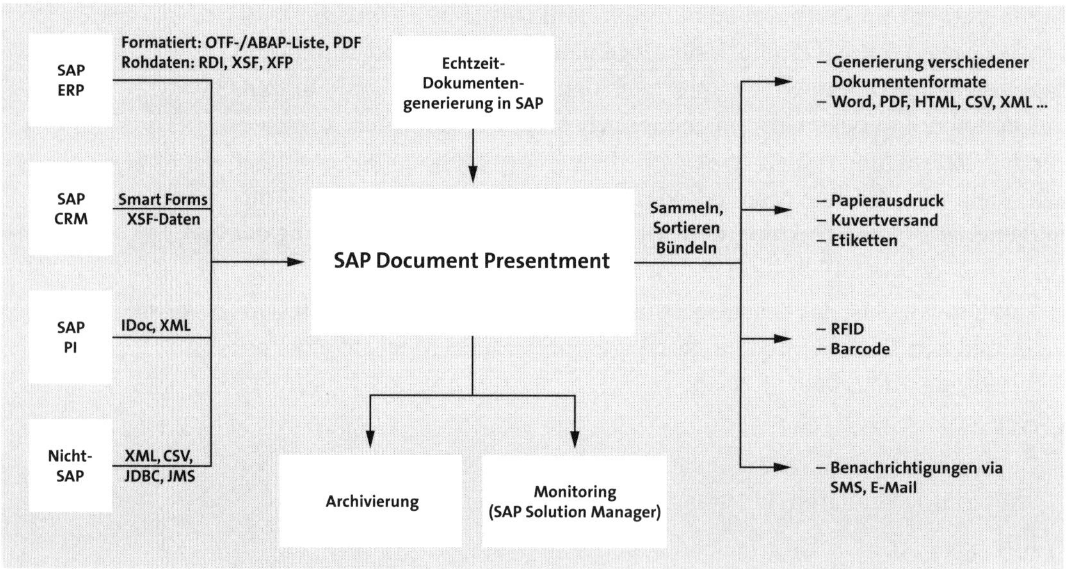


**Abbildung 10.4** Mögliche Vorsysteme und Formate in SAP Document Presentment

**Komponenten von OpenText Exstream**

In Abbildung 10.5 sind die Komponenten von OpenText Exstream dargestellt:

- Die Benutzer werden mit den *OpenText Directory Services* (OTDS) verwaltet. Die OTDS ermöglichen auch die Integration und Komposition der Benutzerkonten von verschiedenen angebundenen Systemen, wie z. B. SAP ERP.
- Die Benutzer können die Dokumentvorlagen mit verschiedenen *Desktop-Anwendungen* erstellen und verwalten. Der Communications Buil-

der ist die zentrale Clientanwendung für die Konfiguration der Prozesse, der StoryTeller das zentrale Tool für das Design der Dokumentvorlagen.

- Für die *Webanwendungen* (Workshop, Supervisor, Control, Story Board) können Dokumentinhalte bereitgestellt werden (z. B. Logos). Die Benutzer können interaktiv zur Laufzeit an den Dokumentinhalten arbeiten. Dieser Prozess wird durch den *Retouch Editor* unterstützt.
- Die *Shared-Service-Komponenten* integrieren die Exstream-Technologien in den Communications Server. Der Communications Server setzt die eingehenden (Input-)Informationen und Strukturen in die ausgehenden (Output-)Informationen und Strukturen um.
- Der *OpenText Exstream Communications Server* definiert Folgendes:
  - wie die Daten (z. B. Formulardaten) aus dem vorgeschalteten System empfangen werden (Input Connector)
  - wie die Daten transformiert werden (Filter)
  - wie der Output aus der Engine transformiert wird (Filter)
  - wie der Output letztendlich übertragen wird (Output Connector)

10

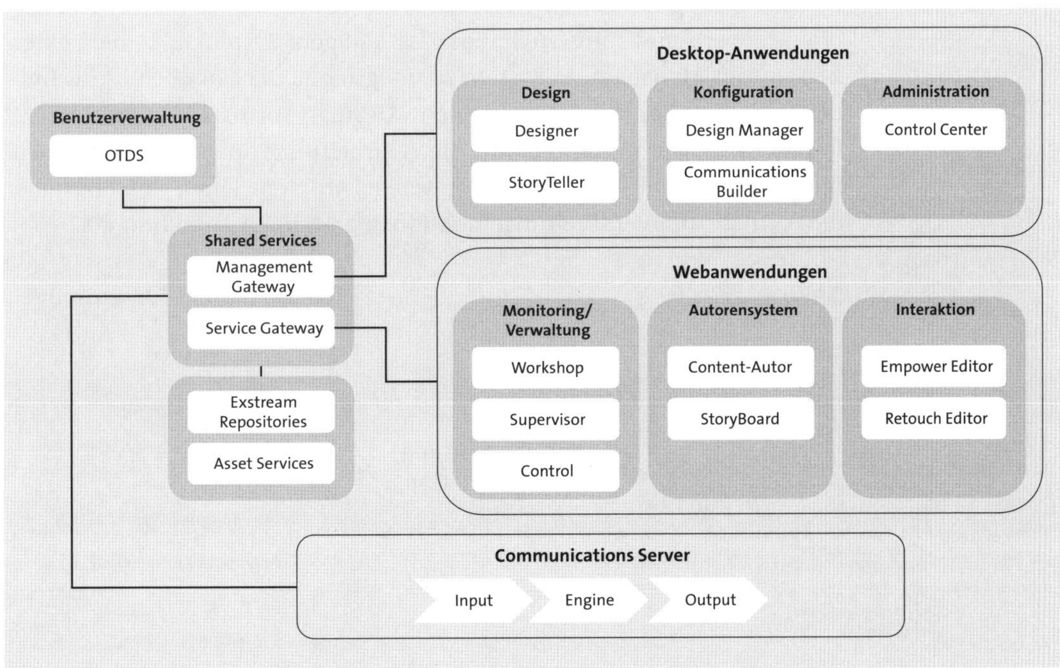


**Abbildung 10.5** Architektur von OpenText Exstream

**Communications Server**

Der OpenText Exstream Communications Server besteht aus der Communication Engine, der Exstream Engine und dem StoryTeller. Diese Engines verarbeiten den Daten-Input und transformieren diesen in das Output-Format entsprechend der vorgenommenen Einstellungen und definierten Regeln (siehe Abbildung 10.6).

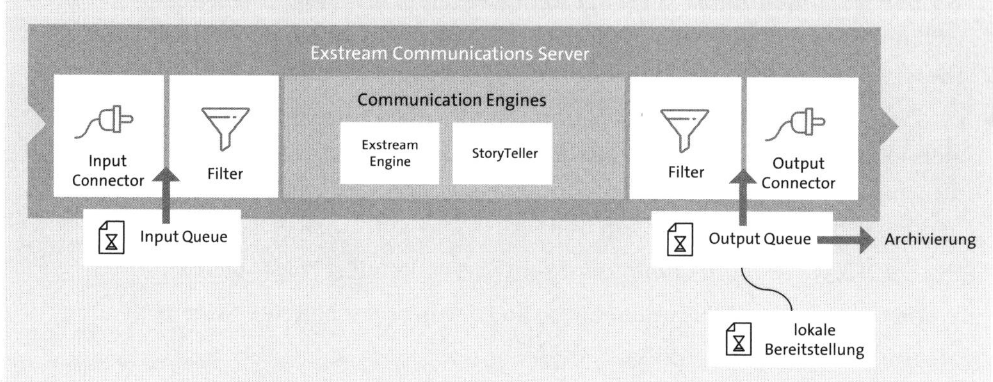


**Abbildung 10.6** OpenText Exstream Communications Server

**SAP External Output Management**

Die Integration mit *SAP External Output Management* (BC-XOM) unterstützt die Einbindung verschiedener Dokumententechnologien. BC-XOM ist eine offene generische Schnittstelle, um das SAP-Spool-System mit einem externen Output-Management-System zu integrieren. Die Dokumententechnologien sind die Formulartechnologien SAP Smart Forms, SAPscript und SAP Interactive Forms by Adobe sowie die Verarbeitung von Intermediate Documents (IDocs) und anderen elektronischen Formaten. Einen Überblick über die Formate und Verarbeitungsfunktionen gibt Ihnen Abbildung 10.7.

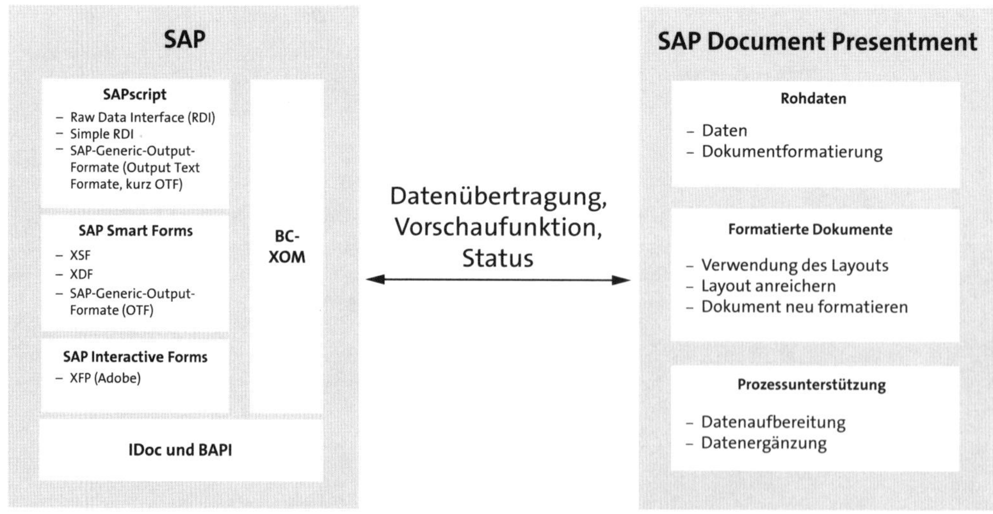


**Abbildung 10.7** Integration der Fomulartechnologien und Schnittstellen von SAP und SAP Document Presentment

## 10.2 Anwendungsszenarien für SAP Document Presentment

In Tabelle 10.1 sehen Sie einen Ausschnitt der möglichen Szenarien für den Einsatz von SAP Document Presentment im Zusammenspiel mit SAP ERP. Für einige dieser Szenarien werden Webanwendungen auf Basis der Web-Dynpro- oder SAPUI5-Technologie bereitgestellt. Für andere wird die Weboberfläche von OpenText Exstream (*Exstream Web UI*) verwendet, oder sie sind als Workflow im SAP-System implementiert. Im Folgenden beschreibe ich die Szenarien für die Bearbeitung von Live Letters, die Druckausgabe und die Kundenkorrespondenz. Die einzelnen Szenarien können im Customizing konfiguriert werden.

| Szenario | Web-Dynpro-Anwendung | | SAPUI5-Anwendung | | | | Exstream Web UI | SAP-Workflow | |
|---|---|---|---|---|---|---|---|---|---|
| Integration | SAP ERP via URL | SAP ERP via GOS | SAP Fiori | SAP C/4HANA | GOS in SAP GUI | URL | URL | SAP GUI | SAP Business Client |
| Live Letters | X | X | X | X | X | X | – | – | – |
| Live Review | – | – | – | – | – | – | X | – | – |
| Approval Workflow | – | – | – | – | – | – | – | X | X |

**Tabelle 10.1** Konfigurationsszenarien zur Anwendung von SAP Document Presentment

### 10.2.1 Bearbeitung von Live Letters

*Live Letters* sind Dokumente, die direkt aus dem SAP-System heraus erstellt werden können. Für die Bearbeitung dieser Dokumente wird eine Web-Dynpro-Oberfläche bereitgestellt, die über die generischen Objektdienste (GOS) in SAP ERP integriert werden kann. Daneben kann für dieses Szenario das Exstream Web UI verwendet werden.

### 10.2.2 Druckausgabe von SAP-Formularen

Die Ausgabe von Dokumenten kann mit SAP Document Presentment komplett im Hintergrund erfolgen, vergleichbar mit einem Druck von Smart Forms, SAPscript-Formularen oder Adobe Forms. In diesem Fall wird SAP Document Presentment als zentrale Instanz für die Erstellung der Druckformulare verwendet, und es gibt eine einheitliche Dokumentvorlage für alle Druckströme. Dabei können Regeln hinterlegt werden, nach denen bestimmte Informationen auf die Formulare aufgedruckt werden, wie Werbung, Bilder, Firmenlogo etc. Welche Regeln angewendet werden, können Sie abhängig von bestimmten Eigenschaften des Geschäftskontakts oder des Vorgangs definieren.

**Druckausgabeschnittstelle**

Im Fall der Druckausgabe wird die BC-XOM-Schnittstelle verwendet, über die die Rückmeldung an das SAP-Spool-System erfolgt. Die Rückmeldung wird über den *Delivery Manager*, eine Komponenten von SAP Document Presentment, bereitgestellt.

**Formular drucken**

Im folgenden Beispiel zeige ich Ihnen, wie Sie ein Druckformular im SAP-System mit SAP Document Presentment erstellen. Bei dem Druckformular handelt es sich um den Verkaufsbeleg. Dazu verwendet das System eine konfigurierte Dokumentvorlage:

1. Öffnen Sie die Transaktion VA01 (Verkaufsbeleg anlegen).
2. Geben Sie die Organisationsdaten ein, um den Verkaufsbeleg einer Verkaufsorganisation zuzuordnen (siehe Abbildung 10.8).

**Abbildung 10.8** Anlegen eines Verkaufsbelegs in Transaktion VA01

3. Nach dem Bestätigen der Eingaben in der Maske **Verkaufsbeleg anlegen** öffnet sich der Verkaufsbeleg. Geben Sie auf der Registerkarte **Verkauf** die Auftragsdaten an (exemplarische Daten sehen Sie in Abbildung 10.9).
4. Speichern Sie Ihre Angaben.

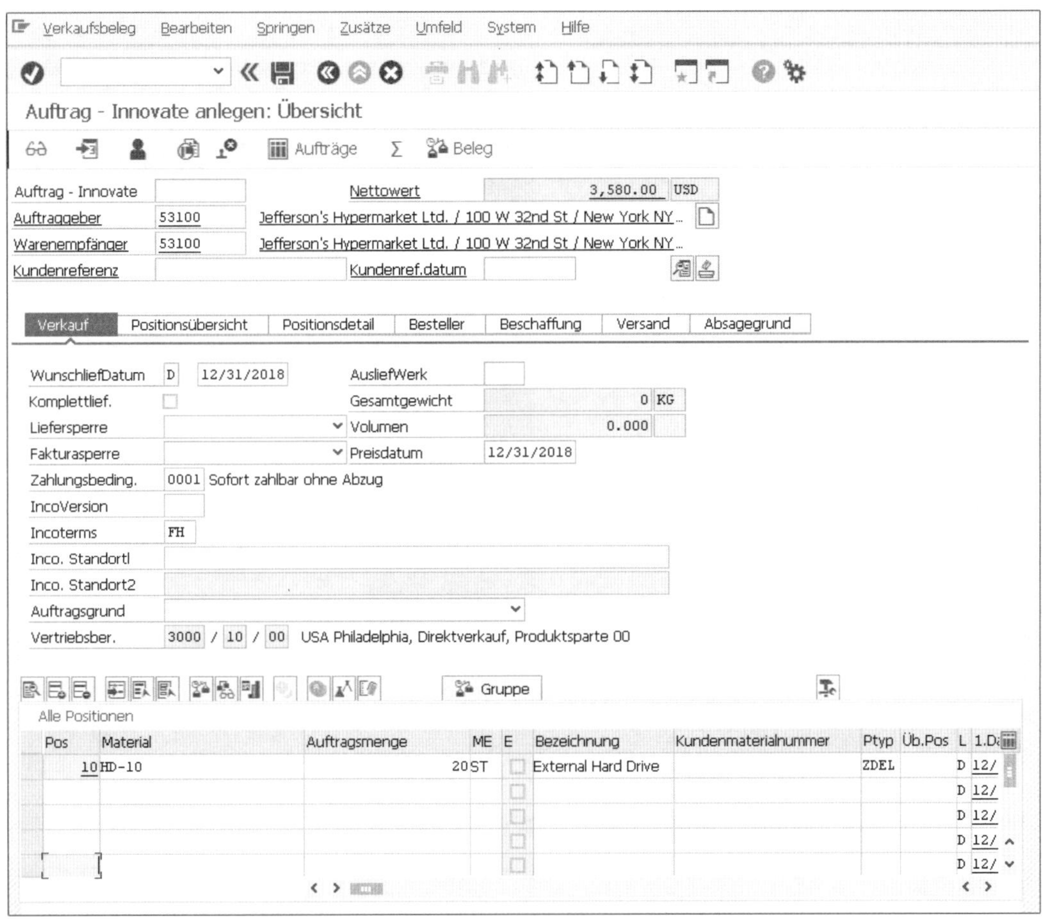


**Abbildung 10.9** Auftragsdaten für den Verkaufsbeleg

5. Nach der Erstellung des Verkaufsbelegs werden die Druckdaten an den OpenText Exstream Communications Server übergeben. Das Dokument wird erstellt, an den Verkaufsbeleg geknüpft und per SAP ArchiveLink im Ablagesystem (z. B. OpenText Archive Server) ablegt.

**Dokument aufrufen**

Das vorgestellte Szenario muss im Rahmen des Customizings eingerichtet werden. Das generierte Dokument können Sie über die Anlagenliste der generischen Objektdienste öffnen. Sie sehen es in Abbildung 10.10. In diesem Fall wurde in der verwendeten Dokumentvorlage definiert, dass das Fomular oben rechts das Firmenlogo anzeigen soll und links ein Foto der verantwortlichen Kundenservicemitarbeiterin. Unten auf dem Formular soll ein Werbebanner gedruckt werden. Wie Sie eine Dokumentvorlage entsprechend einrichten, zeige ich in Abschnitt 10.3, »Einrichtung und Customizing von SAP Document Presentment«.

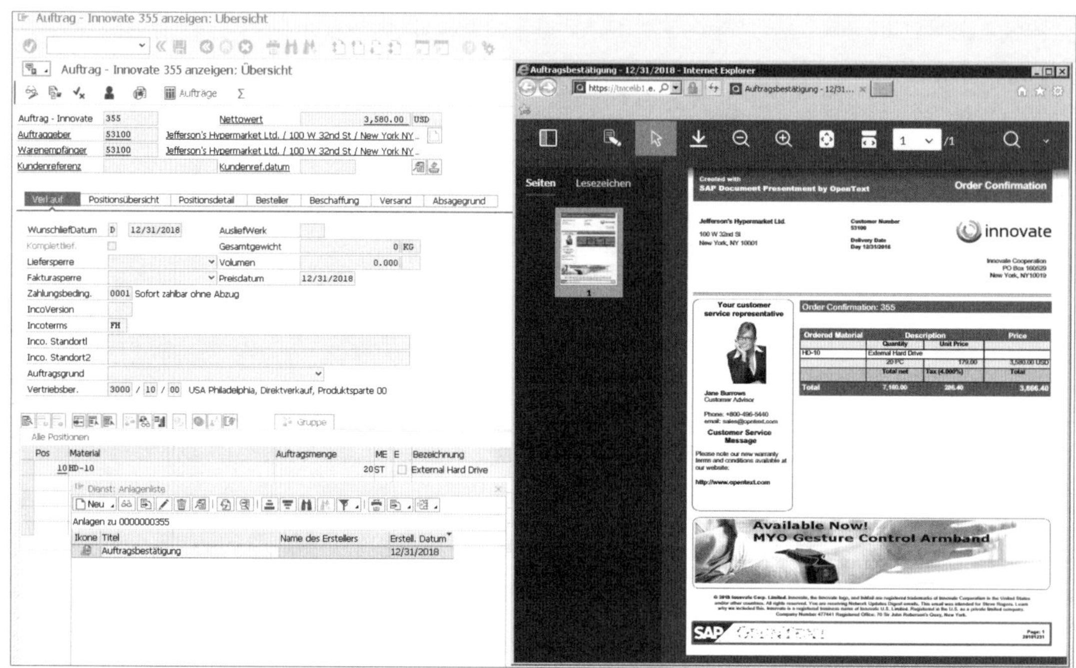


Abbildung 10.10 Anzeige des Druckformulars nach Erstellung des Verkaufsbelegs

### 10.2.3 Kundenkorrespondenz bearbeiten

Für die Kundenkorrespondenz stehen Ihnen mit SAP Document Presentment eine Web-Dynpro-Oberfläche oder das Exstream Web UI als Alternativen zur Verfügung. Beide stelle ich Ihnen im Folgenden vor.

#### Web-Dynpro-Oberfläche für die Kundenkorrespondenz

OpenText Document Presentment Live

In einem vereinfachten Beispiel möchte ich Ihnen die Möglichkeiten der Echtzeitbearbeitung von Dokumenten erläutern. Dazu wird die Zusatzsoftware OpenText Document Presentment Live verwendet. Es geht um Dokumente, die im Rahmen der Kundenkorrespondenz im SAP-System erstellt und an den Kunden (Debitor) übermittelt werden. Die folgenden Schritte können nach erfolgreicher Einrichtung von OpenText Document Presentment Live durchgeführt werden.

Im folgenden Fall des Live Reviews erfolgt eine synchrone Kommunikation mit dem SAP-System über Webservices. Eine Rückmeldung von SAP Document Presentment an das SAP-Spoolsystem erfolgt nicht.

Die folgende Anleitung zeigt Ihnen, wie Sie im Rahmen eines Verkaufsprozesses ein Kundenanschreiben aus dem SAP-System heraus erstellen können:

1. Öffnen Sie die Transaktion XD03 (Debitor anzeigen).
2. Selektieren Sie einen Debitorenstamm, indem Sie die entsprechende Debitorennummer eingeben.
3. Öffnen Sie das Menü der generischen Objektdienste (), und wählen Sie den Eintrag **OpenText Document Presentment Live** (siehe Abbildung 10.11). Dieser Eintrag muss im Rahmen des Customizings eingerichtet werden, wie in Abschnitt 10.3, »Einrichtung und Customizing von SAP Document Presentment«, beschrieben.

10

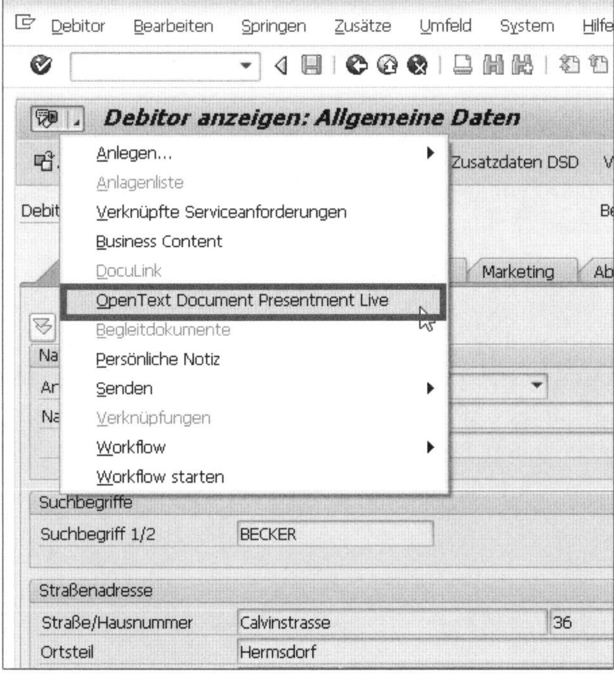


**Abbildung 10.11** OpenText Document Presentment Live über die generischen Objektdienste aufrufen

4. Nach dem Starten von OpenText Document Presentment Live wird eine Web-Dynpro-Anwendung geöffnet.
5. Über die Web-Dynpro-Anwendung können Sie die Dokumentvorlage für das Kundenanschreiben auswählen (hier `th_Customer_Letter`, siehe Abbildung 10.12). Klicken Sie anschließend auf **Next**.

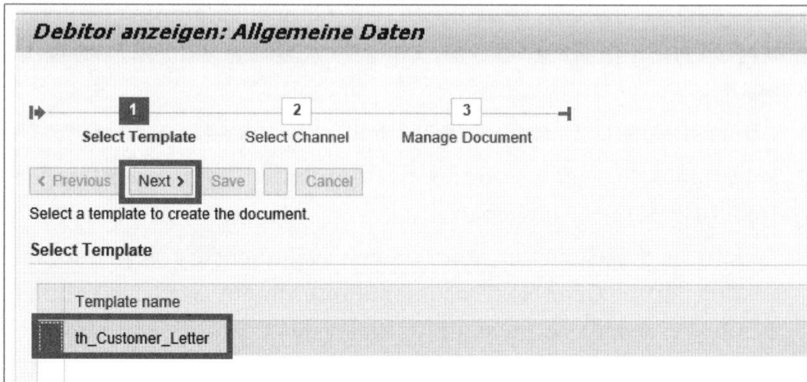


**Abbildung 10.12** Auswahl der Dokumentvorlage in der Web-Dynpro-Anwendung

[»]

**Alternative Weboberflächen**

Die Integration von SAP Document Presentment kann auch über SAP Fiori oder andere Webapplikationen erfolgen (z. B. Cloud-Lösungen, wie in Kapitel 12, »Enterprise Content Management in SAP-Cloud-Lösungen«, beschrieben).

6. Im nächsten Schritt wird der Output-Kanal ausgewählt, der definiert, wie nach der Erstellung des Dokuments mit dem Dokument umgegangen werden soll. Hier bietet SAP Document Presentment sehr viele unterschiedliche Möglichkeiten. Einige Beispiele sind:
   - dezentraler oder zentraler Druck
   - E-Mail
   - Dateiablage
   - Archivierung
   - Versand als HTML-Dokument
   - Versand als PDF-Dokument
   - Faxversand

   Wählen Sie im Schritt **Select Channel** im Auswahlmenü **Channel** z. B. den Kanal **Create and Display PDF** aus (siehe Abbildung 10.13).
7. Danach wird Ihnen eine Vorschau (*Preview*) des erzeugten Dokuments angezeigt (siehe Abbildung 10.14). In unserem einfachen Beispiel wurden die in Tabelle 10.2 aufgeführten Inhalte bei der Erstellung der Kundenkorrespondenz verwendet.

Debitor anzeigen: Allgemeine Daten

1 Select Template — 2 Select Channel — 3 Manage Document

< Previous | Next > | Save | Cancel

Select an output channel for the document.

Select Channel

Channel: Create and Display PDF

**Abbildung 10.13** Auswahl des Output-Kanals

| Inhalt | Beschreibung |
|---|---|
| Fink Customer Letter | fester Text |
| Logo | eingefügtes Bild |
| Debitorendaten | aus dem SAP-System bereitgestellt |

**Tabelle 10.2** Inhalte zur Erzeugung der Kundenkorrespondenz

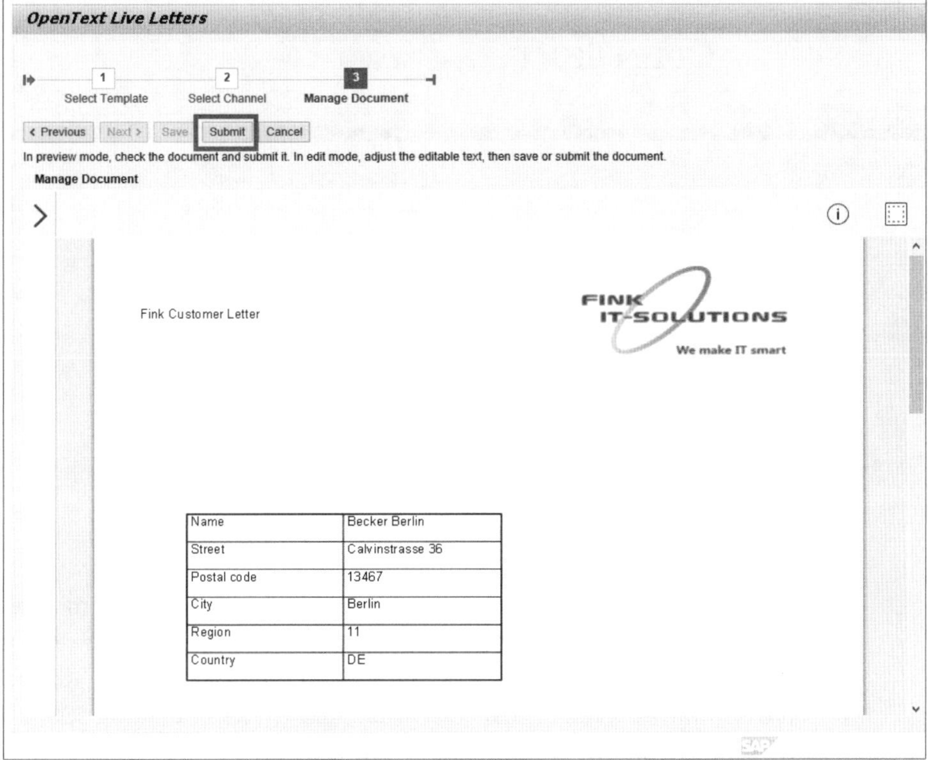


| Name | Becker Berlin |
|---|---|
| Street | Calvinstrasse 36 |
| Postal code | 13467 |
| City | Berlin |
| Region | 11 |
| Country | DE |

**Abbildung 10.14** Kontrolle und Bestätigung des Dokuments in der Vorschau

8. Nach einem Klick auf den Button **Submit** wird das Dokument über den gewählten Kanal übermittelt. In unserem Beispiel wird ein PDF erzeugt. Falls nur die Ablage als Kanal eingestellt wurde, wird das Dokument lediglich im Ablagesystem abgelegt.

Bei dem hier gezeigten Prozess handelt es sich um ein ganz einfaches Beispiel. Es sind viele weitere Umsetzungen des Szenarios möglich.

### Exstream Web UI für die Kundenkorrespondenz

Mit dem *OpenText Exstream Supervisor* können Sie ausgehende Dokumente auch außerhalb des SAP-Systems überwachen, prüfen und freigeben. Dieses Szenario ist interessant, wenn Sie mehrere Systeme betreiben und die Dokumente an zentraler Stelle freigeben möchten. Das *Exstream Web UI* ist eine Webanwendung, die über den Communications Server zur Verfügung gestellt wird. Auf dieser Oberfläche haben Sie zusätzlich zu den für die Web-Dynpro-Oberfläche gezeigten Möglichkeiten, die Option, sich weitere Informationen wie die Statistiken anzeigen zu lassen.

**Übersicht der erstellten Dokumente**

Die erstellten Dokumente werden im Exstream Web UI in Form einer Liste angezeigt, wie in Abbildung 10.15 dargestellt.

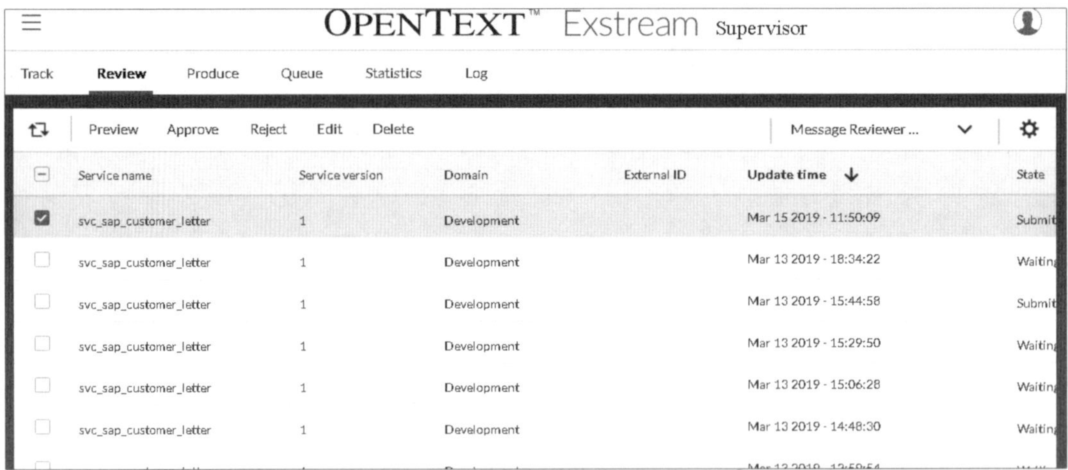


**Abbildung 10.15** Übersicht der erstellten Dokumente im Exstream Web UI

Um ein generiertes Dokument im Vorschaumodus zu öffnen, markieren Sie das Dokument in der Liste und wechseln auf die Registerkarte **Preview**. Die Vorschau mit den Funktionen Genehmigen (**Approve**), Ablehnen (**Reject**) und Abbrechen (**Cancel**) öffnet sich (siehe Abbildung 10.16). Ein Webservice übermittelt die Druckdaten dazu an SAP Document Presentment. Dort werden sie aufbereitet und versendet.

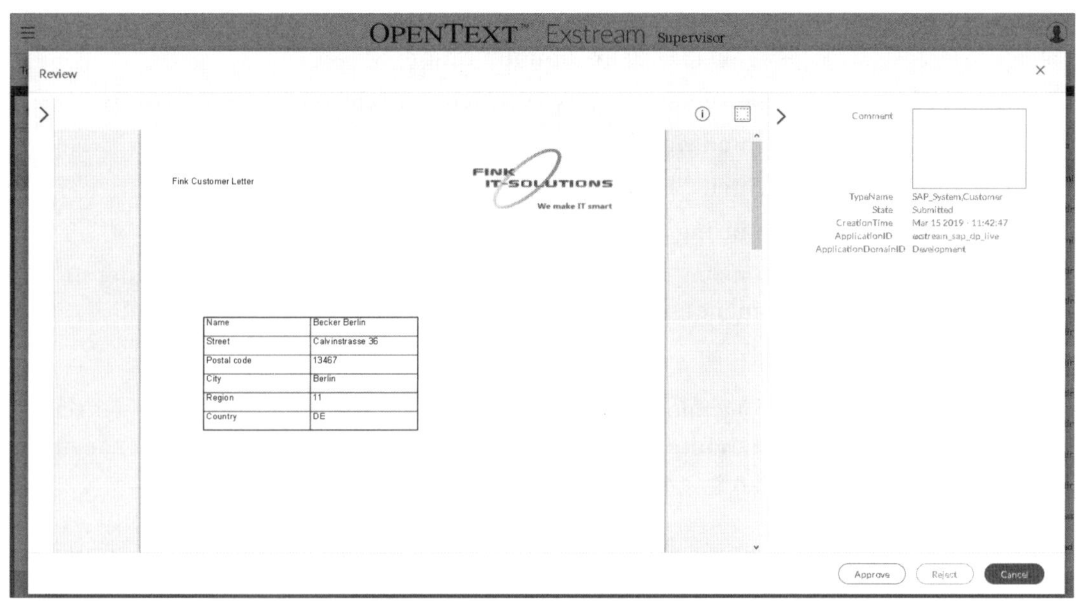


**Abbildung 10.16** Vorschau eines Dokuments im Exstream Web UI

## 10.3 Einrichtung und Customizing von SAP Document Presentment

In Abschnitt 10.2.3, »Kundenkorrespondenz bearbeiten«, habe ich ein Szenario beschrieben, bei dem die Generierung, Vorschau und Freigabe eines Formulars zur Kundenkorrespondenz direkt aus dem Debitorenstamm im SAP-System erfolgte. Die Bearbeitung erfolgt auf Basis des Live-Letter-Konzepts und einer Web-Dynpro-Anwendung, die im SAP-ERP-System über die generischen Objektdienste aufgerufen werden kann. Im Folgenden zeige ich Ihnen die notwendigen Einstellungen für die Bereitstellung von OpenText Document Presentment Live.

**Installations- und Konfigurationsschritte**

Zur Konfiguration von SAP Document Presentment sind mehrere Schritte notwendig. Die folgende Aufstellung verschafft Ihnen einen ersten Eindruck von den erforderlichen Schritten:

1. Installation und Konfiguration des OpenText Exstream Communications Servers und von SAP Document Presentment
2. Installation der SAP-Add-ons von SAP Document Presentment im SAP-ERP-System

3. Einrichten der Verbindung zwischen dem SAP-ERP-System und dem OpenText Exstream Communications Server
4. Erstellen eines Property Providers zur Selektion der Kundendaten
5. Einrichten einer Dokumentvorlage
6. Einrichten des OpenText Exstream Communications Servers
7. Customizing der SAP-Add-ons in SAP ERP
8. Customizing der generischer Objektdienste für den Absprung in SAP Document Presentment
9. Customizing des SAP-Spool-Systems (für die SAP-Druckausgabe)

In den folgenden Abschnitten zeige ich Ihnen, wie Sie bei den einzelnen Konfigurationsschritten vorgehen, oder verweise auf entsprechende Anleitungen im Knowledge Center von OpenText.

#### Installation und Konfiguration des OpenText Exstream Communications Servers

**Vorausgesetzte Komponenten**

Eine vollständige Anleitung zur Installation und Konfiguration der Serverkomponenten von OpenText Exstream würde den Rahmen dieses Buches sprengen. Deshalb wird für die weiteren Schritte davon ausgegangen, dass die folgenden Komponenten bereits installiert und konfiguriert sind:

- SAP Document Presentment
- OpenText Exstream Communications Builder
- OpenText Exstream Control Center
- OpenText Exstream Web

**Installationsanleitung für den OpenText Exstream Communications Server**

Die Installationsanleitungen für die genannten Komponenten sind im Knowledge Center von OpenText unter folgendem Link verfügbar: *http://s-prs.de/v652401*

#### Installation der Add-ons in SAP ERP

**SAP Add-ons**

In SAP ERP müssen Sie die folgenden Add-ons installieren:

- SAP Document Presentment
- OpenText Document Presentment Live

[«]

**Installationsanleitung für SAP Document Presentment und OpenText Document Presentment Live**

Die Installationsguides für SAP Document Presentment und OpenText Document Presentment Live finden Sie im Knowledge Center von OpenText unter folgenden Links:

- SAP Document Presentment: *http://s-prs.de/v652402*
- OpenText Document Presentment Live: *http://s-prs.de/v652403*

### Property Provider für die Kundendaten anlegen

**Property Provider**



Auf den Dokumenten der Kundenkorrespondenz wollen wir die Anschrift des Kunden aufdrucken. Die Datenbereitstellung erfolgt über die Implementierung eines *Property Providers*. Ein Property Provider ist eine ABAP-Klasse. OpenText liefert eine Beispielklasse aus, die Sie kopieren und bei Bedarf anpassen können. Diese Klasse heißt `/OTDPERP/CL_BP_DATA_PROVIDER`. In der Klasse wird das Business Application Programming Interface (BAPI) `BAPI_CUSTOMER_GETDETAIL` aufgerufen, das die Daten des in der Transaktion XD03 aufgerufenen Debitoren selektiert und an SAP Document Presentment überträgt.

### Verbindung einrichten

**Verbindung zum OpenText Communications Center**

Im SAP-ERP-System müssen die Verbindungen zum OpenText Communications Center eingerichtet werden. Hierfür sind zwei Schritte notwendig:

1. Konfiguration der Webservices
2. Customizing der Verbindungseinstellungen

**Konfiguration des Webservices**

Während der Installation der Add-ons für SAP Document Presentment im SAP-System (siehe Abschnitt »Installation der Add-ons in SAP ERP«) werden diverse Webservices bereitgestellt. Diese Webservices müssen gemäß dem Customizing Guide von OpenText noch konfiguriert werden. Im Folgenden zeige ich Ihnen, wie Sie bei der Konfiguration vorgehen. Die Vorgehensweise ist bei allen zu konfigurierenden Webservices gleich:

1. Öffnen Sie die Transaktion SOAMANAGER (SOA Management), und wechseln Sie auf die Registerkarte **Service Administration**.
2. Klicken Sie auf den Link **Web Service Configuration** (siehe Abbildung 10.17).
3. Im Bild **Web Service Configuration** selektieren Sie die relevanten Services für die Verbindung mit dem OpenText Exstream Communications

Server, indem Sie »/OTDP/*« im Feld **Object Name** mit der Variante **contains** eingeben. Das Sternchen ist hier ein Platzhalter für eine beliebige Anzahl von Zeichen. Starten Sie dann die Suche über den Button **Search** (siehe Abbildung 10.18).

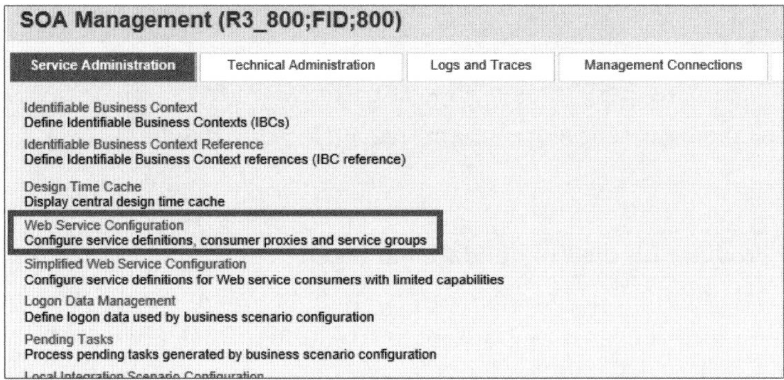


**Abbildung 10.17** Webservice im SOA Management konfigurieren

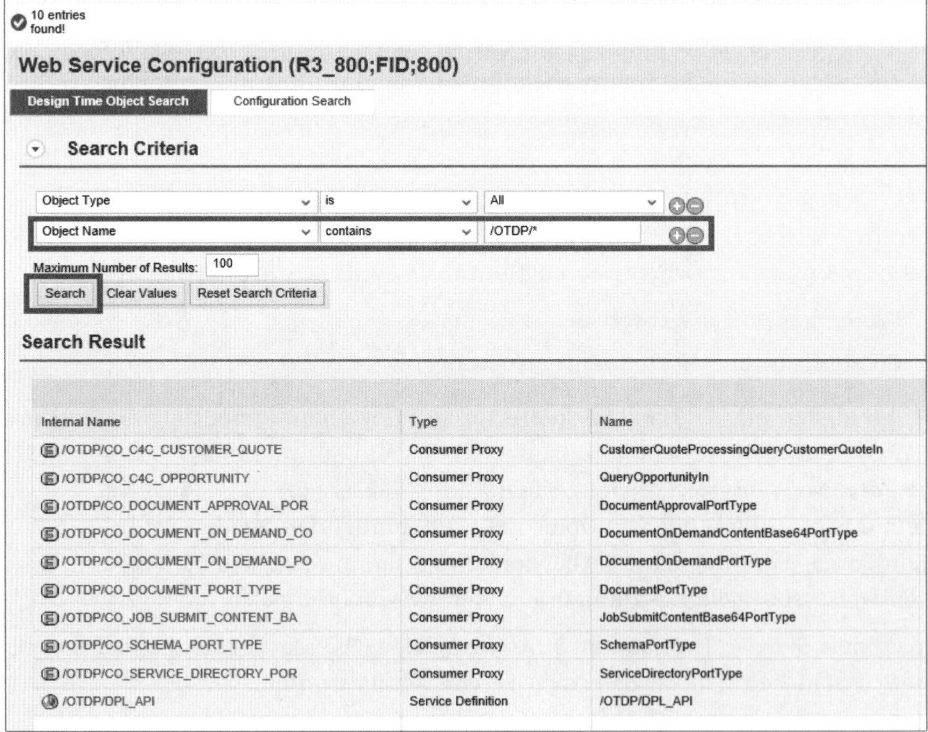


| Internal Name | Type | Name |
|---|---|---|
| /OTDP/CO_C4C_CUSTOMER_QUOTE | Consumer Proxy | CustomerQuoteProcessingQueryCustomerQuoteIn |
| /OTDP/CO_C4C_OPPORTUNITY | Consumer Proxy | QueryOpportunityIn |
| /OTDP/CO_DOCUMENT_APPROVAL_POR | Consumer Proxy | DocumentApprovalPortType |
| /OTDP/CO_DOCUMENT_ON_DEMAND_CO | Consumer Proxy | DocumentOnDemandContentBase64PortType |
| /OTDP/CO_DOCUMENT_ON_DEMAND_PO | Consumer Proxy | DocumentOnDemandPortType |
| /OTDP/CO_DOCUMENT_PORT_TYPE | Consumer Proxy | DocumentPortType |
| /OTDP/CO_JOB_SUBMIT_CONTENT_BA | Consumer Proxy | JobSubmitContentBase64PortType |
| /OTDP/CO_SCHEMA_PORT_TYPE | Consumer Proxy | SchemaPortType |
| /OTDP/CO_SERVICE_DIRECTORY_POR | Consumer Proxy | ServiceDirectoryPortType |
| /OTDP/DPL_API | Service Definition | /OTDP/DPL_API |

**Abbildung 10.18** Filtern der Services in der Webservicekonfiguration

4. Für alle in Tabelle 10.3 aufgeführten Services müssen Sie eine WSDL-basierte Konfiguration vornehmen. Die WSDL-Datei (Web Service Descrip-

tion Language) stellt OpenText für das jeweilige Release zur Verfügung. Im Folgenden werden die WSDL-Dateien bei der Konfiguration verwendet. Hierzu wählen Sie die einzelnen Services per Mausklick aus und navigieren auf die Registerkarte **Configurations**. Dort klicken Sie auf den Button **Create** und wählen die Option **WSDL-basierte Konfiguration** aus.

| Name des Service (Spalte »Name«) | WSDL-Datei |
|---|---|
| DocumentApprovalPortType | **documentapproval.1.0.wsdl** |
| DocumentOnDemandContent-Base64PortType | **documentondemandcontent.base64.1.0.wsdl** |
| DocumentPortType | **document.1.0.wsdl** |
| JobSubmitContentBase64PortType | **jobsubmitcontent.base64.1.0.wsdl** |
| ServiceDirectoryPortType | **servicedirectory.1.0.wsdl** |

**Tabelle 10.3** Zu konfigurierende Webservices für die Verbindung zum OpenText Exstream Communications Server

Die Verbindung zwischen dem SAP-System und dem OpenText Communications Center muss im SAP-Customizing-Leitfaden eingerichtet werden:

1. Hierzu öffnen Sie folgenden Pfad in Transaktion SPRO: **OpenText Document Presentment for SAP Solutions • OpenText Document Presentment Live for SAP Solutions • Maintain Parameters for External Applications**.
2. Fügen Sie über **New Entries** einen neuen Datensatz hinzu, wie in Abbildung 10.19 gezeigt, und speichern Sie die Eingaben.
3. Pflegen Sie Parameter für den Zugriff von SAP auf das Communications Center ein, wie in Tabelle 10.4 gezeigt. Die Werte sind die Verbindungen zu den Webservices im SAP Document Presentment.

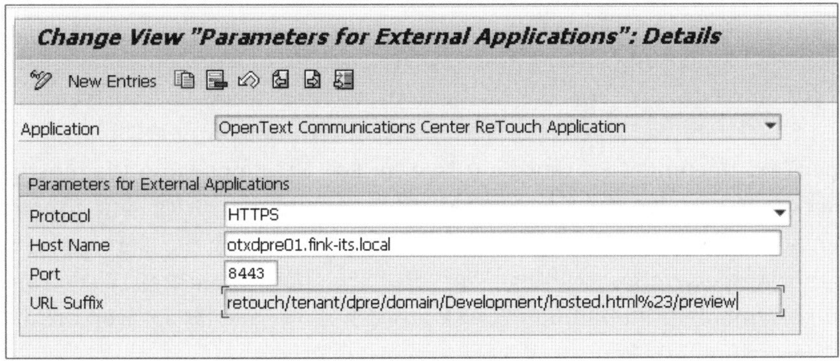


**Abbildung 10.19** Parameter für externe Applikationen einrichten

Bei den Werten handelt es sich um die Daten unserer Beispielkonfiguration.

| Feld | Wert |
|---|---|
| Verbindung zur ReTouch Application | |
| **Application** | **OpenText Communications Center ReTouch Application** |
| **Protocol** | **HTTPS** |
| **Host Name** | Server mit OpenText Communications Center |
| **Port** | 8443 |
| **URL Suffix** | retouch/tenant/dpre/domain/Development/hosted.html%23/preview |
| Verbindung zur Workshop Application | |
| **Application** | **OpenText Communications Center Workshop Application** |
| **Protocol** | **HTTPS** |
| **Host Name** | Server mit OpenText Communications Center |
| **Port** | 8443 |
| **URL Suffix** | workshop/hosted/resources/tenant/dpre/domain/Development |
| Verbindung zur Reviewer Application | |
| **Application** | **OpenText Communications Center Reviewer Application** |
| **Protocol** | **HTTPS** |
| **Host Name** | Server mit OpenText Communications Center |
| **Port** | 8443 |

**Tabelle 10.4** Verbindung zum Communication Center einrichten

**Diagnosecheck**

Nach der Einrichtung sollten Sie den Diagnosecheck ausführen. Er gibt Aufschluss über das Ergebnis der Konfiguration. Wählen Sie dazu in Transaktion SPRO den Pfad **OpenText Document Presentment for SAP Solutions • OpenText Document Presentment Live for SAP Solutions • Run Diagnostic Check**. Die Anzeige des Ergebnisses (siehe Abbildung 10.20) hilft Ihnen, mögliche Konfigurationsfehler aufzudecken. Wird für alle Services ein grünes Ampelsymbol angezeigt, läuft die Verbindung fehlerfrei. Die gelben Ampelsymbole in Abbildung 10.20 können hier vernachlässigt werden, da in diesem Szenario keine SAP-Fiori-App installiert wurde.

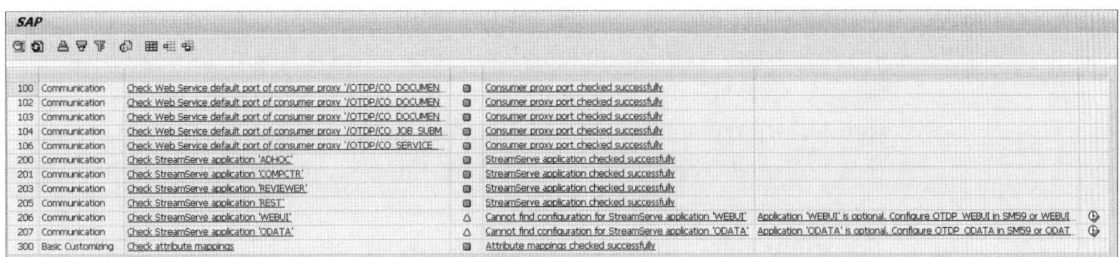

| | | | | | |
|---|---|---|---|---|---|
| 100 | Communication | Check Web Service default port of consumer proxy '/OTDP/CO_DOCUMEN | Consumer proxy port checked successfully | | |
| 102 | Communication | Check Web Service default port of consumer proxy '/OTDP/CO_DOCUMEN | Consumer proxy port checked successfully | | |
| 103 | Communication | Check Web Service default port of consumer proxy '/OTDP/CO_DOCUMEN | Consumer proxy port checked successfully | | |
| 104 | Communication | Check Web Service default port of consumer proxy '/OTDP/CO_JOB_SUBM | Consumer proxy port checked successfully | | |
| 106 | Communication | Check Web Service default port of consumer proxy '/OTDP/CO_SERVICE_ | Consumer proxy port checked successfully | | |
| 200 | Communication | Check StreamServe application 'ADHOC' | StreamServe application checked successfully | | |
| 201 | Communication | Check StreamServe application 'COMPCTR' | StreamServe application checked successfully | | |
| 203 | Communication | Check StreamServe application 'REVIEWER' | StreamServe application checked successfully | | |
| 205 | Communication | Check StreamServe application 'REST' | StreamServe application checked successfully | | |
| 206 | Communication | Check StreamServe application 'WEBUI' | Cannot find configuration for StreamServe application 'WEBUI' | Application 'WEBUI' is optional. Configure OTDP_WEBUI in SM59 or WEBUI | |
| 207 | Communication | Check StreamServe application 'ODATA' | Cannot find configuration for StreamServe application 'ODATA' | Application 'ODATA' is optional. Configure OTDP_ODATA in SM59 or ODAT | |
| 300 | Basic Customizing | Check attribute mappings | Attribute mappings checked successfully | | |

**Abbildung 10.20** Ergebnis der Verbindungsdiagnose

## Dokumentvorlage einrichten

**StoryTeller**

Im StoryTeller von SAP Document Presentment wird die Vorlage für die Dokumente erstellt. Dabei legen Sie das Layout, die Struktur und den Content der Geschäftsdokumente fest, die auf dieser Vorlage basieren. In unserem Beispiel ordnen Sie der Vorlage per Drag & Drop das Logo aus der hinterlegten Ressource zu. Außerdem legen Sie einen statischen Text an und ordnen die aus `XML_IN` übergebenen Daten einer Tabelle zu (siehe Abbildung 10.21).

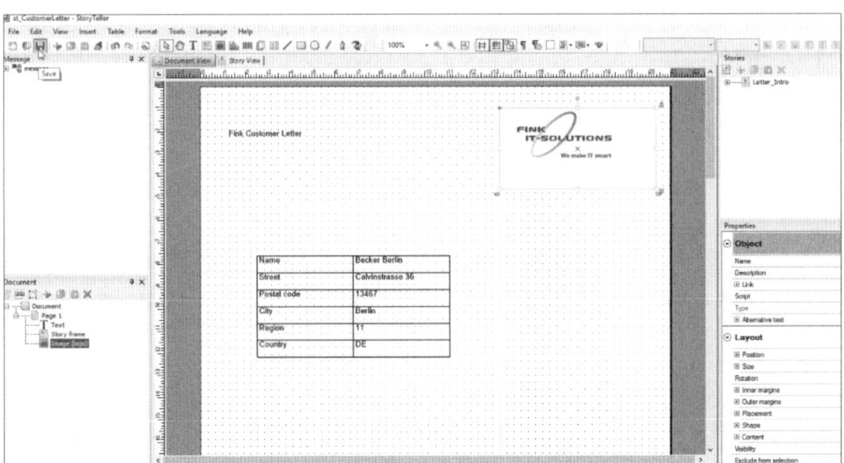


**Abbildung 10.21** Dokumentvorlage im StoryTeller anlegen

## Einrichten des OpenText Communications Servers

Für die Konfiguration und Einstellungen des OpenText Exstream Communications Servers sind folgende Schritte notwendig:

1. Konfiguration der Plattform
2. Konfiguration der Message
3. Konfiguration der Laufzeit (*Runtime*)
4. Konfiguration der Workshop-Applikation

**Konfiguration der Plattform**

Während der Konfiguration der Plattform legen Sie die eingehenden und ausgehenden Verbindungen des OpenText Exstream Communications Servers fest. Für die Konfiguration wird der *Communications Builder* verwendet. Hierzu stehen verschiedene Konnektoren zur Verfügung. In unserem Beispiel verwenden wir einen Konnektor für ausgehende Daten (*Output Connector*), der die finale PDF-Datei in einem Verzeichnis des Ablagesystems ablegt (hier einfach ins Dateisystem).

**Konfiguration der Message**

Die *Message* im OpenText Exstream Communications Server kombiniert Event und Ausgabeprozess. Die abstrahierten Kundendaten werden im *Event* (`XML_IN`) festgelegt. Das Ergebnis ist der Feldvorrat, der im Ausgabeprozess (z. B. StoryTeller, XMLOut, StreamOut) zur Verfügung steht. In unserem Fall ist der genutzte Ausgabeprozess `st_CustomerLetter`.

**Konfiguration der Runtime**

In der *Runtime* kann über definierte Regeln (z. B. eine landesspezifische Ausgaberegel) ein Ausgabekanal angesprochen werden. In unserem Beispiel wird der Ausgabekanal `PDF_Dir_Out` angesprochen, der eine PDF-Datei in einem Verzeichnis ablegt.

**Workshop-Applikation**

In der Workshop-Applikation (*OpenText Exstream Workshop*) können unter anderem neue Ressourcen (wie Logos), Regeln, Texte etc. verwaltet werden. Dazu klicken Sie auf der Registerkarte **Ressourcen** auf das Plussymbol und wählen unter **Ressourcen hochladen** eine Datei aus, z. B. Ihr Firmenlogo (siehe Abbildung 10.22). Diese Ressourcen können dann bei der Erstellung neuer Dokumentvorlagen verwendet werden.

**Abbildung 10.22** Dateien in OpenText Exstream Workshop hochladen

### Customizing des SAP-Add-ons in SAP ERP

**Datenkollektion einrichten**

Damit in der Kundenkorrespondenz die Daten des im Debitorenstamm ausgewählten Debitors an OpenText Exstream übergeben werden können, muss der angelegte Property Provider einer Datenkollektion zugewiesen werden. Hierzu öffnen Sie die Transaktion SPRO und wählen die Customizing-Aktivität **OpenText Document Presentment for SAP Solutions • OpenText Document Presentment Live for SAP Solutions • Maintain Data Collection Objects**.

Klicken Sie auf den Button **Neue Einträge**, und legen Sie eine neue Datenkollektion mit den Werten aus Tabelle 10.5 an. Die Eingabemaske ist in Abbildung 10.23 dargestellt.



| Feld | Wert |
|---|---|
| **Data Coll. Object ID** | eindeutiger Schlüssel |
| **Prop. Provider Class** | die Klasse des Property Providers |
| **Objekttyp** | `KNA1` (Business-Objekt Kunde) |
| **Active** | gesetzt |

**Tabelle 10.5** Werte zur Konfiguration der Datenkollektion

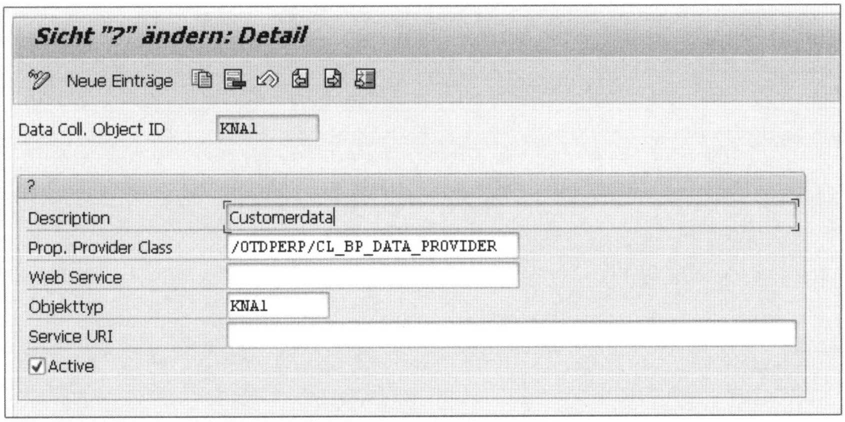

**Abbildung 10.23** Neue Datenkollektion anlegen

**Themes und Vorlagen synchronisieren**

Im nächsten Schritt müssen Sie die angelegten Themes und Dokumentvorlagen (hier die Vorlage `st_CustomerLetter`) vom OpenText Exstream Communications Server in das SAP-System synchronisieren. Hierzu öffnen Sie die Transaktion SPRO und navigieren zur Customizing-Aktivität **OpenText Document Presentment for SAP Solutions • OpenText Document Presentment Live for SAP Solutions • Synchronize Themes and Templates to SAP**.

Vor der Durchführung des Synchronisierungslaufs markieren Sie die Optionen **Ignore unpublished themes** und **Show summary**. Anschließend führen Sie die Synchronisierung durch. Hierzu klicken Sie den Button (siehe Abbildung 10.24).

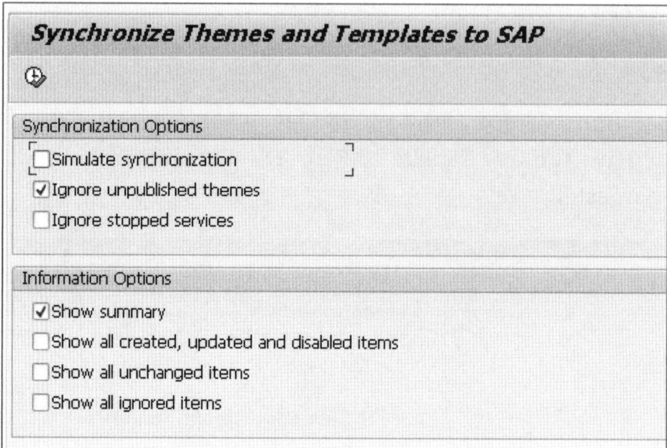


**Abbildung 10.24** Themes und Vorlagen synchronisieren

Nach erfolgter Synchronisation sind die neuen und geänderten Themes und Vorlagen in der **Synchronization Summary** ersichtlich (siehe Abbildung 10.25).

Synchronize Themes and Templates to SAP

Synchronization Summary

| Type of Item | Created | Updated | Disabled | Unchanged | Ignored |
|---|---|---|---|---|---|
| Theme Definition | 1 | 0 | 0 | 0 | 0 |
| Template Definition | 2 | 0 | 0 | 0 | 1 |
| Message Complex Type | 1 | 0 | 0 | 0 | 0 |
| Custom Type | 1 | 0 | 0 | 0 | 2 |
| Property Definition | 8 | 0 | 0 | 0 | 0 |
| Assigned Custom Type | 1 | 0 | 0 | 0 | 0 |
| Assigned Property Definition | 8 | 0 | 0 | 0 | 0 |
| Total | 22 | 0 | 0 | 0 | 3 |

**Abbildung 10.25** Zusammenfassung des Synchronisierungsergebnisses

**Mapping der Attribute**

Für die an das SAP-System übergebene Dokumentvorlage muss nun ein Mapping der Attribute erfolgen. Die Attribute sind Metadaten aus dem SAP-System, die den zugehörigen OpenText-Metadaten zugeordnet werden müssen. Hierzu öffnen Sie die Transaktion SPRO und wählen den Pfad **OpenText Document Presentment for SAP Solutions • OpenText Document Presentment Live for SAP Solutions • Maintain Templates and Themes**.

Weisen Sie der Vorlage im Feld **Data Coll. Object ID** die zuvor angelegte Datenkollektion zu, in unserem Fall KNA1 (siehe Abbildung 10.26).

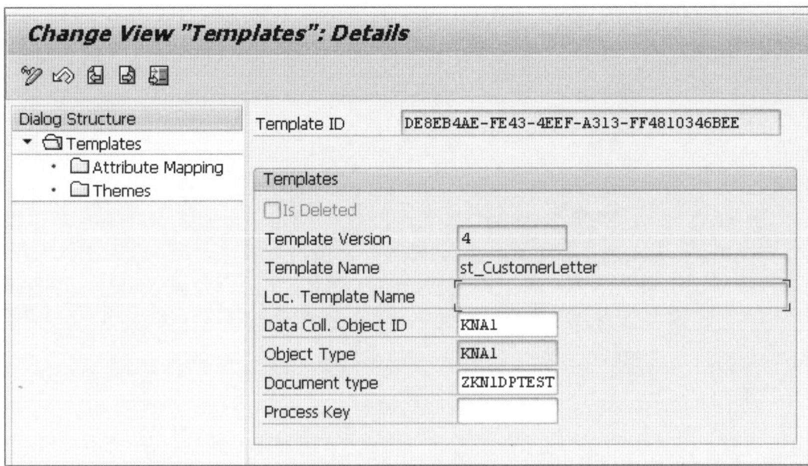


**Abbildung 10.26** Der Vorlage die Datenkollektion zuweisen

Im nächsten Schritte müssen die Daten von SAP (SAP-Attribute) den Attributen in OpenText zugeordnet werden. Danach legen Sie das Mapping der Attribute an (siehe Abbildung 10.27).

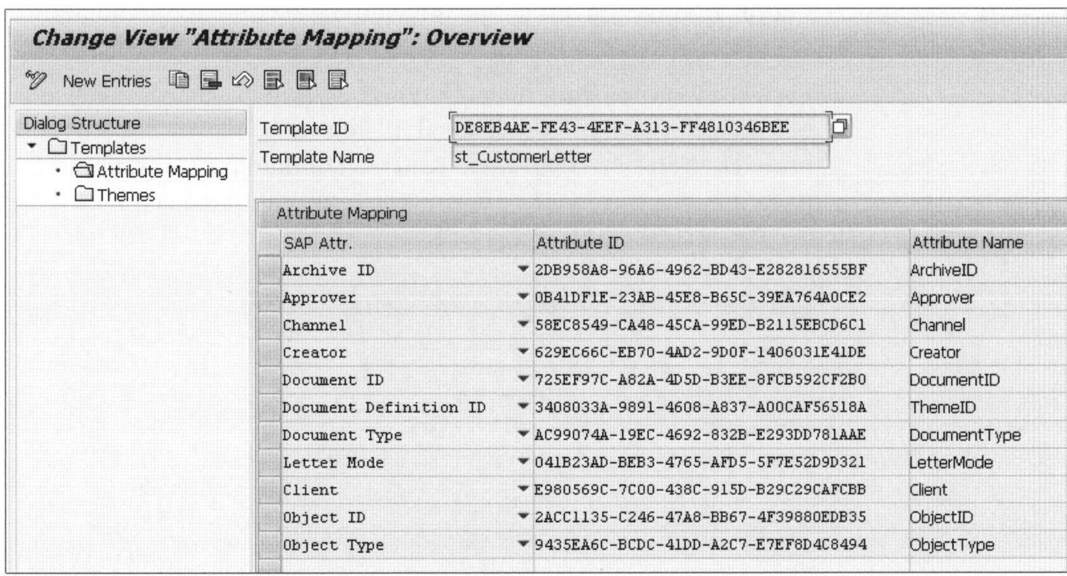


| SAP Attr. | Attribute ID | Attribute Name |
|---|---|---|
| Archive ID | 2DB958A8-96A6-4962-BD43-E282816555BF | ArchiveID |
| Approver | 0B41DF1E-23AB-45E8-B65C-39EA764A0CE2 | Approver |
| Channel | 58EC8549-CA48-45CA-99ED-B2115EBCD6C1 | Channel |
| Creator | 629EC66C-EB70-4AD2-9D0F-1406031E41DE | Creator |
| Document ID | 725EF97C-A82A-4D5D-B3EE-8FCB592CF2B0 | DocumentID |
| Document Definition ID | 3408033A-9891-4608-A837-A00CAF56518A | ThemeID |
| Document Type | AC99074A-19EC-4692-832B-E293DD781AAE | DocumentType |
| Letter Mode | 041B23AD-BEB3-4765-AFD5-5F7E52D9D321 | LetterMode |
| Client | E980569C-7C00-438C-915D-B29C29CAFCBB | Client |
| Object ID | 2ACC1135-C246-47A8-BB67-4F39880EDB35 | ObjectID |
| Object Type | 9435EA6C-BCDC-41DD-A2C7-E7EF8D4C8494 | ObjectType |

**Abbildung 10.27** Mapping der Attribute anlegen

Im Unterordner **Themes** sollte nun das Theme der Vorlage zu sehen sein (siehe Abbildung 10.28).

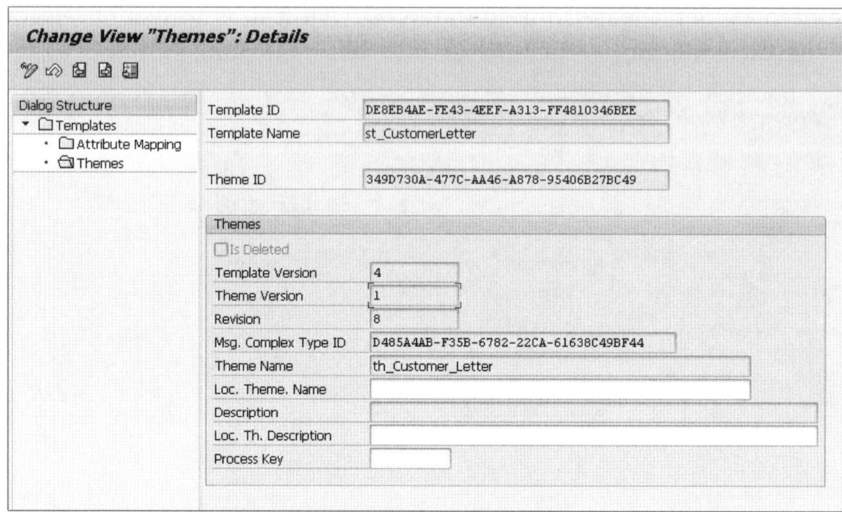


**Abbildung 10.28** Anzeige des Themes zu der Vorlage

**Kommunikationskanal zuweisen**

Der auf der Web-Dynpro-Oberfläche für die Kundenkorrespondenz auszuwählende Kommunikationsanal muss ebenfalls noch eingerichtet werden:

1. Hierzu öffnen Sie die Transaktion SPRO und navigieren zur Customizing-Aktivität **OpenText Document Presentment for SAP Solutions • OpenText Document Presentment Live for SAP Solutions • Maintain Communication Channels**.
2. Klicken Sie auf den Button **Neue Einträge**, um einen neuen Kanal anzulegen. Vergeben Sie im Feld **Channel ID** eine eindeutige ID für den Kanal und weisen Sie diese dem eingerichteten Kommunikationskanal zu. Für unser Beispiel tragen Sie dazu im Feld **Technical Name** den Kanal `PDF_Dir_Out` ein (siehe Abbildung 10.29).

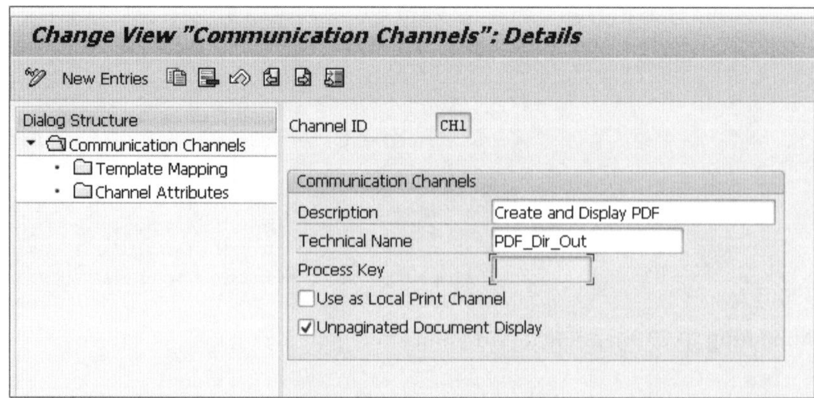


**Abbildung 10.29** Kommunikationskanal einrichten

3. Im Unterordner **Template Mapping** verknüpfen Sie nun noch die synchronisierte Vorlage mit diesem Kommunikationskanal (siehe Abbildung 10.30).

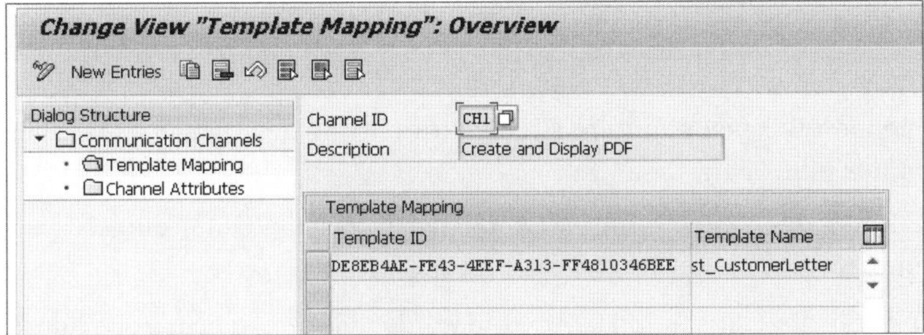


**Abbildung 10.30** Die Vorlage dem Kanal hinzufügen



## Customizing der generischer Objektdienste

**Aufruf im GOS-Menü**

Aus dem Menü der generischen Objektdienste (GOS) soll der Aufruf von OpenText Document Presentment Live möglich sein. Hierfür sind folgende Einstellungen vorzunehmen:

1. Öffnen Sie die Transaktion SM30, und geben Sie den Namen des Views »SGOSATTR« ein.
2. Integrieren Sie den Service an der von Ihnen definierten Stelle im Menü, indem Sie das Feld **Nächster Dienst** entsprechend ausprägen (siehe auch Abschnitt 5.1.3, »Eigene Services in die generischen Objektdienste einbinden«).
3. Tragen Sie die Klasse »/OTDPERP/CL_DP_GOS_SERVICE« für die Integration von SAP Document Presentment in die generischen Objektdienste in das Feld **Klasse f. gen.Dienst** ein (siehe Abbildung 10.31).

Sicht "SGOS: Attribute der generischen Dienste" ändern: Detail

Neue Einträge

Name des Dienstes: OTDP

SGOS: Attribute der generischen Dienste

| | |
|---|---|
| Beschreibung | OpenText Document Presentment Live |
| Quickinfo | Display Document Presentment |
| Klasse f. gen.Dienst | /OTDPERP/CL_DP_GOS_SERVICE |
| Servicetyp | Einzelservice |
| Ikone | ICON_WORKFLOW_DOC_CREATE |
| Nächster Dienst | DELIVER_DOC |
| Subdienst | |

☐ Control
☐ Commit benötigt

**Abbildung 10.31** Absprung im GOS-Menü einrichten

### Customizing des SAP-Spool-Systems für den Delivery Manager

SAP Document Presentment bietet verschiedene Verfahren, wie das externe Output Management angebunden werden kann:

- Integration mit Delivery Manager Server und Client
- Integration mit Delivery Manager Command und Client

Im folgenden Beispiel erläutere ich die Einrichtung des Delivery Manager Commands plus Client.

**Reales Output-Management-System**

Zuerst muss das *reale Output-Management-System* (ROMS) eingerichtet werden:

1. Öffnen Sie die Transaktion SPAD, und wählen Sie die Ansicht **Volle Administration** aus.
2. Navigieren Sie zur Registerkarte **Output-Management-System**, und klicken Sie auf **Anzeigen**. Sie gelangen zu dem Pflegedialog, den Sie in Abbildung 10.32 sehen.

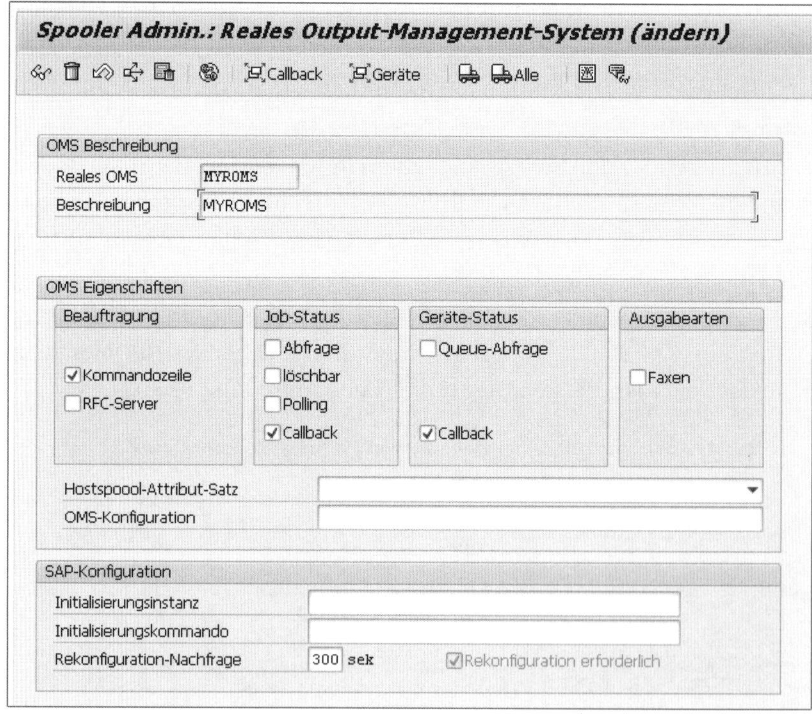


**Abbildung 10.32** Reales Output-Management-System in der Spool-Administration anlegen

3. Tragen Sie hier die Werte aus Tabelle 10.6 ein.

| Feld | Wert |
|---|---|
| **Reales OMS** | eine eindeutige, frei definierbare ID |
| **Beauftragung • Kommandozeile** | gesetzt |
| **Job-Status • Callback** | gesetzt |
| **Geräte-Status • Callback** | gesetzt |

**Tabelle 10.6** Werte zur Konfiguration des realen Output-Management-Systems

**Logisches Output-Management-System**



Nach dem ROMS wird das *logische Output-Management-System* (LOMS) eingerichtet:

1. Öffnen Sie hierzu wieder die Transaktion SPAD, und wählen Sie die Ansicht **Volle Administration** aus.
2. Navigieren Sie zur Registerkarte **Logisches Output-Management-System**, und klicken Sie auf **Anzeigen**. Sie gelangen zu der Pflegemaske, die Sie in Abbildung 10.33 sehen.

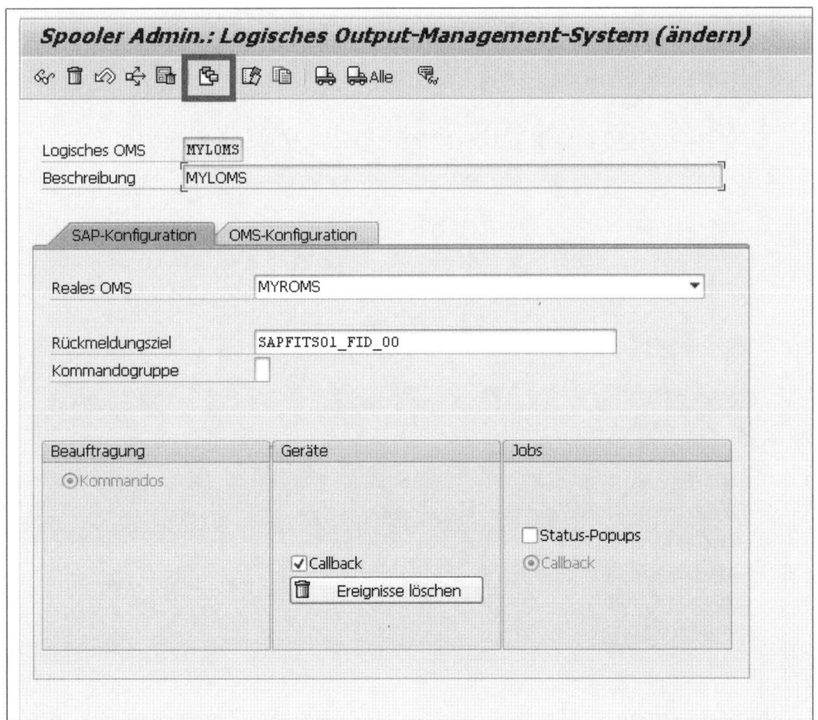


**Abbildung 10.33** Logisches Output-Management-System in der Spool-Administration anlegen

3. Tragen Sie hier die Werte aus Tabelle 10.7 ein.

| Feld | Wert |
|---|---|
| **Logisches OMS** | eine eindeutige, frei definierbare ID |
| **Reales OMS** | das zuvor konfigurierte ROMS |
| **Geräte • Callback** | gesetzt |

**Tabelle 10.7** Werte zur Konfiguration des logischen Output-Management-Systems

4. Klicken Sie in der Funktionsleiste auf den Button **Kommandos** (, siehe Abbildung 10.33).
5. Legen Sie einen neuen Eintrag an, indem Sie auf den Buttons **Anlegen** klicken.
6. Hinterlegen Sie im Feld **Submit** den Eintrag »strsdmsubmit <PFAD> &EI &EG &S &f &Es &P«. In Abbildung 10.34 werden die Einstellungen beispielhaft für ein Windows-Betriebssystem dargestellt. Weitere Informationen zu diesem Schalter können Sie der OpenText-Dokumentation entnehmen.

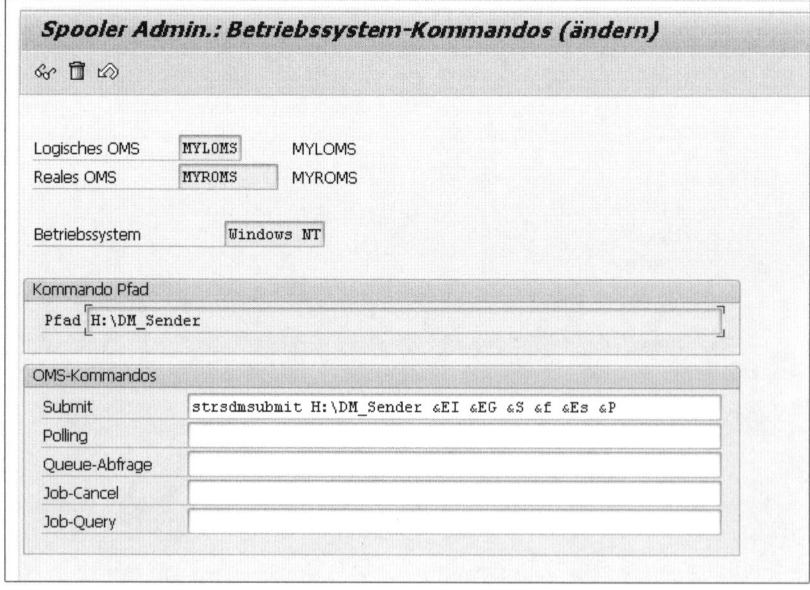


**Abbildung 10.34** Commands für das logische Output-Management-System anlegen

Abschließend legen Sie ein neues Ausgabegerät in der Transaktion SPAD an, das vom LOMS aufgerufen wird. Eine beispielhafte Einrichtung des Ausgabegeräts sehen Sie in Abbildung 10.35.

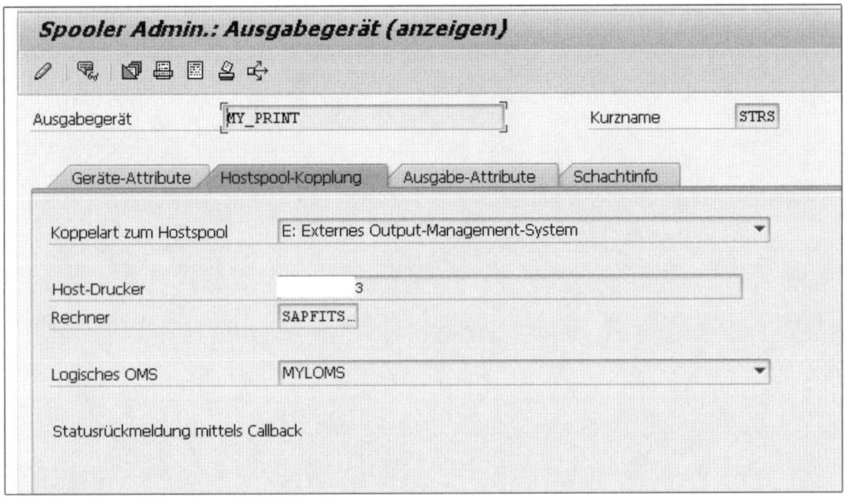

**Abbildung 10.35** Drucker für das logische Output-Management-System einrichten

Die vorgestellten Einstellungen geben Ihnen einen Eindruck, welche Themenstellungen auf Sie als Nutzer von SAP Document Presentment zukommen. Es handelt sich lediglich um einen Auszug aus der Gesamtkonfiguration. Zur Konfiguration der OpenText-Werkzeuge ließe sich sicherlich ein eigenständiges Buch verfassen.

TEIL IV

# Erweitertes Enterprise Content Management und neue Lösungen

# Kapitel 11
# Enterprise Content Management in SAP S/4HANA

*SAP S/4HANA wird in den nächsten Jahren SAP ERP ablösen. Wie die SAP-Strategie für das Enterprise Content Management in SAP S/4HANA aussieht und welche Werkzeuge SAP hier zur Verfügung stellt, wird in diesem Kapitel betrachtet.*



In diesem Kapitel schauen wir uns an, welche Lösungen SAP für das Enterprise Content Management (ECM) in SAP S/4HANA vorsieht. Nach einer allgemeinen Vorstellung der SAP-Strategie in diesem Kontext, betrachte ich die Bereiche Ablage und Archivierung, Content Management und Output Management genauer. Zudem stelle ich die Strategie des Partners OpenText für SAP S/4HANA vor.

## 11.1 ECM-Strategie für SAP S/4HANA

Die ECM-Strategie von SAP setzt auf eine medienbruchfreie Bereitstellung von Content in den verschiedenen Geschäftsanwendungen. Bei den Geschäftsanwendungen kann es sich um On-Premise- oder auch Cloud-Anwendungen handeln.

**Brücke zwischen Cloud- und On-Premise-Werkzeugen**

Wie in Abbildung 11.1 dargestellt, dient die *SAP Cloud Platform* in der SAP-Strategie als Integrationsschicht für den Content (Datei- und Dokumentendaten). Der Integration Hub stellt den Geschäftsanwendungen flexibel die benötigten Content-Management-Funktionen zur Verfügung. Das Ziel ist hierbei, dass der Content über die Grenzen der verschiedenen Geschäftsanwendungen hinweg genutzt werden kann. Zentraler Service für die Integration ist das *SAP Document Center* (vormals SAP Mobile Documents) auf der SAP Cloud Platform. Das SAP Document Center integriert die verschiedenen Backendsysteme auf Basis der CMIS-Schnittstelle (Content Management Interoperability Services).

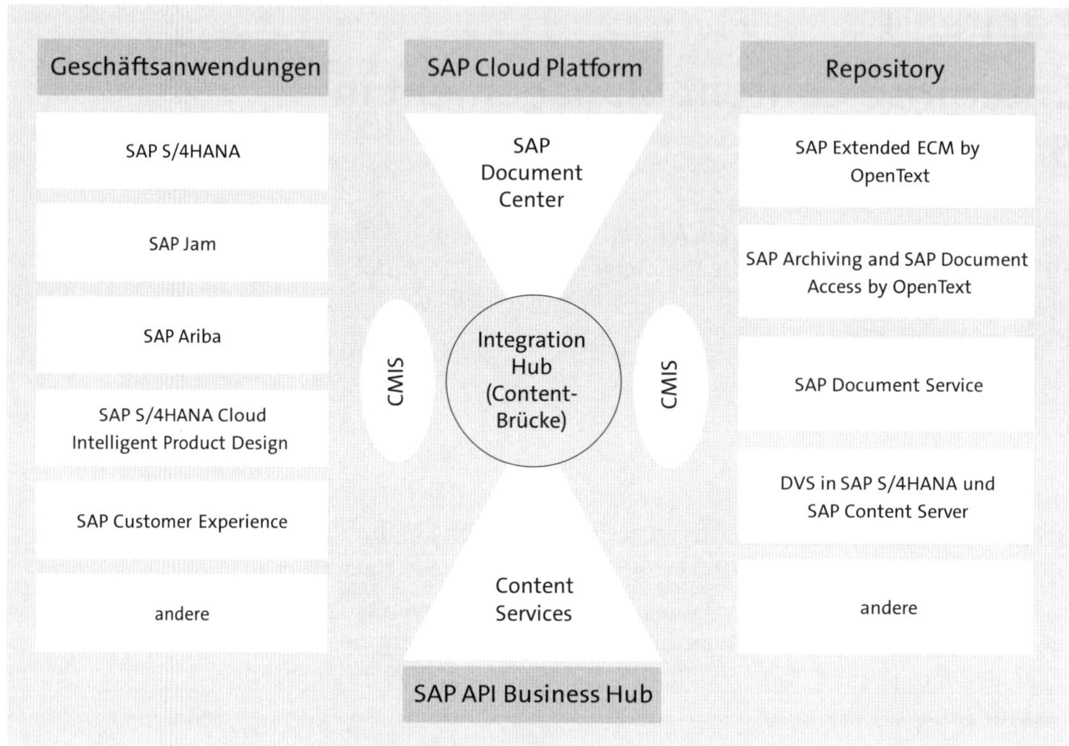


**Abbildung 11.1** ECM-Strategie von SAP für SAP S/4HANA

Als Content Management Repositories können verschiedene Lösungen verwendet werden: SAP Extended ECM by OpenText, SAP Archiving and Document Access by OpenText, SAP Document Service oder das Dokumentenverwaltungssystem (DVS) mit dem SAP Content Server sind einige der möglichen Content Management Repositories. Der *Document Service* stellt im Gegensatz zu SAP Extended ECM nur das reine Dateihandling und keine Funktionen für dokumentenbasierte Prozesse oder Records Management zur Verfügung.

Der Content für die Geschäftsanwendungen kann auch über das Frontend des SAP Document Centers bereitgestellt und verwendet werden. Im Frontend werden die Funktionen der genutzten Content Management Repositories zur Verfügung gestellt. Daneben werden verschiedene *Content Services* für die Integration von Daten, Ereignissen und den SAP-Fiori-Anwendungen auf der SAP Cloud Platform bereitgestellt.

**Content Management in SAP S/4HANA**

SAP stellt in SAP S/4HANA verschiedene Anwendungen und Benutzeroberflächen für das Content Management zur Verfügung. Hierzu gehören neben den in Teil II dieses Buches vorgestellten Standard-ECM-Werkzeugen auch die neue SAP-Fiori-Anwendung *Manage Documents* und der in beliebigen SAP-Fiori-Apps wiederverwendbare *Attachment Service.*

**Standard-ECM-Werkzeuge**

Die Standard-ECM-Werkzeuge für SAP S/4HANA sind, ebenso wie in der klassischen SAP Business Suite, das DVS mit den Dokumentinfosätzen, die generischen Objektdienste, der *Document Browser* zur Dokumentensuche in SAP Product Lifecycle Management (SAP PLM) und SAP Folders Management.

SAP Easy Document Management steht auf der *Simplification List for SAP S/4HANA* als Anwendung, die nicht in den Funktionsumfang übernommen wird. Sie wird durch die Funktionen von *SAP Document Center* ersetzt.

**Anbindung an die Ablagesysteme**

Die Anbindung von SAP S/4HANA an das Ablagesystem erfolgt wahlweise über die CMIS-Schnittstelle oder über SAP ArchiveLink (siehe Abbildung 11.2).



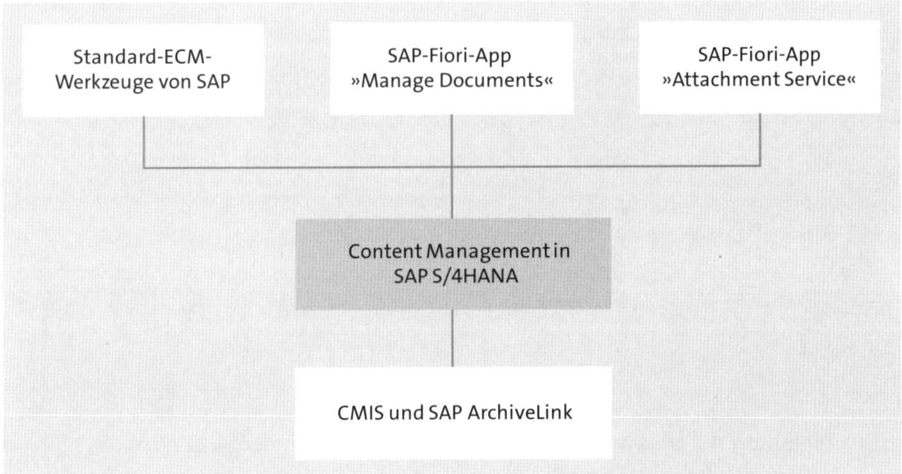


**Abbildung 11.2** ECM-Strategie in SAP S/4HANA für das Content Management

**Ergänzende Cloud-Werkzeuge**

Zusätzlich zu den bekannten Werkzeugen und Schnittstellen gibt es ein ergänzendes Angebot von SAP für das Content Management. *SAP S/4HANA Cloud for Intelligent Product Design* ist eine Cloud-Anwendung auf Basis der SAP Cloud Platform, in der technische Unterlagen mit internen und externen Partnern ausgetauscht werden können. Die Integration mit SAP S/4HANA (oder der SAP Business Suite) erfolgt ebenso über das SAP Document Center.

Das SAP Document Center bietet einen auf SAP Fiori basierenden wiederverwendbaren UI-Baustein (*Reuse-UI*) für die Integration der verschiedenen Content Management Repositories, die im *Collaboration Room* von SAP S/4HANA Cloud for Intelligent Product Design integriert ist.

Die Integration der SAP-S/4HANA-On-Premise-Installation erfolgt über den *Cloud Connector*, der als Teil des Service *SAP Cloud Platform Connectivity* bereitgestellt wird. Die Integration von *SAP Engineering Control Center* über das SAP Document Center ist geplant. Weitere Cloud-Anwendungen wie SAP Ariba oder SAP SuccessFactors können auch mit dem SAP Document Center integriert werden.

Als SAP-Standardablagesystem wird weiterhin der SAP Content Server per SAP ArchiveLink an das SAP-S/4HANA-System angebunden. Abbildung 11.3 zeigt das Zusammenspiel der Cloud- und On-Premise-Lösungen und -Werkzeuge. Bei den gestrichelten Linien handelt es sich Verbindungen, die sich zum Zeitpunkt der Drucklegung dieses Buches noch im Planungsstatus befanden.

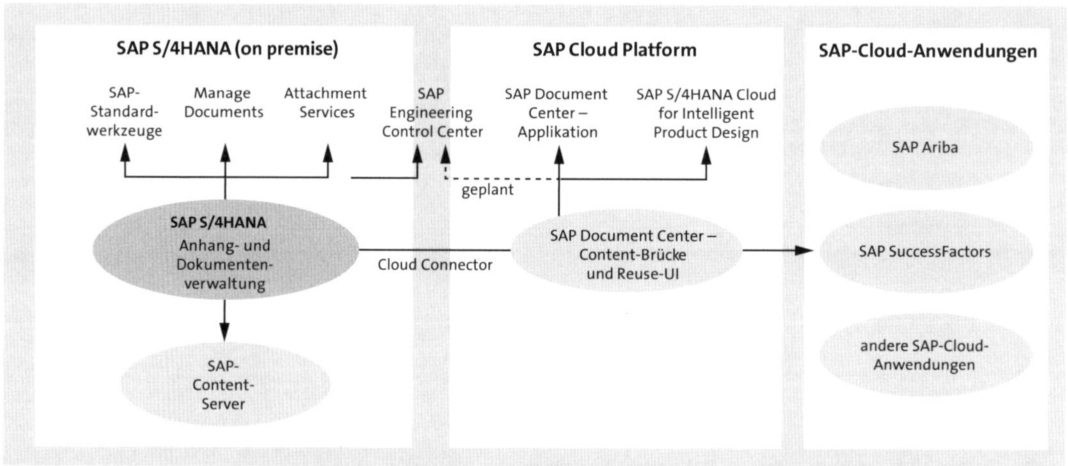


**Abbildung 11.3** Verbindung von SAP S/4HANA mit dem ergänzenden ECM-Angebot auf der SAP Cloud Platform

**Integration mit OpenText**

Mit SAP Extended ECM by OpenText sowie SAP Document Access by OpenText und SAP Archiving by OpenText stellt SAP eine weiteres Content Management Repository als Premium-Content-Management-Lösung im Rahmen des ergänzenden Angebots bereit. Die Integration von SAP Archiving and Document Access by OpenText kann weiterhin über SAP ArchiveLink erfolgen. SAP Extended ECM wird über eine spezielle API mit SAP S/4HANA verknüpft, so wie in Kapitel 8, »Content Management mit OpenText-Werkzeugen«, für SAP ERP beschrieben.

Der Content in den Systemen wird in SAP S/4HANA entweder über die Anlagenliste der generischen Objektdienste oder mit den SAP-Fiori-Apps Manage Documents und Attachment Service dem Benutzer zur Verfügung gestellt. SAP Extended ECM by OpenText und SAP Archiving by OpenText können aber auch mit dem SAP Document Center und der zugehörigen Anwendung zum Content Management integriert werden. Über die Anwenderoberfläche (Applikation) von SAP Extended ECM kann der Benutzer weiterhin auf die Business Workspaces und den Content zugreifen. Abbildung 11.4 verdeutlicht die verschiedenen Möglichkeiten der Integration.

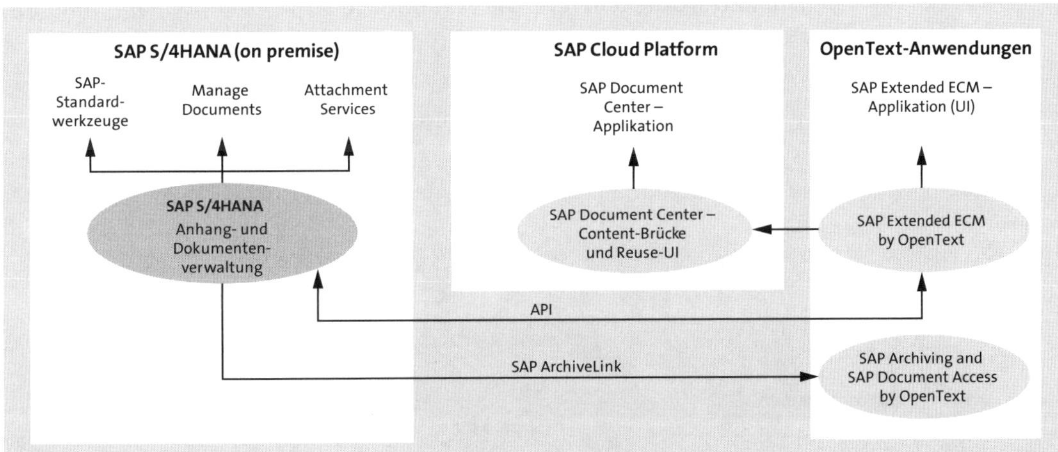


**Abbildung 11.4** Anbindung von SAP S/4HANA an das ergänzende OpenText-Angebot

**Integration von SAP Extended ECM**

Die Integration der SAP-Cloud-Anwendungen in die Funktionen von SAP Extended ECM kann direkt oder über das SAP Document Center erfolgen. Hierfür bietet SAP Extended ECM ebenso Möglichkeiten wie für die Integration in SAP S/4HANA (siehe Abbildung 11.5).

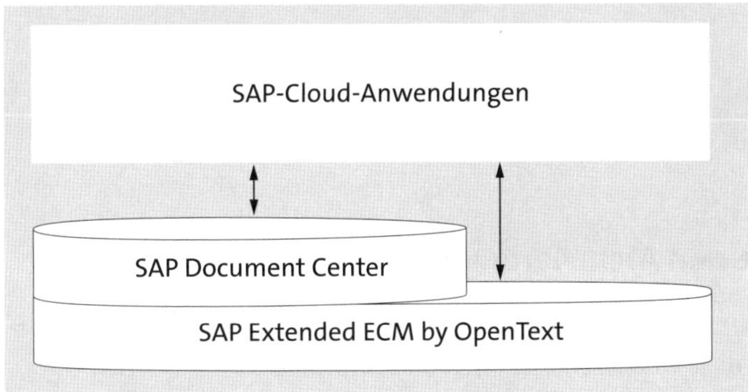


**Abbildung 11.5** Integration von SAP Extended ECM in die SAP-Cloud-Anwendungen

**ECM-Modell für SAP S/4HANA**

Für SAP S/4HANA hat sich das ECM-Modell von SAP verändert. Das Werkzeug SAP Easy Document Management ist weggefallen. Hierfür ist das SAP

Document Center hinzugekommen. Der Bereich Output Management hat sich in SAP S/4HANA wesentlich verändert, hierzu mehr in Abschnitt 11.4, »Output Management in SAP S/4HANA«. Als Standard für Formulare wird nun auf die Formulartechnologie Adobe Forms gesetzt. CMIS hält als Protokoll für die Ablage von Dokumenten in Content-Management-Systemen Einzug und wurde daher in das ECM-Modell aufgenommen. In Abbildung 11.6 ist das neue ECM-Modell für SAP S/4HANA dargestellt.

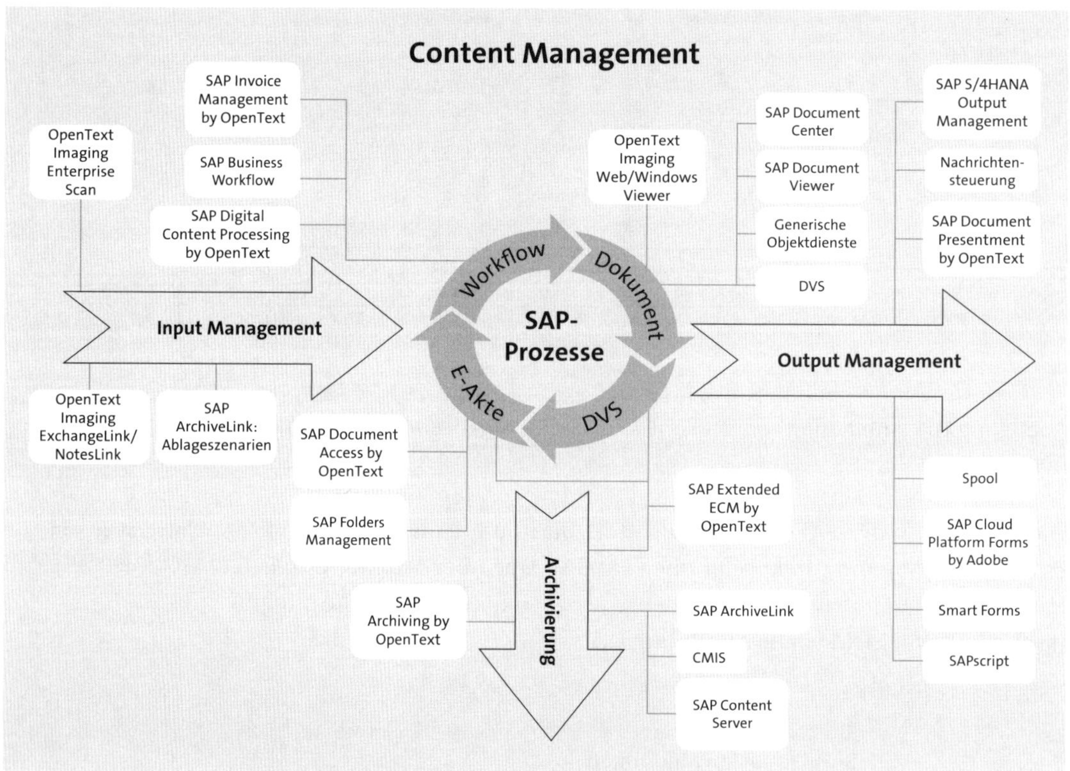


**Abbildung 11.6** ECM-Modell für SAP S/4HANA

## 11.2 Ablage und Archivierung in SAP S/4HANA

Neben dem SAP Content Server wird die Anbindung externer Ablagesysteme für die Ablage und Archivierung von Content in SAP S/4HANA unterstützt. In diesem Abschnitt stelle ich Ihnen zunächst die Anbindung externer Ablagesysteme für die Schnittstellen SAP ArchiveLink, CMIS und ECMI (Enterprise Content Management Integration) vor, bevor ich näher auf den SAP Content Server eingehe.

### 11.2.1 SAP ArchiveLink, CMIS und ECMI

SAP ArchiveLink

SAP ArchiveLink wird weiterhin als Schnittstelle für die externen Ablagesysteme wie den OpenText Archive Server sowie für die Anbindung des SAP Content Servers unterstützt. Die bekannten Schnittstellentechnologien wie Business Application Programming Interfaces (BAPI), Object Linking and Embedding (OLE) und Remote Function Call (RFC) stehen in SAP S/4HANA weiterhin zur Verfügung. Ebenso können die SAP-ArchiveLink-Ablageszenarien weiterhin in SAP S/4HANA genutzt werden.

SAP ArchiveLink vs. CMIS

Den Unterschied zwischen den beiden Technologien SAP ArchiveLink und CMIS erläutere ich kurz. In Abbildung 11.7 sind die beiden Technologien einander gegenübergestellt. Der größte Unterschied liegt in der Handhabung der Metadaten. Bei SAP ArchiveLink werden die Metadaten in der führenden Applikation, also in diesem Fall in SAP S/4HANA, gespeichert. Bei CMIS werden die Metadaten dagegen nicht im SAP-System, sondern im OpenText Archive Center abgelegt. Zudem kann mit CMIS nicht nur der reine Content, sondern es können auch Objekte, Ordner und Ordnerstrukturen inklusive der zugehörigen Metadaten archiviert werden.



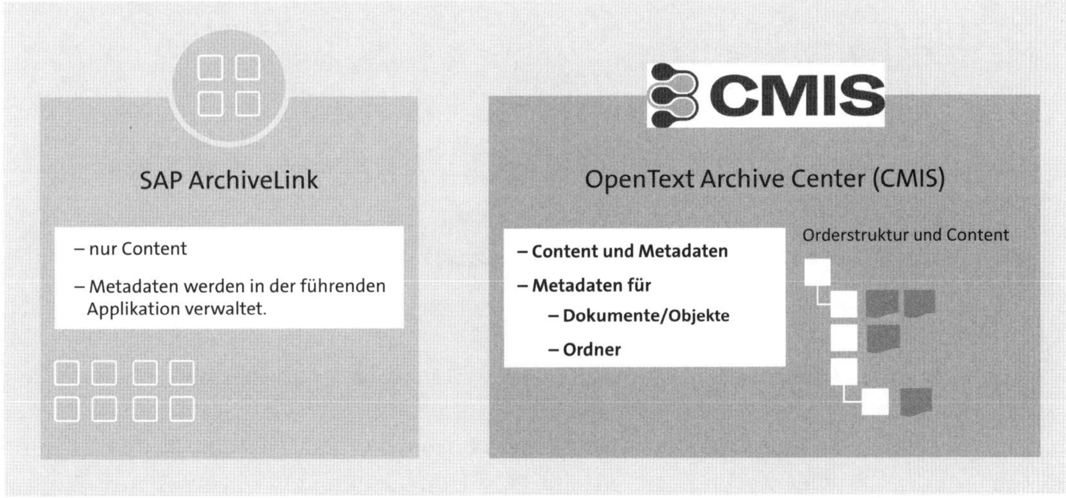


**Abbildung 11.7** Vergleich von SAP ArchiveLink und CMIS

CMIS

Daneben kann nun die CMIS-Schnittstelle eingesetzt werden. *Content Management Interoperability Services* (CMIS) ist eine Standardschnittstelle für im ECM-Umfeld eingesetzte Systeme. Es handelt sich um eine herstellerunabhängige Spezifizierung, die von verschiedenen Herstellern (unter anderem Microsoft, OpenText, SAP) unterstützt wird. CMIS ermöglicht die Ablage und den Zugriff auf Content (Dokumente und Metadaten). Der Zugriff auf den abgelegten Content kann auch ohne führendes System oder

Geschäftsanwendung erfolgen. Die zum Zeitpunkt der Drucklegung dieses Buches aktuelle Version von CMIS ist die Version 1.1.

**SAP-CMIS-Profil** Der CMIS-Standard arbeitet mit den Elementen *Foldern* (Ordnern) und *Documents* (Dateien). Das SAP-CMIS-Profil erweitert den CMIS-Standard um ein Schema, um die SAP-Business-Objekte zu integrieren. Der *sekundäre CMIS-Datentyp* wird für die Integration der Business-Objekte verwendet. Dieser trägt die Schlüsselinformationen des Business-Objekts und wird mit dem Folder-Element verknüpft. Somit ist der Zugriff auf den Content durch die SAP-Anwendungen möglich (siehe Abbildung 11.8).

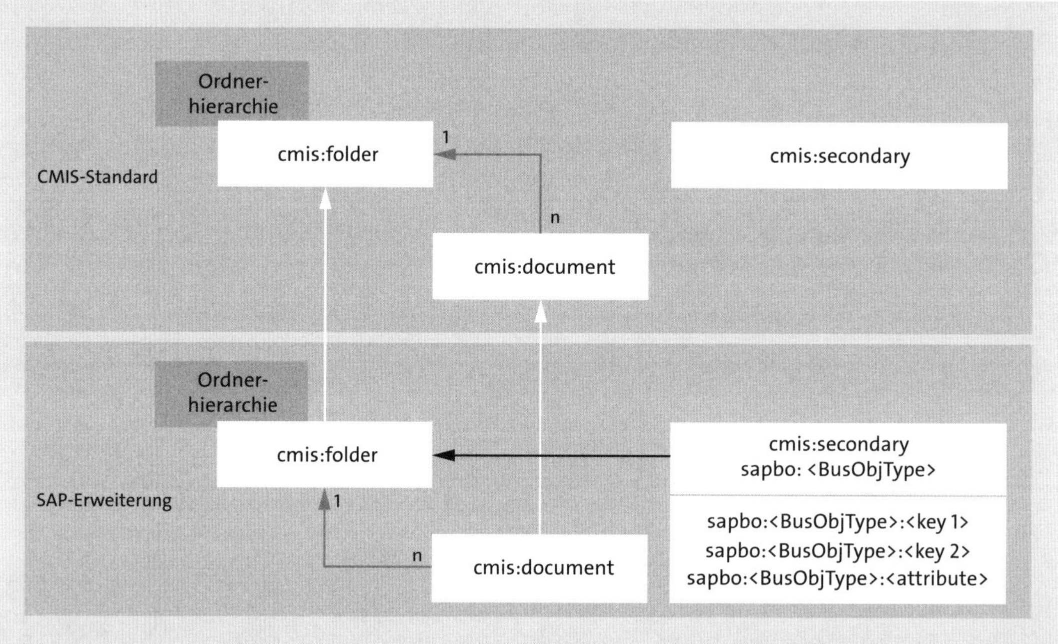


**Abbildung 11.8** SAP-spezifische Erweiterung des CMIS-Standards

**ECMI** *Enterprise Content Management Integration* (ECMI) ist eine weitere Schnittstellentechnologie, die im ECM-Umfeld mit SAP S/4HANA zum Einsatz kommt. Es handelt sich um eine SAP-NetWeaver-Technologie zur Bereitstellung von Content und von Dokumenten. ECMI nutzt als Ablagemedium entweder den SAP-eigenen *ECM-Store* oder einen externen Storage.

Die ECM-Integrationsschicht integriert die Content Management Repositories von ECM-Backendsystemen wie SAP Extended ECM mittels CMIS. Der ECM-Store nutzt SAP-Technologien wie SAP Content Server oder SAP-Datenbank. Weitere kundeneigene Repositories, die den Standard nutzen, können ebenso angebunden werden. In Abbildung 11.9 ist der Aufbau dieser ECM-Integrationsschicht dargestellt.

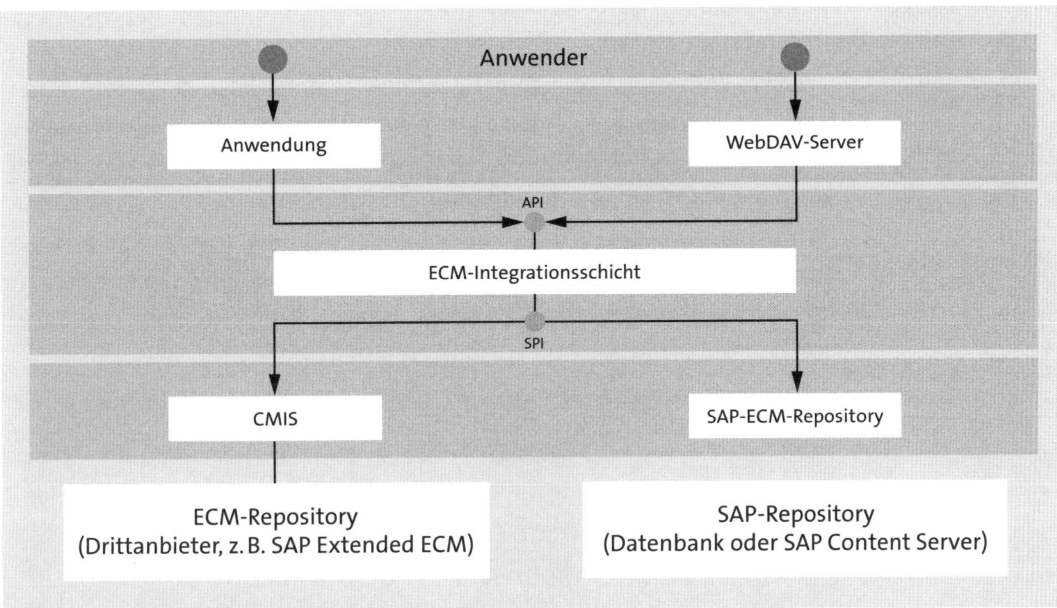


**Abbildung 11.9** ECM-Integrationsschicht für SAP S/4HANA

**Content-Repository-Anbindung**

Der Zugriff auf die Daten im Content Repository über die ECM-Integrationsschicht erfolgt in den folgenden Schritten:

1. Der Benutzer ruft Inhalte über einen Browser oder eine WebDAV-Clientanwendung auf.
2. Die resultierende HTTP-Anfrage wird an die API der ECM-Integrationsschicht gesendet.
3. Der Konnektor der ECM-Integrationsschicht bindet die ECM-Backendsysteme, z. B. SAP Extended ECM, an. Der Konnektor implementiert die Service-Provider-Schnittstelle (SPI) für den Zugriff auf das Repository. An einen Konnektor können mehrere Repositories als logisch ansprechbare Instanzen angebunden werden.
4. Für den Zugriff auf die Daten erhält der Benutzer die Berechtigungen für das Repository.

### 11.2.2 SAP Content Server

Der SAP Content Server kann aktuell noch nicht auf einer SAP-HANA-Datenbank installiert werden. Die Installation des Systems ist weiterhin nur auf dem Datenbanksystem SAP MaxDB vorgesehen. Die Konfiguration des SAP Content Servers für SAP S/4HANA unterscheidet sich nicht von der für SAP ERP.

**Content Repository in SAP S/4HANA einrichten**

Im folgenden Beispiel zeige ich Ihnen, wie Sie ein Content Repository für SAP S/4HANA auf dem SAP Content Server anlegen. Dieses Content Repository verwenden wir in den folgenden Abschnitten und in Kapitel 12, »Enterprise Content Management in SAP-Cloud-Lösungen«, für die Konfiguration des DVS in SAP S/4HANA und für die Integration mit der SAP Cloud Platform und dem SAP Document Center.

Die Einrichtung des Content Repositorys erfolgt wie gewohnt in Transaktion OACO. Öffnen Sie diese Transaktion, und legen Sie ein neues Content Repository an. Verwenden Sie für unser Beispiel die Werte aus Tabelle 11.1, um das Content Repository zu konfigurieren.

| Feld | Wert |
|---|---|
| **Content-Rep.** | Z_SCP_ECM |
| **Beschreibung** | frei wählbar |
| **DokBereich** | **Dokumentenverwaltungssystem** |
| **Ablagetyp** | **HTTP-Content-Server** |
| **Protokoll** | SAPHTTP |
| **Versions-Nr.** | 0046 |
| **HTTP-Server** | Netzwerkname oder IP-Adresse des Content Servers |
| **Portnummer** | 1090 |
| **HTTP-Script** | **ContentServer/ContentServer.dll** |
| **Basispfad** | frei wählbar |
| **Archivpfad** | frei wählbar |

**Tabelle 11.1** Werte zur Konfiguration eines Content Repositorys für SAP S/4HANA

Anschließend sollte Ihre Konfiguration wie in Abbildung 11.10 aussehen.

**Content Repository auf dem SAP Content Server**

Nach der Konfiguration des Content Repositorys in SAP S/4HANA müssen Sie das Content Repository im nächsten Schritt auch auf dem SAP Content Server konfigurieren. Hierzu führen Sie die Transaktion CSADMIN (SAP Content Server – Administration) aus. Alternativ können Sie in der Transaktion OACO über den Button **CS Admin** in die Verwaltung des SAP Content Servers abspringen.

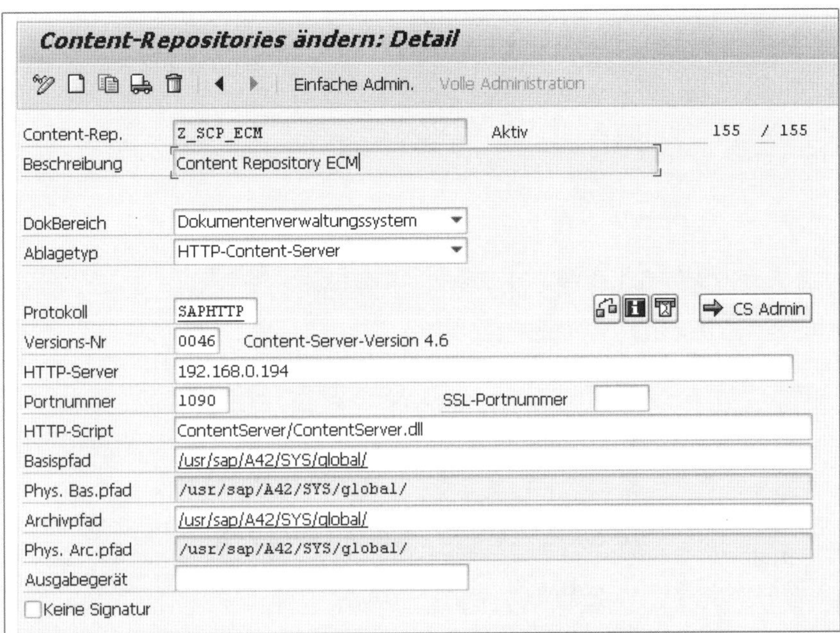


**Abbildung 11.10** Content Repository für SAP S/4HANA anlegen

Erfassen Sie auf der Registerkarte **Anlegen** im Bereich **Einstellungen des Repository** die Werte aus Tabelle 11.2, und bestätigen Sie Ihre Eingaben. Das Ergebnis sehen Sie in Abbildung 11.11.

| Feld | Wert |
|---|---|
| ContentStorageHost | localhost |
| ContentStorageName | SDB |
| Storage | **ContentStorage.dll** |
| Security | 1 |
| Driver | SAP MaxDB SDB |

**Tabelle 11.2** Werte zur Konfiguration des Content Repositorys auf dem SAP Content Server

**Zertifikat**

Wie bei der Einrichtung eines Content Repositorys für SAP ERP muss ein Zertifikat aus dem SAP-S/4HANA-System an den SAP Content Server übermittelt und aktiviert werden. Hierzu navigieren Sie in der Administration des SAP Content Servers zur Registerkarte **Zertifikate** und aktivieren das übermittelte Zertifikat über den Button **Freischalten** (, siehe Abbildung 11.12).

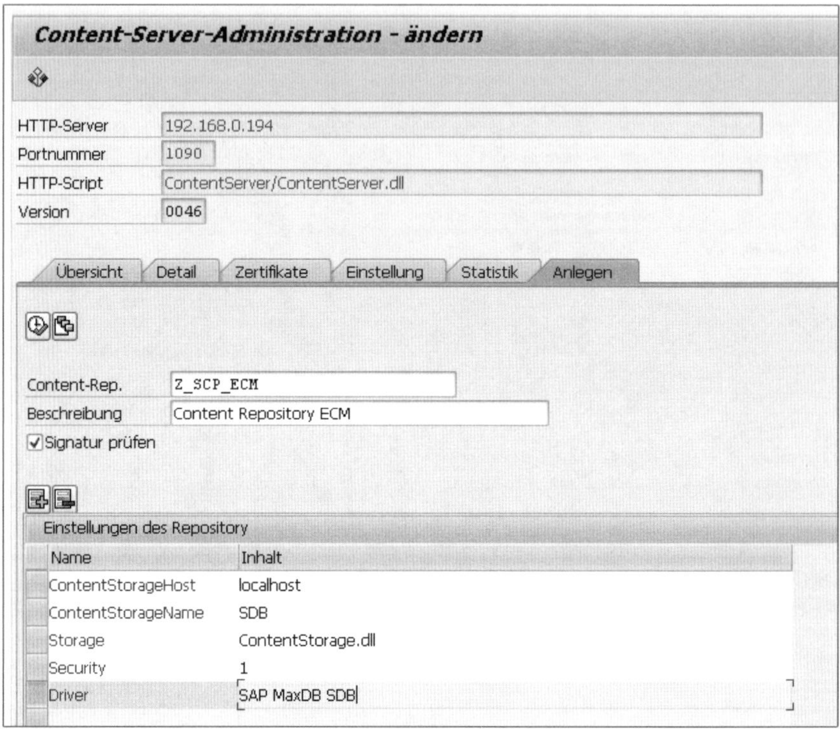


**Abbildung 11.11** Einrichtung des Content Repositorys in der Administration des SAP Content Servers

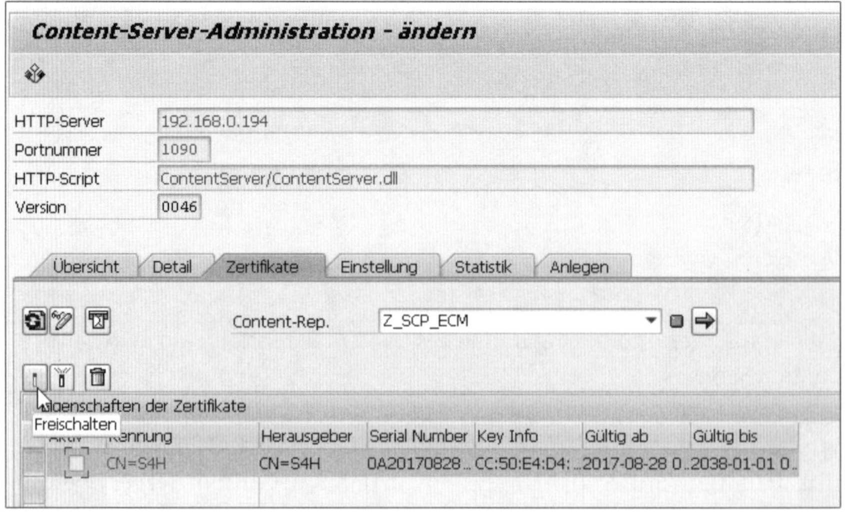


**Abbildung 11.12** SAP-S/4HANA-Zertifikat auf dem SAP Content Server aktivieren

**Ablagekategorie anlegen**

Für die Verwendung des Content Repositorys im DVS von SAP S/4HANA muss ebenso wie für SAP ERP eine Ablagekategorie angelegt werden. Öffnen Sie dazu die Transaktion OACT, und legen Sie die Ablagekategorie mit den Werten aus Tabelle 11.3 an. Abbildung 11.13 zeigt die Einstellungen in Transaktion OACT.

| Feld | Wert |
|---|---|
| **Kategorie** | Z_SCP_ECM |
| **Beschreibung** | frei wählbar |
| **DokBereich** | DMS |
| **Content-Rep.** | Z_SCP_ECM |

**Tabelle 11.3** Werte zur Definition einer Ablagekategorie für SAP S/4HANA

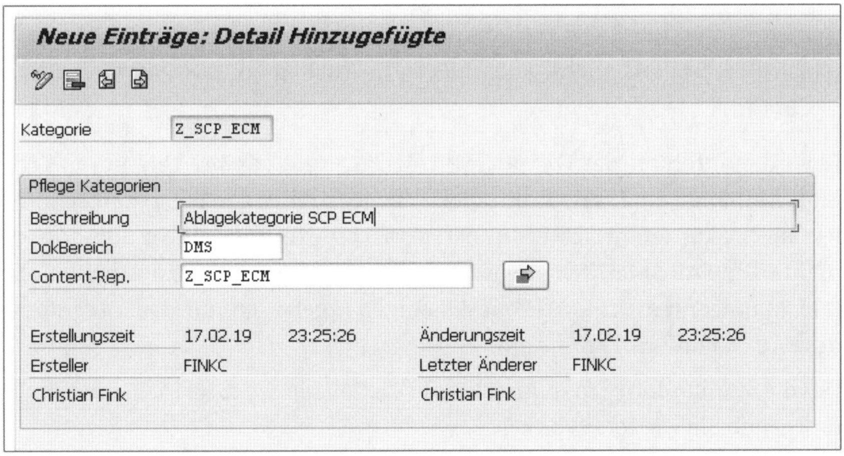

**Abbildung 11.13** Ablagekategorie für das DVS in SAP S/4HANA anlegen

## 11.3 Content Management in SAP S/4HANA

Wie bereits beschrieben, können für das Content Management in SAP S/4HANA die bekannten Standard-ECM-Werkzeuge von SAP verwendet werden. Dies erläutere ich in Abschnitt 11.3.1. Daneben wird eine neue SAP-Fiori-Anwendung *Manage Documents* für das Content Management bereitgestellt, in die ich Sie in Abschnitt 11.3.2 einführe. Schließlich stelle ich Ihnen den *Attachment Service* in Abschnitt 11.3.3 vor, eine wiederverwendbare SAP-Fiori-Funktion.

### 11.3.1 Standard-ECM-Werkzeuge in SAP S/4HANA

SAP S/4HANA unterstützt einige der bereits in SAP ERP vorhandenen Standard-ECM-Werkzeuge. Neben dem Dokumentenverwaltungssystem (DVS) sind auch die generischen Objektdienste, SAP ArchiveLink und der Document Browser von SAP Product Lifecycle Management (SAP PLM) weiterhin verfügbar. Einige ältere ECM-Werkzeuge werden jedoch nicht mehr unterstützt:

- **cFolders**
  Die Lösung *Collaboration Folders*, besser bekannt als *cFolders* wird mit SAP S/4HANA nicht mehr unterstützt. Sie wurde ursprünglich für SAP PLM entwickelt. Die Abkündigung der Unterstützung ist in SAP-Hinweis 2224778 nachzulesen. SAP empfiehlt den Umstieg auf das SAP Document Center.
- **SAP Easy Document Management**
  Auch SAP Easy Document Management wird in SAP S/4HANA nicht mehr unterstützt. Die Informationen hierzu finden Sie in SAP-Hinweis 2267866. SAP empfiehlt auch hier den Umstieg auf das SAP Document Center.

Es wird empfohlen, das DVS in SAP S/4HANA und das SAP Document Center miteinander zu integrieren. Hierzu zeige ich Ihnen in diesem Abschnitt, wie die Dokumentart DRW (Konstruktionszeichnung) als Standarddokumentart in SAP S/4HANA eingerichtet wird. In Kapitel 12, »Enterprise Content Management in SAP-Cloud-Lösungen«, gehe ich auf die Integration des SAP Document Centers ein.

Dokumentart DRW

Um die Standarddokumentart DRW für das DVS in SAP S/4HANA einzurichten, gehen Sie wie folgt vor:

1. Starten Sie die Transaktion DC10.
2. Öffnen Sie die Detailsicht zur Dokumentart DRW, die Sie in Abbildung 11.14 sehen.
3. Tabelle 11.4 führt die Standardeinstellungen auf, die für diese Dokumentart bereits vorliegen sollten. Prüfen Sie diese Einstellungen, und passen Sie sie gegebenenfalls an.
4. Sichern Sie die Dokumentart.

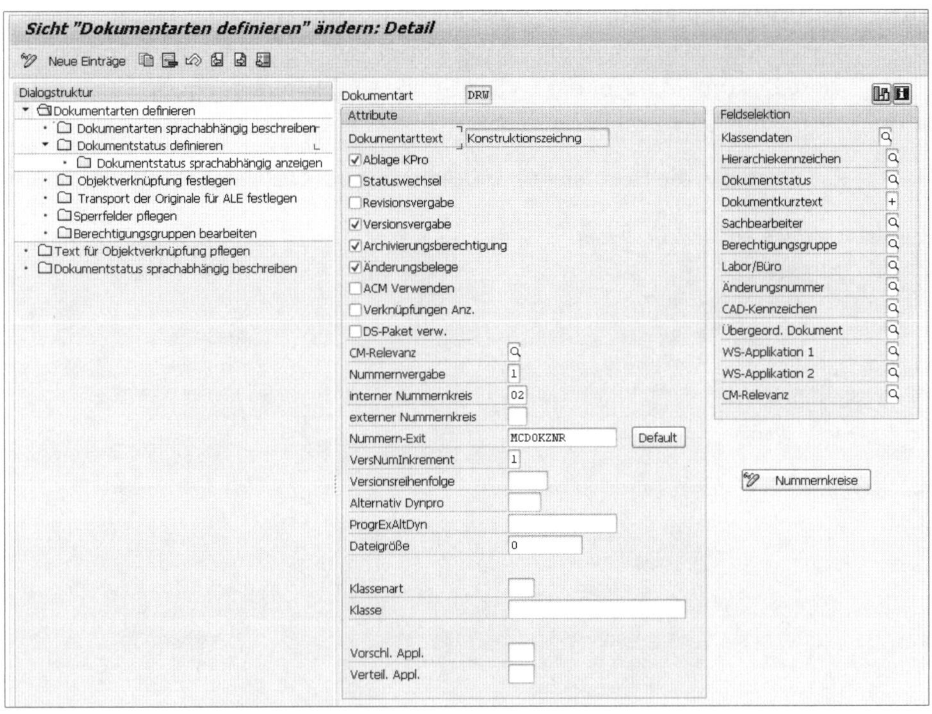

Abbildung 11.14 Dokumentart DRW für SAP S/4HANA anlegen

| Feld | Wert |
|---|---|
| Dokumentart | DRW |
| Ablage KPro | gesetzt |
| Versionsvergabe | gesetzt |
| Archivierungsberechtigung | gesetzt |
| Änderungsbelege | gesetzt |
| Verknüpfung Anz. | nicht gesetzt |
| Nummernvergabe | 1 (nur interne Nummernvergabe) |
| interner Nummernkreis | 02 |
| Nummern-Exit | MCDOKZNR (Standard) |
| VersNumInkrement | 1 (numerische Versionszählung von 00 bis 99) |
| Dokumentkurztext | + (damit ist der Eintrag in dieses Feld eine Muss-Eingabe) |

Tabelle 11.4 Werte zur Konfiguration der Dokumentart DRW

**Dokumentart FOL** Im SAP Document Center werden neben Dokumenten auch Ordner (*Folder*) verwendet. Dazu gibt es die Dokumentart FOL. Gehen Sie wie folgt vor, um diese Dokumentart für das DVS in SAP S/4HANA einzurichten:

1. Starten Sie die Transaktion DC10.
2. Öffnen Sie die Detailsicht zur Dokumentart FOL (siehe Abbildung 11.15).

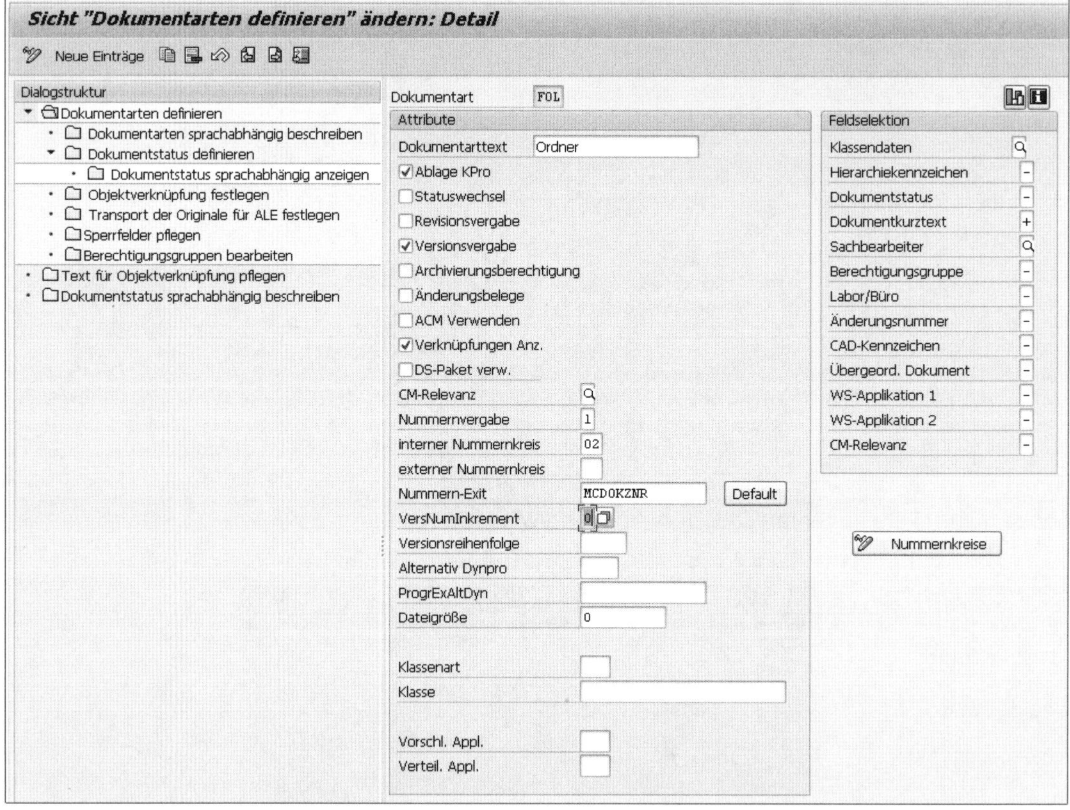


**Abbildung 11.15** Dokumentart FOL für SAP S/4HANA anlegen

3. Stellen Sie sicher, dass die Einstellungen aus Tabelle 11.5 zu dieser Dokumentart vorliegen.

| Feld | Wert |
|---|---|
| **Dokumentart** | FOL |
| **Ablage KPro** | gesetzt |
| **Versionsvergabe** | gesetzt |

**Tabelle 11.5** Standardeinstellungen für die Dokumentart FOL

| Feld | Wert |
|---|---|
| **Verknüpfung Anz.** | gesetzt |
| **Nummernvergabe** | 1 (nur interne Nummernvergabe) |
| **interner Nummernkreis** | 02 |
| **Nummern-Exit** | MCDOKZNR (Standard) |
| **VersNumInkrement** | 0 (keine Versionsnummerierung) |
| **Dokumentkurztext** | + (damit ist der Eintrag in dieses Feld eine Muss-Eingabe) |

**Tabelle 11.5** Standardeinstellungen für die Dokumentart FOL (Forts.)



### 11.3.2 SAP-Fiori-App Manage Documents

Die SAP-Fiori-App *Manage Documents* bzw. *Dokumente verwalten* (so lautet die Bezeichnung auf der deutschsprachigen Anwendungsoberfläche) ist für die Verwaltung von Dokumenten im DVS gedacht. Der komplette Prozess des Content Managements kann mit der App durchgeführt werden:

- Suche von Dokumenten
- Erstellung von Dokumenten
- Anlegen neuer Dokumentversionen
- Anzeige und Ändern der Dokumentdaten
- Anzeige und Ändern der Dokumentdatei
- Setzen des Dokumentstatus

In der Regel beginnt dieser Prozess mit der Suche nach einem Dokument. Liegt kein entsprechendes Dokument vor, wird ein neues Dokument angelegt. Liegt bereits ein passendes Dokument vor, kann eine neue Version angelegt werden, in der zunächst die Daten und anschließend die Dokumentdatei selbst geändert werden. Anschließend kann der Status für das bearbeitete Dokument geändert werden (siehe Abbildung 11.16).

**Suche von Dokumenten**

In der App Managed Documents können dazu im ersten Schritt Dokumente gesucht werden. Die umfangreichen Filterfunktionen ermöglichen die Suche anhand verschiedener Kriterien (siehe Abbildung 11.17). Sie können z. B. nach dem Bearbeitungsstatus filtern oder gezielt nach einer bestimmten Dokumentnummer oder Dokumentart suchen. Die gefundenen Dokumente werden in einer Ergebnisliste angezeigt Der Dokumentinfosatz kann durch einfaches Anklicken geöffnet werden.

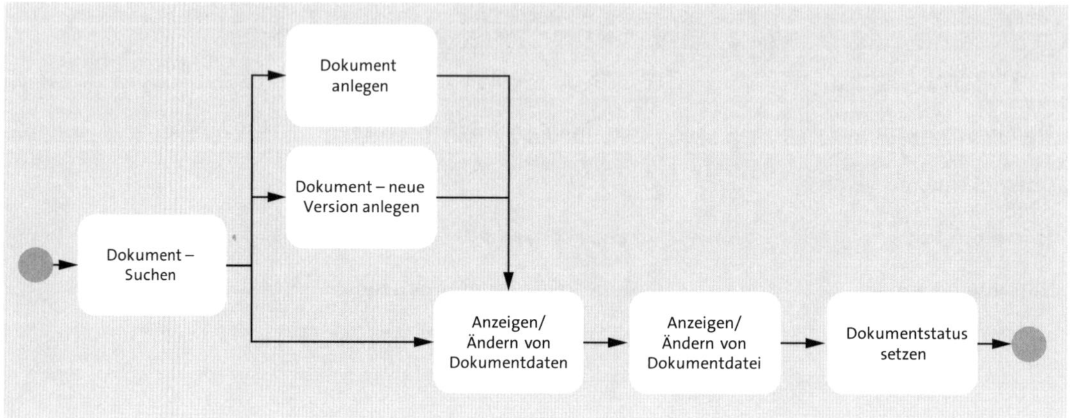


**Abbildung 11.16** Ablauf der Dokumentenbearbeitung mit Managed Documents

Dokumente verwalten

Standard*

Bearbeitungsstatus: Alles | Dokumentnummer: | Dokumentart: | Dokumentversion: | Teildokument: | Beschreibung des Dokuments: | Dokumentstatus: | Benutzer:

Filter anpassen (1) Start

Documents (32) Standard

Originale herunterladen

| Dokumentnummer | Dokumentart | Dokumentversion | Teildokument | Beschreibung des Dokuments | Status (Code) | Benutzer |
|---|---|---|---|---|---|---|
| 10000000026 | Konstruktionszeichng (DRW) | 01 | 000 | Neues Version | Arbeitsanf. (AA) | FINKC |
| 10000000026 Entwurf | Konstruktionszeichng (DRW) | 00 | 000 | Dokument über Managed Documents | in Arbeit (IA) | FINKC |
| 10000000025 | Ordner (FOL) | 00 | 000 | Dokumente | | FINKC |
| 10000000024 | Ordner (FOL) | 00 | 000 | Meine S4HANA Dokumente | | FINKC |
| 10000000023 Entwurf | Konstruktionszeichng (DRW) | 00 | 000 | DRAW | Arbeitsanf. (AA) | FINKC |
| 10000000022 | Konstruktionszeichng (DRW) | 00 | 000 | test | freigegeben (FR) | FINKC |
| 10000000021 | Ordner (FOL) | 00 | 000 | ECM-SAP-Press | | FINKC |
| EDIPUBLICROOTFOLDER | Ordner (FOL) | 00 | 000 | | | FINKC |
| 10000000020 | Ordner (FOL) | 00 | 000 | Folder | | FINKC |
| 10000000019 | Konstruktionszeichng (DRW) | 00 | 000 | Bestellanlage | Arbeitsanf. (AA) | FINKC |
| 10000000018 | Konstruktionszeichng (DRW) | 00 | 000 | Testdokument | Arbeitsanf. (AA) | FINKC |

**Abbildung 11.17** Suche nach Dokumenten in Managed Documents

**Dokument anlegen**

Um ein neues Dokument anzulegen, klicken Sie auf das Plus-Icon (+, **Dokument anlegen**) und geben eine **Dokumentart** und die Pflichtfelder (in unserem Fall die Beschreibung) an. Die Dokumentart können Sie über eine Dropdown-Liste auswählen, z. B. **DRW**. **Sichern** Sie Ihre Einstellungen anschließend über den Button unten rechts (siehe Abbildung 11.18).

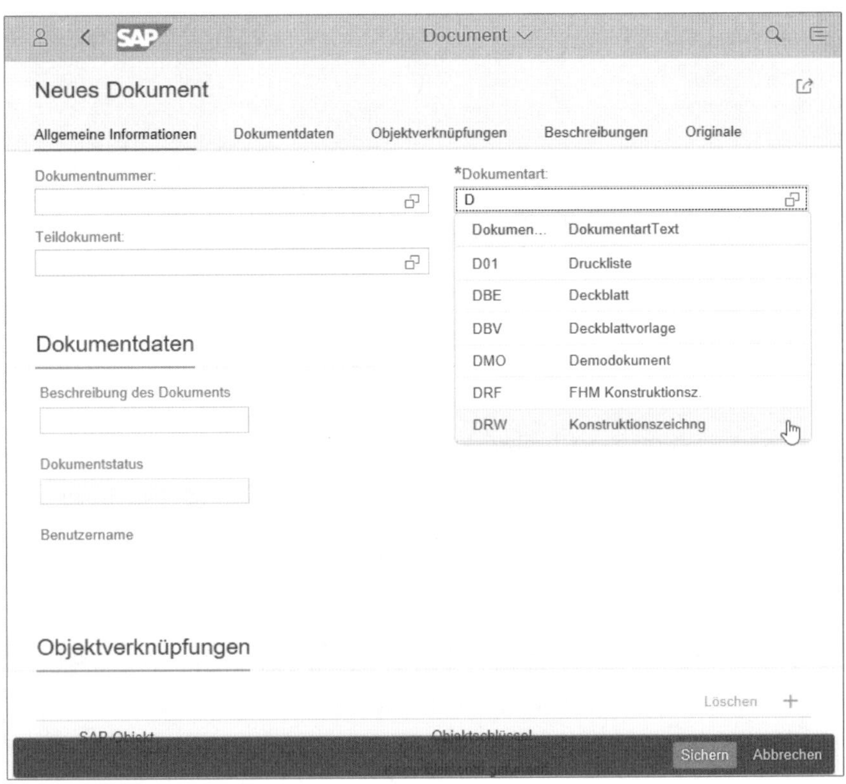


**Abbildung 11.18** Dokument in Managed Dokuments anlegen



**Dokument ändern**

Schon vorhandene oder neu angelegte Dokumentinfosätze können über die SAP-Fiori-App bearbeitet werden. Beispielweise können Sie die Dokumentbeschreibung ändern oder ergänzen. Dokumentbeschreibungen können in verschiedenen Sprachen hinzugefügt werden, wie in Abbildung 11.19 dargestellt. Auch die Objektverknüpfungen können Sie in der SAP-Fiori-App pflegen, sodass der Dokumentinfosatz mit den relevanten Business-Objekten verknüpft ist. Im Abschnitt **Originale** können Sie über das Plus-Icon (+) Dateien hinzufügen.

**SAP-Fiori-App einrichten**

Um die SAP-Fiori-App in SAP S/4HANA nutzen zu können, müssen Sie diese auf Ihrem SAP-S/4HANA-System bzw. in SAP Gateway installieren. Im Folgenden erkläre ich, wie Sie die App anschließend dem *SAP Fiori Launchpad*, der zentralen Einstiegsseite von SAP S/4HANA, hinzufügen:

1. Verbinden Sie sich mit dem *SAP Fiori Launchpad Designer*, dem Verwaltungswerkzeug für das SAP Fiori Launchpad. Rufen Sie dazu die folgende URL auf:

   *http://<host>:<port>/sap/bc/ui5_ui5/sap/arsrvc_upb_admn/main.html?sap-client=<client>?scope=CUST*

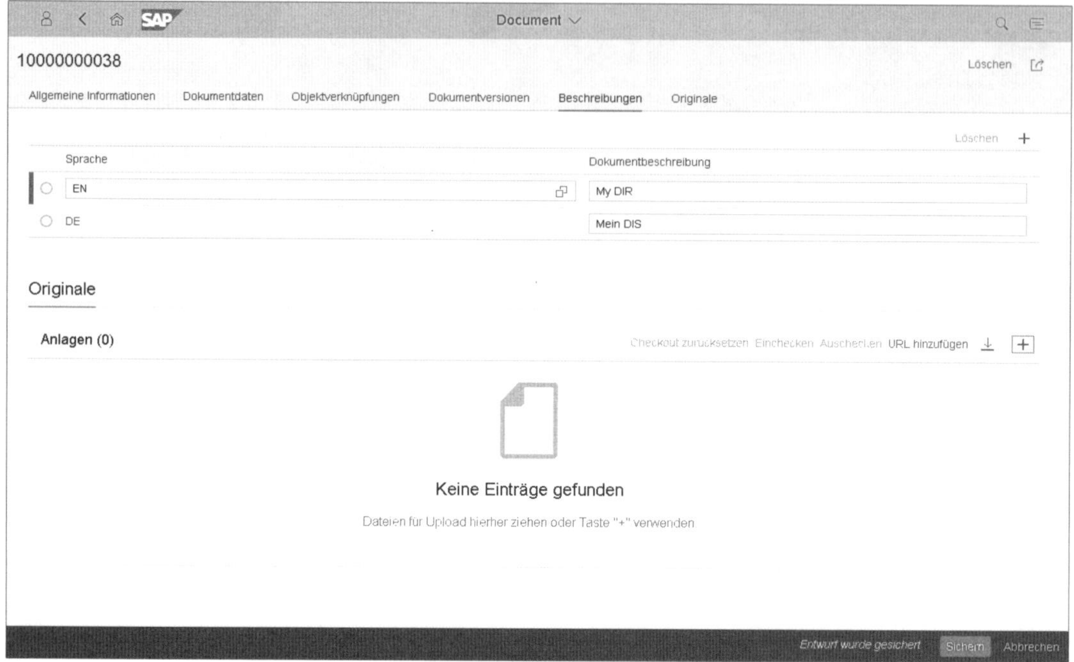


**Abbildung 11.19** Beschreibung in verschiedenen Sprachen erfassen

Setzen Sie die folgenden Werte aus Tabelle 11.6 anstelle der Platzhalter in die URL ein. Den Host und den Port Ihres SAP-S/4HANA-Systems finden Sie in der Transaktion SICF, die Informationen zum Port finden Sie unter dem Menüpunkt **Springen**.

| Parameter | Wert |
|---|---|
| Host | die Serveradresse des SAP-S/4HANA-Systems |
| Port | der zu verwendende Port |
| Client | die Mandantennummer |

**Tabelle 11.6** SAP-S/4HANA-Systemdaten zum Aufruf des SAP Fiori Launchpad Designers

2. Im SAP Fiori Launchpad Designer wechseln Sie in den Bereich **Gruppen**. Geben Sie im Suchfeld den Wert »Dokumentenverwaltung« ein. Ihnen wird die Kachel **Dokumente verwalten** der Gruppe **Dokumentenverwaltung** angezeigt (siehe Abbildung 11.20).
3. Notieren Sie sich die Gruppen-ID, die oberhalb der ersten Kachel angezeigt wird, im Beispiel ist dies die ID `SAP_PLM_BCG_GROUP`.

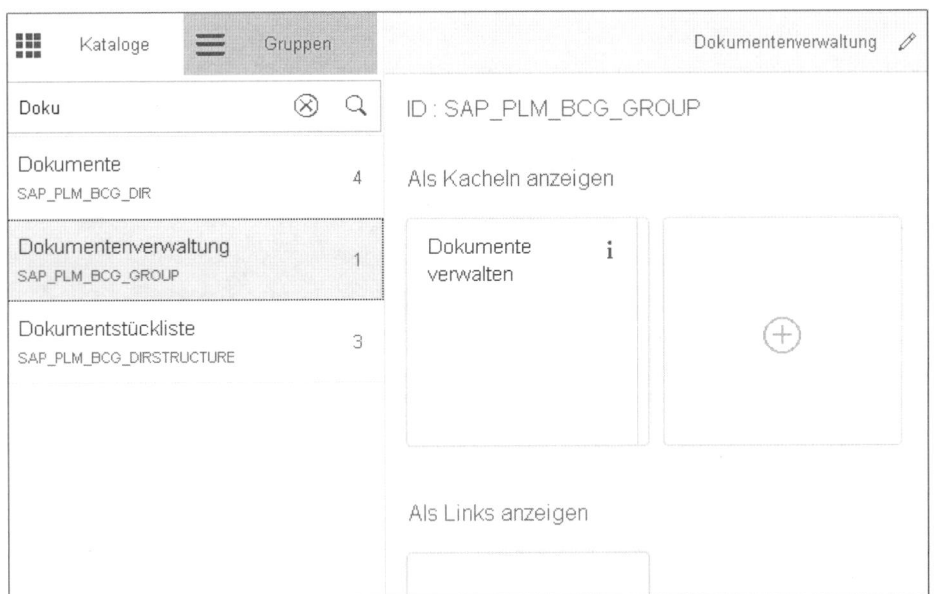


**Abbildung 11.20** Auswahl der App Dokumente verwalten im SAP Fiori Launchpad Designer



4. Zur Anzeige der App im SAP Fiori Launchpad benötigen Sie entsprechende Berechtigungen. Diese werden über SAP-Rollen gesteuert. Öffnen Sie daher die Transaktion PFCG (Pflege von Rollen) in SAP S/4HANA, und erstellen Sie dort eine neue Rolle, damit Ihnen die SAP-Fiori-App angezeigt wird. Nennen Sie die Rolle z. B. `Z_DOKUMENTE`.
5. Ordnen Sie der neuen Rolle die SAP-Fiori-Gruppe mit der ID `SAP_PLM_BCG_GROUP` zu. Klicken Sie dazu auf der Registerkarte **Menü** auf den Button **SAP Fiori Kachelgruppe**. Tragen Sie die Gruppe in das Feld **GruppeID** ein, und bestätigen Sie Ihre Eingabe mit einem Klick auf das grüne Häkchen (siehe Abbildung 11.21).
6. Ordnen Sie der neuen Rolle nun die Benutzer zu, die Zugriff auf die App Manage Documents haben sollen.

**SAP-Fiori-App öffnen**

Öffnen Sie nun das SAP Fiori Launchpad Ihres SAP-S/4HANA-Systems durch Eingabe der folgenden generischen URL im Browser:

*http://<host>:<port>/sap/bc/ui5_ui5/ui2/ushell/shells/abap/Fiorilaunchpad.html?sap-client=<client>&sap-language=EN*

Wenn Sie über die entsprechende Berechtigung verfügen, sollte Ihnen nun die Kachel **Dokumente verwalten** im SAP Fiori Launchpad wie in Abbildung 11.22 angezeigt werden.

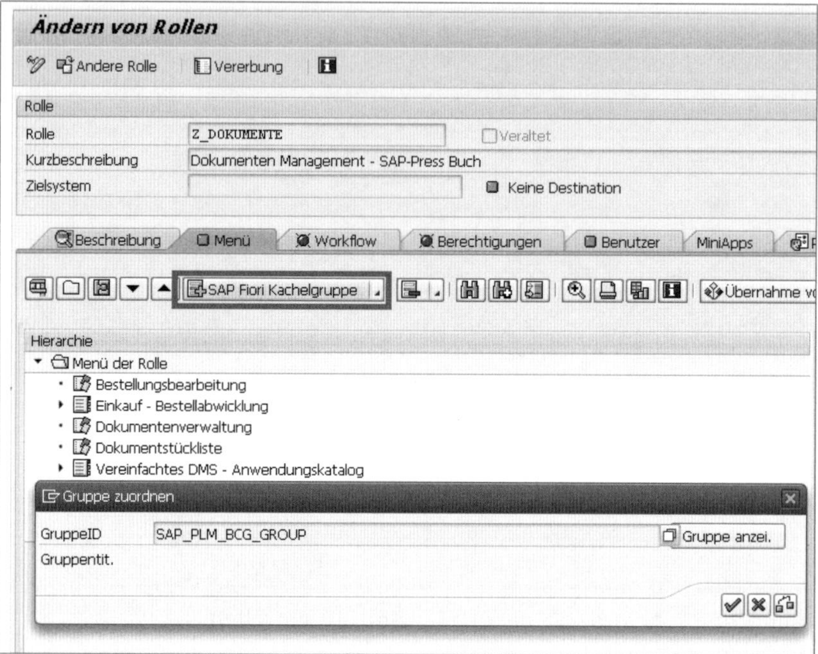


Abbildung 11.21 Kachelgruppe der Rolle zuordnen

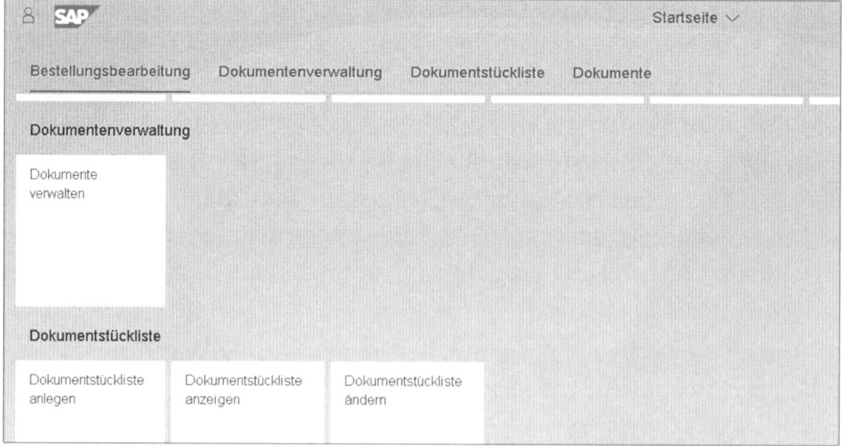


Abbildung 11.22 Kachel »Dokumente verwalten« im SAP Fiori Launchpad

### 11.3.3 Attachment Service

Der *Attachment Service* ist ein wiederverwendbarer Benutzeroberflächenbaustein (User Interface, kurz UI) für eine Anlagenliste, der in SAP-Fiori-Apps integriert werden kann. Der Attachment Service ermöglicht die Verwaltung von Anlagen ähnlich wie die generischen Objektdienste (GOS) im

SAP GUI. Zu den Anlagen, die über den Attachment Service verwaltet werden können, gehören GOS- und SAP-Archive-Link-Dokumente, Dokumentinfosätze und URLs. In Abbildung 11.23 ist der Attachment Service für eine GOS-Anlage dargestellt.



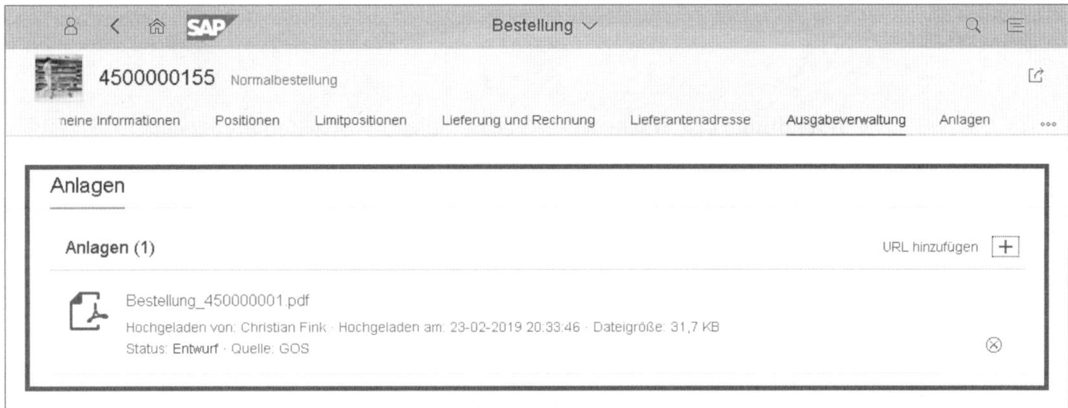


**Abbildung 11.23** Anzeige einer GOS-Anlage über den Attachment Service

**Funktionen des Attachment Service**

Der Attachment Service kann auch für die Anzeige von Originalen zu Dokumentinfosätzen verwendet werden. Auch DVS-Funktionen, wie z. B. Auschecken (Check-out) und Einchecken (Check-in) von Originalen, die in den Dokumentinfosätzen abgelegt sind, können in den Attachment Services verwendet werden (siehe Abbildung 11.24).

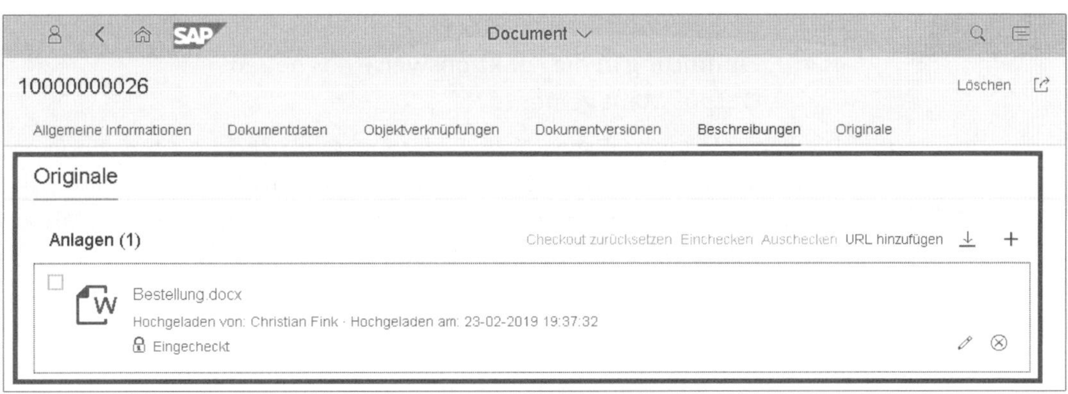


**Abbildung 11.24** Eingecheckter Dokumentinfosatz im Attachment Service

**Einchecken von Originalen**

Beim Einchecken des Originals kann auch entschieden werden, ob es sich um eine neue Version handelt (siehe Abbildung 11.25).

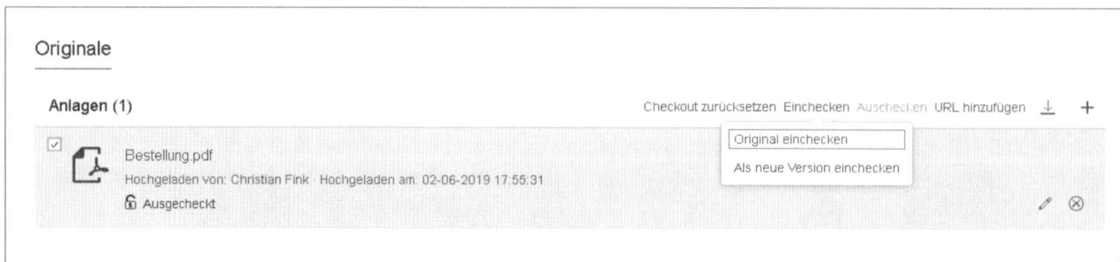


**Abbildung 11.25** Einchecken von Originalen im Attachment Service

## 11.4 Output Management in SAP S/4HANA

Mit SAP S/4HANA führt SAP eine neues Werkzeug für das Output Management ein. Die Ausgabesteuerung basiert nicht mehr auf der altbekannten Nachrichtensteuerung oder anderen Ausgabeverfahren, wie im Fall des Output Managements für SAP Business Suite, sondern setzt auf das *Business Rule Framework plus* (BRFplus). Mit BRFplus ist die regelbasierte Konfiguration der Ausgabesteuerung möglich. Die vorher unterschiedlichen Lösungskonzepte werden durch die neue Ausgabesteuerung vereinheitlicht. Die Dokumente basieren auf der gedachten Zielarchitektur auf Basis von SAP Interactive Forms by Adobe und dem Adobe Document Service. In den folgenden Ausführungen gebe ich Ihnen einen Einblick in die neue Ausgabesteuerung und das Customizing.

### 11.4.1 Einführung in die Funktionsweise des neuen Output Managements

**Formulartechnologien in SAP S/4HANA**

Die Formulartechnologie *Adobe Forms* entstand schon 2006 in Kooperation zwischen SAP und Adobe. Damals wurde das Tool SAP Interactive Forms by Adobe ins Leben gerufen. Adobe Forms können sowohl als Druckformulare als auch als interaktive Formulare verwendet werden. Druckformulare werden durch die Adobe Document Services gerendert und auf verschiedenen Ausgabemedien bereitgestellt. Die Zielarchitektur von SAP S/4HANA sieht Adobe Forms als Standardformulartechnologie vor. Die alten Formulartechnologien Smart Forms und SAPscript werden in der On-Premise-Edition von SAP S/4HANA weiterhin unterstützt, solange die klassische SAP Business Suite noch durch SAP gewartet wird.

SAP empfiehlt, im Rahmen der Einführung von SAP S/4HANA auf die neue Formulartechnologie Adobe Forms umzusteigen. Der Umfang der Nachrichtensteuerung aus der SAP Business Suite ist weiterhin in SAP S/4HANA verfügbar.

[«]

**Lizenzierung von Adobe Forms**

Die Adobe-Forms-Druckformulare sind in der Lizenzierung Ihres SAP-S/4HANA-Systems enthalten. Auch neu erstellte Adobe-Forms-Druckformulare sind nicht kostenpflichtig. Interaktive Formulare hingegen müssen zusätzlich lizenziert werden, wenn folgende Voraussetzungen erfüllt sind:

- wenn Templates für interaktive Formulare erstellt werden
- wenn kundenspezifische interaktive Templates erstellt, SAP-Templates mit zusätzlichen interaktiven Formularen versehen wurden, oder wenn die Datenbindung ans Backend geändert wurde
- wenn interaktive Formulare produktiv genutzt werden

Für die kostenpflichtigen interaktiven Formulare ist eine benutzerbasierte Lizenzierung mit dem Materialcode 7018985 notwendig. Beachten Sie hierzu auch SAP-Hinweis 750784.



**Neue Ausgabesteuerung**

Die neue Ausgabesteuerung ist die Schnittstelle zwischen SAP-Geschäftsanwendung und den SAP-NetWeaver-Technologien in SAP S/4HANA zum Anlegen und der Ausgabe von Dokumenten. Wie in Abbildung 11.26 dargestellt, besteht die SAP-S/4HANA-Ausgabeverwaltung aus der neuen Ausgabesteuerung und der SAP-NetWeaver-Technologie.

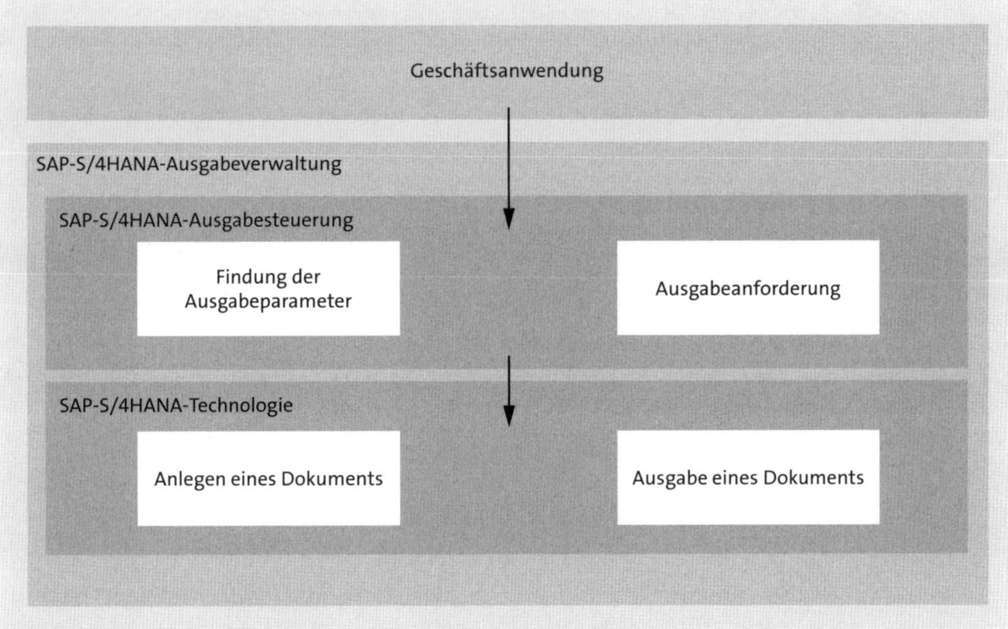


**Abbildung 11.26** SAP-S/4HANA-Ausgabesteuerung

**Findung der Ausgabeparameter**

Die Findung der Ausgabeparameter der Ausgabesteuerung, wie des Ausgabekanals, der Formularvorlage und des Empfängers, erfolgt bei Ausgabe der Nachricht automatisch im Hintergrund. Die Funktionen der Findung umfassen auch:

- das gleichzeitige Versenden mehrerer Nachrichten an verschiedene Empfänger über mehrere Kanäle
- Definition der Ausgabeparameterfindung über die Geschäftsregeln (BRFplus)
- Erweiterbarkeit der Ausgabeparameterfindung auch auf anwendungsspezifische Felder
- Erweiterbarkeit über Core Data Services (CDS) zur Datenbeschaffung mittels ABAP

**Ausgabeanforderung**

Der Druck eines Spool-Auftrags erzeugt eine *Ausgabeanforderung*. Die Ausgabeanforderung enthält die Informationen zum Ausgabegerät (z. B. Drucker) und speichert die Ausgabeparameter und den Ausgabestatus. Für jede Ausgabeanforderungsinstanz wird ein Anwendungsprotokoll angelegt. Die Protokolle sind über das Anwendungslog in Transaktion SLG1 auswertbar. Hierzu verwenden Sie bei der Selektion den Wert `OUTPUT_CONTROL` im Feld **Objekttext** und `BGRFC` im Feld **Unterobjekttext**. Ein Beispiel eines Protokolls im Anwendungslog ist in Abbildung 11.27 dargestellt.

**Abbildung 11.27** Anwendungsprotokoll für die Ausgabe in SAP S/4HANA

[!]

**Anwendungsprotokolle speichern**

Die Anwendungsprotokolle für die Ausgabeverwaltung sollten nicht durch Hintergrundjobs oder Transaktionen gelöscht werden, da sonst die Ausgabeanforderung inkonsistent wird und keine Ausgabe mehr möglich ist.

Das Dokument wird durch den Adobe Document Service angelegt und mittels SAP-NetWeaver-Technologien (SAPconnect, Spool-System) ausgegeben.

**Formulararten**

Die Ausgabesteuerung in SAP S/4HANA kennt zwei Formulararten, das *Anwendungsformular* und das *Master-Formular*. Das Anwendungsformular strukturiert die Content-Bereiche für die Ausgabe der Geschäftsdaten aus SAP S/4HANA. Das Master-Formular ist ein Fragment (z. B. Seitengröße, Titel, Logo, Fußzeile), das vom Anwendungsformular verwendet wird, um das Layout der Ausgabe zu strukturieren.

Abbildung 11.28 stellt die Formulararten dar. Der gestrichelt umrahmte Bereich ist der Content des Anwendungsformulars. Die Bereiche des Master-Formulars sind mit durchgehenden Rahmenlinien markiert. Im Bereich des Master-Formulars finden Sie folgende Elemente:

❶ Titel

❷ Logo

❸ Absenderadresse

❹ Fußblock

❺ Empfängeradresse

❻ Seitengröße und Seitenausrichtung



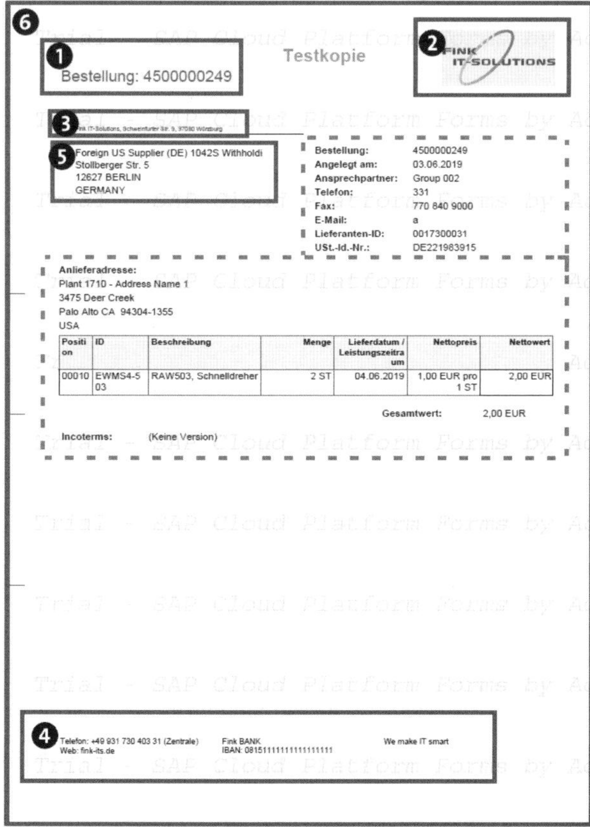


**Abbildung 11.28** Aufbau eines Formulars mit Anwendungsformular und Master-Formular in SAP S/4HANA

Die Bereiche des Master-Formulars können im Customizing der SAP-S/4HANA-Ausgabesteuerung ausgeprägt werden. Das Customizing erläutere ich im folgenden Abschnitt.

**Altes vs. neues Output Management**

In SAP S/4HANA wurde die Ausgabesteuerung komplett neu gestaltet. In Tabelle 11.7 sind einige der Unterschiede zwischen dem klassischen Output Management auf Basis der Nachrichtensteuerung und dem neuen Output Management in SAP S/4HANA aufgeführt.

| Output Management in SAP S/4HANA | Output Management auf Basis der Nachrichtensteuerung |
|---|---|
| Steuerung über BRFplus | Nachrichtenfindung über Konditionstechnik (Konditionstabellen und Kommunikationsstrukturen) |
| Unterstützt Adobe Forms (mit und ohne Fragmente), SAPscript und Smart Forms. Allerdings ist die Nutzung der alten Technologien auf die On-Premise-Edition beschränkt. | Unterstützt SAPscript, Smart Forms und Adobe Forms. |
| Vier verschiedene Ausgabekanäle:<br>■ Druck<br>■ E-Mail<br>■ XML (Ariba)<br>■ IDoc<br>Der IDoc-Support weist jedoch einige Einschränkungen auf. Eine Einschränkung ist beispielsweise, dass nur die Ausgabearten von SAP S/4HANA, die 1:1 mit der Ausgabeart NAST-KSCHL gemappt werden können, IDocs unterstützen. | Zehn verschiedene Ausgabekanäle:<br>■ Druckausgabe<br>■ Telefax<br>■ Telex<br>■ extern senden<br>■ EDI<br>■ einfache E-Mail<br>■ Sonderfunktion<br>■ Ereignisse (SAP Business Workflow)<br>■ Verteilung (Application Link Enabling, ALE)<br>■ Aufgaben (SAP Business Workflow) |
| Zwei verschiedene Versandzeitpunkte:<br>■ eingeplant über Job (anwendungsspezifisch)<br>■ sofort | Vier verschiedene Versandzeitpunkte:<br>■ periodischer Job<br>■ Job mit Zeitangabe<br>■ Anwendung/Transaktion<br>■ sofort |
| Alle Ausgabeparameter können automatisch durch BRFplus-Konfigurationen bestimmt werden. Zudem wird die Erweiterbarkeit über CDS unterstützt. | Ergänzung durch ABAP-Code, User-Exits und Erweiterung der Kommunikationsstrukturen möglich |

**Tabelle 11.7** Vergleich zwischen klassischem und neuen Output Management

| Output Management in SAP S/4HANA | Output Management auf Basis der Nachrichtensteuerung |
|---|---|
| Konfiguration zukünftig ausschließlich über BRFplus | keine einheitliche Konfiguration für Geschäftsanwendungen |
| Ein Output-Typ kann mehrere Ausgaben starten. | Ein Output-Typ kann nur einmal pro Dokument die Ausgabe starten. |
| Es gibt Logs, in denen die Ausgaben gespeichert werden:<br>■ Transaktionscode: SLG1<br>■ Anwendungs-Log-Objektname: OUTPUT_CONTROL<br>■ Anwendungs-Log-Unterobjektname: BGRFC | Alte, originale Ausgaben können nicht über die Ausgabeansicht eingesehen werden. |
| Master-Formular-Template mit universellem Layout (Kopf, Logo, Fußzeile) | kein vergleichbares Konzept |

**Tabelle 11.7** Vergleich zwischen klassischem und neuen Output Management (Forts.)

**SAP-Empfehlungen zum Output Management**

SAP spricht die folgenden Empfehlungen zum Output Management aus:

- Für Kunden, die schon das alte Output Management nutzen, bleiben Daten und Customizing in SAP S/4HANA weiterhin vorhanden.
- Für die Nutzung des neuen Output Managements müssen spezifische Konfigurationen vorgenommen werden.
- Dokumente, die mit dem alte Output Management prozessiert werden, können weiterhin so prozessiert werden.
- Für neue Dokumente sollte nur das neue Output Management genutzt werden (Investitionsschutz).

[!]

**Umstieg vom alten auf das neue Output-Management**

Wie Sie in Tabelle 11.7 gesehen haben, gibt es keine hundertprozentige Funktionsparität zwischen dem alten Output Management auf Basis der Nachrichtensteuerung und dem neuem Output Management. Eine Datenmigration für die bestehenden Dokumente ist nicht möglich, da die alte Nachrichtensteuerung sehr generisch ist. Deshalb empfiehlt SAP, die alte Nachrichtensteuerung nicht vollständig umzustellen, sondern das alte und neue Output Management eine Zeit lang parallel zu betreiben (siehe SAP-Hinweis 2228611).

Kunden, die das alte Output Management noch nicht genutzt haben, sollten das neue Output Management nun für alle Dokumente verwenden und müssen dazu die entsprechenden Konfigurationen in SAP S/4HANA vornehmen.

### 11.4.2 Einrichtung und Customizing des Output Managements in SAP S/4HANA

**Konfigurationsschritte**

Um das neue Output Management in SAP S/4HANA zu nutzen, sind einige Konfigurationsschritte erforderlich. Diese sind in folgenden SAP-Hinweisen beschrieben:

- 2228611 – Output Management in SAP S/4HANA
- 2292571 – SAP S/4HANA output control – technical setup
- 2292539 – SAP S/4HANA output control – configuration
- 2292646 – SAP S/4HANA output control – form templates with fragments
- 2292681 – SAP S/4HANA output control – master form templates
- 2294198 – SAP S/4HANA output control – customized forms
- 2367080 – SAP S/4HANA output control –customized master forms
- 2344602 – Is it possible to use the old logic of output determination in S/4 HANA instead of BRF+ at purchasing

Wie in diesen SAP-Hinweisen beschrieben, sind für die Einrichtung des neuen Output Managements folgende Schritte durchzuführen:

1. Konfiguration des Background-RFC
2. Ablagesystem und Ablagekategorie einrichten
3. BRFplus einrichten
4. Adobe Document Services bereitstellen
5. Customizing der Ausgabesteuerung in SAP S/4HANA

Die einzelnen Schritte führen wir in den folgenden Abschnitten exemplarisch aus.

#### Konfiguration des Background-RFC

Die Ausgabesteuerung von SAP S/4HANA nutzt einen *Background Remote Function Call* (bgRFC). Der bgRFC ist die Nachfolgetechnologie für tRFC (transaktionaler RFC) und qRFC (queued RFC) mit unter anderem besserer Performance. Im Rahmen der Konfiguration wird auch eine *Supervisor-Destination* mit den RFC- und Anmeldedatendaten erstellt.

Gehen Sie wie folgt vor, um den bgRFC anzulegen: **bgRFC anlegen**

1. Starten Sie die Transaktion SBGRFCCONF.
2. Öffnen Sie die Registerkarte **Supervisor Dest. pflegen** (siehe Abbildung 11.29), und klicken Sie auf den Button **Anlegen** (□).

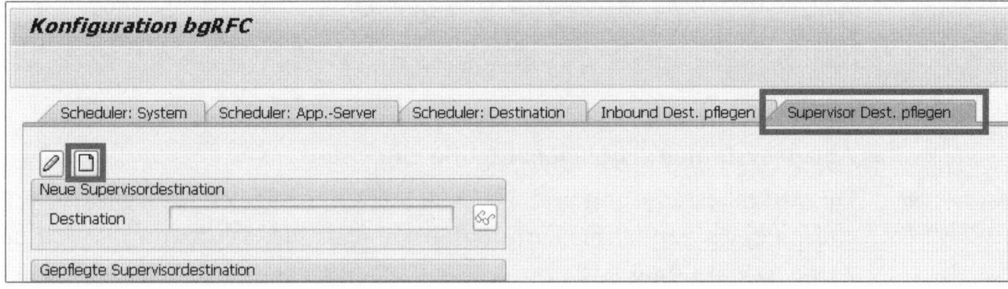


**Abbildung 11.29** Supervisor-Destination in Transaktion SBGRFCCONF anlegen



3. Geben Sie **Destinationsname**, **Benutzername** und das Passwort ein (siehe Abbildung 11.30).

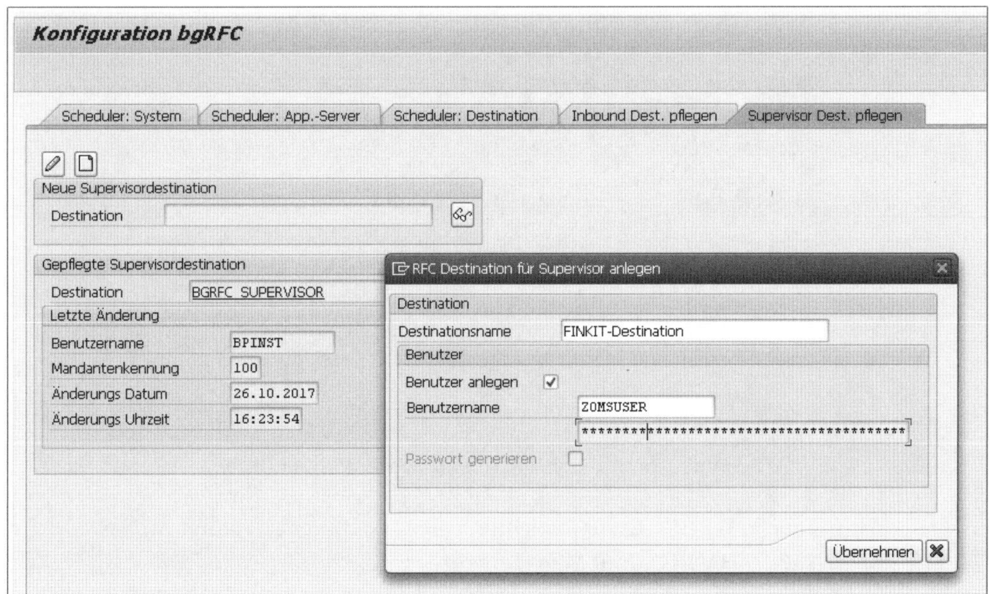


**Abbildung 11.30** RFC-Daten für Supervisordestination angeben

4. Setzen Sie das Kennzeichen bei der Option **Benutzer anlegen**.
5. Übernehmen Sie die vorgenommenen Einstellungen.
6. Abschließend sichern Sie in der Konfiguration des bgRFC die Einstellungen der Supervisordestination.
7. Übernehmen und sichern Sie die Einstellungen.

Nach der Speicherung ist der bgRFC in Transaktion SM59 im Abschnitt **ABAP-Verbindungen** verfügbar.

**Funktionsfähigkeit des bgRFC**

Die Funktionsfähigkeit des angelegten bgRFC sollten Sie nach der Erstellung überprüfen. SAP-Hinweis 1616303 stellt dazu Informationen bereit.

### Ablagesystem und Ablagekategorie einrichten

**Ablagesystem einrichten**

Die Ausgabesteuerung von SAP S/4HANA benötigt ein Ablagesystem zur Ablage der gerenderten Formularausgabe als PDF Deshalb muss auf dem Ablagesystem (hier SAP Content Server) ein Content Repository eingerichtet werden. . In unserem Beispiel richten wir ein Content Repository für ein externes Ablagesystem ein:

1. Öffnen Sie Transaktion OACO.
2. Legen Sie ein neues Content Repository mit den Daten aus Tabelle 11.8 an. Vergleichen Sie Ihre Einstellungen mit den Angaben in Abbildung 11.31.

| Parameter | Wert |
|---|---|
| **Content-Rep.** | Z_SOMU |
| **DokBereich** | **SOMU** (Output Management Utilities) |
| **Ablagetyp** | **HTTP-Content-Server** |
| **Versions-Nr** | 0046 |
| **HTTP-Server** | die IP-Adresse des externen Ablagesystems |
| **Port** | 1090, beim SAP Content Server (Standard) |
| **HTTP-Script** | **ContentServer/ContentServer.dll** |

**Tabelle 11.8** Werte zur Einrichtung eines Content Repositorys für das SAP S/4HANA Output Management

Nach der Anlage des Content Repositorys in SAP S/4HANA richten Sie das Content Repository in Transaktion CSADMIN auf dem SAP Content Server ein, wie in Abschnitt 4.2.3, »Einrichtung und Customizing des SAP Content Servers«, beschrieben.

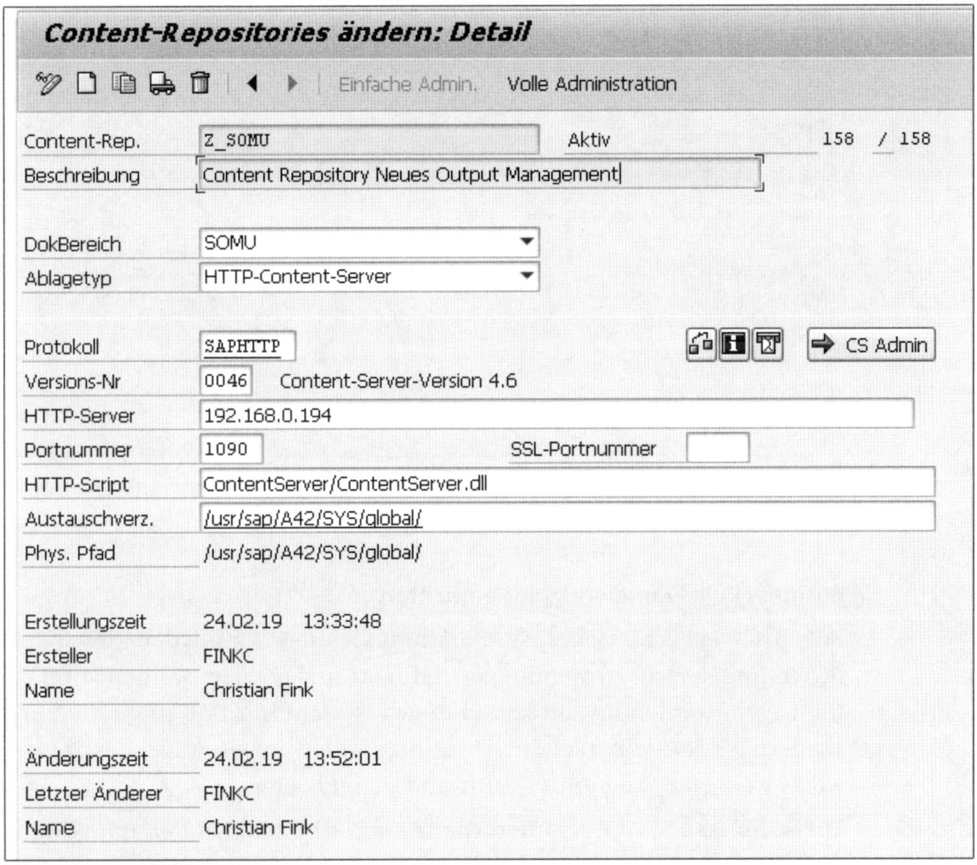

Content-Repositories ändern: Detail

Einfache Admin. Volle Administration

Content-Rep. Z_SOMU Aktiv 158 / 158
Beschreibung Content Repository Neues Output Management

DokBereich SOMU
Ablagetyp HTTP-Content-Server

Protokoll SAPHTTP CS Admin
Versions-Nr 0046 Content-Server-Version 4.6
HTTP-Server 192.168.0.194
Portnummer 1090 SSL-Portnummer
HTTP-Script ContentServer/ContentServer.dll
Austauschverz. /usr/sap/A42/SYS/global/
Phys. Pfad /usr/sap/A42/SYS/global/

Erstellungszeit 24.02.19 13:33:48
Ersteller FINKC
Name Christian Fink

Änderungszeit 24.02.19 13:52:01
Letzter Änderer FINKC
Name Christian Fink

**Abbildung 11.31** Ablagesystem für das Output Management in SAP S/4HANA anlegen

**Ablagekategorie einrichten**

Anschließend können Sie die Ablagekategorie einrichten. Legen Sie dazu in Transaktion OACT die Ablagekategorie SOMU mit den Werten aus Tabelle 11.9 an. Vergleichen Sie Ihre Einstellungen mit denen in Abbildung 11.32.

| Parameter | Wert |
|---|---|
| **Kategorie** | SOMU |
| **Beschreibung** | frei zu wählender Text |
| **DokBereich** | SOMU |
| **Content-Rep.** | Z_SOMU |

**Tabelle 11.9** Werte zur Konfiguration der Ablagekategorie SOMU

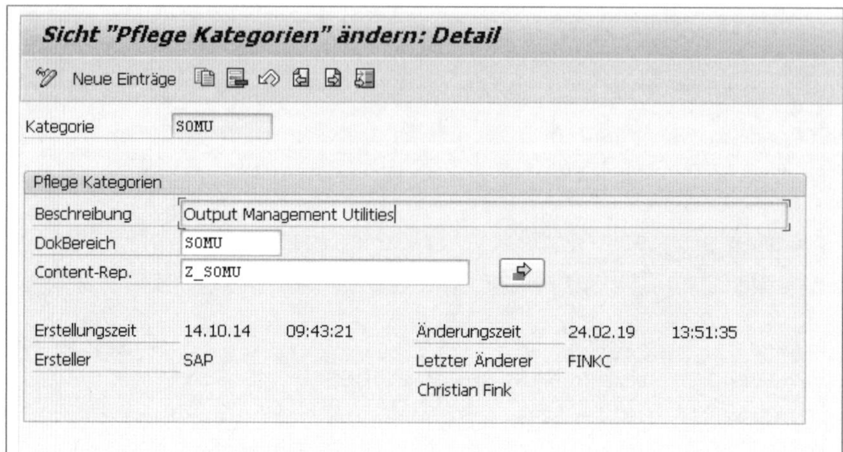


**Abbildung 11.32** Ablagekategorie für das Output Management in SAP S/4HANA pflegen

### Business Rule Framework plus einrichten

BRFplus ist ein generisches, ABAP-basiertes Framework, mit dem Geschäftsregeln für Geschäftsanwendungen definiert und gepflegt werden können. Die Regeln werden mit diesem Framework nicht in ABAP programmiert, sondern als Formeln oder Entscheidungsbäume angelegt. Ziel des Frameworks ist es, den Programmieraufwand zu reduzieren.

**BRFplus-Services aktivieren**

Zuerst müssen Sie die erforderlichen Services im *Internet Communication Framework* (ICF) aktivieren, damit BRFplus für das Output Management in SAP S/4HANA einrichtet werden kann. Diese Services werden benötigt, um BRFplus-Anwendungen in SAP S/4HANA einrichten zu können. In den BRFplus-Anwendungen definieren Sie später die Geschäftsregeln für die SAP-S/4HANA-Ausgabesteuerung.

Geben Sie dazu wie folgt vor:

1. Öffnen Sie die Transaktion SICF.
2. Aktivieren Sie dort die folgenden Services:
   - **/sap/bc/webdynpro/sap/fdt_wd_workbench**
   - **/sap/bc/webdynpro/sap/fdt_wd_object_manager**
   - **/sap/bc/webdynpro/sap/fdt_wd_catalog_browser**
3. Laden Sie die entsprechenden BRFplus-Anwendungen für die Formulare aus SAP-Hinweis 2248229 herunter. Achten Sie dabei darauf, das passende Paket für Ihre SAP-S/4HANA-Version herunterzuladen.

4. Öffnen Sie Transaktion BRF+, und wählen Sie im Dropdown-Menü **Werkzeuge** den Punkt **XML-Import** (siehe Abbildung 11.33). Importieren Sie die Dateien aus dem SAP-Hinweis nacheinander. Abschließend wählen Sie die Funktion **XML-Datei hochladen**.

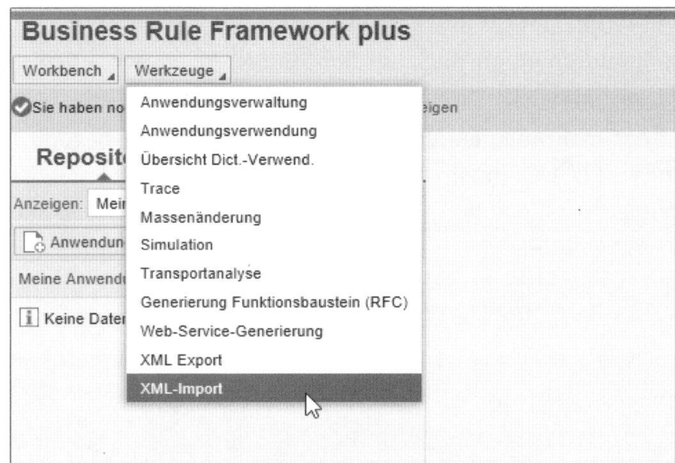


**Abbildung 11.33** Import der XML-Dateien für BRFplus

Bevor wir die BRFplus-Anwendungen weiter ausprägen können, müssen noch die Einstellungen und Einrichtungen der folgenden Schritte durchgeführt werden.

### Adobe Document Services

**Adobe Document Services**

Die *Adobe Document Services* (ADS) rendern die PDF-Dokumente aus SAP S/4HANA (nur bei Verwendung von Adobe Forms). Hierzu werden Formularvorlagen verwendet, die mit dem *Adobe LiveCycle Designer* aus den Geschäftsdaten erstellt wurden, die von den Anwendungen zur Verfügung gestellt wurden. Es werden zwei Betriebsszenarien für die ADS unterschieden. Sie können zum einen die Serverinstallation on premise betreiben oder aus der Cloud beziehen. Die Bezeichnung der Cloud-Lösung ist *SAP Cloud Platform Forms by Adobe*. Auf diese Lösung gehe ich in Kapitel 12, »Enterprise Content Management in SAP-Cloud-Lösungen«, ausführlicher ein.

### Customizing der Ausgabesteuerung

**Ausgabegerät einrichten**

Das neue Output Management in SAP S/4HANA unterstützt nur die beiden PDF-Gerätetypen PDF1 (PDF ISO Latin1 4.60) und PDFUC (PDF Unicode 1.3, siehe SAP-Hinweis 2684805). Falls das Ausgabegerät keine der genannten Gerätetypen verwendet, ist eine Vorschau aus dem Spool-System nicht möglich. Andere Gerätetypen können bei Smart Forms und SAPscript zudem zu Problemen mit der Ausrichtung führen. Die Frontendausgabe ist mit bgRFC nicht möglich.

Im Folgenden zeige ich Ihnen, wie Sie ein Ausgabegerät mit dem Gerätetyp PDFUC anlegen:

1. Öffnen Sie dazu die Transaktion SPAD im SAP-S/4HANA-System.
2. Navigieren Sie durch einen Klick auf den Button **Anzeigen** neben dem Eingabefeld **Ausgabegeräte** in die Liste der Ausgabegeräte.
3. Klicken auf das Icon **Anlegen** (□), und fügen Sie ein Ausgabegerät mit dem **Gerätetyp** PDFUC hinzu. Nehmen Sie dazu auf der Registerkarte **Geräte-Attribute** die Einstellungen vor, wie sie in Abbildung 11.34 exemplarisch gezeigt werden.

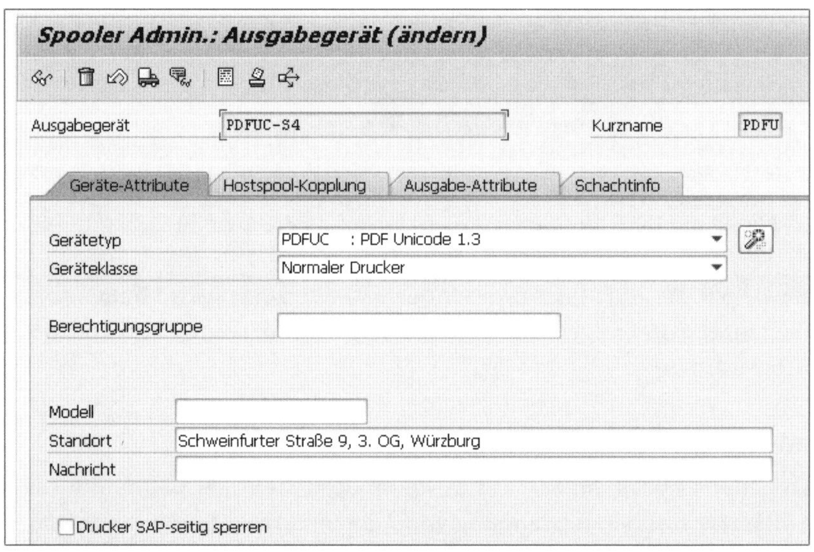


**Abbildung 11.34** Ausgabegerät einrichten

4. Die **Hostspool-Kopplung** definieren Sie gemäß der Architektur Ihrer Druckumgebung.
5. Speichern Sie die Einstellungen.

**Customizing der Ausgabearten**

Nun können Sie die Ausgabeart für die ausgehenden Dokumente konfigurieren. Das folgende Beispiel zeigt die Einstellung für den Anwendungsobjekttyp PURCHASE_ORDER:

1. Öffnen Sie dazu den Einführungsleitfaden in Transaktion SPRO, und navigieren Sie zu der folgenden Customizing-Einstellung: **IMG • Anwendungsübergreifende Komponenten • Ausgabesteuerung • Ausgabearten definieren**.

2. Pflegen Sie für den **Anwendungsobjekttyp** PURCHASE_ORDER (Bestellung) die **Ausgabeart** PURCHASE_ORDER und die Klasse CL_MM_PUR_PO_OUTPUT_CALLBACK als **Callback-Klasse**, wie in Abbildung 11.35 gezeigt.

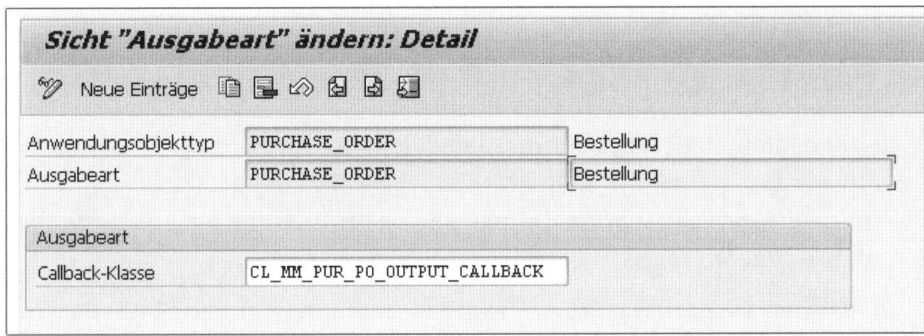


**Abbildung 11.35** Ausgabeart für den Objekttyp »Bestellung« definieren

**Voreingestellte BRFplus-Regeln**

Durch die Einspielung der BRFplus-Anwendungen aus den SAP-Hinweisen werden die meisten Einstellungen schon vorkonfiguriert ausgeliefert.

**Ausgabekanäle zuordnen**

In unserem Beispiel soll der Ausgabekanal Drucken für die Bestelldokumente eingerichtet werden:

1. Öffnen Sie dazu die Transaktion SPRO, und navigieren Sie zu der folgenden Customizing-Einstellung: **IMG • Anwendungsübergreifende Komponenten • Ausgabesteuerung • Ausgabekanäle zuordnen**.
2. Klicken Sie auf den Button **Neue Einträge**, und tragen Sie die Werte aus Tabelle 11.10 ein. Vergleichen Sie Ihre Einstellungen mit denen in Abbildung 11.36.

| Parameter | Wert |
|---|---|
| **Anwendungsobjekt** | PURCHASE_ORDER |
| **Ausgabeart** | PURCHASE_ORDER |
| **Kanal** | PRINT |

**Tabelle 11.10** Werte zur Konfiguration des Ausgabekanals PRINT

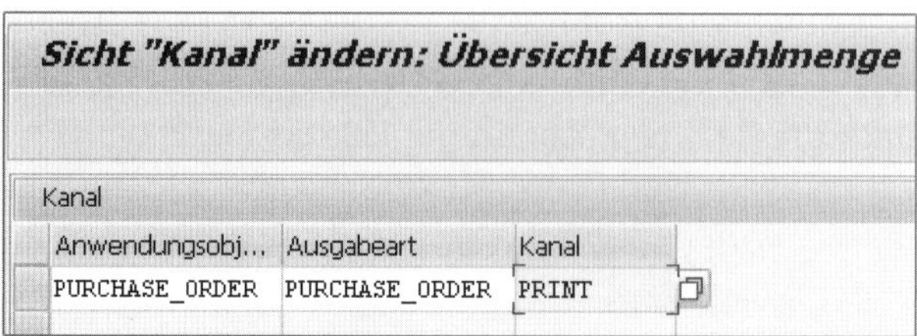


**Abbildung 11.36** Ausgabekanal definieren

**Formularvorlagen zuordnen**

Im nächsten Schritt wird die relevante Formularvorlage für Bestelldokumente zugeordnet:

1. Öffnen Sie dazu die Transaktion SPRO, und navigieren Sie zu der Customizing-Einstellung **IMG • Anwendungsübergreifende Komponenten • Ausgabesteuerung • Formularvorlagen zuordnen**.
2. Klicken Sie auf den Button **Neue Einträge**, und tragen Sie die Werte aus Tabelle 11.11 ein. Vergleichen Sie Ihre Einstellungen mit denen in Abbildung 11.37.

| Parameter | Wert |
|---|---|
| **Anwendungsobjekt** | PURCHASE_ORDER |
| **Ausgabeart** | PURCHASE_ORDER |
| **FormulTyp** | PDF-basiertes Druckformular mit Fragmenten |
| **Formularvorlagen-ID** | MM_PUR_PURCHASE_ORDER |

**Tabelle 11.11** Werte zur Konfiguration der Formularvorlage für Bestellungen

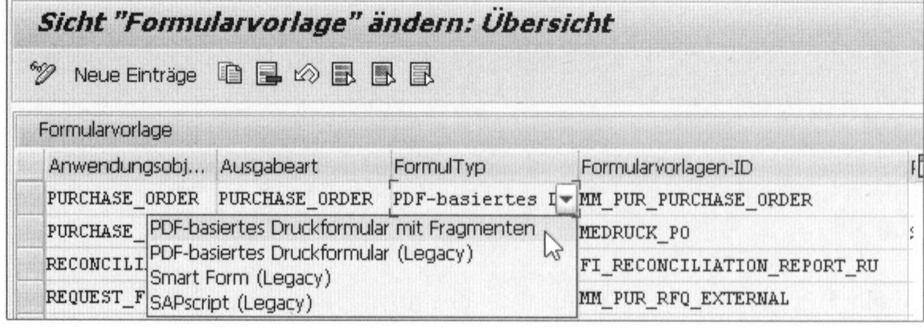


**Abbildung 11.37** Formularvorlage zuordnen

**Geschäftsregeln für Nachrichtenfindung**

Im letzten Schritt werden die Geschäftsregeln für die *Nachrichtenfindung* definiert. Gehen Sie dazu wie folgt vor:

1. Öffnen Sie die Transaktion SPRO, und navigieren Sie zu folgender Customizing-Einstellung: **IMG • Anwendungsübergreifende Komponenten • Ausgabesteuerung • Geschäftsregeln für Nachrichtenfindung definieren**.
2. Sie gelangen in die BRFplus-Maske zur Definition der Regeln für die Ausgabeparameterfindung. Wählen Sie im Feld **Zeige Regeln für** die Option **Bestellung**.
3. Im Feld **Findungsschritt** können Sie einstellen, ob die Findung der Ausgabeart, des Empfängers, des Kanals, der Druckereinstellungen, der E-Mail-Einstellungen, der E-Mail-Empfänger oder der Formularvorlage vorgenommen werden sollen (siehe Abbildung 11.38). Wählen Sie für unser Beispiel die Option **Druckereinstellungen**.

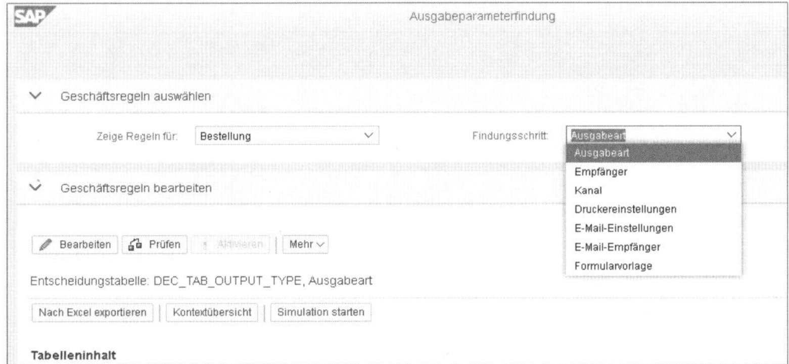


**Abbildung 11.38** Ausgabenparameterfindung

4. Im Abschnitt **Geschäftsregeln bearbeiten** klicken Sie auf den Button **Bearbeiten**.
5. Hinterlegen Sie dann zur **Ausgabeart** PURCHASE_ORDER im Feld **Druckerwarteschlange** das angelegte Ausgabegerät PDFU, wie in Abbildung 11.39 gezeigt.

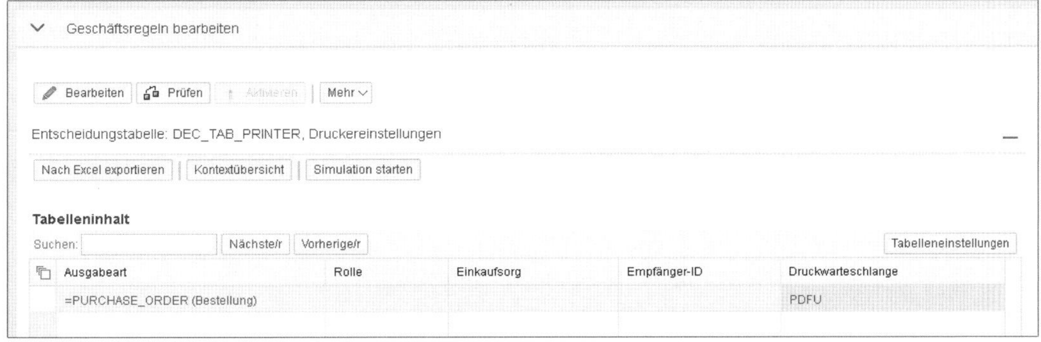


**Abbildung 11.39** Druckereinstellungen für eine Ausgabeart konfigurieren

Dies bedeutet, dass Bestellungen an die Druckerwarteschlange dieses Ausgabegeräts weitergeleitet und anschließend auf dem Gerät gedruckt werden.

**Test der Ausgabe**

Um die eingerichtete Ausgabe zu testen, legen Sie im SAP-S/4HANA-System eine Bestellung mit der Transaktion ME21N an. Nach der Speicherung steht das Dokument zur Ausgabe bereit und kann über einen Klick auf das PDF-Symbol () in der Funktionsleiste vorab betrachtet werden. In Abbildung 11.40 sehen Sie die Anzeige der Nachricht und der aufgerufenen Vorschau. Das Rendern der Vorschau erfolgt im Beispiel mit SAP Cloud Platform Forms by Adobe.

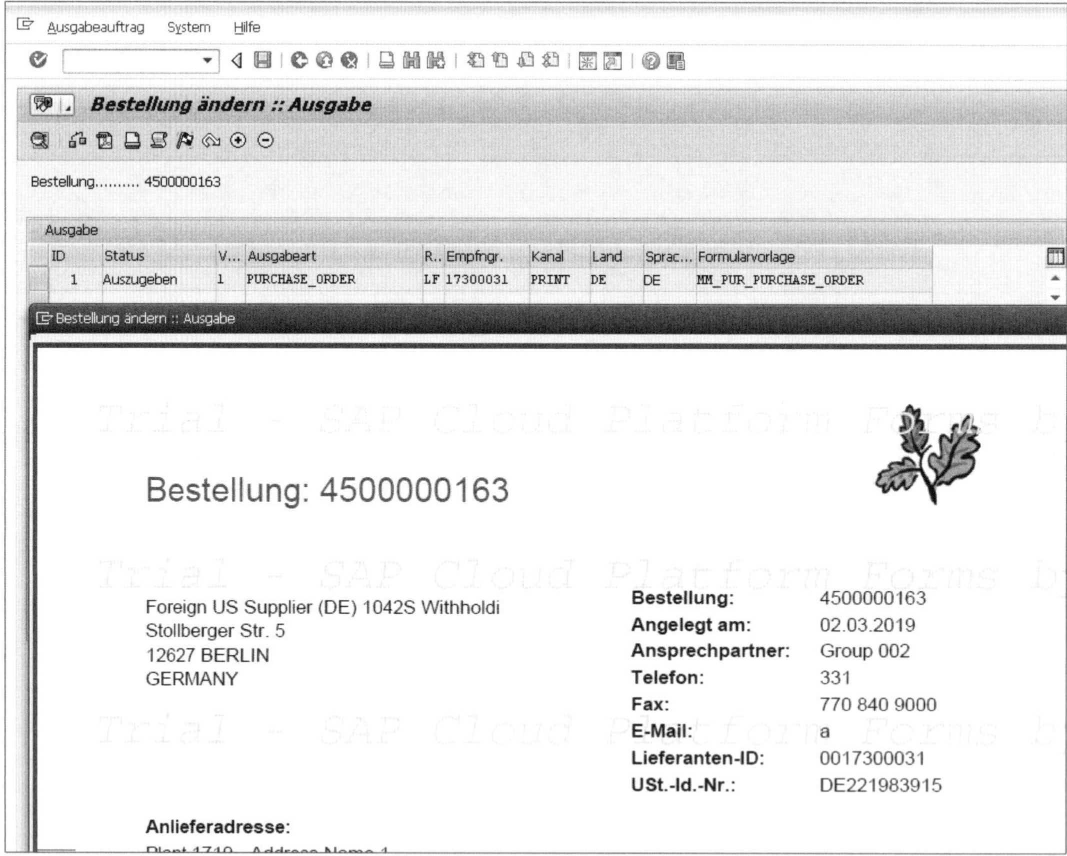


**Abbildung 11.40** Test der Ausgabe über das Output Management von SAP S/4HANA

### Customizing des Master-Formulars

**Formularvorlagen-Master**

Das Master-Formular ermöglicht unter anderem die Anreicherung des Dokuments mit Daten, wie z. B. im Fußtextbereich, mittels Customizing.

Hierzu erstellen Sie eine Kopie der folgenden, von SAP ausgelieferten Vorlagen:

- SOMU_FORM_MASTER_A4
- SOMU_FORM_MASTER_LETTER

In Abbildung 11.41 ist das kundeneigene Master-Formular ZSOMU_FORM_MASTER_A4 als Kopie des *Formularvorlagen-Masters* SOMU_FORM_MASTER_A4 im Adobe LiveCycle Designer abgebildet.

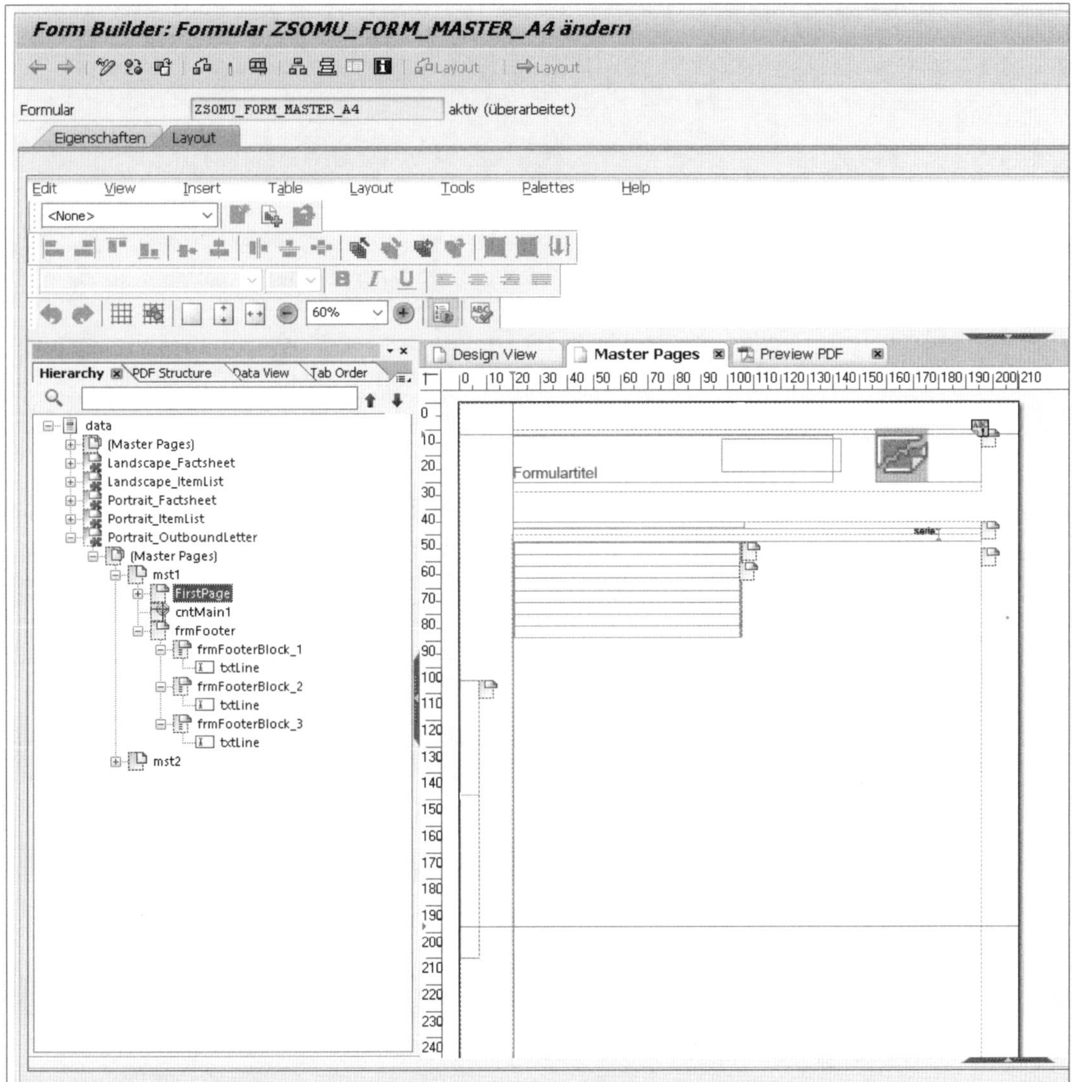


Abbildung 11.41 Angepasster Formularvorlagen-Master

In Abbildung 11.42 sind die Fußblöcke des eigenen Formularvorlagen-Masters ZSOMU_FORM_MASTER_A4 zu sehen. Die Fußblöcke können in den nächsten Schritten mittels Customizing mit den relevanten Daten versehen werden.

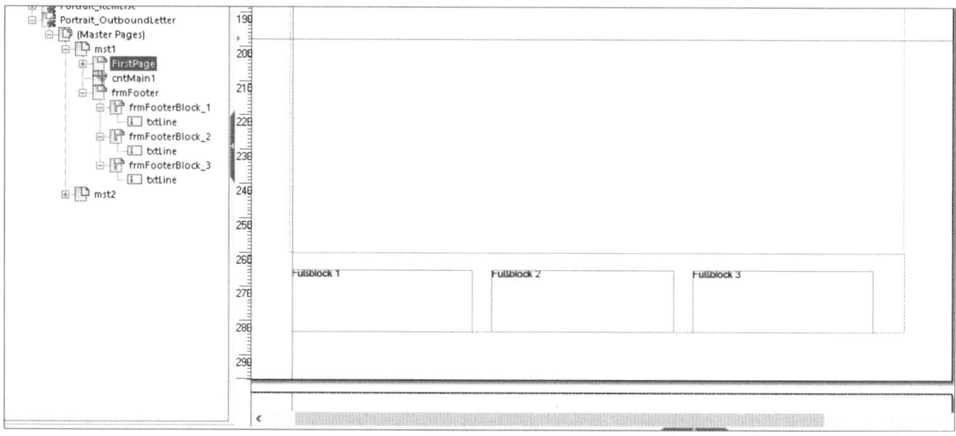


**Abbildung 11.42** Fußblock im Formularvorlagen-Master

**Findungsregeln für Formularvorlagen-Master**

Die *Findungsregel*, welcher Formularvorlagen-Master für welches Formular verwendet wird, muss ebenfalls im Customizing hinterlegt werden:

1. Hierzu öffnen Sie die Transaktion SPRO und navigieren zu folgender Customizing-Einstellung:

   **IMG • Anwendungsübergreifende Komponenten • Ausgabesteuerung • Findungsregeln für Formularvorlagenmaster definieren**.

2. Erstellen Sie einen neuen Eintrag, indem Sie den Button **Neue Einträge** klicken.
3. Hinterlegen Sie die Einstellungen aus Tabelle 11.12. In Abbildung 11.43 ist der ausgeprägte neue Eintrag dargestellt.

| Parameter | Wert | Beschreibung |
|---|---|---|
| **Regel-ID** | Z_DE_MASTER_ORDER | frei zu bestimmende ID |
| **Organisationstyp** | COMPANY | Buchungskreis |
| **Organisations-ID** | 1710 | der für die Findung relevante Buchungskreis |
| **Kanal** | PRINT | Ausgabekanal |
| **Absenderland** | DE | Land zur landesspezifischen Steuerung |

**Tabelle 11.12** Werte zur Definition der Findungsregel für den Formularvorlagenmaster

| Parameter | Wert | Beschreibung |
|---|---|---|
| **Formularvorlage** | MM_PUR_PURCHASE_ORDER | die ausgelieferte Formularvorlage |
| **Master-Formularvorl.** | ZSOMU_FORM_MASTER_A4 | die vorher angelegte Master-Formularvorlage |
| **Absenderadresse** | Y_BUKRS1010_ADDRESS_DE | Textbaustein für die Absenderadresse |
| **Fußblock 1** | Y_BUKRS1010_FOOTER_DE_BLOCK1 | Textbaustein für Fußblock 1 |
| **Fußblock 2** | Y_BUKRS1010_FOOTER_DE_BLOCK2 | Textbaustein für Fußblock 2 |
| **Fußblock 3** | Y_BUKRS1010_FOOTER_DE_BLOCK3 | Textbaustein für Fußblock 3 |
| **Logo 1** | FITS | Der Name des hinterlegten Rasterbildes |

**Tabelle 11.12** Werte zur Definition der Findungsregel für den Formularvorlagenmaster (Forts.)

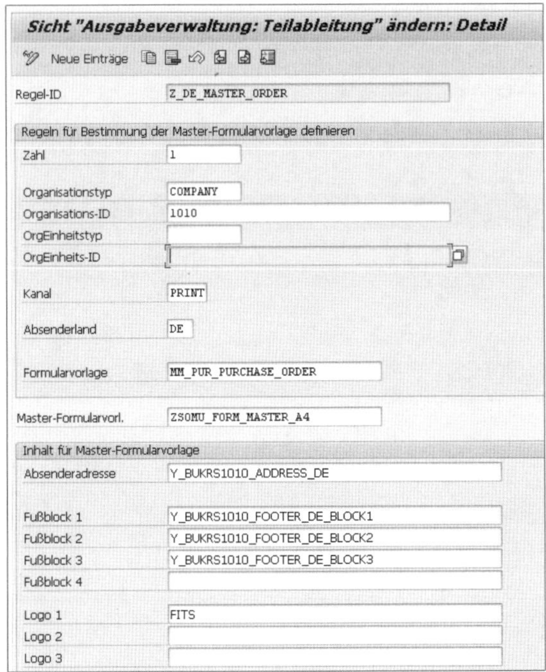


**Abbildung 11.43** Findungsregel für Formularvorlagen-Master

**Textbausteine pflegen**

Die Textbausteine für die Fußblöcke können Sie direkt in SAP anlegen und pflegen (siehe Abbildung 11.44):

1. Öffnen Sie die Transaktion SO10.
2. Geben Sie den neuen Textnamen des Textbausteins ein.
3. Hinterlegen Sie den Wert »ST« für Standardtext als **Text-ID**.
4. Setzen Sie die **Sprache** auf den Wert »DE« für Deutsch.
5. Wählen Sie den Button **Anlegen**.

**Abbildung 11.44** Textbaustein anlegen

6. Geben Sie den Text ein, der in dem Textblock stehen soll, z. B. die Absenderadresse, wie in Abbildung 11.45 gezeigt.

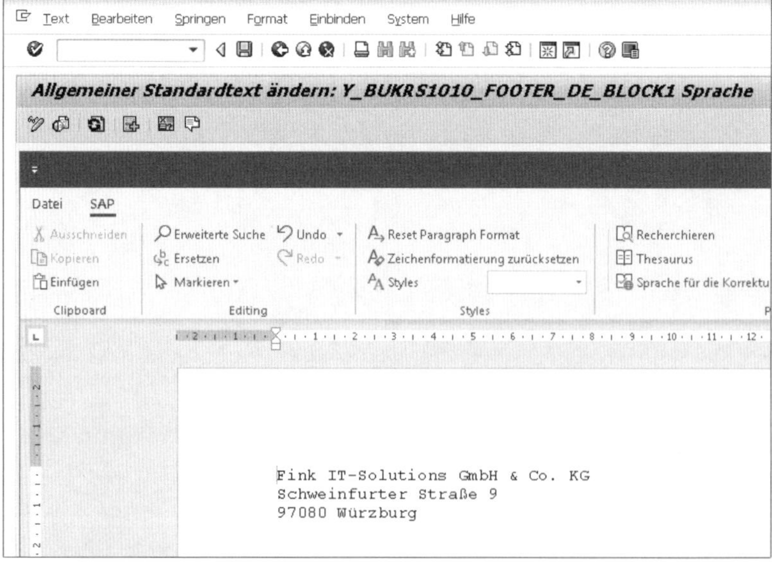


**Abbildung 11.45** Text in Textbaustein hinterlegen

7. Sichern Sie die Eingabe.

Die weiteren Textbausteine legen Sie auf gleiche Weise an.

Logo hinterlegen

Das Logo kann ebenso wie die Textbausteine über die Standardfunktionen des SAP-Systems gepflegt werden:

1. Öffnen Sie die Transaktion SE78 (Verwaltung von Formulargrafiken).
2. Wählen Sie im Navigationsbaum den Knoten **Rasterbilder**.
3. Wählen Sie Ihr Logo aus, und importieren Sie es.

**Weiterführende Literatur zum Output Management in SAP S/4HANA**

Zum Output Management in SAP S/4HANA ist folgendes E-Bite erschienen:

Krawczyk, M; Łuka, K.; Michalski, M.: BRFplus Output Type Management in SAP S/4HANA (SAP PRESS 2017).



## 11.5 OpenText-Werkzeuge für SAP S/4HANA

OpenText stellt die zeitnahe Auslieferung von neuen Versionen seiner ECM-Werkzeuge und den Support für neue Versionen von SAP S/4HANA sicher. Die Architektur der OpenText-Plattform wurde entsprechend der SAP S/4HANA Simplification List angepasst. Upgrades auf neuere Releases der OpenText-Werkzeuge werden mit dem Maintenance Planner unterstützt. In SAP-Hinweis 2533336 können Sie beispielweise die kompatiblen Produkte für SAP S/4HANA 1709 einsehen (siehe Abbildung 11.46). Für SAP S/4HANA 1809 finden Sie entsprechende Informationen in SAP-Hinweis 2696603.

SAP Archiving by OpenText

Möchten Sie CMIS in SAP S/4HANA nutzen, muss das OpenText Archive Center verwendet werden (siehe auch Abschnitt 6.4, »OpenText-Werkzeuge für die Ablage und Archivierung«). Die Konfigurationen der CMIS-Schnittstelle sind in der *Business Administration* des OpenText Archive Centers vorzunehmen. Die Oberfläche des Administrationsclients habe ich in Abschnitt 6.4, »OpenText-Werkzeuge für die Ablage und Archivierung«, vorgestellt.

SAP Invoice Management

Für die SAP-S/4HANA-Versionen 1610, 1709 und 1809 wurde von OpenText jeweils eine neue Releaseversion von SAP Invoice Management herausgebracht. Die Version 7.5 unterstützte den SAP-S/4HANA-Vorgänger SAP ERP. Für die aktuellen On-Premise-Releases von SAP-S/4HANA 1610, 1709 und 1809 nutzen Sie dagegen die Version 16.3 von SAP Invoice Management.

SAP Note

2533336 - SAP S/4HANA, on-premise edition 1709 : Compatible partner products ★ Version 28 from 29.11.2018 in English

Description Software Components References Languages

| | | | |
|---|---|---|---|
| OpenText | SAP Employee File Management 16.0 by OpenText | Side-by-Side only | https://knowledge.opentext.com/knowledge/llisapi.dll/Open/72534182<br>This is a mandatory fix for all customers on SAP S/4HANA 1709. |
| OpenText | SAP Extended Enterprise Content Management 16.2 by OpenText for SAP S/4HANA 1709 | Side-by-Side & ABAP Addon on S/4HANA | - |
| OpenText | SAP Archiving and Document Access 16.2 by OpenText for SAP S/4HANA 1709 | Side-by-Side & ABAP Addon on S/4HANA | - |
| OpenText | SAP Digital Asset Management 16.4 by OpenText | Side-by-Side & ABAP Addon on S/4HANA | - |
| OpenText | SAP Digital Content Processing 16.3 by OpenText for SAP S/4HANA | Side-by-Side & ABAP Addon on S/4HANA | - |
| OpenText | SAP Document Presentment 16.2.2 by OpenText for SAP S/4HANA | ABAP addon on SAP S/4HANA only | - |
| OpenText | SAP Document Presentment 16.2.2 by OpenText for SAP S/4HANA, add-on for business correspondence | ABAP addon on SAP S/4HANA only | - |
| OpenText | SAP Document Presentment 16.4 by Open Text for SAP S/4HANA | ABAP addon on SAP S/4HANA only | - |
| OpenText | SAP Document Presentment 16.4 by Open Text for SAP S/4HANA, add-on for business correspondence | ABAP addon on SAP S/4HANA only | - |
| OpenText | SAP Invoice Management 16.3 by OpenText for SAP S/4HANA | ABAP addon on SAP S/4HANA only | - |
| OpenText | SAP Invoice Management 16.3 by OpenText, option for OCR | Side-by-Side only | - |
| OpenText | SAP Hybris Digital Asset Management 16.2.1 by OpenText | Side-by-Side & ABAP Addon on S/4HANA | - |

**Abbildung 11.46** SAP-Hinweis 2533336 zu den mit SAP S/4HANA 1709 kompatiblen OpenText-Werkzeugen

Eine spezielle Version für SAP S/4HANA Cloud mit dem Namen *SAP S/4HANA Cloud for Invoice Processing by OpenText* wird zusätzlich bereitgestellt. Eine Übersicht, welche Version von SAP Invoice Management für welche Version von SAP S/4HANA zu verwenden ist, zeigt Tabelle 11.13.

| ERP-System | Version von SAP Invoice Management |
|---|---|
| SAP ERP | SAP Invoice Management 7.5 |
| SAP S/4HANA 1610, 1709, 1809 | SAP Invoice Management 16.3 |
| SAP S/4HANA Cloud | SAP S/4HANA Cloud for Invoice Processing by OpenText |

**Tabelle 11.13** ERP-System und passende Versionen von SAP Invoice Management

**Classic/Simple Mode**

Mit Version 16.3 wurde neben dem *Classic Mode* von SAP Invoice Management der *Simple Mode* eingeführt. Der Classic Mode wird von SAP Invoice Management 7.5 SP6 und 16.3 unterstützt. Der Simple Mode orientiert sich an den Konzepten und Standards von SAP S/4HANA. Hierzu zählen unter anderem das Prinzip der Simplifizierung (*Simplification*). Für die Simplifizierung beispielsweise werden die Simple-Mode-End-to-End-Prozesse mit SAP-Fiori-Apps unterstützt.

**Business Center Inbound Framework**

In Version 16.3 von SAP Invoice Management wird außerdem die Nutzung des *Business Centers Inbound Framework* endgültig verpflichtend, dem Lösungs-Stack, der das Information Processing Framework und die Information Extraction Platform beinhaltet (siehe auch Abschnitt 7.3, »SAP Digital Content Processing by OpenText«). Auch die ausgelieferten SAP-Fiori-Apps basieren auf dem Business Center Inbound Framework.

Kapitel 12

# Enterprise Content Management in SAP-Cloud-Lösungen

*»Cloud First« ist seit einiger Zeit das Motto von SAP. Was bedeutet das im ECM-Kontext für Sie? In diesem Kapitel gebe ich Ihnen einen Überblick über die für eine ECM-Strategie für SAP-Cloud-Lösungen wichtigen Themen. Anhand von Beispielen zeige ich Ihnen auch, wie OpenText Sie bei der Umsetzung Ihrer ECM-Strategie im Cloud-Umfeld unterstützen kann.*



SAP stellt seinen Kunden aufgrund seiner Cloud-First-Strategie eine stetig steigende Zahl an SaaS-Lösungen (Software as a Service) zur Verfügung. Die mit der Integration dieser Lösungen entstehenden hybriden Landschaften rund um den digtalen Kern SAP S/4HANA halten in immer mehr Unternehmen Einzug. Häufig läuft ein Teil der Geschäftsprozesse eines Unternehmens in den On-Premise-Systemen, während ein anderer Teil in Cloud-Systeme verlagert wird. Die *SAP Cloud Platform* (SCP) spielt für die Verbindung der On-Premise- und Cloud-Systeme eine zentrale Rolle. Mit einer Vielzahl von Services hilft sie, die Lösungen in hybriden Landschaften zu verbinden und diese Landschaften zu erweitern. Einer dieser Services ist der *Cloud Connector*.

Bei den angesprochenden Cloud-Systemen handelt es sich um vorkonfigurierte SaaS-Awendungen für die Geschäftsprozessabwicklung, wie beispielsweise SAP C/4HANA (die neue Suite für das Customer Relationship Management, kurz CRM) und SAP SuccessFactors (für das Personalwesen).

Dies sind nur einige Beispiele aus dem inzwischen umfangreichen Portfolio an SAP-Cloud-Lösungen. In all diesen SaaS-Lösungen werden Daten erfasst, aber es wird auch Content generiert und abgelegt. In diesem Kapitel stelle ich beispielhaft einige dieser Lösungen und deren Integration mit den Content-Management- und Output-Management-Lösungen von SAP und OpenText vor. Ich gehe zunächst auf die ECM-Services ein, die SAP auf der SAP Cloud Platform bereitstellt. Anschließlich zeige ich Ihnen exemplarisch, wie SAP C/4HANA und SAP SuccessFactors mit den ECM-Werkzeugen von OpenText integriert werden können.

## 12.1 SAP Cloud Platform

**Services**

Bei der SAP Cloud Platform handelt es sich um ein *Platform-as-a-Service-Angebot* (PaaS). Die SAP Cloud Platform stellt verschiedene Cloud-Services bereit, um eigene, neue Anwendungen zu entwickeln oder vorhandene On-Premise- und Cloud-Lösungen zu erweitern.

Die derzeit über 80 Services bieten einen einfachen Zugang zu neuen Technologien, wie etwa dem Internet der Dinge (*Internet of Things*, kurz IoT), maschinellem Lernen (*Machine Learning*) oder *Blockchain*. Auf die einzelnen Services kann über das *SAP Cloud Platform Cockpit* zugegriffen werden, dass Sie in Abbildung 12.1 sehen. Im Bereich **Document Management** finden Sie hier den *Document Service* und das *SAP Document Center*.

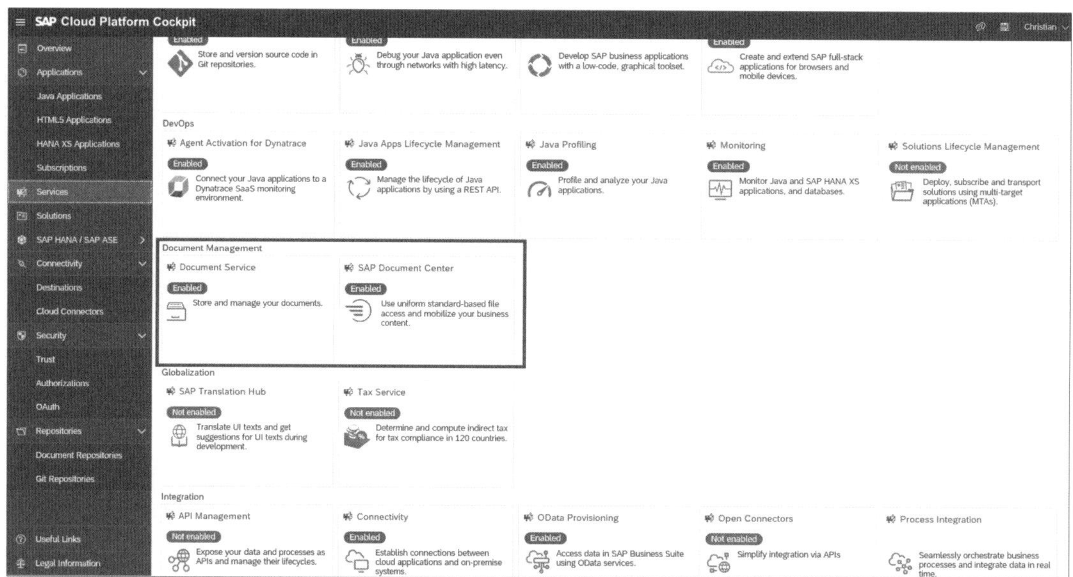


**Abbildung 12.1** Serviceübersicht im SAP Cloud Platform Cockpit

**Einsatzszenarien**

Die SAP Cloud Platform deckt allgemein folgende Einsatzszenarien ab (siehe Abbildung 12.2):

- Die Services der SAP Cloud Platform erweitern vorhandene Cloud-Lösungen wie SAP C/4HANA, SAP SuccessFactors etc.
- Die SAP Cloud Platform erweitert vorhandene On-Premise-Lösungen wie SAP S/4HANA um weitere Services und Funktionen.
- Es können völlig neue Anwendungen auf der SAP Cloud Platform erstellt werden.

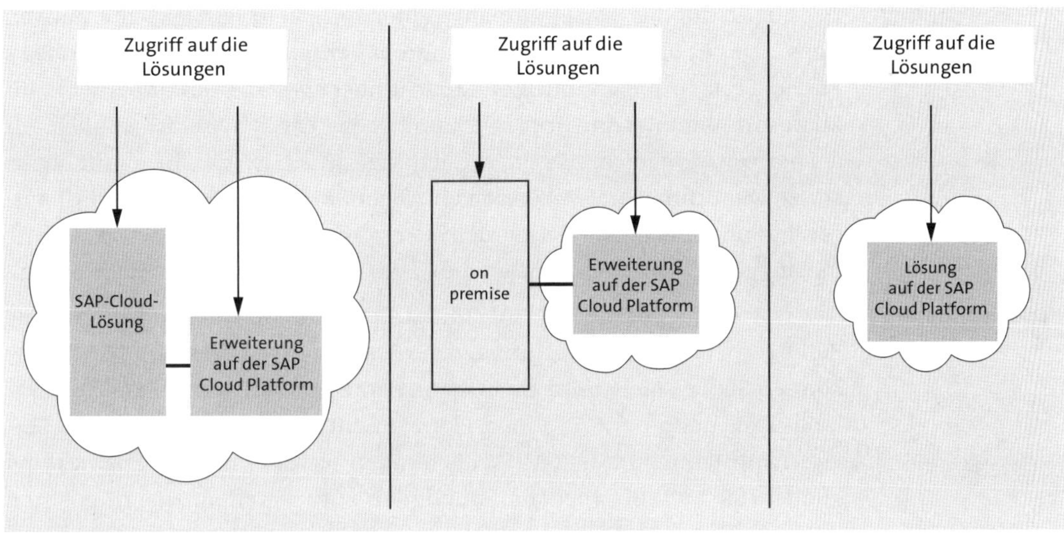


**Abbildung 12.2** Einsatzszenarien für die SAP Cloud Platform

**ECM-Services der SAP Cloud Platform**

In den folgenden Ausführungen zeige ich Ihnen, wie Sie den Service *SAP Document Center* in Kombination mit dem Dokumentenverwaltungssystem (DVS) in SAP S/4HANA und der SAP Cloud Platform einsetzen können. Außerdem stelle ich Ihnen den Service *SAP Cloud Platform Forms by Adobe* vor und erläutere dessen Einsatz mit SAP S/4HANA.

### 12.1.1 SAP Document Center

Das *SAP Document Center* ist aus dem Vorgänger *SAP Mobile Documents* hervorgegangen. Mit dem SAP Document Center können Dokumente innerhalb und außerhalb eines Unternehmens geteilt und verwendet werden. Das SAP Document Center wird auf der SAP Cloud Platform als Service für das Dokumentenmanagement angeboten.

**Integration von Repositories und Clientanwendungen**

Die Inhalte der verschiedenen On-Premise-Repositories, die über die CMIS-Schnittstelle (Content Management Interoperability Services) angebunden werden können (z. B. SAP Extended ECM, Microsoft SharePoint oder das Knowledge Management von SAP), werden über das SAP Document Center verschiedenen Clientanwendungen zur Verfügung gestellt. Als Beispiel können Dokumentinfosätze aus SAP Product Lifecycle Management (SAP PLM), ob innerhalb der SAP Business Suite oder als Teil von SAP S/4HANA betrieben, über eine Clientanwendung wie die SAP-Document-Center-Applikation verfügbar gemacht werden, inklusive der in den Repositories abgelegten Dokumente. Weitere Clientanwendungen können SAP-Anwendungen (z. B. SAP Jam) oder Partner- und Kundenanwendungen sein.

**Bereitstellung von nativen Anwendungen**

Der Zugriff auf das SAP Document Center kann beispielsweise mit nativen Apps für Apple iPad/iPhone, Android Phone/Tablet oder Windows Phone/Tablet erfolgen. Auch der Zugriff über spezielle Desktop-Clients für Microsoft Windows und Apple OS X und über einen Browser ist möglich. Für die nativen Mobile- und Desktop-Clients wird auch ein Offlinezugriff unterstützt. Die Offlinedateien können entweder durch den Benutzer selbst ausgewählt und synchronisiert werden oder es können rollenbasiert bestimmte Inhalte per Push-Technologie an die Geräte der Benutzer gesendet werden.

**Document Service**

Der *Document Service* der SAP Cloud Platform ist ein Repository ohne Benutzeroberfläche. Zur Nutzung des Document Service als Repository können Sie beispielsweise eine eigene Benutzeroberfläche in der Entwicklungsumgebung der SAP Cloud Platform entwickeln. Der Document Service kann dann mittels CMIS angebunden werden. Bei der Entwicklung können Sie auf verschiedene Funktionen zurückgreifen. Hierzu gehören unter anderem Ordnerhierarchien und eine Versionierung.

In Abbildung 12.3 sind die Integrationsmöglichkeiten des SAP Document Centers im Überblick dargestellt.

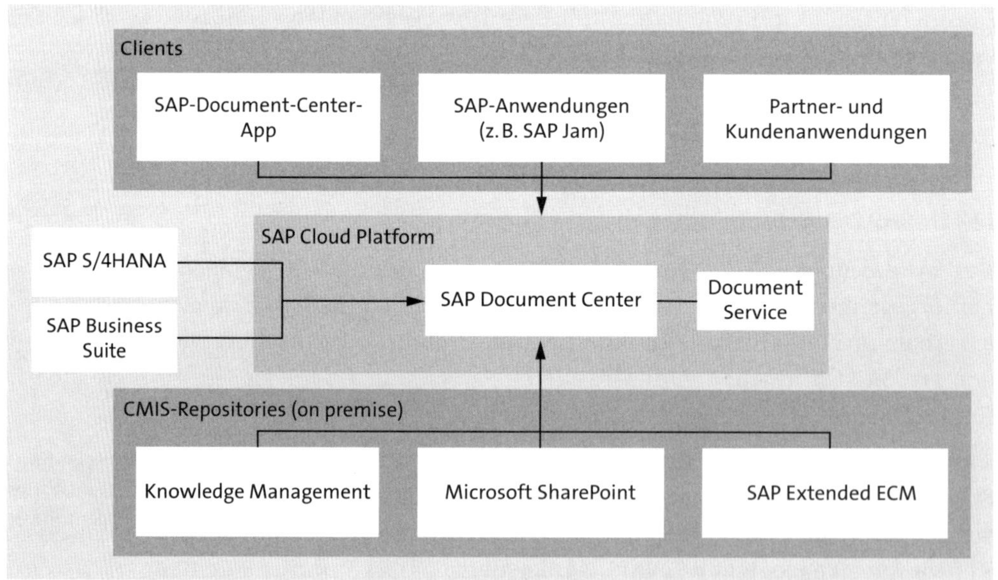


**Abbildung 12.3** Integrationsmöglichkeiten des SAP Document Centers

**Integration mit dem DVS**

Die Funktionsweise des SAP Document Centers zeige ich an einem Beispiel. Anhand der Integration des SAP Document Centers in DVS von SAP S/4HANA möchte ich Ihnen die Funktionen sowie das hierfür notwendige Customizing vorstellen. In dem Szenario wird der Content eines Dokumentinfosatzes in DVS auf dem SAP Content Server abgelegt. Zur Integration des

SAP-S/4HANA-Systems und des SAP Document Centers wird der Cloud Connector verwendet.

Benutzer können nach erfolgreicher Implementierung über das On-Premise-System SAP S/4HANA oder über den Client des SAP Document Centers auf den zu einem Dokumentinfosatz abgelegten Content zugreifen. Die Architektur dieses Szenarios ist in Abbildung 12.4 dargestellt.

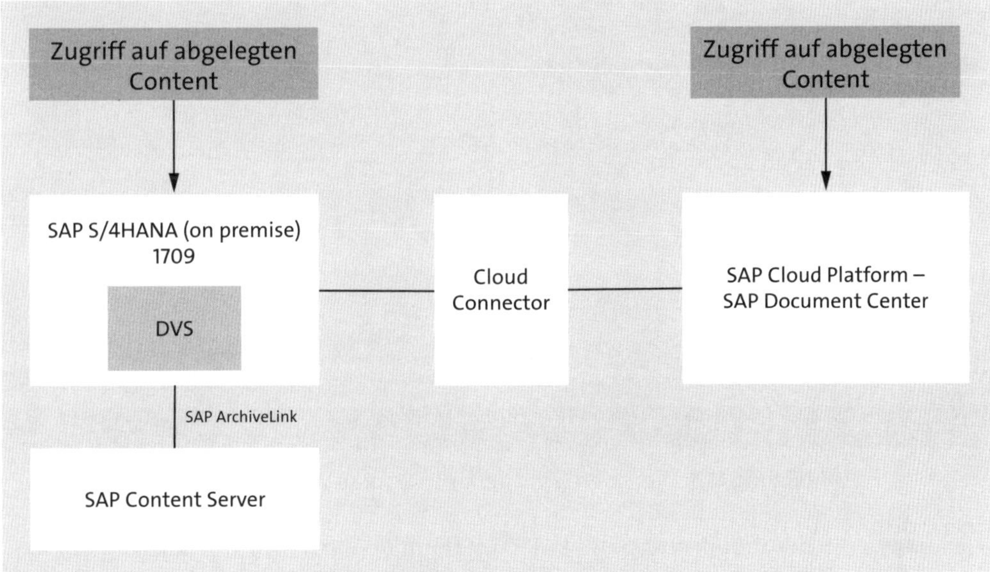


**Abbildung 12.4** Integration von SAP Document Center und DVS



**Dokumentenzugriff**

Der Zugriff auf den abgelegten Content ist über die nativen Apps bzw. Clientanwendungen für mobile Endgeräte oder Desktop-PCs und einen HTML5-kompatiblen Browser möglich. Die Webanwendungen werden auf den verschiedenen Ausgabegeräten optimiert angezeigt. Die Benutzer können, wie in Abbildung 12.5 zu sehen, über die Weboberfläche auf ihre persönlichen Dokumente, Unternehmensdokumente und auf freigegebene Dokumente zugreifen:

- Im Bereich **Meine Dokumente** können die persönlichen Dokumente des Benutzers abgelegt und aufgerufen werden.
- Im Bereich **Unternehmen** werden die Dokumente der angeschlossenen Content Repositories bereitgestellt.
- Im Bereich **Freigegeben** kann der Benutzer auf freigegebene Dokumente zugreifen. Zum Beispiel könnten bestimmte Dokumente für einen externen Benutzer freigegeben werden. Dieser externe Benutzer wird per E-Mail zum Zugriff auf diese Dokumente eingeladen. Die Freigabe kann über Berechtigungen gesteuert werden.

In Abbildung 12.5 sehen Sie beispielsweise die Dokumente des Dokumentinfosatzes »Bestellung SAP-Press ECM« in der Ansicht des Webbrowsers.

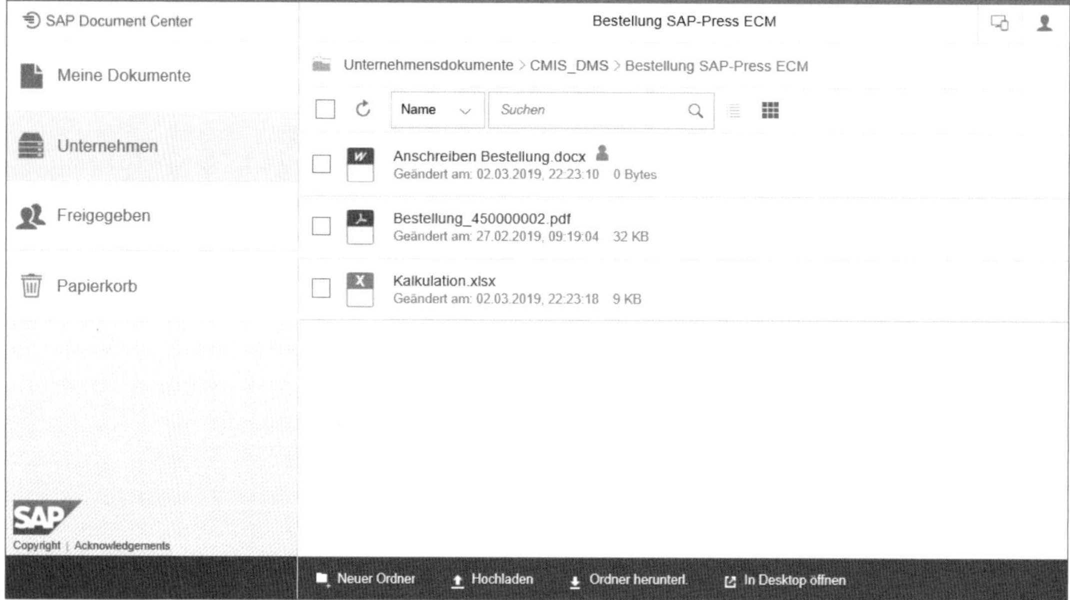


**Abbildung 12.5** Weboberfläche des SAP Document Centers

**Mobile App**

In der mobilen App des SAP Document Centers, die für Android- oder iOS-Geräte angeboten wird, ist ein weiterer Bereich namens **Bereitgestellte Dokumente** verfügbar. Die bereitgestellten Dokumente sind Dokumente, die rollenbasiert über einen Push-Service an das Endgerät des Benutzers übermittelt werden.

**Konfigurationsschritte**

Die folgenden Einstellungen müssen Sie vornehmen, um die Integration von DVS und SAP Document Center einzurichten:

1. Dokumentart im DVS in SAP S/4HANA einrichten
2. Content Repository auf dem SAP Content Server einrichten
3. CMIS-Schnittstelle zum SAP Content Server in SAP S/4HANA konfigurieren
4. Customizing der Profile für das SAP Document Center in SAP S/4HANA
5. Cloud Connector für die Verbindung zwischen SAP S/4HANA und SAP Document Center einrichten
6. Customizing des SAP Cloud Platform Connectivity Service
7. Customizing des SAP Document Centers

Die ersten beiden Schritte habe ich Ihnen bereits in Kapitel 11, »Enterprise Content Management in SAP S/4HANA«, gezeigt. Die weiteren folgen jetzt in den nächsten Abschnitten.

### CMIS-Schnittstelle in SAP S/4HANA einrichten

In Abschnitt 11.2.2, »SAP Content Server«, haben wir für die externe Ablage von Content auf dem SAP Content Server bereits ein Content Repository sowie die Ablagekategorie Z_SCP_ECM eingerichtet. Diese benötigen wir für die weitere Konfiguration.

**Klasse CL_MDOC_CMIS_DMS_INT**

Als Nächstes hinterlegen Sie die von SAP ausgelieferte Klasse CL_MDOC_CMIS_DMS_INT für die CMIS-Schnittstelle. Dazu gehen Sie wie folgt vor:

1. Öffnen Sie die Transaktion SM30 (Tabellenpflege-Views).
2. Selektieren Sie den Pflege-View CMISD_SERVICE, und klicken Sie auf den Button **Pflegen**. Danach können die Einträge hinterlegt werden.
3. Klicken Sie auf den Button **Neue Einträge**. Hinterlegen Sie im Feld **Repository-ID** den Wert »DMS-MDOCS« und im Feld **Klasse/Interface** die Klasse CL_MDOC_CMIS_DMS_INT (siehe Abbildung 12.6).

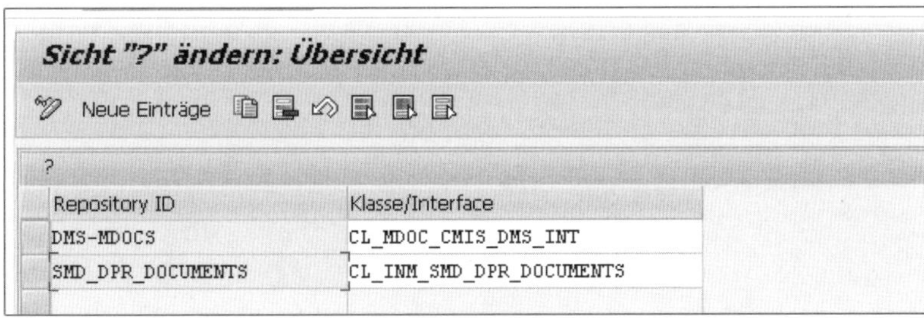


**Abbildung 12.6** Pflege-View CMISD_SERVICE zur Konfiguration der CMIS-Verbindung

### Customizing der Profile für das SAP Document Center

**Standardprofil einrichten**

Im nächsten Schritt definieren Sie das Standardprofil für das SAP Document Center. Auch dazu nutzen Sie einen Tabellenpflege-View:

1. Öffnen Sie die Transaktion SM30.
2. Selektieren Sie den Pflege-View DMS_MDOC_PROFILE, und klicken Sie auf den Button **Pflegen**.
3. Erstellen Sie über den Button **Neue Einträge** einen neuen Eintrag DEFAULT_PROFILE. Setzen Sie das Häkchen in der Spalte **Standard** (siehe Abbildung 12.7), um dieses Profil als Standardprofil festzulegen.
4. Zur Einstellung der Standardwerte klicken Sie doppelt auf den Eintrag DEFAULT_PROFILE. Sie gelangen zu der Pflegemaske, die Sie in Abbildung 12.8 sehen.

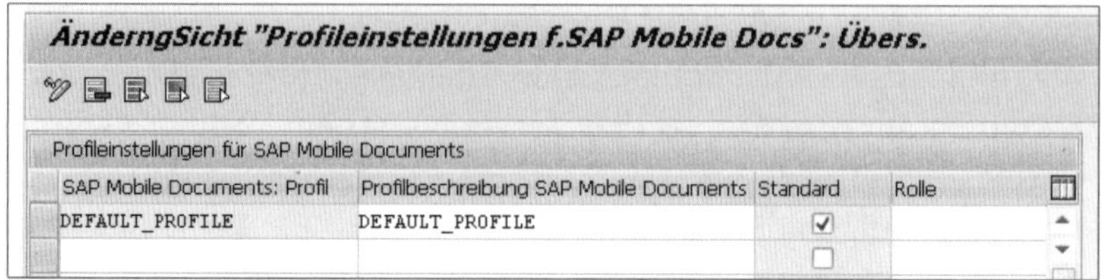


**Abbildung 12.7** Pflege-View DMS_MDOC_PROFILE

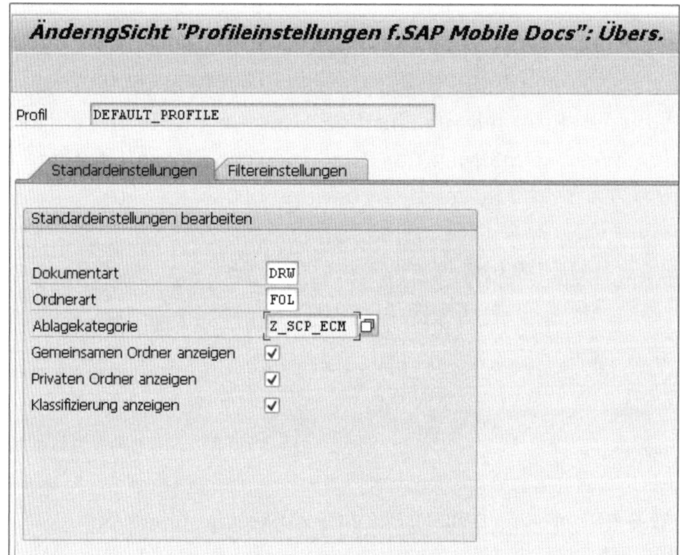


**Abbildung 12.8** Standardeinstellungen für den View DMS_MDOC_PROFILE in SAP S/4HANA

5. Hinterlegen Sie die Werte aus Tabelle 12.1 als Standardeinstellungen.

| Parameter | Wert |
|---|---|
| **Dokumentart** | DRW |
| **Ordnerart** | FOL |
| **Ablagekategorie** | Z_SCP_ECM |
| **Gemeinsamen Ordner anzeigen** | setzen |
| **Private Ordner anzeigen** | setzen |
| **Klassifizierung anzeigen** | setzen |

**Tabelle 12.1** Werte zur Konfiguration des Standardprofils für das SAP Document Center

### Cloud Connector einrichten

Der Cloud Connector ermöglicht die Anbindung des On-Premise-SAP-S/4HANA-Systems an die SAP Cloud Platform und damit an das SAP Document Center. Die Neurichtung des Cloud Connectors ist immer dann notwendig, sobald die On-Premise-Umgebung um neue Services der SAP Cloud Platform ergänzt werden soll. Die Verbindung zwischen der SAP Cloud Platform und den On-Premise-Systemen wird als sicherer Tunnel eingerichtet, vergleichbar mit einer VPN-Verbindung (Virtual Private Network). Weitere Ports müssen nicht geöffnet werden.

**Technische Umsetzung**

Technisch wird der Cloud Connector im Netz des Kunden als Serveranwendung bereitgestellt. Über den Subaccount des Kunden auf der SAP Cloud Platform wird dann die Verbindung zur SAP Cloud Platform hergestellt. Über den Cloud Connector können mithilfe der Mapping-Einstellungen der SAP Cloud Platform mehrere Systemverbindungen bereitgestellt werden. In Abbildung 12.9 ist eine beispielhafte Architektur dargestellt. Nachdem die Verbindung eingerichtet wurde, können Benutzer beispielweise über eine Webanwendung, die auf der SAP Cloud Platform läuft, auf die Daten und Prozesse des SAP-S/4HANA-Systems zugreifen.



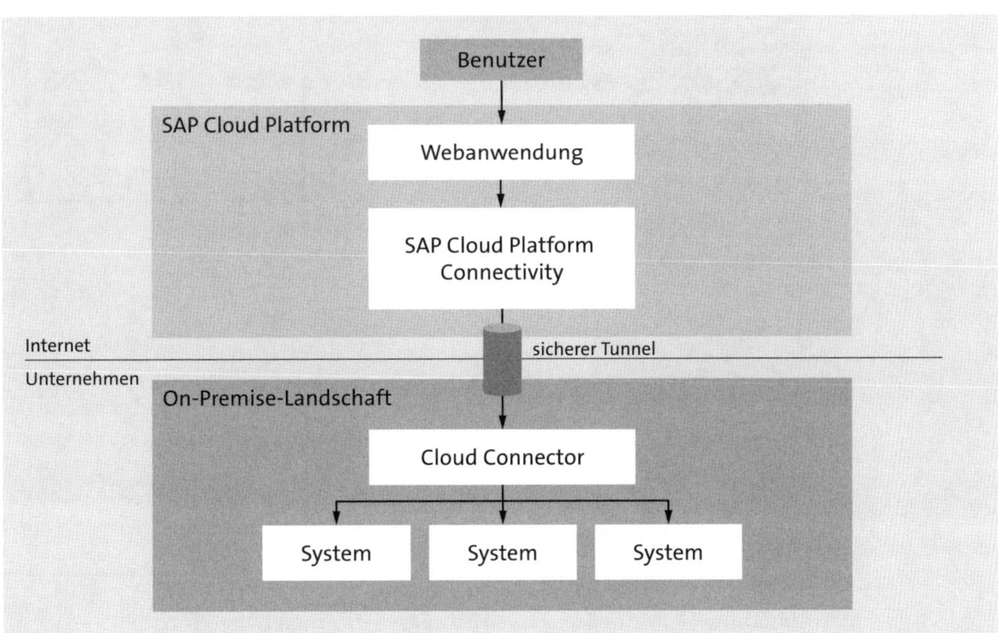


**Abbildung 12.9** Architektur einer Verbindung über den Cloud Connector

**Konfigurationsschritte**

Für die Anbindung des SAP-S/4HANA-Systems an das SAP Document Center sind in unserem Beispielszenario folgende Schritte durchzuführen:

1. Installieren Sie den Cloud Connector on premise in Ihrem Netzwerk. Die Installationsdateien und entsprechende Anleitungen sind unter der folgenden URL verfügbar:

   *https://tools.hana.ondemand.com/#cloud*

2. Wenn Sie noch nicht über einen Subaccount für die SAP Cloud Platform verfügen, legen Sie für dieses Beispiel einen neuen Trial-Account an. Eine Anleitung zu einem solchen Trial-Account finden Sie unter folgender URL: *http://s-prs.de/v652409*

3. Aktivieren Sie die folgenden Services in Ihrem Account der SAP Cloud Platform:

   - SAP Cloud Platform Connectivity
   - SAP Document Center

   Hierzu melden Sie sich an der SAP Cloud Platform an und navigieren in den Bereich **Services**. Öffnen Sie den jeweiligen Service, und klicken Sie auf den Button **Enable**. Nach der Aktivierung sollte Ihnen in der Kachel des Service der Status **Enabled** angezeigt werden (siehe Abbildung 12.10).

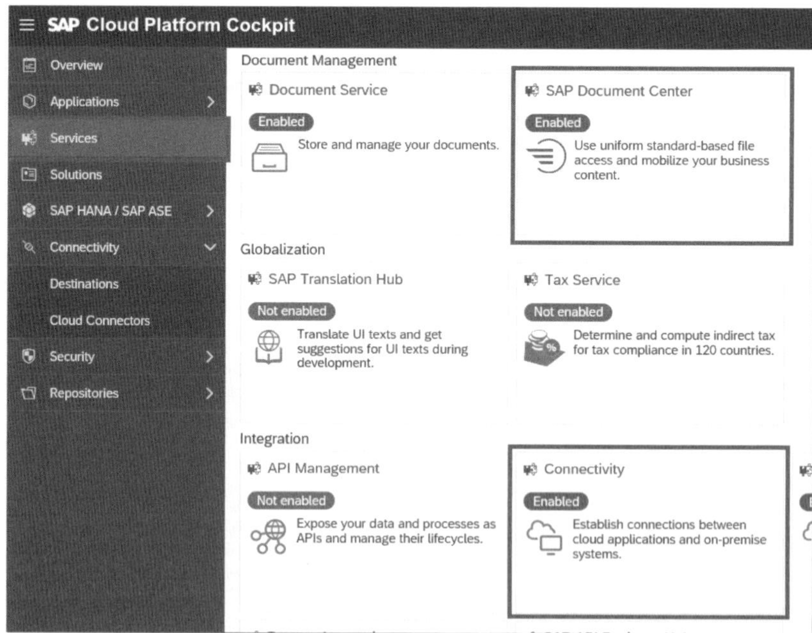


**Abbildung 12.10** Services der SAP Cloud Platform aktivieren

4. Öffnen Sie den lokal installierten Cloud Connector über die folgende generische URL:

   *https://<IP oder Servername>:8443*

5. Erstellen Sie ein Mapping für die zu verbindenden Systeme. Navigieren Sie hierfür in den Bereich **Cloud To On-Premise** in den Verbindungseinstellungen Ihres Subaccounts. Klicken Sie auf den Button **Add** (+, siehe Abbildung 12.11), um die Eingabe zu starten.

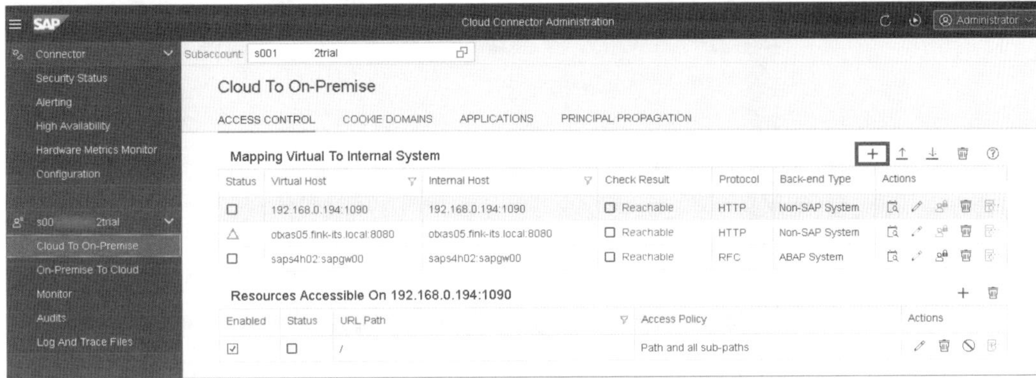

**Abbildung 12.11** Mapping für die Cloud-Connector-Verbindung hinzufügen

6. Geben Sie in den folgenden Schritten die Daten für die Verbindungen zu den On-Premise-Systemen an. Es wird ein Mapping für die Verbindung zum SAP-S/4HANA-System und eines für die Verbindung zum SAP Content Server benötigt. Im Folgenden zeige ich, wie Sie das Mapping für die Verbindung zum SAP-S/4HANA-System einrichten.
7. Im ersten Schritt geben Sie im Feld **Back-end Type** an, dass es sich bei dem anzubindenden System um ein ABAP-System handelt (siehe Abbildung 12.12). Klicken Sie dann auf **Next**.

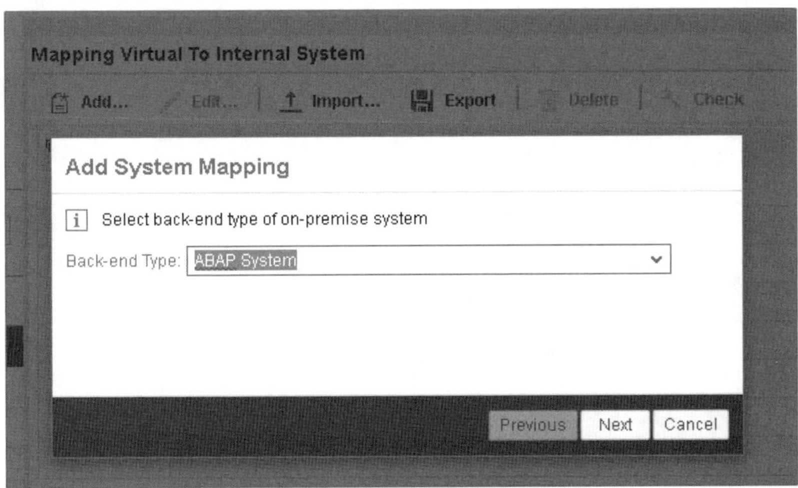

**Abbildung 12.12** ABAP-System als Systemtyp angeben

8. Als **Protocol** wird **RFC** (Remote Function Call) verwendet (siehe Abbildung 12.13).

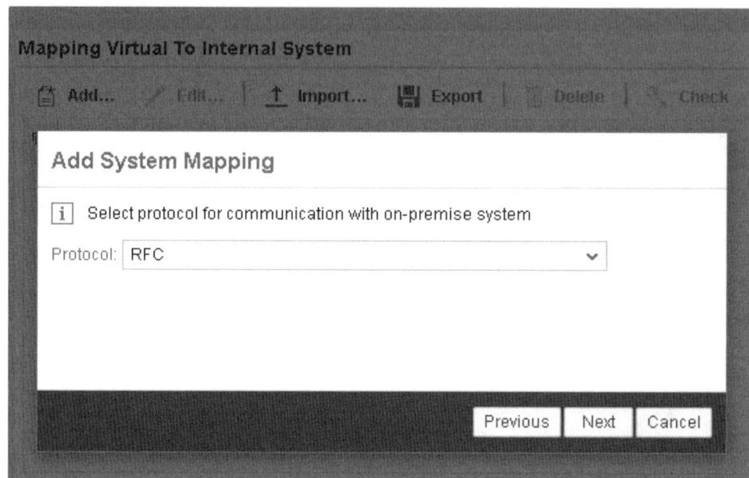


**Abbildung 12.13** Protokoll für die Systemverbindung angeben

9. Im nächsten Schritt nehmen Sie die Einstellungen für die Lastverteilung vor. Wählen Sie die Einstellung **Without load balancing (application server and instance number)**, wenn Sie keine Lastverteilung im On-Premise-System verwenden (siehe Abbildung 12.14).

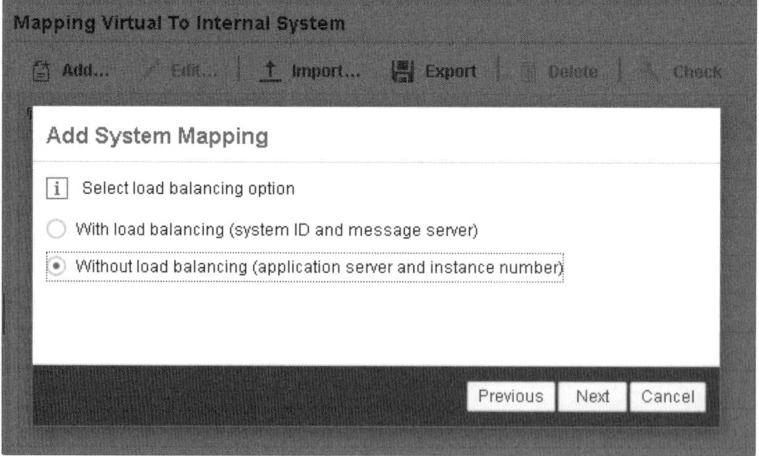


**Abbildung 12.14** Einrichten der Lastverteilung

10. Geben Sie nun die Daten Ihres SAP NetWeaver Application Servers (SAP NetWeaver AS) ein (siehe Abbildung 12.15).

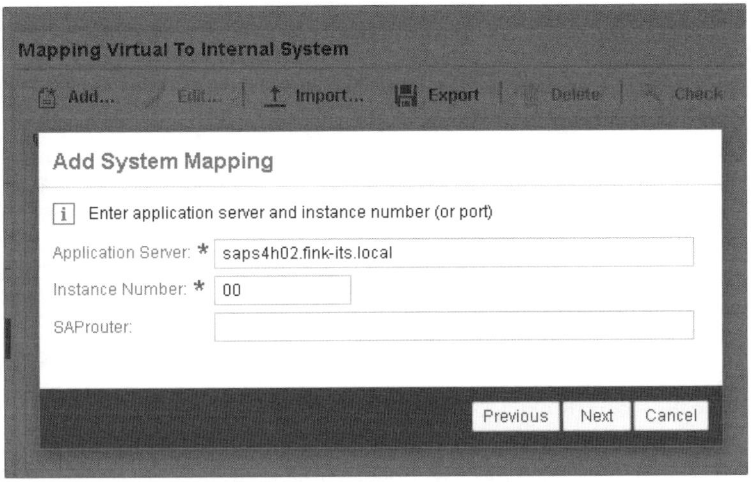

**Abbildung 12.15** Verbindung zum Applikationsserver einrichten

11. Pflegen Sie außerdem die Einstellungen zum virtuellen Applikationsserver (siehe in Abbildung 12.16). Standardmäßig wird der zuvor eingegebene Wert übernommen. Man könnte bei Bedarf die Einstellungen für den virtuellen Applikationsserver ändern und somit die echten Daten des Applikationsservers verschleiern.

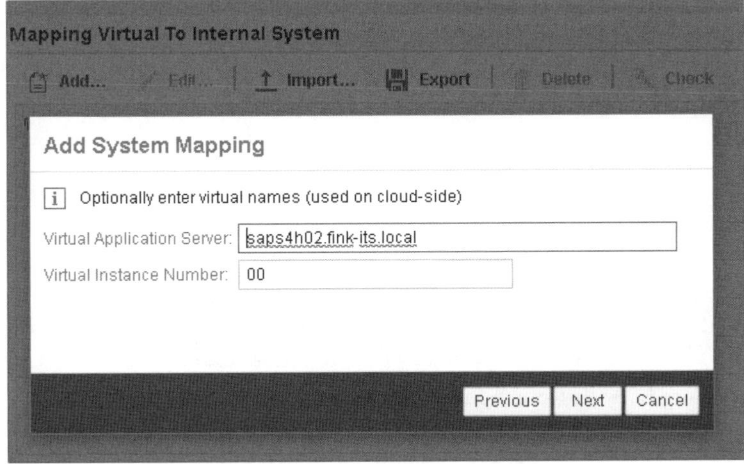


**Abbildung 12.16** Einrichten des virtuellen Applikationsservers

12. Nachdem Sie das Mapping erfolgreich angelegt haben, müssen Sie noch die für die Cloud-Anwendung verfügbaren Ressourcen angeben. Ressourcen können (RFC-)Funktionsbausteine oder (HTTP-)Services sein.

13. Hierzu markieren Sie den zuvor angelegten Mapping-Eintrag und klicken auf den Button **Add** (+) unterhalb der Liste (siehe Abbildung 12.17).

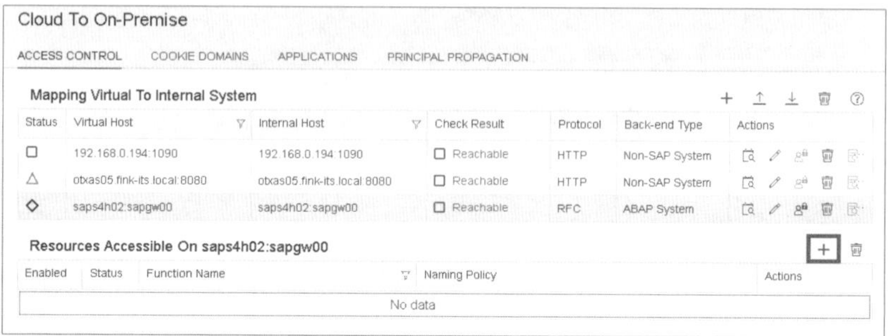


**Abbildung 12.17** Ressourcen hinzufügen

14. Damit die Funktionsbausteine mit dem Präfix `FM_CMIS` in der Cloud-Anwendung verfügbar sind, geben Sie den Funktionsnamen der Ressource (erste Zeichen der Funktionsbausteinnamen) an und definieren, dass der Name mit einem Präfix angegeben wurde (siehe Abbildung 12.18).

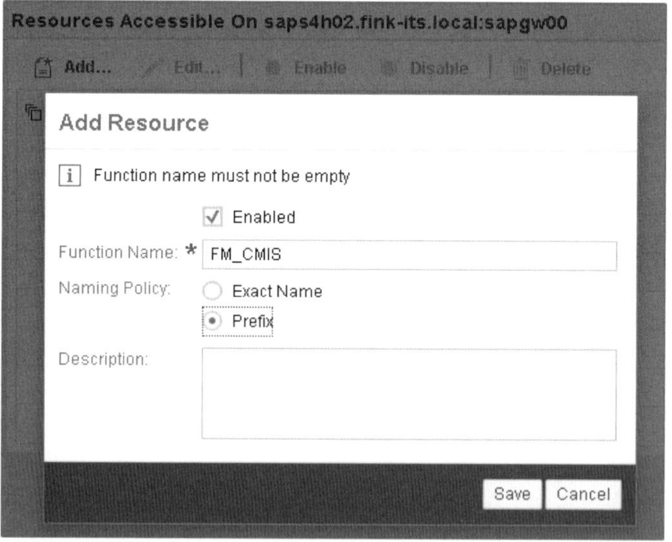


**Abbildung 12.18** Ressource für die Verbindung zum SAP-S/4HANA-System angeben

Alle Einstellungen für das Mapping für die Verbindung zum SAP-S/4HANA-System sind in Tabelle 12.2 noch einmal zusammengefasst.

Als Ergebnis sollten Ihnen die Mapping-Daten wie in Abbildung 12.19 angezeigt werden.

| Parameter | Wert |
|---|---|
| **Back-end Type** | ABAP System |
| **Protocol** | **RFC** |
| **Load Balancing** | **Without load balancing** |
| **Application Server** | Fully Qualified Domain Name (FQDN) oder IP-Adresse Ihres SAP NetWeaver Application Servers |
| **Instance Number** | Instanznummer Ihres SAP NetWeaver AS |
| **SAP Router** | Kann in diesem Beispiel leer bleiben. |
| **Virtual Application Server** | Kann in diesem Beispiel den gleichen Wert wie die FQDN oder IP des Applikationsservers haben. |
| **Virtual Instance Number** | Kann in diesem Beispiel den gleichen Wert wie die Instanznummer des Applikationsserver haben. |
| **Resources** | `FM_CMIS` und Option des Präfix |

**Tabelle 12.2** Verbindungsdaten für das Mapping zum SAP-S/4HANA-System

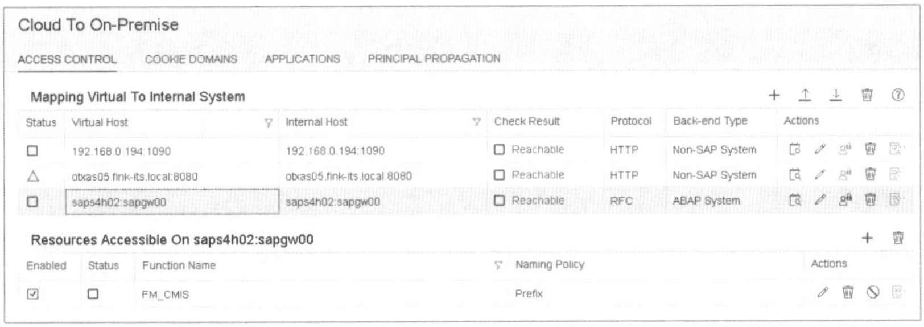

**Abbildung 12.19** Mapping für das SAP-S/4HANA-System

**Verbindung zum SAP Content Server**

Das Mapping für die Verbindung zum SAP Content Server richten Sie auf die gleiche Weise ein. Exemplarische Werte für dieses Mapping finden Sie in Tabelle 12.3.

| Parameter | Wert |
|---|---|
| **Back-end Type** | NON-ABAP System |
| **Protocol** | **HTTP** |
| **Internal Host** | FQDN oder IP-Adresse des Servers |
| **Internal Port** | Port des Servers (1090 für den SAP Content Server) |

**Tabelle 12.3** Verbindungdaten für das Mapping zum SAP Content Server

| Parameter | Wert |
|---|---|
| **Virtual Internal Host** | Kann in diesem Beispiel den gleichen Wert wie der Internal Host haben. |
| **Virtual Internal Port** | Kann in diesem Beispiel den gleichen Wert wie der Internal Port haben. |
| **Resources** | / |

**Tabelle 12.3** Verbindungdaten für das Mapping zum SAP Content Server (Forts.)

### Customizing des Service SAP Cloud Platform Connectivity

**Zugriff auf die On-Premise-Systeme**

Der Zugriff aus der SAP Cloud Platform auf die On-Premise-Systeme wird über den Service SAP Cloud Platform Connectivity eingerichtet. Navigieren Sie dazu in der Serviceübersicht im SAP Cloud Platform Cockpit zum Bereich **Connectivity**. Gehen Sie dann wie folgt vor:

1. Öffnen Sie den Bereich **Destinations**, und klicken Sie auf den Button **New Destination**, um das SAP-S/4HANA-System als neue Destination anzulegen (siehe Abbildung 12.20). Nun müssen noch einige Angaben zu dem SAP-S/4HANA System hinterlegt werden.

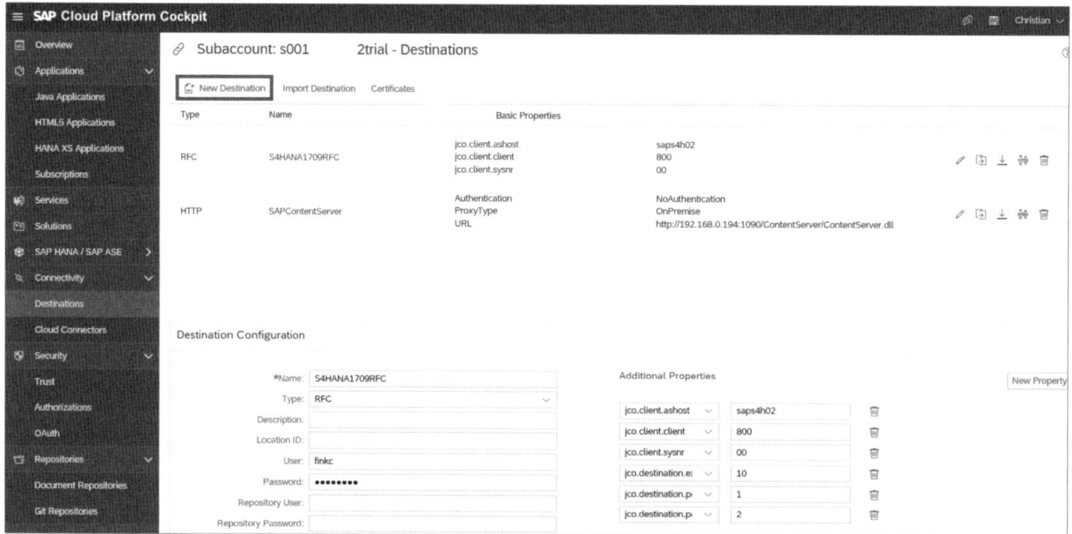


**Abbildung 12.20** Neue Destination auf der SAP Cloud Platform einrichten

2. Klicken Sie im Bereich **Destination Configuration** auf den Button **New Property**. Fügen die Daten aus Tabelle 12.4 hinzu.
3. Nachdem Sie die Einstellungen vorgenommen haben, sollten Ihnen die Eigenschaften der Destination wie in Abbildung 12.21 angezeigt werden.

| Parameter | Wert |
|---|---|
| `jco.client.ashost` | IP oder FQDN des Applikationsservers Ihres SAP-S/4HANA-Systems |
| `jco.client.client` | der Mandant, den Sie verwenden |
| `jco.client.sysnr` | die Instanznummer des Applikationsservers |
| `jco.destination.expiration_time` | 600000 (Zeit, die die Verbindung des internen Pools bestehen darf, bis ein Timeout ausgegeben wird. 600 000 ms sind der Standardwert) |
| `jco.destination.peak_limit` | 1 (maximale Anzahl der Verbindungen, die bei Spitzenlast geöffnet werden können) |
| `jco.destination.pool_capacity` | 2 (maximale Anzahl der Verbindungen, die offen gehalten werden, Standard 1) |

**Tabelle 12.4** Werte zur Konfiguration der Destination



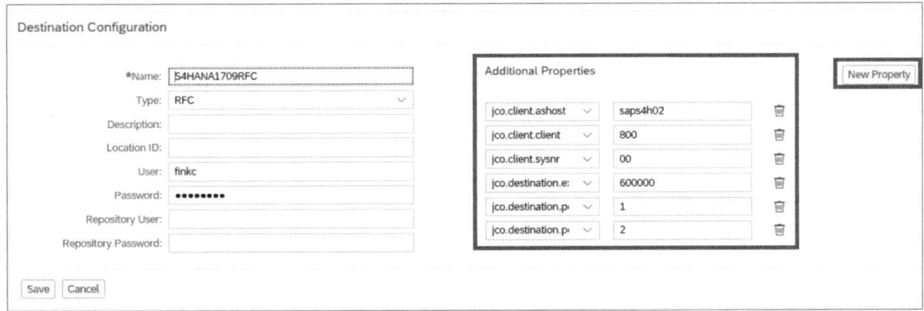


**Abbildung 12.21** Parameter für die Konfiguration der Destination hinzufügen

4. Führen Sie abschließend einen Verbindungstest aus, indem Sie auf den Button **Check Connection** (Icon) klicken (siehe Abbildung 12.22). Der Test muss erfolgreich sein, bevor die weiteren Schritte durchgeführt werden können.

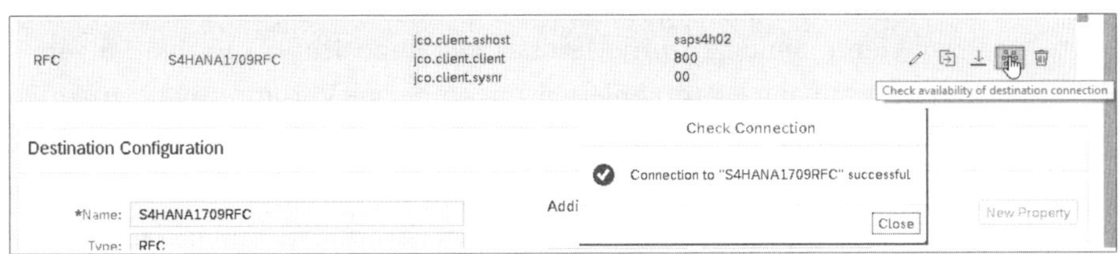


**Abbildung 12.22** Verbindung zum SAP-S/4HANA-System testen

Als Nächstes führen Sie die gezeigten Schritte für die Einrichtung der Destination noch einmal für den SAP Content Server durch. Beachten Sie, dass die Parameter von denen zur Einrichtung des SAP-S/4HANA-Systems abweichen.

### Customizing des SAP Document Centers

Damit Benutzer im SAP Document Center auf den Content der Dokumentinfosätze des SAP-S/4HANA-Systems zugreifen können, muss schließlich noch das SAP Document Center selbst konfiguriert werden. Öffnen Sie dazu die folgende generische URL, um die Administration des SAP Document Centers aufzurufen:

*https://mdocs-<SAP-Account>.hanatrial.ondemand.com/mcm/admin/*

Alternativ klicken Sie, wie in Abbildung 12.23 dargestellt, auf der Übersichtsseite zum **Service SAP Document Center** auf den Link **Configure SAP Document Center (requires the Administrator role)**.

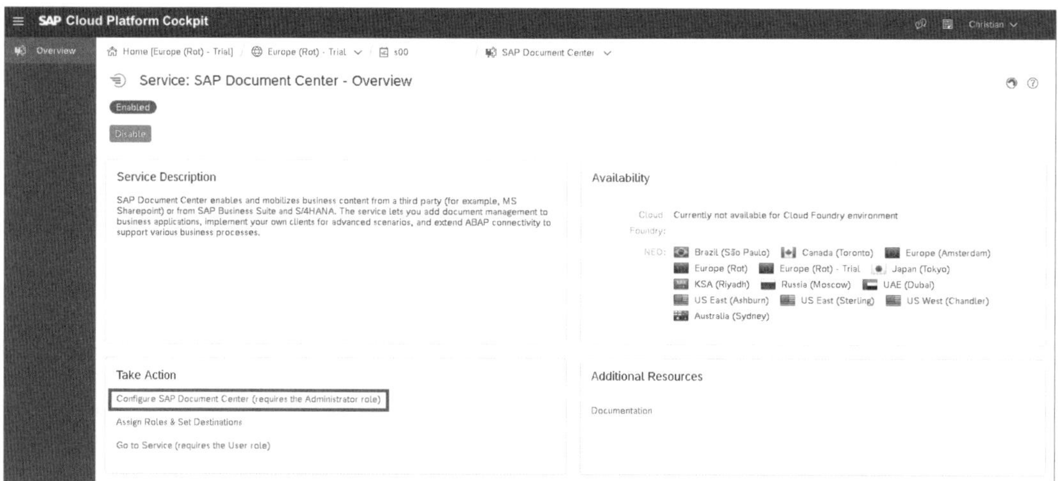


**Abbildung 12.23** Administration des SAP Document Centers aufrufen

**Verbindung einrichten**

Richten Sie nun die Verbindung zum SAP-S/4HANA-System und zum SAP Content Server im SAP Document Center ein:

1. Navigieren Sie dazu zum Menüeintrag **Repositorys • Verbindungen**. Klicken Sie auf den Button **Anlegen**, um eine neue Verbindung hinzuzufügen.
2. Geben Sie die Verbindungsdaten für das SAP-S/4HANA-System und den SAP Content Server ein. Im Feld **Anzeigename** tragen Sie den Namen der Verbindung und im Feld **Destination** den Namen der angelegten Destination auf der SAP Cloud Platform ein (siehe Abbildung 12.24. Im Feld **Optionen** tragen Sie die Angaben zur Destination des SAP Content Servers ein:

```
com.sap.mcm.contentHttpDestination=
<Name der Destination des SAP Content Servers>
```

Die Option `com.sap.mcm.contentHttpDestination` ist nur für RFC-Verbindungen relevant. Als Destination wird die HTTP-Verbindung angegeben, über die der Up- und Download des Contents läuft.

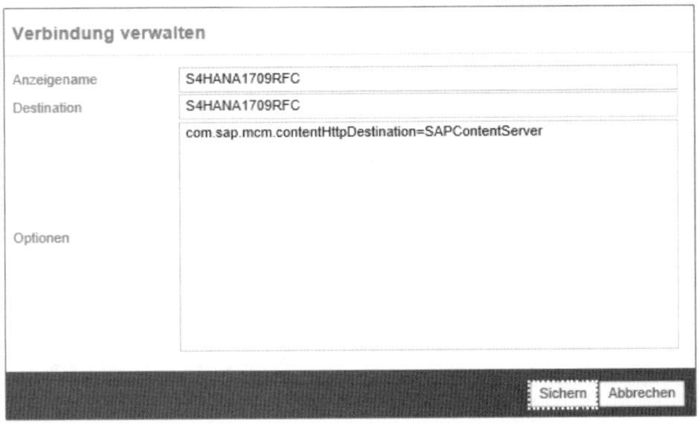

**Verbindung verwalten**

Anzeigename: S4HANA1709RFC
Destination: S4HANA1709RFC
Optionen: com.sap.mcm.contentHttpDestination=SAPContentServer

Sichern | Abbrechen

**Abbildung 12.24** Neue Verbindung anlegen

**Repository einrichten**

Im nächsten Schritt müssen Sie das Repository zum SAP Document Center hinzufügen:

1. Navigieren Sie dazu zum Menüeintrag **Repositorys • Unternehmensinhalte**.
2. Klicken Sie den Button **Anlegen**, um ein neues Repository hinzuzufügen.
3. Wählen Sie die **Verbindung** (z. B. die SAP-S/4HANA-Verbindung), und wählen Sie im Feld **Repository** den Eintrag **DMS-MDOCS** aus (siehe Abbildung 12.25).

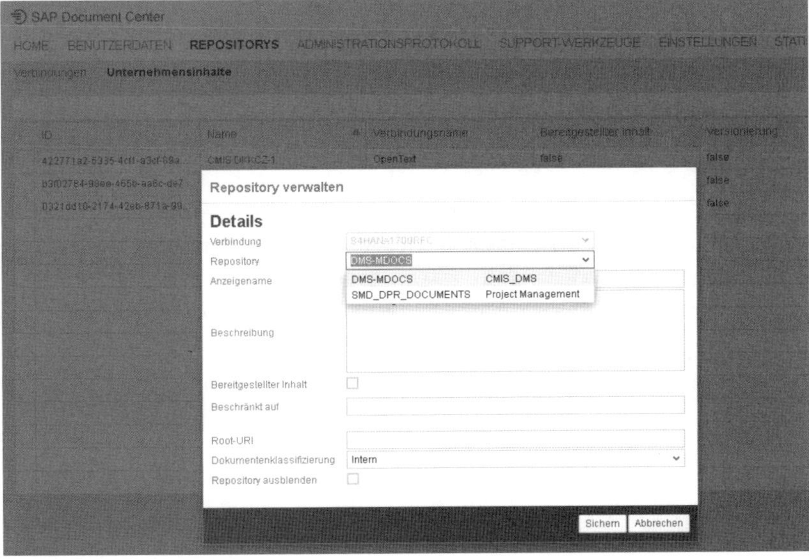


**Abbildung 12.25** Neues Repository zum SAP Document Center hinzufügen

### Test der Konfiguration des SAP Document Centers

Nachdem Sie alle Schritte durchgeführt haben, können Sie die Funktion des SAP Document Centers in Verbindung mit dem SAP Dokumentenverwaltungssystem testen:

1. Öffnen Sie dazu die folgende generische URL:

   *https://mdocs-<SAP-Account>.hanatrial.ondemand.com/mcm/browser*

   Alternativ klicken Sie, wie in Abbildung 12.26 dargestellt, auf der Übersichtsseite des **Service SAP Document Center** auf den Link **Go to Service (requires the User role)**. Sie gelangen zur Benutzeroberfläche des SAP Document Centers.

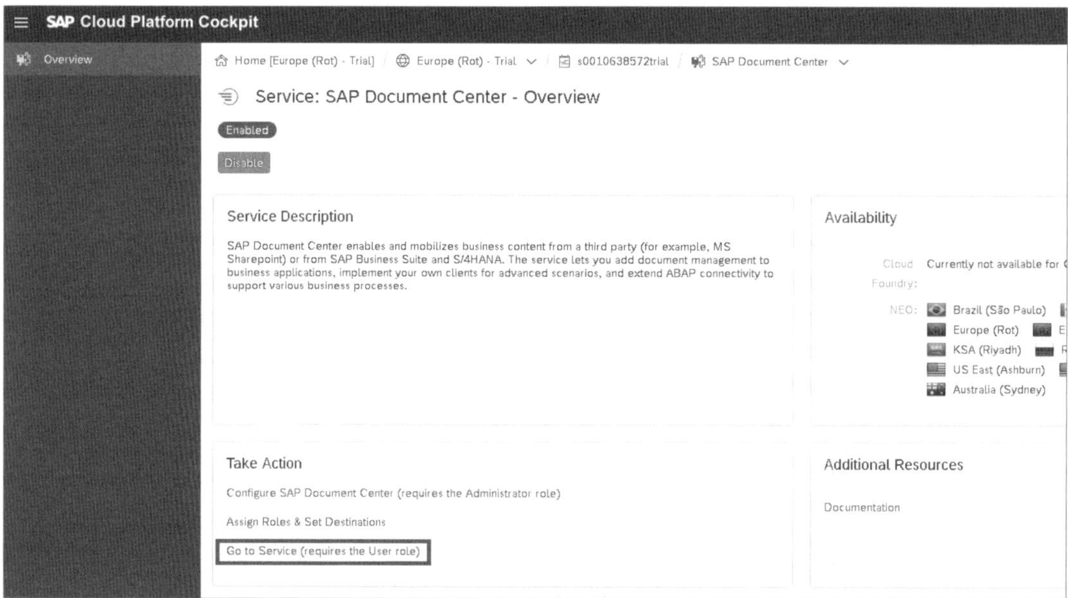


**Abbildung 12.26** Benutzeroberfläche des SAP Document Centers öffnen

2. Legen Sie testweise einen Dokumenteninfosatz in SAP S/4HANA mit der Dokumentart `DRW` an. Laden Sie einige Originaldokumente unter Angabe der in Abschnitt 11.2.2, »SAP Content Server«, angelegten Ablagekategorie `Z_SCP_ECM` zum Dokumenteninfosatz hoch. In Abbildung 12.27 ist ein beispielhafter Dokumenteninfosatz abgebildet.
3. Im SAP Document Center navigieren Sie in den Bereich **Unternehmen** und öffnen den Knoten **CMIS_DMS**. Hier werden nun der gerade angelegte Dokumentinfosatz und die im Dokumentinfosatz abgelegten Originale angezeigt (siehe Abbildung 12.28).

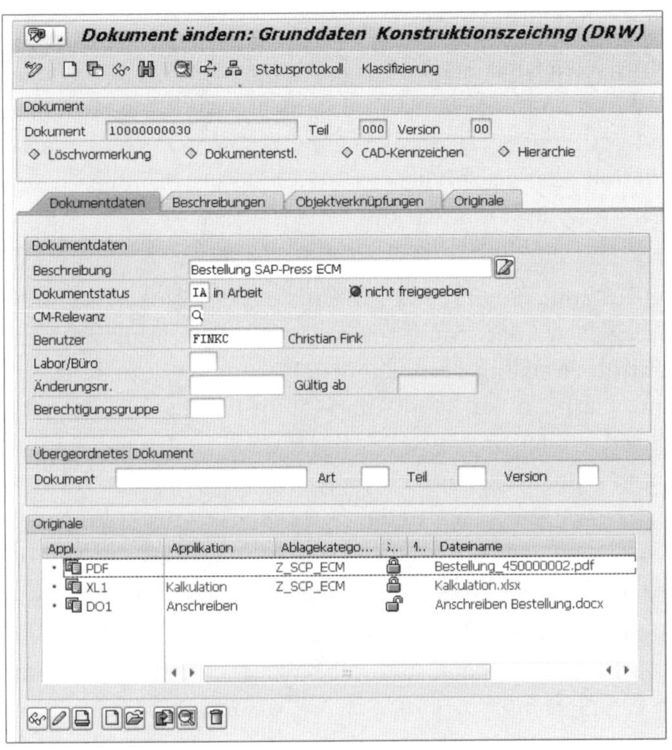


**Abbildung 12.27** Dokumentinfosatz in SAP S/4HANA

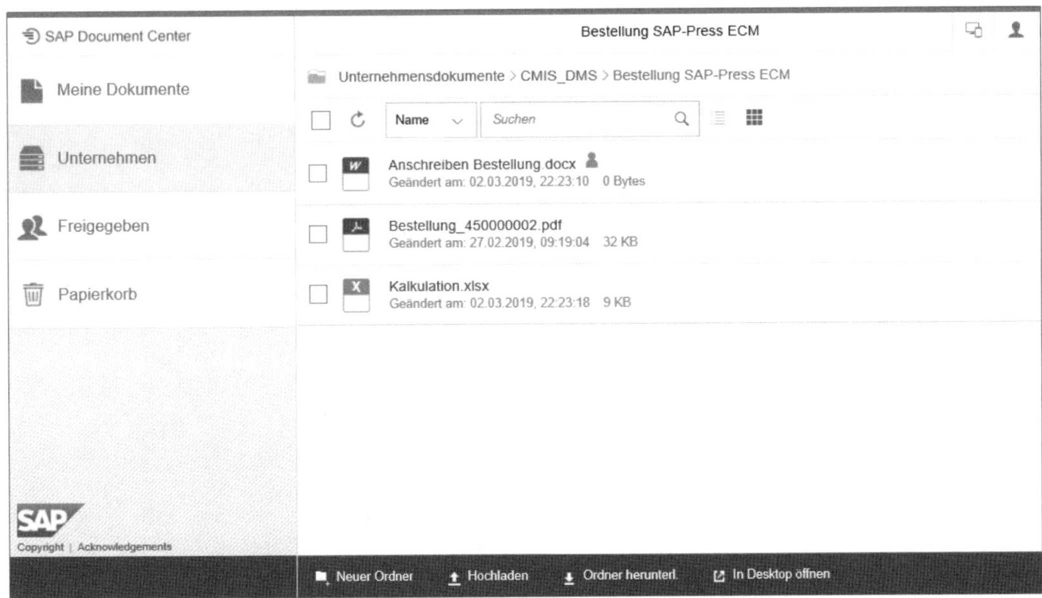


**Abbildung 12.28** Anzeige des Dokumenteninfosatzes und der Originaldokumente im SAP Document Center

### 12.1.2 SAP Cloud Platform Forms by Adobe

In Abschnitt 11.4 habe ich das neue Output Management für SAP S/4HANA behandelt. Für das Rendering von Formularen des Typs Adobe Forms werden die Adobe Document Services (ADS) genutzt. Die ADS können als On-Premise-Installation oder als Service der SAP Cloud Platform genutzt werden. Die Bezeichnung der Cloud-Lösung ist *SAP Cloud Platform Forms by Adobe*.

**Nutzen von Forms by Adobe**

Die Vorteile der Nutzung der Cloud-Lösung anstelle einer lokal installierten Serverinstanz liegen auf der Hand. Neben Kosten für Hardware werden auch Kosten für die Wartung der lokal installierten Serverinstanz eingespart. SAP Cloud Platform Forms by Adobe kann im Zusammenspiel mit einer On-Premise-Installation von SAP S/4HANA, SAP S/4HANA Cloud oder der klassischen SAP Business Suite eingesetzt werden. Für den Anwender oder den Designer der Formulare ändert sich bei der Anwendung nichts. Weitere Informationen zur Nutzung sowie technische Dokumentationen zu SAP Cloud Platform Forms by Adobe finden Sie in SAP-Hinweis 2219598.

**Lizenzierung**

Für die Lizenzierung des Service sind die Anzahl der Anfragen relevant. Es werden die technischen Anfragen und die Anfragen für die Abrechnung unterschieden. Eine *technische Anfrage* ist z. B. die Erstellung einer Druckvorschau oder das Setzen einer digitalen Signatur. Jede Anfrage umfasst maximal fünf Seiten. Wird ein Dokument mit 25 Seiten übermittelt, sind das fünf für die Abrechnung relevante Anfragen. Die Lizenzierung ist für alle Systeme gültig, egal, ob Entwicklungs-, Test- oder produktives System. Weitere Informationen zur Lizenzierung erhalten Sie in SAP-Hinweis 750784.

**Architektur**

Die Architektur für die Nutzung von SAP Cloud Platform Forms by Adobe ist in Abbildung 12.29 dargestellt.

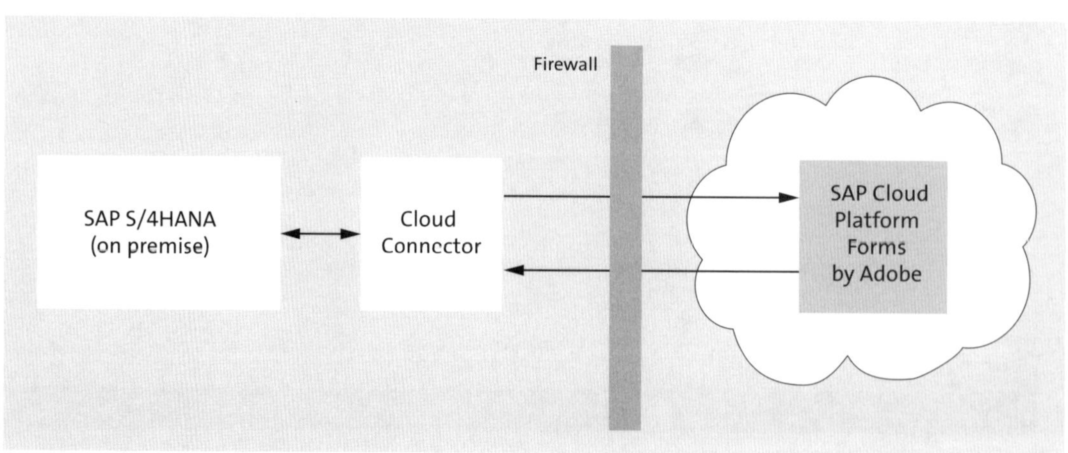


**Abbildung 12.29** Architektur von SAP Cloud Platform Forms by Adobe

Die Daten werden über den lokal im Kundennetzwerk installierten Cloud Connector ausgetauscht, der über eine Firewall von der SAP Cloud Platform abgegrenzt ist.

**Schritte für die Einrichtung**

Die folgenden Schritte müssen Sie ausführen, um die SAP Cloud Platform Forms by Adobe für das neue Output Management in SAP S/4HANA zu konfigurieren:

1. SSL-Client-Identität anlegen und ein Zertifikat für die SSL-Verbindung hinzufügen
2. Servicebenutzer in SAP S/4HANA bereitstellen
3. den Service SAP Cloud Platform Forms by Adobe aktivieren und konfigurieren
4. RFC-Verbindung im SAP-S/4HANA-System für den Service SAP Cloud Platform Forms by Adobe einrichten
5. Customizing der ICF-Services im SAP-S/4HANA-System durchführen
6. Customizing des Cloud Connectors durchführen

Die einzelnen Schritte zeige ich Ihnen in den folgenden Abschnitten.

### Customizing SSL-Client-Identität anlegen

Für die Verbindung mit dem Service Forms by Adobe der SAP Cloud Platform wird eine SSL-Verbindung (Secure Sockets Layer) empfohlen. Um diese bereitzustellen, legen wir ein eigenes SSL-Client-PSE (Personal Security Environment) für die SSL-Client-Identität an und hinterlegen ein Zertifikat.

[+]

**Zertifikat bereitstellen**

Ein Zertifikat können Sie beispielsweise von *https://www.digicert.com/digicert-root-certificates.htm* herunterladen. Wählen Sie hier für unser Beispiel das folgende Zertifikat aus: DigiCert Global Root CA.

**SSL-Client-Identität anlegen**

Erstellen Sie zunächst die SSL-Client-Identität auf dem SAP-S/4HANA-System:

1. Rufen Sie die Transaktion STRUST (Trust Manager) auf.
2. Navigieren Sie im Menü zu dem Eintrag **Umfeld • SSL-Client Identität**.
3. Erstellen Sie einen neuen Eintrag, indem Sie auf den Button **Neue Einträge** klicken. Geben Sie beispielweise als Identität »SCP« und eine Beschreibung an.

Nach dem Speichern wird der neue Eintrag **SSL-Client Trust SCP/BE** in der Transaktion STRUST angezeigt.

**Personal Security Environment erstellen**

Nun können Sie die PSE (einen sicheren Ablageort, auf dem sicherheitsrelevante Informationen gespeichert werden) auf dem SAP-S/4HANA-System anlegen:

1. Öffnen Sie das Kontextmenü des neuen Eintrags, und wählen Sie die Funktion **Anlegen**.
2. Legen Sie die PSE und das Zertifikat an, wie in Abbildung 12.30 dargestellt.

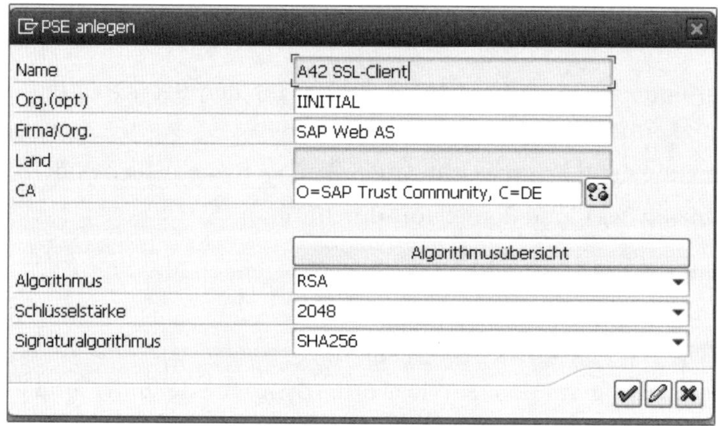


**Abbildung 12.30** PSE für die SSL-Client Identität einrichten

**Zertifikat importieren**

Nun importieren Sie das Zertifikat in die SSL-Client-PSE:

1. Klicken Sie dazu doppelt auf den Eintrag **SSL-Client Trust SCP/BE**.
2. Navigieren Sie im Menü zu dem Eintrag **Zertifikat • Importieren**.
3. Wählen Sie das Zertifikat aus, und bestätigen Sie die Eingabe durch einen Klick auf das grüne Häkchen (✔, siehe Abbildung 12.31).

Nach der erfolgreichen Konfiguration sollten Ihre Einstellungen denen in Abbildung 12.32 ähneln. Die PSE und das Zertifikat sind eingerichtet und werden in der SSL-Client-Identität angezeigt.

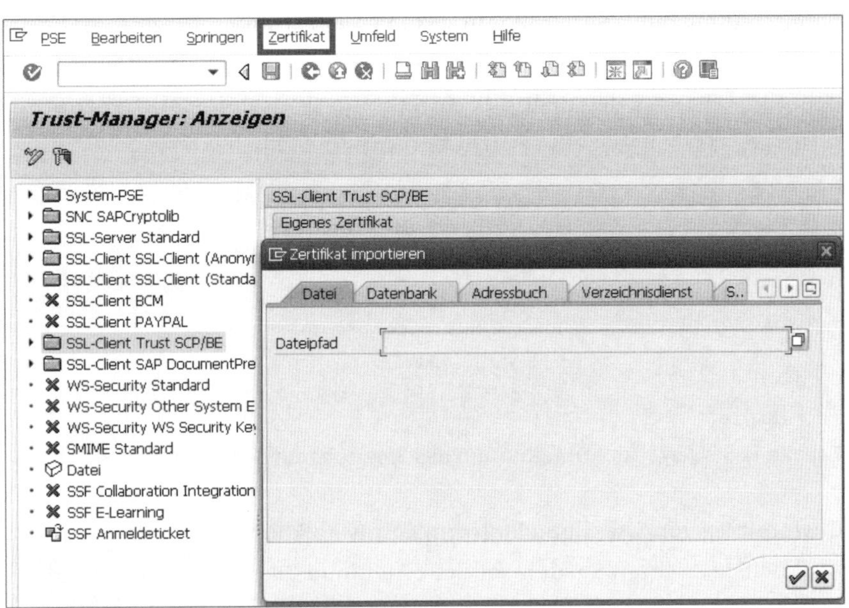


Abbildung 12.31 Zertifikat importieren

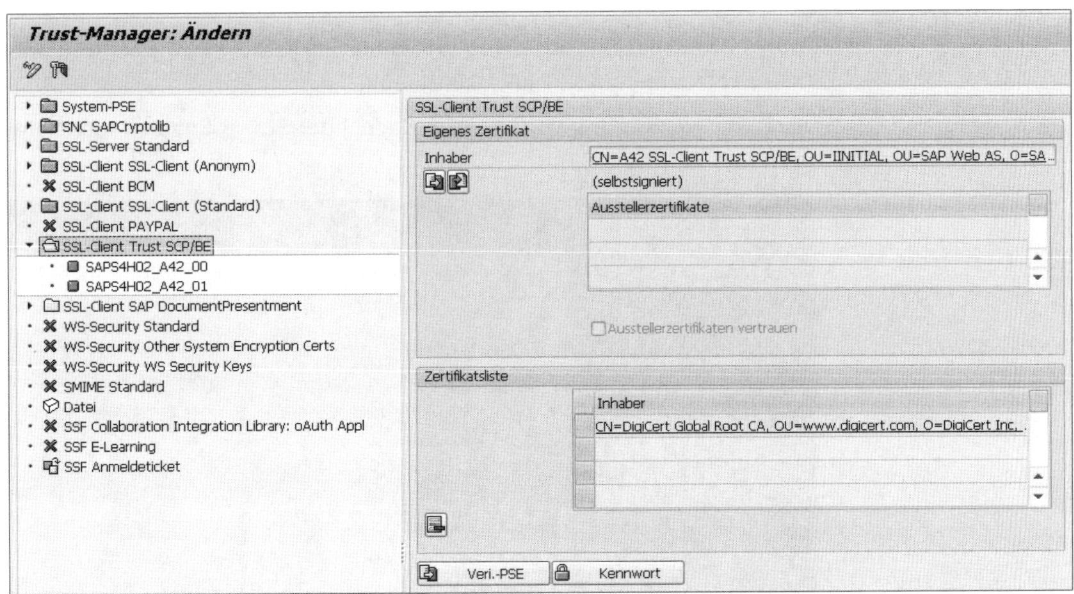


Abbildung 12.32 Erfolgreich eingerichtetes Zertifikat

### Bereitstellung eines Servicebenutzers in SAP S/4HANA

Für die Kommunikation zwischen den Systemen wird ein Servicebenutzer benötigt. Legen Sie den Benutzer ADS_AGENT in Transaktion SU01 (Benutzerpflege) an. Verwenden Sie dazu die Werte aus Tabelle 12.5.

| Parameter | Wert |
|---|---|
| **Username** | ADS_AGENT |
| **Type** | Service |
| **Roles** | SAP_BC_FPADS_ICF<br>SAP_BC_FP_ICF |

**Tabelle 12.5** Werte zur Konfiguration des Servicebenutzers

### Customizing von SAP Cloud Platform Forms by Adobe

**Aktivieren des Service**

Als Nächstes richten Sie den Service SAP Cloud Platform Forms by Adobe ein:

1. Dazu aktivieren Sie den Service zunächst, indem Sie diesen im Menü **Services** suchen und durch einen Klick auf die Kachel öffnen.
2. Auf der Übersichtsseite des aufgerufenen Service klicken Sie auf den Button **Enable**, um den Service zu aktivieren.
3. Nach der Aktivierung wird auf der Kachel der Status **Enabled** angezeigt (siehe Abbildung 12.33).

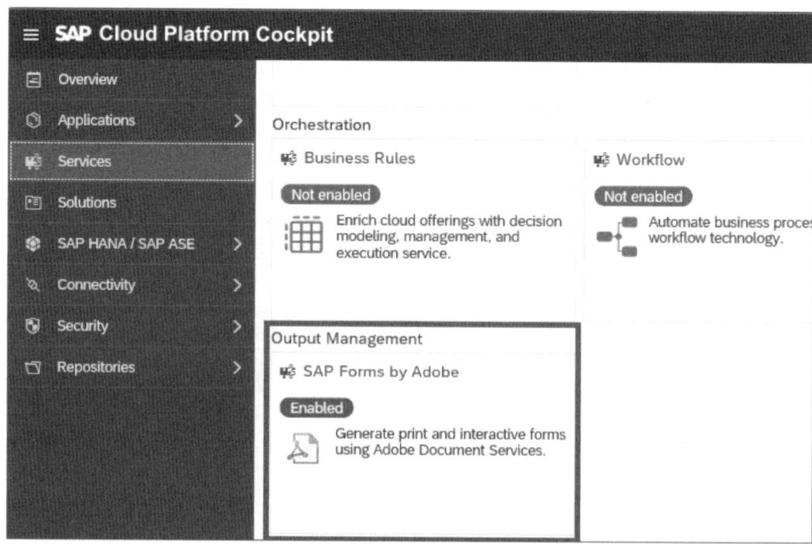


**Abbildung 12.33** Service SAP Cloud Platform Forms by Adobe aufrufen

**Rollen für den Serviceaufruf**

Für den Aufruf der Funktion SAP Forms by Adobe müssen Sie in Ihrem Subaccount dem Benutzer (S-User) für die SAP Cloud Platform die Rollen `ADSCaller` und `ADSAdmin` zuweisen. Die Rolle `ADSCaller` definiert den Aufruf des Konfigurationstools von SAP Forms by Adobe. Die Rolle `ADSAdmin` wird für den Aufruf des Webservice von SAP Forms by Adobe benötigt. Um die Rollen zuzuweisen, gehen Sie wie folgt vor:

1. Klicken Sie auf der Übersichtsseite des Service auf den Link **Forms by Adobe (Roles & Destinations)** (siehe Abbildung 12.34).

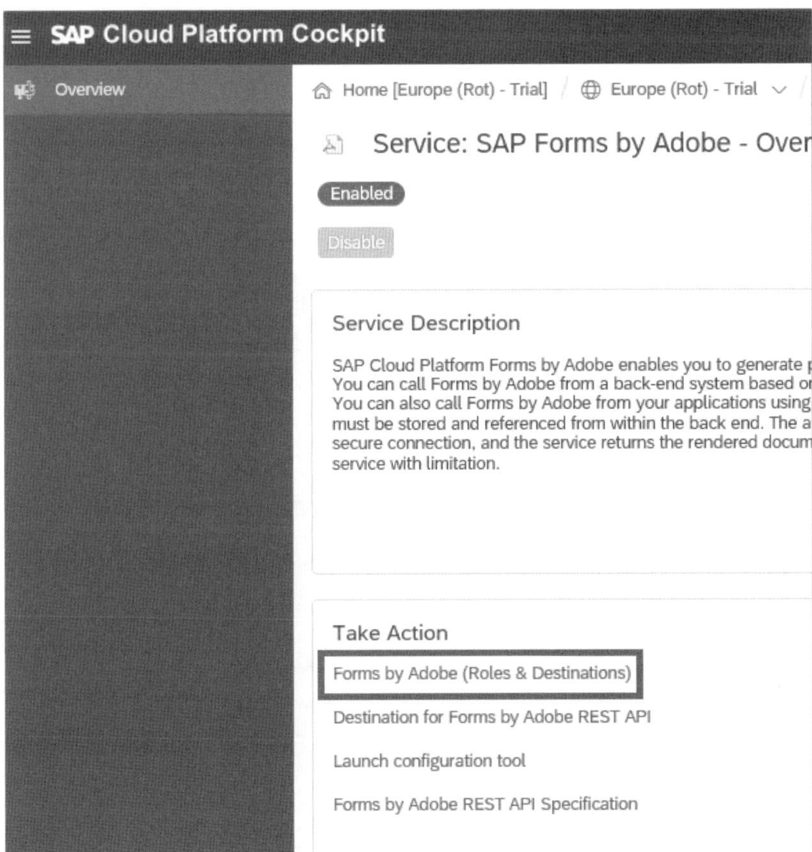


**Abbildung 12.34** Rollenzuweisung für den Service SAP Cloud Platform Forms by Adobe aufrufen

2. Weisen Sie die Rollen `ADSCaller` und `ADSAdmin` dem jeweiligen Benutzer zu. Markieren Sie dazu die jeweilige Rolle, und klicken Sie auf den Button **Assign** (siehe Abbildung 12.35).

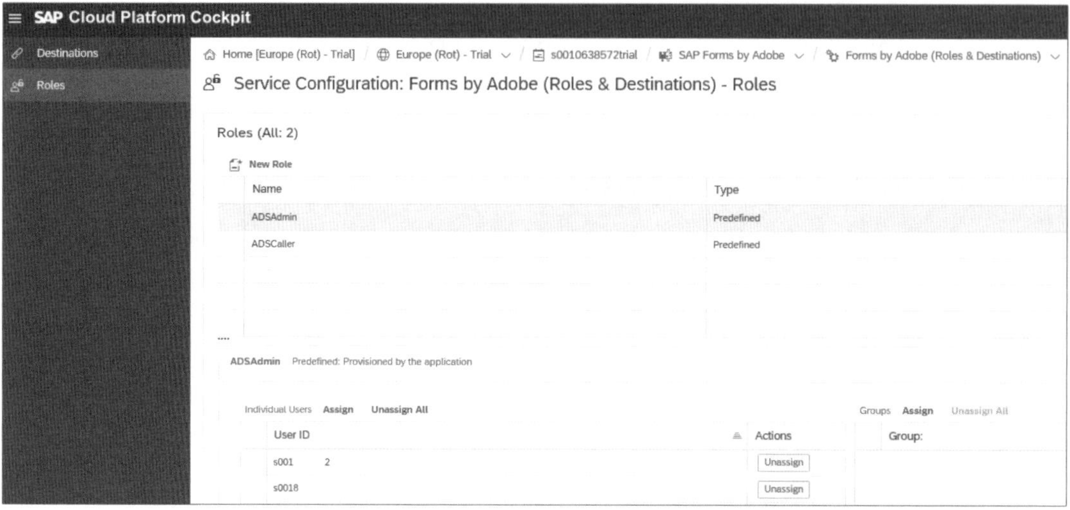


Abbildung 12.35 Rollen zuweisen

3. Tragen Sie im Pop-up-Fenster im Feld **User ID** (siehe Abbildung 12.36) den Benutzernamen ein, den Sie zuordnen möchten.

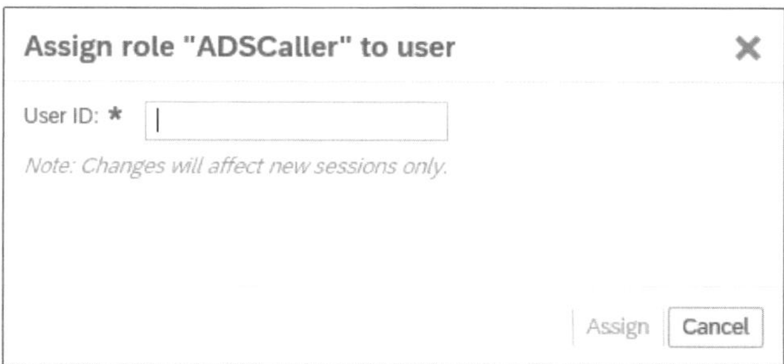


Abbildung 12.36 Benutzer der Rolle »ADSCaller« zuweisen

**Destination anlegen**

Die Destination zum SAP-S/4HANA-System für SAP Cloud Platform Forms by Adobe müssen Sie in Ihrem Subaccount der SAP Cloud Platform einrichten:

1. Öffnen Sie den Service **SAP Forms by Adobe**.
2. Wechseln Sie zum Menü **Destinations**.
3. Klicken Sie auf den Button **New Destination**. Sie gelangen zur Pflegemaske für die Destination, die Sie in Abbildung 12.37 sehen.
4. Tragen Sie hier die Werte für die Verbindung zum SAP-S/4HANA-System ein, wie in Tabelle 12.6 gezeigt.

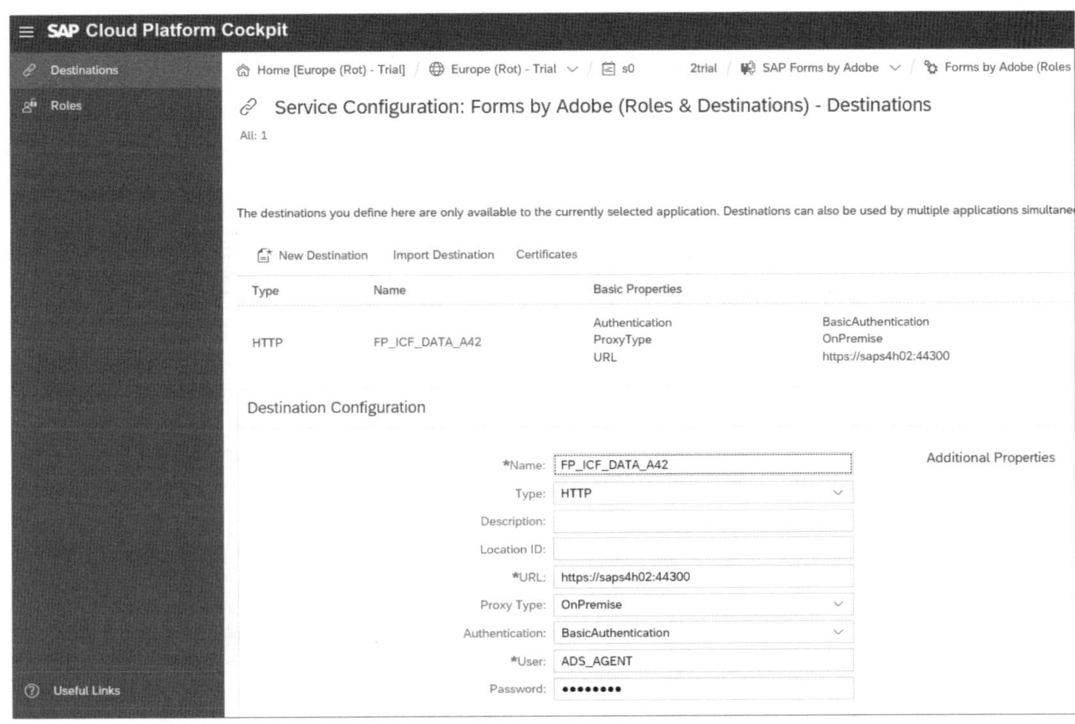


**Abbildung 12.37** Destination des Service SAP Forms by Adobe einrichten

| Parameter | Wert |
|---|---|
| Name | FP_ICF_DATA_<SID> |
| Type | HTTP |
| URL | http://<virtual host name>:<virtual port> |
| Proxy Type | OnPremise |
| Authentication | BasicAuthentication |
| User | ADS_AGENT |
| Password | das Passwort des ADS_AGENT |

**Tabelle 12.6** Werte zur Konfiguration der neuen Destination



### Customizing der RFC-Verbindung

**RFC-Verbindung einrichten**

Als Verbindung zwischen dem SAP-S/4HANA-System und der SAP Cloud Platform wird eine RFC-Verbindung benötigt. Die Verbindung kann mit einer von zwei möglichen Authentifizierungsarten eingerichtet werden, einer Basisauthentifizierung oder einer Authentifizierung mittels Zertifikat. Wir nutzen im folgenden Beispiel die Basisauthentifizierung.

Öffnen Sie für die Einrichtung der RFC-Verbindung die Transaktion SM59. Klicken Sie hier auf den Button **Anlegen**, um eine neue RFC-Verbindung mit den Werten aus Tabelle 12.7 anzulegen.

| Parameter | Wert |
|---|---|
| **RFC-Destination** | ADS |
| **Verbindungstyp** | G |

**Tabelle 12.7** Werte zur Konfiguration der RFC-Verbindung

Technische Einstellungen

Öffnen Sie dann die Registerkarte **Technische Einstellungen** (siehe Abbildung 12.38), und tragen Sie dort folgende Werte ein.

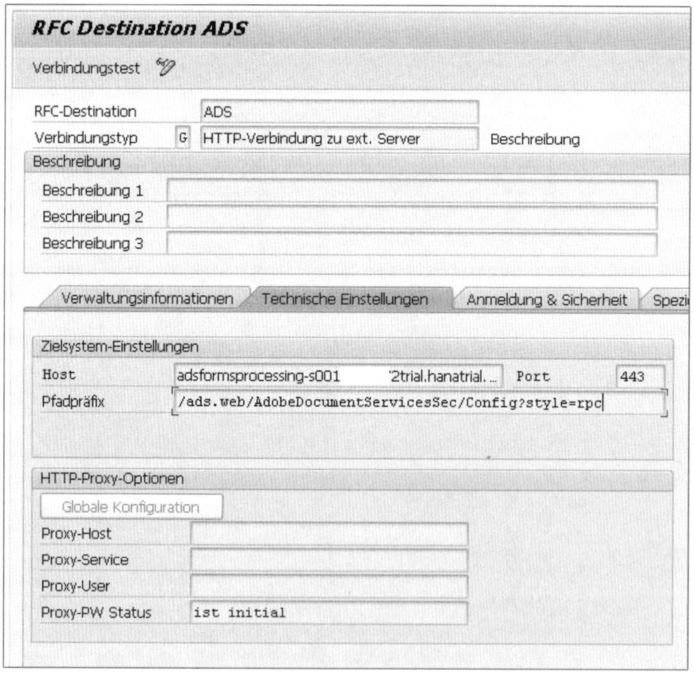

RFC Destination ADS
Verbindungstest
RFC-Destination: ADS
Verbindungstyp: G HTTP-Verbindung zu ext. Server — Beschreibung
Beschreibung
Beschreibung 1
Beschreibung 2
Beschreibung 3
Verwaltungsinformationen | Technische Einstellungen | Anmeldung & Sicherheit | Spezi
Zielsystem-Einstellungen
Host: adsformsprocessing-s001 '2trial.hanatrial. ... Port: 443
Pfadpräfix: /ads.web/AdobeDocumentServicesSec/Config?style=rpc
HTTP-Proxy-Optionen
Globale Konfiguration
Proxy-Host
Proxy-Service
Proxy-User
Proxy-PW Status: ist initial

**Abbildung 12.38** Host und Port der RFC-Verbindung pflegen

- **Host**
  Für eine lizenzierte, produktive Instanz der SAP Cloud Platform geben Sie den Host wie folgt an. Beachten Sie dabei, dass wir uns für den Beispielaufbau in der Trialversion der SAP Cloud Platform befinden und dass ein Teil der URL Ihr Subaccount ist:

*adsformsprocessing-<Tenant-Subaccount-ID>.*
*<Regionhost:xxx>hana.ondemand.com*

Für einen Trialaccount der SAP Cloud Platform geben Sie den Host wie folgt an:

*adsformsprocessing-<Tenant-Subaccount-ID>.hanatrial.ondemand.com*

In beiden Fällen wählen Sie den Port 443.

- **Pfadpräfix**

  */ads.web/AdobeDocumentServicesSec/Config?style=rpc*

**Auf Groß- und Kleinschreibung achten**

Beachten Sie, dass hier alle Angaben case-sensitive sind.

Anmeldung und Sicherheit

Öffnen Sie nun die Registerkarte **Anmeldung & Sicherheit** (siehe Abbildung 12.39), und tragen Sie die Werte aus Tabelle 12.8 ein.

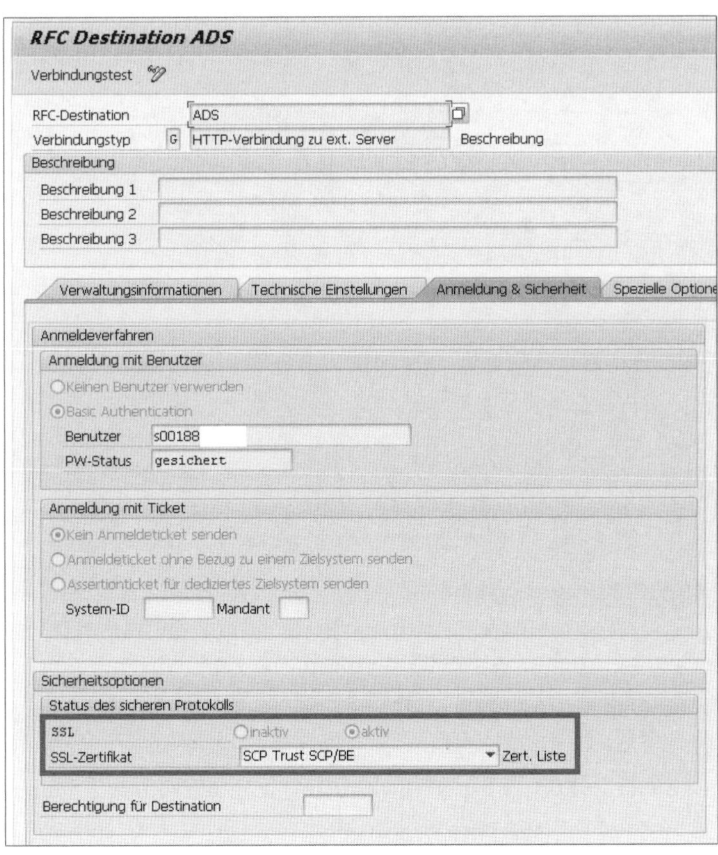


**Abbildung 12.39** Einstellungen zur Anmeldung und Sicherheit der RFC-Verbindung

| Parameter | Wert |
|---|---|
| **Basic Authentication** | gesetzt |
| **Benutzer** | Tenant-Subaccount-ID des Benutzers, dem die Rollen `ADSAdmin` und `ADSCaller` zugewiesen wurden |
| **SSL** | aktiv |
| **SSL-Zertifikat** | das von Ihnen zuvor angelegte Zertifikat bzw. die SSL-Client-Identität |

**Tabelle 12.8** Werte zur Konfiguration der Sicherheitseinstellungen für die RFC-Verbindung

**HTTP-Version**

Öffnen Sie nun die Registerkarte **Spezielle Optionen**, und wählen Sie als **HTTP-Version** die Option **HTTP 1.1** (siehe Abbildung 12.40).

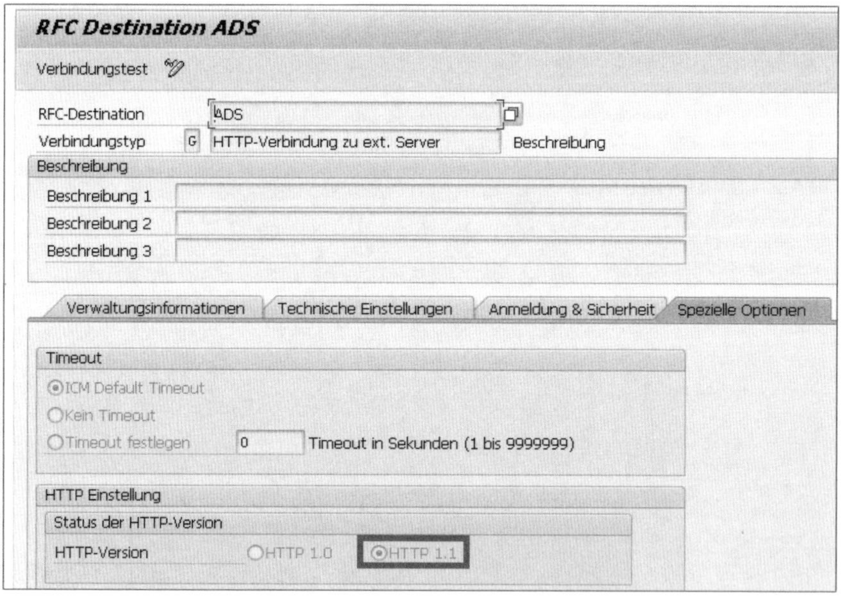

**Abbildung 12.40** HTTP-Version wählen

**Verbindung testen**

Testen Sie nach der Einrichtung die RFC-Verbindung wie folgt:

1. Öffnen Sie die Transaktion SE38, und rufen Sie den ABAP-Report `FP_PDF_TEST_00` auf.
2. Führen Sie den Report durch einen Klick auf das Icon **Ausführen** (⊕) aus.
3. Wählen Sie im Selektionsbild des Reports die angelegte RFC-Verbindung aus (in unserem Beispiel **ADS**), und klicken Sie wieder auf das Icon **Ausführen** (⊕).

Kann die Verbindung erfolgreich aufgebaut werden, wird Ihnen, wie in Abbildung 12.41 dargestellt, die Version von SAP Cloud Platform Forms by Adobe angezeigt.

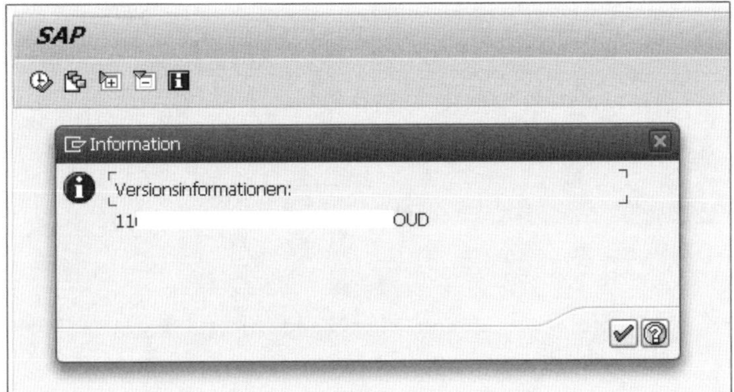


**Abbildung 12.41** Ergebnis des Testreports FP_PDF_TEST_00



### Customizing des ICF-Service

**ICF-Service einrichten**

Damit die Kommunikation des SAP-S/4HANA-Systems mit der SAP Cloud Platform stattfinden kann, konfigurieren Sie die folgenden ICF-Services (Internet Communication Framework) mit dem zuvor angelegten Servicebenutzer ADS_AGENT.

Als Erstes richten Sie den ICF-Service **/sap/bc/fp** wie folgt ein, dieser Service ist für die Formularprozessierung zuständig:

1. Öffnen Sie die Transaktion SICF.
2. Navigieren Sie in der Serviceübersicht zu dem Service **/sap/bc/fp**, und führen Sie den Service per Doppelklick aus.
3. Wechseln Sie durch einen Klick auf das Icon **Anzeigen <> Ändern** (✎) in den Bearbeitungsmodus.
4. Öffnen Sie die Registerkarte **Anmelde-Daten**, die Sie in Abbildung 12.42 sehen.
5. Konfigurieren Sie den Service mit den Werten aus Tabelle 12.9.

| Parameter | Wert |
|---|---|
| **Verfahren** | **Obligatorisch mit Anmeldedaten** |
| **Mandant** | der Mandant mit den Formulardaten |
| **Benutzer** | ADS_AGENT |

**Tabelle 12.9** Werte zur Konfiguration des ICF-Service »/sap/bc/fp«

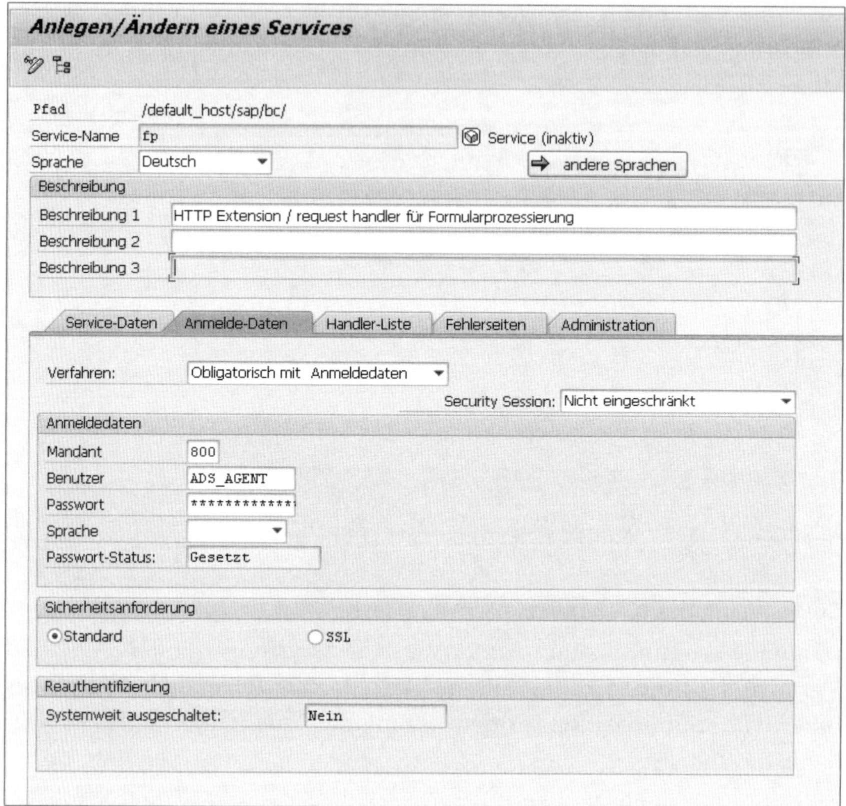


**Abbildung 12.42** Anmeldedaten für den ICF-Service konfigurieren

Falls die Applikationsserver ABAP und Java (mit dem ADS) auf verschiedenen Servern installiert wurden, aktivieren Sie auch den zweiten Service **/sap/bc/fpads**.

### Cloud Connector einrichten

Im nächsten Schritt muss der Cloud Connector so konfiguriert werden, dass die Services aus dem SAP-S/4HANA-System erreichbar sind:

1. Öffnen Sie dazu den Cloud Connector innerhalb Ihres Netzwerkes über die folgende generische URL:

   *https://<IP oder Servername>:8443*

2. Legen Sie ein Mapping für das SAP-S/4HANA-System an, wie in Abschnitt 12.1.1, »SAP Document Center«, für die Verbindung zu SAP S/4HANA und dem SAP Content Server beschrieben. Die dafür benötigten Einstellungen sind in Tabelle 12.10 beschrieben. Vergleichen Sie Ihre Einstellungen mit denen in Abbildung 12.43.

| Parameter | Wert |
|---|---|
| Back-end Type | ABAP System |
| Protocol | HTTPS |
| Application Server | FQDN oder IP des Applikationsservers Ihres SAP-S/4HANA-Systems |
| Instance Number | Instanznummer des Applikationsservers |
| Virtual Application Server | Kann in diesem Beispiel den gleichen Wert wie FQDN oder IP des Applikationsservers haben. |
| Virtual Instance Number | Kann in diesem Beispiel den gleichen Wert wie die Instanznummer des Applikationsservers haben. |
| Resources | **/sap/bc/fp** (inklusive Unterordner) |
| Resources | **/sap/bc/fpads** (inklusive Unterordner) |

**Tabelle 12.10** Werte zur Konfiguration des Mappings für die Verbindung zum SAP-S/4HANA-System



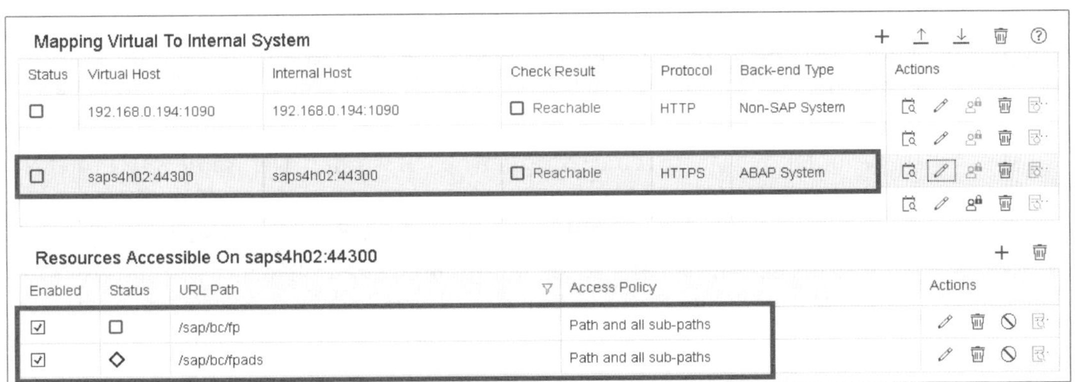


**Abbildung 12.43** Cloud Connector für die Verbindung zum SAP S/4HANA-System konfigurieren

### Test der Konfiguration von SAP Cloud Platform by Adobe

**Testen der Konfiguration**

Zum Abschluss können Sie Ihre Konfiguration und Anbindung von SAP Cloud Platform by Adobe mit den folgenden ABAP-Reports testen. Öffnen Sie dazu die Transaktion SE38, und führen Sie nacheinander die folgenden ABAP-Reports aus:

- FP_PDF_TEST_00
  Ergebnis: Version des Service

- `FP_CHECK_DESTINATION_SERVICE`
  Ergebnis: Der Report prüft die Konfiguration des Destination Servers des ICF-Service **sap/bc/fp**. Bei erfolgreichem Test wird die Größe des erstellten PDFs in Bytes zurückgemeldet.
- `FP_TEST_IA_01`
  Ergebnis: Öffnet die Vorschau der Druckausgabe.
- `FP_CHECK_HTTP_DATA_TRANSFER`
  Ergebnis: Der Report prüft die Konfiguration des Destination Servers des ICF-Service **sap/bc/fpads**. Bei erfolgreichem Test wird die Größe des erstellten PDFs in Bytes zurückgemeldet.

[»]

**Fehlerbehandlung bei der Einrichtung von SAP Cloud Platform Interactive Forms by Adobe**

Bei Problemen mit der Einrichtung dieses Szenarios stellt der SAP-Hinweis 2649465 weitere Informationen zur Verfügung.

## 12.2 SAP C/4HANA und OpenText

SAP C/4HANA

*SAP C/4HANA* ist ein SaaS-Angebot (Software as a Service) für die Bereiche Kundenakquise, Vertrieb, Marketing und Kundenservice. Unter diesem Namen werden mehrere Cloud-Lösungen zusammengefasst, die zuvor unter der Marke SAP Hybris vertrieben wurden. Der Name SAP C/4HANA setzt sich aus dem Buchstaben C für Customer, der Ziffer 4 für die vierte Generation von SAP-CRM-Software und HANA für die SAP-HANA-Datenbank zusammen. Die Lösungen aus dem SAP-C/4HANA-Portfolio ergänzen die Unterstützung operativer Prozesse durch SAP S/4HANA. Neben den allgemeinen Geschäftsprozessen in SAP S/4HANA können die spezifischen, die Kundenkommunikation betreffenden und kundenbezogenen Aktivitäten mit SAP C/4HANA durchgeführt und verwaltet werden.

Komponenten von SAP C/4HANA

Das Portfolio von SAP C/4HANA umfasst folgende Komponenten:

- SAP Commerce Cloud
- SAP Marketing Cloud
- SAP Sales Cloud
- SAP Service Cloud
- SAP Customer Data Cloud (zugekauft von Gigya)

Vertriebsprozess

In diesem Abschnitt zeige ich Ihnen, wie Sie die OpenText-Lösungen SAP Extended ECM und SAP Document Presentment für den in SAP C/4HANA erzeugten und verarbeiteten Content verwenden können. Dazu verwende ich einen Vertriebsprozess als Referenzprozess. Der Vertriebsprozess ist in Abbildung 12.44 dargestellt und umfasst mehrere Prozessschritte und Business-Objekte:

1. Die *Kundenanfrage* liefert Informationen zur Nachfrage nach den vertriebenen Produkten.
2. Ein *Lead* enthält die Informationen zu einem potenziellen Kunden.
3. Das Objekt *Kunde* enthält alle Daten des Kunden, wie Ansprechpartner und die Kontaktdaten.
4. Eine *Opportunity* ist eine Verkaufschance und dient der Erfassung der Aktivitäten, die in Verbindung mit einem bestimmten Kunden stehen.
5. Das *Angebot* wird für einen konkreten angefragten Bedarf des Kunden erstellt.
6. Es mündet nach Beauftragung durch den Kunden in einen konkreten *Kundenauftrag*.



In diesem Prozess soll mit SAP Extended ECM die Ablage des Contents in zentralen Workspaces verwaltet und mit SAP Document Presentment das Output Management organisiert werden.

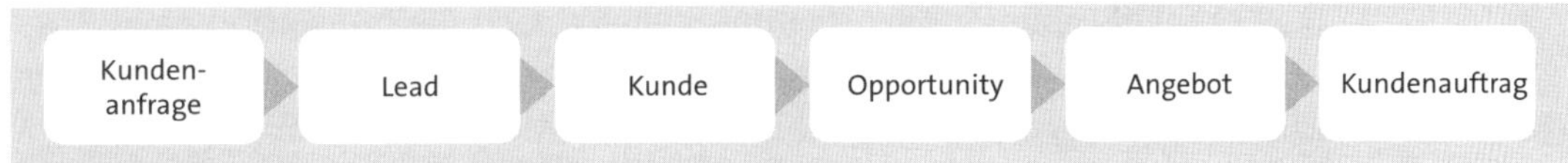


**Abbildung 12.44** Vertriebsprozess mit SAP C/4HANA

[«]

**Weiterführende Informationen zu SAP C/4HANA**

Weitere Informationen zu SAP C/4HANA finden Sie in folgendem Buch:

Singh, S; Messinger-Micha, D.; Feurer, S.; Vetter, T.:
SAP C/4HANA. An Introduction (SAP PRESS 2019).

**Ablage von Content in SAP C/4HANA**

Während des Vertriebsprozesses in SAP C/4HANA entstehen neben den Daten auch Dokumente (Angebote und Verträge), oder es wird digitales Verkaufsmaterial in der Kundenkommunikation verwendet. Diese Dokumente werden in der Regel zum jeweiligen Prozessschritt abgelegt. In der Anwendungsoberfläche von SAP C/4HANA können solche Anlagen (Attachments) ohne OpenText-Unterstützung über die Registerkarte **Anlagen** zum Business-Objekt, also zum Kunden, zu Angebot oder Objekten abgelegt werden. Dazu klicken Sie auf den Button **Hinzufügen** (siehe Abbildung 12.45).

**Abbildung 12.45** Anlagen zu einem Kunden in SAP C/4HANA hinzufügen

**Integration von SAP Extended ECM**

Wie dargestellt, bietet SAP C/4HANA somit eine eigene Ablage für diversen Content an. In vielen Fällen ist aber eine Integration in SAP Extended ECM zusätzlich sinnvoll. Wie in Abschnitt 8.2, »SAP Extended ECM by Open-Text«, beschrieben, können die Business Workspaces aus SAP Extended ECM in verschiedene SAP-Cloud-Lösungen integriert werden. Ein Vorteil dieser Integration ist, dass man nach der Integration diverse Funktionen von SAP Extended ECM nutzen kann, die in SAP C/4HANA sonst nicht verfügbar sind.

Ebenfalls einen großen Mehrwert bietet auch die Integration eines Business Workspace in den Kundenstammdatensatz von SAP S/4HANA. Durch diese Integration können Anwender in SAP S/4HANA und SAP C/4HANA auf den gleichen Content zugreifen. Die Ablage in verschiedenen Content Repositories wird somit vermieden.

### Integration von SAP C/4HANA und SAP Extended ECM

**Business Workspace in SAP C/4HANA**

Nach einer Integration von SAP Extended ECM in SAP C/4HANA kann der Business Workspace zu einem Business-Objekt über die zusätzliche Registerkarte **Workspace** geöffnet werden. In Abbildung 12.46 sehen Sie beispielsweise den Business Workspace zu einem Kunden. Hier stehen die Funktionen von SAP Extended ECM in SAP C/4HANA zur Verfügung.

**Lead anlegen**

Im folgenden Beispiel legen wir zu dem Kunden »Riverpark Center« einen neuen Lead im SAP-C/4HANA-System an. Abbildung 12.47 zeigt die entsprechende Pflegemaske in SAP C/4HANA. In SAP Extended ECM wird daraufhin ein Workspace für diesen Lead generiert und mit dem Lead in SAP C/4HANA verknüpft.

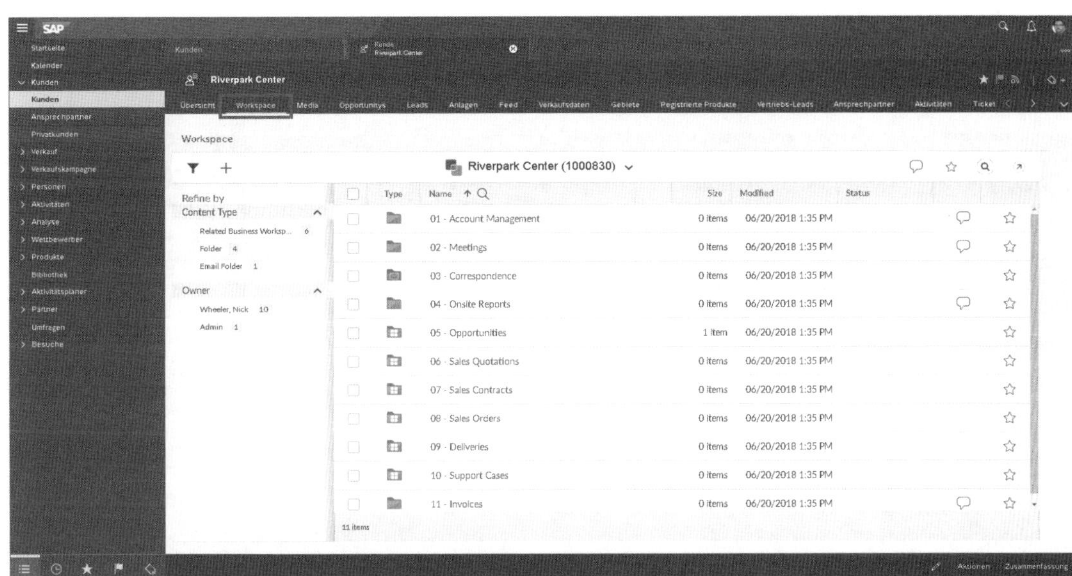


**Abbildung 12.46** Anzeige eines Business Workspace in SAP C/4HANA

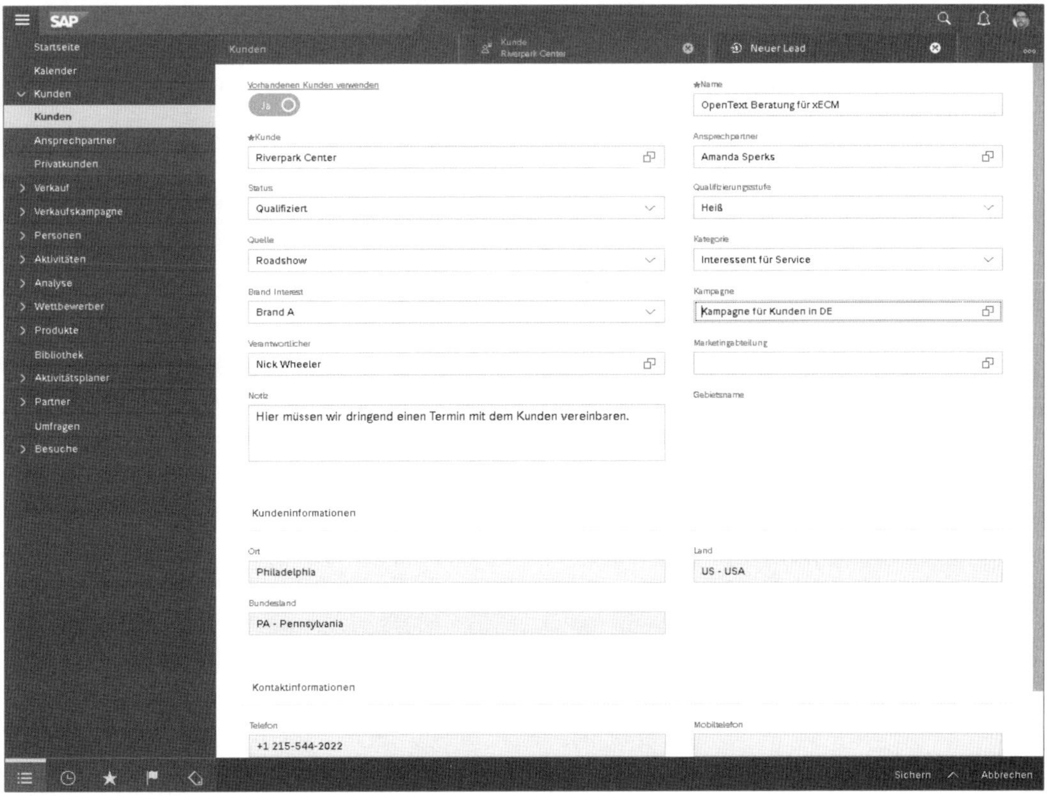

Startseite
Kalender
Kunden
Kunden
Ansprechpartner
Privatkunden
Verkauf
Verkaufskampagne
Personen
Aktivitäten
Analyse
Wettbewerber
Produkte
Bibliothek
Aktivitätsplaner
Partner
Umfragen
Besuche
Neuer Lead
Vorhandenen Kunden verwenden
Name
OpenText Beratung für xECM
Kunde
Riverpark Center
Ansprechpartner
Amanda Sperks
Status
Qualifiziert
Qualifizierungsstufe
Heiß
Quelle
Roadshow
Kategorie
Interessent für Service
Brand Interest
Brand A
Kampagne
Kampagne für Kunden in DE
Verantwortlicher
Nick Wheeler
Marketingabteilung
Notiz
Hier müssen wir dringend einen Termin mit dem Kunden vereinbaren.
Gebietsname
Kundeninformationen
Ort
Philadelphia
Land
US - USA
Bundesland
PA - Pennsylvania
Kontaktinformationen
Telefon
+1 215-544-2022
Mobiltelefon
Sichern
Abbrechen

**Abbildung 12.47** Neuen Lead in SAP C/4HANA anlegen

**Dokumente zum Workspace hinzufügen**

Der Workspace wird in SAP C/4HANA auf der Registerkarte **Workspace** angezeigt. Sie können über den Button **Hinzufügen** diesem Lead Dokumente hinzufügen (siehe Abbildung 12.48).

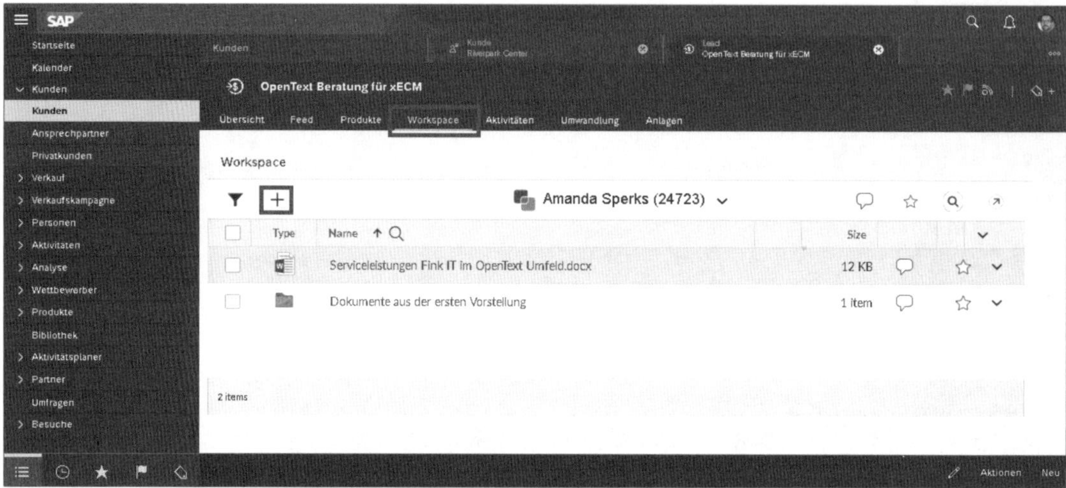


**Abbildung 12.48** Dokumente des neuen Leads in SAP S/4HANA

**Integration einrichten**

Um die Integration von SAP Extended ECM und SAP C/4HANA einzurichten, müssen, ähnlich wie bei der Integration von SAP Extended ECM und SAP Business Suite, die folgenden Schritte durchgeführt werden:

1. Zunächst stellen Sie die Verbindung zwischen SAP Extended ECM im OpenText Content Server und SAP C/4HANA her. Hierzu legen Sie die Geschäftsanwendung (*Business Application*) mit den in Tabelle 12.11 beschriebenen Werten an. Vergleichen Sie die Einstellungen mit denen in Abbildung 12.49.
2. Für die Business-Objekte des SAP-C/4HANA-Systems erstellen Sie Business Workspaces. Außerdem legen Sie die Kategorien, Klassifikationen, Dokumentvorlagen und Business-Objekt-Typen an, wie in Abschnitt 8.2, »SAP Extended ECM by OpenText«, beschrieben.
3. Zusätzlich legen Sie in SAP C/4HANA ein HTML-Mashup für die Integration von SAP Extended ECM an.

| Parameter | Wert |
|---|---|
| **Logical System Name** | der Name des Tenants des SAP-C/4HANA-Systems, in diesem Beispiel `my123456` |
| **Connection Type** | **C4C SPI Adapter** (C4C steht hier für *SAP Cloud for Customer*, eine frühere Bezeichnung der SAP Sales Cloud als Teil von SAP C/4HANA) |
| **Application Server Endpoint** | der OData-Endpunkt des SAP-C/4HANA-Tenants, in diesem Beispiel *https://my123456.crm.example.com/sap/c4c/odata/v1/c4codata* |

**Tabelle 12.11** Werte zur Einrichtung der Verbindung zwischen OpenText Content Server und SAP C/4HANA



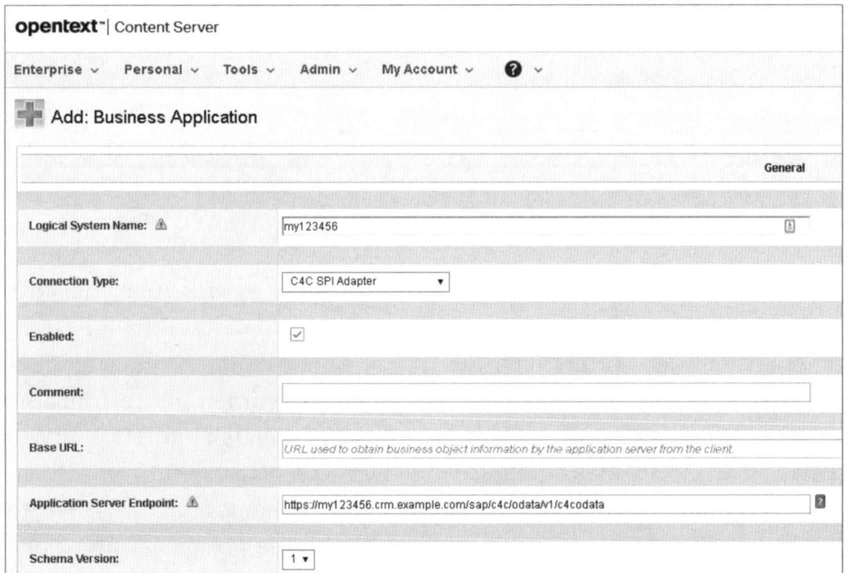


**Abbildung 12.49** Business Application für SAP C/4HANA auf dem OpenText Content Server anlegen

### Integration von SAP C/4HANA und SAP Document Presentment

SAP Document Presentment

In den verschiedenen Prozessschritten des Vertriebsprozesses kann es nicht nur notwendig sein, vorhandene Dokumente zu verwalten, sondern auch, neue Dokumente zu erstellen. Durch die Integration von SAP Document Presentment mit SAP C/4HANA können Dokumente, wie z. B. Angebote, Verträge etc., direkt in SAP C/4HANA generiert, bearbeitet und über einen bestimmten Kanal an den Kunden versendet werden. Anschließend können Sie dann über SAP Extended ECM abgelegt und verwaltet werden.

Dokument erstellen

Im folgenden Beispiel wird im Prozessschritt der Angebotserstellung ein Angebotsdokument mit SAP Document Presentment erstellt. Hierzu öffnen Sie in SAP C/4HANA die Aktivität **Angebot** über das Menü **Kunden**. Über die Registerkarte **Document Presentment** starten Sie die Dokumenterstellung. Dazu wählen Sie, wie in Abbildung 12.50 dargestellt, eine Vorlage aus, in diesem Fall die Vorlage für die Erstellung eines Standardangebots.

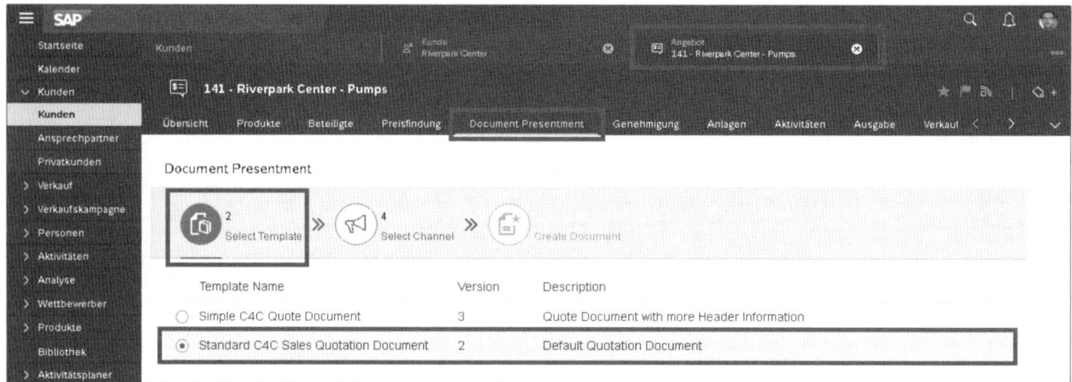


**Abbildung 12.50** Neues Angebotsdokument in SAP C/4HANA erstellen

Ausgabekanal wählen

Im nächsten Schritt muss der Kanal ausgewählt werden, über den das Dokument nach der Erstellung weiter prozessiert werden soll. In SAP Document Presentment können hierfür diverse Kanäle definiert und angesteuert werden. Wie in Abbildung 12.51 zu sehen ist, wurden im Customizing von SAP Document Presentment als mögliche Kanäle eine HTML-E-Mail (**Email HTML**), ein E-Mail-Anhang (**Email with PDF Attachment**), eine Dateiausgabe (**File Output**) und die Ablage im Business Workspace (**Save to Workspace**) konfiguriert. Im Beispiel wählen wir die Ablage des Angebotsdokuments in einem Business Workspace aus, der über SAP Extended ECM in das SAP-C/4HANA-System integriert wurde.

Vorschau des Dokuments

Im Schritt **Create Document** wird das Dokument in SAP Document Presentment generiert und anschließend in einer Vorschau in SAP C/4HANA angezeigt (siehe Abbildung 12.52).

12

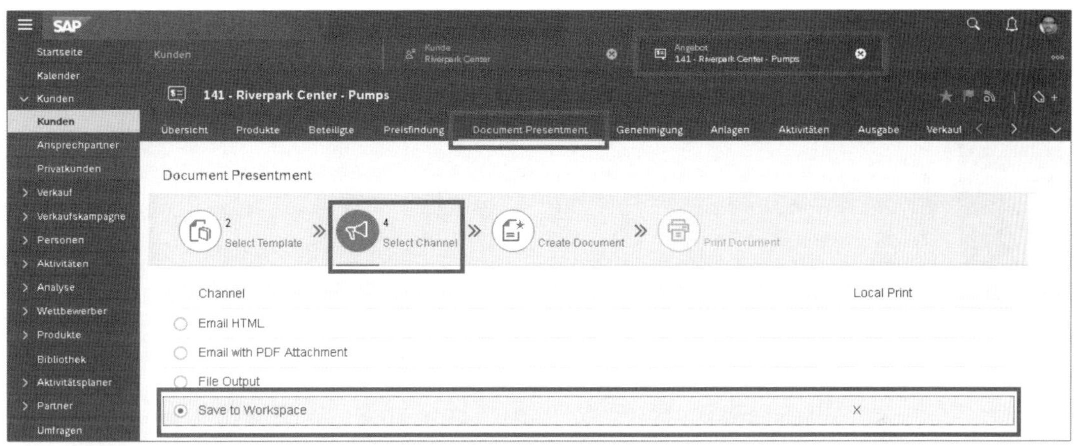


**Abbildung 12.51** Angebot im Buiness Workspace ablegen

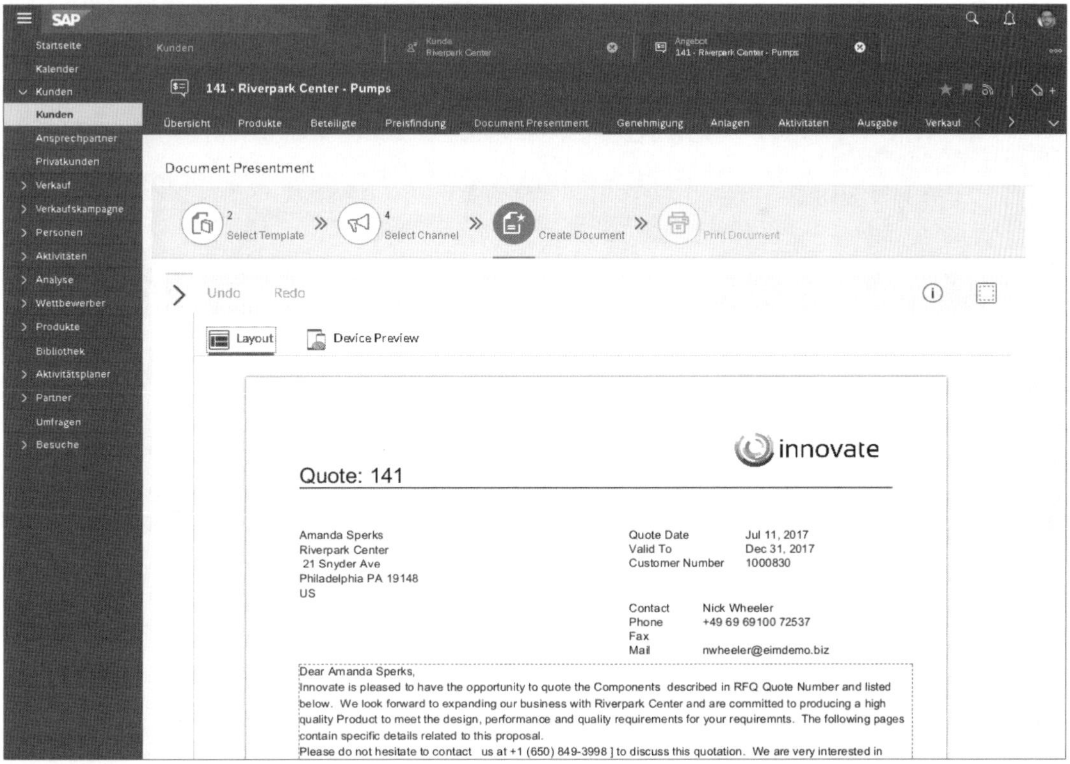

**Abbildung 12.52** Vorschau des Angebotsdokuments in C/4HANA

**Ablage im Business Workspace**

Nach Bestätigung des Angebots wird das Dokument im über SAP Extended ECM integrierten Business Workspace für das Angebot abgelegt (siehe Abbildung 12.53).

**Abbildung 12.53** Abgelegtes Angebot im Business Workspace in SAP C/4HANA

Auf der Registerkarte **Workspace** können Sie das Angebotsdokument nun einsehen und das Angebot verwalten (siehe Abbildung 12.54).

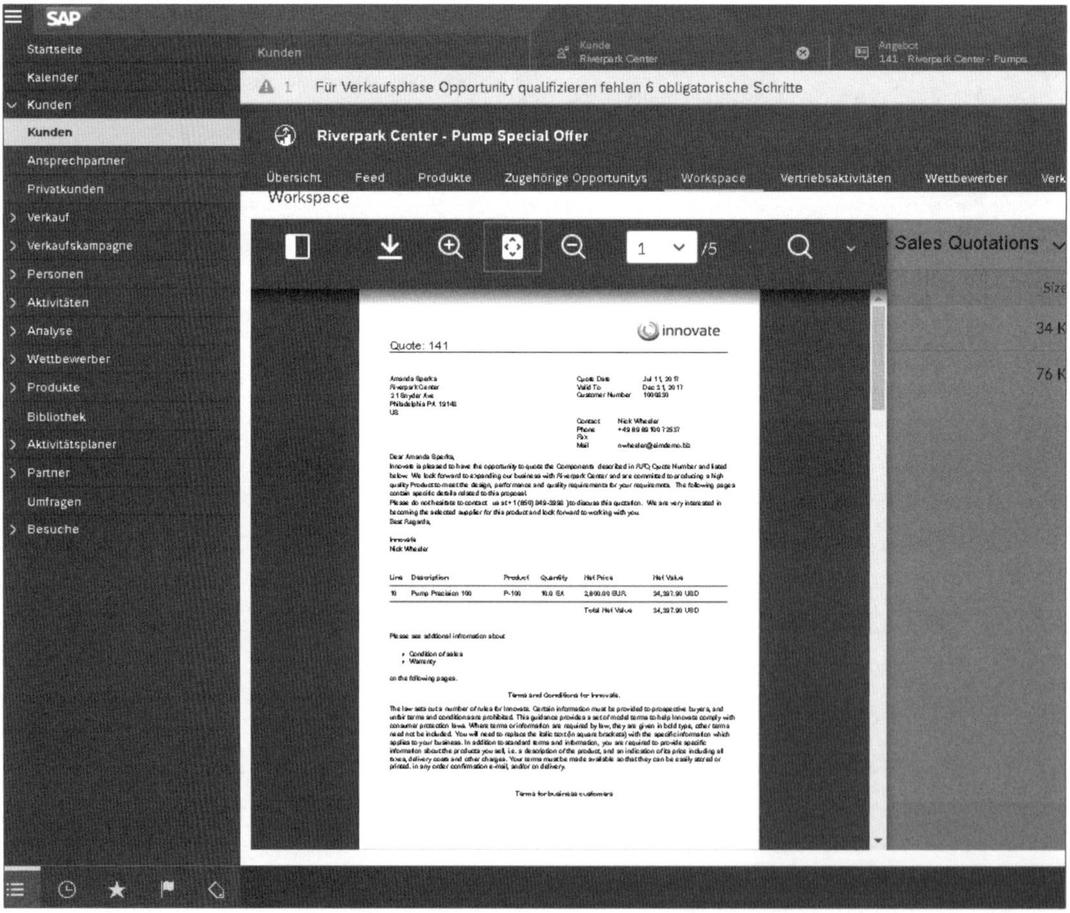

**Abbildung 12.54** Angebot im Business Workspace in SAP C/4HANA anzeigen

## 12.3 SAP SuccessFactors und OpenText

**SAP SuccessFactors**

SAP SuccessFactors ist die Cloud-Lösung von SAP für den Bereich des Personalwesens. Die Lösung besteht derzeit aus sieben Modulen, wie z. B. dem SAP SuccessFactors Employee Central, Recruiting und Talent Management. Über das Modul Employee Central werden unter anderem die Personalverwaltung und die Erfassung der Abwesenheiten von Mitarbeitern durchgeführt.

### Integration von SAP SuccessFactors und SAP Extended ECM

**Business Workspace integrieren**

Auch in SAP SuccessFactors kann es sinnvoll sein, Business-Workspace-Funktionen von SAP Extended ECM zu integrieren. Ein Vorteil dieser Integration ist, dass Sie so diverse Funktionen des DVS nutzen können, die in SAP SuccessFactors sonst nicht verfügbar sind. Durch die zusätzliche Integration eines Business Workspace aus SAP Extended ECM in einen HR-Stammdatensatz aus SAP ERP HCM können Anwender in SAP ERP HCM und SAP SuccessFactors auf den gleichen Content zugreifen.

Abbildung 12.55 zeigt die Anwendungsoberfläche von SAP SuccessFactors. Über die Verknüpfung **OpenText Employee Workspace** (unten rechts in Abbildung 12.55) können Sie aus einem Personalstamm auf einen Business Workspace in SAP Extended ECM zugreifen.

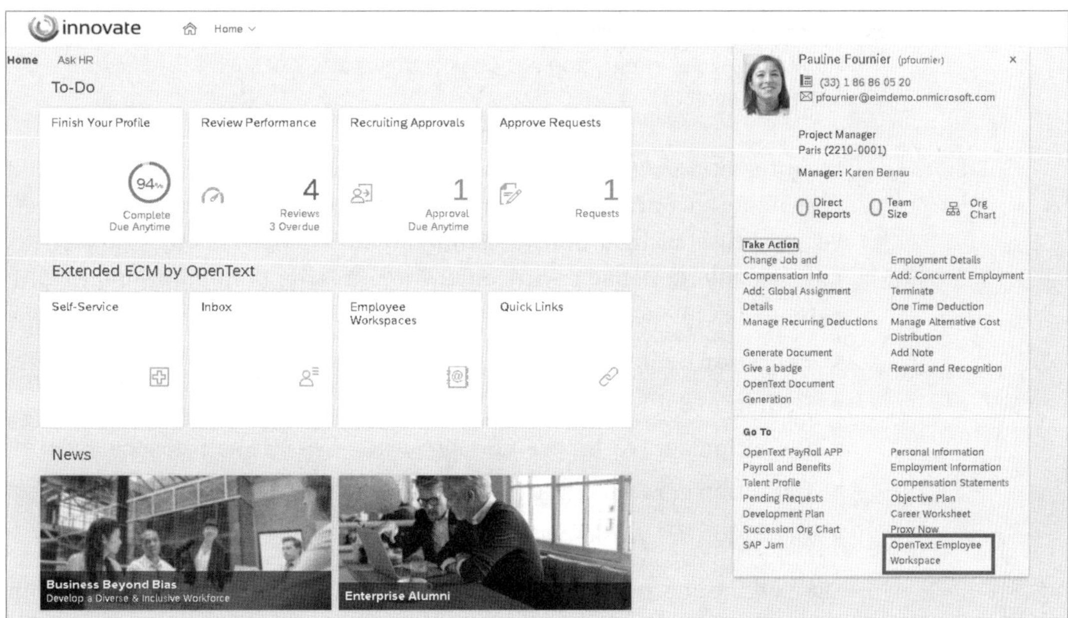


**Abbildung 12.55** Integration eines Business Workspace aus SAP Extended ECM in SAP SuccessFactors

**Dossier View in Extended ECM**

Nach dem Absprung nach SAP Extended ECM können Sie den vollen Funktionsumfang von SAP Extended ECM nutzen. In Abbildung 12.56 ist als Beispiel der **Dossier View** zur Mitarbeiterin Pauline Fournier aus SAP SuccessFactors in die Anwendungsoberfläche von SAP Extended ECM integriert worden. Hier werden alle mit dieser Mitarbeiterin verknüpften Dokumente abgelegt und verwaltet. Der Dossier View kann über die gleichnamige Registerkarte in SAP Extended ECM aufgerufen werden.

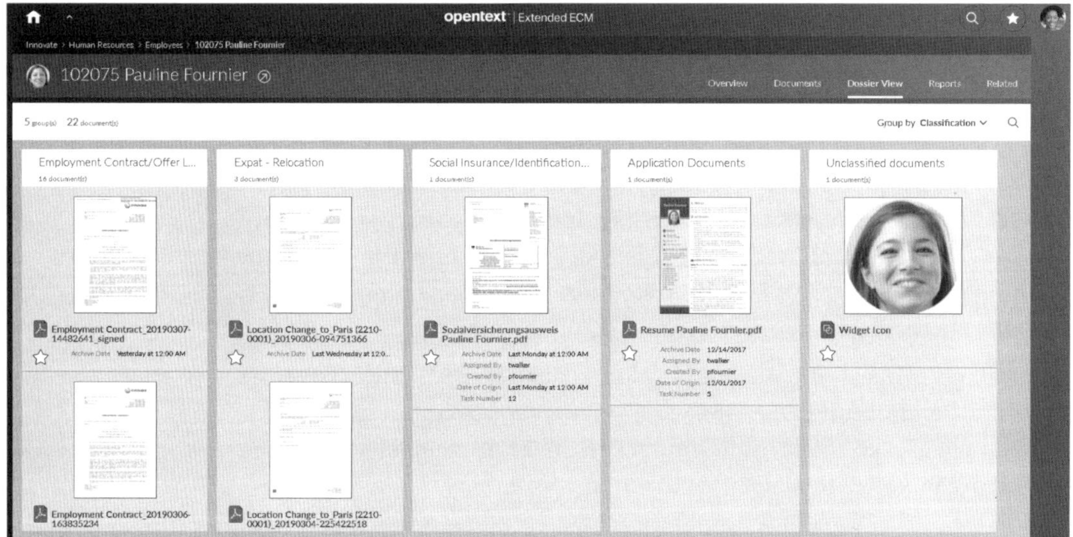


**Abbildung 12.56** Integration des Dossier Views aus SAP SuccessFactors in SAP Extended ECM

**Schritte zur Integration**

Die Integration von SAP SuccessFactors und SAP Extended ECM basiert auf vordefinierten Softwarepaketen von OpenText. Im OpenText Content Server wird zusätzlich die Softwarekomponente *Extended ECM for SuccessFactors* installiert. Danach wird eine vordefinierte Konfiguration für SAP Extended ECM eingespielt, die Folgendes beinhaltet:

- Definition der Klassifikationen und Kategorien
- Definition der Workspace-Typen
- Definition der Workspace-Vorlagen
- Definition der Business-Objekt-Typen
- Definition der Workflow Map

Die Verbindung zwischen SAP Extended ECM und SAP SuccessFactors im OpenText Content Server muss in der Konfiguration des OpenText Content Servers anhand der Business Application erfolgen. Dies ist vergleichbar mit der Integration eines SAP-Business-Suite-Systems oder SAP C/4HANA (siehe Abschnitt 12.2, »SAP C/4HANA und OpenText«). Die weiteren Anpassungen nehmen Sie Ihrem Bedarf entsprechend vor.

#### Integration von SAP SuccessFactors und SAP Document Presentment

Auch in SAP SuccessFactors werden verschiedene Dokumente generiert. Durch eine Integration mit SAP Document Presentment können diese Dokumente mit einem zentral definierten Layout und Datenbausteinen generiert und anschließend versendet und/oder abgelegt werden. In SAP SuccessFactors wird dazu eine Verknüpfung mit SAP Document Presentment eingerichtet. Sie sehen den Link **OpenText Document Generation** rechts in Abbildung 12.57.



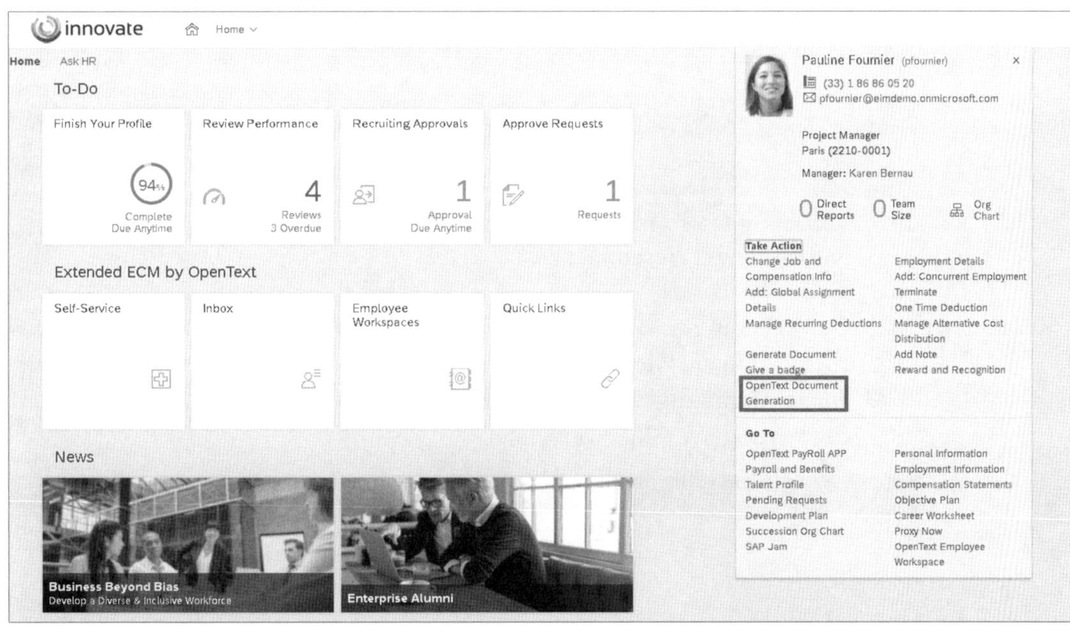


**Abbildung 12.57** Verknüpfung mit SAP Document Presentment in SAP SuccessFactors

**Mitarbeitervertrag generieren**

Im folgenden Beispiel zeige ich Ihnen, wie Sie die Integration im Rahmen eines Geschäftsprozesses nutzen können. Dabei soll ein Mitarbeitervertrag generiert und per E-Mail versendet werden. Nachdem der Personalmitarbeiter über die Verknüpfung in die Anwendung SAP Document Presentment abgesprungen ist, kann er über den Pfad **Human Resources • Employment Contracts • Employment Contract** im Menü von SAP Document Presentment die Vertragsvorlage generieren und anzeigen (siehe Abbildung 12.58).

**Abbildung 12.58** Anzeige eines mit SAP SuccessFactors generierten Vertrags in SAP Document Presentment

**Mitarbeitervertrag per E-Mail versenden**

Der Versand per E-Mail kann ebenfalls direkt aus SAP Document Presentment erfolgen. Hierzu hinterlegen Sie die E-Mail-Adresse des Empfängers, wie in Abbildung 12.59 gezeigt. Nach Abschluss der Vertragserstellung wird der Vertrag per E-Mail versendet.

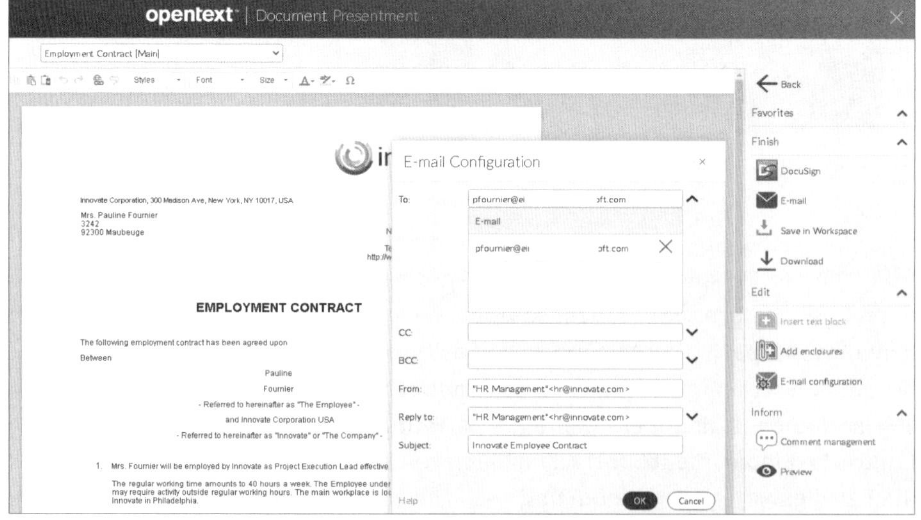

**Abbildung 12.59** E-Mail-Daten zum Versand eines Vertrags in SAP Document Presentment hinterlegen

# Anhang

# Anhang A
# Wichtige Transaktionen

| SAP-Transaktion | Beschreibung |
|---|---|
| BRF+ | BRFplus-Workbench |
| CSADMIN | SAP Content Server – Administration |
| DC10 | Dokumentart definieren |
| FB03 | Beleg anzeigen |
| J6NA | DocuLink: Administration |
| J6NP | DocuLink: Projektübersicht |
| J6NY | DocuLink-Anwendung öffnen |
| ME21N | Bestellung anlegen |
| ME22N | Bestellung ändern |
| ME23N | Bestellung anzeigen |
| ME31K | Mengenkontrakt anlegen |
| ME41N | Anfrage anlegen |
| ME51N | Bestellanforderung anlegen |
| ME9F | Nachrichtenausgabe |
| MIGO | Wareneingang erfassen |
| MIRO | Eingangsrechnung hinzufügen |
| NACE | Nachrichtensteuerung |
| OAA3 | SAP ArchiveLink – Administration Kommunikationsschnittstelle |
| OAA4 | SAP Archive Link – Applikationspflege |
| OAAD | SAP ArchiveLink – Administration abgelegter Dokumente |
| OAC0 | Content Repository pflegen |

| SAP-Transaktion | Beschreibung |
|---|---|
| OAC2 | Dokumentart pflegen |
| OAC3 | Verknüpfung Dokumentenart |
| OAC5 | Einstellung zur Barcodeerfassung |
| OACA | Transaktionscode Workflow |
| OACT | Customizing – Ablagekategorie |
| OAD2 | SAP ArchiveLink – Dokumenttypen |
| OAG1 | SAP ArchiveLink – Grundeinstellungen |
| OAM1 | SAP ArchiveLink – Monitor |
| OANR | Nummernkreise pflegen |
| OAQI | SAP ArchiveLink – Queues anlegen |
| OAWD | Dokumente ablegen |
| OAWS | Voreinstellungen Workflow |
| /OPT/CP_9CX2 | Template-Zuordnung zur Rolle |
| /OPT/CP_9CX4 | User- und Rollenmanagement |
| /OPT/CP_9CX5 | OpenText: Rollenpflege |
| /OPT/SPRO | OpenText: Konfiguration |
| /OPT/VIM_8CX1 | Prozessart pflegen |
| /OPT/VIM_VA2 | VIM Analytics |
| /OTX/PF00_IMG | Datenmodell |
| /OTX/PF03_WP | Business Center Workplace |
| /OTX/VIM_WP | VIM Workplace |
| PFCG | Rollenpflege |
| RZ10 | Profilparameter pflegen |
| RZ20 | CCMS-Monitoring |
| SBGRFCCONF | Konfiguration bgRFC |
| SCMSMO | CCMS-Monitoring für den SAP Content Server |
| SCOT | E-Mail-Konfiguration |

| SAP-Transaktion | Beschreibung |
|---|---|
| SE78 | Verwaltung von Formulargrafiken |
| SLG1 | Anwendungslog |
| SICF | Pflege der Services |
| SM30 | Tabellenpflege-Views |
| SM36 | Jobs definieren |
| SM59 | RFC-Verbindungen |
| SO10 | Formular-Textbausteine |
| SOA0 | Workflow-Dokumentart pflegen |
| SOAMANAGER | SOA Management |
| SOLE | OLE-Anwendungen |
| SPAD | Spool-Administration |
| SPRO | SAP-Einführungsleitfaden |
| STRUST | Trust Manager |
| SU01 | Benutzerpflege |
| SWDD | Workflow Builder |
| SWO1 | Business Object Builder |
| SWU3 | Automatisches Workflow-Customizing |
| VA01 | Verkaufsbeleg anlegen |
| XD03 | Debitor anzeigen |

# Anhang B
# Bezeichnungen für die OpenText-ECM-Werkzeuge

Für die SAP-zertifizierten ECM-Werkzeuge von OpenText gibt es jeweils zwei Bezeichnungen, die ursprüngliche, von OpenText gewählte Produktbezeichnung und die Bezeichnung der SAP Solution Extension im Rahmen der SAP-Lizenz. Die Bezeichnungen für die in diesem Buch behandelten Werkzeuge werden in Tabelle B.1 einander gegenübergestellt.

| OpenText-Produktname | SAP-Produktname |
|---|---|
| OpenText Archiving for SAP Solutions | SAP Archiving by OpenText |
| OpenText Business Center for SAP Solutions | SAP Digital Content Processing by OpenText |
| OpenText Document Access for SAP Solutions (auch DocuLink) | SAP Archiving and SAP Document Access by OpenText |
| OpenText Document Presentment for SAP Solutions | SAP Document Presentment/ Business Correspondence by OpenText |
| OpenText Extended ECM for SAP Solutions | SAP Extended ECM by OpenText |
| OpenText Extended ECM for Microsoft Office 365 | SAP Content Management for Microsoft SharePoint by OpenText |
| OpenText Vendor Invoice Management for SAP Solutions | SAP Invoice Management by OpenText |
| OpenText Information Extraction Service (IES) for SAP Solutions | SAP Information Extraction by OpenText |

**Tabelle B.1** Entsprechungen der Produktnamen von OpenText und SAP

# Anhang C
# Weiterführende Literatur und Quellen


Ashlock, Justin; Srinivas, Rachith: SAP Ariba. Business Processes, Functionality, and Implementation. 2. Auflage, SAP PRESS, Boston 2019.

Banner, Marcus; Glebsattel, Olaf; Herrmann, Raffael; Labrache, Abdeljalil; Niermann, Christian: SAP Process Orchestration und SAP Cloud Platform Integration. SAP PRESS, Bonn 2018.

Bönnen, Carsten; Drees, Volker; Fischer, André; Heinz, Ludwig; Strothmann, Karsten: SAP Gateway und OData. 3., aktualisierte und erweiterte Auflage, SAP PRESS, Bonn 2019.

Boukar, Moussa Mahamat: Content Management System (CMS) Evaluation and Analysis. Journal of Technical Sciences and Technologies. 2012 (1), Seite 49–57.

Klingelhöller, Harald: Dokumentenmanagementsysteme: Handbuch und Einführung. Springer Verlag, Heidelberg 2001.

Maisel, Sabine: IDoc-Entwicklung für SAP. 3., aktualisierte und erweiterte Auflage, SAP PRESS, Bonn 2016.

Mock, Marcus; Wagner, Susanne: Einkauf mit SAP Ariba. SAP PRESS, Bonn 2017.

Nix, Markus: Web Content Management. Software & Support Verlag, Frankfurt 2005.

Odenthal, Roger: Digitale Archivierung. Leitfaden. 2. Auflage, Datakontext, Frechen 2011.

Schreckenbach, Sebastian: Praxishandbuch SAP-Administration. 3., aktualisierte und erweiterte Auflage, SAP PRESS, Bonn 2014.

Singh, S; Messinger-Micha, D.; Feurer, S.; Vetter, T.; SAP C/4HANA. An Introduction. SAP PRESS, Boston 2019.

Anhang D

# Der Autor

**Christian Fink** ist Gründer und Inhaber des global tätigen IT-Beratungshauses Fink IT-Solutions GmbH & Co. KG (Fink IT) mit den Schwerpunkten SAP- und OpenText-Lösungen (*https://www.fink-its.de*). Als Geschäftsführer leitet er die Geschicke des Unternehmens mit Standort in Würzburg und aktuell über 40 fest angestellten Mitarbeitern. Bereits seit 2004 profitieren seine Kunden von seinem breiten Fachwissen: OpenText- und SAP-Beratung, SAP Fiori und Neptune DXP sowie SAP Cloud Platform und Internet of Things.

Zuvor war Christian Fink unter anderem als SAP-Berater, IT-Leiter, Projektleiter und Solution Architect für dokumentenbasierte Prozesse im SAP-Umfeld tätig. Seine Leidenschaft ist die Digitalisierung von Unternehmen. In über 30 Projekten in nahezu allen Branchen, von mittelständischen Unternehmen bis hin zu Konzernen im In- und Ausland, konnte er sein profundes Wissen zu den DMS- und ECM-Funktionen des SAP-Systems sowie zu den SAP Solution Extensions von OpenText einfließen lassen. Seit einigen Jahren beschäftigt er sich auch mit den neuen Themenfeldern SAP S/4HANA und SAP Cloud Platform. Durch die langjährige und enge Zusammenarbeit mit seinen Kunden kennt er die Bedürfnisse und Anforderungen der Unternehmen und Anwender sehr gut. Als Lehrbeauftragter der Hochschule für angewandte Wissenschaften Würzburg-Schweinfurt lässt er die Studenten an seinem Wissen zu ECM und SAP teilhaben. Sie können gerne mit dem Autor per E-Mail Kontakt aufnehmen: *office@fink-its.de*.

# Index

## B

## D

## H



## I



## J



## K

## P

## Q



## R



## S

## T

## U



## V



## W

## X



## Z

- SAP-Administration im Zeitalter der Digitalen Transformation
- Cloud-Services, SAP Fiori und SAP HANA in hybriden Landschaften
- Monitoring, Berechtigungen, Schnittstellenverwaltung, Transporte, Wartung u.v.m.

Heiko Friedrichs

## SAP S/4HANA und SAP Cloud Platform für Administratoren

Steigen Sie mit diesem Buch direkt in die neuen Technologien und Administrationsaufgaben rund um SAP S/4HANA und SAP Cloud Platform ein. Finden Sie heraus, was sich alles in der Basis-Administration ändern wird und wie Sie diese neuen Aufgaben meistern. Der Autor erklärt Ihnen z. B., welche Möglichkeiten Sie haben, um Cloud- und On-Premise-Systeme anzubinden und was Sie bei der Überwachung des Datenflusses zwischen diesen Systemen beachten sollten. So werden Sie fit für die digitale Transformation mit SAP.

519 Seiten, gebunden, 79,90 Euro
ISBN 978-3-8362-6361-0
erschienen April 2019
www.sap-press.de/4662

- Archivierungsprojekte in SAP-Systemen durchführen
- Anschauliche Beispiele zu Archivierungsobjekten, Projektplänen und Vorgehensweisen
- Praktischer Einsatz von SAP ILM Retention Management

Ahmet Türk

# SAP-Datenarchivierung

## Das Praxishandbuch

Gehen Sie Ihr Archivierungsprojekt jetzt an! In diesem Buch lernen Sie, welche Vorgaben dabei zu erfüllen sind und wie Sie mit den Archivierungsobjekten im SAP-System umgehen. Sie werden Schritt für Schritt durch ein typisches Archivierungsprojekt geführt und auf alle Aspekte hingewiesen, an die Sie denken müssen. Besonderes Augenmerk legt der Autor dabei auf die Archivierung nach DSGVO mit SAP ILM Retention Management.

623 Seiten, gebunden, 89,90 Euro
ISBN 978-3-8362-6603-1
2. Auflage 2019
www.sap-press.de/4739

Versandkostenfrei bestellen: www.sap-press.de